FINAL | MASTER CRAFTSMAN ELECTRICITY

전기기능장

필기

이현옥·김종남

MASTER
CRAFTSMAN
ELECTRICITY

예문사

Master Craftsman Electricity

오늘날 모든 산업사회 전반에 걸쳐 다양하게 이용되고 있는 전기를 다루는 기술은 날로 첨단화·고도화되어 가고 있으며, 이에 따라 전기 분야 고급인력의 수요 역시 급증하고 있다.

특히 전기기술 자격 중 전기기능장은 풍부한 산업현장경험과 더불어 기술능력을 인정받아야만 취득할 수 있는 명실 공히 최고의 자격증이라 할 수 있다.

이러한 전기기능장 자격을 취득하려는 수험생들에게 풍부한 강의경험과 현장실무지식을 바탕으로 수험생들이 전기 전반에 대한 기본이론 및 관련 지식을 쉽게 이해할 수 있도록 다음 사항에 중점을 두고 본서를 집필하게 되었다.

> 첫째, 강의경험을 바탕으로 출제기준에 맞추어 내용을 체계적으로 구성함으로써 수험자가 공부하기 쉽도록 하였다.
> 둘째, 출제경향을 파악할 수 있도록 수년간 출제되었던 문제들을 분석하여 정리하고, 예상문제를 통해 무엇을 공부해야 하는지 쉽게 파악할 수 있도록 하였다.
> 셋째, 본인의 실력평가와 출제수준을 파악할 수 있도록 자세한 해설과 함께 최근 기출문제와 CBT 실전모의고사를 부록으로 수록하였다.

마지막으로 수험생에게 당부하고자 하는 것은 처음부터 암기하듯이 공부하거나, 어려운 과목을 포기하지 말고, 가벼운 마음으로 두세 번 반복하여 쉬운 문제부터 접근하라는 것이다. 그리고 암기해야 할 내용이나 공식은 시험을 앞두고 다시 한 번 숙지한다면 보다 더 쉽게 자격을 취득할 수 있을 것이다.

아무쪼록 전기기능장을 준비하고 있는 모든 분들에게 합격의 영광이 있길 바라며 이 책이 그 합격의 밑거름이 되었으면 하는 바람이다. 그리고 부족한 점은 계속 수정·보완하여 좋은 수험서가 될 수 있도록 노력할 것이다.

이 책이 출간되기까지 도움을 주신 도서출판 예문사에 진심으로 감사를 전한다.

저자

INFORMATION
시험정보

💬 1. 출제기준

직무분야	전기	자격종목	전기기능장	적용기간	2018.1.1~2019.12.31
직무내용 : 전기에 관한 최상급 숙련기능을 가지고 산업현장에서 작업관리와 소속 기능자의 지도 및 감독, 현장훈련, 경영계층과 생산계층을 유기적으로 결합시켜주는 현장의 중간 관리 등의 직무수행					
필기검정방법	객관식	**문제수**	60	**시험시간**	1시간

필기과목명	문제수	주요항목	세부항목	세세항목
• 전기이론 • 전기기기 • 전력전자 · 전기설비 설계 및 시공, 송 · 배전, 디지털공학, 공업경영에 관한 사항	60	1. 전기이론	1. 정전기와 자기	1. 정전기 및 정전용량 2. 유전체 3. 전계 및 자계 4. 자성체와 자기회로 5. 벡터 해석
			2. 직류회로	1. 옴의 법칙 및 키르히호프 법칙 2. 줄열과 전력 3. 전자유도 및 인덕턴스 4. 직류회로 등
			3. 교류회로	1. 정현파 교류 2. 3상 및 다상 교류 3. 교류전력 4. 일반 선형 회로망 5. 4단자망 6. 라플라스 변환 7. 과도현상 8. 전달함수 등
			4. 왜형파교류	1. 비정현파교류 2. 비정현파교류의 임피던스 등
		2. 전기기기	1. 직류기	1. 직류기의 원리, 구조 및 유기기전력 2. 직류발전기의 특성과 운전 3. 직류전동기의 제어 등
			2. 변압기	1. 변압기의 원리, 구조 및 특성 2. 변압기의 임피던스와 등가회로 3. 변압기의 시험과 변압기 정수 4. 변압기의 결선 및 병렬운전 5. 변압기의 손실, 효율 및 전압 변동률 6. 특수변압기 등

필기과목명	문제수	주요항목	세부항목	세세항목
			3. 유도전동기	1. 3상 유도전동기의 원리 및 구조 2. 3상 유도전동기의 속도특성, 출력특성, 비례추이 및 원선도 3. 3상 유도전동기의 기동 및 운전 4. 유도기의 속도제어, 제동 및 역률제어 5. 단상 유도전동기의 원리 및 구조 6. 단상 유도전동기의 종류 및 특성 등
			4. 동기기	1. 동기발전기의 원리 및 구조 2. 동기발전기의 특성 및 단락현상 3. 동기발전기의 여자장치와 전압조정 4. 동기전동기의 원리 및 구조 5. 동기전동기의 기동 및 특성 6. 동기기의 병렬운전 및 시험, 보수 7. 동기기의 손실 및 효율 등 6. 동기기의 병렬운전 및 시험, 보수 7. 동기기의 손실 및 효율 등
			5. 정류기	1. 교류정류자기 2. 제어기기 및 보호기기의 원리 등
		3. 전력전자	1. 반도체소자의 개요	1. 전력용 반도체소자의 구조 2. 전력용 반도체소자의 동작원리 등
			2. 정류 및 인버터 회로	1. 정지스위치 회로 2. 교류위상제어 3. 전동기 제어회로 4. 인버터 및 컨버터 회로 5. 직류전력제어 6. 과전류 및 과전압에 대한 보호 등
		4. 전기설비 설계 기초 및 시공	1. 전기설비설계	1. 전기설비용 공구와 측정기구 2. 전기설비설계 이론 3. 신재생에너지설비 4. 전력저장장치설비 5. 공사비 산출
			2. 전기설비시공	1. 배관공사 2. 배선공사 3. 전선접속 4. 시험·운용·검사 5. 전기설비기술기준 및 판단기준에 관한 사항
		5. 송·배전 선로의 전기적 특성	1. 선로정수	1. 표피작용 및 근접효과 2. 저항, 인덕턴스, 정전용량, 누설컨덕턴스 등
			2. 전력원선도	1. 전력의 벡터표시 2. 전력방정식 3. 전력원선도 및 손실원선도 4. 전압이 변할 때의 원선도 등
			3. 코로나 현상	1. 코로나 현상 및 임계전압 2. 코로나 손실과 코로나에 의한 각종 장해 3. 코로나 방지 대책

필기과목명	문제수	주요항목	세부항목	세세항목
		6. 디지털공학	1. 수의 집합 및 코드화	1. 수의 진법 및 코드화 등
			2. 불대수 및 논리회로	1. 불대수 2. 논리회로 등
			3. 순서논리회로	1. 카운터 2. 레지스터 등
			4. 조합논리회로	1. 가산기 및 감산기 2. 인코더 및 디코더 등
		7. 공업경영	1. 품질관리	1. 통계적 방법의 기초 2. 샘플링 검사 3. 관리도 등
			2. 생산관리	1. 생산계획 2. 생산통계 등
			3. 작업관리	1. 작업방법연구 2. 작업시간연구 등
			4. 기타 공업경영에 관한 사항	1. 기타 공업경영에 관한 사항 등

💬 2. 최근 5회분 전기기능장 출제문제 경향분석

(단위 : 문항)

과 목	59회	60회	61회	62회	63회	계	평균
전기이론	7	7	14	12	13	53	11
전기기기	14	13	15	15	14	71	14
전력전자	4	10	4	7	6	31	6
전기설비설계	17	14	12	11	11	65	13
송배전공학	5	5	5	5	6	26	5
디지털공학	7	5	4	4	4	24	5
공업경영	6	6	6	6	6	30	6
소 계	60	60	60	60	60	300	60

3. 과목별 분포도

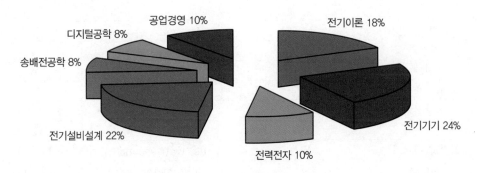

4. 교재에 수록된 기호 및 문자

1 그리스 문자

대문자	소문자	명칭	대문자	소문자	명칭
Δ	δ	델타(delta)	P	ρ	로(rho)
E	ε	엡실론(epsilon)	Σ	σ	시그마(sigma)
H	η	에타(eta)	T	τ	타우(tau)
Θ	θ	세타(theta)	Φ	ϕ	파이(phi)
M	μ	뮤(mu)	Ψ	ψ	프사이(psi)
Π	π	파이(pi)	Ω	ω	오메가(omega)

2 단위의 배수

기호	읽는 법	양	기호	읽는 법	양
G	giga	10^9	m	milli	10^{-3}
M	mega	10^6	μ	micro	10^{-6}
k	kilo	10^3	n	nano	10^{-9}

③ 전기 · 자기의 단위

양	기호	단위의 명칭	단위 기호
전압(전위, 전위)	V, U	volt	V
기전력	E	volt	V
전류	I	ampere	A
전력(유효전력)	P	watt	W
피상전력	P_a	voltampere	VA
무효전력	P_r	var	var
전력량(에너지)	W	joule, watt second	J, w · s
저항률	ρ	ohmmeter	$\Omega \cdot m$
전기저항	R	ohm	Ω
전도율	σ	mho/meter	$\mho/m$
자장의 세기	H	ampere−turn/meter	AT/m
자속	ϕ	weber	Wb
자속밀도	B	weber/meter^2	Wb/m^2
투자율	μ	henry/meter	H/m
자하	m	weber	Wb
전장의 세기	E	volt/meter	V/m
전속	ψ	coulomb	C
전속밀도	D	coulomb/meter^2	C/m^2
유전율	ε	farad/meter	F/m
전기량(전하)	Q	coulomb	C
정전용량	C	farad	F
자체인덕턴스	L	henry	H
상호인덕턴스	M	henry	H
주기	T	second	sec
주파수	f	hertz	Hz
각속도	ω	radian/second	rad/sec
임피던스	Z	ohm	Ω
어드미턴스	Y	mho	$\mho$
리액턴스	X	ohm	Ω
컨덕턴스	G	mho	$\mho$
서셉턴스	B	mho	$\mho$
열량	H	calorie	cal
힘	F	newton	N
토크	T	newton meter	Nm
회전속도	N	revolution per minute	rpm
마력	P	horse power	HP

CONTENTS
차례

Master Craftsman Electricity

PART **01**

전기이론

PART **02** 전기기기

PART 03 전력전자

PART
04
전기설비

전기이론

01 직류회로
CHAPTER

01 전기의 본질

(1) 물질과 전기

1) 물질의 구성

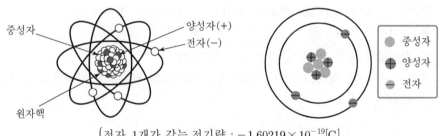

$$※\begin{cases}전자\ 1개가\ 갖는\ 전기량 : -1.60219 \times 10^{-19}[C]\\ 양성자\ 1개가\ 갖는\ 전기량 : +1.60219 \times 10^{-19}[C]\end{cases}$$

[원자의 모형과 구조]

2) 자유 전자(Free Electron)

① 원자핵과의 결합력이 약해 외부의 자극에 의하여 쉽게 원자핵의 구속력을 이탈할 수 있는 전자이다.

② 자유 전자의 이동이나 증감에 의해 전기적인 현상들이 발생한다.

(2) 전기의 발생

① 중성 상태(a) : 양성자와 전자 수가 동일
② 양전기 발생(b) : 자유전자가 물질 바깥으로 나감
③ 음전기 발생(c) : 자유전자가 물질 내부로 들어옴
④ 대전(Electrification) : 물질이 전자가 부족하거나 남게 된 상태에서 양전기나 음전기를 띠게 되는 현상

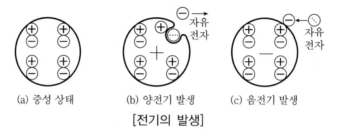

(a) 중성 상태   (b) 양전기 발생   (c) 음전기 발생

[전기의 발생]

(3) 전하와 전기량

① 전하(Electric Charge) : 어떤 물체가 대전되었을 때 이 물체가 가지고 있는 전기
② 전기량(Quantity Of Electricity) : 전하가 가지고 있는 전기의 양
   ⑦ 전기량의 기호 : Q
   ④ 전기량의 단위 : 쿨롱(Coulomb, 기호[C])
   ④ 1[C]은 $1/(1.60219 \times 10^{-19}) \fallingdotseq 6.24 \times 10^{18}$개의 전자의 과부족으로 생기는 전기량이다.

기출 및 예상문제

01 1[C]의 전기량은 약 몇 개의 전자 과부족으로 생기는 전하의 전기량인가? [2004]

① 1.602×10^{-19}

② 1

③ 9.10955×10^{-32}

④ 0.624×10^{19}

풀이 전자 1개의 전기량

$e = 1.602 \times 10^{-19}[C]$

1[C]의 전하는 $\dfrac{1}{1.602 \times 10^{-19}} = 0.624 \times 10^{19}$ 개의 전자 과부족으로 생기는 전하의 전기량이다.

답 ④

02 원자핵의 구속력을 벗어나서 물질 내에서 자유로이 이동할 수 있는 것은 어느 것인가?

① 중성자 　　　② 양자 　　　③ 분자 　　　④ 자유 전자

풀이 자유전자(Free Electron)

원자핵의 구속에서 이탈하여 자유로이 이동할 수 있는 전자이다. **답** ④

03 전기량의 단위는?

① [C] 　　　② [A] 　　　③ [W] 　　　④ [eV]

풀이 ① 전기량 ② 전류 ③ 전력 ④ 전자볼트 **답** ①

04 1전자 볼트(eV)는 약 몇 J인가? [2003]

① 1.60×10^{-19}

② 1.67×10^{-21}

③ 1.72×10^{-24}

④ 1.76×10^{9}

풀이 $1[eV] = 1.602 \times 10^{-19}[C] \times 1[V] = 1.602 \times 10^{-19}[J]$ ($\because$ W=QV[J]) **답** ①

05 물질 중에 있는 자유전자가 물질 밖으로 나가 물질 중의 자유전자가 부족상태일 때, 이 물질의 전기적인 상태는?

① 양전기 　　　② 음전기 　　　③ 중성 　　　④ 답 없음

풀이 ① 양전기 : 자유전자가 물질 바깥으로 나가 발생(전자부족)

② 음전기 : 자유전자가 물질 내부로 들어와 발생(전자과잉) **답** ①

02 전류와 전압 및 저항

(1) 전류

1) 전류(Electric Current)

전기회로에서 에너지가 전송되려면 전하의 이동이 있어야 한다. 이 전하의 이동을 전류라고 한다.

① 전류의 기호 : I

② 전류의 단위 : 암페어(Ampere, 기호[A])

③ 어떤 도체의 단면을 t[sec] 동안 Q[C]의 전하가 이동할 때 통과하는 전하의 양으로 정의한다.

$$I = \frac{Q}{t}[\mathrm{C/sec}] \,;\, [A]$$

따라서, 1[A]는 1[sec] 동안에 1[C]의 전기량이 이동할 때 전류의 크기이다.

2) 전류의 방향

전자는 음(−)극에서 양(+)극으로 이동하고, 전류는 양(+)극에서 음(−)극 으로 흐른다.

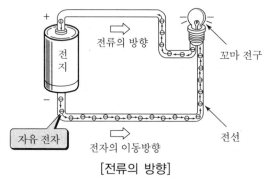

[전류의 방향]

(2) 전압

1) 전압(Electric Voltage) 또는 전위차

① 전류를 흐르게 하는 전기적인 에너지의 차이, 즉 전기적인 압력의 차를 말한다.

② 전기회로에 있어서 임의의 한 점의 전기적인 높이를 그 점의 전위라 한다.

③ 두 점 사이의 전위의 차를 전압으로 나타내며, 전류는 높은 전위에서 낮은 전위로 흐른다.

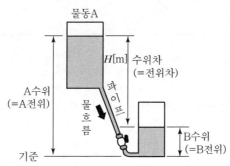

[수위차(수압)와 전위차(전압)의 관계]

2) 전압의 크기

① **전압의 기호** : V

② **전압의 단위** : 볼트(volt, 기호[V])

③ 어떤 도체에 Q[C]의 전기량이 이동하여 W[J]의 일을 하였다면 이때의 전압 V [V]는 다음과 같이 나타낸다.

$$V = \frac{W}{Q}[\text{J/C}] \; ; \; [\text{V}]$$

따라서, 1[V]는 1[C]의 전하가 두 점 사이를 이동할 때 얻거나 잃은 에너지가 1[J]일 때의 전위차를 말한다.

3) 기전력(EMF ; Electromotive Force)

① 대전체에 전지를 연결하여 전위차를 일정하게 유지시켜 주면 계속하여 전류를 흘릴 수 있는데, 이와 같이 전위차를 만들어 주는 힘을 기전력이라 한다.

② **기전력의 기호** : E

③ **기전력의 단위** : 볼트(volt, 기호[V]) – 전압과 동일

(3) 저항

1) 전기저항(Electric Resistance)과 고유저항(Specific Resistinity)

① 전기저항 : R(옴(ohm), 기호[Ω])

㉮ 전류의 흐름을 방해하는 전기적 양

㉯ 1[Ω] : 1[V]의 전압을 가했을 때 1[A]의 전류가 흐르는 저항

㉰ 도체의 단면적을 A, 길이를 ℓ이라 하고, 물질에 따라 결정되는 비례상수를 ρ라 하면

$$R = \rho \frac{l}{A} [\Omega]$$

㉱ 전선은 원형이므로 반지름이 $r[\text{m}]$, 지름이 $D[\text{m}]$인 원의 단면적 A는

$$A = \pi r^2 = \pi \left(\frac{D}{2}\right)^2 = \frac{\pi}{4} D^2 [\text{m}^2]$$

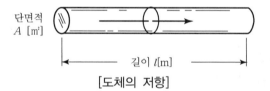

단면적 A [㎡]

길이 l[m]

[도체의 저항]

② 고유 저항 : ρ

길이 1[m], 단면적 1[m²]인 물체의 저항을 나타내며 물질에 따라 정해진 값이 된다. ρ를 물질의 고유저항 또는 저항률이라 한다.

$$\rho = R \frac{A}{l} [\Omega \cdot \text{m}]$$

2) 컨덕턴스(Conductance)와 전도율(Conductivity)

① 컨덕턴스 : G(모(mho), 기호[℧] ; 지멘스(siemens), 기호[S])

㉮ 전류가 흐르기 쉬운 정도를 나타내는 전기적인 양

㉯ 저항의 역수

$$R = \frac{1}{G} [\Omega], \quad G = \frac{1}{R} [\text{℧}]$$

② 전도율 : σ

㉮ 단위 : $[\mho/\mathrm{m}] = [\Omega^{-1}/\mathrm{m}] = [\mathrm{S}/\mathrm{m}]$

㉯ 고유저항과 전도율의 역수 관계

$$\sigma = \frac{1}{\rho} = \frac{1}{\dfrac{RA}{l}} = \frac{l}{RA}[\mho/\mathrm{m}]$$

3) 여러 가지 물질의 고유저항

① 도체 : 전기가 잘 통하는 $10^{-4}[\Omega \cdot \mathrm{m}]$ 이하의 고유저항을 갖는 물질(도전재료)

② 부도체 : 전기가 거의 통하지 않는 $10^{6}[\Omega \cdot \mathrm{m}]$ 이상의 고유저항을 갖는 물질(절연재료)

③ 반도체 : 도체와 부도체의 양쪽 성질을 갖는 $10^{-4} \sim 10^{6}[\Omega \cdot \mathrm{m}]$의 고유저항을 갖는 물질(규소(Si), 게르마늄(Ge))

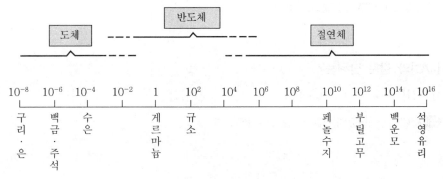

[여러 가지 물질의 고유저항]

기출 및 예상문제

01 어느 도체의 단면을 1시간에 9,000C의 전기량이 통과했다고 하면 전류는 몇 [A]인가?

[2002]

① 1 　　　　② 1.5 　　　　③ 2 　　　　④ 2.5

풀이 $Q=9,000[C]$, $t=1$시간$=60$분$\times 60$초$=3,600[sec]$

$$I=\frac{Q}{t}=\frac{9,000[C]}{3,600[sec]}=2.5[A]$$

답 ④

02 어떤 도체에 2[A]의 전류를 3분간 흘렸다면 도체에 통과한 전기량은 몇 [C]인가?

[2003]

① 180 　　　　② 240 　　　　③ 360 　　　　④ 720

풀이 $I=2[A]$, $t=3$분$=3\times 60[sec]=180[sec]$

$$Q=It=2[A]\times 180[sec]=360[C]$$

답 ③

03 [J/C]와 같은 단위는?

① [N] 　　　　② [V] 　　　　③ [H] 　　　　④ [F]

풀이 $V[V]=\dfrac{W}{Q}[J/C]$, $1[V]=1[J/C]=1[Nm/C]$

답 ②

04 3[V]의 기전력으로 300[C]의 전기량이 이동할 때 몇 [J]의 일을 하게 되는가?

① 1,000 　　　　② 900 　　　　③ 600 　　　　④ 300

풀이 $W=V\cdot Q=3[V]\times 300[C]=900[J]$

답 ②

05 1[Ω · m]와 같은 것은?

① $1\mu\Omega \cdot cm$ 　　　　② $10^2\Omega \cdot mm^2$
③ $10^4\Omega \cdot m$ 　　　　④ $10^6\Omega \cdot mm^2/m$

풀이 $1\Omega \cdot m=10^2\Omega \cdot cm=10^3\Omega \cdot mm=10^6\Omega \cdot mm^2/m$

답 ④

06 같은 길이의 저항으로 지름을 2배로 하면 저항값은 몇 배가 되는가?

① 1/2　　　　　　　　　　　② 1/4

③ 2　　　　　　　　　　　　④ 4

풀이 ㉠ 지름 D[m]의 전선의 단면적

$$A = \pi r^2 = \pi \left(\frac{D}{2}\right)^2 = \frac{\pi}{4}D^2[\text{m}^2]\,(r은\ 반지름)$$

㉡ $R = \rho\dfrac{\ell}{A} = \rho\dfrac{\ell}{\dfrac{\pi}{4}D^2}[\Omega]$이므로 저항 R은 지름 D^2에 반비례한다.

㉢ 지름 D일 때 저항을 R, 지름 $D' = 2D$일 때 저항을 R'라고 하면,

$$R : R' = \frac{1}{D^2} : \frac{1}{D'^2}$$

$$R' = \frac{D^2}{D'^2}\quad R = \frac{D^2}{(2D)^2}\quad R = \frac{1}{4}R$$

답 ②

07 어느 도선의 길이를 2배로 하고 전기저항을 5배로 하려고 한다면 동선의 단면적은?

① 10배로 한다.　　　　　　② 0.4배로 한다.

③ 2배로 한다.　　　　　　　④ 2.5배로 한다.

풀이 ㉠ $R = \rho\dfrac{\ell}{A}[\Omega]$에서, $A = \rho\dfrac{\ell}{R}$이므로 A는 $\dfrac{\ell}{R}$에 비례관계를 가지고 있다.

㉡ 길이 ℓ, 저항 R일 때 단면적을 A, 길이 $\ell' = 2\ell$, 저항 $R' = 5R$일 때 단면적을 A'라 하면,

$$A : A' = \frac{\ell}{R} : \frac{\ell'}{R'} = \frac{\ell}{R} : \frac{2\ell}{5R}$$

$$A' = \frac{R}{\ell} \cdot \frac{2\ell}{5R} \cdot A = \frac{2}{5}A = 0.4\text{A}$$

답 ②

08 전기저항의 역수는?

① 컨덕턴스　　　　　　　　② 저항률

③ 서셉턴스　　　　　　　　④ 고유저항

풀이 ① 컨덕턴스 $G = \dfrac{1}{R}[\mho]$, 저항의 역수

② 저항률=고유저항=$\rho[\Omega \cdot \text{m}]$

③ 서셉턴스 $B = \dfrac{1}{X}[\mho]$, 리액턴스의 역수

답 ①

09 표준연동의 전도율[℧/m]은?

[2003]

① 1.72×10^{-8} ② 1.69×10^{-8}

③ 5.5×10^{7} ④ 5.8×10^{7}

풀이 ① 표준연동의 고유저항 $\rho_s = \dfrac{1}{58} \times 10^{-6} = 1.7241 \times 10^{-8}[\Omega \cdot m]$

② 표준연동의 전도율 $\sigma_s = \dfrac{1}{\rho_s} = 58 \times 10^6 = 5.8 \times 10^7[℧/m]$ **답** ④

10 0.5[S]의 콘덕턴스를 저항으로 환산하면 몇 [Ω]인가?

[2004]

① 0.02 ② 0.5

③ 2 ④ 4

풀이 $R = \dfrac{1}{G} = \dfrac{1}{0.5} = 2[\Omega]$ $(\because 1[S] = 1[℧])$ **답** ③

03 전기회로의 회로해석

(1) 옴의 법칙(Ohm's Law)

저항에 흐르는 전류의 크기는 저항에 인가한 전압에 비례하고, 전기저항에 반비례한다.

$$I = \frac{V}{R}[\text{A}], \quad V = IR[\text{V}], \quad R = \frac{V}{I}[\Omega]$$

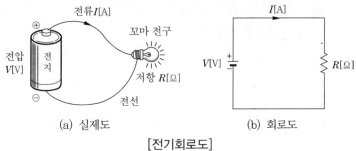

(a) 실제도   (b) 회로도

[전기회로도]

(2) 저항의 접속

1) 직렬접속회로

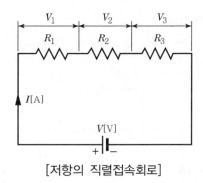

[저항의 직렬접속회로]

① 합성 저항(R)

$$R = R_1 + R_2 + R_3 [\Omega]$$

② 직렬로 접속회로에 있어서 각 저항에 흐르는 전류의 세기는 같다.

③ 전류(I)

$$I = \frac{V}{R} = \frac{V}{R_1 + R_2 + R_3}[A]$$

④ 각 저항 양단의 전압 V_1, V_2, V_3[V]는 옴의 법칙에 의하여 다음과 같다.

㉮ $V_1 = R_1 I$ [V]

$V_2 = R_2 I$ [V]

$V_3 = R_3 I$ [V]

㉯ $V = V_1 + V_2 + V_3$ [V]

$= R_1 I + R_2 I + R_3 I$ [V]

$= (R_1 + R_2 + R_3) \cdot I$ [V]

⑤ 각 저항에 나타나는 전압은 각 저항값에 비례하여 분배된다.

$$V_1 = \frac{R_1}{R} V [V], \quad V_2 = \frac{R_2}{R} V [V], \quad V_3 = \frac{R_3}{R} V [V]$$

⑥ N개의 같은 크기의 저항이 직렬로 접속되었을 때의 합성저항(R_S)

$$R_S = N \cdot R [\Omega]$$

1개의 저항에 N배이다.

2) 병렬접속회로

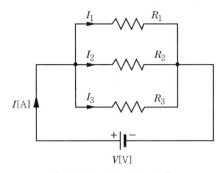

[저항의 병렬접속회로]

① 합성 저항(R)

$$R = \cfrac{1}{\cfrac{1}{R_1} + \cfrac{1}{R_2} + \cfrac{1}{R_3}} [\Omega]$$

② 병렬접속회로에 있어서 각 저항 양단에 나타나는 전압은 같다.

③ 저항 R_1, R_2, R_3에 흐르는 전류는 각 저항의 크기에 반비례하여 흐른다.

$$I_1 = \frac{V}{R_1}[A], \; I_2 = \frac{V}{R_2}[A], \; I_3 = \frac{V}{R_3}[A]$$

㉮ $I = I_1 + I_2 + I_3 [A]$

$\quad = \dfrac{V}{R_1} + \dfrac{V}{R_2} + \dfrac{V}{R_3}$

$\quad = \left(\dfrac{1}{R_1} + \dfrac{1}{R_2} + \dfrac{1}{R_3} \right) \cdot V[A]$

④ 각 분로에 흐르는 전류비는 저항값에 반비례하여 흐르고 각 분로에 흐르는 전류
는 다음과 같다.

$$I_1 = \frac{R}{R_1}I[A], \; I_2 = \frac{R}{R_2}I[A], \; I_3 = \frac{R}{R_3}I[A]$$

⑤ N개의 같은 크기의 저항이 병렬로 접속되었을 때의 합성저항(R_P)

$$R_P = \frac{R}{N}[\Omega]$$

1개의 저항에 $\dfrac{1}{N}$배이다.

3) 직 · 병렬접속회로

① 그림(a)에서 $a -$사이의 병렬회로의 합성저항 R_{ab}

$$R_{ab} = \cfrac{1}{\cfrac{1}{R_1} + \cfrac{1}{R_2}} = \frac{R_1 R_2}{R_1 + R_2}[\Omega]$$

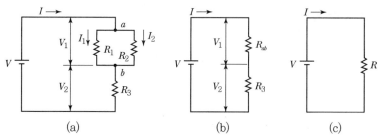

[저항의 직 · 병렬접속회로]

② 그림(b)에서 R_{ab}와 R_3의 직렬회로에 있어서의 합성저항

$$R = R_{ab} + R_3 = \frac{R_1 R_2}{R_1 + R_2} + R_3 \, [\Omega]$$

③ 그림(c)에서의 전전류 $I\,[\mathrm{A}]$

$$I = \frac{V}{R} \, [\Omega]$$

(3) 키르히호프의 법칙(Kirchhoff's Law)

1) 제1법칙(전류의 법칙)

① 회로의 접속점(Node)에서 볼 때, 접속점에 흘러들어오는 전류의 합은 흘러나가는 전류의 합과 같다.(Σ유입전류 $=\Sigma$유출전류)

② $I_1 + I_2 = I_3$, $\quad I_1 + I_2 - I_3 = 0$, $\quad \Sigma I = 0$

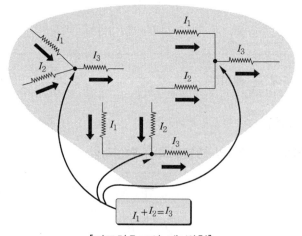

[키르히호프의 제1법칙]

2) 제2법칙(전압의 법칙)

① 임의의 폐회로에서 기전력의 총합은 회로소자(저항)에서 발생하는 전압 강하의 총합과 같다.($\sum$기전력 $= \sum$전압강하)

② $E_1 - E_2 + E_3 = IR_1 + IR_2 + IR_3 + IR_4$, $\sum E = \sum IR$

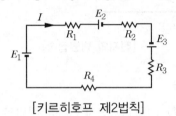

[키르히호프 제2법칙]

(4) 전지의 접속

1) 전지의 직렬접속

기전력 $E\,[\text{V}]$, 내부저항 $r\,[\Omega]$인 전지 n개를 직렬접속하고 여기에 부하저항 $R\,[\Omega]$을 접속하였을 때, 부하에 흐르는 전류는

$$I = \frac{nE}{R + nr}[\text{A}]$$

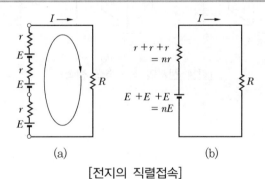

(a)   (b)

[전지의 직렬접속]

2) 전지의 병렬접속

기전력 $E\,[\text{V}]$, 내부저항 $r\,[\Omega]$인 전지 N조를 병렬접속하고 여기에 부하저항 $R\,[\Omega]$을 접속하였을 때 부하에 흐르는 전류는

$$I = \frac{E}{\dfrac{r}{N} + R}[\text{A}]$$

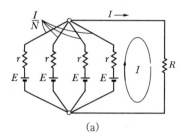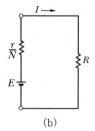

(a)　　　　　　　　　　(b)

[전지의 병렬접속]

3) 전지의 직·병렬 접속

기전력 E[V], 내부저항 r[Ω]인 전지 n개를 직렬로 접속하고 이것을 다시 병렬로 N조를 접속하였을 때 부하저항 R[Ω]에 흐르는 전류는

$$I = \frac{nE}{\dfrac{nr}{N}+R} = \frac{E}{\dfrac{r}{N}+\dfrac{R}{n}}$$

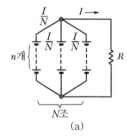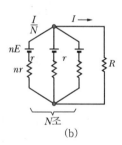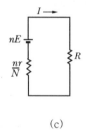

(a)　　　　　　　　　(b)　　　　　　　　(c)

[같은 전지의 직·병렬 접속]

기출 및 예상문제

01 다음 그림에서 2Ω의 저항을 나타내고 있는 것은?

① 1

② 2

③ 3

④ 4

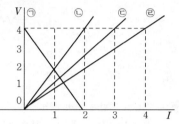

 ㉠의 기울기 $-\dfrac{4}{2}=-2$, ㉡의 기울기 $\dfrac{4}{2}=2$

㉢의 기울기 $\dfrac{4}{3}$, ㉣의 기울기 $\dfrac{4}{4}=1$이다.

답 ②

02 3Ω의 저항 5개, 4Ω의 저항 5개, 5Ω의 저항 3개가 있다. 이들은 모두 직렬 접속할 때 합성저항은 몇 Ω인가?

① 75   ② 50   ③ 45   ④ 35

풀이 $R=3\times5+4\times5+5\times3=50\Omega$

답 ②

03 다음 그림에서 회로에 전압 100V를 가하였을 때, 10Ω의 저항에 흐르는 전류는 얼마인가?(단, 저항의 단위는 [Ω]이다.)

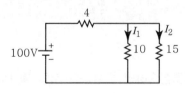

① 4A   ② 6A   ③ 8A   ④ 10A

풀이 ㉠ 합성저항 : $R=4+\dfrac{10\times15}{10+15}=10\Omega$

㉡ 전 전류 : $I=\dfrac{V}{R}=\dfrac{100}{10}=10A$

㉢ $I_1=\dfrac{R_2}{R_1+R_2}\cdot I=\dfrac{15}{10+15}\times10=6A$

답 ②

04 다음 그림과 같은 회로에 저항이 $R_1 > R_2 > R_3 > R_4$일 때 전류가 최소로 흐르는 저항은?

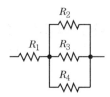

① R_1 ② R_2 ③ R_3 ④ R_4

풀이 ① 전류는 저항에 반비례한다.

    ② $R_2 > R_3 > R_4$일 때 각 저항에 흐르는 전류는 $I_2 < I_3 < I_4$가 된다.

    ③ R_1에 흐르는 전류는 $I_1 = I_2 + I_3 + I_4$이므로 $I_2 < I_3 < I_4 < I_1$이 된다.   **답** ②

05 그림에서 B점의 전위가 100V, D점의 전위가 60V이면 A, B 사이 $3\,\Omega$에 흐르는 전류 [A]는?

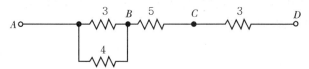

① 12/7   ② 16/7   ③ 20/7   ④ 24/7

풀이 ㉠ $V_{BD} = V_B - V_D = 100 - 60 = 40V$

    ㉡ BD 사이에 흐르는 전류 $I = \dfrac{V_{BD}}{R_{BD}} = \dfrac{40}{5+3} = 5A$

    ㉢ $3\,\Omega$에 흐르는 전류 $I_1 = \dfrac{4}{4+3} \times 5 = \dfrac{20}{7}A$ **답** ③

06 $5\,\Omega$의 저항 10개를 직렬접속하면 병렬접속 시의 몇 배가 되는가?   [2003][2007]

① 20   ② 50   ③ 100   ④ 250

풀이 ㉠ 직렬접속저항 $Rs = nR = 10 \times 5 = 50[\Omega]$

    ㉡ 병렬접속저항 $Rp = \dfrac{R}{n} = \dfrac{5}{10} = 0.5[\Omega]$

    ㉢ $Rs : Rp = 50 : 0.5$

      $Rs = \dfrac{50}{0.5} Rp = 100 Rp$ **답** ③

07 10[Ω]의 저항 10개를 직렬로 접속할 때의 합성저항은 병렬로 접속할 때의 합성저항의 몇 배가 되는가?

[2005]

① 100   ② 10   ③ 1   ④ 0.1

풀이 ㉠ 직렬접속저항 $Rs = nR = 10 \times 10 = 100[\Omega]$

㉡ 병렬접속저항 $Rp = \dfrac{R}{n} = \dfrac{10}{10} = 1[\Omega]$

㉢ $Rs : Rp = 100 : 1$

$$Rs = \dfrac{100}{1} Rp = 100 Rp$$

답 ①

08 같은 저항 3개를 직렬로 연결하였을 때의 저항은 병렬로 연결하였을 때의 몇 배인가?

[2004]

① 3배   ② 6배   ③ 9배   ④ 12배

풀이 ① 직렬접속저항 $Rs = nR = 3R$

② 병렬접속저항 $Rp = \dfrac{R}{n} = \dfrac{R}{3}$

③ $Rs : Rp = 3R : \dfrac{R}{3}$ $Rs = \dfrac{3}{R} \times 3R \times Rp = 9 Rp$

답 ③

09 100[Ω]의 저항을 병렬로 무한히 연결하였을 때 합성저항은 몇 [Ω]인가?

[2008]

① 1   ② 0   ③ ∞   ④ 100

풀이 합성저항 $Rp = \dfrac{R}{n} = \dfrac{100}{\infty} = 0[\Omega]$

답 ②

10 그림과 같은 회로에 전압 200V를 가할 때 20Ω의 저항에 흐르는 전류는 몇 A인가?

[2003][2008]

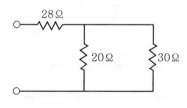

① 2   ② 3   ③ 5   ④ 8

풀이 ㉠ 합성저항 $R = 28 + \dfrac{20 \times 30}{20 + 30} = 40[\Omega]$

㉡ 전전류 $I = \dfrac{V}{R} = \dfrac{200}{40} = 5[\text{A}]$

㉢ 20Ω의 저항에 흐르는 전류

$I_{20\Omega} = \dfrac{30}{20 + 30} \times 5 = 3[\text{A}]$

답 ②

11 그림과 같은 회로에 전압 50[V]를 가할 때 15[Ω]의 저항에 흐르는 전류는 몇 [A]인가?

[2005]

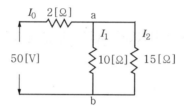

① 1.5   ② 2.5   ③ 3.5   ④ 4.2

풀이 ㉠ 합성저항 $R = 2 + \dfrac{10 \times 15}{10 + 15} = 8[\Omega]$

㉡ 전전류 $I = \dfrac{V}{R} = \dfrac{50}{8} = 6.25[\text{A}]$

㉢ 15[Ω]의 저항에 흐르는 전류

$I_{15\Omega} = \dfrac{10}{10 + 15} \times 6.25 = 2.5[\text{A}]$

답 ②

12 그림과 같은 회로에서 a, b 간의 100V의 직류전압을 가했을 때 10Ω의 저항에 4A의 전류가 흘렸다. 이때 저항 r_1에 흐르는 전류와 저항 r_2에 흐르는 전류의 비가 1 : 4라고 하면 r_1 및 r_2의 저항값은 각각 얼마인가?

[2007]

① $r_1 = 12$, $r_2 = 3$ ② $r_1 = 36$, $r_2 = 9$

③ $r_1 = 60$, $r_2 = 15$ ④ $r_1 = 40$, $r_2 = 10$

풀이 ㉠

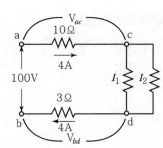

$V_{ac} = I \cdot R_{10\,\Omega} = 4 \times 10 = 40\text{V}$

$V_{bd} = I \cdot R_{3\,\Omega} = 4 \times 3 = 12\text{V}$

$V_{cd} = V - (V_{ac} + V_{bd})$

$\qquad = 100 - (40 + 12)$

$\qquad = 48[\text{V}]$

㉡

$I_1 : I_2 = 1 : 4$ 이므로 $I_2 = 4I_1$의 관계이다.

c점에서 키르히호프 제1법칙을 적용하면,

$I_1 + I_2 = 4[\text{A}]$,

$I_1 + 4I_1 = 5I_1 = 4[\text{A}]\,(\because I_2 = 4I_1)$

$I_1 = \dfrac{4}{5}[\text{A}] = 0.8[\text{A}]$

$I_2 = 4 - I_1 = 4 - 0.8 = 3.2[\text{A}]$

㉢ $r_1 = \dfrac{V_{cd}}{I_1} = \dfrac{48}{0.8} = 60[\Omega]$

$r_2 = \dfrac{V_{cd}}{I_2} = \dfrac{48}{3.2} = 15[\Omega]$

답 ③

---

13 회로에서 단자 AB 간의 합성저항은 몇 Ω 인가?

[2005]

① 10　　　　② 12　　　　③ 15　　　　④ 30

풀이 ㉠

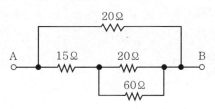

$15\Omega\left(\because \dfrac{60 \times 20}{60 + 20} = 15\Omega\right)$

㉡

$R_{AB} = \dfrac{20 \times (15 + 15)}{20 + (15 + 15)} = \dfrac{600}{50} = 12[\Omega]$

답 ②

14 3℧와 4℧의 컨덕턴스를 병렬접속할 때의 합성값은?

① 2℧ 　　　　　　　　② 5℧
③ 7℧ 　　　　　　　　④ 9℧

풀이 ㉠ 컨덕턴스의 병렬접속의 합성값
$$G = G_1 + G_2 = 3 + 4 = 7℧$$
　　 ㉡ 컨덕턴스의 직렬접속의 합성값
$$G = \frac{G_1 \cdot G_2}{G_1 + G_2}$$

답 ③

15 그림과 같은 회로의 컨덕턴스의 $G_{af}[℧]$은?

[2003][2004]

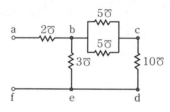

① 1.6 　　　　　　　　② 3.2
③ 6 　　　　　　　　　④ 12

풀이 ① $G_{bc} = 5 + 5 = 10℧$

② $G_{bd} = \dfrac{10 \times 10}{10 + 10} = 5℧$

③ $G_{be} = 3 + 5 = 8℧$

④ $G_{af} = \dfrac{2 \times 8}{2 + 8} = \dfrac{16}{10} = 1.6℧$

답 ①

16 "회로망에서 임의의 접속점에 유입하는 여러 전류의 총합은 0이다"라는 법칙은 무엇인가?

① 쿨롱의 법칙 　　　　　② 옴의 법칙
③ 패러데이 법칙 　　　　④ 키르히호프의 법칙

풀이 키르히호프의 제1법칙(KCL)

답 ④

17 그림에서 전류 I 는 몇 A인가?

[2003]

① -1.0 ② -1.5 ③ -2.0 ④ -2.5

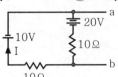

풀이 ㉠ 키르히호프의 제2법칙 : $\sum V = \sum IR$

㉡ $\sum V = -10 - 20 = -30[\text{V}]$ ($\because$ 전류의 방향이 반대이다.)

㉢ $\sum IR = I(10 + 10) = 20I[\text{V}]$

$$\therefore I = \frac{-30}{20} = -1.5[\text{A}]$$

답 ②

18 그림과 같은 회로에서 단자 a, b에서 본 합성저항 [Ω]은?

[2006]

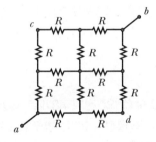

① $\frac{1}{2}R$ ② $\frac{1}{3}R$ ③ $\frac{3}{2}R$ ④ $2R$

풀이 ㉠ 단위전류법 : 기하학적으로 이루어진 회로망에서 합성저항을 구할 때는 1A의 전류를 입력단자에 흘려 각 저항에서 분배되는 특성으로 알 수 있는 방법

㉡ $R_{ab} = R\left(\frac{1}{2} + \frac{1}{4} + \frac{1}{4} + \frac{1}{2}\right) = \frac{3}{2}R$

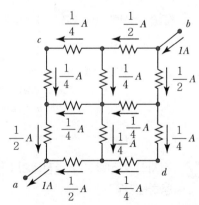

답 ③

19 기전력 1.5V, 내부저항 0.1 Ω 인 전지 10개를 직렬로 연결하여 2 Ω 의 저항을 가진 전구에 연결할 때 전구에 흐르는 전류[A]는 얼마인가?

① 2A   ② 3A   ③ 4A   ④ 5A

풀이 ㉠ 전지의 내부저항 $r_0 = nr = 10 \times 0.1 = 1[\Omega]$ ($\because$ 직렬연결)

㉡ 전지의 전압 $V_0 = nV = 10 \times 1.5 = 15[V]$

㉢ 전체 합성저항 $R_0 = r_0 + R_{lamp} = 1 + 2 = 3[\Omega]$

㉣ 전류 $I = \dfrac{V_0}{R_0} = \dfrac{15}{3} = 5[A]$ **답** ④

20 내부저항 0.5[Ω]인 건전지 20개를 직렬로 연결하고 이것을 한조로 하여 4조 병렬로 접속하면 합성내부 저항[Ω]은?   [2003]

① 0.5   ② 1.5   ③ 2.5   ④ 5

풀이 ㉠ 직렬 1조의 합성저항 $r_s = nr = 20 \times 0.5 = 10\Omega$ (n : 직렬접속 수)

㉡ 병렬 4조의 합성저항 $r_p = \dfrac{r_s}{m} = \dfrac{10}{4} = 2.5\Omega$ (m : 병렬접속 수)   **답** ③

21 기전력 1.5[V], 내부저항 0.5[Ω]의 전지 48개로 직병렬 접속하여 부하저항 1.5[Ω]에 전력을 공급하고자 한다. 직렬접속수 n, 병렬회로수 m이 각각 몇 개일 때 부하에 최대전력을 공급할 수 있는가?   [2004]

① $n = 48$, $m = 1$ ② $n = 24$, $m = 2$ ③ $n = 16$, $m = 3$ ④ $n = 12$, $m = 4$

풀이 ㉠ 최대 전력 공급 조건은 합성 내부저항과 부하저항이 같아야 한다. 즉, $r_0 = R = 1.5[\Omega]$

㉡ 합성 내부저항 $r_0 = \dfrac{n}{m} r = \dfrac{n}{m} \times 0.5 = 1.5$ ($\because r_0 = R$), $n = \dfrac{1.5}{0.5}m = 3m$

㉢ 전지 48개 $n \times m = 48$,

$3m \times m = 48(n = 3m)$

$m = 4$, $n = 3m = 3 \times 4 = 12$ **답** ④

22 전지의 기전력이나 열전대의 기전력을 가장 정확하게 측정하는 데는 어떤 측정기를 사용하는가?   [2006]

① 전류력계형 계기   ② 캠벌 브리지

③ 켈빈 더블 브리지   ④ 직류 전위차계

     답 ④

전력과 전기회로 측정

(1) 전력과 전력량

1) 전력(Electric Power)

① 전력의 기호 : P

② 전력의 단위 : 와트[Watt, 기호[W])

③ 1[sec] 동안에 변환 또는 전송되는 전기에너지

$$P = \frac{W\,[\text{J}]}{t\,[\text{sec}]}\,[\text{W}], \ 1\,[\text{W}] = 1\,[\text{J/sec}]$$

④ $R\,[\Omega]$의 저항에 $V[\text{V}]$의 전압을 가하여 $I[\text{A}]$의 전류가 흘렀을 때의 전력

$$P = VI = I^2 R = \frac{V^2}{R}\,[\text{W}]\ (\because V = IR)$$

2) 전력량

① 전력량의 기호 : W

② 전력량의 단위 : 와트 아워[Watt hour, 기호[Wh])

③ 어느 일정시간 동안의 전기에너지가 한 일의 양

$$W = Pt\,[\text{J}]\,[\text{W} \cdot \text{sec}], \ 1\,[\text{J}] = 1\,[\text{W} \cdot \text{sec}]$$

④ $R\,[\Omega]$의 저항에 $V[\text{V}]$의 전압을 가하여 $I[\text{A}]$의 전류를 $t\,[\text{hour}]$ 동안 흘릴 때의 전력량

$$W = Pt = VIt = I^2 Rt = \frac{V^2}{R}t\,[\text{Wh}]$$

⑤ 전력량의 실용단위(Wh 또는 kWh)

$$1\,[\text{kWh}] = 10^3\,[\text{Wh}] = 3.6 \times 10^6\,[\text{W} \cdot \text{sec}] = 3.6 \times 10^6\,[\text{J}]$$
$$(\because \ 1[\text{Wh}] = 3,600\,[\text{W} \cdot \text{sec}])$$

(2) 줄의 법칙

1) 줄의 법칙(Joule's Law)

① 도체에 흐르는 전류에 의하여 단위시간 내에 발생하는 열량은 도체의 저항과 전류의 제곱에 비례한다.

② 저항 $R[\Omega]$에 $I[A]$의 전류를 $t[sec]$ 동안 흘릴 때 발생한 열을 줄열이라 하고, 일반적으로 열량의 단위는 칼로리(calorie, 기호 [cal])라는 단위를 많이 사용한다.

$$H = \frac{1}{4.186}I^2Rt \fallingdotseq 0.24I^2Rt[cal]$$

2) 열량의 단위환산

① $1[J] = 0.24[cal]$

② $1[kWh] = 860[kcal]$

(3) 전류와 전압 및 저항의 측정

1) 분류기(Shunt)

전류계의 측정 범위 확대를 위해 전류계의 병렬로 접속하는 저항기

① 배율 : $n = \dfrac{I_0}{I_A} = \left(1 + \dfrac{R_A}{R_s}\right)$

② 분류저항 : $R_s = \dfrac{R_A}{n-1}[\Omega]$

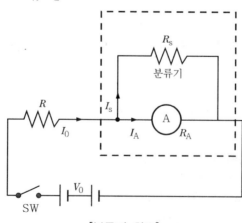

[분류기 회로]

2) 배율기(Multiplier)

전압계의 측정범위 확대를 위해 전압계와 직렬로 접속하는 저항기

① 배율

$$m = \frac{V_0}{V} = \left(1 + \frac{R_m}{R_v}\right)$$

② 배율저항

$$R_m = R_v(m - 1)\,[\Omega]$$

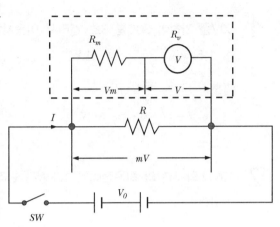

[배율기 회로]

3) 휘스톤 브리지(Wheatstone Bridge)

저항을 측정하기 위해 4개의 저항과 검류계(Galvano Meter) G를 그림과 같이 브리지로 접속한 회로를 휘스톤 브리지 회로라 한다.

① X가 미지의 저항이라 할 때 나머지 저항을 가감하여 I_g가 0이 되었을 때를 휘스톤 브리지 평형이라 한다.

② 브리지가 평형 되었을 때 a-c 사이와 a-d 사이의 전압강하는 같게 되므로 다음과 같은 관계가 성립된다.

$$I_1 P = I_2 Q, \ \ I_1 X = I_2 R$$
$$\frac{I_2}{I_1} = \frac{P}{Q} = \frac{X}{R}$$

③ 브리지의 평형조건 $PR = QX$ 가 성립된다.

$$X = \frac{P}{Q} R \,[\Omega]$$

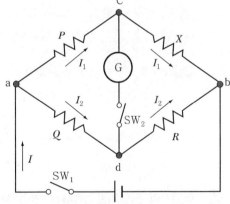

[휘스톤 브리지 회로]

기출 및 예상문제

01 50V를 가하여 30C를 3초 걸려서 이동시켰다. 이때의 전력은?

① 1.5kW ② 1kW ③ 0.5kW ④ 0.498kW

풀이 ㉠ $I = \dfrac{Q}{t} = \dfrac{30}{3} = 10A$

㉡ $P = VI = 50 \times 10 = 500W$ **답** ③

02 10kΩ의 저항의 허용전력은 10kW라 한다. 허용전류는 몇 A인가?

① 100 ② 1 ③ 10 ④ 0.1

풀이 $P = I^2 \cdot R[W]$에서 $I = \dfrac{\sqrt{P}}{\sqrt{R}} = \dfrac{\sqrt{10 \times 10^3}}{\sqrt{10 \times 10^3}} = 1A$ **답** ②

03 100V용 30W의 전구와 60W의 전구가 있다. 이것을 직렬로 접속하여 100V의 전압을 인가하면? [2004][2006]

① 30W의 전구가 더 밝다.
② 60W의 전구가 더 밝다.
③ 두 전구의 밝기가 모두 같다.
④ 두 전구 모두 켜지지 않는다.

풀이 ㉠ $P = \dfrac{V^2}{R}$에서, $P \propto \dfrac{1}{R}$이므로

30W전구의 저항이 60W전구의 저항보다 더 크다.($\therefore R_{30W} > R_{60W}$)

㉡ 직렬접속 시 전류는 같으므로 $I^2 R_{30W} > I^2 R_{60W}$이다.

즉, 전력이 큰 30W 전구가 더 밝다. **답** ①

04 900W의 전열기를 10시간 연속 사용했을 때의 전력량은 몇 kWh인가?

① 0.9kWh ② 4.5kWh
③ 9kWh ④ 90kWh

풀이 $W = Pt = 900 \times 10 = 9,000Wh = 9kWh$ **답** ③

05 어떤 가정에서 220V 100W의 전구 2개를 매일 8시간, 220V 1kW의 전열기 1대를 매일 2시간씩 사용한다고 한다. 이 집의 한 달 동안의 소비전력량은 몇 kWh 인가?(단, 한 달은 30일로 한다.) [2007]

① 432　　　　② 324　　　　③ 216　　　　④ 108

풀이 ㉠ 100W 전구 2개의 전력량 $W_1 = 100W \times 2개 \times 8시간 \times 30일 = 48,000Wh = 48kWh$

㉡ 1kW 전열기 1대의 전력량 $W_2 = 1000W \times 1대 \times 2시간 \times 30일 = 60,000Wh = 60kWh$

㉢ $W = W_1 + W_2 = 48 + 60 = 108kWh$　　　　**답** ④

06 전류의 열작용과 관계있는 법칙은? [2002]

① 옴의 법칙　　　　　　② 키르히호프의 법칙
③ 줄의 법칙　　　　　　④ 플레밍의 법칙

풀이 줄의 법칙

도체에 흐르는 전류에 의하여 단위시간 내에 발생하는 열량은 도체의 저항과 전류의 제곱에 비례한다. ($H = 0.24I^2Rt[cal]$)　　　　**답** ③

07 1.5[kW]의 전열기를 정격상태에 1시간 사용할 때 발열량은 몇 [kcal]인가? [2003]

① 648　　　　② 1,296　　　　③ 1,500　　　　④ 3,050

풀이 $H = 0.24Pt = 0.24 \times 1.5 \times 1 \times 3,600 = 1,296kcal$　　　　**답** ②

08 10[Ω]의 저항에 10A를 10분간 흘렸을 때의 발열량은 몇 kcal인가? [2002]

① 123　　　　② 144　　　　③ 156　　　　④ 165

풀이 $H = 0.24Pt = 0.24I^2Rt = 0.24 \times 10^2 \times 10 \times 10 \times 60 = 144,000cal = 144kcal$　　　　**답** ②

09 전기회로에 전류를 2초 동안 흘렸을 때 4Ω의 저항에서 발생하는 열에너지는 몇 J인가?

① 16　　　　② 24
③ 32　　　　④ 48

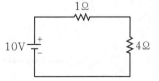

풀이 ㉠ $I = \dfrac{V}{R} = \dfrac{10}{1+4} = 2[A]$

㉡ $W = I^2Rt = 2^2 \times 4 \times 2 = 32[J]$　　　　**답** ③

10 100V의 전압에서 5A의 전류가 흐르는 전기다리미를 1시간 사용했을 때 발생되는 열량[kcal]은?

① 약 260　　　　② 약 430　　　　③ 약 860　　　　④ 약 940

풀이 $H=0.24Pt=0.24\,VIt=0.24\times100[V]\times5[A]\times1[시간]\times60[분]\times60[초]=432,000\text{cal}=430\text{kcal}$

답 ②

11 분류기를 사용하여 전류를 측정하는 경우 전류계의 내부저항이 0.12[Ω], 분류기의 저항이 0.04[Ω]이면 그 배율은? [2006]

① 4　　　　　　② 5　　　　　　③ 6　　　　　　④ 7

풀이

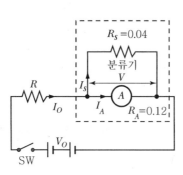

㉠ $I_S=\dfrac{V}{R_S}=\dfrac{V}{0.04}$

㉡ $I_A=\dfrac{V}{R_A}=\dfrac{V}{0.12}$

㉢ $I_0=I_S+I_A=\dfrac{V}{0.04}+\dfrac{V}{0.12}$

㉣ $n=\dfrac{I_0}{I_A}=\dfrac{\dfrac{V}{0.04}+\dfrac{V}{0.12}}{\dfrac{V}{0.12}}=1+\dfrac{0.12}{0.04}=4$

$\left(\therefore\ n=\dfrac{I_0}{I_A}=1+\dfrac{R_A}{R_S}\right)$

답 ①

12 100V의 전압계가 있다. 이 전압계를 써서 200V의 전압을 측정하려면 최소 몇 [Ω]의 저항을 외부에 접속해야 하겠는가?(단, 전압계의 내부저항은 5,000[Ω]이라 한다.)

① 10,000　　　　② 5,000　　　　③ 2,500　　　　④ 1,000

풀이 $I=\dfrac{V}{R_V}=\dfrac{100}{5,000}=0.02[A]$

$R_m=\dfrac{V_0-V}{I}=\dfrac{200-100}{0.02}=5,000\Omega$

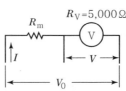

답 ②

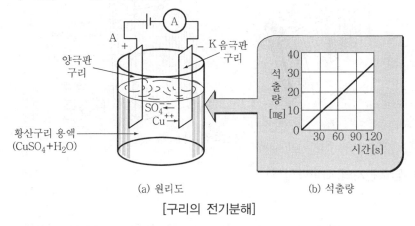

05 전류의 화학작용과 열작용

(1) 전류의 화학작용

1) 전해액(Electrolyte)

산, 염기, 염류의 물질을 물 속에 녹이면 수용액 중에서 양전기를 띤 양이온(Cation)과 음전기를 띤 음이온(Anion)으로 전리하는 성질이 있다. 이와 같이 양이온과 음이온으로 나누어지는 물질을 전해질이라 하고, 전해질의 수용액을 전해액이라 한다.

2) 전기분해(Electrolysis)

산, 염기, 또는 염류 등의 수용액에 직류를 통해 전해액을 화학적으로 분해하여 양, 음극판 위에 분해 생성물을 석출하는 현상

① 황산구리의 전기 분해 : $CuSO_4 \rightarrow Cu^{++}$(음극으로)$+SO_4^{--}$(양극으로)

② 전리(Ionization) : 황산구리($CuSO_4$)처럼 물에 녹아 양이온($+ion$)과 음이온($-ion$)으로 분리되는 현상

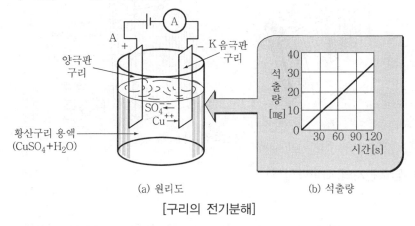

(a) 원리도   (b) 석출량

[구리의 전기분해]

3) 패러데이 법칙(Faraday's Law)

① 전기 분해의 의해서 전극에 석출되는 물질의 양은 전해액을 통과한 전기량에 비례한다.

② 총 전기량이 같으면 물질의 석출량은 그 물질의 화학당량(원자량/원자가)에 비례한다.

$$\omega = kQ = k\,It\,[\text{g}]$$

여기서, k(전기화학당량) : 1[C]의 전하에서 석출되는 물질의 양

(2) 전지

① 1차 전지(Primary Cell) : 반응이 불가역적이며 재생할 수 없는 전지
② 2차 전지(Secondary Cell) : 외부에서 에너지를 주면 반응이 가역적이 되는 전지

1) 납축전지(Lead Storage Battery)

① 양극 : 이산화납(PbO_2)
② 음극 : 납(Pb)
③ 전해액 : 묽은 황산(H_2SO_4) – 비중 $1.23 \sim 1.26$으로 사용한 것

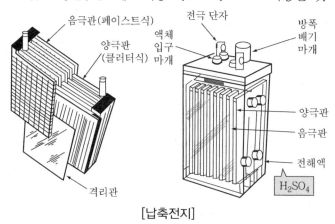

[납축전지]

④ 납축전지의 화학방정식

$$PbO_2 + 2H_2SO_4 + Pb \underset{\text{충전}}{\overset{\text{방전}}{\rightleftarrows}} PbSO_4 + 2H_2O + PbSO_4$$

(양극)　　　　　　　(음극)　　　　(양극)　　　　　　(음극)

⑤ 축전지의 기전력
　㉮ 기전력 : 약 2[V]
　㉯ 방전 종기 전압 : 1.8[V]
⑥ 축전지의 용량＝방전전류(I)×방전시간(t)[Ah]

2) 국부작용과 분극작용

① **국부작용** : 전지에 포함되어 있는 불순물에 의해 전극과 불순물이 국부적인 하나의 전지를 이루어 전지 내부에서 순환하는 전류가 생겨 화학변화가 일어나 기전력을 감소시키는 현상

㉮ 방지법 : 전극에 수은 도금, 순도가 높은 재료 사용

② **분극작용**(Polarization Effect) : 전지에 전류가 흐르면 양극에 수소가스가 생겨 이온의 이동을 방해하여 기전력을 감소하는 현상

㉮ 감극제(Depolarizer) : 분극(성극) 작용에 의한 기체를 제거하여 전극의 작용을 활발하게 유지시키는 산화물을 말한다.

(3) 열과 전기

1) 제백 효과(Seebeck Effect)

① 서로 다른 금속 A, B를 그림과 같이 접속하고 접속점을 서로 다른 온도로 유지하면 기전력이 생겨 일정한 방향으로 전류가 흐른다. 이러한 현상을 열전 효과 또는 제백 효과라 한다.

② 열전 온도계, 열전형 계기에 이용된다.

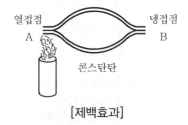

[제백효과]

2) 펠티어 효과(Peltier Effect)

① 서로 다른 두 종류의 금속을 접속하고 한 쪽 금속에서 다른 쪽 금속으로 전류를 흘리면 열의 발생 또는 흡수가 일어나는 현상을 말한다.

② 흡열은 전자 냉동, 발열은 전자 온풍기에 이용된다.

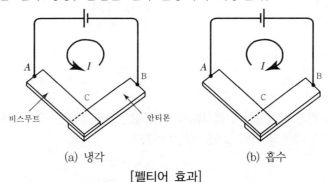

[펠티어 효과]

01 충전 시 납 축전지의 양극은?

① PbO_2

② $PbSO_4$

③ PbO

④ Pb

풀이 납 축전지

㉠ 양극 : 이산화납(PbO_2)

㉡ 음극 : 납(Pb)

㉢ 전해액 : 묽은 황산(H_2SO_4)

㉣ 전해액 비중 : 1.23~1.26

답 ①

02 전기분해에 의해 전극에 석출된 물질의 양이 통과한 전기량과 그 물질의 전기 화학당량에 비례하는 것은?

① 줄의 법칙

② 앙페르의 법칙

③ 패러데이의 법칙

④ 렌츠의 법칙

풀이 패러데이 법칙(Faraday's Law)

$\omega = kQ = kIt [g]$

여기서, k(전기화학당량) : 1[C]의 전하에서 석출되는 물질의 양

답 ③

03 용기에 전극을 설치하고 질산은 용액을 용기에 넣은 후 3[A]의 전류를 1분 동안 흘리면 몇 [g]의 은이 석출되는가?(단, 은의 전기화학 당량은 0.00118[g/s]임) [2002]

① 0.10062

② 0.2124

③ 0.0172

④ 0.16002

풀이 $\omega = kIt = 0.00118 \times 3 \times 1 \times 60 = 0.2124 [g]$

답 ②

04 전기분해에 관한 패러데이의 법칙에서 석출되는 물질의 양은 전해액을 통과한 총 전기량이 같을 때 다음의 어느 것에 비례하는가? [2003]

① 원자량

② 전류

③ 시간

④ 화학당량

답 ④

05 용량 200[Ah]인 납축전지를 2[A]의 부하전류로 사용하였다면 몇 시간 동안 사용할 수 있는가?

① 100   ② 200   ③ 400   ④ 800

[풀이] 축전지의 용량＝전류×시간

시간＝축전지의 용량/전류＝200/2＝100[h]   **답** ①

06 전극의 불순물로 인하여 기전력이 감소하는 현상은?

① 국부 작용   ② 성극 작용   ③ 전기 분해   ④ 감극 현상

답 ①

07 전지에 전류가 흐르면 양극에 수소가스가 생겨 기전력이 감소하는 현상을 무엇이라고 하는가?

① 분극   ② 보극   ③ 멸극   ④ 충극

답 ①

08 두 종류의 금속을 접속하여 두 접점을 다른 온도로 유지하면 전류가 흐르는 현상은?

[2008]

① 제백 효과   ② 제3금속의 법칙

③ 펠티어 효과   ④ 패러데이의 법칙

[풀이] 서로 다른 금속 A, B를 접속하고 접속점을 서로 다른 온도로 유지하면 기전력이 생겨 일정한 방향으로 전류가 흐른다. 이러한 현상을 열전효과 또는 제백효과라 한다.   **답** ①

09 전기 냉동기는 다음 어떤 효과를 응용한 것인가?

① 제벡 효과   ② 톰슨 효과

③ 펠티어 효과   ④ 줄 효과

[풀이] 펠티어 효과

흡열은 전자 냉동, 발열은 전자 온풍기에 이용된다.   **답** ③

02 정전기

01 정전기의 성질

(1) 정전기의 발생

1) 대전(Electrification)과 마찰전기(Frictional Electricity)

플라스틱 책받침을 옷에 문지른 다음 머리에 대면 머리카락이 달라붙는다. 이것은 책받침이 마찰에 의하여 전기를 띠기 때문인데, 이를 대전현상이라 하고, 이때 마찰에 의해 생긴 전기를 마찰전기라고 한다.

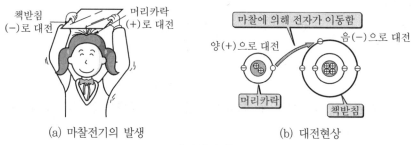

(a) 마찰전기의 발생   (b) 대전현상

[마찰전기]

2) 전하(Electric Charge)

대전체가 가지는 전기량

3) 정전기(Static Electricity)

대전체에 있는 전기는 물체에 정지되어 있음

4) 마찰전기계열(Tribo Electric Series)

아크릴 모피 유리 견 금속 플라스틱 에보나이트 랩 염화비닐

[마찰 전기 계열]

(2) 정전유도와 정전차폐

1) 정전 유도(Electrostatic Induction)

그림과 같이 도체에 대전체를 가까이 하면 대전체에 가까운 쪽에서는 대전체와 다른 종류의 전하가 나타나며 반대 쪽에는 같은 종류의 전하가 나타나는 현상

2) 정전 차폐(Electrostatic Shielding)

그림과 같이 박검전기의 원판 위에 금속 철망을 씌우고 양(+)의 대전체를 가까이 했을 경우에는 정전유도 현상이 생기지 않는데, 이와 같은 작용을 정전 차폐라고 한다.

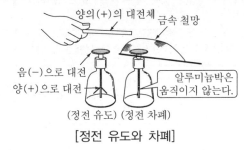

[정전 유도와 차폐]

(3) 정전기력(Electrostatic Force)

1) 정전기력

음, 양의 전하가 대전되어 생기는 현상으로 정전기에 의하여 작용하는 힘

① 흡인력 : 다른 종류의 전하 사이에 작용하는 힘

② 반발력 : 같은 종류의 전하 사이에 작용하는 힘

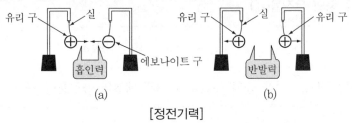

[정전기력]

2) 쿨롱의 법칙(Coulomb's Law)

① 두 점 전하 사이에 작용하는 정전기력의 크기는 두 전하(전기량)의 곱에 비례하고, 전하 사이의 거리의 제곱에 반비례한다.

② 두 점 전하 Q_1, Q_2 [C]이 r [m] 떨어져 있을 때 진공 중에서의 정전기력의 크기 F는

$$F = \frac{1}{4\pi\varepsilon_0} \cdot \frac{Q_1 Q_2}{r^2} [\text{N}]$$

㉮ ε_0 : 진공 중의 유전율(Dielectric Constant), 단위[F/m]

$$\varepsilon_0 = 8.855 \times 10^{-12} [\text{F/m}]$$

㉯
$$\frac{1}{4\pi\varepsilon_0} \coloneqq 9 \times 10^9 = k$$

여기서, k : 힘이 미치는 공간의 매질과 단위계에 따라 정해지는 상수

㉰
$$F = k \cdot \frac{Q_1 Q_2}{r^2} = 9 \times 10^9 \cdot \frac{Q_1 Q_2}{r^2} [\text{N}]$$

3) 유전율(Dielectric Constant)

① 유전율(ε) : 전기장이 얼마나 그 매질에 영향을 미치는지, 그 매질에 의해 얼마나 영향을 받는지를 나타내는 물리적 단위로서, 매질이 저장할 수 있는 전하량으로 볼 수도 있음

$$\varepsilon = \varepsilon_0 \cdot \varepsilon_s [\text{F/m}]$$

② 진공 중의 유전율(ε_0)

$$\varepsilon_0 = 8.855 \times 10^{-12} [\text{F/m}]$$

③ 비유전율(ε_s) : 진공 중의 유전율에 대해 매질의 유전율이 가지는 상대적인 비

$$\varepsilon_s = \frac{\varepsilon}{\varepsilon_0} \quad (\text{진공 중의 } \varepsilon_s = 1, \text{ 공기 중의 } \varepsilon_s \coloneqq 1)$$

(4) 전기장

1) 전기장의 세기(Intensity of Electric Field)

① 전기장 : 전기력이 작용하는 공간(전계, 전장이라고 한다.)

② 전기장의 세기 : 전기장 내에 이 전기장의 크기에 영향을 미치지 않을 정도의 미소 전하를 놓았을 때 이 전하에 작용하는 힘의 방향을 전기장의 방향으로 하고, 작용하는 힘의 크기를 단위 양전하 +1[C]에 대한 힘의 크기로 환산한 것을 전기장의 세기로 정한다.

③ 전기장의 세기의 단위 : [V/m], [N/C]

④ Q[C]의 전하로부터 r[m]의 거리에 있는 P점에서의 전기장의 크기 E[V/m]는 다음과 같다.

$$E = \frac{1}{4\pi\varepsilon} \cdot \frac{Q}{r^2} = 9 \times 10^9 \cdot \frac{Q}{\varepsilon_s r^2} \,[\text{V}/\text{m}]$$

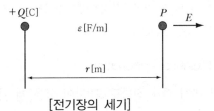

[전기장의 세기]

⑤ 전기장의 세기 E[V/m]의 장소에 Q[C]의 전하를 놓으면 이 전하가 받는 정전기력 F[N]은 다음과 같다.

$$F = QE[\text{N}]$$

2) 전기력선(Line Of Electric Force)

전기장에 의해 정전기력이 작용하는 것을 설명하기 위해 전기력선이라는 작용선을 가상한다.

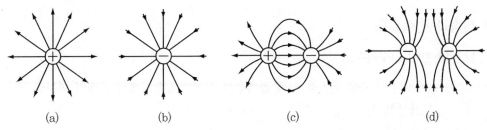

(a)　　　　　　(b)　　　　　　(c)　　　　　　(d)

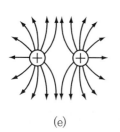

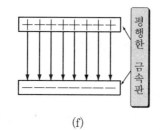

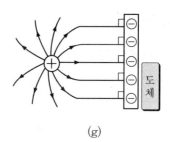

(e)   (f)   (g)

[여러 가지 전기력선의 모양]

<전기력선의 성질>

① 전기력선은 양전하 표면에서 나와 음전하 표면에서 끝난다.

② 전기력선은 접선방향이 그 점에서의 전장의 방향이다.

③ 전기력선은 수축하려는 성질이 있으며 같은 전기력선은 반발한다.

④ 전기력선은 등전위면과 직교한다.

⑤ 전기력선은 수직한 단면적의 전기력선 밀도가 그 곳의 전장의 세기를 나타낸다.

⑥ 전기력선은 도체 표면에 수직으로 출입하며 도체 내부에는 전기력선이 없다.

⑦ 전기력선은 서로 교차하지 않는다.

3) 가우스의 정리(Gauss Theorem)

임의의 폐곡면 내에 전체 전하량 Q [C]이 있을 때 이 폐곡면을 통해서 나오는 전기력선의 총수는 $\dfrac{Q}{\varepsilon}$ 개이다.

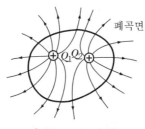

[가우스의 정리]

(5) 전속과 전속밀도

1) 전속(Dielectric Flux)

① 주위 매질의 종류(유전율 ε)에 관계없이 Q [C]의 전하에서 Q개의 역선이 나온다고 가상한 선

② 전속의 기호 : ψ(psi)

③ 자속의 단위 : 쿨롱(coulomb, [C])

④ 전속의 성질

　㉮ 전속은 양전하에서 나와 음전하에서 끝난다.

　㉯ 전속이 나오는 곳 또는 끝나는 곳에는 전속과 같은 전하가 있다.

　㉰ 전속은 도체에 출입하는 경우 그 표면에 수직이 된다.

2) 전속밀도(Dielectric Flux Density)

① 단위 면을 지나는 전속

② 전속밀도의 기호 : D

③ 전속밀도의 단위 : $[\mathrm{C/m^2}]$

④ $Q\,[\mathrm{C}]$의 점전하를 중심으로 반지름 $r\,[\mathrm{m}]$의 구 표면 $1\,[\mathrm{m^2}]$를 지나는 전속 D

$$D = \frac{Q}{A} = \frac{Q}{4\pi r^2}\ [\mathrm{C/m^2}]$$

3) 전속 밀도와 전기장의 관계

$$D = \varepsilon E = \varepsilon_0 \varepsilon_s E\,[\mathrm{C/m^2}]\quad \left(\because E = \frac{Q}{4\pi\varepsilon r^2}[\mathrm{V/m}]\right)$$

(6) 전위

1) 전위

$Q\,[\mathrm{C}]$의 전하에서 $r\,[\mathrm{m}]$ 떨어진 점의 전위 V는

$$V = Er = \frac{Q}{4\pi\varepsilon r} = 9\times10^9 \times \frac{Q}{\varepsilon_s r}\ [\mathrm{V}]$$

2) 전위차

단위전하를 B점에서 A점으로 옮기는 데 필요한 일의 양으로 단위는 전하가 한 일의 의미로 [J/C] 또는 [V]를 사용한다.

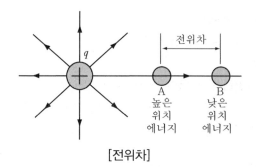

[전위차]

3) 등전위면(Equipotential Surface)

① 전장 내에서 전위가 같은 각 점을 포함한 면을 말한다.
② 등전위면과 전기력선은 수직으로 만난다.
③ 등전위면끼리는 만나지 않는다.

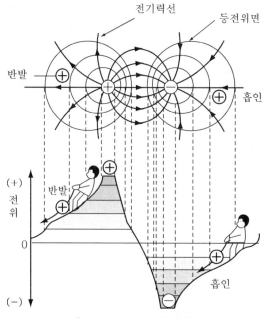

[전기력선과 등전위면]

기출 및 예상문제

01 그림과 같이 대전된 에보나이트 막대를 박검전기의 금속판에 닿지 않도록 가깝게 가져 갔을 때 금박이 열렸다면 다음 중 옳은 것은?(단, A는 원판, B는 박, C는 에보나이트 막대이다.) [2003][2006]

① A : 양전기, B : 양전기 C : 음전기

② A : 음전기, B : 음전기 C : 음전기

③ A : 양전기, B : 음전기 C : 음전기

④ A : 양전기, B : 양전기 C : 양전기

풀이 **정전유도**

에보나이트 막대를 원판에 가까이 하면 에보나이트에 가까운 쪽(A : 원판)에서는 에보나이트와 다른 종류의 전하가 나타나며 반대쪽(B : 박)에는 같은 종류의 전하가 나타나는 현상 **답** ③

02 두 점전하 사이에 작용하는 정전력의 크기는 두 전하의 곱에 비례하고, 전하 사이의 거리의 제곱에 반비례하는 법칙은 어느 것인가? [2002]

① Coulomb's Law ② Ohm's Law

③ Kirchhoff's Law ④ Joule's Law

풀이 **쿨롱의 법칙(Coulomb's Law)**

$$F = 9 \times 10^9 \times \frac{Q_1 Q_2}{r^2} [\text{N}]$$ **답** ①

03 공기 중에 같은 전기량을 가진 2×10^{-5}C의 두 전하가 2m 거리에 있을 때 그 사이에 작용하는 힘은 몇 N인가? [2002][2006]

① 0.9 ② 1.8

③ 9 ④ 18

풀이 $F = 9 \times 10^9 \times \dfrac{Q_1 Q_2}{r^2} = 9 \times 10^9 \times \dfrac{(2 \times 10^{-5}) \times (2 \times 10^{-5})}{2^2} = 9 \times 10^{-1} = 0.9[\text{N}]$ **답** ①

04 일직선상에 서로 1m 떨어진 두 점 A, B에 각각 동등한 점전하 Q[C]이 있다. 지금 2배의 점전하 $2Q$[C]을 어떤 위치에 놓으면 B에 작용하는 힘이 평형이 되는가? [2003]

① A로부터 내측으로 $\sqrt{2}$ m 되는 위치

② A로부터 외측으로 $\sqrt{2}$ m 되는 위치

③ B로부터 내측으로 $\sqrt{2}$ m 되는 위치

④ B로부터 외측으로 $\sqrt{2}$ m 되는 위치

 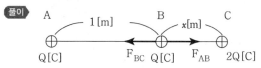

B점에서 힘이 평형이 되기 위해서는 모두 양전기이므로 B로부터 외측에 위치하여야 한다.

$$F_{AB} = k\frac{Q_A\,Q_B}{r^2} = k\frac{Q \cdot Q}{1^2} = kQ^2$$

$$F_{BC} = k\frac{Q_B\,Q_C}{x^2} = k\frac{Q \cdot 2Q}{x^2} = k\frac{2Q^2}{x^2}$$

$F_{AB} = F_{BC}$이므로 $kQ^2 = k\frac{2Q^2}{x^2}$

$\therefore x = \sqrt{2}$ [m]　　　답 ④

05 다음 유전체 물질 중 비유전율이 가장 큰 물질은? [2003]

① 공기　　　② 유리　　　③ 수정　　　④ 산화티탄

답 ④

06 재료 중 비유전율이 가장 큰 것은? [2002]

① 유리　　　　　　② 운모

③ 산화티탄자기　　④ 변압기유

답 ③

07 유전율의 단위는? [2003][2004]

① [F/m]　　② [V/m]　　③ [C/m]　　④ [H/m]

풀이 $C = \varepsilon\frac{A}{\ell}$ 이므로 $\varepsilon = C \cdot \frac{\ell}{A}\left[F \cdot \frac{m}{m^2}\right]$ 즉, 유전율의 단위는 [F/m]　　답 ①

08 콘덴서에 비유전율 ε_r인 유전체가 채워져 있을 때의 정전용량 C와 공기로 채워져 있을 때의 정전용량 C_o와의 비(C/C_o)는?

[2002][2003]

① ε_r ② $\dfrac{1}{\varepsilon_r}$ ③ $\sqrt{\varepsilon_r}$ ④ $\dfrac{1}{\sqrt{\varepsilon_r}}$

풀이 $C = \varepsilon_0 \varepsilon_\gamma \cdot \dfrac{A}{\ell}$

$C_0 = \varepsilon_o \cdot \dfrac{A}{\ell}$

$\dfrac{C}{C_0} = \dfrac{\varepsilon_o \cdot \varepsilon_r \cdot \dfrac{A}{\ell}}{\varepsilon_o \cdot \dfrac{A}{\ell}} = \varepsilon_r$ **답** ①

09 공기 중에서 어느 일정한 거리를 두고 있는 두 점전하 사이에 작용하는 힘이 0.5N이었고 두 전하사이에 종이를 채웠더니 작용하는 힘이 0.2N으로 감소하였다. 이 종이의 비유전율은 얼마인가?

[2004][2008]

① 0.1   ② 0.4   ③ 2.5   ④ 5

풀이 공기 중일 때 작용하는 힘 $F_0 = \dfrac{1}{4\pi\varepsilon_o} \cdot \dfrac{Q_1 Q_2}{r^2} = 0.5[\text{N}]$

종이를 채웠을 때 작용하는 힘

$F = \dfrac{1}{4\pi\varepsilon_o \varepsilon_s} \cdot \dfrac{Q_1 Q_2}{r^2} = \dfrac{1}{4\pi\varepsilon_o} \cdot \dfrac{Q_1 Q_2}{r^2} \cdot \dfrac{1}{\varepsilon_s} = F_o \cdot \dfrac{1}{\varepsilon_s} = 0.2\text{N}$

$\therefore \varepsilon_s = \dfrac{F_o}{F} = \dfrac{0.5}{0.2} = 2.5$ **답** ③

10 진공 중의 두 대전체 사이에 작용하는 힘이 1.2×10^{-8}N이고, 대전체 사이에 유전체를 넣으니 작용하는 힘이 0.03×10^{-6}N이 되었다면 여기에서 유전체의 비유전율은?

[2006]

① 0.036   ② 0.4   ③ 3.6   ④ 4,000

풀이 $F_0 = \dfrac{1}{4\pi\varepsilon_0} \cdot \dfrac{Q_1 Q_2}{r^2} = 1.2 \times 10^{-8}$

$F = \dfrac{1}{4\pi\varepsilon_0 \varepsilon_s} \cdot \dfrac{Q_1 Q_2}{r^2} = 0.03 \times 10^{-6} [\text{N}]$

$\varepsilon_s = \dfrac{F_0}{F} = \dfrac{1.2 \times 10^{-8}}{0.03 \times 10^{-6}} = 0.4$ **답** ②

11 전장 중에 단위전하를 놓았을 때 그것에 작용하는 힘을 무엇이라 하는가? [2003]

① 전위 ② 전장의 세기
③ 전위차 ④ 전하

풀이 **전기장의 세기**

전기장 내에 이 전기장의 크기에 영향을 미치지 않을 정도의 미소 전하를 놓았을 때 이 전하에 작용하는 힘의 방향을 전기장의 방향으로 하고, 작용하는 힘의 크기를 단위 양전하+1[C]에 대한 힘의 크기로 환산한 것을 전기장의 세기로 정한다. **답** ②

12 100[V/m]의 전기장에 어떤 전하를 놓았더니 0.01[N]의 힘이 작용하였다면 이때의 전하의 양은 몇 [μC]인가? [2003]

① 10,000 ② 100
③ 0.01 ④ 0.0001

풀이 $E = \dfrac{F}{Q}$, $Q = \dfrac{F}{E} = \dfrac{0.01}{100} = 0.01 \times 10^{-2} = 100 \times 10^{-6} = 100 [\mu C]$ **답** ②

13 전기력선의 성질을 설명한 것이다. 맞지 않는 것은? [2002][2005]

① 양전하에서 나와 음전하에서 끝난다.
② 등전위면과 전기력선은 교차하지 않는다.
③ 전기력선의 접선방향이 전기장의 방향이다.
④ 전기력선의 밀도는 전기장의 크기를 나타낸다.

풀이 등전위면과 전기력선은 직교한다. **답** ②

14 전기력선에 수직한 1m²의 단면을 3개의 전기력선이 지났다면, 이곳의 전장의 세기 [V/m]는 얼마인가?

① $\dfrac{1}{3}$ ② 3
③ 9 ④ 27

풀이 전장의 세기＝전기력선 밀도 [개/m²]＝3[개/m²] **답** ②

15 전계의 세기를 구하는 법칙은? [2005]

① 비오-사바르의 법칙　　　　② 가우스의 법칙

③ 플레밍의 왼손법칙　　　　　④ 암페어의 법칙

풀이 가우스의 법칙

임의의 폐곡면 내에 전체 전하량 Q[C]이 있을 때 이 폐곡면을 통해서 나오는 전기력선의 총수는 $\dfrac{Q}{\varepsilon}$ 개이다.

답 ②

16 유전율 ε의 유전체 내에 있는 전하 Q[C]에서 나오는 전기력선의 수는 얼마인가?

① Q　　　　　　　　　　② $\dfrac{Q}{\varepsilon_0}$

③ $\dfrac{Q}{\varepsilon_s}$　　　　　　　　　④ $\dfrac{Q}{\varepsilon}$

답 ④

17 전계의 세기 E, 유전율 ε일 때 유전속 밀도는? [2002]

① εE　　　　　　　　　② εE^2

③ $\dfrac{E^2}{\varepsilon}$　　　　　　　　　④ $\dfrac{E}{\varepsilon}$

풀이 $D = \varepsilon E = \varepsilon_0 \varepsilon_s E \,[\text{C/m}^2]$　$\left(\because E = \dfrac{Q}{4\pi \varepsilon r^2} [\text{V/m}] \right)$

답 ①

18 유전체에서 이온분극은 어떠한 이유에서 일어나는가? [2002]

① 단결정 매질에서 전자운과 핵과 상대적인 변위에 의한다.

② 화합물에서 +이온과 −이온 간의 상대적인 변위에 의한다.

③ 단결정에서 +이온과 −이온 간의 상대적인 변위에 의한다.

④ 영구 전지 쌍극자의 전계방향의 배열에 의한다.

답 ②

02 정전용량과 정전에너지

(1) 정전용량(Electrostatic Capacity) ; 커패시턴스(Capacitance)

① 콘덴서가 전하를 축적할 수 있는 능력을 표시하는 양

② 단위 : 패럿(farad, 기호[F])을 사용

③ **정전용량** C : 콘덴서에 축적되는 전하 Q[C]는 전압 V[V]에 비례하는데, 그 비례
상수를 C라 하면 다음과 같은 식이 성립한다.

$$Q = CV\text{[C]}$$

④ 1[F] : 1[V]의 전압을 가하여 1[C]의 전하를 축적하는 경우의 정전용량

⑤ 실용화 단위

$$1[\mu\text{F}] = 10^{-6}[\text{F}], \ 1[\text{pF}] = 10^{-12}[\text{F}]$$

(2) 정전용량의 계산

1) 구도체의 정전용량

① 반지름 r[m]의 구도체 Q[C]의 전하를 줄 때 구도체의 전위 V

$$V = \frac{Q}{4\pi\varepsilon r} = 9 \times 10^9 \cdot \frac{Q}{\varepsilon_0 r}[\text{V}]$$

② 구도체의 정전용량 C

$$C = \frac{Q}{V} = 4\pi\,\varepsilon r = \frac{\varepsilon_s r}{9 \times 10^9}[\text{F}]$$

2) 평행판 도체의 정전용량

① 절연물 내의 전기장의 세기

$$E = \frac{V}{\ell}[\text{V/m}]$$

② 절연물 내의 전속밀도

$$D = \frac{Q}{A} \, [\text{C/m}^2]$$

③ 평행판 도체의 정전용량

$$C = \frac{Q}{V} = \frac{D \cdot A}{E \cdot \ell} = \frac{D}{E} \cdot \frac{A}{\ell} \, [\text{F}]$$

④ D/E의 값을 비례상수 ε으로 나타내면

$$C = \varepsilon \frac{A}{\ell} [\text{F}] \; (D = \varepsilon \cdot E [\text{C/m}^2])$$

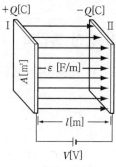

[평행판 콘덴서]

(3) 유전체 내의 정전 에너지

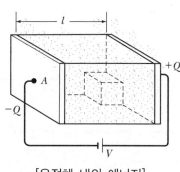

[유전체 내의 에너지]

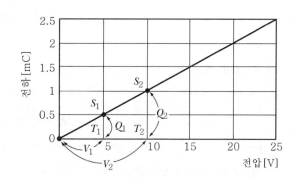

[전압과 전하의 관계]

① 정전 에너지(Electrostatic Energy) : 콘덴서에 전압 $V[\text{V}]$가 가해져서 $Q[\text{C}]$의 전하가 축적되어 있을 때 축적되는 에너지(사각형 OST의 면적)

$$W = \frac{1}{2} QV = \frac{1}{2} CV^2 = \frac{1}{2} \frac{Q^2}{C} [\text{J}] \, (\because Q = CV)$$

② 정전 용량 $C = \frac{\varepsilon A}{\ell} [\text{F}]$, 전기장의 세기 $E = \frac{V}{\ell} [\text{V/m}]$

$$W = \frac{1}{2} \frac{\varepsilon A}{\ell} (E\ell)^2 = \frac{1}{2} \varepsilon E^2 A\ell \, [\text{J}]$$

③ 위 식에서 $A\ell$은 유전체의 체적이므로 유전체 $1[\mathrm{m}^3]$ 안에 저장되는 정전에너지

$$w = \frac{W}{A\ell} = \frac{1}{2}\varepsilon E^2 = \frac{1}{2}ED = \frac{1}{2}\frac{D^2}{\varepsilon} \ [\mathrm{J/m}^3]$$

(4) 정전 흡입력

1) 작용하는 흡인력

$$F = \frac{ED}{2}A = \frac{\varepsilon E^2}{2}A \ [\mathrm{N}]$$

2) 전극판의 단위면적마다의 에너지

$$f = \frac{F}{A} = \frac{ED}{2} = \frac{\varepsilon E^2}{2} \ [\mathrm{N/m}^2]$$

3) 전장의 세기

$$E = \frac{V}{\ell} \ [\mathrm{V/m}]$$

① $f = \dfrac{\varepsilon}{2\ell^2}V^2 \ [\mathrm{V/m}^2]$

② 정전흡인력은 전압의 제곱에 비례한다.

③ 정전흡인력을 이용한 것에는 정전전압계와 정전집진장치 등이 있다.

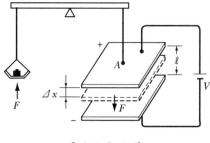

[정전 흡인력]

기출 및 예상문제

01 어떤 도체에 10V의 전위를 주었을 때 1C의 전하가 축적되었다면 이 도체의 정전용량 [F]은?

① 0.1F　　　　　② 1F　　　　　③ 0.1pF　　　　　④ 10F

풀이 $C = \dfrac{Q}{V} = \dfrac{1}{10} = 0.1\text{F}$　　　　　**답** ①

02 공기 중에 있는 반지름 a[m]의 독립 도체구의 정전용량은 몇 F인가?　　　[2003]

① $\pi\varepsilon_o a$　　　　　　　　　　② $2\pi\varepsilon_o a$

③ $4\pi\varepsilon_o a$　　　　　　　　　　④ $16\pi\varepsilon_o a$

풀이 $C = \dfrac{Q}{V} = \dfrac{Q}{\dfrac{Q}{4\pi\varepsilon_0 a}} = 4\pi\varepsilon_0 a$　　　　　**답** ③

03 평행 평판의 정전용량은 간격을 ℓ, 평행판의 면적을 A라 하면 콘덴서의 정전용량식은?(단, ε는 유전율이다.)

① $C = \varepsilon A \ell$　　　　　　　　　② $C = \dfrac{\ell}{\varepsilon A}$

③ $C = \dfrac{\varepsilon A}{\ell}$　　　　　　　　　④ $C = \dfrac{A}{\varepsilon \ell}$

답 ③

04 용량이 큰 콘덴서를 만들기 위한 방법이 아닌 것은?

① 극판의 면적을 작게 한다.
② 극판 간의 간격을 작게 한다.
③ 극판 간에 넣는 유전체를 비유전율이 큰 것으로 사용한다.
④ 극판의 면적을 크게 한다.

풀이 $C = \dfrac{\varepsilon A}{l}$　　　　　**답** ①

05 평행한 콘덴서의 유전체와 극판 면적을 일정하게 하고 극판거리를 줄였을 때 맞는 내용은? [2004]

① 용량은 감소하고, 내압은 증가
② 용량과 내압이 증가
③ 용량은 증가하고, 내압은 감소
④ 용량과 내압이 감소

답 ③

06 평행판 콘덴서의 양 극판 면적을 3배로 하고 간격을 1/2배로 하면 정전용량은 처음의 몇 배가 되는가? [2002][2003]

① $\dfrac{3}{2}$ ② $\dfrac{2}{3}$ ③ $\dfrac{1}{6}$ ④ 6

풀이 ① 변경 전 $C = \dfrac{\varepsilon A}{\ell}$

② 변경 후 $A' = 3A$, $\ell' = \dfrac{1}{2}\ell$, $C' = \varepsilon\dfrac{A'}{\ell'} = \varepsilon\dfrac{3A}{\dfrac{1}{2}\ell} = 6\varepsilon\dfrac{A}{\ell} = 6C$

답 ④

07 정전용량 C[F]의 평행한 콘덴서를 전압 V[V]로 충전하고 전원을 제거한 다음 전극의 간격을 1/2로 접근시키면 전압은 몇 배가 되는가? [2005]

① $\dfrac{1}{2}$ ② 2   ③ $\sqrt{2}$ ④ 4

풀이 전극의 간격을 $\dfrac{1}{2}$로 줄이면 정정용량은 2배로 증가한다. $\left(\because C = \dfrac{\varepsilon A}{\ell} \right)$

$V = \dfrac{Q}{C}$에서 Q는 일정하므로 전압은 $\dfrac{1}{2}$배가 된다.

답 ①

08 10[μF]의 콘덴서를 1[Kv]로 충전하면 에너지는 몇 [J]인가? [2008]

① 5   ② 10   ③ 15   ④ 20

풀이 $W = \dfrac{1}{2}CV^2 = \dfrac{1}{2} \times 10 \times 10^{-6} \times (1,000)^2 = 5[J]$

답 ①

09 200[pF]의 콘덴서에 10^5[V]의 전압을 가했을 때 콘덴서에 축적되는 에너지는 몇 [J]인가?

[2004]

① 1   ② 2   ③ 3   ④ 4

풀이 $W = \dfrac{1}{2} CV^2 = \dfrac{1}{2} \times 200 \times 10^{-12} \times (10^5)^2 = 1[\text{J}]$ **답** ①

10 어떤 콘덴서에 전압 V[V]를 가해 Q[C]의 전하가 충전되어 W[J]의 에너지를 보유하였을 때 콘덴서[C]의 용량은?

[2005]

① $C = \dfrac{2W}{V^2}[\text{F}]$ ② $C = \dfrac{1}{2} WV^2[\text{F}]$

③ $C = 2WV^2[\text{F}]$ ④ $C = \dfrac{2V^2}{W}[\text{F}]$

풀이 $W = \dfrac{1}{2} CV^2, \ C = \dfrac{2W}{V^2}$ **답** ①

11 50kV의 전압으로 충전하여 5J의 에너지를 축적하는 콘덴서의 용량은 몇 pF인가?

[2002][2006]

① 4,000   ② 25,000   ③ 40,000   ④ 250,000

풀이 $C = \dfrac{2W}{V^2} = \dfrac{2 \times 5}{(50 \times 10^3)^2} = 0.004 \times 10^{-6} = 4,000 \times 10^{-12} = 4,000[\text{pF}]$ **답** ①

12 어떤 콘덴서를 300[V]로 충전하는 데 9[J]의 에너지가 필요했다. 이 콘덴서의 정전용량[μF]은?

[2004]

① 100   ② 200   ③ 300   ④ 400

풀이 $C = \dfrac{2W}{V^2} = \dfrac{2 \times 9}{(300)^2} = 2 \times 10^{-4} = 200 \times 10^{-6} = 200[\mu\text{F}]$ **답** ②

13 콘덴서에 100[V]의 전압으로 50[C]의 전기량을 충전시켰을 때의 에너지는 몇 [J]인가?

[2004]

① 1,500   ② 2,000   ③ 2,500   ④ 5,000

풀이 $W = \dfrac{1}{2} QV = \dfrac{1}{2} \times 50 \times 100 = 2{,}500[\text{J}]$ **답** ③

14 $10[\mu\text{F}]$의 콘덴서에 $45[\text{J}]$의 에너지를 축적하기 위해 필요한 충전 전압은 몇 $[\text{V}]$인가?

[2002]

① 2×10^2 ② 3×10^3

③ 4.5×10^4 ④ 5.3×10^4

풀이 $V = \sqrt{\dfrac{2W}{C}} = \sqrt{\dfrac{2 \times 45}{10 \times 10^{-6}}} = 3 \times 10^3[\text{V}]$ **답** ②

15 $1[\mu\text{F}]$의 콘덴서에 $48[\text{KV}]$로 충전하여 이를 $500[\Omega]$에 연결하면 저항에 소모되는 총 에너지$[\text{J}]$는 얼마인가?

[2005]

① 250   ② 485

③ 1,152   ④ 2,400

풀이 충전된 에너지 = 소모된 에너지

$W = \dfrac{1}{2} CV^2 = \dfrac{1}{2} \times 1 \times 10^{-6} \times (48 \times 10^3)^2 = 1{,}152[\text{J}]$ **답** ③

16 정전계의 반대방향으로 전하를 5m 이동시키는 데 300J의 에너지가 소모되었다. 두 점 사이의 전위차가 50V라면 이전하의 전기량은 몇 C인가?

[2002]

① 6   ② 12   ③ 60   ④ 120

풀이 $W = QV, \ Q = \dfrac{W}{V} = \dfrac{300}{50} = 6[\text{C}]$ **답** ①

17 평등 전기장 중에 $4[\text{C}]$의 전하를 전기장의 방향과 반대로 $10[\text{cm}]$만큼 이동하는 데 $200[\text{J}]$의 일을 했다. 이 두 점 간의 전위차는 몇 $[\text{V}]$인가?

[2003]

① 5   ② 25   ③ 50   ④ 100

풀이 $W = QV, \ V = \dfrac{W}{Q} = \dfrac{200}{4} = 50[\text{V}]$ **답** ③

18 다음과 같이 정전용량 $200\mu F$의 콘덴서에 3,000V의 전압을 가하여 충전한 다음, 즉시 10Ω의 저항을 통하여 방전시키면 전하에서 발생하는 열량은 몇 cal인가?

① 216 ② 432 ③ 900 ④ 1,800

풀이 ㉠ $W=\dfrac{1}{2}CV^2$

$=\dfrac{1}{2}\times200\times10^{-6}\times3000^2=900J$

㉡ $H=0.24\times900=216\text{cal}\,(\because\ 1J=0.24\text{cal})$ **답** ①

19 정전콘덴서에서 축적된 에너지와 전위차와의 관계식을 그림으로 나타내면?

[2004][2006]

① 쌍곡선 ② 타원 ③ 포물선 ④ 원

풀이 $W=\dfrac{1}{2}CV^2[J]$에서 축적된 에너지 W는 전위차 V의 자승에 비례하므로 포물선을 그린다. **답** ③

20 유전율이 10인 유전체 내의 전기장의 세기가 1000[V/m]일 때 유전체 내에 저장되는 에너지 밀도[J/m³]는?

[2003]

① 5×10^4 ② 5×10^5 ③ 5×10^6 ④ 5×10^7

풀이 $w=\dfrac{1}{2}\varepsilon E^2=\dfrac{1}{2}\times10\times1,000^2=5\times10^6\,[J/m^3]$ **답** ③

21 다음은 정전 흡인력에 대한 설명이다. 옳은 것은?

① 정전 흡인력은 전압의 제곱에 비례한다.
② 정전 흡인력은 극판 간격에 비례한다.
③ 정전 흡인력은 극판 면적의 제곱에 비례한다.
④ 정전 흡인력은 쿨롱의 법칙으로 직접 계산된다.

풀이 단위 면적 정전 흡인력

$f=\dfrac{1}{2}\varepsilon E^2[N/m^2]$ **답** ①

03 콘덴서

(1) 콘덴서의 구조

1) 콘덴서(Condenser)

두 도체 사이에 유전체를 넣어 절연하여 전하를 축적할 수 있게 한 장치

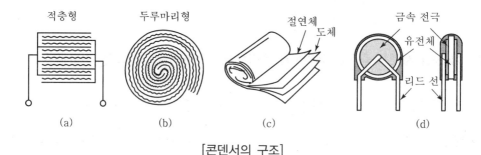

적층형   두루마리형   절연체   금속 전극
도체   유전체
리드 선

(a)   (b)   (c)   (d)

[콘덴서의 구조]

2) 콘덴서의 성질

① **절연 파괴(Dielectric Breakdown)** : 콘덴서 양단에 가하는 전압을 점차 높여서 어느 정도 전압에 도달하게 되면 유전체의 절연이 파괴되어 통전되는 상태

② **콘덴서의 내압(With-stand Voltage)** : 콘덴서가 어느 정도의 전압까지 견딜 수 있는가 나타내는 값

(2) 콘덴서의 종류

1) 가변 콘덴서

전극은 고정전극과 가변 전극으로 되어 있고 가변 전극을 회전하면 전극판의 상대 면적이 변하므로 정전 용량이 변하는 공기 가변 콘덴서(바리콘)가 대표적이다.

2) 고정 콘덴서

① **마일러 콘덴서** : 얇은 폴리에스테르 필름을 유전체로 하여 양면에 극속박을 대고 원통형으로 감은 것(내열성 절연 저항이 양호)

② **마이카 콘덴서** : 운모와 금속박막으로 됨. 온도변화에 의한 용량변화가 작고 절연 저항이 높은 우수한 특성(표준 콘덴서)

③ **세라믹 콘덴서** : 비유전율이 큰 티탄산바륨 등이 유전체, 가격대비 성능이 우수, 가장 많이 사용

④ **전해 콘덴서** : 전기 분해하여 금속의 표면에 산화피막을 만들어 유전체로 이용. 소형으로 큰 정전 용량을 얻을 수 있으나, 극성을 가지고 있으므로 교류회로에는 사용할 수 없다.

(3) 콘덴서의 접속

1) 직렬접속

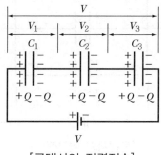

[콘덴서의 직렬접속]

① 각 콘덴서에 가해지는 전압

$$V_1 = \frac{Q}{C_1}[\text{V}], \quad V_2 = \frac{Q}{C_2}[\text{V}], \quad V_3 = \frac{Q}{C_3}[\text{V}]$$

② 각 콘덴서에 가해진 전압의 합은 전원전압과 같다.

$$V = V_1 + V_2 + V_3$$
$$= \frac{Q}{C_1} + \frac{Q}{C_2} + \frac{Q}{C_3}[\text{V}]$$
$$= Q\left(\frac{1}{C_1} + \frac{1}{C_2} + \frac{1}{C_3}\right)[\text{V}]$$

③ 위 식에서 합성 정전용량을 구하면

$$C = \frac{Q}{V} = \frac{1}{\dfrac{1}{C_1} + \dfrac{1}{C_2} + \dfrac{1}{C_3}}[\text{F}]$$

④ 각 콘덴서에 가해진 전압의 비는 각 콘덴서의 정전용량에 반비례한다.

$$V_1 = \frac{C}{C_1}\, V[\text{V}], \quad V_2 = \frac{C}{C_2}\, V[\text{V}], \quad V_3 = \frac{C}{C_3}\, V[\text{V}]$$

2) 병렬접속

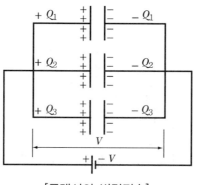

[콘덴서의 병렬접속]

① 각 콘덴서에 축적되는 전하

$$Q_1 = C_1\, V\,[\text{C}] \qquad Q_2 = C_2\, V\,[\text{C}] \qquad Q_3 = C_3\, V\,[\text{C}]$$

② 회로 전체에 축적되는 전하 $Q\,[\text{C}]$은 각 콘덴서에 축적되는 전하의 합과 같다.

$$Q = Q_1 + Q_2 + Q_3 = C_1\, V + C_2\, V + C_3\, V\,[\text{C}] = V(C_1 + C_2 + C_3)\,[\text{C}]$$

③ 위 식에서 합성 정전용량을 구하면

$$C = \frac{Q}{V} = C_1 + C_2 + C_3\,[\text{F}]$$

④ 각 콘덴서에는 동일한 전압이 가해진다.

01 그림과 같이 접속된 회로에서 콘덴서의 합성용량은?

$$\overset{C_1 \quad\; C_2}{\dashv\vdash\!\dashv\vdash}$$

① $C_1 + C_2$ ② $C_1 \times C_2$ ③ $\dfrac{1}{C_1 + C_2}$ ④ $\dfrac{C_1 \times C_2}{C_1 + C_2}$

풀이 $C = \dfrac{1}{\dfrac{1}{C_1} + \dfrac{1}{C_2}} = \dfrac{C_1 \times C_2}{C_1 + C_2}$ [F] **답** ④

02 2개의 콘덴서 C_1, C_2를 병렬로 연결한 회로의 합성용량 C를 표시하는 것은?

① $C_1 + C_2$ ② $C_1 \times C_2$ ③ $\dfrac{C_1 C_2}{C_1 + C_2}$ ④ $\dfrac{C_1 + C_2}{C_1 C_2}$

풀이 병렬연결 시 합성용량
$C = C_1 + C_2$ **답** ①

03 정전용량이 C_1, C_2인 콘덴서가 직렬로 연결되어 있을 때 그 합성정전용량을 C라고 하면 옳은 것은? [2004]

① C > C_1 ② C < C_1 ③ $C = C_1 + C_2$ ④ $C = C_2 - C_1$

풀이 $C = \dfrac{1}{\dfrac{1}{C_1} + \dfrac{1}{C_2}}$ 이므로, $C < C_1$ **답** ②

04 정전용량이 같은 콘덴서 10개가 있다. 이것을 병렬접속할 때의 값은 직렬접속할 때의 값의 몇 배가 되는가?

① 200 ② 100 ③ 20 ④ 10

풀이 ㉠ 직렬접속 $C_s = \dfrac{C}{10}$

　　　㉡ 병렬접속 $C_p = 10C$ 　$\dfrac{C_p}{C_s} = \dfrac{10C}{\dfrac{C}{10}} = 100$ 　$\therefore C_p = 100 C_s$ **답** ②

05 회로에서 a, b 간의 합성 정전용량[μF]은? [2003]

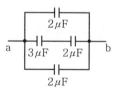

① 2   ② 4.2   ③ 5.2   ④ 7.4

풀이 $\dfrac{3\times2}{3+2}+2+2=1.2+2+2=5.2\mu F$ 답 ③

06 그림과 같은 회로의 합성정전용량은? [2002]

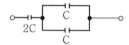

① C   ② 2C   ③ 3C   ④ 4C

풀이 $\dfrac{(C+C)\cdot2C}{(C+C)+2C}=\dfrac{4C^2}{4C}=C$ 답 ①

07 회로의 a, b 사이의 합성 정전용량은 몇 [μF]인가? [2003][2004]

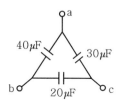

① 84   ② 90   ③ 41.2   ④ 52

풀이 $C_{ab}=\dfrac{30\times20}{30+20}+40=52\mu F$ 답 ④

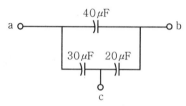

08 100pF의 콘덴서에 미지 용량 C_X를 직렬로 연결시키고, 그 합성 용량 C를 측정하였더니 50pF였다면 미지 용량 C_X 값은 얼마인가?

① 10pF　　　　② 50pF　　　　③ 100pF　　　　④ 1000pF

풀이 직렬 접속 시 $C = \dfrac{C_1 \cdot C_x}{C_1 + C_x}$[F]이므로 $50 = \dfrac{100 \times C_x}{100 + C_x}$

$50(100 + C_x) = 100 C_x$

$\therefore C_x = 100\text{pF}$　　　　　**답** ③

09 두 콘덴서 C_1, C_2를 직렬 연결하고 그 양 끝에 전압[V]을 가한 경우 C_2에 분배되는 전압은?

① $\dfrac{C_1}{C_1 + C_2}$V　　② $\dfrac{C_2}{C_1 + C_2}$V　　③ $\dfrac{C_1 + C_2}{C_1}$V　　④ $\dfrac{C_1 + C_2}{C_2}$V

답 ①

10 $8\mu\text{F}$와 $2\mu\text{F}$의 콘덴서를 병렬로 접속하고 100V의 전압을 가하였을 때 축적되는 전 전하량은 몇 μC인가?

① 200　　　　② 800　　　　③ 1,000　　　　④ 1,600

풀이 ㉠ $C = C_1 + C_2 = 8 + 2 = 10\mu\text{F}$

㉡ $Q = CV = 10 \times 10^{-6} \times 100 = 1,000 \times 10^{-6} = 1,000\mu\text{C}$　　　**답** ③

03 자기
CHAPTER

01 자석의 자기작용

(1) 자기현상과 자기유도

1) 자기현상

① 자기(Magnetism) : 자석이 쇠를 끌어당기는 성질의 근원
② 자하(Magnetic Charge) : 자석이 가지는 자기량, 기호는 m,
단위는 웨버(weber, [Wb])
③ 자기현상 : 자석의 중심을 실로 매달면 자석의 양끝이 남극과 북극을 가리키는 현상

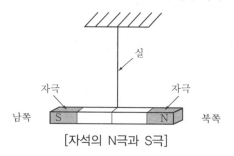

[자석의 N극과 S극]

2) 자기유도

① 자화(Magnetization) : 자석에 쇳조각을 가까이 하면 쇳조각이 자석이 되는 현상
② 자기유도(Magnetic Induction) : 쇳조각이 자석에 의하여 자화되는 현상

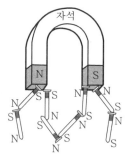

[자기유도]

③ 자성체의 종류
  ㉮ 강자성체(Ferromagnetic Substance)
    철(Fe), 니켈(Ni), 코발트(Co), 망간(Mn)
    ㉠ 자기 유도에 의해 강하게 자화되어 쉽게 자석이 되는 물질
    ㉡ 자석에 자화되어 끌리는 물체
  ㉯ 약자성체(비자성체)
    ㉠ 반자성체(Diamagnetic Substance)
      구리(Cu), 아연(Zn), 비스무트(Bi), 납(Pb)
      • 강자성체와는 반대로 자화되는 물질
      • 자석에 반발하는 물질
    ㉡ 상자성체(Paramagnetic Substance) : 알루미늄(Al), 산소(O), 백금(Pt)
      • 강자성체와 같은 방향으로 자화되는 물질
      • 자석에 자화되어 끌리는 물체

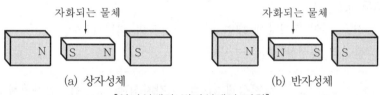

(a) 상자성체   (b) 반자성체
[상자성체와 반자성체의 자화]

(2) 자석 사이에 작용하는 힘

1) 쿨롱의 법칙(Coulomb's Law)

① 두 자극 사이에 작용하는 힘은 두 자극의 세기의 곱에 비례하고, 두 자극 사이의 거리의 제곱에 반비례한다.

② 두 자극 $m_1[\text{Wb}]$, $m_2[\text{Wb}]$를 $r[\text{m}]$ 거리에 두었을 때, 두 사이에 작용하는 힘 F는

$$F = \frac{1}{4\pi\mu_0} \times \frac{m_1 m_2}{r^2} \, [\text{N}]$$

㉮ μ_0 : 진공 중의 투자율(Vacuum Permeability), 단위[H/m]

$$\mu_0 = 4\pi \times 10^{-7} \, [\text{H/m}]$$

㉓

$$\frac{1}{4\pi\mu_0} \fallingdotseq 6.33 \times 10^4 = k$$

여기서, k : 힘이 미치는 공간의 매질과 단위계에 따라 정해지는 상수

㉔

$$F = k \cdot \frac{m_1 m_2}{r^2} = 6.33 \times 10^4 \cdot \frac{m_1 m_2}{r^2} [\text{N}]$$

2) 투자율(Permeability)

① 진공 중의 투자율(μ_0)

$$\mu_0 = 4\pi \times 10^{-7} = 1.257 \times 10^{-6} [\text{H/m}]$$

② 비투자율(μ_s)

㉮ 진공 중의 투자율에 대한 매질 투자율의 비를 나타낸다.

㉯ 물질의 자성상태를 나타낸다.

$$\text{상자성체} : \mu_s > 1, \ \text{강자성체} : \mu_s \gg 1, \ \text{반자성체} : \mu_s < 1$$

③ 투자율(μ) : 자속이 통하기 쉬운 정도

$$\mu = \mu_0 \cdot \mu_s = 4\pi \times 10^{-7} \cdot \mu_s [\text{H/m}]$$

(3) 자기장

1) 자기장의 세기(Intensity of Magnetic Field)

① 자기장(Magnetic Field) : 자력이 미치는 공간(자계, 정자장, 자장이라고 한다.)

② 자기장의 세기 : 자기장 내에 이 자기장의 크기에 영향을 미치지 않을 정도의 미소 자하를 놓았을 때 이 자하에 작용하는 힘의 방향을 자기장의 방향으로 하고, 작용하는 힘의 크기를 단위 자하+1[Wb]에 대한 힘의 크기로 환산한 것을 자기장의 세기로 정한다.

③ 자기장의 세기의 단위 : [AT/m], [N/Wb]

④ 진공 중에 있는 m[Wb]의 자극에서 r[m] 떨어진 점 P점에서의 자기장의 세기 H는

$$H = \frac{1}{4\pi\mu_0} \cdot \frac{m}{r^2} = 6.33 \times 10^4 \cdot \frac{m}{r^2} \; [\mathrm{AT/m}]$$

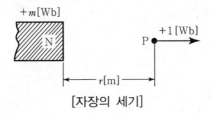

[자장의 세기]

⑤ 자기장의 세기 $H\,[\mathrm{AT/m}]$가 되는 자기장 안에 $m\,[\mathrm{Wb}]$의 자극을 두었을 때 이것에 작용하는 힘 $F\,[\mathrm{N}]$

$$F = mH\,[\mathrm{N}]$$

2) 자기력선(Line of Magnetic Force) 또는 자력선

자기장의 세기와 방향을 선으로 나태낸 것

<자기력선의 성질>

- 자력선은 N극에서 나와 S극에서 끝난다.
- 자력선 그 자신은 수축하려고 하며 같은 방향과의 자력선끼리는 서로 반발하려고 한다.
- 임의의 한 점을 지나는 자력선의 접선방향이 그 점에서의 자기장의 방향이다.
- 자기장 내의 임의의 한 점에서의 자력선 밀도는 그 점의 자기장의 세기를 나타낸다.
- 자력선은 서로 만나거나 교차하지 않는다.

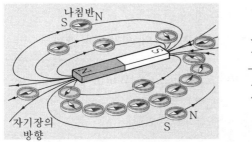
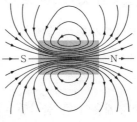

[자석에 의한 자력선]

3) 가우스의 정리(Gauss Theorem)

임의의 폐곡면 내의 전체 자하량 m[Wb]가 있을 때 이 폐곡면을 통해서 나오는 자기력선의 총수는 $\dfrac{m}{\mu}$개이다.

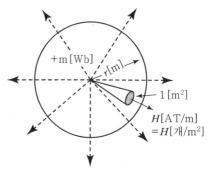

[점 자극에서 나오는 자력선의 수]

(4) 자속과 자속밀도

1) 자속(Magnetic Flux)

① 자성체 내에서 주위 매질의 종류(투자율 μ)에 관계없이 m[Wb]의 자하에서 m개의 역선이 나온다고 가정하여 이것을 자속이라 한다.

② 자속의 기호 : ϕ(phi)

③ 자속의 단위 : 웨버(weber, [Wb])

2) 자속 밀도(Magnetic Flux Density)

① 자속의 방향에 수직인 단위면적 1[m²]을 통과하는 자속

② 자속밀도의 기호 : B

③ 자속밀도의 단위 : rm[Wb/m²], 테슬라(tesla, 기호 [T])

④ 단면적 A[m²]를 자속 ϕ[Wb]가 통과하는 경우의 자속밀도 B

$$B = \frac{\phi}{A} = \frac{Q}{4\pi r^2} \ [\text{Wb/m}^2]$$

3) 자속밀도와 자기장의 세기와의 관계

① 투자율 μ인 물질에서 자속밀도와 자기장의 세기와의 관계

$$B = \mu H = \mu_0 \mu_s H \ [\text{Wb/m}^2]$$

② 비투자율이 큰 물질일수록 자속은 잘 통한다.

(5) 자기 모멘트와 토크

1) 자기 모멘트(Magnetic Moment) : M

자극의 세기가 $m[\text{Wb}]$이고 길이가 $\ell[\text{m}]$인 자석에서 자극의 세기와 자석의 길이의 곱은

$$M = m\ell [\text{Wb} \cdot \text{m}]$$

2) 회전력 또는 토크(Torque)

자기장의 세기 $H[\text{AT/m}]$인 평등 자기장 내에 자극의 세기 $m[\text{Wb}]$의 자침을 자기장의 방향과 θ의 각도로 놓았을 때 토크 T

$$T = 2 \times \frac{\ell}{2} \times f_2 = mH\ell\sin\theta \, [\text{N} \cdot \text{m}] = MH\sin\theta \, [\text{N} \cdot \text{m}]$$

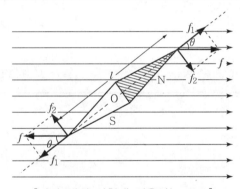

[자장 내의 자침에 작용하는 토크]

<전기와 자기의 비교>

전기	자기
전하 $Q[\text{C}]$	자하 $m[\text{Wb}]$
$+$, $-$ 분리 가능	N, S 분리 불가
쿨롱의 법칙 $F = 9 \times 10^9 \cdot \dfrac{Q_1 Q_2}{r^2}[\text{N}]$	쿨롱의 법칙 $F = 6.33 \times 10^4 \cdot \dfrac{m_1 m_2}{r^2}[\text{N}]$
유전율 $\varepsilon = \varepsilon_0 \cdot \varepsilon_s \, [\text{F/m}]$	투자율 $\mu = \mu_0 \cdot \mu_s [\text{H/m}]$

전기	자기
전기장(전장, 전계)	자기장(자장, 자계)
전기장의 세기 $E = 9 \times 10^9 \cdot \dfrac{Q}{r^2} \,[\mathrm{V/m}]$	자기장의 세기 $H = 6.33 \times 10^4 \cdot \dfrac{m}{r^2} \,[\mathrm{AT/m}]$
$F = QE\,[\mathrm{N}]$	$F = mH\,[\mathrm{N}]$
전기력선	자기력선
가우스의 정리(전기력선의 수) $N = \dfrac{Q}{\varepsilon}$ 개	가우스의 정리(자기력선의 수) $N = \dfrac{m}{\mu}$ 개
전속 $\psi(=$전하$)\,[\mathrm{C}]$	자속 $\phi(=$자하$)[\mathrm{Wb}]$
전속밀도 $D = \dfrac{Q}{A} = \dfrac{Q}{4\pi r^2} \,[\mathrm{C/m^2}]$	자속밀도 $B = \dfrac{\phi}{A} = \dfrac{Q}{4\pi r^2} \,[\mathrm{Wb/m^2}]$
전속밀도와 전기장의 세기의 관계 $D = \varepsilon E = \varepsilon_0 \varepsilon_s E\,[\mathrm{C/m^2}]$	자속밀도와 자기장의 세기의 관계 $B = \mu H = \mu_0 \mu_s H\,[\mathrm{Wb/m^2}]$
전위 $V = Er = 9 \times 10^9 \times \dfrac{Q}{r} \,[\mathrm{V}]$	기자력 $NI = H \cdot \ell\,[\mathrm{AT}]$

기출 및 예상문제

01 다음 자성체 중 강자성체가 아닌 것은?

① 철(Fe)
② 알루미늄(Al)
③ 니켈(Ni)
④ 코발트(Co)

풀이 강자성체 : 철(Fe), 니켈(Ni), 코발트(Co), 망간(Mn) **답** ②

02 다음 중 반자성체 물질의 특색을 나타낸 것은?

① $\mu_s > 1$
② $\mu_s \gg 1$
③ $\mu_s = 1$
④ $\mu_s < 1$

풀이 상자성체 : $\mu_s > 1$, 강자성체 : $\mu_s \gg 1$, 반자성체 : $\mu_s < 1$ **답** ④

03 두 자극 사이에 작용하는 힘의 크기를 나타낸 식은 다음 중 어느 것인가?(단, m_1, m_2 : 자극의 세기, μ : 투자율, r : 자극 간의 거리)

① $F = \dfrac{m}{4\pi\mu r}[\text{N}]$

② $F = \dfrac{m}{4\pi\mu r^2}[\text{N}]$

③ $F = \dfrac{m_1 m_2}{4\pi\mu r}[\text{N}]$

④ $F = \dfrac{m_1 m_2}{4\pi\mu r^2}[\text{N}]$

풀이 **쿨롱의 법칙**

$$F = k\frac{m_1 m_2}{r^2} = \frac{1}{4\pi \cdot \mu} \times \frac{m_1 m_2}{r^2}[\text{N}]$$

$$F = 6.33 \times 10^4 \times \frac{m_1 m_2}{r^2}[\text{N}]$$

답 ④

04 공기 중에서 10[cm]의 거리에 있는 두 자극의 세기가 각각 5×10^{-3}[Wb], 3×10^{-3}[Wb]이다. 두 자극 사이에 작용하는 힘은 약 몇[N]인가? [2005]

① 6.3
② 24
③ 68
④ 95

풀이 $F = 6.33 \times 10^4 \times \dfrac{m_1 m_2}{r^2} = 6.33 \times 10^4 \times \dfrac{(5 \times 10^{-3}) \times (3 \times 10^{-3})}{(10 \times 10^{-2})^2} \fallingdotseq 95[\text{N}]$ **답** ④

05 진공 중의 투자율 μ_0[H/m]는 얼마인가?

① 8.855×10^{-12}
② 9×10^9
③ 6.33×10^7
④ $4\pi \times 10^{-7}$

풀이 $\mu_0 = 4\pi \times 10^{-7} = 1.257 \times 10^{-6}$ H/m

답 ④

06 공기 중의 비투자율은 얼마인가?

① 6.33×10^4
② 0
③ 1
④ $4\pi \times 10^{-7}$

풀이 공기 중의 비투자율 $= 1.00000004 \fallingdotseq 1$

답 ③

07 다음 단위 중 자장의 세기의 단위는? [2006]

① AT/m
② Wb/m^2
③ Wb/m
④ AT/m^2

풀이 $F = mH$[N], $H = \dfrac{F}{m} = \dfrac{NI}{\ell}$[AT/m]

답 ①

08 m[Wb]의 점자극에서 r[m] 떨어진 점의 자기장의 세기는 공기 중에서 몇 [AT/m]인가? [2002]

① $\dfrac{m}{r^2}$
② $\dfrac{m}{4\pi \, r^2}$
③ $\dfrac{m}{4\pi\mu_o \, r}$
④ $\dfrac{m}{4\pi\mu_o \, r^2}$

풀이 $H = \dfrac{F}{m} = \dfrac{m}{4\pi\mu_o \, r^2}$[AT/m]

답 ④

09 H[AT/m]의 자계 내에 놓은 m[Wb]의 자극에 작용하는 힘은 몇 N인가? [2006]

① $\dfrac{H}{M}$
② $\dfrac{M}{H}$
③ mH
④ $m^2 H$

풀이 $F = mH$

답 ③

10 어떤 평등 자장 안에 세기 1.5×10^3Wb의 자극이 있을 때, 그 자극에 3N의 힘이 작용한다고 한다. 자장의 세기는 얼마인가?

① $2 \times 10^{-3} \, \mathrm{AT/m}$　　　　　　② $4.5 \times 10^{-3} \, \mathrm{AT/m}$

③ $5 \times 10^{-4} \, \mathrm{AT/m}$　　　　　　④ $4.5 \times 10^3 \, \mathrm{AT/m}$

풀이 $F = mH$, $H = \dfrac{F}{m} = \dfrac{3}{1.5 \times 10^3} = 2 \times 10^{-3} \mathrm{AT/m}$　　　　　**답** ①

11 다음은 자력선에 대한 설명이다. 옳지 않은 것은?

① N극에서 나와 S극에서 끝난다.

② 자력선은 서로 교차한다.

③ 자력선에 그은 접선은 그 접선에서의 자기장의 방향을 나타낸다.

④ 한 점의 자력선 밀도는 그 점의 자기장의 세기를 나타낸다.

풀이 자력선 그 자신은 수축하려고 하며 같은 방향과의 자력선끼리는 서로 반발하려고 한다. 즉, 자력선은 서로 교차하지 않는다.　　　　　**답** ②

12 공기 중 m[Wb]의 자극에서 나오는 자력선의 총수는?

① m　　　　　② $\mu_0 m$　　　　　③ $\dfrac{\mu_0}{m}$　　　　　④ $\dfrac{m}{\mu_0}$

풀이 **가우스의 정리**

임의의 폐곡면 내의 전체 자하량 m[Wb]가 있을 때 이 폐곡면을 통해서 나오는 자기력선의 총수는 $\dfrac{m}{\mu}$ 개이다. (공기의 비투자율 $\mu_s = 1$이므로 $\dfrac{m}{\mu_0}$ 개의 자력선이 나온다.)　　　　　**답** ④

13 비투자율 μ_s, 자속밀도 B[Wb/m²]의 자계 중에서 m[Wb]의 자극이 받는 힘은 몇 [N]인가?

[2003]

① mB　　　　　② $\dfrac{mB}{\mu_s}$　　　　　③ $\dfrac{mB}{\mu_o \mu_s}$　　　　　④ $\dfrac{mB}{\mu_o}$

풀이 $B = \mu H$, $H = \dfrac{B}{\mu}$

$F = mH = \dfrac{mB}{\mu} = \dfrac{mB}{\mu_0 \mu_s}$[N]　　　　　**답** ③

14 단면적 $S\text{m}^2$의 철심에 $\phi[\text{Wb}]$의 자속을 통하게 하려면 $H[\text{AT/m}]$의 자계가 필요하다. 이 철심의 비투자율 μ_s은? [2002]

① $\dfrac{\phi}{\mu_o SH}$ ② $\dfrac{\phi S}{\mu_o H}$ ③ $\dfrac{\phi H}{\mu_o S}$ ④ $\dfrac{\phi}{\mu_o SH^2}$

풀이 $B=\dfrac{\phi}{S}[\text{Wb/m}^2]$, $H=\dfrac{B}{\mu_o \mu_s}[\text{AT/m}]$, $\mu_s=\dfrac{B}{\mu_o H}=\dfrac{\phi}{\mu_o SH}$ **답** ①

15 비투자율 μ_s, 자속밀도 $B[\text{Wb/m}^2]$의 자기장 중에 있는 1의 자극이 받는 힘은? [2003]

① B ② $\dfrac{B}{\mu_0}$ ③ $\dfrac{B}{\mu_s}$ ④ $\dfrac{B}{\mu_0 \mu_s}$

풀이 $F=mH=m\dfrac{B}{\mu_0 \mu_s}[\text{N}]$

$m=1[\text{Wb}]$일 때, $F=\dfrac{B}{\mu_0 \mu_s}[\text{N}]$ **답** ④

16 철심의 단면적 25cm^2, 자속 $12.56\times10^{-5}\text{Wb}$일 때, 자속밀도 B는 몇 Wb/m^2인가?

① 0.502×10^{-2} ② 5.02×10^{-2}

③ 50.02×10^{-2} ④ 502×10^{-2}

풀이 $B=\dfrac{\phi}{A}=\dfrac{12.56\times10^{-5}}{25\times10^{-4}}=5.02\times10^{-2}\text{Wb/m}^2$ **답** ②

17 다음 중 자기장의 세기 설명이 잘못된 것은?

① 수직단면의 자력선 밀도와 같다.
② 단위길이당 기자력과 같다.
③ 단위자극에 작용하는 힘과 같다.
④ 자속밀도에 투자율을 곱한 것과 같다.

풀이 자속밀도에 투자율을 나눈 것과 같다. $\left(\because H=\dfrac{B}{\mu}\right)$ **답** ④

18 자극의 세기가 10^{-5}[Wb], 길이가 10[cm]인 막대자석의 자기 모멘트는 몇 [Wb · m] 인가? [2005]

① 10^{-3}　　　　　　　　　　② 10^{-4}

③ 10^{-5}　　　　　　　　　　④ 10^{-6}

풀이 $M = m \cdot \ell = 10^{-5}\,[\text{Wb}] \times 10 \times 10^{-2}\,[\text{m}] = 10^{-6}[\text{Wb} \cdot \text{m}]$　　　　　답 ④

19 어느 자극의 세기가 20[Wb]인 길이 10[cm]의 막대자석이 있다. 자기 모멘트는 몇 [Wb · m]인가? [2002][2004]

① 2　　　　　　　　　　② 20

③ 0.5　　　　　　　　　　④ 50

풀이 $M = m \cdot \ell = 20[\text{Wb}] \times 10 \times 10^{-2}\,[\text{m}] = 2[\text{Wb} \cdot \text{m}]$　　　　　답 ①

02 전류에 의한 자기현상과 자기회로

(1) 전류에 의한 자기현상

1) 앙페르의 오른 나사의 법칙(Ampere's Right-handed Screw Rule)

① 전류에 의하여 생기는 자기장의 자력선의 방향을 결정

② 직선 전류에 의한 자기장의 방향 : 전류가 흐르는 방향으로 오른 나사를 진행시키면 나사가 회전하는 방향으로 자력선이 생긴다.

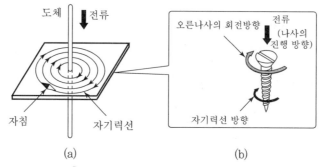

(a)   (b)

[직선 전류에 의한 자력선의 방향]

③ 코일에 의한 자기장의 방향 : 오른 나사를 전류의 방향으로 회전시키면 나사가 진행하는 방향이 자력선의 방향이 되고, 오른손 네 손가락을 전류의 방향으로 하면 엄지손가락의 방향이 자력선의 방향이 된다.

[환상전류에 의한 자력선의 방향]

2) 비오-사바르의 법칙(Biot-Savart's Law)

① 도체의 미소 부분 전류에 의해 발생되는 자기장의 크기를 알아내는 법칙이다.

② 도선에 $I[A]$의 전류를 흘릴 때 도선의 미소부분 $\Delta \ell$에서 $r[m]$ 떨어지고 $\Delta \ell$과 이루는 각도가 θ인 점 P에서 $\Delta \ell$에 의한 자장의 세기 $\Delta H[AT/m]$는

$$\Delta H = \frac{I\Delta\ell}{4\pi r^2}\sin\theta[\mathrm{AT/m}]$$

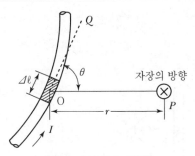

[비오 – 사바르 법칙]

3) 앰페르의 주회 적분의 법칙(Ampere's Circuital Integrating Llaw)

① 대칭적인 전류 분포에 대한 자기장의 세기를 매우 편리하게 구할 수 있으며, 비오 – 사바르의 법칙을 이용하여 유도된다.

② 자기장 내의 임의의 폐곡선 C를 취할 때, 이 곡선을 한 바퀴 돌면서 이 곡선 $\Delta\ell$ 과 그 부분의 자기장의 세기 H의 곱, 즉 $H\Delta\ell$의 대수합은 이 폐곡선을 관통하는 전류의 대수합과 같다는 것이다.

$$\Sigma H\Delta\ell = \Delta I$$

③ 전류의 방향

⑦ $\otimes$: 전류가 정면으로 흘러들어감(화살 날개)

⑭ $\odot$: 전류가 정면으로 흘러나옴(화살촉)

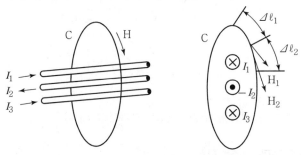

[암페어의 주회 적분 법칙]

4) 무한장 직선 전류에 의한 자기장

무한 직선 도체에 $I[\mathrm{A}]$의 전류가 흐를 때 전선에서 $r[\mathrm{m}]$ 떨어진 점의 자기장의 세기 $H[\mathrm{AT/m}]$는

$$H = \frac{I}{2\pi r}\ [\mathrm{AT/m}]$$

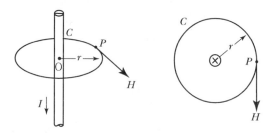

[무한장 직선 도체에 의한 자기장의 세기]

5) 원형 코일 중심의 자기장

반지름이 $r[\mathrm{m}]$이고 감은 횟수가 N회인 원형 코일에 $I[\mathrm{A}]$의 전류를 흘릴 때 코일 중심 O에 생기는 자기장의 세기 $H[\mathrm{AT/m}]$는

$$H = \frac{NI}{2\,r}\ [\mathrm{AT/m}]$$

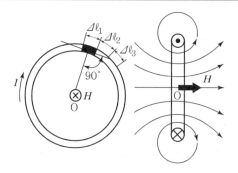

[원형 코일 중심의 자기장의 세기]

6) 환상 솔레노이드에 의한 자장

감은 권수가 N, 반지름이 $r[\mathrm{m}]$인 환상 솔레노이드에 $I[\mathrm{A}]$의 전류를 흘릴 때 솔레노이드 내부에 생기는 자장의 세기 $H[\mathrm{AT/m}]$는

$$H = \frac{NI}{\ell} = \frac{NI}{2\pi r} \ [\mathrm{AT/m}]$$

여기서, ℓ는 자로의 평균 길이[m]

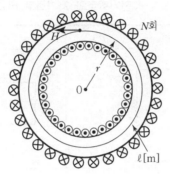

[환상 솔레노이드에 의한 자기장의 세기]

(2) 자기회로

1) 자기회로(Magnetic Circuit) : 자속이 통과하는 폐회로

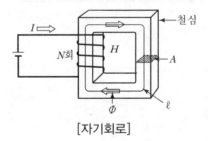

[자기회로]

2) 기자력(Magnetic Motive Force) : 자속을 만드는 원동력

$$F = NI \,[\mathrm{AT}]$$

여기서, N : 코일의 감은 횟수[T]
I : 코일에 흐르는 전류[A]

3) 자기저항(Reluctance)

자속의 발생을 방해하는 성질의 정도로, 자로의 길이 ℓ[m]에 비례하고 단면적 A[m²]에 반비례한다.

$$R = \frac{\ell}{\mu A} [\text{AT/Wb}]$$

<전기회로와 자기회로 비교>

전기회로	자기회로
기전력 $V[\text{V}]$	기자력 $F = NI[\text{AT}]$
전류 $I[\text{A}]$	자속 $\phi[\text{Wb}]$
전기저항 $R[\Omega]$	자기저항 $R[\text{AT/Wb}]$
옴의 법칙 $R = \dfrac{V}{I}[\Omega]$	옴의 법칙 $R = \dfrac{NI}{\phi}[\text{AT/Wb}]$

기출 및 예상문제

01 직선전류에 의해서 그 주위에 생기는 환상자계의 방향은? [2006]

① 전류의 방향
② 전류와 반대방향
③ 오른나사의 진행방향
④ 오른나사의 회전방향

풀이 암페르의 오른나사 법칙

전류의 방향과 자기장의 방향은 각각 나사의 진행방향과 회전방향에 일치한다. **답** ④

02 암페어의 주회적분 법칙은 어느 관계를 직접적으로 표시하는가? [2002]

① 전하와 자계
② 전류와 인덕턴스
③ 전류와 자계
④ 전하와 전위

답 ③

03 다음 중 비오–사바르의 법칙(Biot–Savart's Law)은 어떤 관계를 나타내는 것인가?

① 전류와 자장의 세기
② 기자력과 자속 밀도
③ 전위와 자장의 세기
④ 기자력과 자장

풀이 비오–사바르의 법칙

도체의 미소 부분 전류에 의해 발생되는 자기장의 크기를 알아내는 법칙이다. **답** ①

04 긴 직선 도선에 I[A]의 전류가 흐를 때 이 도선으로부터 r[m]만큼 떨어진 곳의 자장의 세기는?

① I에 반비례 하고, r에 비례한다.
② I의 제곱에 비례하고, r에 반비례한다.
③ I에 비례하고, r에 반비례한다.
④ I에 비례하고, r의 제곱에 반비례한다.

풀이 무한장 직선 전류에 의한 자기장

$$H = \frac{I}{2\pi r}$$ **답** ③

05 무한히 긴 직선 도선에 30A의 전류가 흐를 때 이 도선에서 20cm 떨어진 점의 자장 세기는?

① 약 21.2AT/m ② 약 22.5AT/m

③ 약 23.9AT/m ④ 약 24.8AT/m

풀이 $H = \dfrac{I}{2\pi r} = \dfrac{30}{2\pi \times 20 \times 10^{-2}} = 23.9\text{AT/m}$ **답** ③

06 반지름이 1m이고 권수가 10회인 원형 코일에 1A의 전류가 흐를 때 중심 자장의 세기는 몇 AT/m인가?

① 3 ② 5 ③ 7 ④ 9

풀이 원형 코일 중심의 자장의 세기 $H = \dfrac{NI}{2r} = \dfrac{10 \times 1}{2 \times 1} = 5\text{AT/m}$ **답** ②

07 평균 자로의 길이가 80cm인 환상철심에 500회의 코일을 감고 여기에 4A의 전류를 흘렸을 때 기자력은 몇 AT이며, 자계의 세기는 몇 AT/m인가? [2004][2007]

① 기자력 : 2000, 자계의 세기 : 2500

② 기자력 : 3000, 자계의 세기 : 2500

③ 기자력 : 2000, 자계의 세기 : 3500

④ 기자력 : 3000, 자계의 세기 : 3500

풀이 $F = NI = 500 \times 4 = 2,000[\text{AT}]$

$H = \dfrac{NI}{\ell} = \dfrac{500 \times 4}{80 \times 10^{-2}} = 2,500[\text{AT/m}]$ **답** ①

08 단면적 $S[\text{m}^2]$, 길이 $\ell[\text{m}]$, 투자율 $\mu[\text{H/m}]$의 자기회로에 N회의 코일을 감고 $I[\text{A}]$의 전류를 흘릴 때 발생하는 자속[Wb]을 구하는 식은? [2005]

① $\mu\ell NIS$ ② $\dfrac{\mu\ell S}{NI}$ ③ $\dfrac{\mu SNI}{\ell}$ ④ $\dfrac{\mu\ell SN}{I}$

풀이 $\phi = B \cdot S$

$= \mu H \cdot S (\because B = \mu H)$

$= \mu \dfrac{NI}{\ell} \cdot S \left(\because H = \dfrac{NI}{\ell}\right)$ **답** ③

09 단면적이 50cm²인 환상철심에 500AT/m의 자장을 가할 때 전자속은 몇 Wb인가?(단, 진공 중의 투자율은 $4\pi \times 10^{-7}$H/m이고, 철심의 비투자율은 800이다.) [2003][2007]

① $16\pi \times 10^{-2}$　　② $8\pi \times 10^{-4}$　　③ $4\pi \times 10^{-4}$　　④ $2\pi \times 10^{-2}$

풀이 $\phi = B \cdot S = \mu H \cdot S$

$\phi = \mu_0 \mu_s H \cdot S = 4\pi \times 10^{-7} \times 800 \times 500 \times (50 \times 10^{-4}) = 8\pi \times 10^{-4}$[Wb]

$(\because S = 50\text{cm}^2 = 50 \times 10^{-4}\text{m}^2)$　　**답** ②

10 비투자율 $\mu_s = 800$, 단면적 $S = 10\text{cm}^2$, 평균 자로 길이 $\ell = 30\text{cm}$의 환상 철심에 N = 600회의 권선을 감은 무단 솔레노이드가 있다. 이것에 I = 1A의 전류를 흘릴 때 솔레노이드 내부의 자속은 약 몇 Wb인가? [2007]

① 1.10×10^{-3}　　② 1.10×10^{-4}　　③ 2.01×10^{-3}　　④ 2.01×10^{-4}

풀이 $\phi = B \cdot S = \mu H S = \mu \dfrac{NI}{\ell} S$

$\therefore \phi = \mu_0 \mu_s \dfrac{NI}{\ell} S = 4\pi \times 10^{-7} \times 800 \times \dfrac{600 \times 1}{30 \times 10^{-2}} \times (10 \times 10^{-4})$

$= 2.01 \times 10^{-3}$[Wb]　　**답** ③

11 200회 감은 어떤 코일에 15A의 전류를 흐르게 할 때 기자력[AT]은?

① 15　　② 200　　③ 3,000　　④ 13.3

풀이 $F = NI = 200 \times 15 = 3,000\text{AT}$　　**답** ③

12 MKS단위계로 기자력의 단위는? [2002][2006]

① AT　　② Wb　　③ Gauss　　④ Maxwell

답 ①

13 자기회로에서 자기저항의 단위는? [2003][2004]

① $\left[\dfrac{\text{Wb}}{\text{AT}}\right]$　　② $\left[\dfrac{\text{AT}}{\text{Wb}}\right]$　　③ $[\Omega]$　　④ $[\text{V} \cdot \text{m}]$

풀이 $R = \dfrac{NI}{\phi}$[AT/Wb]　　**답** ②

14 자기저항 100AT/Wb인 회로에 400AT의 자기력을 가할 때 생기는 자속[Wb]은?

① 1 　　　　② 2 　　　　③ 3 　　　　④ 4

풀이 $\phi = \dfrac{F}{R} = \dfrac{400}{100} = 4\text{Wb}$ 　　　　**답** ④

15 전기회로에서의 전류는 자기회로와 관계가 있다. 전기회로의 전류에 해당하는 자기회로의 요소는? [2002]

① 기자력 　　② 자장의 세기 　　③ 자속 　　④ 자기저항

답 ③

16 자기회로에 대한 키르히호프의 법칙을 설명한 것으로 옳은 것은? [2002]

① 수개의 자기회로가 1점에서 만날 때는 각 회로의 기자력의 대수합은 "0"이다.
② 자기회로의 결합점에서 각 자로의 자속의 대수합은 "0"이다.
③ 수개의 자기회로가 1점에서 만날 때는 각 회로의 자속과 자기저항을 곱한 것의 대수합은 "0"이다.
④ 하나의 폐자기회로에 대하여 각 부로의 자속과 자기저항을 곱한 것의 대수합은 폐자기회로에 작용하는 기자력의 대수합과 같다.

답 ②

03 전자력

(1) 전자력의 방향과 크기

1) 전자력의 방향 : 플레밍의 왼손법칙(Fleming's Left – hand Rule)

① 전동기의 회전방향을 결정
② 엄지손가락 : 힘의 방향(F)
③ 집게손가락 : 자장의 방향(B)
④ 가운뎃손가락 : 전류의 방향(I)

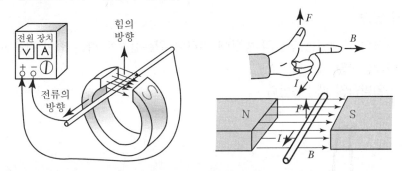

[플레밍의 왼손법칙]

2) 전자력의 크기

① 자속밀도 $B[\text{Wb/m}^2]$의 평등 자장 내에 자장과 직각방향으로 $\ell[\text{m}]$의 도체를 놓고 $I[\text{A}]$의 전류를 흘리면 도체가 받는 힘 $F[\text{N}]$은

$$F = BI\ell \; [\text{N}]$$

② 그림 (c)와 같이 자장에 대하여 θ의 각도로 놓인 도체에 작용하는 힘 $F[\text{N}]$은

$$F = BI\ell \sin\theta [\text{N}]$$

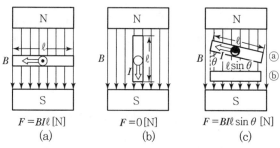

$F = BI\ell$ [N]
(a)

$F = 0$ [N]
(b)

$F = BI\ell \sin\theta$ [N]
(c)

[도체와 자기장 사이의 각과 전자력]

(2) 평행 도체 사이에 작용하는 힘

1) 힘의 방향

① 각각의 도체에는 전류의 방향에 의하여 왼손법칙에 따른 힘이 작용한다.
② 반대방향일 때 : 반발력
③ 동일방향일 때 : 흡인력

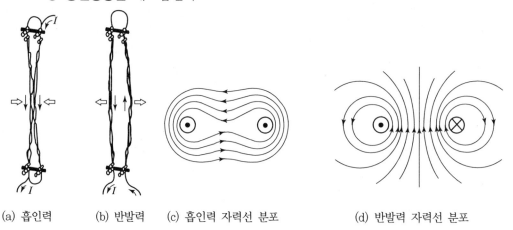

(a) 흡인력   (b) 반발력   (c) 흡인력 자력선 분포   (d) 반발력 자력선 분포

[힘의 방향과 자력선의 분포]

2) 힘의 크기

평행한 두 도체가 r[m]만큼 떨어져 있고 각 도체에 흐르는 전류가 I_1[A], I_2[A]라 할 때 두 도체 사이에 작용하는 힘 F는

$$F = \frac{2\,I_1 I_2}{r} \times 10^{-7} [\text{N/m}]$$

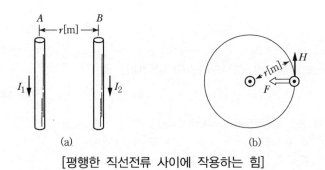

(a)   (b)

[평행한 직선전류 사이에 작용하는 힘]

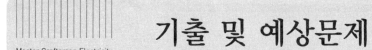
01 플레밍의 왼손법칙에서 엄지손가락이 나타내는 것은?

① 자장　　　　　② 전류　　　　　③ 힘　　　　　④ 기전력

풀이 플레밍의 왼손 법칙(Fleming's Left Rule)
　　㉠ 엄지 : (F)힘 방향　　　　㉡ 검지 : (B)자기장 방향
　　㉢ 중지 : (I)전류 방향　　　　　　　　　　　　　　　　**답** ③

02 다음 중 플레밍의 왼손법칙에 따르는 것은?

① 전동기　　　　② 발전기　　　　③ 정류기　　　　④ 용접기

풀이 왼손은 전동기, 오른손은 발전기이다.　　　　　　　　**답** ①

03 그림과 같이 자석의 중간에 도체를 놓고 이 도체에 전류를 흘릴 때 이 도체가 받는 힘의 방향은?

[2003]

① a　　　　　　② b
③ c　　　　　　④ d

풀이 플레밍의 왼손법칙 적용　　　　　　　　　　　　　　**답** ③

04 자기장 내에 있는 도선에 전류가 흐를 때 자기장의 방향이 몇 도 각도로 되어 있으면 작용하는 힘이 최대인가?

① 30°　　　　　② 45°　　　　　③ 60°　　　　　④ 90°

풀이 $F = Bl\ell\sin\theta[\mathrm{N}]$에서 $\sin 90° = 1$일 때, F(전자력)가 최대가 된다.　　**답** ④

05 자속밀도 0.5[Wb/m²]인 평등 자장에 그 방향과 30°로 길이 40[cm]인 도체를 놓고 10[A]의 전류를 흘릴 때 도체에 작용하는 힘은 몇 [N]인가?

[2002]

① 0.6　　　　　② 1　　　　　③ 1.2　　　　　④ 2.4

풀이 $F = Bl\ell\sin\theta = 0.5 \times 10 \times (40 \times 10^{-2}) \times \sin 30° = 1[\mathrm{N}]$　　**답** ②

06 자속밀도 0.5[Wb/m^2]의 자장 안에 자장과 직각으로 20cm의 도체를 놓고 이것에 10A의 전류를 흐르게 할 때 도체가 50cm 운동한 경우의 일[J]은?

① 0.5 　　　　② 1 　　　　③ 1.5 　　　　④ 2

풀이 $F = BI\ell\sin\theta = 0.5 \times 10 \times 20 \times 10^{-2} = 1\,\mathrm{N}$, $\;W = F \cdot r = 1 \times 50 \times 10^{-2} = 0.5\,\mathrm{J}$ 　　**답** ①

07 평행한 왕복도체에 흐르는 전류에 의한 작용력은? 　　　　　　　　　　　　[2005]

① 흡인력 　　　　　　　　　　② 반발력
③ 회전력 　　　　　　　　　　④ 0

풀이 평행 도체 사이에 작용하는 힘
각각의 도체에는 전류의 방향에 의하여 왼손법칙에 따른 힘이 작용한다.
㉠ 반대방향일 때(왕복) : 반발력
㉡ 동일방향일 때 : 흡인력 　　**답** ②

08 공기 중에서 간격 1m의 평행 왕복 도체에 길이 1m당 10^{-7}N의 반발력이 작용한다면 이 도체에 흐르는 전류는 몇 A인가? 　　　　　　　　　　　　　　　　　[2006]

① $\sqrt{2}$ 　　　　② $\dfrac{1}{\sqrt{2}}$ 　　　　③ 2 　　　　④ $\dfrac{1}{2}$

풀이 $f = \dfrac{2I_1 I_2}{r} \times 10^{-7}[\mathrm{N/m}]$에서, 왕복도체이므로 I_1과 I_2는 같다.($I = I_1 = I_2$)

$f = \dfrac{2I^2}{r} \times 10^{-7}$, $\;I = \sqrt{\dfrac{fr}{2} \times 10^7} = \sqrt{\dfrac{10^{-7} \times 1}{2} \times 10^7} = \dfrac{1}{\sqrt{2}}[\mathrm{A}]$ 　　**답** ②

09 공기 중에 40cm 떨어진 왕복 도선에 100A의 전류가 흐를 때 도선 1km에 작용하는 힘은 몇 N인가?

① 0.5 　　　　② 1 　　　　③ 5 　　　　④ 10

풀이 $f = \dfrac{2I_1 I_2}{r} \times 10^{-7} = \dfrac{2 \times 100 \times 100}{40 \times 10^{-2}} \times 10^{-7} = 5 \times 10^{-3}\,\mathrm{N/m}$

도선 1km에 작용하는 힘 $f' = f \times 10^3 = 5 \times 10^{-3} \times 10^3 = 5\mathrm{N}$ 　　**답** ③

04 전자유도와 인덕턴스

(1) 전자유도

1) 자속 변화에 의한 유도 기전력

① 유도 기전력의 방향 : 렌츠의 법칙(Lenz's Law)

전자유도에 의하여 발생한 기전력의 방향은 그 유도전류가 만든 자속이 항상 원래의 자속의 증가 또는 감소를 방해하려는 방향이다.

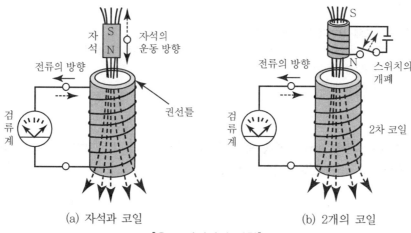

(a) 자석과 코일   (b) 2개의 코일

[유도 기전력의 방향]

② 유도 기전력의 크기 : 패러데이 법칙(Faraday's Law)

㉮ 유도 기전력의 크기는 단위시간 1[sec] 동안에 코일을 쇄교하는 자속의 변화량과 코일의 권수에 곱에 비례한다.

$$e = -N\frac{\Delta \phi}{\Delta t}\ [\text{V}]$$

여기서, 음(-)의 부호 : 유도 기전력의 방향을 나타냄

$\frac{\Delta \phi}{\Delta t}$: 자속의 변화율

$N\phi$: 자속 쇄교수(Number of Flux Interlinkage)

㉯ 권수 1회의 코일을 쇄교하고 있는 자속이 1[sec] 동안에 1[Wb]의 비율로 변화했을 때 1[V]의 기전력이 발생한다.

2) 도체운동에 의한 유도 기전력

① 유도 기전력 방향 : 플레밍의 오른손법칙(Fleming's Right-hand Rule)
   ㉮ 발전기의 유도 기전력의 방향을 결정
   ㉯ 엄지손가락 : 도체의 운동방향(u)
   ㉰ 집게손가락 : 자속의 방향(B)
   ㉱ 가운데손가락 : 유도 기전력의 방향(e)

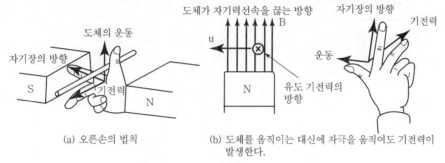

(a) 오른손의 법칙 (b) 도체를 움직이는 대신에 자극을 움직여도 기전력이 발생한다.

[플레밍의 오른손 법칙]

② 직선도체에 발생하는 기전력
   ㉮ (a)와 같이 자속 밀도 B[Wb/m²]의 평등 자장 내에서 길이 ℓ[m]인 도체를 자장과 직각 방향으로 u[m/sec] 일정한 속도로 운동하는 경우 도체에 유기된 기전력 e[V]는

$$e = -N\frac{\Delta\phi}{\Delta t} = B\ell u[\text{V}]$$

   ㉯ (b)와 같이 직선 도체가 자장의 방향과 θ의 각도를 이루면서 u[m/sec]로 운동하는 경우 도체에 유기된 기전력 e[V]는

$$e = B\ell u\sin\theta[\text{V}]$$

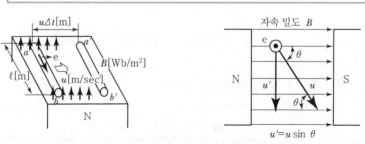

(a) 직선 도체와 자기장의 방향이 직각일 경우 (b) 직선 도체와 자기장의 방향이 θ일 경우

[직선 도체에 발생하는 기전력]

(2) 인덕턴스

1) 자체 인덕턴스

① 코일의 자체 유도능력 정도를 나타내는 값으로 단위는 헨리(henry, 기호[H])이다.

② 자체 인덕턴스(Self-inductance) : 감은 횟수 N회의 코일에 흐르는 전류 I가 Δt[sec] 동안에 ΔI[A]만큼 변화하여 코일과 쇄교하는 자속 ϕ가 $\Delta\phi$[Wb] 만큼 변화하였다면 자체 유도 기전력은 다음과 같이 된다.

$$e = -N\frac{\Delta\phi}{\Delta t}[\text{V}] = -L\frac{\Delta I}{\Delta t}[\text{V}]$$

여기서, L은 비례상수로 자체 인덕턴스라 한다.

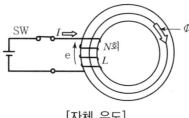

[자체 유도]

③ 위 식에서 $N\phi = LI$이므로 자체 인덕턴스는

$$L = \frac{N\phi}{I}[\text{H}]$$

④ 1[H] : 1[sec] 동안에 전류의 변화가 1[A]일 때 1[V]의 전압이 발생하는 코일 자체 인덕턴스 용량을 나타낸다.

⑤ 환상 솔레노이드의 자체 인덕턴스

㉮ 자기회로의 자속 ϕ는

$$\phi = BA = \mu HA = \frac{\mu ANI}{\ell}[\text{Wb}]$$

㉯ 환상 코일의 자체 인덕턴스 L은

$$L = \frac{N\Phi}{I} = \frac{\mu AN^2}{\ell} = \frac{\mu_0\mu_s AN^2}{\ell}[\text{H}]$$
$$\therefore L \propto N^2$$

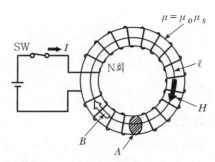

[환상 솔레노이드의 자체 인덕턴스]

2) 상호 인덕턴스(Mutual Inductance)

① 상호 유도(Mutual Induction) : 하나의 자기회로에 1차 코일과 2차 코일을 감고 1차 코일에 전류를 변화시키면 2차 코일에도 전압이 발생하는 현상(A코일 : 1차 코일, B : 2차 코일)

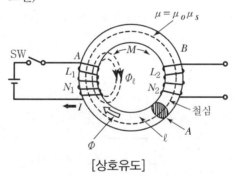

[상호유도]

② $\Delta t[\text{sec}]$ 동안에 $\Delta I_1[\text{A}]$만큼 변화했다면 2차 코일에 발생하는 전압 e_2는

$$e_2 = -M\frac{\Delta I_1}{\Delta t}[\text{V}] = -N_2\frac{\Delta \phi}{\Delta t}[\text{V}]$$

③ 위 식에서 $N_2\Phi = MI_1$이므로 상호 인덕턴스는

$$M = \frac{N_2\phi}{I_1}[\text{H}]$$

④ 환상 솔레노이드의 상호 인덕턴스

㉮ 1차 코일에 의한 자속

$$\phi = BA = \mu HA = \mu\frac{AN_1I_1}{\ell}[\text{Wb}]$$

④ 상호 인덕턴스

$$M = \frac{N_2\phi}{I_1} = \frac{\mu A N_1 N_2}{\ell}\ [\text{H}]$$

3) 자체 인덕턴스와 상호 인덕턴스의 관계

①

$$L_1 = \frac{\mu A N_1^2}{\ell}[\text{H}],\ L_2 = \frac{\mu A N_2^2}{\ell}[\text{H}],\ M = \frac{\mu A N_1 N_2}{\ell}[\text{H}],\ M = k\sqrt{L_1 L_2}\,[\text{H}]$$

② 결합계수

$$k = \frac{M}{\sqrt{L_1 L_2}}$$

여기서, k : 1차 코일과 2차 코일의 자속에 의한 결합의 정도
$(0 < k \leqq 1)$

(3) 인덕턴스의 접속

1) 가동접속

$$L_{ab} = L_1 + L_2 + 2M\,[\text{H}]$$

2) 차동접속

$$L_{ab} = L_1 + L_2 - 2M\,[\text{H}]$$

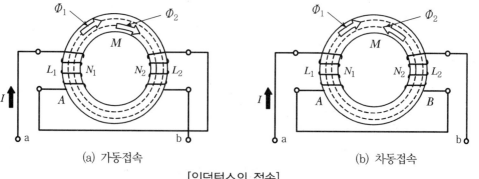

(a) 가동접속   (b) 차동접속

[인덕턴스의 접속]

(4) 전자에너지

1) 코일에 축적되는 전자에너지

자체 인덕턴스 L에 전류 i를 t[sec] 동안 0에서 1[A]까지 일정한 비율로 증가시켰을 때 코일 L에 공급되는 에너지 W는

$$W = \frac{Pt}{2} = \frac{VIt}{2} = \frac{1}{2}L\frac{I}{t}It = \frac{1}{2}LI^2[\text{J}]$$

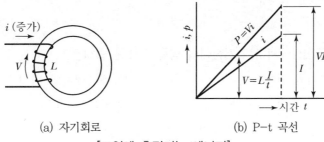

(a) 자기회로　　　　　(b) P–t 곡선

[코일에 축적되는 에너지]

2) 단위부피에 축적되는 에너지

$$w = \frac{W}{A\,\ell} = \frac{1}{2}BH = \frac{1}{2}\mu H^2 = \frac{1}{2}\frac{B^2}{\mu}[\text{J/m}^3]$$

01 전류의 방향과 기전력의 방향을 결정하는 법칙은? [2006]

① 렌츠의 법칙
② 플레밍의 오른손법칙
③ 패러데이의 전자유도법칙
④ 앙페에르의 오른나사의 법칙

풀이 렌츠의 법칙

전자 유도에 의하여 발생한 기전력의 방향은 그 유도 전류가 만든 자속이 항상 원래의 자속의 증가 또는 감소를 방해하려는 방향이다. **답** ①

02 전자유도현상에서 유기기전력의 방향에 대한 법칙은? [2002]

① 암페어의 법칙
② 패러데이의 법칙
③ 쿨롱의 법칙
④ 렌쯔의 법칙

답 ④

03 전자유도에 의하여 회로에 발생하는 기전력은 자속쇄교수의 시간에 대한 변화율에 비례하며 기전력의 방향은 자속의 변화를 방해하는 방향임을 표시하는 두 법칙은? [2003]

① 앙페에르의 법칙과 비오사바르의 법칙
② 패러데이의 법칙과 렌츠의 법칙
③ 플레밍의 법칙과 노이만의 법칙
④ 가우스의 법칙과 옴의 법칙

풀이 ㉠ 자속 변화에 의한 유도 기전력 방향 : 렌츠의 법칙
㉡ 자속 변화에 의한 유도 기전력 크기 : 패러데이 법칙 **답** ②

04 다음 중 자체 유도 기전력에 관한 패러데이 법칙과 렌츠의 법칙을 나타낼 수 있는 식은?

① $e = N\dfrac{\Delta I}{\Delta t}$
② $e = -N\dfrac{\Delta I}{\Delta t}$
③ $e = N\dfrac{\Delta V}{\Delta t}$
④ $e = -N\dfrac{\Delta \phi}{\Delta t}$

답 ④

05 1V의 기전력을 유기시키려면 매초 몇 Wb의 자속을 끊어야 하는가? [2002]

① 10^8 ② 1 ③ 10^{-1} ④ 10^{-8}

풀이 $e = N\dfrac{\Delta\phi}{\Delta t}$, $\Delta\phi = \dfrac{e \cdot \Delta t}{N} = \dfrac{1 \cdot 1}{1} = 1[\text{Wb}]$ **답** ②

06 권회수 2회의 코일에 5Wb의 자속이 쇄교하고 있을 때, 0.1초 사이에 자속이 0으로 변화하였다면, 이때 코일에 유도되는 기전력은 몇 V인가? [2003][2008]

① 10 ② 50 ③ 100 ④ 500

풀이 $e = -N\dfrac{\Delta\phi}{\Delta t} = -2 \times \dfrac{(0-5)}{0.1} = 100[\text{V}]$ **답** ③

07 1V · sec는 무엇의 단위인가?

① 자속 ② 전압 ③ 전력 ④ 전자력

풀이 $e = \dfrac{\Delta\phi}{\Delta t}[\text{V}]$, $\Delta\phi = e \cdot \Delta t[\text{V} \cdot \text{sec}]$ ($\because$ 권선수(N)는 단위가 없다.)

$\therefore 1[\text{Wb}] = 1[\text{V} \cdot \text{sec}]$ **답** ①

08 발전기의 유도 기전력의 방향을 나타내는 것은?

① 렌츠의 법칙 ② 플레밍의 오른손 법칙
③ 오른 나사 법칙 ④ 패러데이의 법칙

풀이 플레밍의 오른손 법칙 : 발전기의 유도 기전력의 방향 **답** ②

09 길이 50cm인 직선상의 도체봉을 자속밀도 0.1Wb/m²의 평등 자계 중에 자계와 수직으로 놓고 이것을 50m/s의 속도로 자계와 60도 각으로 움직였을 때 유도기전력은 몇 V가 되는가? [2003]

① 1.08 ② 1.25 ③ 2.17 ④ 2.51

풀이 $e = B\ell u\sin\theta = 0.1 \times (50 \times 10^{-2}) \times 50 \times \sin 60° = 2.17[\text{V}]$ **답** ③

10 길이 5m의 도체를 0.5Wb/m²의 자장 중에서 자장과 평행한 방향으로 5m/s의 속도로 운동시킬 때, 유기되는 기전력의 크기는 몇 V가 되는가? [2002]

① 0   ② 2.5   ③ 6.25   ④ 12.5

풀이 $e = B\ell u \sin\theta = 0.5 \times 5 \times 5 \times \sin0° = 0[V]$ **답** ①

11 자속밀도 1Wb/m²인 평등자계의 방향과 수직으로 놓인 50cm의 도선을 자계와 30도의 방향으로 40m/s의 속도로 움직일 때 도선에 유기되는 기전력은 몇 V인가? [2002][2007]

① 5   ② 10   ③ 20   ④ 40

풀이 $e = B\ell u \sin\theta = 1 \times (50 \times 10^{-2}) \times 40 \times \sin30° = 10[V]$ **답** ②

12 0.2Wb/m²의 평등자속계에 자계와 직각방향으로 놓인 길이 30cm의 도선을 자계와 30도 방향으로 30m/s의 속도로 이동시킬 때 도체 양단에 유기되는 기전력은 몇 V인가? [2003]

① $0.9\sqrt{3}$ ② 0.9   ③ 90   ④ $90\sqrt{3}$

풀이 $e = B\ell u \sin\theta = 0.2 \times (30 \times 10^{-2}) \times 30 \times \sin30° = 0.9[V]$ **답** ②

13 권수 N[T]인 코일에 I[A]의 전류가 자속 ϕ[Wb]가 발생할 때의 인덕턴스는?

① $\dfrac{N\phi}{I}$ ② $\dfrac{I\phi}{N}$ ③ $\dfrac{NI}{\phi}$ ④ $\dfrac{\phi}{NI}$

풀이 $e = -N\dfrac{\Delta\phi}{\Delta t}[V] = -L\dfrac{\Delta I}{\Delta t}[V]$, $N\Phi = LI$이므로 자체 인덕턴스는 $L = \dfrac{N\phi}{I}[H]$ **답** ①

14 어떤 코일에 전류가 0.2초 동안에 2A의 전류가 변화하여 기전력 4V가 유도되었다면 이 회로의 인덕턴스는 몇 H이겠는가?

① 0.1   ② 0.2   ③ 0.4   ④ 0.6

풀이 $e = L\dfrac{\Delta I}{\Delta t}[V]$, $L = \dfrac{e \times \Delta t}{\Delta I} = \dfrac{4 \times 0.2}{2} = 0.4[H]$ **답** ③

15 그림과 같은 회로에서 $i = I_m \sin \omega t$일 때 개방된 2차 단자에 나타나는 유기 기전력은 얼마인가?

[2003]

① $\omega M I_m{}^2 \cos(\omega t + 90°)$

② $\omega M I_m \sin \omega t$

③ $-\omega M I_m \cos \omega t$

④ $\omega M I_m{}^2 \sin(\omega t + 90°)$

풀이 $e = -M \dfrac{di}{dt}[\mathrm{V}] = -M \dfrac{d(I_m \sin \omega t)}{dt} = -\omega M I_m \cos \omega t$

답 ③

16 환상 솔레노이드에 10회를 감았을 때의 자체 인덕턴스는 100회 감았을 때의 몇 배인가?

① 10 　　② 100 　　③ 1/10 　　④ 1/100

풀이 $L = \dfrac{\mu A N^2}{\ell}[\mathrm{H}]$, $L \propto N^2$

$L : L' = N^2 : N'^2 = 10^2 : 100^2$, $L = \dfrac{10^2}{100^2} L' = \dfrac{1}{100} L'$

답 ④

17 자로의 평균길이 25[cm], 단면적 5[cm^2], 권수 1,000인 공심 솔레노이드의 자체 인덕턴스는?

[2005]

① 1.35[mH] 　　② 2.51[mH] 　　③ 3.64[mH] 　　④ 4.61[mH]

풀이 $L = \dfrac{\mu_0\, \mu_s A}{\ell} N^2 = \dfrac{4\pi \times 10^{-7} \times 1 \times (5 \times 10^{-4})}{25 \times 10^{-2}} \times 1,000^2 = 2.51[\mathrm{mH}]$

답 ②

18 자기인덕턴스가 L_1, L_2 상호인덕턴스가 M인 두 회로의 결합계수가 1인 경우 L_1, L_2, M의 관계는?

① $L_1 L_2 = M$ 　　② $L_1 L_2 < M^2$ 　　③ $L_1 L_2 > M^2$ 　　④ $L_1 L_2 = M^2$

풀이 $k = \dfrac{M}{\sqrt{L_1 L_2}} = 1$, $L_1 L_2 = M^2$

답 ④

19 자체 인덕턴스가 L_1, L_2[H]인 두 원통 코일이 서로 직교하고 있다. 두 코일 간의 상호 인덕턴스는?

① $L_1 + L_2$　　　② $L_1 \cdot L_2$　　　③ 0　　　④ $\sqrt{L_1 \cdot L_2}$

풀이 쇄교 자속이 없게 되므로 상호 인덕턴스는 0이다.　　　**답** ③

20 자기인덕턴스가 각각 400[mH], 200[mH]인 두 개의 코일 상호인덕턴스가 150[mH]이었다면 결합계수는? [2002]

① 0.4　　　② 0.5　　　③ 0.6　　　④ 0.9

풀이 $k = \dfrac{M}{\sqrt{L_1 L_2}} = \dfrac{150}{\sqrt{400 \times 200}} \fallingdotseq 0.5$　　　**답** ②

21 자기 인덕턴스 150[mH]의 코일 2개를 감극성이 되게 접속하여 합성 인덕턴스를 20[mH]가 되게 하려면 두 코일의 상호 인덕턴스는 얼마 [mH]가 되게 하여야 하는가?

[2003]

① 300　　　② 170　　　③ 140　　　④ 130

풀이 $L = L_1 + L_2 - 2M \, (\because 감극성)$

$M = \dfrac{(L_1 + L_2) - L}{2} = \dfrac{(150 + 150) - 20}{2} = 140[mH]$　　　**답** ③

22 0.25[H]와 0.23[H]의 자체 인덕턴스를 직렬로 접속할 때 합성 인덕턴스의 최대값[H]은? [2003]

① 0.24　　　② 0.48　　　③ 0.73　　　④ 0.96

풀이 $L = L_1 + L_2 \pm 2M$, 여기서, $M = \sqrt{L_1 L_2}$ 이다.

최대값이 되기 위해서는 가동접속을 해야 한다.

즉, $L = L_1 + L_2 + 2M = 0.25 + 0.23 + 2\sqrt{0.25 \times 0.23} = 0.96[H]$　　　**답** ④

23 동일한 보빈 위에 동일한 인덕턴스 L[H]인 두 코일을 반대방향으로 직렬 연결할 때 합성인덕턴스는 몇 H인가? [2007]

① 0　　　② L　　　③ $2L$　　　④ $4L$

풀이 차동접속이므로 $L = L_1 + L_2 - 2M$

$$L = L_1 + L_1 - 2\sqrt{L_1 L_1} = 0 (\because L_1 = L_2)$$

답 ①

24 자기 인덕턴스 L[H]의 코일에 I[A]의 전류가 흐를 때 자로에 저축되는 에너지 W는 몇 J인가?

[2002][2007]

① $W = \dfrac{1}{2}LI^2$

② $W = 2LI^2$

③ $W = \dfrac{I}{2L}$

④ $W = \dfrac{2L}{I^2}$

답 ①

25 자기 인덕턴스 10mH의 코일에 10A의 전류를 흘렸을 때 코일에 저축되는 에너지는 몇 J인가?

[2006]

① 0.5   ② 5   ③ 50   ④ 500

풀이 $W = \dfrac{1}{2}LI^2 = \dfrac{1}{2} \times (10 \times 10^{-3}) \times 10^2 = 0.5$[J]

답 ①

26 0.5A의 전류가 흐르는 코일에 저축된 전자 에너지를 0.2J 이하로 하기 위한 인덕턴스[H]는 얼마인가?

① 0.8   ② 1.2   ③ 1.6   ④ 2.2

풀이 $W = \dfrac{1}{2}LI^2$[J]에서,

$$L = \dfrac{2W}{I^2} = \dfrac{2 \times 0.2}{0.5^2} = 1.6[\text{H}]$$

답 ③

27 코일에 흐르고 있는 전류가 3배로 되면 축적되는 전자에너지는 몇 배가 되겠는가?

[2002]

① 1   ② 3   ③ 5   ④ 9

풀이 $W = \dfrac{1}{2}LI^2$에서 전류를 3배로 하면($I' = 3I$) 전자에너지는

$$W' = \dfrac{1}{2}LI'^2 = \dfrac{1}{2}L(3I)^2 = 9 \times \left(\dfrac{1}{2}LI^2\right) = 9W$$

답 ④

28 어느 코일에 일정한 전자 에너지를 축적하기 위하여 전류를 2배로 늘렸을 경우에 자기 인덕턴스는 몇 배로 하여야 좋은가?

① $\dfrac{1}{2}$　　　　② $\dfrac{1}{4}$　　　　③ 2　　　　④ 4

풀이 $W = \dfrac{1}{2}LI^2$ 에서 전자에너지가 일정할 때 $L \propto \dfrac{1}{I^2}$ 의 관계식을 얻을 수 있다.

$$L : L' = \dfrac{1}{I^2} : \dfrac{1}{I'^2} = \dfrac{1}{I^2} : \dfrac{1}{(2I)^2} \quad (\because I' = 2I)$$

즉, 전류를 2배로 하면 인덕턴스는 $\dfrac{1}{4}$ 배가 된다.　　**답** ②

29 비투자율 1,500인 자로의 평균길이 50cm, 단면적 30cm²인 철심에 감긴 권수 425회 의 코일에 0.5A의 전류가 흐를 때 저축된 전자(電磁)에너지는 몇 J인가? [2002][2007]

① 0.25　　　　② 2.73　　　　③ 4.96　　　　④ 15.3

풀이 $L = \dfrac{\mu A}{\ell} N^2 = \dfrac{4\pi \times 10^{-7} \times 1,500 \times (30 \times 10^{-4})}{50 \times 10^{-2}} \times 425^2 \fallingdotseq 2[\mathrm{H}]$

$$W = \dfrac{1}{2}LI^2 = \dfrac{1}{2} \times 2 \times 0.5^2 = 0.25[\mathrm{J}]$$　　**답** ①

30 히스테리시스 곡선의 횡축과 종축을 나타내는 것은? [2007]

① 자속밀도 – 투자율　　　　② 자장의 세기 – 자속밀도
③ 자계의 세기 – 자화　　　　④ 자화 – 자속밀도

풀이 B : 자속밀도, H : 자장의 세기, B_r : 잔류자기, H_c : 보자력　　**답** ②

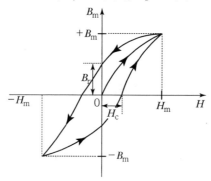

[히스테리시스 곡선]

31 히스테리시스 곡선이 종축과 만나는 점의 값은? [2004]

① 포화자기 ② 잔류자기
③ 기자력 ④ 보자력

풀이 B_r : 잔류자기(종축), H_c : 보자력(횡축) **답** ②

32 강자성체의 히스테리시스 루프의 면적은? [2002]

① 강자성체의 단위 체적당 필요한 에너지이다.
② 강자성체의 단위 면적당 필요한 에너지이다.
③ 강자성제의 단위 길이당 필요한 에너지이다.
④ 강자성체의 전체 체적의 필요한 에너지이다.

답 ①

33 도체 또는 반도체에 직각방향의 자계를 가하면 전류와 자계와의 직각방향으로 기전력이 발생하는 효과는? [2002]

① 홀(Hall)효과 ② 제백효과
③ 펠티에 효과 ④ 톰슨효과

답 ①

04 교류회로

CHAPTER

01 교류회로의 기초

(1) 정현파 교류

1) 정현파 교류의 발생

그림 (a)와 같이 자기장 내에서 도체가 회전운동을 하면 플레밍의 오른손 법칙에 의해 유도 기전력이 도체의 위치(각 θ)에 따라서 그림 (b)와 같은 파형이 발생한다. 길이 ℓ[m], 반지름 r[m]인 4각형 도체를 자속밀도 B[Wb/m²]인 평등 자기장 속에서 u[m/sec]로 회전시킬 때 도체에 발생하는 기전력 v[V]는

$$v = 2B\ell u \sin\theta = V_m \sin\theta[\text{V}] \ (\because V_m = 2B\ell u)$$

여기서, θ는 자장에 직각인 방향측과 코일의 방향이 이루는 각

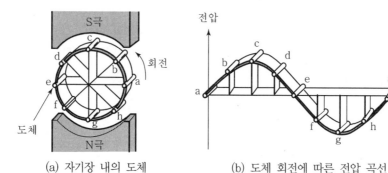

(a) 자기장 내의 도체   (b) 도체 회전에 따른 전압 곡선

[정현파 교류의 발생]

2) 각도의 표시

① 전기회로를 다룰 때에는 1회전한 각도를 2π 라디안(radian, 단위[rad]로 표기)으로 하는 호도법을 사용한다.

② 호도법은 호의 길이로 각도를 나타내는 방법으로 그림과 같이 호의 길이를 ℓ, 반지름을 r이라고 할 때, 각도 θ를 다음 식으로 나타낸다.

$$\theta = \frac{\ell}{r}\,[\text{rad}]$$

여기서, 반지름 r을 단위길이 1로 하면 각도 θ는 원주의 길이 ℓ과 값이 같아짐을 알 수 있다.

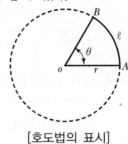

[호도법의 표시]

<각도와 라디안 표시>

도수법[°]	0°	1°	30°	45°	60°	90°	180°	270°	360°
호도법[rad]	0	$\dfrac{\pi}{180}$	$\dfrac{\pi}{6}$	$\dfrac{\pi}{4}$	$\dfrac{\pi}{3}$	$\dfrac{\pi}{2}$	π	$\dfrac{3\pi}{2}$	2π

3) 각속도(Angular Velocity)

① 각속도의 기호 : ω
② 각속도의 단위 : 라디안 퍼 세컨[rad/sec]
③ 회전체가 1초 동안에 회전한 각도

$$\omega = \frac{\theta}{t}\,[\text{rad/sec}]$$

(2) 주파수와 위상

1) 주기와 주파수

① 주파수(Frequency) : f
　㉮ 1[sec] 동안에 반복되는 사이클(Cycle)의 수
　㉯ 단위 : 헤르츠(hertz, 기호[Hz])

$$f = \frac{1}{T}\,[\text{Hz}]$$

② 주기(Period) : T

㉮ 교류의 파형이 1사이클의 변화에 필요한 시간

㉯ 단위 : 초[sec]

$$T = \frac{1}{f}[\text{sec}]$$

2) 사인파 교류의 각주파수 : ω

① 1[sec] 동안에 n회전을 하면 n사이클의 교류가 발생

$$\omega = 2\pi n = 2\pi f = \frac{2\pi}{T}[\text{rad/sec}]$$

② 코일이 1[sec] 동안에 θ[rad]만큼 운동했다고 하면

$$\theta = \omega t[\text{rad}]$$
$$v = V_m \sin\theta = V_m \sin\omega t = V_m \sin 2\pi f t = V_m \sin\frac{2\pi}{T}t[\text{V}]$$

3) 위상차(Phase Difference)

주파수가 동일한 2개 이상의 교류 사이의 시간적인 차이

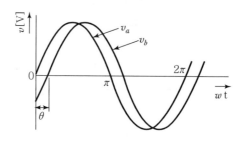

[교류전압의 위상차(va 기준)]

$$v_a = V_m \sin\omega t[\text{V}]$$
$$v_b = V_m \sin(\omega t - \theta)[\text{V}]$$

① v_a는 v_b보다 θ만큼 앞선다.(lead)

② v_b는 v_a보다 θ만큼 뒤진다.(lag)

(3) 정현파 교류의 표시

1) 순시값과 최대값

① 순시값(Instantaneous Value) : 교류는 시간에 따라 변하고 있으므로 임의의 순간에서 전압 또는 전류의 크기$(v,\ i)$

$$v = V_m\sin\omega t[\text{V}] \qquad\qquad i = I_m\sin\omega t[\text{A}]$$

② 최대값(Maximum Value) : 교류의 순시값 중에서 가장 큰 값(V_m, I_m)

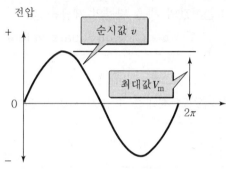

[순시값과 최대값]

2) 평균값(Average Value) : V_a, I_a

정현파 교류의 1주기를 평균하면 0이 되므로, 반주기를 평균한 값

$$V_a = \frac{2}{\pi}V_m \fallingdotseq 0.637\,V_m[\text{V}] \qquad\qquad I_a = \frac{2}{\pi}I_m \fallingdotseq 0.637I_m[\text{A}]$$

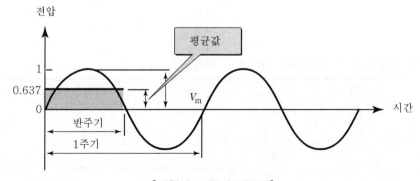

[정현파 교류의 평균값]

3) 실효값(Effective Value) : V, I

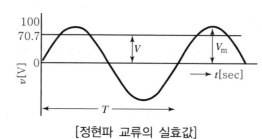

[정현파 교류의 실효값]

① 교류의 크기를 교류와 동일한 일을 하는 직류의 크기로 바꿔 나타냈을 때의 값
② **교류의 실효값** : 순시값의 제곱 평균의 제곱근 값

(RMS ; Root Mean Square value)

$$V = \sqrt{v^2 \text{의 평균}}$$

③ **교류의 실효값** V[V]와 최대값 V_m[V] 사이의 관계

$$V = \frac{1}{\sqrt{2}}\,V_m \fallingdotseq 0.707\,V_m\,[\text{V}] \qquad I = \frac{1}{\sqrt{2}}I_m \fallingdotseq 0.707 I_m\,[\text{A}]$$

4) 정현파의 파형률 및 파고율

① 파형률

$$\text{파형률} = \frac{\text{실효값}}{\text{평균값}} = \frac{\pi}{2\sqrt{2}} = 1.111$$

② 파고율

$$\text{파고율} = \frac{\text{최대값}}{\text{실효값}} = \sqrt{2} = 1.414$$

③ 각종 파형의 파형률과 파고율의 비교

파형	실효값	평균값	파형률	파고율
정현파	$\dfrac{V_m}{\sqrt{2}}$	$\dfrac{2V_m}{\pi}$	1.11	1.414
정현반파	$\dfrac{V_m}{2}$	$\dfrac{V_m}{\pi}$	1.57	2

삼각파	$\dfrac{V_m}{\sqrt{3}}$	$\dfrac{V_m}{2}$	1.15	1.73
구형반파	$\dfrac{V_m}{\sqrt{2}}$	$\dfrac{V_m}{2}$	1.41	1.41
구형파	V_m	V_m	1	1

(4) 복소수의 벡터 표시

- 스칼라(Scalar)량 : 길이나 온도 등과 같이 크기만 가지는 물리량
- 벡터(Vector)량 : 힘, 속도, 전류와 전압과 같이 크기와 방향을 가지는 물리량
- 벡터 표시 : $\dot{I},\ \dot{V}$와 같이 문자 위에 점(dot)을 찍고 V 도트, 벡터 V라 읽음
- 실수(x축) : 유리수와 무리수의 집합
- 허수(y축) : 실수에 $j\,(=\sqrt{-1}\,)$를 곱한 수$\left(j^2 = -1,\ \dfrac{1}{j} = -j\right)$
- 복소수 : 실수부와 허수부로 구성된 벡터의 양

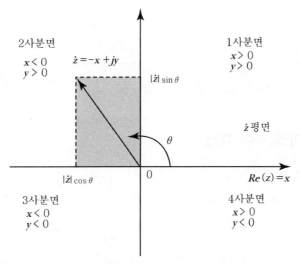

[복소수의 직각 좌표계 표현]

1) 직각 좌표법

x축을 실수축, y축을 허수축(j축)으로 하여 복소수 $\dot{Z}$를 표시

$$\dot{Z} = x + jy$$

① $|\dot{Z}|(\text{크기}) = \sqrt{(\text{실수})^2 + (\text{허수})^2} = \sqrt{x^2 + y^2}$

② $\theta(\text{편각})= \tan^{-1}\dfrac{\text{허수}}{\text{실수}}= \tan^{-1}\dfrac{y}{x}$

2) 삼각 함수형

$$\dot{Z}=|\dot{Z}|\cos\theta + j|\dot{Z}|\sin\theta =|\dot{Z}|(\cos\theta + j\sin\theta)$$

여기서, $|\dot{Z}|= \sqrt{x^2+y^2}$, $\theta = \tan^{-1}\dfrac{y}{x}$

3) 극좌표형

$$\dot{Z}=|\dot{Z}|\angle\theta$$

여기서, $|\dot{Z}|= \sqrt{x^2+y^2}$, $\theta = \tan^{-1}\dfrac{y}{x}$

4) 지수 함수형

$$\dot{Z}=|\dot{Z}|e^{j\theta}$$

여기서, $|\dot{Z}|= \sqrt{x^2+y^2}$, $\theta = \tan^{-1}\dfrac{y}{x}$

(5) 정현파 교류의 복소수 표시

$v= \sqrt{2}\,V\sin(\omega t-\theta_1)[\text{V}],$

$i= \sqrt{2}\,I\sin(\omega t+\theta_2)[\text{A}]$라 하면

① 전압벡터

$\dot{V}= V(\cos(-\theta_1)+j\sin(-\theta_1))$

　　$= V\angle -\theta_1 =$ 실효값$\angle$위상$[\text{V}]$

② 전류벡터

$\dot{I}= I(\cos\theta_2 + j\sin\theta_2)$

　　$= I\angle\theta_2 =$ 실효값$\angle$위상$[\text{A}]$

③ 벡터도 : 전류 I는 전압 V보다
　　$(\theta_1+\theta_2)$만큼 앞선다.

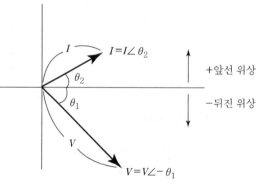

[전압 및 전류 복소수의 벡터 표시]

01 교류회로에서 파형의 주기 T 가 1/60[sec]이면 주파수 f는 몇 [Hz]인가? [2004]

① 30　　　　　② 60　　　　　③ 120　　　　　④ 240

풀이 $f = \dfrac{1}{T} = \dfrac{1}{\dfrac{1}{60}} = 60[\text{Hz}]$　　　　　**답** ②

02 주파수가 60[Hz]인 교류회로에서 위상차가 $\pi/6$[rad]이다. 이 위상차를 시간으로 표시하면 몇 [sec]인가? [2002]

① 1/60　　　　　② 1/120　　　　　③ 1/360　　　　　④ 1/720

풀이 $\theta = wt = 2\pi ft \left(\because w = 2\pi f = \dfrac{2\pi}{T} \right)$

$t = \dfrac{\theta}{2\pi f} = \dfrac{\dfrac{\pi}{6}}{2\pi \times 60} = \dfrac{1}{720}[\text{sec}]$　　　　　**답** ④

03 어떤 주택의 전등용 전압이 100V라고 할 때 전압이 0으로부터 $t = \dfrac{1}{360}$초일 때의 순시값은 몇 V인가? [2002]

① 86.6　　　　　② 110　　　　　③ 122　　　　　④ 141

풀이 실효값 $V=100\text{V}$, 상용주파수 $f=60\text{Hz}$이므로

$v = \sqrt{2}\,V\sin 2\pi ft = \sqrt{2} \times 100 \times \sin\left(2\pi \times 60 \times \dfrac{1}{360} \right) = 122[\text{V}]$　　　　　**답** ③

04 $e = 141\sin\left(120\pi t - \dfrac{\pi}{3} \right)$[V]인 교류의 주파수는 몇 Hz인가?

① 10　　　　　② 15　　　　　③ 30　　　　　④ 60

풀이 ① $e = E_m \sin(wt - \theta) = 141\sin\left(120\pi t - \dfrac{\pi}{3} \right)$[V]에서 $w = 120\pi$

② $w = 2\pi f$에서, $f = \dfrac{w}{2\pi}$[Hz]이므로, $f = \dfrac{w}{2\pi} = \dfrac{120\pi}{2\pi} = 60\text{Hz}$　　　　　**답** ④

05 크기 100[V], 위상 30°인 사인파 전압의 순시값은? [2004]

① $v = 100\sqrt{2}\sin(wt - 30°)[V]$ ② $v = 100\sqrt{2}\sin(wt + 30°)[V]$

③ $v = 100\sin(wt + 30°)[V]$ ④ $v = 100\sin(wt - 30°)[V]$

풀이 $v\sqrt{2}V\sin(wt + \theta)$

여기서, $V = 100[V]$, $\theta = 30°$이므로 $v = 100\sqrt{2}\sin(wt + 30°)$ **답** ②

06 다음에서 전압과 전류는 어느 편이 얼마나 위상이 앞서고 있는가?

$$e = \sqrt{2}\,V\cos(\omega t + 30°)[V]$$
$$i = \sqrt{2}\,I\sin(\omega t + 60°)[A]$$

① i가 30° 앞선다.   ② i가 60° 앞선다.

③ e가 30° 앞선다.   ④ e가 60° 앞선다.

풀이 ㉠ $m\cos(\omega t + 30°) = \sin(\omega t + 30° + 90°) = \sin(\omega t + 120°)$

㉡ $\theta = 120° - 60° = 60°$ ∴ e가 60° 앞선다.   **답** ④

07 $v = V_m\sin(\omega t + 60°)[V]$와 $i = I_m\cos(\omega t - 90°)[V]$와의 위상차는 몇 도인가? [2002]

① 전압이 30° 앞선다.   ② 전류가 30° 앞선다.

③ 전압이 60° 앞선다.   ④ 전류가 60° 앞선다.

풀이 ㉠ $i = I_m\cos(\omega t - 90°) = I_m\sin(\omega t - 90° + 90°) = I_m\sin\omega t$

㉡ $\theta = 60 - 0 = 60°$

∴ 전압이 60° 앞선다.   **답** ③

08 2개의 교류 기전력 $e_1 = 150\sin\left(377t + \dfrac{\pi}{6}\right)$와 $e_2 = 250\sin\left(377t + \dfrac{\pi}{3}\right)[V]$가 있다. 다음 중 옳게 표시된 것은 어느 것인가? [2003]

① e_1과 e_2는 동위상이다.

② e_1과 e_2의 실효값은 각각 150[V], 250[V]이다.

③ e_1과 e_2의 주파수가 모두 377[Hz]이다.

④ e_1과 e_2의 주기는 모두 1/60[S]이다.

풀이 ㉠ e_1과 e_2는 $\dfrac{\pi}{3} - \dfrac{\pi}{6} = \dfrac{\pi}{6}$의 위상차가 있다.

㉡ e_1과 e_2의 실효값은 $\dfrac{150}{\sqrt{2}}$[V]이다.

㉢ e_1과 e_2의 주파수는 $\dfrac{377}{2\pi} = 60\text{Hz}$이다. **답** ④

09 $v = 100\sin 100\pi \cdot t$ [V]의 교류에서 실효치 전압[V]와 주파수 f를 옳게 표시한 것은?

① $V = 70.7\text{V}, \ f = 60\text{Hz}$

② $V = 70.7\text{V}, \ f = 50\text{Hz}$

③ $V = 100\text{V}, \ f = 60\text{Hz}$

④ $V = 100\text{V}, \ f = 50\text{Hz}$

풀이 $v = V_m \sin wt = 100\sin 100t$[V]에서

㉠ $V_m = 100 = \sqrt{2}\,V$ ∴ $V = \dfrac{100}{\sqrt{2}} = 70.7\text{V}$

㉡ $w = 100\pi = 2\pi f$ ∴ $f = \dfrac{100\pi}{2\pi} = 50\text{Hz}$ **답** ②

10 정현파 교류의 실효값을 계산하는 식은?(단, T는 주기이다.) [2003][2007]

① $I = \dfrac{1}{T}\displaystyle\int_0^T i^2 dt$

② $I = \sqrt{\dfrac{2}{T}\displaystyle\int_0^T i\,dt}$

③ $I = \sqrt{\dfrac{1}{T}\displaystyle\int_0^T i^2 dt}$

④ $I = \sqrt{\dfrac{2}{T}\displaystyle\int_0^T i^2 dt}$

풀이 **실효값**

순시값의 제곱평균의 제곱근 값(RMS) **답** ③

11 가정에서 사용하는 전압은 실효값으로 220[V]이다. 이 교류전압의 최대값은 몇 [V]인가?

[2003]

① 141 ② 220 ③ 282 ④ 311

풀이 $V_m = \sqrt{2}\,V = \sqrt{2} \times 220 = 311$[V] **답** ④

12 어떤 정현파 전압의 평균값이 200V이면 최대값은 약 몇 V인가? [2002][2005][2008]

① 282 ② 314 ③ 346 ④ 487

풀이 $V_a = \dfrac{2}{\pi} V_m$, $V_m = \dfrac{\pi}{2} V_a = \dfrac{\pi}{2} \times 200 = 314[\text{V}]$ **답** ②

13 어떤 교류전압의 실효값이 314[V]일 때 평균값은 약 몇 [V]인가? [2005][2008]

① 122 ② 141 ③ 253 ④ 283

풀이 $V_m = \sqrt{2}\, V$, $V_a = \dfrac{2}{\pi} V_m = \dfrac{2}{\pi} \sqrt{2}\, V = \dfrac{2}{\pi} \times \sqrt{2} \times 314 \fallingdotseq 283[\text{V}]$ **답** ④

14 정현파에서 파고율이란? [2002]

① $\dfrac{실효값}{평균값}$ ② $\dfrac{평균값}{실효값}$ ③ $\dfrac{최대값}{실효값}$ ④ $\dfrac{최대값}{평균값}$

답 ③

15 최대치 141[V]인 정현파 교류전압의 파고율은? [2004]

① 1.11 ② 1.414 ③ 1.732 ④ 0.7

풀이 $V_m = 141[\text{V}]$, $V = \dfrac{V_m}{\sqrt{2}} = \dfrac{141}{\sqrt{2}}[\text{V}]$

파고율 $= \dfrac{최대값}{실효값} = \dfrac{141}{\dfrac{141}{\sqrt{2}}} = \sqrt{2} = 1.414$ **답** ②

16 사인파의 파형률은 얼마인가? [2006]

① 0.577 ② 1.11 ③ 1.414 ④ 1.732

풀이 파형률 $= \dfrac{실효값}{평균값} = \dfrac{\dfrac{1}{\sqrt{2}} V_m}{\dfrac{2}{\pi} V_m} = \dfrac{\pi}{2\sqrt{2}} = 1.11$ **답** ②

17 파고율이 2가 되는 파형은?   [2002][2003][2005]

① 정현파   ② 톱니파

③ 전파정류파   ④ 반파정류파

풀이 반파 정류파＝정현 반파   **답** ④

18 파형률, 파고율이 1인 파형은?   [2005]

① 삼각파   ② 구형파   ③ 정현파   ④ 반원파

풀이 구형파의 실효값＝ V_m, 평균값＝ V_m **답** ②

19 최대값이 141.4V이고, 위상이 30° 앞선 교류 전압을 복소수로 표시하면?

① $100 \angle 30°$ ② $141.4 \angle 30°$

③ $100 \angle -30°$ ④ $141.4 \angle -30°$

풀이 ㉠ $V = \dfrac{1}{\sqrt{2}} V_m = \dfrac{1}{\sqrt{2}} \times 141.4 = 100[\text{V}]$

㉡ $\dot{V} = V \angle \theta = 100 \angle 30°$ **답** ①

20 교류 순시전압 $v = 8\sqrt{2} \sin\left(wt + \dfrac{\pi}{6}\right)$를 복소수로 표시한 것은?

① $4 + j4\sqrt{3}$ ② $4\sqrt{3} + j4$

③ $4 - j4\sqrt{4}$ ④ $4\sqrt{3} - j4$

풀이 $\dot{V} = V \angle \theta = 8 \angle \dfrac{\pi}{6} = 8\left(\cos\dfrac{\pi}{6} + j\sin\dfrac{\pi}{6}\right) = 8\left(\dfrac{\sqrt{3}}{2} + j\dfrac{1}{2}\right) = 4\sqrt{3} + j4$ **답** ②

02 교류전류에 대한 RLC의 작용

(1) 저항(R)만의 회로

$R[\Omega]$만의 회로에 교류전압 $v = V_m \sin\omega t[\text{V}]$를 인가했을 경우

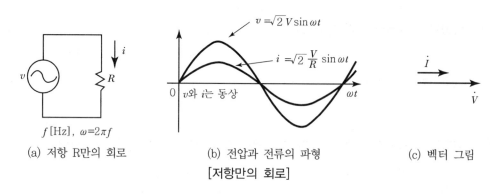

(a) 저항 R만의 회로   (b) 전압과 전류의 파형   (c) 벡터 그림

[저항만의 회로]

1) 순시전류(i)

$$i = \frac{v}{R} = \frac{V_m}{R}\sin\omega t = \sqrt{2}\,\frac{V}{R}\sin\omega t = \sqrt{2}\,I\sin\omega t = I_m\sin\omega t[\text{A}]$$

2) 전압, 전류의 실효값

$$V = IR[\text{V}], \quad I = \frac{V}{R}[\text{A}]$$

3) 전압과 전류의 위상

전압과 전류는 동상이다.

(2) 인덕턴스(L)만의 회로

L[H]만의 회로에 교류 전류 $i = I_m \sin\omega t$[A]를 인가했을 경우

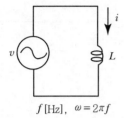

f[Hz], $\omega = 2\pi f$

(a) 인덕턴스 L만의 회로

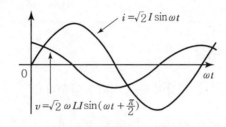

(b) 전압과 전류의 파형

(c) 벡터 그림

[L만의 회로]

1) 유도성 리액턴스(Inductive Reactance) : X_L

코일에 전류가 흐르는 것을 방해하는 요소이며 주파수에 비례한다.

$$X_L = \omega L = 2\pi f L \,[\Omega]$$

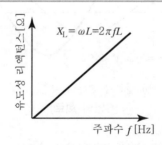

[유도성 리액턴스와 주파수 관계]

2) 인덕턴스 L 양단의 전압(v)

$$v = L\frac{di}{dt} = L\frac{d}{dt}(\sqrt{2}\,I\,\sin\omega t) = \sqrt{2}\,\omega LI\cos\omega t$$

$$= \sqrt{2}\,\omega\,LI\sin\left(\omega t + \frac{\pi}{2}\right) = V_m \sin\left(\omega t + \frac{\pi}{2}\right)[\text{V}]$$

3) 전압, 전류의 실효값

$$V = X_L \cdot I = \omega L I [\text{V}], \quad I = \frac{V}{X_L} = \frac{V}{\omega L} [\text{A}]$$

4) 전압과 전류의 위상

① 전압은 전류보다 위상이 $\frac{\pi}{2}(=90°)$ 앞선다.

② 전류는 전압보다 위상이 $\frac{\pi}{2}(=90°)$ 뒤진다.

(3) 정전용량(C)만의 회로

C[F]만의 회로에 교류전압 $v = V_m \sin\omega t$[V]를 인가했을 경우

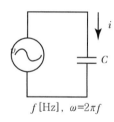

(a) 콘덴서 C만의 회로

f[Hz], $\omega = 2\pi f$

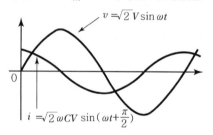

$v = \sqrt{2}\,V\sin\omega t$

$i = \sqrt{2}\,\omega CV \sin\left(\omega t + \frac{\pi}{2}\right)$

(b) 전압과 전류의 파형

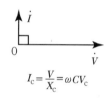

$I_c = \dfrac{V}{X_c} = \omega C V_c$

(c) 벡터 그림

[C만의 회로]

1) 용량성 리액턴스(Capactive Reactance) : X_C

저항과 같이 전류를 제어하며 주파수에 반비례한다.

$$X_C = \frac{1}{\omega C} = \frac{1}{2\pi f C}[\Omega]$$

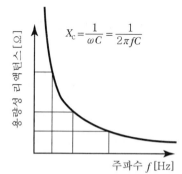

$X_c = \dfrac{1}{\omega C} = \dfrac{1}{2\pi f C}$

[용량성 리액턴스와 주파수 관계]

2) 콘덴서에 축척되는 전하(q)

$$q = Cv = \sqrt{2}\,CV\sin\omega t\,[\text{C}]$$

3) 콘덴서에 유입되는 전류(i)

$$i = \frac{dq}{dt} = \frac{d}{dt}(\sqrt{2}\,CV\sin\omega t) = \sqrt{2}\,\omega CV\cos\omega t$$

$$= \sqrt{2}\,\omega\,CV\sin\left(\omega t + \frac{\pi}{2}\right) = \sqrt{2}\,I\sin\left(\omega t + \frac{\pi}{2}\right)[\text{A}]$$

4) 전압, 전류의 실효값

$$V = X_C \cdot I = \frac{I}{\omega C}[\text{V}], \quad I = \frac{V}{X_C} = \frac{V}{(1/\omega C)} = \omega CV[\text{A}]$$

5) 전압과 전류의 위상

① 전류는 전압보다 위상이 $\dfrac{\pi}{2}(=90°)$ 앞선다.

② 전압은 전류보다 위상이 $\dfrac{\pi}{2}(=90°)$ 뒤진다.

<기본 회로 요약 정리>

구분	기본 회로			
	임피던스	위상각	역률	위상
R	R	0	1	전압과 전류는 동상이다.
L	$X_L = \omega L = 2\pi f L$	90°	0	전류는 전압보다 위상이 $\dfrac{\pi}{2}(=90°)$ 뒤진다.
C	$X_C = \dfrac{1}{\omega C} = \dfrac{1}{2\pi f C}$	90°	0	전류는 전압보다 위상이 $\dfrac{\pi}{2}(=90°)$ 앞선다.

01 순저항만으로 구성된 회로에 흐르는 전류와 공급 전압과의 위상 관계는?

① 180° 앞선다.　② 90° 앞선다.　③ 동위상이다.　④ 90° 뒤진다.

풀이 순저항 $R[\Omega]$ 회로에 $v = \sqrt{2}\,\text{V}\sin\omega t\,[\text{V}]$의 전압을 가했을 때 전류 $i[A]$는 다음과 같다.

$$i = \frac{v}{R} = \frac{\sqrt{2}\,\text{V}\sin\omega t}{\text{R}} = \sqrt{2}\,\frac{\text{V}}{\text{R}}\sin\omega t = \sqrt{2}\,\text{I}\sin\omega t\,[\text{A}]$$

∴ 전압 v와 i는 동상이다.

답 ③

02 전기 다리미의 저항선에 100V, 60Hz의 전압을 가할 경우 6A의 전류가 흐르는데 이때의 저항선은?

① 14.7　　　② 16.7　　　③ 18.7　　　④ 20.7

풀이 다리미의 저항선은 무유도성(순저항) 부하이므로 주파수와는 무관하다.

$$R = \frac{V}{I} = \frac{100}{6} ≒ 16.7[\Omega]$$

답 ②

03 $\dot{Z} = 10[\Omega]$의 임피던스에 $\dot{I} = 5[A]$의 전류가 흐른다. 이때 가한 전압은 몇 [V]인가?

[2004]

① $50\angle 0$　　② $50\angle\dfrac{\pi}{6}$　　③ $50\angle\dfrac{\pi}{3}$　　④ $50\angle\dfrac{\pi}{2}$

풀이 $\dot{V} = \dot{i}\cdot\dot{z} = 5\angle 0 \cdot 10\angle 0 = 50\angle 0$

답 ①

04 $\phi = \phi_m\sin\omega t\,[\text{Wb}]$인 정현파로 변화하는 자속이 권수 N인 코일과 쇄교할 때의 유기 기전력의 위상은 자속에 비해 어떠한가?

[2004]

① $\dfrac{\pi}{2}$ 만큼 빠르다.　　　　② $\dfrac{\pi}{2}$ 만큼 늦다.

③ π 만큼 늦다.　　　　　　④ 동위상이다.

풀이 $e = -N\dfrac{d\phi}{dt} = -N\dfrac{d}{dt}(\phi_m\sin\omega t)$

$$= -\text{N}\phi_m\,\omega\cos\omega t = -\text{N}\phi_m\omega\sin(\omega t + 90°) = \text{N}\phi_m\omega\sin(\omega t - 90°)$$

유기기전력(e)은 자속(ϕ)보다 위상이 $90°\left(\dfrac{\pi}{2}\right)$ 늦다.

답 ②

05 어떤 회로에 전압을 가하니 $90°$ 위상이 뒤진 전류가 흘렀다. 이 회로는?

① 무유도성   ② 유도성   ③ 용량성   ④ 저항 성분

풀이 전류가 전압보다 위상이 $90°$ 뒤지면 L만의 회로이다.(유도성)   **답** ②

06 어떤 코일에 교류전압 100V를 가하니 20A가 흐르고, 코일에 직류 20V를 가했더니 5A가 흘렀다. 이 코일의 리액턴스 $[\Omega]$는 얼마인가?

① 2   ② 3   ③ 4   ④ 5

풀이 직류전원에서는 리액턴스는 0이고, 저항만 존재한다. $R = \dfrac{V}{I} = \dfrac{20}{5} = 4[\Omega]$

교류전원에서는 임피던스를 계산할 수 있다. $Z = \dfrac{V}{I} = \dfrac{100}{20} = 5[\Omega]$

$Z = \sqrt{R^2 + X_L{}^2} \, [\Omega]$이므로, $X_L = \sqrt{Z^2 - R^2} = \sqrt{5^2 - 4^2} = \sqrt{25 - 16} = 3[\Omega]$ **답** ②

07 어떤 코일에 50[Hz]의 교류전압을 가하니 리액턴스가 628$[\Omega]$이었다. 이 코일의 인덕턴스[H]는?   [2002]

① 0.5   ② 1   ③ 2   ④ 4

풀이 $X_L = 2\pi f L$

$L = \dfrac{X_L}{2\pi f} = \dfrac{628}{2\pi \times 50} = 2[\text{H}]$ **답** ③

08 L만인 회로에서 $V = 100V$, $f = 60Hz$, $I = 60mA$일 때 X_L값은?

① 4.42   ② 1,667   ③ 3.62   ④ 2,121

풀이 $X_L = \dfrac{V}{I} = \dfrac{100}{60 \times 10^{-3}} \fallingdotseq 1,667[\Omega]$ **답** ②

09 0.1[H]인 코일의 리액턴스가 377$[\Omega]$일 때 주파수는 약 몇 [Hz]인가?   [2002][2008]

① 60   ② 120   ③ 360   ④ 600

풀이 $X_L = 2\pi f L$, $f = \dfrac{X_L}{2\pi L} = \dfrac{377}{2\pi \times 0.1} = 600[\text{Hz}]$ **답** ④

10 314mH의 자기 인덕턴스에 120V, 60Hz의 교류전압을 가하였을 때 흐르는 전류는 몇 A인가? [2005][2006]

① 10 　　　　② 8 　　　　③ 4 　　　　④ 1

풀이 $X_L = 2\pi f L = 2\pi \times 60 \times (314 \times 10^{-3}) \fallingdotseq 118.32[\Omega]$

$I = \dfrac{V}{X_L} = \dfrac{120}{118.32} \fallingdotseq 1[\text{A}]$

답 ④

11 인덕턴스 $L = 2$H에 각 주파수 $\omega = 50\pi$[rad/sec], $I = 2$[A]의 전류가 흐를 때 인덕턴스 L에 가해지는 전압의 최대값은 얼마인가?

① 589 　　　　② 689 　　　　③ 789 　　　　④ 889

풀이 $X_L = \omega L = 50\pi \times 2 = 50 \times 3.14 \times 2 = 314[\Omega]$

$V = I \cdot X_L = 2 \times 314 = 628[\text{V}]$

$V_m = \sqrt{2}\,V = \sqrt{2} \times 628 \fallingdotseq 889[\text{V}]$

답 ④

12 인덕턴스에서 급격히 변할 수 없는 것은? [2004]

① 전류 　　　　　　　　② 전압
③ 전류와 전압 　　　　④ 정답이 없다.

답 ①

13 다음 설명 중 옳은 것은? [2005]

① 인덕턴스를 직렬 연결하면 리액턴스가 커진다.
② 콘덴서를 직렬 연결하면 용량이 커진다.
③ 저항을 병렬 연결하면 합성저항은 커진다.
④ 유도 리액턴스는 주파수에 반비례한다.

답 ①

14 콘덴서만의 회로에서 전압과 전류 사이의 위상 관계는? [2005]

① 전압이 전류보다 180° 앞선다. 　　　② 전압이 전류보다 90° 뒤진다.
③ 전압이 전류보다 90° 앞선다. 　　　④ 전압이 전류보다 180° 뒤진다.

답 ②

15 커패시턴스에서 급격히 변할 수 없는 것은? [2004]

① 전류   ② 전압

③ 자속밀도   ④ 자속

답 ②

16 커패시턴스에서 전압과 전류의 변화에 대한 설명으로 옳은 것은? [2004][2005][2008]

① 전압은 급격히 변화하지 않는다.

② 전류는 급격히 변화하지 않는다.

③ 전압과 전류 모두가 급격히 변화한다.

④ 전압과 전류 모두가 급격히 변화하지 않는다.

답 ①

17 다음 중 용량 리액턴스와 반비례하는 것은?

① 전압   ② 저항

③ 임피던스   ④ 주파수

풀이 $X_c = \dfrac{1}{\omega C} = \dfrac{1}{2\pi f C} = K\dfrac{1}{f}[\Omega]$

∴ 용량 리액턴스는 주파수에 반비례한다.   **답** ④

18 $10\mu F$의 콘덴서에 60Hz, 100V의 교류 전압을 가하면 이때 흐르는 전류[A]는?

① 약 0.18A   ② 약 0.38A

③ 약 2.1A   ④ 약 4.8A

풀이 $I = \dfrac{V}{X_c} = \dfrac{V}{\dfrac{1}{\omega C}} = \omega CV = 2\pi f CV$

$\quad = 2\pi \times 60 \times 10 \times 10^{-6} \times 100 \fallingdotseq 0.38[\text{A}]$ **답** ②

03 RLC 직렬회로

(1) RL 직렬회로

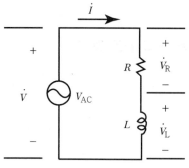

(a) RL직렬 회로

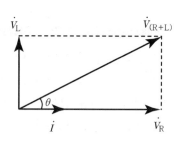

(b) 전류 기준 벡터도

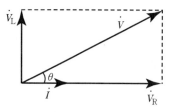

(c) 전압 복소수의 합

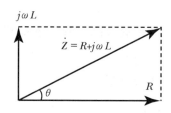

(d) 임피던스 평면

[R-L 직렬회로]

$$\dot{V} = \dot{V}_R + \dot{V}_L = R\dot{I} + j\omega L\dot{I}$$

1) 임피던스(Z)

$$\dot{Z} = R + jX_L = R + j\omega L\,[\Omega]$$
$$|\dot{Z}| = \sqrt{R^2 + X_L{}^2} = \sqrt{R^2 + (\omega L)^2}\,[\Omega]$$

2) 전원전압 V의 크기

$$V = \sqrt{V_R{}^2 + V_L{}^2} = \sqrt{(RI)^2 + (X_L I)^2} = I \times \sqrt{R^2 + (\omega L)^2}\,[\mathrm{V}]$$

3) 전전류 I의 크기

$$I = \frac{V}{\sqrt{R^2 + X_L{}^2}} = \frac{V}{\sqrt{R^2 + (\omega L)^2}}\,[\mathrm{A}]$$

4) 전압과 전류의 위상차

$$\tan\theta = \frac{V_L}{V_R} = \frac{\omega L I}{R I} = \omega\frac{L}{R} \qquad \therefore\ \theta = \tan^{-1}\frac{X_L}{R} = \tan^{-1}\frac{\omega L}{R}$$

(V가 I보다 θ만큼 앞선다.)

5) 역률

$$\cos\theta = \frac{R}{Z} = \frac{R}{\sqrt{R^2 + (X_L)^2}} = \frac{R}{\sqrt{R^2 + (\omega L)^2}}$$

(2) RC직렬회로

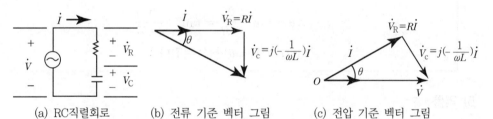

(a) RC직렬회로   (b) 전류 기준 벡터 그림   (c) 전압 기준 벡터 그림

[RC직렬회로]

$$\dot{V} = \dot{V}_R + \dot{V}_c = R\dot{I} - j\frac{1}{\omega C}\dot{I}$$

1) 임피던스

$$\dot{Z} = R - jX_C = R - j\frac{1}{\omega C}\,[\Omega]$$

$$|\dot{Z}| = \sqrt{R^2 + X_C{}^2} = \sqrt{R^2 + \left(\frac{1}{\omega C}\right)^2}\,[\Omega]$$

2) 전원전압 V의 크기

$$V = \sqrt{V_R{}^2 + V_C{}^2} = \sqrt{(RI)^2 + (X_C I)^2} = I \times \sqrt{R^2 + \left(\frac{1}{\omega C}\right)^2}\,[\text{V}]$$

3) 전전류의 크기

$$I = \frac{V}{\sqrt{R^2 + X_C^2}} = \frac{V}{\sqrt{R^2 + \left(\frac{1}{\omega C}\right)^2}}\,[\text{A}]$$

4) 전압과 전류의 위상차

$$\tan\theta = \frac{V_C}{V_R} = \frac{\left(\frac{1}{\omega C}\right)I}{RI} = \frac{1}{\omega CR}$$

$$\therefore \theta = \tan^{-1}\frac{X_C}{R} = \tan^{-1}\frac{1}{\omega CR}$$

(V 가 I 보다 θ 만큼 뒤진다.)

5) 역률

$$\cos\theta = \frac{R}{Z} = \frac{R}{\sqrt{R^2 + X_c{}^2}} = \frac{R}{\sqrt{R^2 + \left(\frac{1}{\omega C}\right)^2}}$$

(3) RLC 직렬회로

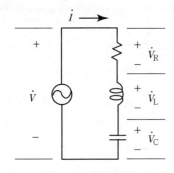

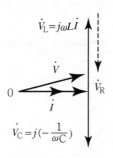
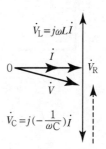

(a) RLC 직렬회로   (b) $\dot{V}_L > \dot{V}_c$인 경우($X_L > X_C$)   (c) $\dot{V}_L < \dot{V}_c$인 경우($X_L < X_C$)

[RLC 직렬회로]

$$\dot{V} = \dot{V}_R + \dot{V}_L + \dot{V}_c = R\dot{I} + j\left(\omega L - \frac{1}{\omega C}\right)\dot{I}$$

1) 임피던스

$$\dot{Z} = R + j(X_L - X_C) = R + j\left(\omega L - \frac{1}{\omega C}\right)[\Omega]$$

$$|\dot{Z}| = \sqrt{R^2 + (X_L^2 - X_C^2)} = \sqrt{R^2 + \left(\omega L - \frac{1}{\omega C}\right)^2}\,[\Omega]$$

2) 전원전압 V의 크기

$$V = \sqrt{V_R^2 + (V_L - V_C)^2} = \sqrt{(RI)^2 + \left(\omega LI - \frac{1}{\omega C}I\right)^2}$$

$$= I \times \sqrt{R^2 + \left(\omega L - \frac{1}{\omega C}\right)^2}\,[\text{V}]$$

3) 전전류의 크기

$$I = \frac{V}{\sqrt{R^2 + (X_L - X_C)^2}} = \frac{V}{\sqrt{R^2 + \left(\omega L - \frac{1}{\omega C}\right)^2}}\,[\text{A}]$$

4) 전압과 전류의 위상차

$$\theta = \tan^{-1}\frac{X}{R} = \tan^{-1}\frac{\omega L - \dfrac{1}{\omega C}}{R}$$

① $\omega L > \dfrac{1}{\omega C}$: 유도성 회로

② $\omega L < \dfrac{1}{\omega C}$: 용량성 회로

③ $\omega L = \dfrac{1}{\omega C}$: 무유도성 회로(전압과 전류의 위상이 동상이다.)

5) 역률

$$\cos\theta = \frac{R}{Z} = \frac{R}{\sqrt{R^2 + \left(\omega L - \dfrac{1}{\omega C}\right)^2}}$$

<RLC 직렬회로 요약정리>

구분	RLC 직렬회로			
	임피던스	위상각	역률	위상
R$-$L	$\sqrt{R^2 + (\omega L)^2}$	$\tan^{-1}\dfrac{\omega L}{R}$	$\dfrac{R}{\sqrt{R^2 + (\omega L)^2}}$	전류가 뒤진다.
R$-$C	$\sqrt{R^2 + \left(\dfrac{1}{\omega C}\right)^2}$	$\tan^{-1}\dfrac{1}{\omega CR}$	$\dfrac{R}{\sqrt{R^2 + \left(\dfrac{1}{\omega C}\right)^2}}$	전류가 앞선다.
R$-$L$-$C	$\sqrt{R^2 + \left(\omega L - \dfrac{1}{\omega C}\right)^2}$	$\tan^{-1}\dfrac{\omega L - \dfrac{1}{\omega C}}{R}$	$\dfrac{R}{\sqrt{R^2 + \left(\omega L - \dfrac{1}{\omega C}\right)^2}}$	L이 크면 전류는 뒤진다. C가 크면 전류는 앞선다.

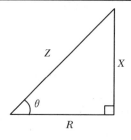

[RLC 직렬회로 암기내용]

04 RLC 병렬회로

(1) 어드미턴스(Admittance)

1) 어드미턴스 : 임피던스의 역수로 기호는 Y, 단위는 $[\mho]$을 사용한다.

 ① RLC 직렬회로 : 각 회로 소자에 흐르는 전류가 동일하기 때문에 임피던스를 이용하여 연산하는 것이 편리

 ② RLC 병렬회로 : 각 회로 소자에 걸리는 전압이 동일하기 때문에 어드미턴스를 이용하여 연산하는 것이 편리

2) 임피던스의 어드미턴스의 변환

$\dot{Z} = R \pm jX[\Omega]$이라면, 어드미턴스 $\dot{Y}$는

$$\dot{Y} = \frac{1}{\dot{Z}} = \frac{1}{R \pm jX} = \frac{R}{R^2 + X^2} \mp j\frac{X}{R^2 + X^2} = G \mp jB[\mho]$$

 ① 실수부 : 컨덕턴스(Conductance) $G = \dfrac{R}{R^2 + X^2}[\mho]$

 ② 허수부 : 서셉턴스(Susceptance) $B = \dfrac{X}{R^2 + X^2}[\mho]$

(2) RL 병렬회로

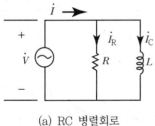

(a) RC 병렬회로

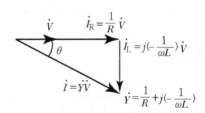

(b) 벡터 그림

[RL 병렬회로]

$$\dot{I} = \dot{I}_R + \dot{I}_L = \frac{\dot{V}}{R} - j\frac{\dot{V}}{\omega L}[A]$$

1) 어드미턴스(Y)

$$\dot{Y}=\frac{1}{R}-j\frac{1}{\omega L}\,[\mho]\qquad\qquad |\dot{Y}|=\sqrt{\left(\frac{1}{R}\right)^2+\left(\frac{1}{\omega L}\right)^2}\,[\mho]$$

2) 전전류 I의 크기

$$I=\sqrt{I_R{}^2+I_L{}^2}=\sqrt{\left(\frac{V}{R}\right)^2+\left(\frac{V}{\omega L}\right)^2}=V\times\sqrt{\left(\frac{1}{R}\right)^2+\left(\frac{1}{\omega L}\right)^2}\,[A]$$

3) 전압과 전류의 위상차

$$\tan\theta=\frac{I_L}{I_R}=\frac{\dfrac{V}{\omega L}}{\dfrac{V}{R}}=\frac{R}{\omega L}\qquad\qquad \therefore\,\theta=\tan^{-1}\frac{I_L}{I_R}=\tan^{-1}\frac{R}{\omega L}$$

(I가 V보다 θ만큼 뒤진다.)

4) 역률

$$\cos\theta=\frac{G}{Y}=\frac{X_L}{\sqrt{R^2+X_L{}^2}}=\frac{\omega L}{\sqrt{R^2+(\omega L)^2}}=\frac{1}{\sqrt{1+\left(\dfrac{R}{\omega L}\right)^2}}$$

(3) RC 병렬회로

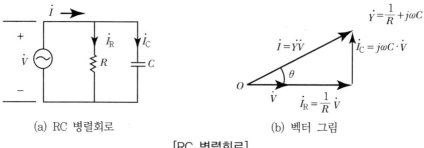

(a) RC 병렬회로   (b) 벡터 그림

[RC 병렬회로]

$$\dot{I} = \dot{I_R} + \dot{I_c} = \frac{\dot{V}}{R} + j\omega C \dot{V}[\text{A}]$$

1) 어드미턴스(Y)

$$\dot{Y} = \frac{1}{R} + j\frac{1}{X_c} = \frac{1}{R} + j\omega C[\mho] \qquad |\dot{Y}| = \sqrt{\left(\frac{1}{R}\right)^2 + (\omega C)^2}\,[\mho]$$

2) 전전류 I의 크기

$$I = \sqrt{{I_R}^2 + {I_L}^2} = \sqrt{\left(\frac{V}{R}\right)^2 + (\omega CV)^2} = V \times \sqrt{\left(\frac{1}{R}\right)^2 + (\omega C)^2}\,[\text{A}]$$

3) 전압과 전류의 위상차

$$\tan\theta = \frac{I_C}{I_R} = \frac{V\omega C}{\dfrac{V}{R}} = \omega CR \qquad\qquad \therefore \theta = \tan^{-1}\frac{I_C}{I_R} = \tan^{-1}\omega CR$$

(I가 V보다 θ만큼 앞선다.)

4) 역률

$$\cos\theta = \frac{G}{Y} = \frac{X_C}{\sqrt{R^2 + {X_C}^2}} = \frac{\dfrac{1}{\omega C}}{\sqrt{R^2 + \left(\dfrac{1}{\omega C}\right)^2}} = \frac{1}{\sqrt{1 + (\omega CR)^2}}$$

(4) RLC 병렬회로

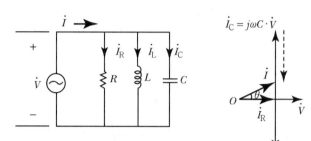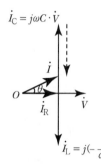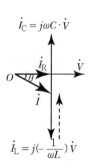

(a) RLC 직렬회로   (b) $I_C > I_L$인 경우$(X_C > X+L)$ (c) $I_C < I_L$인 경우$(X_C < X_L)$

[RLC 병렬회로]

$$\dot{I} = \dot{I}_R + \dot{I}_L + \dot{I}_c = \frac{\dot{V}}{R} + j\left(\omega C - \frac{1}{\omega L}\right)\dot{V}\,[\text{A}]$$

1) 어드미턴스(Y)

$$\dot{Y} = \frac{1}{R} + j\left(\frac{1}{X_C} - \frac{1}{X_L}\right) = \frac{1}{R} + j\left(\omega C - \frac{1}{\omega L}\right)[\text{℧}]$$

$$|\dot{Y}| = \sqrt{\left(\frac{1}{R}\right)^2 + \left(\omega C - \frac{1}{\omega L}\right)^2}\,[\text{℧}]$$

2) 전전류 I의 크기

$$I = \sqrt{I_R^{\,2} + (I_C - I_L)^2} = \sqrt{\left(\frac{V}{R}\right)^2 + \left(\omega CV - \frac{V}{\omega L}\right)^2}$$

$$= V \times \sqrt{\left(\frac{1}{R}\right)^2 + \left(\omega C - \frac{1}{\omega L}\right)^2}\,[\text{A}]$$

3) 전압과 전류의 위상차

$$\tan\theta = \frac{(I_C - I_L)}{I_R} = \frac{\omega CV - \dfrac{V}{\omega L}}{\dfrac{V}{R}} = R \cdot \left(\omega C - \frac{1}{\omega L}\right)$$

$$\therefore \theta = \tan^{-1} R \cdot \left(\omega C - \frac{1}{\omega L}\right)$$

4) 역률

$$\cos\theta = \frac{G}{Y} = \frac{\dfrac{1}{R}}{\sqrt{\left(\dfrac{1}{R}\right)^2 + \left(\omega C - \dfrac{1}{\omega L}\right)^2}} = \frac{1}{\sqrt{1 + \left(\omega CR - \dfrac{R}{\omega L}\right)^2}}$$

<RLC 병렬회로 요약정리>

구분	RLC 병렬회로			
	어드미턴스	위상각	역률	위상
R−L	$\sqrt{\left(\dfrac{1}{R}\right)^2 + \left(\dfrac{1}{\omega L}\right)^2}$	$\tan^{-1}\dfrac{R}{\omega L}$	$\dfrac{\omega L}{\sqrt{R^2 + (\omega L)^2}}$	전류가 뒤진다.
R−C	$\sqrt{\left(\dfrac{1}{R}\right)^2 + (\omega C)^2}$	$\tan^{-1}\omega CR$	$\dfrac{\dfrac{1}{\omega C}}{\sqrt{R^2 + \left(\dfrac{1}{\omega C}\right)^2}}$	전류가 앞선다.
R−L−C	$\sqrt{\left(\dfrac{1}{R}\right)^2 + \left(\dfrac{1}{\omega L} - \omega C\right)^2}$	$\tan^{-1}\dfrac{\dfrac{1}{\omega L} - \omega C}{\dfrac{1}{R}}$	$\dfrac{1}{\sqrt{1 + \left(\omega CR - \dfrac{R}{\omega L}\right)^2}}$	L이 크면 전류는 뒤진다. C가 크면 전류는 앞선다.

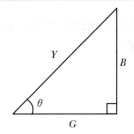

[RLC 병렬회로 암기내용]

01 저항 4[Ω], 유도 리액턴스 X_L[Ω]이 직렬로 접속된 회로에서 교류가 60[Hz]이고, 역률이 0.8이다. 이때 유도 리액턴스 X_L[Ω]은? [2002]

① 3 　　　　② 5 　　　　③ 7 　　　　④ 9

풀이

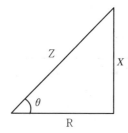

$\cos\theta = \dfrac{R}{Z} = 0.8$

$Z = \dfrac{R}{\cos\theta} = \dfrac{4}{0.8} = 5[\Omega]$

$X_L = \sqrt{Z^2 - R^2} = \sqrt{5^2 - 4^2} = 3[\Omega]$

답 ①

02 저항 5[Ω], 리액턴스 5[Ω]인 직렬회로의 임피던스 각은?

① 0° 　　　　② 45° 　　　　③ 60° 　　　　④ 90°

풀이 $\theta = \tan^{-1}\dfrac{X_L}{R} = \tan^{-1}\dfrac{5}{5} = \tan^{-1}1 = 45°$ 　　**답** ②

03 저항 4Ω과 유도리액턴스 3Ω인 직렬로 연결된 회로에 5A의 전류가 흐른다면, 이 회로에 가한 전압은 몇 V인가? [2006]

① 5 　　　　② 25 　　　　③ 100 　　　　④ 200

풀이 $\dot{Z} = R + jX_L,\ |\dot{Z}| = \sqrt{R^2 + X_L^2} = \sqrt{4^2 + 3^2} = 5[\Omega]$

$V = I \cdot |\dot{Z}| = 5 \times 5 = 25[\text{V}]$ 　　**답** ②

04 저항 3Ω과 유도 리액턴스 X[Ω]가 직렬로 접속된 회로에 100V의 교류전압을 가하면 20A의 전류가 흐른다. 이 회로의 X[Ω]의 값은?

① 3 　　　　② 4 　　　　③ 5 　　　　④ 6

풀이 $Z = \dfrac{V}{I} = \dfrac{100}{20} = 5[\Omega],\ X_L = \sqrt{Z^2 - R^2} = \sqrt{5^2 - 3^2} = 4[\Omega]$ 　　**답** ②

05 저항과 리액턴스의 직렬회로에 $\dot{V}=10+j20[\text{V}]$인 교류전압을 가하니 $\dot{I}=4+j3[\text{A}]$의 전류가 흐른다. 이 회로의 저항 R과 리액턴스 X_L은 몇 Ω인가? [2002]

① $R=10,\ X_L=20$ ② $R=4,\ X_L=3$

③ $R=4,\ X_L=2$ ④ $R=2,\ X_L=4$

풀이 $\dot{Z}=\dfrac{\dot{V}}{\dot{I}}=\dfrac{10+j20}{4+j3}=\dfrac{(10+j20)(4-j3)}{(4+j3)(4-j3)}=\dfrac{100+j50}{25}=4+j2=R+jX_L$ **답** ③

06 $R=8\Omega$, $X=6\Omega$의 직렬회로에 100V의 교류를 가할 때 이 회로의 역률은 얼마인가? [2005]

① 0.6   ② 0.75   ③ 0.8   ④ 0.9

풀이 $\cos\theta=\dfrac{R}{Z}=\dfrac{R}{\sqrt{R^2+X^2}}=\dfrac{8}{\sqrt{8^2+6^2}}=\dfrac{8}{10}=0.8$ **답** ③

07 임피던스 5Ω인 RC직렬회로의 저항과 콘덴서 양단의 전압이 각각 80V, 60V이었다. 용량 리액턴스는 몇 Ω인가? [2004]

① 1   ② 3   ③ 5   ④ 7

풀이 $V=\sqrt{V_R{}^2+V_C{}^2}=\sqrt{80^2+60^2}=100[\text{V}]$, $I=\dfrac{V}{Z}=\dfrac{100}{5}=20[\text{A}]$,

$R=\dfrac{V_R}{I}=\dfrac{80}{20}=4[\Omega]$, $X_C=\dfrac{V_C}{I}=\dfrac{60}{20}=3[\Omega]$ **답** ②

08 RC 직렬회로에서 임피던스 각이 θ일 때 $\tan\theta=\dfrac{1}{\sqrt{3}}$이면 역률은? [2004]

① $\dfrac{1}{2}$ ② 1   ③ $\dfrac{\sqrt{3}}{2}$ ④ $\sqrt{3}$

풀이

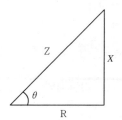

$\tan\theta=\dfrac{X_C}{R}=\dfrac{1}{\sqrt{3}}$ 이므로 $R=\sqrt{3}$, $X_C=1$

$Z=\sqrt{R^2+X_C{}^2}=\sqrt{(\sqrt{3})^2+1^2}=2$,

$\cos\theta=\dfrac{R}{Z}=\dfrac{\sqrt{3}}{2}$ **답** ③

09 RC 직렬회로의 전압과 전류의 위상은?(단, 각속도는 ω[rad/sec]이다.) [2002]

① $\theta = \tan^{-1}\dfrac{R}{\omega C}$

② $\theta = \tan^{-1}\dfrac{1}{\omega CR}$

③ $\theta = \tan^{-1}\dfrac{\omega C}{R}$

④ $\theta = \tan^{-1}\omega\, CR$

풀이 $\theta = \tan^{-1}\dfrac{X_C}{R} = \tan^{-1}\dfrac{\frac{1}{\omega C}}{R} = \tan^{-1}\dfrac{1}{\omega CR}$ 답 ②

10 $R = 4\,\Omega$, $X_L = 8\,\Omega$, $X_C = 5\,\Omega$의 RLC 직렬회로에 20V의 교류를 가할 때 유도 리액턴스 X_L에 걸리는 전압[V]은? [2005]

① 67

② 32

③ 20

④ 16

풀이

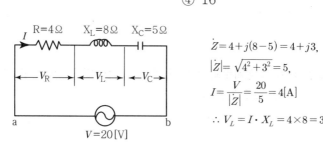

$\dot{Z} = 4 + j(8-5) = 4 + j3,$

$|\dot{Z}| = \sqrt{4^2 + 3^2} = 5,$

$I = \dfrac{V}{|\dot{Z}|} = \dfrac{20}{5} = 4[\text{A}]$

$\therefore V_L = I \cdot X_L = 4 \times 8 = 32[\text{V}]$

답 ②

11 그림과 같은 직렬 회로에서 각 소자의 전압이 그림과 같다면 a, b 양단에 가한 교류 전압[V]은? [2003]

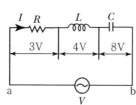

① 2.5

② 5

③ 7.5

④ 10

풀이 $\dot{V} = \dot{V}_R + \dot{V}_L + \dot{V}_C,\ |\dot{Z}| = \sqrt{V_R^{\,2} + (V_L - V_C)^2} = \sqrt{3^2 + (4-8)^2} = 5[\text{V}]$ 답 ②

12 저항 30Ω, 유도 리액턴스 40Ω을 병렬로 접속하고, 그 양단에 120V 교류전압을 가할 때 전 전류[A]는?

① 2.4 　　　　② 3.6 　　　　③ 5 　　　　④ 10

풀이 $I_R = \dfrac{V}{R} = \dfrac{120}{30} = 4[\text{A}]$, $I_L = \dfrac{V}{X_L} = \dfrac{120}{40} = 3[\text{A}]$

$\therefore I = \sqrt{I_R{}^2 + I_L{}^2} = \sqrt{4^2 + 3^2} = 5[\text{A}]$　　　　답 ③

13 RC 병렬회로의 임피던스 [Ω]는? 　　　　[2005]

① $\dfrac{1}{1 + j\omega CR}$ 　　② $\dfrac{1}{1 - j\omega CR}$ 　　③ $\dfrac{R}{1 - j\omega CR}$ 　　④ $\dfrac{R}{1 + j\omega CR}$

풀이 $\dot{Y} = \dfrac{1}{R} + j\omega C = \dfrac{1 + j\omega CR}{R}$

$\dot{Z} = \dfrac{1}{\dot{Y}} = \dfrac{R}{1 + j\omega CR}$　　　　답 ④

14 그림에서 임피던스 $\dot{Z}_1$에 흐르는 전류 $\dot{I}_1$[A]는? 　　　　[2004]

① $\dfrac{\dot{Z}_1}{\dot{Z}_1 + \dot{Z}_2} \dot{I}$ 　　② $\dfrac{\dot{Z}_2}{\dot{Z}_1 + \dot{Z}_2} \dot{I}$

③ $\dfrac{1}{\dot{Z}_1 + \dot{Z}_2} \dot{I}$ 　　④ $\dfrac{\dot{Z}_1 \dot{Z}_2}{\dot{Z}_1 + \dot{Z}_2} \dot{I}$

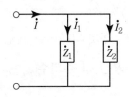

답 ②

15 그림과 같은 회로에서 전전류 $\dot{I}$ 는 몇 A인가? 　　　　[2004]

① $10\sqrt{2}$

② $10\sqrt{3}$

③ 20

④ 35

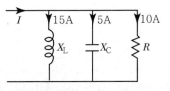

풀이 $\dot{I} = \dot{I}_R + \dot{I}_L + \dot{I}_C$, $|\dot{I}| = \sqrt{I_R{}^2 + (I_L - I_C)^2} = \sqrt{10^2 + (15-5)^2} = 10\sqrt{2}[\text{V}]$　　　　답 ①

05 공진회로

(1) 직렬공진

1) 직렬공진의 조건

$$\dot{Z} = R + j\left(\omega L - \frac{1}{\omega C}\right)[\Omega]\ \text{에서}$$

$$\omega L - \frac{1}{\omega C} = 0 \quad ; \quad \omega L = \frac{1}{\omega C} \quad \cdots\cdots\cdots\cdots\cdots\cdots \text{(공진조건)}$$

① 공진 시 임피던스(Z)

$$Z = R[\Omega] \ ; \ (\text{최소})$$

② 공진전류(I_o)

$$I_o = \frac{V}{Z} = \frac{V}{R}[\text{A}] \ ; \ (\text{최대})$$

2) 공진 주파수(Resonance Frequency)

① 공진 각 주파수(ω_o)

$$\omega_o L = \frac{1}{\omega_o C} \rightarrow \omega_o^2 = \frac{1}{LC}\ \text{이므로} \ \therefore \ \omega_o = \frac{1}{\sqrt{LC}}[\text{rad/sec}]$$

② 공진 주파수(f_o)

$$f_o = \frac{1}{2\pi\sqrt{LC}}[\text{Hz}] \quad (\because \ \omega_o = 2\pi f_0)$$

3) 선택도(Q) : 전압 확대율 또는 첨예도라고 함

$$Q = \frac{V_L}{V} = \frac{V_C}{V} = \frac{\omega_o L}{R} = \frac{1}{\omega_o CR} = \frac{1}{R}\sqrt{\frac{L}{C}}$$

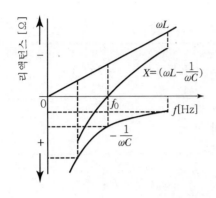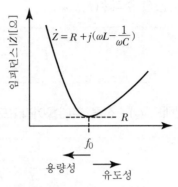

[직렬공진 주파수 특성]

(2) 병렬공진

1) 병렬공진의 조건

$$\dot{Y} = \frac{1}{R} + j\left(\omega C - \frac{1}{\omega L}\right)[\mho]\text{에서}$$

$$\omega C - \frac{1}{\omega L} = 0 \; ; \; \omega C = \frac{1}{\omega L} \quad \cdots\cdots\cdots\cdots\cdots\cdots\cdots \text{(공진조건)}$$

① 공진 시 어드미턴스(Y)

$$Y = \frac{1}{R}[\mho] \; ; \; (\text{최소}) \rightarrow \text{임피던스} \; Z = \frac{1}{Y}[\Omega]\text{이므로 최대}$$

② 공진 전류(I_o)

$$I_o = VY = \frac{V}{R}[\text{A}] \; ; \; (\text{최소})$$

2) 공진 주파수(Resonance Frequency)

① 공진 각 주파수(ω_o)

$$(\text{공진 조건})\text{에서} \; \omega_o{}^2 = \frac{1}{LC}\text{이므로} \; \therefore \; \omega_o = \frac{1}{\sqrt{LC}}[\text{rad/sec}]$$

② 공진 주파수(f_o)

$$f_o = \frac{1}{2\pi \sqrt{LC}}\,[\mathrm{Hz}] \quad (\because \; \omega_o = 2\pi f_0)$$

3) 선택도(Q) : 전류 확대율이라고도 함

$$Q = \frac{I_L}{I_0} = \frac{I_C}{I_0} = \frac{R}{\omega_0 L} = \omega_0 CR = R\sqrt{\frac{C}{L}}$$

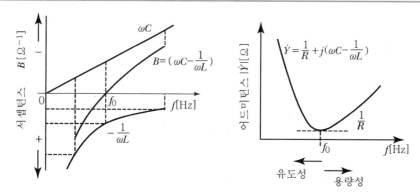

[병렬공진 주파수 특성]

<공진회로 요약정리>

구분	직렬공진	병렬공진
조건	$\omega L = \dfrac{1}{\omega C}$	$\omega C = \dfrac{1}{\omega L}$
공진의 의미	• 허수부가 0이다. • 전압과 전류가 동상이다. • 역률이 1이다. • 임피던스가 최소이다. • 흐르는 전류가 최대이다.	• 허수부가 0이다. • 전압과 전류가 동상이다. • 역률이 1이다. • 어드미턴스가 최소이다. • 흐르는 전류가 최소이다.
전류	$I = \dfrac{V}{R}$	$I = GV$
공진주파수	$f_0 = \dfrac{1}{2\pi \sqrt{LC}}$	$f_0 = \dfrac{1}{2\pi \sqrt{LC}}$
선택도 첨예도	$Q = \dfrac{X}{R} = \dfrac{\omega L}{R} = \dfrac{1}{\omega CR} = \dfrac{1}{R}\sqrt{\dfrac{L}{C}}$	$Q = \dfrac{R}{X} = \dfrac{R}{\omega L} = \omega CR = R\sqrt{\dfrac{C}{L}}$

01 RLC 직렬회로의 공진조건은?(단, 각속도 ω [rad/sec]이다.) [2002]

① $\omega L = -\dfrac{1}{\omega C}$

② $\omega L = \dfrac{1}{\omega C}$

③ $\omega L = \omega C$

④ $\dfrac{1}{\omega L} = \omega C + R$

풀이 $X_L = X_C,\ \omega L = \dfrac{1}{\omega C}$ **답** ②

02 그림과 같이 A, B 양 단자 전압과 전류가 동상이 되려면 어떤 식이 성립되어야 하는가? [2004]

① $\omega L^2 C^2 = 1$ ② $\omega^2 LC = 1$

③ $\omega LC = 1$ ④ $\omega = LC$

풀이 전압과 전류가 동상이 되기 위한 조건은 공진이 일어나 회로의 임피던스가 R만의 회로가 되어야 한다. 즉, $\omega L = \dfrac{1}{\omega C}$ 공진조건에 의해 $\omega^2 LC = 1$이다. **답** ②

03 RLC 직렬회로에서 $\omega L = \dfrac{1}{\omega C}$일 때의 설명으로 옳지 않은 것은?

① 리액턴스 성분은 0이 된다.

② 회로의 전류는 최대가 된다.

③ 합성 임피던스는 최대가 된다.

④ 공진현상이 일어난다.

풀이 직렬공진 시 임피던스는 최소, 전류는 최대가 된다. **답** ③

04 직렬공진 시 그 값이 0이 되어야 하는 것은?

① 전류 ② 전압 ③ 저항 ④ 리액턴스

풀이 직렬공진조건이 $\omega L = \dfrac{1}{\omega C}$이므로 리액턴스는 0이 된다. **답** ④

05 RLC 직렬회로에서 R = 5[Ω], L = 10[mH], C = 100[μF]의 값을 가질 때 공진 주파수 [Hz]는?

[2002]

① 92

② 159.2

③ 172.8

④ 190.2

풀이 $f_0 = \dfrac{1}{2\pi \sqrt{LC}} = \dfrac{1}{2\pi \sqrt{10 \times 10^{-3} \times 100 \times 10^{-6}}} = 159.2[\text{Hz}]$

답 ②

06 $R = 5[Ω]$, $L = 20[\text{mH}]$ 및 콘덴서 C로 구성된 $R-L-C$ 직렬회로에 주파수 1000 [Hz]인 교류를 가한 다음 C를 가변시켜 직렬공진시킬 때 C의 값은 약 몇 $[μF]$인가?

① 1.27

② 2.54

③ 3.52

④ 4.99

풀이 $X_L = X_C$, $\omega L = \dfrac{1}{\omega C}$,

$C = \dfrac{1}{\omega^2 L} = \dfrac{1}{(2\pi f)^2 L} = \dfrac{1}{(2\pi \times 1,000)^2 \times 20 \times 10^{-3}} = 1.26 \times 10^{-6}[\text{F}]$

답 ①

07 직렬공진회로에서 Q로 표시한 것 중 맞는 것은?

① $\dfrac{1}{R} \sqrt{\dfrac{L}{C}}$

② $\dfrac{1}{R} \sqrt{\dfrac{C}{L}}$

③ $\dfrac{1}{L} \sqrt{\dfrac{C}{R}}$

④ $\dfrac{1}{L} \sqrt{\dfrac{R}{L}}$

풀이 공진회로의 선택도 $Q = \dfrac{\omega_0 \cdot L}{R} = \dfrac{1}{\omega_0 CR} = \dfrac{1}{R} \sqrt{\dfrac{L}{C}}$

답 ①

08 $R = 10[Ω]$, $L = 10[\text{mH}]$, $C = 1[μF]$인 직렬회로에 100[V] 전압을 가했을 때 공진의 첨예도 Q는 얼마인가?

[2008]

① 1

② 10

③ 100

④ 1,000

풀이 $Q = \dfrac{\omega_0 L}{R} = \dfrac{1}{\omega_0 CR} = \dfrac{1}{R} \sqrt{\dfrac{L}{C}} = \dfrac{1}{10} \sqrt{\dfrac{10 \times 10^{-3}}{1 \times 10^{-6}}} = 10$

답 ②

09 어떤 R-L-C 병렬회로가 병렬공진되었을 때 합성전류에 대한 설명으로 옳은 것은?

[2006][2007]

① 전류는 무한대가 된다.　　　　　② 전류는 최대가 된다.

③ 전류는 흐르지 않는다.　　　　　④ 전류는 최소가 된다.

풀이 R-L-C 병렬공진 시에 어드미턴스는 최소, 임피던스는 최대, 전류는 최소가 된다.　　**답** ④

10 LC 병렬공진회로에서 ∞가 되는 것은?

[2005]

① 전압　　　　　　　　　　　② 전류

③ 어드미턴스　　　　　　　　　④ 임피던스

풀이 LC 병렬공진 시 어드미턴스가 0이므로, 역수인 임피던스는 ∞가 된다.　　**답** ④

06 교류전력

- **순시전력** : 교류회로에서는 전압과 전류의 크기가 시간에 따라 변화하므로 전압과 전류의 곱도 시간에 따라 변화하는데, 이 값을 순시전력이라 한다.
- **유효전력** : 교류회로에서 순시전력을 1주기 평균한 값으로 전력, 평균전력이라고도 한다.

(1) 교류전력

1) 저항 부하의 전력

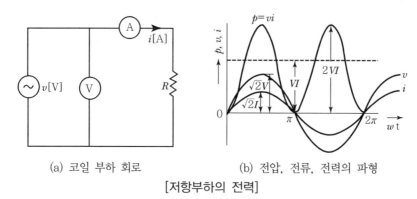

(a) 코일 부하 회로 (b) 전압, 전류, 전력의 파형

[저항부하의 전력]

① 저항 R만인 부하회로에서의 교류전력 P는 순시전력을 평균한 값이다.

$$P = V \cdot I[\text{W}]$$

② 저항 $R[\Omega]$ 부하의 전력은 전압의 실효값과 전류의 실효값을 곱한 것과 같다.

2) 정전용량(C) 부하의 전력

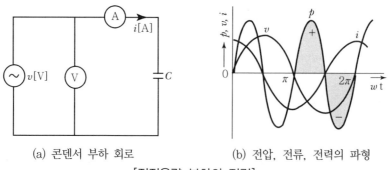

(a) 콘덴서 부하 회로 (b) 전압, 전류, 전력의 파형

[정전용량 부하의 전력]

① 그림 (b)의 순시 전력 곡선에서 +반주기 동안에는 전원에너지가 정전용량 C로 이동하여 충전되고, −반주기 동안에는 정전용량 C에 저장된 에너지가 전원 쪽으로 이동하면서 방전된다.

② 정전용량 C에서는 에너지의 충전과 방전만을 되풀이하며 전력소비는 없다.

3) 인덕턴스(L) 부하의 전력

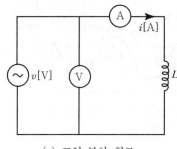

(a) 코일 부하 회로

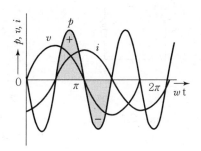

(b) 전압, 전류, 전력의 파형

[인덕턴스 부하의 전력]

① 그림 (b)의 순시전력 곡선에서 +반주기 동안에는 전원에너지가 인덕턴스 L로 이동하여 충전되고, −반주기 동안에는 인덕턴스 L에 저장된 에너지가 전원 쪽으로 이동하면서 방전된다.

② 인덕턴스 L에서는 에너지의 충전과 방전만을 되풀이하며 전력소비는 없다.

4) 임피던스 부하의 전력

① 순시전력

$$v = \sqrt{2}\,V\sin\omega t \ [\text{V}], \ \ i = \sqrt{2}\,I\sin(\omega t - \theta)[\text{A}] \text{가 흐르면 순시전력 } P \text{는}$$
$$P = vi = \sqrt{2}\,V\sin\omega t \cdot \sqrt{2}\,I\sin(\omega t - \theta)$$
$$= 2\,VI\sin\omega t \cdot \sin(\omega t - \theta)$$
$$= VI\cos\theta - VI\cos(2\omega t - \theta)[\text{W}]$$
$$\left(\because \sin A \cdot \sin B = -\frac{1}{2}\{\cos(A+B) - \cos(A-B)\} \right)$$

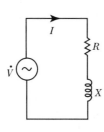

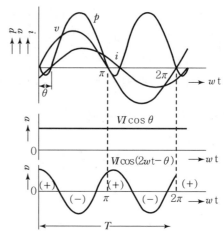

(a) 회로   (b) 전압, 전류, 전력의 파형

[RL 직렬회로의 전력]

② 유효전력(Active Power)

　㉮ 시간에 관계없이 일정하며 회로에서 소모되는 전력

　㉯ 소비전력, 평균전력이라고도 한다.

$$P = VI\cos\theta\,[\mathrm{W}]\,[\text{와트}]$$

③ 무효전력(Reactive Power)

　㉮ 1주기의 평균값이 0인 전력

$$P_r = VI\sin\theta\,[\mathrm{Var}]\,[\text{바}]$$

④ 피상전력(Apparent Power)

　㉮ 회로에 가해지는 전압과 전류의 곱으로 표시

　㉯ 겉보기 전력이라고도 한다.

$$P_a = VI\,[\mathrm{VA}]\,[\text{볼트 암페어}]$$

(2) 역률

1) 역률(Power Factor)

피상전력과 유효전력과의 비

$$역률(p.f) = \cos\theta = \frac{유효전력}{피상전력} = \frac{P}{P_a}$$

여기서, θ는 전압과 전류의 위상차

2) 무효율(Reactive Factor)

피상전력과 무효전력의 비

$$무효율 = \sin\theta = \frac{무효전력}{피상전력} = \frac{P_r}{P_a} = \sqrt{1 - \cos^2\theta}$$

01 100V 전원에 30W의 선풍기를 접속하였더니 0.5A의 전류가 흘렀다. 이 선풍기의 역률은 얼마인가? [2007]

① 0.6 ② 0.7 ③ 0.8 ④ 0.9

풀이 $P = VI\cos\theta$, $\cos\theta = \dfrac{P}{VI} = \dfrac{30}{100 \times 0.5} = 0.6$ **답** ①

02 100V의 단상전동기를 입력 200W, 역률 80%로 운전하고 있을 때의 전류는 얼마인가?

① 3.0A ② 2.0A ③ 1.6A ④ 2.5 A

풀이 $P = VI\cos\theta$, $I = \dfrac{P}{V\cos\theta} = \dfrac{200}{100 \times 0.8} = 2.5[\text{A}]$ **답** ④

03 가정집의 조명용 전구에 가해지는 전압이 10% 감소하면 소비전력은 몇 % 감소하는가? [2002]

① 19 ② 57 ③ 81 ④ 90

풀이 ㉠ 변경 전 전력 $P = \dfrac{V^2}{R}$

㉡ 변경 후 전력 $P' = \dfrac{V'^2}{R}$ (∵전구의 저항은 변하지 않는다.)

$= \dfrac{(0.9V)^2}{R} = 0.81\dfrac{V^2}{R}$ (∵ 전압이 10% 감소하면 $V' = 0.9V$)

∴ 변경 후 전력(P')은 변경 전 전력(P)의 81%가 되므로, 감소량은 19%이다. **답** ①

04 전압 $v = 100\sqrt{2}\sin\omega t[\text{V}]$가 인가된 회로에 전류 $i = 20\sin(\omega t - 30°)[\text{A}]$가 흐를 때의 소비전력[W]은?

① 500 ② 866 ③ 1,000 ④ 1,225

풀이 $P = VI\cos\theta = \dfrac{100\sqrt{2}}{\sqrt{2}} \times \dfrac{20}{\sqrt{2}} \times \cos 30° = 1,225[\text{W}]$

(∵ $\theta = 0 - (-30°) = 30°$) **답** ④

05 저항 $R[\Omega]$, 리액턴스 $X[\Omega]$의 직렬회로에 전압 $V[V]$를 가했을 때의 전력[W]은?

[2005]

① $\dfrac{RV^2}{R^2+X^2}$ ② $\dfrac{XV^2}{R^2+X^2}$

③ $\dfrac{RV^2}{R+X}$ ④ $\dfrac{XV^2}{R+X}$

풀이 $|Z|=\sqrt{R^2+X^2}$, $I=\dfrac{V}{|Z|}=\dfrac{V}{\sqrt{R^2+X^2}}$

$P=I^2R=\left(\dfrac{V}{\sqrt{R^2+X^2}}\right)^2\cdot R=\dfrac{R\cdot V^2}{R^2+X^2}$ (∵ R에 걸리는 전력이 소비전력이다.)   답 ①

06 다음 회로의 소비전력은?

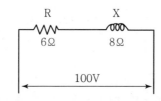

① 400W   ② 600W   ③ 800W   ④ 1,000W

풀이 $|Z|=\sqrt{R^2+X^2}=\sqrt{6^2+8^2}=10[\Omega]$

$I=\dfrac{V}{|Z|}=\dfrac{V}{\sqrt{R^2+X^2}}=\dfrac{100}{10}=10[A]$

$P=I^2R=10^2\times6=600[W]$ 답 ②

07 정류회로에서 순저항 부하에 유도성 부하가 포함되면 공급전력은?

[2002]

① 증가한다.
② 감소한다.
③ 변함이 없다.
④ 부하의 조건에 따라 달라진다.

풀이 $P=\dfrac{V^2}{Z}$에서 전압이 일정하다면, $P\propto\dfrac{1}{Z}$의 관계를 알 수 있다.

$Z=\sqrt{R^2+X^2}$에서 유도성 부하가 포함되면 임피던스는 증가한다.

따라서, 전력은 임피던스와 반비례하므로 감소한다.   답 ②

08 무효전력 Q, 역률 0.8이면 피상전력은?

[2005]

① $0.8Q$　　　　② $0.6Q$　　　　③ $\dfrac{Q}{0.8}$　　　　④ $\dfrac{Q}{0.6}$

풀이 $\sin\theta = \sqrt{1-\cos^2\theta} = \sqrt{1-0.8^2} = 0.6$,

무효전력 $Q = P_a \sin\theta$

피상전력 $P_a = \dfrac{Q}{\sin\theta} = \dfrac{Q}{0.6}$

답 ④

09 역률 80%의 부하의 유효전력이 80kW이면, 무효전력(P_r)은 몇 kvar인가?

① 60　　　　② 40　　　　③ 100　　　　④ 80

풀이

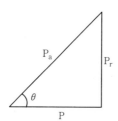

$P = VI\cos\theta$에서　$P_a = VI = \dfrac{P}{\cos\theta} = \dfrac{80}{0.8} = 100[\text{kVA}]$

$P_r = \sqrt{{P_a}^2 - P^2} = \sqrt{100^2 - 80^2} = 60[\text{kvar}]$

답 ①

10 역률 90%의 부하에 유효전력이 900[kW]일 때 무효전력은 몇 [kvar]인가?

[2004]

① 392　　　　② 436　　　　③ 484　　　　④ 900

풀이 $P_a = \dfrac{P}{\cos\theta} = \dfrac{900}{0.9} = 1,000[\text{kVA}]$

$P_r = \sqrt{{P_a}^2 - P^2} = \sqrt{1,000^2 - 900^2} = 436[\text{kvar}]$

답 ②

11 역률 0.8, 400kW의 단상부하에서 20분간의 무효전력량은 몇 kvarh인가?

[2002]

① 33　　　　② 45　　　　③ 75　　　　④ 100

풀이 $P_a = \dfrac{P}{\cos\theta} = \dfrac{400}{0.8} = 500[\text{kVA}]$

$P_r = \sqrt{{P_a}^2 - P^2} = \sqrt{500^2 - 400^2} = 300[\text{kvar}]$

무효전력량 $W_r = P_r \cdot h = 300 \times \dfrac{1}{3} = 100[\text{kvarh}]$

(여기서, 20분은 1/3시간이다.)

답 ④

05 CHAPTER 3상 교류회로

01 3상 교류

(1) 3상 교류의 발생

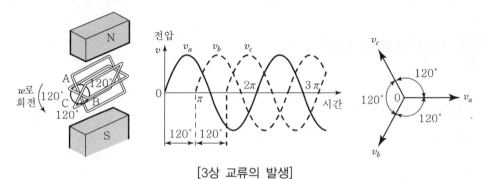

[3상 교류의 발생]

① 3상 교류는 크기와 주파수가 같고 위상만 120°씩 서로 다른 단상교류로 구성된다.
② 상 회전순(Phase Rotation)
   ㉮ $v_a \rightarrow v_b \rightarrow v_c$
   ㉯ $v_a(a$상, 제1상$), v_b(b$상, 제2상$), v_c(c$상, 제3상$)$
③ 대칭 3상 교류와 비대칭 3상 교류로 구분된다.

(2) 대칭 3상 교류(Symmetrical Three Phase AC)

① 각 기전력의 크기가 같고,
   서로 $\frac{2}{3}\pi$[rad]만큼씩의 위상차가 있는 교류를 대칭 3상 교류라 한다.
② 대칭 3상 교류의 조건
   ㉮ 기전력의 크기가 같을 것
   ㉯ 주파수가 같을 것
   ㉰ 파형이 같을 것

④ 위상차가 각각 $\dfrac{2}{3}\pi[\text{rad}]$일 것

③ 3상 교류의 순시값

㉮ $v_a = \sqrt{2}\,\sin\omega t[\text{V}]$

㉯ $v_b = \sqrt{2}\,\sin\!\left(\omega t - \dfrac{2}{3}\pi\right)[\text{V}]$

㉰ $v_c = \sqrt{2}\,\sin\!\left(\omega t - \dfrac{4}{3}\pi\right)[\text{V}]$

02 3상 교류의 표시

(1) 3상 교류의 벡터표시

대칭 3상 벡터 전압의 합은 0이 된다.

$$\dot{V}_a + \dot{V}_b + \dot{V}_c = 0$$

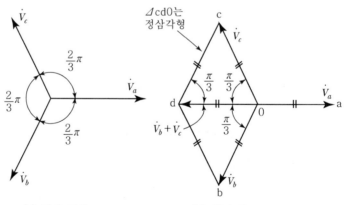

(a) 벡터 표시   (b) 벡터 합

[3상 교류의 벡터 표시 및 벡터 합]

(2) 기호법에 의한 대칭 3상 교류의 표시

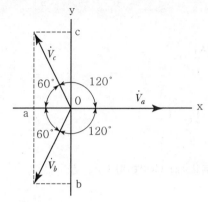

(a) 3상 교류 전압의 벡터 표시   (b) 3개 전압의 직렬 접속

[대칭 3상 전압의 분해]

1) 극좌표 형식

$$\dot{V}_a = V\angle 0 [\text{V}]$$

$$\dot{V}_b = V\angle -\frac{2}{3}\pi [\text{V}]$$

$$\dot{V}_c = V\angle -\frac{4}{3}\pi [\text{V}]$$

2) 삼각함수 및 직각 좌표 형식

$$\dot{V}_a = V\angle 0 [\text{V}]$$

$$\dot{V}_b = V\angle -\frac{2}{3}\pi = V\left(\cos\frac{2}{3}\pi - j\sin\frac{2}{3}\pi\right) = V\left(-\frac{1}{2} - j\frac{\sqrt{3}}{2}\right)[\text{V}]$$

$$\dot{V}_c = V\angle -\frac{4}{3}\pi = V\left(\cos\frac{4}{3}\pi - j\sin\frac{4}{3}\pi\right) = V\left(-\frac{1}{2} + j\frac{\sqrt{3}}{2}\right)[\text{V}]$$

3) 대칭 3상 교류의 합성

$$\dot{V}_a + \dot{V}_b + \dot{V}_c = V + V\left(-\frac{1}{2} - j\frac{\sqrt{3}}{2}\right) + V\left(-\frac{1}{2} + j\frac{\sqrt{3}}{2}\right) = 0$$

03 › 3상 회로의 결선

(1) Y결선(Y – connection) : 성형 결선

1) 상전압, 선간전압, 상전류

① 상전압(Phase Voltage) : $\dot{V_a},\ \dot{V_b},\ \dot{V_c}$

② 선간전압(Line Voltage) : $\dot{V_{ab}},\ \dot{V_{bc}},\ \dot{V_{ca}}$

③ 상전류(Phase Current), 선전류(Line Current) : $\dot{I_a},\ \dot{I_b},\ \dot{I_c}$

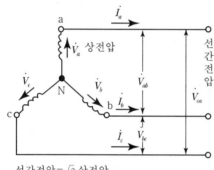
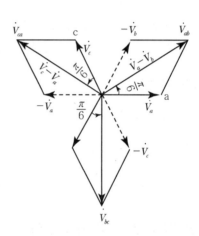

선간전압=$\sqrt{3}$ 상전압
선간전압은 각 상전압보다 위상이 $\dfrac{\pi}{6}$ 앞선다.

(a) 상접압과 선간전압   (b) 벡터도

[Y결선의 상전압과 선간전압]

2) 선간전압 = 두 상전압의 차

① $\dot{V_{ab}} = \dot{V_a} - \dot{V_b}[\mathrm{V}]$

② $\dot{V_{bc}} = \dot{V_b} - \dot{V_c}[\mathrm{V}]$

③ $\dot{V_{ca}} = \dot{V_c} - \dot{V_a}[\mathrm{V}]$

3) 상전압(V_p)과 선간전압(V_l)의 관계

$$V_{ab} = 2\,V_a \cos\frac{\pi}{6} = \sqrt{3}\,V_a[\mathrm{V}]$$

$$V_l = \sqrt{3}\,\,V_p \angle \frac{\pi}{6}[\mathrm{V}]$$

위상은 $\dfrac{\pi}{6}[\mathrm{rad}](=30°)$만큼 앞선다.

4) 상전류(I_p)와 선전류(I_l)의 관계

$$I_l = I_p[\mathrm{A}]$$

5) 평형 3상 회로의 중성선(Neutral Line)

전류가 흐르지 않는다.

$$\dot{I_a} + \dot{I_b} + \dot{I_c} = 0[\mathrm{A}]$$

(2) Δ결선(Δ − connection) : 3각 결선

1) 상전압(V_p)과 선간전압(V_l)의 관계 : $V_l = V_p$

$$\dot{V_{ab}} = \dot{V_a}[\mathrm{V}], \ \ \dot{V_{bc}} = \dot{V_b}[\mathrm{V}], \ \ \dot{V_{ca}} = \dot{V_{ca}}[\mathrm{V}]$$

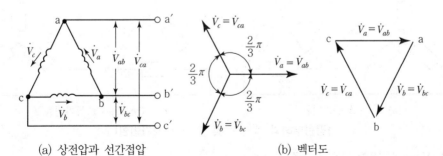

(a) 상전압과 선간접압   (b) 벡터도

[Δ결선의 상전압과 선간 전압]

2) 선전류＝두 상전류의 차

① $\dot{I}_a = \dot{I}_{ab} - \dot{I}_{ca}[\mathrm{V}]$

② $\dot{I}_b = \dot{I}_{bc} - \dot{I}_{ab}[\mathrm{V}]$

③ $\dot{I}_c = \dot{I}_{ca} - \dot{I}_{bc}[\mathrm{V}]$

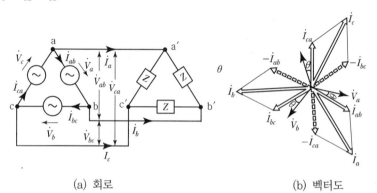

(a) 회로   (b) 벡터도

[$\Delta - \Delta$ 결선과 전류벡터]

3) 상전류(I_p)와 선전류(I_l)의 관계

$$I_a = 2I_{ab}\cos\frac{\pi}{6} = \sqrt{3}\,I_{ab}[\mathrm{A}]\ I_l = \sqrt{3}\,I_p \angle -\frac{\pi}{6}[\mathrm{A}]$$

위상은 $\dfrac{\pi}{6}[\mathrm{rad}]$만큼 뒤진다.

(3) 부하 Y ↔ Δ 변환(평형부하인 경우)

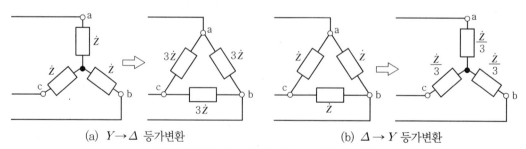

(a) $Y \to \Delta$ 등가변환   (b) $\Delta \to Y$ 등가변환

[평형부하의 $\Delta \to Y$ 및 $Y \to \Delta$ 등가변환]

1) $Y \to \Delta$ 변환 : $Z_\Delta = 3Z_Y$

2) $\Delta \to Y$ 변환 : $Z_Y = \dfrac{1}{3}Z_\Delta$

(4) V결선

1) 출력

$$P = \sqrt{3}\, VI\cos\theta[\mathrm{W}]$$

2) 변압기의 이용률

$$U = \frac{V\,결선\ 시\,용량}{변압기\ 2대의\ 용량} = \frac{\sqrt{3}\,VI}{2\,VI} \fallingdotseq 0.867$$

3) 출력비

$$출력비 = \frac{P_V(V결선시\ 출력)}{P_{\triangle}(\triangle결선시\ 출력)} = \frac{\sqrt{3}\,VI}{3\,VI} \fallingdotseq 0.577$$

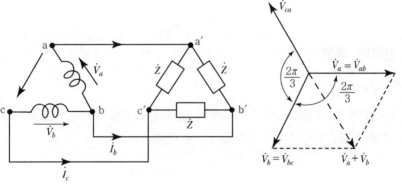

(a) V결선 회로 (b) 벡터도

[V결선의 회로와 벡터도]

04 3상 교류전력

(1) 3상 전력

1) 유효전력

$$P = 3V_P I_P \cos\theta = \sqrt{3}\,V_l I_l \cos\theta = 3I_P{}^2 R[\mathrm{W}]$$

2) 무효전력

$$P_r = 3V_P I_P \sin\theta = \sqrt{3}\,V_l I_l \sin\theta = 3I_P{}^2 X[\mathrm{Var}]$$

3) 피상전력

$$P_a = 3V_P I_P = \sqrt{3}\,V_l I_l = 3I_P{}^2 Z[\mathrm{VA}]$$

(2) 3상 전력의 측정

1) 1전력계법

1대의 단상 전력계로 3상 평형부하의 전력을 측정할 수 있는 방법

① 3상 전력 : W전력계 지시값을 P_p 라 하면

$$P = 3P_p[\mathrm{W}]$$

② △결선 회로에서는 직접 사용할 수 없음

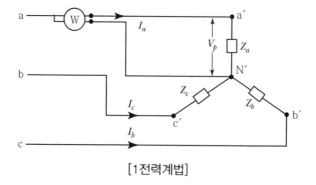

[1전력계법]

2) 2전력계법

단상전력계 2대를 접속하여 3상 전력을 측정하는 방법

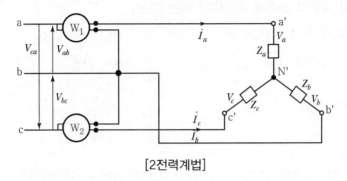

[2전력계법]

두 개의 전력계 W_1과 W_2를 결선하고 각각의 지시값을 P_1, P_2라 하면

① 유효력

$$P = P_1 + P_2 [\text{W}]$$

② 무효전력

$$P_r = \sqrt{3} \, (P_1 - P_2)[\text{Var}]$$

③ 피상전력

$$P_a = \sqrt{P^2 + P_r^{\,2}}[\text{VA}]$$

④ 역률

$$\cos\theta = \frac{P_1 + P_2}{2\sqrt{P_1^{\,2} + P_2^{\,2} - P_1 P_2}}$$

01 대칭 3상 교류의 조건에 해당되지 않는 것은?

① 기전력의 크기가 같을 것

② 주파수가 같을 것

③ 위상차가 각각 $\frac{4}{3}\pi$[rad]일 것

④ 파형이 같을 것

풀이 위상차가 각각 $\frac{2}{3}\pi$[rad]일 것

답 ③

02 Y결선의 3상 교류발전기에서 상전압이 2,200V이면 단자전압[V]은?

① 1,270　　　② 2,200　　　③ 3,150　　　④ 3,810

풀이 $V_l = \sqrt{3}\,V_p = \sqrt{3} \times 2,200 \fallingdotseq 3,810$[V]

답 ④

03 대칭 3상 Y결선의 상전압이 100V이다. a상의 전원이 단선될 때 부하의 선간전압 V은?　　　　　　　　　　　　　　　　　　　　　　　　[2005]

① 100　　　② 0　　　③ 173　　　④ 57

풀이 단선 시 선간전압은 0V이다.

답 ②

04 대칭 3상 Y부하에서 각 상의 임피던스가 3+4j[Ω]일 때 부하 전류가 20A라면 이 부하의 선간전압은?

① 181V　　　② 167V　　　③ 173V　　　④ 278V

풀이 $\dot{Z} = 3+4j$, $|Z| = 5$[Ω]

Y결선이므로 $I_\ell = I_p$, 상전압 $V_p = I_p \cdot Z = 20 \times 5 = 100$[V]

∴ 선간전압 $V_\ell = \sqrt{3}\,V_p = \sqrt{3} \times 100 \fallingdotseq 173.2$[V]

답 ③

05 각 상의 임피던스가 $\dot{Z} = 6+8j$[Ω]인 평형 Y 결선 부하에 선간전압 220V의 대칭 3상 전압을 인가하였을 때 흐르는 선전류는 약 몇 A인가?　　　　　[2004][2005]

① 8.7　　　② 10.5　　　③ 12.7　　　④ 17.5

풀이 $V_p = \dfrac{V_\ell}{\sqrt{3}} = \dfrac{220}{\sqrt{3}}[\mathrm{V}]$

$\qquad Z = \sqrt{R^2 + X^2} = \sqrt{6^2 + 8^2} = 10[\Omega]$

$\qquad I_p = \dfrac{V_p}{Z} = \dfrac{\dfrac{220}{\sqrt{3}}}{10} = 12.7[\mathrm{A}]$

$\qquad \therefore\ Y$결선이므로 $I_\ell = I_p = 12.7[\mathrm{A}]$ 　　　**답** ③

---

06 대칭 3상 $\triangle$결선에서 선간전압과 상전압의 관계는? 　　　[2004]

① $V_\ell = \dfrac{1}{3} V_p$ 　　　　　　　② $V_\ell = \dfrac{1}{\sqrt{3}} V_p$

③ $V_\ell = V_p$ 　　　　　　　④ $V_\ell = \sqrt{3}\, V_p$

　　　답 ③

---

07 변압기를 $\triangle$결선하면 선전류와 상전류의 관계는? 　　　[2004]

① 선전류와 상전류는 같다.

② 상전류는 선전류보다 $\sqrt{3}$배 크고, 위상이 $30°$ 늦다.

③ 선전류는 상전류보다 $\sqrt{3}$배 크고, 위상이 $30°$ 늦다.

④ 상전류는 선전류보다 $\sqrt{3}$배 크고, 위상이 $30°$ 빠르다.

　　　답 ③

---

08 $\triangle$결선의 한상의 부하가 $R = 3\Omega$, $X_L = 4\Omega$이다. 여기에 200V의 대칭 3상 전원을 접속할 때 상전류[A]는?

① 10 　　　　　　　② 20

③ 30 　　　　　　　④ 40

풀이 $V_p = V_\ell = 200[\mathrm{V}]$

$\qquad Z = \sqrt{R^2 + X^2} = \sqrt{3^2 + 4^2} = 5[\Omega]$

$\qquad \therefore I_p = \dfrac{V_p}{Z} = \dfrac{200}{5} = 40[\mathrm{A}]$ 　　　**답** ④

09 전원과 부하가 다 같이 $\triangle$결선된 3상 평형회로가 있다. 전원 전압이 200V, 부하 임피던스가 $6+8j\,[\Omega]$인 경우 선전류는 몇 A인가? [2006]

① $10\sqrt{3}$ ② $30\sqrt{3}$ ③ $15\sqrt{3}$ ④ $20\sqrt{3}$

풀이 $V_p = V_\ell = 200[\mathrm{V}]$

$Z = \sqrt{R^2 + X^2} = \sqrt{6^2 + 8^2} = 10[\Omega]$

$I_p = \dfrac{V_p}{Z} = \dfrac{200}{10} = 20[\mathrm{A}]$

$\therefore I_\ell = \sqrt{3}\,I_p = 20\sqrt{3}\,[\mathrm{A}]$ **답** ④

10 $\triangle - \triangle$회로에서 선간전압이 200V이고 각 상의 부하 임피던스가 $\dot{Z} = 10\sqrt{3} + j10$ $[\Omega]$일 때 상전류 Iab는 Vab를 기준벡터로 하였을 때 몇 A인가? [2003]

① $10\angle -90°$ ② $17.32\angle -90°$

③ $10\angle -30°$ ④ $17.32\angle -30°$

풀이 $\dot{V}_{ab} = 200\angle 0(기준벡터)$ $Z = \sqrt{R^2 + X^2} = \sqrt{(10\sqrt{3})^2 + 10^2} = 20[\Omega]$

$\theta = \tan^{-1}\dfrac{X}{R} = \tan^{-1}\dfrac{10}{10\sqrt{3}} = 30°$ $\dot{Z} = 10\sqrt{3} + j10 = 20\angle 30°$

$\therefore \dot{I}_{ab} = \dfrac{\dot{V}_{ab}}{Z} = \dfrac{200\angle 0°}{20\angle 30°} = 10\angle -30°[\mathrm{A}]$ **답** ③

11 $R[\Omega]$인 3개의 저항을 같은 전원에 $\triangle$결선으로 접속시킬 때와 Y결선으로 접속시킬 때 선전류의 크기 비$\left(\dfrac{I_\triangle}{I_Y}\right)$는? [2003][2006]

① $\dfrac{1}{3}$ ② $\sqrt{6}$ ③ $\sqrt{3}$ ④ 3

풀이 ① $\triangle$결선 시 : 상전류 $I_{p-\triangle} = \dfrac{V}{R}$ ($\because$ 선간전압＝상전압)

            선전류 $I_{l-\triangle} = \sqrt{3}\,I_{p-\triangle} = \sqrt{3}\,\dfrac{V}{R}$

② Y결선 시 : 상전류 $I_{p-Y} = \dfrac{\frac{V}{\sqrt{3}}}{R} = \dfrac{V}{\sqrt{3}\,R}$ ($\because$ 상전압＝$\dfrac{1}{\sqrt{3}}$ 선간전압)

            선전류 $I_{l-Y} = I_{p-Y} = \dfrac{V}{\sqrt{3}\,R}$

③ $\dfrac{I_{l-\triangle}}{I_{l-Y}} = \dfrac{\sqrt{3}\,\frac{V}{R}}{\frac{V}{\sqrt{3}\,R}} = 3$ **답** ④

12 $R[\Omega]$의 저항 3개를 Y로 접속하고 이것을 전압 100V의 3상 교류전원에 연결할 때 선전류 10A가 흐른다면, 이 저항을 Δ로 접속하고 동일 전원에 연결했을 때의 선전류는 몇 A인가?

[2003]

① 5.8   ② 10

③ 17.3   ④ 30

풀이 ㉠ Y결선 시 : $V_p = \dfrac{V_l}{\sqrt{3}} = \dfrac{100}{\sqrt{3}}[\text{V}]$

$$R = \dfrac{V_p}{I_p} = \dfrac{\dfrac{100}{\sqrt{3}}}{10} = \dfrac{10}{\sqrt{3}}[\Omega]$$

㉡ Δ결선 시 : $I_p{}' = \dfrac{V_p{}'}{R} = \dfrac{100}{\dfrac{10}{\sqrt{3}}} = 10\sqrt{3}[\text{A}]$ (∵선간전압＝상전압)

㉢ $I_l{}' = \sqrt{3}\,I_p{}' = \sqrt{3} \times 10\sqrt{3} = 30[\text{A}]$ **답** ④

13 $30\,\Omega$의 저항으로 Δ결선회로를 만든 다음 그것을 다시 Y회로로 변환하면 한 변의 저항은?

① $10\,\Omega$ ② $20\,\Omega$

③ $30\,\Omega$ ④ $90\,\Omega$

풀이 $R_Y = \dfrac{1}{3}R_\Delta = \dfrac{1}{3} \times 30 = 10[\Omega]$ **답** ①

14 그림에 대칭 3상 전압을 가할 때 흐르는 전류[A]는?

[2004]

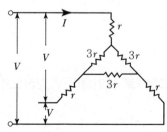

① $\dfrac{V}{2r}$ ② $\dfrac{V}{r}$

③ $\dfrac{V}{\sqrt{3}\,r}$ ④ $\dfrac{V}{2\sqrt{3}\,r}$

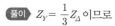

풀이 $Z_Y = \dfrac{1}{3}Z_\Delta$ 이므로

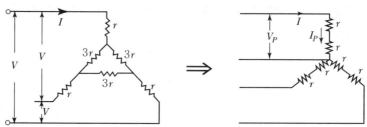

상전압 $V_p = \dfrac{V}{\sqrt{3}}$

상전류 $I_p = \dfrac{V_p}{R} = \dfrac{\dfrac{V}{\sqrt{3}}}{r+r} = \dfrac{V}{2\sqrt{3}\,r}$

$\therefore\ I = I_p = \dfrac{V}{2\sqrt{3}\,r}$

답 ④

15 20[kVA] 변압기 3대를 △결선하여 3상 전력을 보내던 중 한 대가 고장나서 V결선으로 하였다. 이 경우 3상 최대출력은 약 몇 [kVA]인가? [2008]

① 25 ② 35 ③ 40 ④ 60

풀이 $P_v = \sqrt{3}\,VI = \sqrt{3} \times 20 = 34.64[\text{kVA}]$

답 ②

16 V 결선시 변압기의 이용률은 몇 % 인가?

① 57.7 ② 70.7 ③ 86.6 ④ 100

풀이 이용률 $= \dfrac{\sqrt{3}\,P}{2P} = 0.866$

답 ③

17 △결선 변압기의 1대가 고장으로 제거되어 V 결선으로 할 때 공급 가능한 전력은 고장전의 몇 %인가? [2004]

① 57.7 ② 66.6 ③ 75 ④ 86.6

풀이 $\dfrac{P_v}{P_\triangle} = \dfrac{\sqrt{3}\,VI}{3\,VI} = 0.577$

답 ①

18 3상 유도전동기의 전압이 200V이고, 전류가 8A, 역률이 80%라 하면, 이 전동기를 10시간 사용했을 때의 전력량은 약 몇 kWh인가? [2005][2008]

① 12.8   ② 16.3   ③ 22.2   ④ 27.8

풀이 $P = \sqrt{3}\, VI\cos\theta = \sqrt{3} \times 200 \times 8 \times 0.8 = 2.217[\text{kW}]$

$W = Pt = 2.217 \times 10 = 22.17[\text{kWh}]$ 답 ③

19 그림과 같은 3상 부하를 전력계 W를 연결하고 500[W]를 지시하였다면 3상 전력[W]은? [2003]

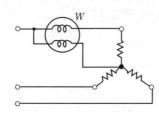

① 500   ② 1,000   ③ 1,500   ④ 865

풀이 $P = 3W = 3 \times 500 = 1,500[\text{W}]$ 답 ③

20 전력계 2대를 이용한 2전력계법으로 3상 전력을 측정할 때 $P_1 = 100[\text{W}]$, $P_2 = 120[\text{W}]$일 때 부하전력은?

① 100   ② 110   ③ 200   ④ 220

풀이 $P = P_1 + P_2 = 100 + 120 = 220[\text{W}]$ 답 ④

21 2전력계법에 의하여 3상 유도 전동기의 입력을 측정하였더니 각각 30W, 20W를 지시하였다. 이때 유도전동기 무효전력은 얼마인가?

① 75Var   ② 50Var

③ 17.32Var   ④ 7.5Var

풀이 **무효전력**

$P_r = \sqrt{3}\,(P_1 - P_2) = \sqrt{3}\,(30 - 20) = 17.32[\text{Var}]$ 답 ③

22 2개의 전력계를 사용하여 평형부하의 3상 회로의 역률을 측정하고자 한다. 전력계의 지시가 각각 1[kW] 및 2[kW]라 할 때 이 회로의 역률은 약 몇 [%]인가? [2008]

① 58.8 ② 63.3 ③ 74.4 ④ 86.6

풀이 $\cos\theta = \dfrac{P_1 + P_2}{2\sqrt{P_1^2 + P_2^2 - P_1 P_2}} = \dfrac{1+2}{2\sqrt{1^2 + 2^2 - 1 \times 2}} = 0.866$

$\therefore \therefore \cos\theta = 86.6\%$ **답** ④

23 2전력계법에 의한 3상 전력을 측정하였더니 한쪽 전력계가 다른 쪽 전력계의 2배를 지시하였다. 이때 3상 부하의 역률은? [2003]

① 0.866 ② 0.707 ③ 0.5 ④ 0

풀이 $P_1 = P, \ P_2 = 2P$

$\cos\theta = \dfrac{P_1 + P_2}{2\sqrt{P_1^2 + P_2^2 - P_1 P_2}} = \dfrac{P + 2P}{2\sqrt{P^2 + (2P)^2 - P \times 2P}} = \dfrac{3P}{2\sqrt{3P^2}} = 0.866$ **답** ①

06 회로망

CHAPTER

전기회로는 여러 회로가 조합된 복잡한 회로망으로 구성되어 있는 경우가 많다. 이러한 회로망 해석을 위한 여러 가지 기본적인 법칙이나 정리에 대한 내용을 알아본다.

(1) 전원의 정의

1) 정전압 전원

① 부하의 크기에 관계없이 전원 단자에 일정한 전압을 발생하는 이상적인 전원을 말한다.

② 일정한 전압을 발생해야 하므로 부하에 흐르는 전류에 의한 전원의 내부 임피던스 전압강하는 0이므로 전원의 내부 임피던스 Z가 0이 된다.

2) 정전류 전원

① 부하의 크기에 관계없이 저원 단자에 일정한 전류를 흘릴 수 있는 이상적인 전원을 말한다.

② 일정한 전류를 흘리기 위해서 전원의 내부 임피던스 Z가 ∞이 된다.

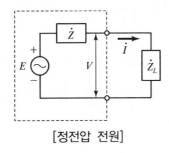

[정전압 전원]

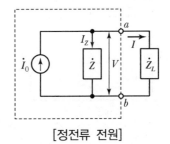

[정전류 전원]

(2) 키르히호프의 법칙

1) 전류에 관한 법칙

아래 회로의 A점에 유입되는 전류와 유출되는 전류는 서로 같다는 키르히호프 제1법칙(전류의 법칙)을 이용한 회로망 해석방법

2) 전압에 관한 법칙

아래 회로에서 폐회로 (I), (II)에 대하여 각 전원전압과 각 폐회로에서 발생하는 전압강하의 합은 같다는 키르히호프 제2법칙(전압의 법칙)을 이용한 회로망 해석방법

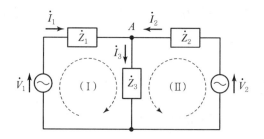

(3) 중첩의 원리

① 2개 이상의 전원을 포함하는 선형 회로망 내에 각각의 전원에 대해서 개별적으로 계산된 전류 또는 전압강하의 합은 원래의 회로망 내의 전류와 전압강하와 같다는 원리를 이용한 회로망 해석방법

② 전원을 제거하여 계산할 때 전압원은 단락하고, 전류원은 개방한다.

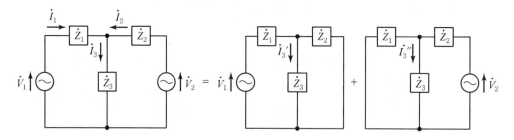

(4) 테브난의 정리

① 아래 그림과 같이 전원을 포함한 회로망에서 두 단자 a, b에 임피던스 Z_L을 접속하고 임피던스에 흐르는 전류 I를 구하여 간단한 등가회로로 바꾸어 계산하는 방법

② 복잡한 회로망에서 특정 부분의 전압이나 전류를 구하는 데 매우 유용하다.

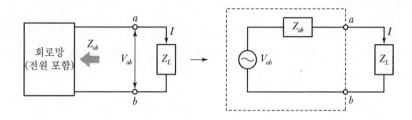

(5) 노튼의 정리

아래 그림과 같이 전원을 포함한 회로망에서 두 단자 a, b에 어드미턴스 Y_L을 접속하고 어드미턴스에 걸리는 전압 V_{ab}를 구하여 간단한 등가회로로 바꾸어 계산하는 방법

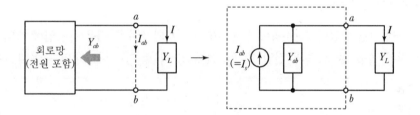

(6) 밀만의 정리

아래 그림과 같이 여러 개의 전압 전원이 병렬로 접속되어 있는 경우에 전압원을 등가의 전류원으로 변환시켜 계산하는 방법

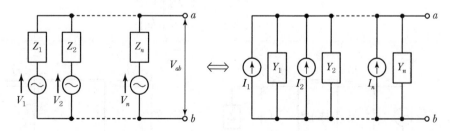

02 4단자 회로망

(1) 4단자 상수

1) 4단자 회로망

아래 그림(a)과 같이 회로망의 입출력 단의 한 쌍의 단자를 갖는 회로망을 2단자망이라 하고, 그림(b)와 같이 두 개의 단자쌍을 갖는 회로를 4단자 회로망 또는 4단자망이라 한다.

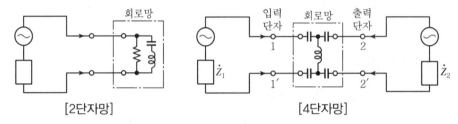

[2단자망]   [4단자망]

2) 4단자의 기본식

아래 그림과 같이 4단자망에서 $\dot{A}$, $\dot{B}$, $\dot{C}$, $\dot{D}$의 상수를 사용하여 입력 측의 전압 V_1과 전류 I_1을 출력 측의 전압 V_2와 전류 I_2의 함수로 나타내면 다음과 같이 된다.

$$\dot{V}_1 = \dot{A}\,\dot{V}_2 + \dot{B}\,\dot{I}_2$$
$$\dot{I}_1 = \dot{C}\,\dot{V}_2 + \dot{D}\,\dot{I}_2$$

위의 식을 4단자망의 기본식이라 하고 행렬로 표시하면 다음과 같이 된다.

$$\begin{bmatrix} \dot{V}_1 \\ \dot{I}_1 \end{bmatrix} = \begin{bmatrix} \dot{A} & \dot{B} \\ \dot{C} & \dot{D} \end{bmatrix} \begin{bmatrix} \dot{V}_2 \\ \dot{I}_2 \end{bmatrix}$$

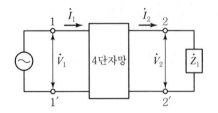
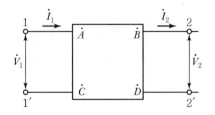

3) 4단자 상수

① 아래 그림(a)과 같이 출력 단자 2-2′를 개방하면, $\dot{I}_2 = 0$이 되므로 4단자의 기본 식에서 상수 $\dot{A}$, $\dot{C}$는 다음과 같이 된다.

$$\dot{A} = \left(\frac{\dot{V}_1}{\dot{V}_2}\right), \quad \dot{C} = \left(\frac{\dot{I}_1}{\dot{V}_2}\right)$$

여기서, $\dot{A}$는 출력단자를 개방했을 때의 입력전압과 출력전압의 비로서 개방 전압비라 하고, $\dot{C}$는 입력전류와 출력전압의 비로써 개방 전달 어드미턴스라 한다.

② 아래 그림(b)과 같이 출력 단자 2-2′를 단락하면, $\dot{V}_2 = 0$이 되므로 4단자의 기본 식에서 상수 $\dot{B}$, $\dot{D}$는 다음과 같이 된다.

$$\dot{B} = \left(\frac{\dot{V}_1}{\dot{I}_2}\right), \quad \dot{D} = \left(\frac{\dot{I}_1}{\dot{I}_2}\right)$$

여기서, $\dot{B}$는 출력단자를 단락했을 때의 입력전압과 출력전압의 비로서 단락 전달 임피던스라 하며, $\dot{D}$는 입력전류와 출력전류의 비로써 단락전류비라 한다.

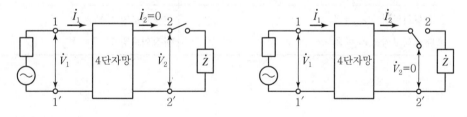

③ 선형 4단자 회로망에서는 4단자 상수는 다음과 같은 관계가 성립한다.

$$\dot{A}\dot{D} - \dot{B}\dot{C} = 1$$

또한, 4단자 회로망이 대칭이면 $\dot{A} = \dot{D}$가 된다.

(2) 임피던스(Z)와 어드미턴스(Y) 파라미터

임피던스(Z) 파라미터	어드미턴스(Y) 파라미터
$\dot{V}_1 = \dot{Z}_{11}\,\dot{I}_1 + \dot{Z}_{12}\,\dot{I}_2$ $\dot{V}_2 = \dot{Z}_{21}\,\dot{I}_1 + \dot{Z}_{22}\,\dot{I}_2$	$\dot{I}_1 = \dot{Y}_{11}\,\dot{V}_1 + \dot{Y}_{12}\,\dot{V}_2$ $\dot{I}_2 = \dot{Y}_{21}\,\dot{V}_1 + \dot{Y}_{22}\,\dot{V}_2$
$\dot{Z}_{11} = \left(\dfrac{\dot{V}_1}{\dot{I}_1} \right)_{\dot{I}_2=0}$: 출력개방 구동점 임피던스 $\dot{Z}_{12} = \left(\dfrac{\dot{V}_1}{\dot{I}_2} \right)_{\dot{I}_1=0}$: 입력개방 역방향 전달 임피던스 $\dot{Z}_{21} = \left(\dfrac{\dot{V}_2}{\dot{I}_1} \right)_{\dot{I}_2=0}$: 출력개방 순방향 전달 임피던스 $\dot{Z}_{22} = \left(\dfrac{\dot{V}_2}{\dot{I}_2} \right)_{\dot{I}_1=0}$: 입력개방 구동점 임피던스	$\dot{Y}_{11} = \left(\dfrac{\dot{I}_1}{\dot{V}_1} \right)_{\dot{V}_2=0}$: 단락 구동점 어드미턴스 $\dot{Y}_{12} = \left(\dfrac{\dot{I}_1}{\dot{V}_2} \right)_{\dot{V}_1=0}$: 단락 전달 어드미턴스 $\dot{Y}_{21} = \left(\dfrac{\dot{I}_2}{\dot{V}_1} \right)_{\dot{V}_2=0}$: 단락 전달 어드미턴스 $\dot{Y}_{22} = \left(\dfrac{\dot{I}_2}{\dot{V}_2} \right)_{\dot{V}_1=0}$: 단락 구동점 어드미턴스
선형회로망 : $\dot{Z}_{12} = \dot{Z}_{21}$ 대칭회로망 : $\dot{Z}_{11} = \dot{Z}_{22}$	선형회로망 : $\dot{Y}_{12} = \dot{Y}_{21}$ 대칭회로망 : $\dot{Y}_{11} = \dot{Y}_{22}$

기출 및 예상문제

01 이상적인 전압 전류원에 관하여 옳은 것은?

① 전압원의 내부저항은 ∞이고, 전류원의 내부저항은 0이다.

② 전압원의 내부저항은 0이고, 전류원의 내부저항은 ∞이다.

③ 전압원, 전류원의 내부저항은 흐르는 전류에 따라 변한다.

④ 전압원의 내부저항은 일정하고 전류원의 내부저항은 일정하지 않다.

> **풀이** 이상전압원은 전원의 내부 임피던스 전압강하가 0이므로 전원의 내부 임피던스가 0이고, 이상 전류원은
> 일정한 전류를 흘리기 위해서 전원의 내부 임피던스가 ∞이다.　　　　　　　　　　**답** ②

02 키르히호프의 전압 법칙의 적용에 대한 서술 중 옳지 않은 것은?

① 이 법칙은 집중 정수 회로에 적용된다.

② 이 법칙은 회로 소자의 선형, 비선형에는 관계를 받지 않고 적용된다.

③ 이 법칙은 회로 소자의 시변, 시불변성에 구애를 받지 않는다.

④ 이 법칙은 선형 소자로만 이루어진 회로에 적용된다.

> **풀이** 키르히호프의 법칙은 집중 정수 회로에서 선형, 비선형에 무관하게 항상 성립한다.　　　　**답** ④

03 그림에서 저항 20[Ω]에 흐르는 전류는 몇 [A]인가?

① 0.4

② 1

③ 3

④ 3.4

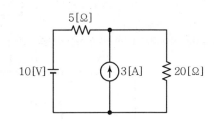

> **풀이** 중첩의 원리에 의하여
>
> ㉠ 10[V]에 의한 전류 $I_1 = \dfrac{10}{5+20} = 0.4[A]$ (전류원 개방)
>
> ㉡ 3[A]에 의한 전류 $I_2 = \dfrac{5}{5+20} \times 3 = 0.6[A]$ (전압원 단락)
>
> ㉢ 전류 $I = I_1 + I_2 = 0.4 + 0.6 = 1[A]$　　　　　　　　　　　　　　**답** ②

04 그림을 테브난 등가회로로 고칠 때 개방전압 V_o와 저항 R_o는?

① 20[V], 5[Ω]

② 30[V], 8[Ω]

③ 15[V], 12[Ω]

④ 10[V], 1.2[Ω]

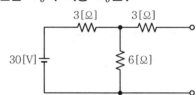

풀이 테브난의 정리(Thèvnin's Theorem)

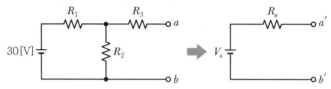

㉠ 단자 a, b를 개방했을 때 개방전압 $V_o = \dfrac{R_2}{R_1+R_2} \times V = \dfrac{6}{3+6} \times 30 = 20[V]$

㉡ 30[V]의 전원을 단락하고 단자 a, b에서 본 합성 임피던스 R_o를 구하면

$R_o = \dfrac{R_1 \cdot R_2}{R_1+R_2} + R_3 = \dfrac{3\times6}{3+6} + 3 = 5[Ω]$이 된다.

답 ①

05 그림의 단자 1-2에서 본 노튼 등가회로의 개방단 컨덕턴스는 몇 [℧]인가?

① 0.5

② 1

③ 2

④ 5.8

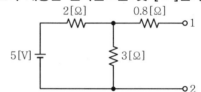

풀이 전원을 단락시킨 상태에서 1-2단자의 합성저항은 2Ω이 되고, 어드미턴스를 구하면, 0.5[℧]가 된다.

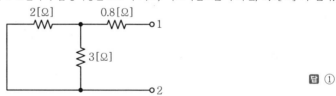

답 ①

06 4단자 정수 A, B, C, D 중에서 어드미턴스의 차원을 가진 정수는 어느 것인가?

① A ② B

③ C ④ D

풀이 $\dot{A} = \left(\dfrac{\dot{V_1}}{\dot{V_2}} \right)$: 개방 전압비, $\dot{B} = \left(\dfrac{\dot{V_1}}{\dot{I_2}} \right)$: 단락 전달 임피던스,

$\dot{C} = \left(\dfrac{\dot{I_1}}{\dot{V_2}} \right)$: 개방 전달 어드미턴스, $\dot{D} = \left(\dfrac{\dot{I_1}}{\dot{I_2}} \right)$: 단락전류비

답 ③

07 어떤 회로망의 4단자 정수가 $\dot{A} = 8$, $\dot{B} = j2$, $\dot{D} = 3 + j2$ 이면 회로망의 $\dot{C}$ 는 얼마인가?

① $2 + j3$
② $3 + j3$
③ $24 + j14$
④ $8 - j11.5$

풀이 $\dot{A}\dot{D} - \dot{B}\dot{C} = 1$의 4단자 정수 관계식에서

$\dot{C} = \dfrac{\dot{A}\dot{D} - 1}{\dot{B}} = \dfrac{8(3 + j2) - 1}{j2} = 8 - j11.5$

답 ④

08 그림과 같은 T형 회로의 임피던스 파라미터 Z_{11}을 구하면?

① Z_3
② $Z_1 + Z_2$
③ $Z_2 + Z_3$
④ $Z_1 + Z_3$

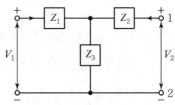

풀이 T형 회로의 임피던스 파라미터

$\dot{Z}_{11} = \left(\dfrac{\dot{V_1}}{\dot{I_1}} \right)_{\dot{I_2} = 0} = Z_1 + Z_3$, $\dot{Z}_{12} = \left(\dfrac{\dot{V_1}}{\dot{I_2}} \right)_{\dot{I_1} = 0} = Z_3$

$\dot{Z}_{21} = \left(\dfrac{\dot{V_2}}{\dot{I_1}} \right)_{\dot{I_2} = 0} = Z_3$, $\dot{Z}_{22} = \left(\dfrac{\dot{V_2}}{\dot{I_2}} \right)_{\dot{I_1} = 0} = Z_2 + Z_3$

답 ④

07 비정현파와 과도현상
CHAPTER

01 비정현파 교류

(1) 비정현파

정현파 외에 다른 모양의 주기를 가지는 모든 주기파를 비정현파라 한다. 예를들면, 제어회로에서 많이 사용되는 펄스파나 삼각파, 사각파 등이 일정 주기를 가지는 파형일 때 이들은 비정현파라 한다.

(2) 비정현파 교류의 해석

푸리에 급수의 전개

$$v = V_0 + \sqrt{2}\, V_{m1}\sin(\omega t + \theta_1) + \sqrt{2}\, V_{m2}\sin(2\omega t + \theta_2) + \cdots$$
$$+ \sqrt{2}\, V_{mn}\sin(n\omega t + \theta_n)$$
$$= V_0 + \sum_{n=1}^{\infty} \sqrt{2}\, V_{mn}\sin(n\omega t + \theta_n)$$
$$= \text{직류분} + \text{기본파} + \text{고조파}$$

여기서, 제1항$[V_0]$: 시간에 관계없이 일정한 값으로 직류분

제2항$[\sqrt{2}\, V_{m1}\sin(\omega t + \theta_1)]$: 비정현파 교류와 같은

주기를 가지는 기본파

제3항$[\sqrt{2}\, V_{mn}\sin(n\omega t + \theta_n)]$: 주파수가 기본파의

정수배의 정현파 교류로 고조파

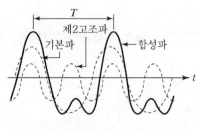

[기본파와 제2고조파의 합]

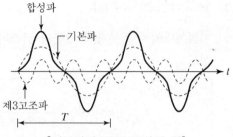

[기본파와 제3고조파의 합]

(3) 비정현파의 실효값

$$V = \sqrt{\text{각 파의 실효값의 제곱의 합}} = \sqrt{V_0^2 + V_1^2 + V_2^2 + \cdots + V_n^2}$$

(4) 비정현파의 전력 및 역률의 계산

$$v = V_1\sin\omega t + V_2\sin2\omega t + \cdots + V_n\sin n\omega t$$
$$i = I_1\sin(\omega t + \theta_1) + I_2\sin(2\omega t + \theta_2) + \cdots I_n\sin(n\omega t + \theta_n) \text{인 경우}$$

1) 유효전력

$$P = V_1I_1\cos\theta_1 + V_2I_2\cos\theta_2 + \cdots + V_nI_n\cos\theta_n$$

2) 무효전력

$$P_r = V_1I_1\sin\theta_1 + V_2I_2\sin\theta_2 + \cdots + V_nI_n\sin\theta_n$$

3) 피상전력

$$P_a = \sqrt{V_1^2 + V_2^2 + \cdots + V_n^2} \cdot \sqrt{I_1^2 + I_2^2 + \cdots + I_n^2}$$

4) 역률

$$\cos\theta = \frac{P}{P_a}$$

(5) 일그러짐률(왜형률)

비정현파에서 기본파에 대하여 고조파 성분이 어느 정도 포함되어 있는가를 나타내는 정도

$$k = \frac{\text{각 고조파의 실효값}}{\text{기본파의 실효값}} = \frac{\sqrt{V_2^2 + V_3^2 + \cdots + V_n^2}}{V_1}$$

(6) 파형률 및 파고율

1) 파형의 개략적인 윤곽을 알아보기 위하여 파고율과 파형률 계수 사용

$$\text{파형률} = \frac{\text{실효값}}{\text{평균값}}, \quad \text{파고율} = \frac{\text{최대값}}{\text{실효값}}$$

2) 각종 파형의 파형률과 파고율의 비교

파형	실효값	평균값	파형률	파고율
정현파	$\dfrac{V_m}{\sqrt{2}}$	$\dfrac{2V_m}{\pi}$	1.11	1.414
정현반파	$\dfrac{V_m}{2}$	$\dfrac{V_m}{\pi}$	1.57	2
삼각파	$\dfrac{V_m}{\sqrt{3}}$	$\dfrac{V_m}{2}$	1.15	1.73
구형반파	$\dfrac{V_m}{\sqrt{2}}$	$\dfrac{V_m}{2}$	1.41	1.41
구형파	V_m	V_m	1	1

02 과도현상

(1) 과도현상

L과 C를 포함한 전기회로에서 순간적인 스위치 작용에 의하여 L, C성질에 의한 에너지 축적으로 정상상태에서 이르는 동안 변화하는 현상. 즉 정상상태로부터 다른 정상상태로 변화하는 과정

(2) 성질

① R만의 회로에서는 과도현상이 일어나지 않는다. 즉, 과도전류는 없다.
② 시간적 변화를 가질 수 있는 소자. 즉, L과 C소자에서 과도현상은 발생한다.
③ 과도현상은 시정수가 클수록 오래 지속된다.

(3) $R-L$ 및 $R-C$ 직렬회로의 과도현상 정리

구 분	R-L 직렬회로	R-C 직렬회로
회 로		
SW닫을 때 (초기상태)	개방상태	단락상태
정상상태	단락상태	개방상태
시정수	$\tau = \dfrac{L}{R}$	$\tau = RC$
전류	$\dfrac{V}{R}(1 - e^{-\frac{R}{L}t})$	$\dfrac{V}{R} \cdot e^{-\frac{1}{RC}t}$
전류 특성곡선		

R 양단 전압	$V(1-e^{-\frac{R}{L}t})$	$V \cdot e^{-\frac{1}{RC}t}$
L 또는 C 양단 전압	$V \cdot e^{-\frac{R}{L}t}$	$V(1-e^{-\frac{1}{RC}t})$

(4) R-L-C 직렬회로의 과도현상

① $R^2 > \dfrac{4L}{C}$ 인 경우 : 비진동 특성

② $R^2 < \dfrac{4L}{C}$ 인 경우 : 진동 특성

③ $R^2 = \dfrac{4L}{C}$ 인 경우 : 임계진동 특성

기출 및 예상문제

01 비사인파의 일반적인 구성이 아닌 것은?

① 순시파　　　　② 고조파　　　　③ 기본파　　　　④ 직류분

[풀이] 비사인파는 직류분, 기본파, 여러 고조파가 합성된 파형을 말한다.　　　**답** ①

02 비정현파의 실효값을 나타낸 것은?

① 최대파의 실효값　　　　　　　　② 각 고조파의 실효값의 합
③ 각 고조파의 실효값의 합의 제곱근　④ 각 고조파의 실효값의 제곱의 합의 제곱근

[풀이] 비정현파 교류의 실효값은 직류분(V_0)과 기본파(V_1) 및 고조파($V_2,\ V_3,\ \cdots V_n$)의 실효값의 제곱의
합을 제곱근한 것이다. $V = \sqrt{V_0^2 + V_1^2 + V_2^2 + \cdots + V_n^2}\ [\mathrm{V}]$　　　**답** ④

03 $R = 4[\Omega]$, $\omega L = 3[\Omega]$의 직렬회로에 $V = 100\sqrt{2}\sin wt + 30\sqrt{2}\sin 3wt\,[\mathrm{V}]$의 전압을 가할 때 전력은 약 몇 [W]인가?

① 1,170[W]　　　② 1,563[W]　　　③ 1,637[W]　　　④ 2,116[W]

[풀이] 기본파에 대한 임피던스 Z_1, 제3고조파에 대한 임피던스를 Z_3라 하면

$$Z_1 = \sqrt{R^2 + (\omega L)^2} = \sqrt{4^2 + 3^2} = 5[\Omega]$$

$$Z_3 = \sqrt{R^2 + (3\omega L)^2} = \sqrt{4^2 + (3\times 3)^2} = \sqrt{97}[\Omega]\text{이고},$$

기본파에 대한 전류의 실효값을 I_1, 제3고조파에 대한 전류의 실효값을 I_3라 하면

$$I_1 = \frac{V_1}{Z_1} = \frac{100}{5} = 20[\mathrm{A}],\ \ I_3 = \frac{V_3}{Z_3} = \frac{30}{\sqrt{97}}[\mathrm{A}]\ \text{이므로},$$

$$P = V_1 I_1 \cos\theta_1 + V_2 I_2 \cos\theta_2 = 100\times 20\times \frac{4}{\sqrt{3^2 + 4^2}} + 30\times \frac{30}{\sqrt{97}}\times \frac{4}{\sqrt{4^2 + 9^2}} \fallingdotseq 1,637[\mathrm{W}]$$　**답** ③

04 정현파 교류의 왜형률(Distortion)은?

① 0　　　　② 0.1212　　　　③ 0.2273　　　　④ 0.4834

[풀이]
$$\text{왜형률} = \frac{\sqrt{V_2^2 + V_3^2 + V_4^2 + \cdots + V_n^2}}{V_1}$$

여기서, $V_2,\ V_3,\ V_4,\ \cdots$: 고조파, V_1 : 기본파
정현파에는 고조파가 없으므로 왜형률은 0이다.　　　**답** ①

05 다음 중 파형률을 나타낸 것은?

① $\dfrac{실효값}{평균값}$
② $\dfrac{최대값}{실효값}$
③ $\dfrac{평균값}{실효값}$
④ $\dfrac{실효값}{최대값}$

풀이 파형률 $= \dfrac{실효값}{평균값}$, 파고율 $= \dfrac{최대값}{실효값}$ 　　　　　　　　　　　　　**답** ①

06 $R-L$ 직렬회로의 시정수 τ[s]는?

① $\dfrac{R}{L}$
② $\dfrac{L}{R}$
③ RL
④ $\dfrac{1}{RL}$

풀이 **시정수(시상수)**

전류가 흐르기 시작해서 정상전류의 63.2%에 도달하기까지의 시간

$R-L$ 직렬회로의 시정수 $\tau = \dfrac{L}{R}[s]$ 이다. 　　　　　　　　　　　　　**답** ②

07 그림과 같은 회로에서 스위치 S를 닫을 때 t초 후의 R에 걸리는 전압은? [2016]

① $E\,e^{-\frac{C}{R}t}$

② $E(1-e^{-\frac{C}{R}t})$

③ $E\,e^{-\frac{1}{CR}t}$

④ $E(1-e^{-\frac{1}{CR}t})$

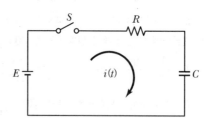

풀이 $R-L$ 직렬회로의 과도현상

㉠ 전류 $i(t) = \dfrac{dq}{dt} = \dfrac{E}{R}\cdot e^{-\frac{1}{RC}t}$

㉡ R양단의 전압 $v_R = Ri(t) = E\cdot e^{-\frac{1}{RC}t}$

㉢ C양단의 전압 $v_C = \dfrac{1}{C}\displaystyle\int i(t)dt = E(1-e^{-\frac{1}{RC}t})$ 　　　　　　**답** ③

08 CHAPTER 라플라스 변환과 전달함수

01 라플라스 변환

라플라스 변환은 자동제어 분야에서 활용되는 수학으로 복잡한 미적분 방정식을 간단한 대수방정식으로 변환하기 위한 방법이다.

(1) 라플라스 변환의 정의

시간 $t \geq 0$의 조건에서 시간함수 $f(t)$에 관한 적분을 함수 $f(t)$의 라플라스 변환이라 한다.

$$\pounds\left[f(t)\right] = F(s) = \int_0^\infty f(t) \cdot e^{-st} dt$$

여기서, $s = \sigma + j\omega$를 뜻하는 복소량이다.

(2) 라플라스 역변환의 정의

$$f(t) = \pounds^{-1}\left[f(t)\right] = \frac{1}{2\pi j} \int_{\sigma - j\infty}^{\sigma + j\infty} F(s) \cdot e^t dt$$

일반적으로 라플라스 역변환은 계산과정이 복잡하므로 라플라스 변환표를 이용하여 구하는 경우가 많다.

(3) 주요 함수의 라플라스 변환표

$f(t)$	$F(s)$	$f(t)$	$F(s)$
$u(t),\ 1$ (단위계단함수)	$\dfrac{1}{s}$	$\sin\omega t$	$\dfrac{\omega}{s^2+\omega^2}$
$\delta(t)$ (임펄스 함수)	1	$\cos\omega t$	$\dfrac{s}{s^2+\omega^2}$
t	$\dfrac{1}{s^2}$	$\sinh\omega t$	$\dfrac{\omega}{s^2-\omega^2}$
t^n	$\dfrac{n!}{s^{n+1}}$	$\cosh\omega t$	$\dfrac{s}{s^2-\omega^2}$
$e^{\pm at}$	$\dfrac{1}{s\mp a}$	$t\tan\omega t$	$\dfrac{2\omega s}{(s^2+\omega^2)^2}$
$te^{\pm at}$	$\dfrac{1}{(s\mp a)^2}$	$e^{\pm at}\sin\omega t$	$\dfrac{\omega}{(s\mp a)^2+\omega^2}$
$t^n e^{\pm at}$	$\dfrac{n}{(s\mp a)^{n+1}}$	$e^{\pm at}\cos\omega t$	$\dfrac{s\mp a}{(s\mp a)^2+\omega^2}$

(4) 라플라스 변환 계산을 위한 기본성질

분 류	공 식	분 류	공 식
선형성의 정리	$\mathcal{L}\,[af(t)]=a\mathcal{L}\,[f(t)]$	실미분 정리	$\mathcal{L}\,[\dfrac{d^n}{dt^n}f(t)]=s^n F(s)-s^{n-1}f(0_+)$
상사정리	$\mathcal{L}\,[f(at)]=\dfrac{1}{a}F(\dfrac{s}{a}),$ $\mathcal{L}\,[f(\dfrac{t}{a})]=aF(as)$	실적분 정리	$\mathcal{L}\,[\displaystyle\int f(t)dt]=\dfrac{1}{s}F(s)$
		복소미분 정리	$\mathcal{L}\,[t^n f(t)]=(-1)^n\dfrac{d^n}{ds^n}F(s)$
시간추이 정리	$\mathcal{L}\,[f(t-a)]=e^{-sa}F(a)$	초기값 정리	$f(0_+)=\lim_{t\to 0}f(t)=\lim_{s\to\infty}sF(s)$
복소추이 정리	$\mathcal{L}\,[e^{\pm at}f(t)]=F(s\mp a)$	최종값 정리	$f(\infty)=\lim_{t\to\infty}f(t)=\lim_{s\to 0}sF(s)$

02 전달함수

(1) 전달함수의 정의

전달함수는 제어계에서 입력신호와 출력신호의 관계를 수식적으로 표현한 것으로 초기 값을 0으로 했을 때 입력신호의 라플라스 변환과 출력신호의 라플라스 변환의 비로 정의된다.

$$G(s) = \frac{y(t)의\ 라플라스\ 변환}{x(t)의\ 라플라스\ 변환} = \frac{Y(s)}{X(s)}$$

입력 $x(t)$ $X(s)$ → 전달함수 $G(s)$ → 출력 $y(t)$ $Y(s)$

(2) 기본적인 요소의 전달함수

요소의 종류	입출력 관계	전달함수	비고
비례요소	$y(t) = Kx(t)$	$G(s) = K$	K : 이득정수
미분요소	$y(t) = K\dfrac{d}{dt}x(t)$	$G(s) = Ks$	
적분요소	$y(t) = K\displaystyle\int x(t)dt$	$G(s) = \dfrac{K}{s}$	
1차 지연요소	$b_1\dfrac{d}{dt}y(t) + b_0 y(t) = a_0 x(t)$	$G(s) = \dfrac{K}{Ts+1}$	$K = \dfrac{a_0}{b_0},\ \ T = \dfrac{b_1}{b_0}$ (T : 시정수)
2차 지연요소	$b_2\dfrac{d^2}{dt^2}y(t) + b_1\dfrac{d}{dt}y(t) + b_0 y(t)$ $= a_0 x(t)$	$G(s) = \dfrac{K}{1 + 2\delta Ts + T^2 s^2}$	$K = \dfrac{a_0}{b_0},\ \ T^2 = \dfrac{b_2}{b_0}$ $2\delta T = \dfrac{b_1}{b_0}$ (δ : 감쇠계수)

(3) 전기회로의 t 함수와 s 함수

소자 종류	t 함수	s 함수
R 소자	$v(t) = R\,i(t)$	$V(s) = R\,I(s)$
L 소자	$v(t) = L\dfrac{d}{dt}\,i(t)$	$V(s) = Ls\,I(s)$
C 소자	$v(t) = \dfrac{1}{C}\displaystyle\int i(t)dt$	$V(s) = \dfrac{1}{Cs}\,I(s)$

기출 및 예상문제

01 $10t^3$의 라플라스 변환은?

① $\dfrac{60}{s^4}$　　② $\dfrac{30}{s^4}$　　③ $\dfrac{10}{s^4}$　　④ $\dfrac{6}{s^4}$

풀이 라플라스 변환표에서 $\mathcal{L}[t^n] = \dfrac{n!}{s^{n+1}}$ 이므로 $\mathcal{L}[10t^3] = 10 \times \dfrac{3!}{s^{3+1}} = 10 \times \dfrac{1 \times 2 \times 3}{s^4} = \dfrac{60}{s^4}$ 이다. **답** ①

02 함수 $f(t) = 1 - e^{-at}$인 것을 라플라스 변환하면?

① $\dfrac{1}{s(s+a)}$　　② $\dfrac{1}{s(s-a)}$　　③ $\dfrac{a}{s(s-a)}$　　④ $\dfrac{a}{s(s+a)}$

풀이 아래의 라플라스 변환표을 적용하면 다음과 같다.

$f(t)$	$F(s)$
$u(t),\ 1$	$\dfrac{1}{s}$
$e^{\pm at}$	$\dfrac{1}{s \mp a}$

$$\mathcal{L}[1 - e^{-at}] = \dfrac{1}{s} - \dfrac{1}{s+a} = \dfrac{s+a-s}{s(s+a)} = \dfrac{a}{s(s+a)}$$

답 ④

03 함수 $f(t) = 5\sin 2t$를 라플라스 변환하면?

① $\dfrac{10}{s^2+4}$　　② $\dfrac{10}{s^2-4}$　　③ $\dfrac{5}{s^2+4}$　　④ $\dfrac{5}{s^2-4}$

풀이 라플라스 변환표에서 $\mathcal{L}[\sin\omega t] = \dfrac{\omega}{s^2+\omega^2}$ 이므로

$$\mathcal{L}[5\sin 2t] = 5 \times \dfrac{2}{s^2+2^2} = \dfrac{10}{s^2+4}$$ 이다. **답** ①

04 $f(t) = \sin t \cos t$를 라플라스변환하면?

[2016]

① $\dfrac{1}{s^2+2}$　　② $\dfrac{1}{s^2+4}$　　③ $\dfrac{1}{(s^2+2)^2}$　　④ $\dfrac{1}{(s^2+4)^2}$

풀이 ㉠ 삼각함수공식 중 곱을 합차로 변환하면,

$$\sin\alpha\cos\beta = \frac{1}{2}[\sin(\alpha+\beta)+\sin(\alpha-\beta)]$$ 이므로,

$$f(t) = \sin t \cos t = \frac{1}{2}(\sin 2t + \sin 0) = \frac{1}{2}\sin 2t$$

㉡ 라플라스 변환하면,

$$\mathcal{L}\left(\frac{1}{2}\sin 2t\right) = \frac{1}{2} \times \frac{2}{s^2+2^2} = \frac{1}{s^2+4}$$

답 ②

05 다음 사항 중 옳게 표현된 것은?

① 비례요소의 전달함수는 $\dfrac{1}{Ts}$ 이다.

② 미분요소의 전달함수는 K 이다.

③ 적분요소의 전달함수는 Ts 이다.

④ 1차 지연 요소의 전달함수는 $\dfrac{K}{Ts+1}$ 이다.

풀이 보기 ① 비례요소의 전달함수 K

보기 ② 미분요소의 전달함수 Ks

보기 ③ 적분요소의 전달함수 $\dfrac{K}{s}$

답 ④

06 그림과 같은 전기회로의 입력을 v_i, 출력을 v_o라고 할 때 전달함수는?(단, $T = \dfrac{L}{R}$이다.)

① $Ts+1$

② Ts^2+1

③ $\dfrac{1}{Ts+1}$

④ $\dfrac{Ts}{Ts+1}$

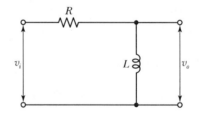

풀이 R 소자일 때 $V(s) = RI(s)$ 이고, L 소자일 때 $V(s) = Ls\,I(s)$ 이므로,

전달함수 $G(s) = \dfrac{V_o(s)}{V_i(s)} = \dfrac{Ls}{R+Ls} = \dfrac{\dfrac{L}{R}s}{1+\dfrac{L}{R}s} = \dfrac{Ts}{1+Ts}$ 이다.

답 ④

전기기기

01 직류기

CHAPTER

□ 개요

발전기는 기계에너지에서 전기에너지를 발생시키는 것이고, 전동기는 전기에너지를 기계에너지로 변환시키는 기계를 말한다.

직류발전기와 직류전동기를 통틀어서 직류기라 말하고, 직류발전기는 직류를 생산하는 장치로서, 현재 상용화되어 있는 교류를 직류로 쉽게 변환할 수 있는 정류기 등이 있으므로 별로 사용하지 않으며, 직류전동기는 속도 및 토크 특성이 우수하여 전동용공구와 같은 특수용도로 사용되고 있다.

01 직류발전기의 원리

(1) 원리

자극 N, S 사이의 자기장 내에서 도체를 수직방향으로 움직이면 기전력이 발생하는 **플레밍의 오른손법칙**의 원리로 만들어진다.

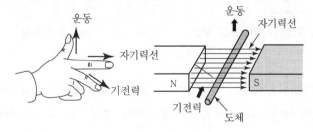

(2) 교류발전기의 원리

① 발전기 코일 내에서 발생된 전압은 교류전압이다. 이 전압을 **슬립링** S_1, S_2와 브러시 B_1, B_2를 통해 외부 회로와 접속하면 교류발전기가 된다. 직류발전기는 교류전압을 정류과정을 거쳐 직류전압으로 발생시키는 것이다.

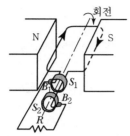
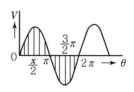

(a) 교류발전기의 구성 요소   (b) 출력 파형

[교류발전기의 원리]

② 자기장 내에서 도체를 회전운동을 시키면 플레밍의 오른손 법칙에 따라 기전력이 유도되는데, 반 바퀴를 회전할 때마다 전압의 방향이 바뀌게 된다.

(3) 직류발전기의 원리

① 코일의 왼쪽과 오른쪽 도체에 브러시 B_1, B_2를 접속시키면, 오른쪽은 양(+)극성, 왼쪽은 음(−)극성으로 직류전압이 발생한다. 이 2개의 금속편 C_1, C_2을 **정류자편**이라 하고, 그 원통모양을 **정류자**라고 한다.

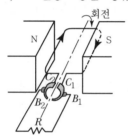
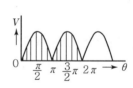

(a) 직류발전기의 구성 요소   (b) 출력파형

[직류발전기의 원리]

② 직류발전기를 실용화하여 사용하기 위해서는 **코일의 도체수와 정류자 편수를 늘리면, 맥동률이 작아지고, 평균전압이 높아지며, 좋은 품질의 직류전압을 얻을 수 있게 된다.**

02 직류발전기의 구조

직류발전기의 주요부분은 계자, 전기자, 정류자로 구성된다.

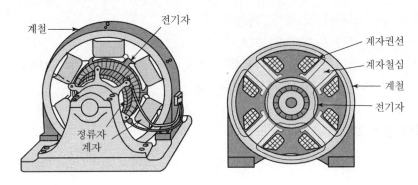

(1) 계자(Field Magnet)

자속을 만들어 주는 부분
① 계자권선, 계자철심, 자극 및 계철로 구성
② 계자철심 : 히스테리시스손과 와류손을 적게 하기 위해 규소강판을 성층해서 만든다.

(2) 전기자(Armature)

계자에서 만든 자속으로부터 기전력을 유도하는 부분
① 전기자철심, 전기자권선, 정류자 및 축으로 구성
② 전기자철심 : 규소강판 성층하여 만든다.

(3) 정류자(Commutator)

교류를 직류로 변환하는 부분

(4) 공극(Air Gab)

계자철심의 자극편과 전기자 철심 표면 사이 부분
① **공극이 크면 자기저항이 커져서 효율이 떨어진다.**
② 공극이 작으면 기계적 안정성이 나빠진다.

(5) 브러시

정류자면에 접촉하여 전기자 권선과 외부회로를 연결하는 것
① 접속저항이 적당하고, 마멸성이 적으며, 기계적으로 튼튼할 것
② 종류
   ㉮ 탄소질 브러시 : 소형기, 저속기
   ㉯ 흑연질 브러시 : 대전류, 고속기
   ㉰ **전기 흑연질 브러시 : 접촉저항이 크고, 가장 우수(각종 기계 사용)**
   ㉱ 금속 흑연질 브러시 : 저전압, 대전류

(6) 전기자 권선법

기전력이 유도되는 전기자 도체를 결선하는 방식에 따라서 출력전압, 전류의 크기를 변화시킬 수 있다.
① **중권** : 극수와 같은 병렬회로수로 하면($a = P$), 전지의 병렬접속과 같이 되므로 저전압, **대전류**가 얻어진다.

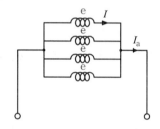

② **파권** : 극수와 관계없이 병렬회로수를 항상 2개 $(a = 2)$로 하면, 전지의 직렬접속과 같이 되므로 **대전압**, 저전류가 얻어진다.

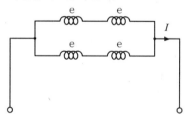

기출 및 예상문제

01 플레밍(Fleming)의 오른손법칙에 따르는 기전력이 발생하는 기기는?

① 교류 발전기   ② 교류 전동기

③ 교류 정류기   ④ 교류 용접기

풀이 플레밍(Fleming)의 오른손법칙에 따라 직류발전기와 교류발전기가 만들어진다.   **답** ①

02 정류자 편수가 많을 경우의 특징이 아닌 것은?

① 자극수가 증가

② 전압 평균값이 증가

③ 전압 맥동률이 작다.

④ 좋은 직류를 얻을 수 있다.

풀이 정류자 편수가 많으면, 전기자에 발생되는 파형이 겹쳐지므로 평균전압이 커지고, 맥동률이 작아져서, 직류의 품질이 좋아진다.   **답** ①

03 직류기의 3대 구성요소는?   [2003][2004][2005]

① 전기자, 계자, 정류자   ② 전기자, 브러시, 계자

③ 계자, 정류자, 브러시   ④ 전기자권선, 계자권선, 보상권선

풀이 직류기의 주요구성요소는 전기자, 계자, 정류자이다.   **답** ①

04 직류기의 주요 구성요소라 할 수 있는 것은?   [2006]

① 정류자, 계자, 브러시, 보상권선

② 계자, 브러시, 전기자, 보극

③ 계자, 전기자, 정류자, 브러시

④ 보극, 보상권선, 전기자, 계자

풀이 직류기의 주요구성요소는 전기자, 계자, 정류자이다.   **답** ③

05 발전기 전기자의 주된 역할은? [2004]

① 자속을 만든다. ② 기전력을 유도한다.

③ 정류작용을 한다. ④ 회전체와 외부회로를 접속시킨다.

> **풀이** ㉠ 계자(Field Magnet) : 자속을 만들어 주는 부분
> ㉡ 전기자(Armature) : 계자에서 만든 자속으로부터 기전력을 유도하는 부분
> ㉢ 정류자(Commutator) : 교류를 직류로 변환하는 부분 **답** ②

06 직류기의 전기자 철심을 규소 강판으로 성층하는 가장 큰 이유는? [2003][2007]

① 기계손을 줄이기 위해서 ② 철손을 줄이기 위해서

③ 제작이 간편하기 때문에 ④ 가격이 싸기 때문에

> **풀이** 규소강판 사용은 히스테리시스손 감소, 성층은 와류손 감소이며, 철손은 히스테리시스손과 와류손의 합(合)
> 이다. **답** ②

07 그림은 4극 직류발전기의 자기 회로를 보인 것이다. 자기저항이 가장 큰 부분은?

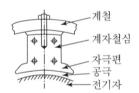

① 계철 ② 계자철심 ③ 자극편 ④ 공극

> **풀이** 자기저항 $R = \dfrac{\ell}{\mu A}$ 이고, 철의 비투자율은 1,000 이상, 공기의 비투자율은 1이므로 공기의 자기저항
> 이 상당히 크다는 것을 알 수 있다. **답** ④

08 직류기에 주로 사용하는 권선법으로 다음 중 옳은 것은? [2003]

① 개로권, 환상권, 이층권 ② 개로권, 고상권, 이층권

③ 폐로권, 고상권, 이층권 ④ 폐로권, 환상권, 이층권

> **풀이** 직류기의 전기자 권선법은 주로 폐로권이면서 고상권을 채용한다.
> • 고상권 : 전기자도체를 전기자 표면에 설치하는 방식
> • 환상권 : 전기자도체를 전기자 표면과 중심에 설치하는 방식으로 제작이나 수리가 어려워 사용하지
> 않는다. **답** ③

09 다극대형 중권 직류발전기의 전기자 권선에 균압고리를 설치하는 이유는?

① 브러시에서 불꽃을 방지하기 위하여
② 전기자 반작용을 방지하기 위하여
③ 정류기전력을 높이기 위하여
④ 전압강하를 방지하기 위하여

풀이 중권에서 전기자 병렬회로수가 많아 각 병렬회로에 기전력의 불균일로 브러시에 국부전류가 흘러 정류작용이 원활하지 않을 경우에 사용　**답** ①

10 직류기의 전기자 권선법 중 파권 권선에 대한 설명으로 옳은 것은?　[2006]

① 브러시 수가 극수와 같다.
② 균압환이 필요하다.
③ 저전압 대전류용이다.
④ 전기자 병렬회로수는 항상 2이다.

풀이 파권은 극수와 관계없이 병렬회로수가 항상 2개로, 전지의 직렬접속과 같이 되므로 대전압, 저전류가 얻어진다.　**답** ④

11 브러시의 이상 마모와 관계가 적은 것은?　[2003]

① 브러시의 접촉압력이 높을 때
② 대기 중의 습도 과소
③ 주위온도가 낮을 때
④ 전류밀도 과소

풀이 전류밀도가 너무 높으면, 브러시가 과열되어 쉽게 마모된다.　**답** ④

03 직류발전기의 이론

(1) 유도기전력

$$E = \frac{P}{a} Z \phi \frac{N}{60} [\text{V}]$$

여기서, P : 극수 Z : 전기자 도체수

a : 병렬 회로수 $N[\text{rpm}]$: 회전수

$\phi[\text{wb}]$: 계자자속

(2) 전기자 반작용

① 직류발전기에 부하를 접속하면 **전기자 전류의 기자력이 주자 속에 영향을 미치는 작용**을 말한다.

② 전기자 반작용으로 생기는 현상

  ㉮ **브러시에 불꽃 발생**

  ㉯ **중성축 이동(편자작용)**

  ㉰ **감자작용으로 유도기전력 감소**

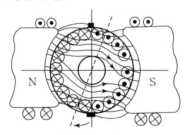

③ 전기자 반작용 없애는 방법

  ㉮ 브러시 위치를 전기적 중성점인 회전방향으로 이동

  ㉯ **보극 : 경감법**으로 중성축에 설치

  ㉰ **보상권선 : 가장 확실한 방법**으로 주자극 표면에 설치

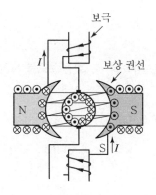

(3) 정류

① 정류자와 브러시의 작용으로 교류를 직류로 변환하는 작용

② **리액턴스 전압** : 전기자 코일에 자기 인덕턴스에 의한 역기전력을 말하며, 코일 안의 전류의 변화를 방해하는 작용

③ **정류를 좋게 하는 방법**(리액턴스 전압에 의한 영향을 적게 하는 방법)

　㉮ 저항정류 : 접촉저항이 큰 브러시 사용

　㉯ 전압정류 : 보극 설치

01 직류발전기의 기전력을 E, 자속을 ϕ, 회전속도를 N이라 할 때 이들 사이의 관계로 옳은 것은? [2003][2005][2008]

① $E\propto\phi N$ ② $E\propto\phi/N$ ③ $E\propto\phi N^2$ ④ $E\propto\phi^2 N$

풀이 직류발전기의 유도기전력은 $E=\dfrac{P}{a}Z\phi\dfrac{N}{60}$[V]이다. **답** ①

02 극수 P, 전기자 전도체수 Z, 각 자극의 자속 ϕ[Wb]인 단중 중권 발전기가 있다. 회전수 n[rpm]일 때의 유기전압을 표시하는 식은?

① $E=\dfrac{Z}{a}\phi\dfrac{n}{60}$[V] ② $E=Z\,\phi\dfrac{n}{60}$[V]

③ $E=Z\,\phi\,n\,60$[V] ④ $E=Z\,\phi\,P\dfrac{n}{60}$[V]

풀이 $E=\dfrac{P}{a}Z\phi\dfrac{N}{60}$[V]이고, 중권일 때 $P=a$이다. **답** ②

03 전기자 도체의 총 수 500, 10극, 단중 파권으로 매 극의 자속수가 0.2Wb인 직류발전기가 600rpm으로 회전할 때의 유도기전력은 몇 V인가? [2007]

① 25,000 ② 5,000 ③ 10,000 ④ 15,000

풀이 $E=\dfrac{P}{a}Z\phi\dfrac{N}{60}$[V]에서 파권일 때는 $a=2$이므로,

$E=\dfrac{10}{2}\times 500\times 0.2\times\dfrac{600}{60}=5,000$[V] **답** ②

04 자극수 6, 전기자 총 도체수 400, 단중 파권을 한 직류발전기가 있다. 각 자극의 자속이 0.01Wb이고, 회전속도가 600rpm이면 무부하로 운전하고 있을 때의 기전력은 몇 V인가? [2007]

① 110 ② 115 ③ 120 ④ 150

풀이 $E=\dfrac{P}{a}Z\phi\dfrac{N}{60}$[V]에서 파권일 때는 $a=2$이므로, $E=\dfrac{6}{2}\times 400\times 0.01\times\dfrac{600}{60}=120$[V] **답** ③

05 포화하고 있지 않은 직류발전기의 회전수가 1/2로 감소되었을 때 기전력을 전과 같은 값으로 하자면 여자를 속도변화 전에 비하여 몇 배로 하여야 하는가? [2006]

① 0.5배 　　　② 1배 　　　③ 2배 　　　④ 4배

풀이 $E = \frac{P}{a} Z \phi \frac{N}{60}$[V]에서 E $\propto \phi$N이다. 　　　**답** ③

06 직류발전기에 있어서 전기자 반작용이 생기는 요인이 되는 전류는?

① 동손에 의한 전류 　　　　② 전기자 권선에 의한 전류
③ 계자 권선의 전류 　　　　④ 규소 강판에 의한 전류

풀이 전기자 반작용은 직류발전기에 부하를 접속하면 전기자 전류의 기자력이 주자속에 영향을 미치는 작용을 말한다.

답 ②

07 보극이 없는 직류발전기의 부하의 증가에 따라 브러시의 위치를 어떻게 하여야 하는가?

① 그대로 둔다.
② 회전방향과 반대로 이동시킨다.
③ 회전방향으로 이동시킨다.
④ 극의 중간에 놓는다.

풀이 전기자 반작용으로 계자자속은 회전방향으로 이동한 형태가 되므로 브러시의 위치를 회전방향으로 이동하여 새로운 전기적 중성축에 두어서 불꽃을 없앨 수 있다. 　　**답** ③

08 전기자 반작용에 있어서 전기자 자속의 많은 부분을 상쇄시키는 데 효과가 큰 것은?

① 균압환 　　　　　　　② 보상권선
③ 탄소 브러시 　　　　　④ 보극

풀이 전기자 반작용 없애는 방법
① 브러시 위치를 전기적 중성점인 회전방향으로 이동
② 보극 : 경감법
③ 보상권선 : 가장 확실한 방법 　　　　　　　　　　**답** ②

09 직류기에서 보극을 두는 목적은?

① 기동 특성을 좋게 한다.
② 전기자 반작용을 크게 한다.
③ 정류작용을 돕고 전기자 반작용을 약화시킨다.
④ 전기자 자속을 증가시킨다.

풀이 보극은 전기자 반작용을 경감시키고, 정류작용을 좋게 하기 위해 사용된다. **답 ③**

10 직류기에서 양호한 정류(Commutation)를 얻기 위한 조건이 아닌 것은? [2003]

① 정류 주기를 크게 한다.
② 전기자 코일의 인덕턴스를 작게 한다.
③ 리액턴스 전압을 크게 한다.
④ 브러시의 접촉저항을 크게 한다.

풀이 정류를 좋게 하는 방법은 저항정류(접촉저항이 큰 브러시 사용), 전압정류(보극설치)하여 전기자 코일의 인덕턴스에 의한 리액턴스 전압을 작게 하여야 한다. 또한 정류주기를 크게 하면 리액턴스 전압의 감소시간의 여유가 생긴다. **답 ③**

11 전기자의 반지름이 0.15m인 직류발전기가 1,500W의 출력에서 회전수가 1,600rpm이고, 효율은 80%이다. 이때 전기자 주변속도는 몇 m/s인가? [2005]

① 12.10 ② 18.56 ③ 25.12 ④ 30.04

풀이 • 전기자 원둘레 $2\pi r = 2 \times \pi \times 0.15 = 0.942[\text{m}]$
• 전기자 주변속도 $0.942 \times \dfrac{1,600}{60} = 25.12[\text{m/s}]$ **답 ③**

(1) 여자방식에 따른 분류

① 자석발전기 : 계자를 영구자석을 사용하는 방법

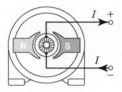

② 타여자발전기 : 여자전류를 다른 전원을 사용하는 방법

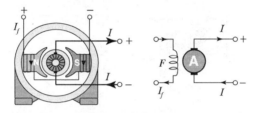

[타여자발전기]

③ 자여자발전기

㉮ 발전기에서 발생한 기전력에 의하여 계자전류를 공급하는 방법

㉯ 전기자 권선과 계자권선의 연결방식에 따라 분권, 직권, 복권발전기가 있다.

(2) 계자권선의 접속방법에 따른 분류

① 직권발전기 : 계자권선과 전기자를 직렬로 연결한 것

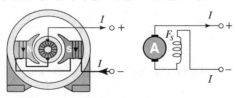

[직권발전기]

② 분권발전기 : 계자권선과 전기자를 병렬로 연결한 것

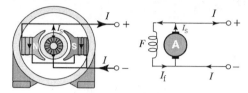

[분권발전기]

③ 복권발전기 : 분권 계자권선과 직권 계자권선 두 가지를 가지고 있는 것
    ㉮ 위치상 분류 : 내분권, 외분권
    ㉯ 자속방향의 분류 : 가동복권(분권과 직권이 같은 방향), 차동복권(다른 방향)

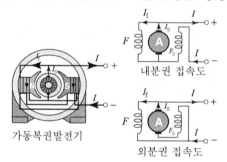

내분권 접속도

외분권 접속도

가동복권발전기

[복권발전기]

05 직류발전기의 특성

(1) 특성곡선

발전기 특성을 보기 쉽도록 곡선으로 나타낸 것
① 무부하 특성곡선
    ㉮ 무부하 시에 계자전류(I_f)와 유도기전력(E)과의 관계곡선
    ㉯ 전압이 낮은 부분에서는 유도기전력이 계자전류에 정비례하여 증가하지만, 전압이 높아짐에 따라 철심의 자기포화 때문에 전압의 상승 비율은 매우 완만해진다.

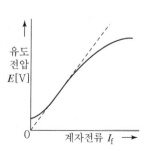

② 부하특성곡선
  ㉮ 정격부하 시에 계자전류(I_f)와 단자전압(V)과의 관계곡선
  ㉯ 부하가 증가함에 따라 곡선은 점차 아래쪽으로 이동한다.

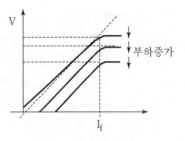

③ 외부특성곡선
  정격부하 시에 부하전류(I)와 단자전압(V)과의 관계곡선으로 발전기의 특성을 이해하는 데 가장 좋다.

(2) 발전기별 특성

① 타여자발전기
  부하전류의 증감에도 별도의 여자전원을 사용하므로, 자속의 변화가 없어서 **전압강하가 적고, 전압을 광범위하게 조정하는 용도에 적합하다.**

② 분권발전기
  ㉮ **전압의 확립** : 자기여자에 의한 발전으로 약간의 잔류자기로 단자전압이 점차 상승하는 현상으로 잔류자기가 없으면 발전이 불가능하다.
  ㉯ 역회전 운전금지 : 잔류자기가 소멸되어 발전이 불가능해진다.
  ㉰ 운전 중 무부하 상태가 되면($I=0$), 계자권선에 큰 전류가 흘러서($I_a = I_f$) 계자권선에 고전압 유기되어 권선소손의 우려가 있다.($I_a = I_f + I$)
  ㉱ 타여자발전기와 같이 전압의 변화가 적으므로 정전압 발전기라고 한다.

③ 직권발전기
  ㉮ 무부하 상태에서는($I=0$) 전압의 확립이 일어나지 않으므로 발전 불가능하다.($I = I_a = I_f = 0$)
  ㉯ 부하전류 증가에 따라 계자전류도 같이 상승하고, 부하증가에 따라 단자전압이 비례하여 상승하므로 일반적인 용도로는 사용할 수 없다.

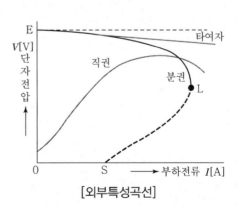

[외부특성곡선]

④ 복권발전기

㉮ 가동복권 : 직권과 분권계자권선의 기자력이 서로 합쳐지도록 한 것으로, 부하증가에 따른 전압감소를 보충하는 특성이다.

평복권과 과복권 발전기가 있으며, 과복권은 평복권발전기보다 직권계자 기자력을 크게 만든 것이다.

㉯ 차동복권 : 직권과 분권계자권선의 기자력이 서로 상쇄되게 한 것으로, 부하증가에 따라 전압이 현저하게 감소하는 **수하특성**을 가진다. 이러한 특성은 **용접기용 전원으로 적합**하다.

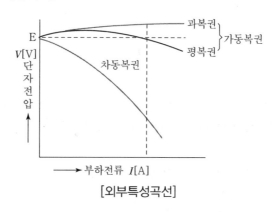

[외부특성곡선]

01 계자철심에 잔류자기가 없어도 발전을 할 수 있는 직류발전기는? [2002]

① 분권발전기   ② 직권발전기

③ 복권발전기   ④ 타여자발전기

풀이 타여자발전기

다른 직류 전원으로부터 여자전류를 받아서 계자자속을 만드는 것   **답** ④

02 직류발전기의 무부하 특성곡선이 나타내는 것은?

① 여자전류와 부하전류의 관계   ② 회전속도와 부하전류의 관계

③ 유도기전력과 회전속도의 관계   ④ 계자전류와 유도기전력의 관계

풀이 무부하 특성곡선

무부하 시에 계자전류(I_f)와 유도기전력(E)과의 관계곡선   **답** ④

03 분권발전기는 잔류자속에 의해서 잔류 전압을 만들고 이때 여자전류가 잔류자속을 증가시키는 방향으로 흐르면 여자전류가 점차 증가하면서 단자 전압이 상승하게 된다. 이 현상을 무엇이라 하는가?

① 자기 포화   ② 여자 조절

③ 보상 전압   ④ 전압 확립

풀이 자여자발전기는 잔류자기가 없으면 발전이 불가능하다.   **답** ④

04 정격속도로 회전하고 있는 분권발전기가 있다. 단자전압 100[V], 권선의 저항은 50[Ω], 계자전류 2[A], 부하전류 50[A], 전기자 저항 0.1[Ω]이다. 이때 발전기의 유기기전력은 약 몇 [V]인가?(단, 전기자 반작용은 무시한다.) [2008]

① 100   ② 105

③ 128   ④ 141

풀이 분권발전기의 V와 E의 관계식은 $E = V + I_a R_a$[V]이고, $I_a = I + I_f$이므로,

$E = 100 + (50 + 2) \times 0.1 = 105.2$[V]   **답** ②

05 다음은 직권발전기의 특징이다. 틀린 것은?

① 계자권선과 전기자권선이 직렬로 접속되어 있다.

② 승압기로 사용되며 수전 전압을 일정하게 유지하고자 할 때 사용된다.

③ 단자전압을 V, 유기기전력을 E, 부하전류를 I 전기자저항 및 직권 계자저항을 각각 r_a, r_s라 할 때 $V = E + I(r_a + r_s)$[V]이다.

④ 부하전류에 의해 여자되므로 무부하 시 자기여자에 의한 전압확립은 일어나지 않는다.

풀이 직권발전기의 V와 E의 관계식은 $E = V + I(r_a + r_s)$[V]이다.   **답** ③

06 무부하에서 자기여자로 전압을 확립하지 못하는 직류발전기는?   [2006]

① 직권발전기   ② 분권발전기

③ 복권발전기   ④ 타여자발전기

풀이 **직권발전기**
계자권선과 전기자 권선이 직렬로 접속되며, 부하에 의하여 회로가 구성되기 때문에 무부하인 경우에는 자기여자에 의한 전압의 확립을 할 수 없다.   **답** ①

07 직류발전기의 종류 중 부하의 변동에 따라 단자전압이 심하게 변화하는 어려움이 있지만 선로의 전압강하를 보상하는 목적으로 장거리 급전선에 직렬로 연결해서 승압기로 사용되는 것은?   [2008]

① 직권발전기   ② 타여자발전기

③ 분권발전기   ④ 복권발전기

풀이 직권발전기는 부하와 계자, 전기자가 직렬로 연결되어 있으므로 부하변화에 기전력의 변화가 심하지만, 직렬로 연결되어 있으므로 선로 중간에 넣어서 승압기로 사용할 수 있다.   **답** ①

08 수하 특성을 가지므로 용접기용 전원으로 이용되는 것은?

① 분권발전기   ② 직권발전기

③ 가동복권 발전기   ④ 차동복권발전기

풀이 **차동복권발전기**
분권계자와 직권계자의 기자력이 서로 상쇄되는 구조로 부하증가에 따라 현저하게 전압이 감소하는 수하특성을 가지고 있다.   **답** ④

09 용접기에 사용되는 직류발전기에 필요한 조건 중 가장 중요한 것은? [2002]

① 전압변동률이 적을 것

② 과부하에 견딜 것

③ 전류대 전압특성이 수하특성일 것

④ 경부하 시 효율이 좋을 것

풀이 정전류를 만드는 데 수하특성이 요구된다. **답** ③

06 직류발전기의 운전

(1) 기동순서

① 계자저항기의 저항을 최대로 한 후, 규정회전수로 운전한다.
② 계자저항기를 조정하여 규정전압을 유도한다.
③ 주회로 차단기를 닫고 부하를 연결한다.
④ 정지시킬 때는 위의 순서를 반대로 한다.

(2) 전압조정

$$E = \frac{P}{a} Z \phi \frac{N}{60}[\text{V}]$$

위의 유도기전력의 계산식에서 계자권선(F)과 직렬로 계자저항기(R_f)를 접속시켜 저항을 가감하여 자속(ϕ)을 조정하여 단자전압(V)을 조정한다.

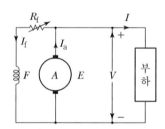

(3) 병렬운전조건

① 정격 전압이 일치할 것
② 백분율 부하전류의 외부특성곡선이 일치할 것
③ 외부특성 곡선이 수하 특성일 것
   ㉮ 분권, 타여자발전기 : 수하특성을 스스로 가진다.
   ㉯ 직권, 복권발전기 : 수하특성을 가지지 않으므로, 직권계자에 균압모선을 연결하여 병렬운전을 할 수 있다.

01 직류발전기의 단자 전압을 조정하려면 다음 어느 저항을 가변시키는가?

① 계자저항 ② 방전저항 ③ 전기자저항 ④ 기동저항

풀이 $E = \dfrac{P}{a} Z\phi \dfrac{N}{60}$[V] 의 식에서 자속을 변화시키기 위해서는 계자전류를 조정해야 하므로 계자저항을 가변시켜야 한다.

답 ①

02 직류직권발전기의 병렬운전에 필요한 것은?

① 균압선 ② 집전환 ③ 안정저항 ④ 브러시의 이동

풀이 직권발전기나 복권발전기는 수하특성이 없으므로 병렬운전을 할 수 없으나, 균압모선을 계자권선에 연결하면 전압상승이 일정하게 되어 병렬운전을 할 수 있게 된다. **답** ①

03 직류발전기의 병렬운전 중 한쪽 발전기의 여자를 늘리면 그 발전기는?

① 부하전류는 불변, 전압은 증가 ② 부하전류는 줄고, 전압은 증가
③ 부하전류는 늘고, 전압도 오른다. ④ 부하전류는 늘고, 전압은 불변

풀이 여자전류를 늘리면, 자속이 증가하여 전압이 상승하고 부하부담도 늘어난다. **답** ③

04 2대의 직류분권발전기 G_1, G_2를 병렬운전시킬 때, G_1의 부하 분담을 증가시키려면 어떻게 하여야 하는가? [2002][2003]

① G_1의 계자를 강하게 한다. ② G_2의 계자를 강하게 한다.
③ G_1, G_2의 계자를 똑같이 강하게 한다. ④ 균압선을 설치한다.

풀이 전압이 상승하면 부하분담이 커지므로 계자를 강하게 한다. **답** ①

05 직류분권발전기를 역회전시키면? [2004]

① 발전되지 않는다. ② 정회전 때와 같다.
③ 과대전압이 유기된다. ④ 섬락이 일어난다.

풀이 역회전 시 계자권선에 반대방향의 전류가 흘러서 잔류자기가 소멸되어 전압의 확립의 일어나지 않아 발전이 되지 않는다.

답 ①

07 직류전동기의 원리

자기장 중에 있는 코일에 정류자 C_1, C_2를 접속시키고, 브러시 B_1, B_2를 통해서 직류전 압을 가해 주면 코일은 플레밍의 왼손법칙에 따라 시계방향으로 회전하게 된다.

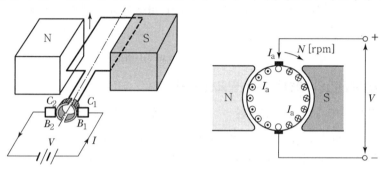

08 직류전동기의 이론

(1) 회전수(N)

① 직류전동기 역기전력과 전기자전류의 식을 정리하면 다음과 같다.

$$N = K_1 \frac{V - I_a R_a}{\phi} [\text{rpm}]$$

여기서, K_1 : 전동기의 변하지 않는 상수

② 직류전동기의 회전속도는 **단자전압에 비례하고, 자속에 반비례**한다.

(2) 토크(T)

① 플레밍의 왼손법칙으로부터 전동기의 축에 대한 토크(T)를 구하면 다음과 같다.

$$T = K_2 \phi I_a [\text{N} \cdot \text{m}]$$

여기서, K_2 : 전동기의 변하지 않는 상수

② 토크는 전기자 전류(I_a)와 자속(ϕ)의 곱에 비례한다.

(3) 기계적 출력(P_o)

① 전동기는 전기에너지가 기계에너지로 변환되는 장치이므로, 기계적인 동력으로 변환되는 전력은 다음과 같다.

$$P_o = 2\pi \frac{N}{60} T [\text{W}]$$

② 모든 전동기는 위의 식과 같이 **출력(P_o)은 토크와 회전수의 곱에 비례한다.**

01 직류전동기에서 자속이 감소하면 회전수는?

① 감소   ② 상승

③ 정지   ④ 불변

풀이 $N = K_1 \dfrac{V - I_a R_a}{\phi}$[rpm]에서 자속이 감소하면 회전수는 상승한다.   **답** ②

02 직류분권 전동기의 계자저항을 운전 중에 증가하면?

① 자속증가   ② 속도감소

③ 부하증가   ④ 속도증가

풀이 계자저항을 증가하면 계자전류가 감소하여 자속이 감소한다. 따라서 속도는 상승한다.   **답** ④

03 직류전동기의 속도 제어에서 자속을 2배로 하면 회전수는 몇 배가 되는가?

① 0.5   ② 15   ③ 20   ④ 4

풀이 자속과 속도는 반비례한다.   **답** ①

04 출력 7.5[HP], 1,750[rpm]인 직류전동기의 토크는 약 얼마인가?(단, 1HP=746[W]이다.)

① 7.5[N · m]   ② 10.8[N · m]   ③ 30.5[N · m]   ④ 175[N · m]

풀이 $P_o = 2\pi \dfrac{N}{60} T$[W] 에서

$$T = \frac{60}{2\pi} \frac{P_o}{N} = \frac{60}{2\pi} \frac{7.5 \times 746}{1,750} = 30.5[\text{N} \cdot \text{m}]$$ **답** ③

05 출력 3kW, 회전수 1,500rpm인 전동기의 토크는 약 몇 kg · m인가?   [2006]

① 2   ② 3   ③ 5   ④ 15

풀이 $T = \dfrac{1}{9.8} \dfrac{60}{2\pi} \dfrac{P_o}{N} = \dfrac{1}{9.8} \dfrac{60}{2\pi} \dfrac{3 \times 10^3}{1,500} = 1.95[\text{kg} \cdot \text{m}]$ **답** ①

06 전동기가 매분 1,200 회전하여 9.42[kW]의 출력이 나올 때 토크는 약 몇 [kg · m]인가?

[2003][2008]

① 6.65   ② 6.90
③ 7.65   ④ 7.90

풀이 $T = \dfrac{1}{9.8}\dfrac{60}{2\pi}\dfrac{P_o}{N} = \dfrac{1}{9.8}\dfrac{60}{2\pi}\dfrac{9.42 \times 10^3}{1,200} = 7.65[\text{kg} \cdot \text{m}]$

답 ③

07 직류분권전동기의 단자전압이 215V, 전기자 전류 50A, 전기자 전저항 0.1Ω, 회전속도 1,500rpm일 때 발생하는 회전력은 약 몇 N · m인가?

[2006]

① 66.9   ② 76.9
③ 86.9   ④ 96.9

풀이 $T = \dfrac{60}{2\pi}\dfrac{P_o}{N}[\text{N} \cdot \text{m}]$ 이고,

$P_o = E_c \cdot I_a = 210 \times 50 = 10,500[\text{W}]$ 에서

$(\because\ E_c = V - I_a \cdot R_a = 215 - 50 \times 0.1 = 210)$

$\therefore T = \dfrac{60}{2\pi}\dfrac{10,500}{1,500} = 66.7[\text{N} \cdot \text{m}]$

답 ①

09 직류전동기의 종류 및 구조

(1) 구조

직류발전기는 직류전동기로 사용할 수 있기 때문에 구조와 종류는 발전기와 동일하다.

(2) 종류

여자방식에 따라 타여자와 자여자전동기로 분류되며, 계자권선과 전기자권선의 접속방법에 따라 분권, 직권, 복권전동기로 분류된다.

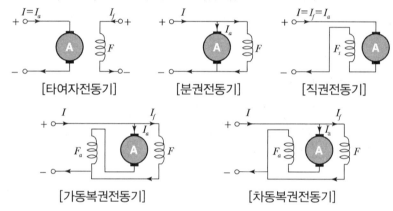

[타여자전동기]　　　　[분권전동기]　　　　[직권전동기]

[가동복권전동기]　　　　[차동복권전동기]

10 직류전동기의 특성

전동기의 특성을 이해하기 위해서는 부하 변화에 회전수와 토크가 어떻게 변화되는가를 아는 것이 중요하다.
- 속도특성 : 부하전류 I와 회전수 N의 관계
- 토크특성 : 부하전류 I와 토크 T의 관계

(1) 타여자전동기

① 속도특성

$$N = K\frac{V - I_a R_a}{\phi}[\text{rpm}] \text{에서}$$

㉮ 자속이 일정하고, 전기자저항 R_a가 매우 작으므로 부하 변화에 전기자 전류 I_a가 변해도 **정속도 특성**을 가진다.

㉯ 주의할 점은 **계자전류가 0이 되면, 속도가 급격히 상승하여 위험하기 때문에 계자회로에 퓨즈를 넣어서는 안 된다.**

② 토크특성

$$T = K_2\,\phi\,I_a[\text{N}\cdot\text{m}] \text{에서}$$

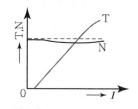

타여자이므로 부하 변동에 의한 자속의 변화가 없으며, 부하 증가에 따라 전기자 전류가 증가하므로 토크는 부하 전류에 비례하게 된다.

(2) 분권 전동기

① 속도 및 토크특성

전기자와 계자권선이 병렬로 접속되어 있어서 단자전압이 일정하면, 부하전류에 관계없이 자속이 일정하므로 타여자 전동기와 거의 동일한 특성을 가진다.

② 타여자와 분권전동기는 속도조정이 쉽고, 정속도의 특성이 좋으나, 거의 동일한 특성의 3상유도전동기가 있으므로 별로 사용하지 않는다.

(3) 직권전동기

① 속도특성

$$N = K_1\frac{V - I_a R_a}{\phi}[\text{rpm}] \text{에서}$$

㉮ 부하에 따라 자속이 비례하므로, 부하의 변화에 따라 속도가 반비례하게 된다.

㉯ **부하가 감소하여 무부하가 되면, 회전속도가 급격히 상승하여 위험하게 되므로 벨트운전이나 무부하운전을 피하는 것이 좋다.**

② 토크특성

$$T = K_2 \phi I_a [\text{N} \cdot \text{m}] \text{에서}$$

전기자와 계자권선이 직렬로 접속되어 있어서 자속이 전기자 전류에 비례하므로, $T \propto I_a 2$가 된다.

③ **부하 변동이 심하고, 큰 기동 토크가 요구되는 전동차, 크레인, 전기 철도에 적합하다.**

(4) 복권전동기

① **가동복권전동기** : 분권전동기와 직권전동기의 중간 특성을 가지고 있어, 크레인, 공작기계, 공기 압축기에 사용된다.

② **차동복권전동기** : 직권계자 자속과 분권계자 자속이 서로 상쇄되는 구조로 과부하의 경우에는 위험속도가 되고, 토크 특성도 좋지 않으므로 거의 사용하지 않는다.

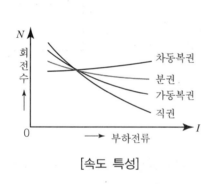

[속도 특성]

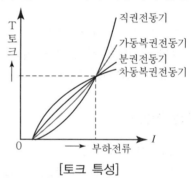

[토크 특성]

기출 및 예상문제

01 다음 중 정속도 전동기에 속하는 것은?

① 타여자전동기   ② 차동복권전동기
③ 직권전동기   ④ 가동복권전동기

> **풀이** 정속도성의 전동기는 타여자전동기와 분권전동기이다.   **답** ①

02 교류분권 정류자전동기는 어느 때에 가장 적당한 특성을 가지고 있는가? [2002]

① 속도의 연속 가감과 정속도 운전을 아울러 요하는 경우
② 속도를 여러 단으로 변화시킬 수 있고 각 단에서 정속도 운전을 요하는 경우
③ 부하 토크에 관계없이 완전하게 일정 속도를 요하는 경우
④ 무부하와 전부하의 속도변화가 적고 거의 일정 속도를 요하는 경우

> **풀이** 분권전동기는 정속도 특성을 가지지만, 완전하게 일정속도는 아니다. 이 전동기는 속도를 여러 단으로 조정할 수 없으며, 연속적인 속도 조정특성은 타여자전동기특성에 가깝다.   **답** ④

03 다음은 분권전동기의 특징이다. 틀린 것은?

① 토크는 전기자 전류의 자승에 비례한다.
② 부하전류에 따른 속도변화가 거의 없다.
③ 전동기 운전 중 계자회로에 퓨즈를 넣어서는 안 된다.
④ 계자권선과 전기자권선이 병렬로 접속되어 있다.

> **풀이** 토크는 전기자 전류의 비례한다.   **답** ①

04 직류분권전동기의 부하로 가장 적당한 것은? [2008]

① 크레인   ② 권상기   ③ 전동차   ④ 공작기계

> **풀이** 계자저항기로 일정범위 내에서 회전속도를 조정할 수 있으므로 공작기계, 압연기에 적합하다.
> 크레인, 권상기, 전동차의 부하에는 직류직권전동기가 적합하다.   **답** ④

05 부하전류에 따라 속도변동이 가장 심한 전동기는? [2004][2005][2007]

① 타여자전동기　　　　　　　　② 분권전동기
③ 직권전동기　　　　　　　　　④ 차동복권전동기

풀이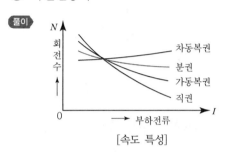
[속도 특성]

답 ③

06 직류직권전동기에서 토크 T와 회전수 N과의 관계는 어떻게 되는가? [2004][2007]

① $T \propto N$　　　② $T \propto N^2$　　　③ $T \propto \dfrac{1}{N}$　　　④ $T \propto \dfrac{1}{N^2}$

풀이 $N \propto \dfrac{1}{I_a}$ 이고, $T \propto I_a{}^2$ 이므로 $T \propto \dfrac{1}{N^2}$ 이다.

답 ④

07 직류전동기 중에서 무부하 운전이나 벨트를 연결한 운전을 하면 절대로 안 되는 것은?

① 직권전동기　　　　　　　　② 분권전동기
③ 가동복권전동기　　　　　　④ 차동복권전동기

풀이 직권전동기는 $N \propto \dfrac{1}{I_a}$ 이므로 무부하가 되면 대단히 고속도가 되어 위험하기 때문에 벨트운전이나 무부하 운전을 해서는 안 된다.

답 ①

08 직류직권전동기를 기동시킬 때 벨트(Belt)를 벗기고 운전한다. 그 이유는 무엇인가?
[2004]

① 벨트의 마모가 심해서 보수가 곤란하다.
② 손실이 크다.
③ 속도제어가 유리하다.
④ 벨트가 벗겨지면 과속도가 되어 위험하다.

풀이 위의 해설 참조

답 ④

09 직류직권전동기의 특성으로 옳은 것은?

① 벨트 연결 운전이 이상적이다.

② 기동 토크가 작다.

③ 토크가 클 때 회전속도는 매우 낮다.

④ 기동횟수가 많고 토크의 변동이 심한 부하에는 부적당하다.

풀이 직권전동기는 기동토크가 I_a의 제곱에 비례하기 때문에 기동토크가 크며, 잦은 기동과 부하변동이 심한 곳에 적합하다. 또한, $T \propto \dfrac{1}{N^2}$ 이므로 토크가 클 때 회전속도는 작다. **답** ③

10 200[V]의 직류직권전동기가 있다. 전기자저항이 0.1Ω 계자저항은 0.05Ω 이다. 부하전류 40[A]일 때의 역기전력은?

① 194   ② 196   ③ 198   ④ 200

풀이 $V = E_c + I_a (R_a + R_f)$ 이므로

$E_c = 200 - 40 \times (0.1 + 0.05) = 194 [\text{V}]$ **답** ①

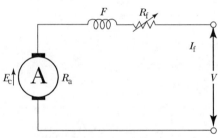

11 직류전동기의 운전

(1) 기동

① **기동 시 정격전류의 10배 이상의 전류**가 흐르므로 **전동기의 손상** 및 **전원계통에 전압강하의 영향**을 주므로 기동전류를 저감하는 대책이 필요하다.
② **전기자에 직렬로 저항을 삽입**하여 기동 시 **직렬저항(시동저항)을 최대**로 하여 정격전류의 2배 이내로 기동을 하며, 토크를 유지하기 위해 **계자저항을 최소**로 하여 기동한다.

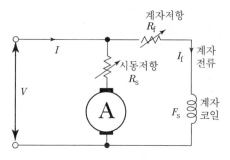

(2) 속도제어

다음 식에 의해서 속도 제어를 한다.

$$N = K_1 \frac{V - I_a R_a}{\phi} \, [\text{rpm}]$$

① **계자제어**(ϕ)
　㉮ 계자권선에 직렬로 저항을 삽입하여 계자전류를 변화시켜 자속을 조정한다.
　㉯ **광범위하게 속도를 조정할 수 있고, 정출력 가변속도에 적합하다.**
② **저항제어**(R_a)
　㉮ 전기자권선에 직렬로 저항을 삽입하여 속도를 조정한다.
　㉯ 전력손실이 생기고 속도 조정의 폭이 좁아서 별로 사용하지 않는다.
③ **전압제어**(V)
　㉮ 직류전압 V를 조정하여 속도를 조정한다.
　㉯ 워드 레오너드 방식(M-G-M법), 일그너 방식이 있으나, 설치비용이 많이 든다.

(3) 직류전동기의 제동

① 발전제동 : 제동 시에 전원을 개방하여 발전기로 이용하여 발전된 전력을 제동용 저항에 열로 소비시키는 방법이다.

② 회생제동 : 제동 시에 전원을 개방하지 않고 발전기로 이용하여 발전된 전력을 다시 전원으로 돌려보내는 방식이다.

③ 역상제동(플러깅) : 제동 시에 전동기를 역회전으로 접속하여 제동하는 방법이다.

(4) 역회전

① 직류전동기는 전원의 극성을 바꾸게 되면, 계자권선과 전기자권선의 전류방향이 동시에 바뀌게 되므로 회전방향이 바뀌지 않는다.

② 회전방향을 바꾸려면, **계자권선이나 전기자권선 중 어느 한쪽의 접속을 반대**로 하면 되는데, 일반적으로 전기자권선의 접속을 바꾸어 역회전시킨다.

12 직류기의 손실

(1) 동손(P_c)

부하전류(전기자 전류) 및 여자전류에 의한 권선에서 생기는 줄열로 발생하는 손실을 말하며, 저항손이라고도 한다.

(2) 철손(P_i)

철심에서 생기는 히스테리시스손과 와류손을 말한다.

① 히스테리시스손(P_h) : 철심의 재질에서 생기는 손실로 다음과 같다.

$$P_h \propto f\, B_m^{\,1.6}$$

여기서, B_m : 최대자속밀도

② **와류손**(P_e) : 자속에 의해 철심의 맴돌이전류에 의해서 생기는 손실로 다음과 같다.

$$P_e \propto (t f B_m)^2$$

여기서, t : 철심의 두께

(3) 기타 손실

① **기계손** : 회전 시에 생기는 손실로 마찰손, 풍손
② **표류 부하손** : 철손, 기계손, 동손을 제외한 손실

13 직류기의 효율

(1) 효율

① 기계의 입력과 출력의 백분율의 비로서 나타낸다.

$$\eta = \frac{출력}{입력} \times 100[\%]$$

② **규약효율** : 발전기나 전동기는 규정된 방법에 의하여 각 손실을 측정 또는 산출하고 입력 또는 출력을 구하여 효율을 계산하는 방법

$$발전기\ 효율\ \eta_G = \frac{출력}{출력 + 손실} \times 100[\%]$$

$$전동기\ 효율\ \eta_M = \frac{입력 - 손실}{입력} \times 100[\%]$$

③ **최대 효율 조건**

$$철손(P_i) = 동손(P_c)$$

(2) 전압변동률

발전기 정격부하일 때의 전압(V_n)과 무부하일 때의 전압(V_o)이 변동하는 비율

$$\varepsilon = \frac{V_o - V_n}{V_n} \times 100 \, [\%]$$

(3) 속도변동률

전동기의 정격회전수(N_n)에서 무부하일 때의 회전속도(N_o)가 변동하는 비율

$$\varepsilon = \frac{N_o - N_n}{N_n} \times 100 \, [\%]$$

01 직류분권전동기에서 기동 시 계자에 흐르는 여자전류는? [2002]

① 클수록 좋다.
② 작은 것이 좋다.
③ 0에 가까운 것이 좋다.
④ 정격 시와 같은 것이 좋다.

풀이 기동 시 전기자에 직렬로 삽입한 기동저항을 크게 하여 기동전류를 낮추고, 기동토크를 가급적 크게 하기 위하여 계자저항기의 저항값을 0으로 낮추어 여자전류를 크게 하여 기동한다. **답** ①

02 워드 레오너드(Ward Leonard)방식은 직류기의 무엇을 목적으로 하는 것인가?

[2003][2008]

① 정류개선
② 속도제어
③ 계자자속 조정
④ 병렬운전

풀이 속도제어의 전압제어방식이다. **답** ②

03 직류전동기를 워드-레오너드 방식으로 속도제어를 할 경우 특징이 아닌 것은?

① 속도제어 범위가 넓다.
② 설치비가 싸다.
③ 속도를 정밀하게 조정할 수 있다.
④ 기동 저항기가 필요 없다.

풀이 주전동기의 속도제어를 위해 보조 발전기와 전동기가 필요하여 설치비용이 많이 든다. **답** ②

04 직류전동기의 전기적인 제동방법이 아닌 것은?

① 발전제동
② 회생제동
③ 저항제동
④ 플러깅

풀이 운전 중인 전동기를 전원에서 분리하여 발전기로 작용시키고, 발전된 전기에너지를 저항 열로 소비시키는 방식은 발전제동이라 하며, 저항제동이란 용어는 사용하지 않는다. **답** ③

05 직류전동기에서 전기자에 가해 주는 전원전압을 낮추어서 전동기의 유도기전력을 전원전압보다 높게 하여 제동하는 방법은? [2004][2007]

① 맴돌이전류제동
② 발전제동
③ 역전제동
④ 회생제동

풀이 회생제동

전동기가 갖는 운동에너지를 전기에너지로 변화시켜 전원으로 반환하는 방식 **답** ④

06 전동기의 제동에서 역기전력이 높아서 전원쪽으로 전기를 되돌주면서 제동하는 방법은?

① 발전제동
② 역전제동
③ 마찰제동
④ 회생제동

풀이 위의 문제 해설 참조　　　　　　　　　　　　　　　　　　　　　**답** ④

07 권상기의 짐을 내릴 때나 전동차용 전동기의 제동에 사용되는 제동방식은?

① 맴돌이 전류제동
② 회생제동
③ 역전제동
④ 발전제동

풀이 위의 문제 해설 참조　　　　　　　　　　　　　　　　　　　　　**답** ②

08 급정지하는 데 좋은 제동법은?

① 발전제동
② 회생제동
③ 역전제동
④ 단상제동

풀이 **역전제동**
회전방향과 반대방향으로 토크를 발생시켜 급속히 정지하는 방식　　　　　　**답** ③

09 직류분권전동기의 공급전압의 극성을 반대로 하였을 때 다음 중 옳은 것은? [2006]

① 회전방향은 변하지 않는다.
② 회전방향이 반대로 된다.
③ 회전하지 않는다.
④ 발전기로 된다.

풀이 직류전동기는 전원의 극성을 바꾸게 되면, 계자권선과 전기자권선의 전류 방향이 동시에 바뀌게 되므로 회전방향이 바뀌지 않는다.　　　　　　　　　　　　　　　　　　　　**답** ①

10 전동기의 회전방향을 바꾸어 주는 방식을 설명한 것이다. 틀린 것은?

① 직류분권전동기의 역회전 운전－전기자회로를 반대로 접속한다.
② 3상 농형 유도전동기의 역회전 운전－3상 전원 중 2상 이상의 결선을 바꾸어 결선한다.
③ 직류직권전동기의 역회전 운전－전원의 극성을 반대로 한다.
④ 콘덴서형 단상 유도전동기의 역회전 운전－기동권선을 반대로 접속한다.

풀이 직류직권전동기의 회전방향을 바꾸려면, 계자권선이나 전기자권선 중 어느 한쪽의 접속을 반대로 하면 되는데, 일반적으로 전기자권선의 접속을 바꾸어 역회전시킨다.　　　　　　　　　　**답** ③

11 교류와 직류 양쪽 모두에 사용 가능한 전동기는? [2006]

① 단상 분권 정류자 전동기
② 단상 반발 전동기
③ 세이딩 코일형 전동기
④ 단상 직권 전동기

풀이 ▶ 직류직권전동기는 계자권선과 전기자권선이 직렬로 되어 있으므로 전원의 극성을 바꾸어도 항상 같은 방향의 토크를 발생하고 같은 방향으로 회전한다. 단상 직권 정류자 전동기라고도 한다. 답 ④

12 직류기의 손실 중에서 기계손에 해당되는 것은? [2005]

① 표유 부하손
② 와전류손
③ 브러시의 전기손
④ 풍손

풀이 ▶ 회전 시에 생기는 기계적인 손실로 마찰손, 풍손이 있다. 답 ④

13 직류전동기의 기계손과 가장 관계가 깊은 것은? [2002]

① 부하
② 전류
③ 회전수
④ 자속

풀이 ▶ 위의 문제 해설 참조 답 ③

14 직류전동기의 부하에 따라 손실이 변하는 것은?

① 마찰손
② 풍손
③ 철손
④ 구리손

풀이 ▶ 동손(구리손)은 부하전류 및 여자전류에 의한 저항손으로 부하전류에 따라 변한다. 답 ④

15 철심을 자화할 때 발생하는 자기 점성의 원인은? [2004][2007]

① 자화에 따른 발열
② 자구의 변화에 대한 관성
③ 맴돌이 전류에 의한 자화 방해
④ 전자의 전자운동의 감속

풀이 ▶ 자기적 늦음 현상이라고 볼 수 있다. 답 ②

16 일정 전압으로 운전하는 직류전동기의 손실이 $x+yI^2$으로 된다고 한다. 어떤 전류에서 효율이 최대로 되는가?(단, x, y는 정수이다.) [2003]

① $I = \dfrac{y}{x}$

② $I = \dfrac{x}{y}$

③ $I = \sqrt{\dfrac{y}{x}}$

④ $I = \sqrt{\dfrac{x}{y}}$

풀이 최대 효율 조건 : 철손(P_i)=동손(P_c)

철손을 x, 동손을 yI^2라 하면, $x=yI^2$에서 $I=\sqrt{\dfrac{x}{y}}$ 이 된다.   **답** ④

17 직류전동기의 규약효율을 나타내는 식은?

① 전동기의 효율 $= \dfrac{입력+손실}{입력} \times 100[\%]$

② 전동기의 효율 $= \dfrac{입력-손실}{입력} \times 100[\%]$

③ 전동기의 효율 $= \dfrac{출력}{출력+손실} \times 100[\%]$

④ 전동기의 효율 $= \dfrac{출력}{출력-손실} \times 100[\%]$

풀이 **규약효율**

발전기나 전동기는 규정된 방법에 의하여 각 손실을 측정 또는 산출하고 입력 또는 출력을 구하여 효율을 계산하는 방법

㉠ 발전기 규약효율 $\eta_G = \dfrac{출력}{출력+손실} \times 100[\%]$

㉡ 전동기 규약효율 $\eta_M = \dfrac{입력-손실}{입력} \times 100[\%]$ **답** ②

18 효율 80%, 출력 10kW인 직류발전기의 전손실은 몇 kW인가? [2006]

① 1.25   ② 2.5   ③ 2.0   ④ 3.0

풀이 $\eta_G = \dfrac{출력}{출력+손실} \times 100[\%]$ 이므로

$80\% = \dfrac{10}{10+손실} \times 100[\%]$ 에서 손실을 구하면, 손실 2.5kW   **답** ②

19 어떤 전동기의 출력이 5[HP]일 때의 효율이 80[%]였다면 이 전동기의 입력은 몇 [W]인가?

[2002]

① 4,662.5　　　② 4,144.4　　　③ 3,265　　　④ 2,984

풀이 $\eta = \dfrac{\text{출력}}{\text{입력}} \times 100[\%]$이므로

$80\% = \dfrac{5 \times 746}{\text{입력}} \times 100[\%]$에서 입력을 구하면, 입력 4,662.5W

답 ①

20 직류발전기를 정격속도, 정격부하전류에서 정격전압 V_n[V]를 발생하도록 한 다음, 계자저항 및 회전속도를 바꾸지 않고 무부하로 하였을 때의 단자전압을 V_o라 하면, 이 발전기의 전압변동률 ε[%]는?

① $\dfrac{V_o - V_n}{V_o} \times 100\%$　　　　　　② $\dfrac{V_o + V_n}{V_o} \times 100\%$

③ $\dfrac{V_o - V_n}{V_n} \times 100\%$　　　　　　④ $\dfrac{V_o + V_n}{V_n} \times 100\%$

풀이 본문 내용 참조

답 ③

21 직류발전기의 정격전압 100[V] 무부하 전압 109[V]이다. 전압변동률은 얼마인가?

① 1.09　　　② 109　　　③ 0.9　　　④ 9

풀이 $\varepsilon = \dfrac{V_o - V_n}{V_n} \times 100[\%]$이므로

$\varepsilon = \dfrac{109 - 100}{100} \times 100[\%] = 9\%$

답 ④

22 어느 분권발전기의 전압변동률이 6[%]이다. 이 발전기의 무부하 전압이 120[V]이면 정격 전부하전압은 약 몇 [V]인가?

[2002][2003]

① 96　　　② 100　　　③ 113　　　④ 125

풀이 $\varepsilon = \dfrac{V_o - V_n}{V_n} \times 100[\%]$이므로

$6\% = \dfrac{120 - V_n}{V_n} \times 100[\%]$에서 정격전압을 구하면, 전부하전압 113.2[V]

답 ③

23 직류전동기의 속도변동률은 몇 %인가?(단, n은 전부하속도이고, n_o는 무부하속도이다.)

[2002]

① $\dfrac{n_o - n}{n} \times 100$　　　　　　② $\dfrac{n_o - n}{n_o} \times 100$

③ $\dfrac{n - n_o}{n} \times 100$　　　　　　④ $\dfrac{n - n_o}{n_o} \times 100$

풀이 본문 내용 참조　　　　　　　　　　　　　　　　　　**답** ①

24 정격전압 200[V] 정격전류 10[A]에서 직류전동기의 속도가 1,800[rpm]이다. 무부하에서 속도가 1,854[rpm]이라고 하면 속도변동률은?

① 2　　　　　　　　　　　　　② 2.6

③ 3　　　　　　　　　　　　　④ 3.6

풀이 $\varepsilon = \dfrac{N_o - N_n}{N_n} \times 100[\%]$ 이므로

$\varepsilon = \dfrac{1,854 - 1,800}{1,800} \times 100[\%] = 3\%$　　　　　　　　**답** ③

25 증폭 특성을 이용하여 발전기의 전압이나 전동기의 속도를 제어하는 특수직류기는?

[2003]

① 승압기　　　　　　　　　② 전기동력계

③ 전동발전기　　　　　　　④ 앰플리다인

풀이 전기자반작용을 이용한 일종의 직류발전기로 계자저항의 미소한 변화에 따라 전기자 회로에서 크게 증폭된 전력을 얻을 수 있고 게다가 신속한 응답을 얻을 수 있도록 제작되어 있다. 이것은 직류기의 전압, 전류, 속도의 제어 혹은 교류기의 전압제어, 역률조정 등에 사용된다.　　**답** ④

02 동기기
CHAPTER

☐ 개요

동기기는 정상상태에서 일정한 속도로 회전하는 발전기와 전동기를 말한다.
동기발전기는 전력계통의 발전소에서 운전되는 교류발전기로 사용되며, 전력설비 가운데 가장 중요한 부분이다.
동기전동기는 정속도 전동기로서 사용되며, 전력계통에서 동기조상기로도 사용된다.

01 동기발전기의 원리

(1) 원리

자속과 도체가 서로 상쇄하여 기전력을 발생하는 **플레밍의 오른손법칙**은 같으나 정류자 대신 **슬립링**을 사용하여 교류 기전력을 그대로 출력한다.

(2) 회전전기자형

계자를 고정해 두고 전기자가 회전하는 형태로 소형기기에 채용된다.

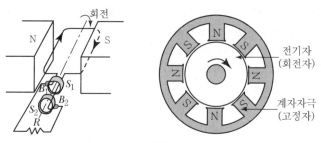

[회전전기자형]

(3) 회전계자형

전기자를 고정해 두고 계자를 회전시키는 형태로 중·대형기기에 일반적으로 채용된다.

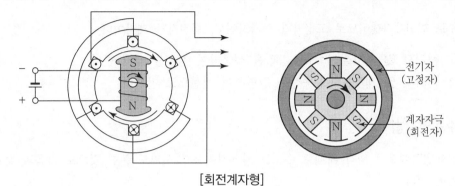

[회전계자형]

(4) 회전자속도(동기속도) N_s, 주파수 f, 발전기 극수 P와의 관계는 아래 그림과 같이 2극 발전기가 1회전할 때, 교류파형은 1사이클이 나오므로 다음과 같다.

$$N_s = \frac{120f}{P}[\text{rpm}]$$

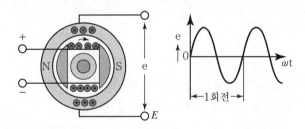

(5) 수력발전의 수차발전기는 물의 용량 및 낙차에 따라 6~48극과 같은 저속도 운전을 위한 다극기를 사용하고, 화력이나 원자력발전의 터빈 발전기는 고속도로 회전하는 발전기로 2 극기가 많이 쓰인다.

02 동기발전기의 구조

(1) 주로 회전계자형이므로 고정자가 전기자이고, 회전자가 계자이다.

① **전기자 및 계자철심** : 규소강판을 성층하여 철손을 적게 한다.
② **전기자 및 계자도체** : 동선을 절연하여 권선으로 만든다.

(2) 수소냉각법

전폐냉각형으로 냉각 매체로 수소를 사용하여 순환시키도록 한 것으로 다음과 같은 특징이 있다.

> ① 수소의 밀도가 공기보다 약 7%이므로 **풍손이 1/10로 감소**한다.
> ② 열전도율이 공기의 약 6.7배로 냉각효과가 크므로, 같은 출력에서 **기계의 크기를 약 25[%] 적게** 할 수 있다.
> ③ 불활성 기체이므로 코일의 **절연수명이 길어진다.**
> ④ 전폐형으로 하기 때문에 소음을 감소시킬 수 있으나, **공기와 혼합하면 폭발하는 것을 방지하기 위한 설비가 필요**하므로 설비비용이 높아진다.

(3) 여자기

계자권선에 여자전류를 공급하는 직류전원 공급장치
① **직류여자기** : 타여자 직류발전기를 이용하는 방식
② **정류여자기** : 발전기에서 발생된 전력의 일부를 정류기를 통해 정류하여 계자권선에 공급하는 방식
③ **브러시 없는 여자기** : 같은 축상에 회전전기자형 발전기를 설치하여 발생된 교류를 반도체 정류기로 정류하여 주 발전기의 계자권선에 공급하는 방식

(4) 전기자권선법

① 집중권, 분포권
  ㉮ 집중권 : 1극 1상당 슬롯 수가 한 개인 권선법
  ㉯ 분포권 : 1극 1상당 슬롯 수가 2개 이상인 권선법으로 **기전력의 파형이 좋아지고, 전기자 동손에 의한 열을 골고루 분포시켜 과열을 방지**하는 장점이 있다.

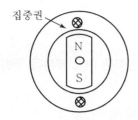
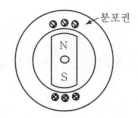

② **전절권, 단절권**

㉮ 전절권 : 코일의 간격을 자극의 간격과 같게 하는 것

㉯ 단절권 : 코일의 간격을 자극의 간격보다 작게 하는 것으로 **고조파 제거로 파형이 좋아지고 코일 단부가 단축되어 동량이 적게** 드는 장점이 있다.

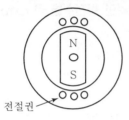
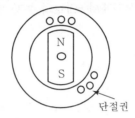

③ 유도기전력을 정현파에 근접하게 하기 위하여 실제로는 분포권과 단절권을 혼합하여 쓴다.

④ 권선계수 : 분포계수와 단절계수의 곱

㉮ 분포계수 : 분포권을 채용하면, 집중권에 비해 기전력이 감소하게 되는데, 감소하는 비율로서 보통 0.955 이상이 된다.

㉯ 단절계수 : 단절권을 채용하면, 전절권에 비해 기전력이 감소하게 되는데, 감소하는 비율로서 보통 0.914 이상이 된다.

(5) 결선방식

동기발전기는 대부분 3상인데, 상간의 결선방식은 Y결선, Δ결선이 있다. 주로 Y결선법이 쓰이는데, 그 이유는 다음과 같다.

① 선간 전압에서 **제3고조파가 나타나지 않아서,** 순환전류가 흐르지 않는다.

② Δ결선에 비해 상전압이 $1/\sqrt{3}$ 배이므로 권선의 절연이 쉬워진다.

③ **중성점을 접지하여 지락사고 시 보호계전방식이 간단해진다.**

④ **코로나 발생률이 적다.**

01 회전전기자형 동기발전기에서 3상 교류 기전력은 어느 부분을 통하여 출력해 내는가?

[2007]

① 모선　　　　　　　　　　　　② 전기자권선
③ 회전자권선　　　　　　　　　④ 슬립링

풀이 자속과 도체가 서로 상쇄하여 발생한 기전력을 슬립링을 통해 외부회로와 연결한다.　　**답** ④

02 6극 동기발전기에서 60Hz의 주파수를 얻으려면 회전수를 몇 rpm으로 하여야 하는가?

[2003]

① 600　　　　　　　　　　　　② 900
③ 1,200　　　　　　　　　　　④ 1,800

풀이 $N_s = \dfrac{120f}{P}[\mathrm{rpm}]$ 이므로 $N_s = \dfrac{120 \times 60}{6} = 1,200[\mathrm{rpm}]$ 이다.　　**답** ③

03 24극의 발전기가 주파수 60[Hz]인 전압을 발생하려면 동기속도[rpm]는?

① 300　　　　　　　　　　　　② 400
③ 500　　　　　　　　　　　　④ 600

풀이 $N_s = \dfrac{120f}{P}[\mathrm{rpm}]$ 이므로 $N_s = \dfrac{120 \times 60}{24} = 300[\mathrm{rpm}]$ 이다.　　**답** ①

04 동기속도 1,800[rpm], 주파수 60[Hz]인 동기발전기의 극수는?

① 2극　　　　　　　　　　　　② 4극
③ 6극　　　　　　　　　　　　④ 8극

풀이 $N_s = \dfrac{120f}{P}[\mathrm{rpm}]$ 이므로

$1,800 = \dfrac{120 \times 60}{P}[\mathrm{rpm}]$ 에서 구하면, $P=4$ 이다.　　**답** ②

05 1,200[rpm]의 회전수를 만족하는 동기기의 극수 P와 주파수 f[Hz]에 해당하는 것은?

[2008]

① $P=6$, $f=50$ ② $P=8$, $f=50$

③ $P=6$, $f=60$ ④ $P=8$, $f=50$

풀이 $N_s = \dfrac{120f}{P}$[rpm]이므로

$P=6$일 때 $1,200 = \dfrac{120 \times 60}{6}$[rpm]에서 $f=60$

$P=8$일 때 $1,200 = \dfrac{120 \times 80}{8}$[rpm]에서 $f=80$이다. **답** ③

06 터빈 발전기의 구조가 아닌 것은?

① 고속운전을 한다.

② 회전계자형의 철극형으로 되어 있다.

③ 축방향으로 긴 회전자로 되어 있다.

④ 일반적으로 극수는 2극 또는 4극을 사용한다.

풀이 터빈 발전기는 주파수를 안정적으로 확보하기 위해 고속운전을 주로 채용한다. 따라서, 극수가 작은 2극을 주로 사용하며, 원심력이 적도록 지름이 작은 긴 회전자를 사용한다. 또한 고속기에는 원통형 전기자를 사용하고, 저속기에는 철극형을 사용한다. **답** ②

07 수소냉각 발전기의 특징으로 옳지 않은 것은?

[2003]

① 풍손이 대폭으로 감소한다.   ② 절연물의 수명이 길다.

③ 비열이 공기보다 작다.   ④ 코로나 발생 전압이 높다.

풀이 수소의 열 전도율은 공기의 약 6.7배, 비열은 14배, 표면 방산율은 약 1.5배이기 때문에 냉각효과가 크다. **답** ③

08 수소냉각 발전기에서 발전기 내 수소 순환용 팬 [Fan]의 전후 압력차로 식별하고자 하는 것은?

[2005][2007]

① 발전기 내 수소압력   ② 수소가스의 순도

③ 팬의 회전속도   ④ 가스의 수분함량

풀이 수소가스의 순도와 압력을 항상 일정하게 유지하기 위해 자동압력 제어장치가 쓰인다. **답** ②

09 대부분의 대용량 발전기는 폐쇄 풍도 순환형으로 냉각 매체로 수소가스를 사용하면 다음과 같은 장점을 가지고 있다. 이 중 장점이 아닌 것은?

① 풍손이 공기냉각의 약 $\frac{1}{10}$ 정도이다.

② 비열은 공기의 약 14배이다.

③ Arc(아크) 발생 시 연소하지 않는다.

④ 공기가 30~90% 혼합되면 폭발할 우려가 있다.

풀이 수소와 공기가 혼합되지 않도록 하기 위한 부속설비가 필요하게 되며, 설비 비용이 높아지는 것은 단점이라 볼 수 있다. **답** ④

10 여자기(Exciter)에 대한 설명으로 옳은 것은? [2002][2003][2006]

① 발전기의 속도를 일정하게 하는 것이다.

② 부하변동을 방지하는 것이다.

③ 직류전류를 공급하는 것이다.

④ 주파수를 조정하는 것이다.

풀이 계자권선에 직류전원을 공급하는 장치이다. **답** ③

11 동기기의 전기자 권선법이 아닌 것은? [2002][2007]

① 분포권 ② 2층권

③ 중권 ④ 전절권

풀이 주로 동기기는 분포권－단절권－중권－2층권을 사용한다. **답** ④

12 교류발전기에서 권선을 절약할 뿐 아니라 특정 고주파분이 없는 권선은? [2003]

① 전절권 ② 집중권

③ 단절권 ④ 분포권

풀이 **단절권**
코일의 간격이 자극의 간격보다 작게 하는 것으로 고조파 제거로 파형이 좋아지고 코일 단부가 단축되어 동량이 적게 드는 장점이 있다. **답** ③

13 전기자 권선을 단절권으로 하는 이유는? [2003][2006][2007]

① 고주파를 제거한다.   ② 역률을 좋게 한다.

③ 기전력의 크기를 높게 한다.   ④ 절연을 좋게 한다.

풀이 위의 문제 해설 참조   **답** ①

14 6극 3상 60[Hz]의 동기발전기에 90개의 홈이 있을 때 분포계수는 대략 얼마인가?

① 0.96   ② 0.85

③ 0.68   ④ 0.47

풀이 **분포계수**

분포권을 채용하면, 집중권에 비해 기전력이 감소하게 되는데, 감소하는 비율로서 보통 0.955 이상이 된다.   **답** ①

15 동기기의 상간 접속을 Y결선으로 하는 이유가 아닌 것은? [2003]

① 선간전압 파형개선   ② 절연용이

③ 중성점 이용   ④ 권선 절약

풀이 **Y결선법이 쓰이는 이유**

㉠ 선간 전압에서 제3고조파가 나타나지 않아서, 순환전류가 흐르지 않는다.

㉡ Δ결선에 비해 상전압이 $1/\sqrt{3}$ 배이므로 권선의 절연이 쉬워진다.

㉢ 중성점을 접지하여 지락사고 시 보호계전방식이 간단해진다.

㉣ 코로나 발생률이 적다.   **답** ④

16 3상 발전기의 전기자 권선에서 Y결선을 채택하는 이유로 볼 수 없는 것은?

[2002][2003][2006][2008]

① 중성점을 이용할 수 있다.

② 같은 상전압이면 Δ결선보다 높은 선간전압을 얻을 수 있다.

③ 같은 상전압이면 Δ결선보다 상절연이 쉽다.

④ 발전기 단자에서 높은 출력을 얻을 수 있다.

풀이 위의 문제 해설 참조   **답** ④

03 동기발전기의 이론

(1) 유도기전력

패러데이의 전자유도법칙에 의해 실효값으로 다음과 같다.

$$E = 4.44fN\phi[\text{V}]$$

여기서, N : 1상의 권선수

(2) 전기자 반작용

발전기에 부하전류에 의한 기자력이 주자속에 영향을 주는 작용

① **교차자화작용** : 동기 발전기에 저항 부하를 연결하면, 기전력과 전류가 동위상이 된다. 이때 전기자전류에 의한 기자력과 주자속이 직각이 되는 현상

② **감자작용** : 동기발전기에 리액터 부하를 연결하면, 전류가 기전력보다 90° 늦은 위상이 된다. 전기자 전류에 의한 자속이 주자속을 감소시키는 방향으로 작용하여 유도기전력이 작아지는 현상

③ **증자작용** : 동기발전기에 콘덴서 부하를 연결하면, 전류가 기전력보다 90° 앞선 위상이 된다. 전기자 전류에 의한 자속이 주자속을 증가시키는 방향으로 작용한다. 유도기전력이 증가하게 되는데, 이런 현상을 동기발전기의 자기여자작용이라고도 한다.

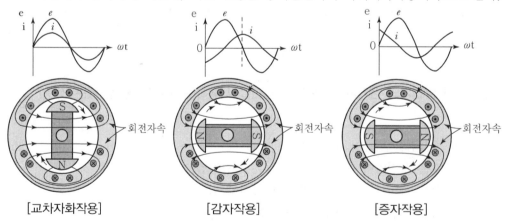

[교차자화작용]　　　　[감자작용]　　　　[증자작용]

(3) 동기발전기의 출력(P_s)

① 동기발전기 1상분의 출력 P_s는 다음과 같이 구해진다.

$$P_s = \frac{VE}{x_s} \sin \delta[\text{W}]$$

여기서, X_s : 동기리액턴스

② 동기발전기는 내부임피던스에 의해 유도기전력(E)과 단자전압(V)의 위상차가 생기게 되는데, 이 위상각 δ를 부하각이라 한다.

---

04 동기발전기의 특성

(1) 무부하 포화곡선

① 무부하 시에 유도기전력(E)과 계자전류(I_f)의 관계곡선
② 전압이 낮은 부분에서는 유도기전력이 계자전류에 정비례하여 증가하지만, 전압이 높아짐에 따라 철심의 자기포화 때문에 전압의 상승비율은 매우 완만해진다.

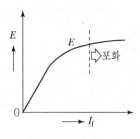

(2) 3상 단락곡선

① 동기발전기의 모든 단자를 단락시키고 정격속도로 운전할 때 계자전류와 단락전류와의 관계곡선
② 거의 직선으로 상승한다.

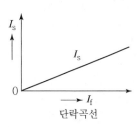

단락곡선

(3) 단락비

단락비의 크기는 기계의 특성을 나타내는 표준

① 무부하 포화곡선과 3상 단락곡선에서 단락비 K_s는 다음과 같이 표시된다.

$$K_s = \frac{\text{무부하에서 정격전압을 유지하는 데 필요한 계자전류}(I_{fs})}{\text{정격전류와 같은 단락전류를 흘려주는 데 필요한 계자전류}(I_{fn})} = \frac{100}{\%Z_s}$$

여기서, Z_s, % : 동기임피던스

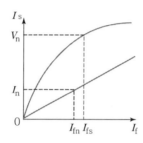

② 단락비에 따른 발전기의 특징

단락비가 큰 동기기(철기계)	단락비가 작은 동기기(동기계)
전기자 반작용이 작고, 전압변동률이 작다.	전기자 반작용이 크고, 전압변동률이 크다.
공극이 크고 과부하 내량이 크다.	공극이 좁고 안정도가 낮다.
기계의 중량이 무겁고 효율이 낮다.	기계의 중량이 가볍고 효율이 좋다.

(4) 전압변동률

발전기 정격부하일 때의 전압(V_n)과 무부하일 때의 전압(V_o)이 변동하는 비율

$$\varepsilon = \frac{V_o - V_n}{V_n} \times 100[\%]$$

05 동기발전기의 운전

(1) 병렬운전 조건

① 기전력의 크기가 같을 것 → 다르면, 무효 순환 전류(무효 횡류)가 흐른다.
② 기전력의 위상이 같을 것 → 다르면, 동기화 전류(유효 횡류)가 흐른다.
③ 기전력의 주파수가 같을 것
④ 기전력의 파형이 같을 것 → 다르면, 고조파 순환 전류가 흐른다.

(2) 난조의 발생과 대책

① 난조 : 부하가 갑자기 변하면 속도 재조정을 위한 진동이 발생하게 된다. 일반적으로는 그 진폭이 점점 적어지나, **진동주기가 동기기의 고유진동에 가까워지면 공진작용으로 진동이 계속 증대하는 현상.** 이런 현상의 정도가 심해지면 동기 운전을 이탈하게 되는데, 이것을 동기이탈이라 한다.

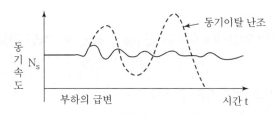

② 발생하는 원인
㉮ **조속기의 감도가 지나치게 예민한 경우**
㉯ 원동기에 고조파 토크가 포함된 경우
㉰ 전기자 저항이 큰 경우

③ 난조방지법
㉮ 발전기에 **제동권선을 설치**한다.(가장 좋은 방법)
㉯ 원동기의 조속기가 너무 예민하지 않도록 한다.
㉰ 송전계통을 연계하여 부하의 급변을 피한다.
㉱ 회전자에 플라이 휠 효과를 준다.

Chapter 02 동기기 **243**

01 동기기의 전기자 도체에 유기되는 기전력의 크기는 그 주파수를 2배로 했을 경우 어떻게 되는가?

[2005]

① 2배로 증가   ② 2배로 감소   ③ 4배로 증가   ④ 4배로 감소

풀이 $E = 4.44fN\phi[\text{V}]$이므로 주파수와 유도기전력은 비례 관계이다.   **답** ①

02 3상 교류발전기의 기전력에 대하여 90° 늦은 전류가 통할 때의 반작용 기자력은?

① 자극축보다 90° 빠른 증자작용   ② 자극축과 일치하는 감자작용

③ 자극축보다 90° 늦은 감자작용   ④ 자극축과 직교하는 교차자화작용

풀이 ㉠ 교차자화작용 : 기전력과 전류가 동위상

    ㉡ 감자작용 : 전류가 기전력보다 90° 늦은 위상

    ㉢ 증자작용 : 전류가 기전력보다 90° 앞선 위상   **답** ②

03 3상 교류발전기의 기전력에 대하여 $\frac{\pi}{2}[\text{rad}]$ 뒤진 전기자의 전류가 흐르면 전기자 반작용은?

① 횡축반작용으로 기전력을 증가시킨다.

② 교차자화작용으로 기전력을 감소시킨다.

③ 감자작용을 하여 기전력을 감소시킨다.

④ 증자작용을 하여 기전력을 증가시킨다.

풀이 위의 문제 해설 참조   **답** ③

04 동기기의 자기여자현상의 방지법이 아닌 것은?

① 단락비 증대   ② 리액턴스 접속

③ 발전기 직렬 연결   ④ 변압기 접속

풀이 전기자 전류가 무부하 유도기전력보다 90° 앞서 있는 경우에 발생하며, 콘덴서 부하와 같은 작용을 한다. 그러므로 리액터 부하를 접속하여 방지할 수 있다.   **답** ③

05 동기발전기의 돌발 단락전류를 주로 제한하는 것은? [2002][2006][2008]

① 동기 리액턴스
② 권선저항
③ 누설 리액턴스
④ 역상 리액턴스

풀이 동기리액턴스는 전기자 누설 리액턴스와 전기자 반작용 리액턴스로 나누어진다.
단락 시 전류를 제한하는 것은 거의 전기자 누설 리액턴스만 있다. 왜냐하면, 단락전류는 90° 늦은
전류로 감자작용이 생기지만, 계자권선에는 자기유도작용을 하는 자속이 생겨 자속의 감소를 막기 때
문에 전기자 반작용 리액턴스는 작용을 하지 않는다. **답** ③

06 교류발전기의 동기 임피던스는 철심이 포화하면 어떻게 되는가?

① 증가한다.
② 증가감소가 불분명하다.
③ 관계없다.
④ 감소한다.

풀이 동기임피던스는 단자전압과 단락전류의 비로서 철심이 포화하면, 무부하 포화특성 때문에 단자전압
이 감소하므로 동기 임피던스가 감소한다. **답** ④

07 동기발전기의 3상 단락곡선은 무엇과 무엇의 관계곡선인가?

① 계자전류와 단락전류
② 정격전류와 계자전류
③ 여자전류와계자 전류
④ 정격전류와 단락전류

풀이 동기발전기의 모든 단자를 단락시키고 정격속도로 운전할 때 계자전류와 단락전류와의 관계곡선
답 ①

08 발전기의 단락비나 동기 임피던스를 산출하는 데 필요한 시험은? [2006]

① 무부하 포화시험과 3상 단락시험
② 정상, 영상 리액턴스의 측정시험
③ 돌발 단락시험과 부하시험
④ 단상 단락시험과 3상 단락시험

풀이 무부하 포화곡선과 3상 단락곡선에서 단락비를 구할 수 있다. **답** ①

09 3상 동기발전기를 정격속도로 운전하며, 무부하 정격전압을 유기하는 데 필요한 계자전류를 I_1, 3상 단락 시 정격전류 I와 같은 크기의 지속단락전류를 흘리는 데 필요한 계자전류를 I_2라 하면 단락비는? [2005]

① $\dfrac{I}{I_1}$

② $\dfrac{I_2}{I_1}$

③ $\dfrac{I}{I_2}$

④ $\dfrac{I_1}{I_2}$

풀이 $K_s = \dfrac{\text{무부하에서 정격전압을 유기하는 데 필요한 계자전류}}{\text{정격전류와 같은 단락전류를 흘려주는 데 필요한 계자전류}} = \dfrac{100}{\%Z_s}$ **답** ④

10 %동기 임피던스가 130[%]인 3상 동기발전기의 단락비는 약 얼마인가? [2008]

① 0.7

② 0.77

③ 0.8

④ 0.88

풀이 $K_s = \dfrac{100}{\%Z_s} = \dfrac{100}{130} = 0.77$ **답** ②

11 단락비가 1.25인 동기발전기의 % 동기 임피던스는?

① 70[%]

② 80[%]

③ 90[%]

④ 125[%]

풀이 $K_s = \dfrac{100}{\%Z_s}$ 이므로 $1.25 = \dfrac{100}{\%Z_s}$ 에서 $\%Z_s = 80\%$ 이다. **답** ②

12 동기 임피던스가 작은 동기발전기는? [2005]

① 단락비가 작다.

② 전기자 반작용이 작다.

③ 전압변동률이 크다.

④ 과부하 내량이 작다.

풀이 동기 임피던스와 단락비는 역수 관계이므로 단락비가 큰 동기기의 특징을 가진다.

단락비가 큰 동기기(철기계)	단락비가 작은 동기기(동기계)
전기자 반작용이 작고, 전압변동률이 작다.	전기자 반작용이 크고, 전압변동률이 크다.
공극이 크고 과부하 내량이 크다.	공극이 좁고 안정도가 낮다.
기계의 중량이 무겁고 효율이 낮다.	기계의 중량이 가볍고 효율이 좋다.

답 ②

13 단락비가 큰 기계를 설명한 것 중 옳지 않은 것은? [2002]

① 공극이 작다.

② 철기계로 불린다.

③ 과부하 내량이 크다.

④ 전기자 권선의 권수가 적고, 계자전류가 크다.

풀이 위의 문제 해설 참조 **답** ①

14 동기발전기의 단락비가 크다는 것은?

① 기계가 작아진다.

② 효율이 좋아진다.

③ 전압변동률이 나빠진다.

④ 전기자 반작용이 작아진다.

풀이 위의 문제 해설 참조 **답** ④

15 동기발전기에서 단락비가 작은 기계는?

① 동기 임피던스가 크므로 전압변동률이 작다.

② 동기 임피던스가 크므로 전기자 반작용이 크다.

③ 공극이 넓다.

④ 계자기자력이 크다.

풀이 위의 문제 해설 참조 **답** ②

16 동기발전기의 공극이 넓어지면 어느 것이 작아지는가?

① 여자전류 ② 전압변동률

③ 단락비 ④ 안정도

풀이 공극이 크면 안정도가 좋아지며, 전압변동률도 낮아진다. **답** ②

17 동기발전기의 병렬운전조건 중 틀린 것은? [2002]

① 기전력의 위상이 같을 것　　② 회전수가 같을 것

③ 기전력의 크기가 같을 것　　④ 상회전방향이 같을 것

풀이 **병렬운전 조건**

　㉠ 기전력의 크기가 같을 것

　㉡ 기전력의 위상이 같을 것

　㉢ 기전력의 주파수가 같을 것

　㉣ 기전력의 파형이 같을 것

답 ②

18 다음 중 동기발전기의 병렬운전 조건으로 옳지 않은 것은? [2008]

① 유기기전력의 역률이 같을 것

② 유기기전력의 위상이 같을 것

③ 유기기전력의 파형이 같을 것

④ 유기기전력의 주파수가 같을 것

풀이 위의 문제 해설 참조

답 ①

19 동기발전기의 병렬운전에서 같지 않아도 되는 것은?

① 파형　　　　　　　② 주파수

③ 용량　　　　　　　④ 위상

풀이 위의 문제 해설 참조

답 ③

20 정전압 계통에 접속된 동기발전기는 그 여자를 약하게 하면 어떻게 되는가?

[2004][2005]

① 출력이 감소한다.

② 전압강하가 생긴다.

③ 진상 무효전류가 증가한다.

④ 지상 무효전류가 증가한다.

풀이 여자를 변화시키면 전압이 변하여 무효순환전류가 흐른다.

전압이 낮은 쪽은 진상 무효전류에 의한 증자작용이 생긴다.

답 ③

21 병렬운전 중 A, B 두 동기발전기에서 A 발전기의 여자를 B 보다 강하게 하면 A 발전기는 어떻게 변화되는가? [2008]

① 90° 진상 전류가 흐른다.　　　② 90° 지상 전류가 흐른다.

③ 동기화 전류가 흐른다.　　　　④ 부하 전류가 증가한다.

풀이 여자를 강하게 하면 기전력이 커지게 되므로 무효 순환 전류가 흐른다.
전압이 높은 쪽은 지상무효전류에 의한 감자작용이 생긴다.　　　　답 ②

22 4극 1,800rpm의 동기발전기와 병렬운전하는 24극 동기발전기의 회전수는 몇 rpm인가? [2002]

① 300　　　　　　　　　　　② 600

③ 900　　　　　　　　　　　④ 1,800

풀이 주파수가 같아야 하므로,

$N_s = \dfrac{120f}{P} [\mathrm{rpm}]$ 에서 $1,800 = \dfrac{120f}{4}$ 주파수는 $60[\mathrm{Hz}]$이다.

$\therefore N_s = \dfrac{120 \times 60}{24} = 300[\mathrm{rpm}]$　　　　답 ①

23 8극 900[rpm]의 교류발전기와 병렬운전하는 극수 6의 동기발전기의 회전수 [rpm]은?

① 750　　　　　　　　　　　② 900

③ 1,000　　　　　　　　　　④ 1,200

풀이 주파수가 같아야 하므로,

$N_s = \dfrac{120f}{P} [\mathrm{rpm}]$ 에서 $900 = \dfrac{120f}{8}$ 주파수는 $60[\mathrm{Hz}]$이다.

$\therefore N_s = \dfrac{120 \times 60}{6} = 1,200[\mathrm{rpm}]$　　　　답 ④

24 동기발전기를 병렬운전할 때 동기 검정기(Synchro Scope)를 사용하여 측정이 가능한 것은? [2007]

① 기전력의 크기　　　　　　② 기전력의 파형

③ 기전력의 진폭　　　　　　④ 기전력의 위상

풀이 모선과 발전기의 기전력의 위상차를 확인한다.　　　　답 ④

25 수차발전기가 난조를 일으키는 가장 큰 원인은?

[2004][2005]

① 발전기의 관성 모멘트가 크다.
② 발전기의 자극에 제동권선이 감겨있다.
③ 수차의 속도변동률이 작다.
④ 수차의 조속기가 예민하다.

풀이 난조 발생 원인
ㄱ 조속기의 감도가 지나치게 예민한 경우
ㄴ 원동기에 고조파 토크가 포함된 경우
ㄷ 전기자 저항이 큰 경우

답 ④

26 발전기 탈조보호에 해당되지 않는 것은?

[2004]

① 지나친 과부하방지
② 급격한 부하변동방지
③ 고장발생 시 과도 안정도의 한계초과방지
④ 동기화력의 증가방지

풀이 동기화력 : 속도 변동이 생겼을 경우 정상 속도로 되돌아 가려는 힘.

답 ④

27 동기전동기의 난조방지 및 기동작용을 목적으로 설치하는 것은?

① 제동권선   ② 계자권선
③ 전기자권선   ④ 단락권선

풀이 ㄱ 제동권선 : 난조 방지용으로 설치
ㄴ 기동권선(제동권선) : 기동용으로 전동기에 설치

답 ①

28 동기기에서 제동권선의 가장 중요한 역할은?

[2008]

① 정류작용   ② 난조방지
③ 전압불평형 방지   ④ 섬락방지

풀이 위의 문제 해설 참조

답 ②

동기전동기의 원리

(1) 원리

① 3상 교류가 만드는 **회전자기장의 자극과 계자의 자극이 자력으로 결합되어 회전**하는 현상

② **회전자기장** : 고정자 철심에 감겨 있는 3개조의 권선에 3상 교류를 가해 줌으로써 전기적으로 회전하는 회전 자기장을 만들 수 있다.

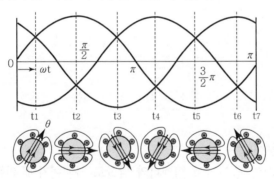

[회전 자기장의 발생]

(2) 회전속도 N

동기발전기의 교류주파수에 의해 만들어진 회전자기장 속도 N_s와 같은 속도로 회전하게 된다.

$$N = N_s\left(= \frac{120f}{P}\right)$$

07 동기전동기의 이론

(1) 위상특성곡선

동기전동기에 단자전압을 일정하게 하고, 회전자의 계자전류를 변화시키면, 고정자의 전압과 전류의 위상이 변하게 된다.

① 여자가 약할 때(부족여자) : I가 V보다 지상(뒤짐)
② 여자가 강할 때(과여자) : I가 V보다 진상(앞섬)
③ 여자가 적합 할 때 : I와 V가 동위상이 되어 역률이 100%

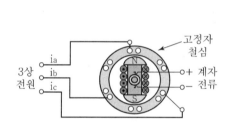
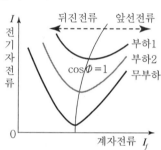

(2) 동기조상기

전력계통의 전압조정과 역률 개선을 하기 위해 계통에 접속한 무부하의 동기전동기를 말한다.

① 부족여자로 운전
  지상 무효 전류가 증가하여 **리액터의 역할로 자기여자에 의한 전압상승을 방지**
② 과여자로 운전
  진상 무효 전류가 증가하여 **콘덴서 역할로 역률을 개선**하고 전압강하를 감소

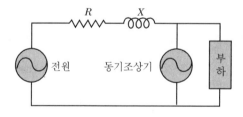

기출 및 예상문제

01 60[Hz], 12극의 동기전동기 회전자계의 주변속도는 몇 [m/s]인가?(단, 회전자계의 극 간격은 1[m]이다.) [2008]

① 60   ② 90   ③ 120   ④ 180

풀이 $N_s = \dfrac{120f}{p} = \dfrac{120 \times 60}{12} = 600[\text{rpm}]$ 이고, 초당 회전수는 $\dfrac{600}{60} = 10[\text{rps}]$

     회전자의 둘레는 $12\text{극} \times 1[\text{m}] = 12[\text{m}]$ 이므로,

     ∴ 회전자계 주변속도는 $12[\text{m}] \times 10[\text{rps}] = 120[\text{m/s}]$ **답** ③

02 동기전동기를 무부하로 하였을 때, 계자전류를 조정하면 동기기는 마치 L, C 소자로 동작하고, 계자전류를 어떤 일정 값 이하의 범위에서 가감하면 가변 리액턴스가 되고 어떤 일정값 이상에서 가감하면 가변 커패시턴스로 동작한다. 이와 같은 목적으로 사용되는 것을 무엇이라고 하는가? [2003]

① 변압기   ② 동기조상기

③ 균압환   ④ 제동권선

풀이 동기조상기

     전력계통의 전압조정과 역률개선을 하기 위해 계통에 접속한 무부하의 동기전동기를 말한다. **답** ②

03 역률을 개선하기 위하여 진상이나 지상전류를 흘릴 수 있는 장치는? [2002]

① 유도전압조정기   ② 부하시전압조정기

③ 전력용콘덴서   ④ 동기조상기

풀이 위의 문제 해설 참조   **답** ④

04 동기조상기에 대한 설명으로 옳은 것은? [2002]

① 유도부하와 병렬로 접속한다.

② 부하전류의 가감으로 위상을 변화시켜 준다.

③ 동기전동기에 부하를 걸고 운전하는 것이다.

④ 부족여자로 운전하여 진상전류를 흐르게 한다.

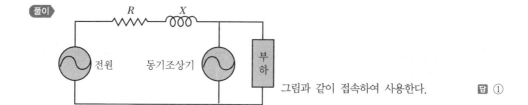

그림과 같이 접속하여 사용한다. 답 ①

05 정격부하를 역률 1로 운전 중인 동기전동기의 여자전류를 증가시키면? [2003]

① 아무 변동이 없다. ② 리액터로 작용한다.

③ 뒤진 역률의 전류가 증가한다. ④ 앞선 역률의 전류가 증가한다.

풀이 ㉠ 여자가 약할 때(부족여자) : I가 V보다 지상(뒤짐) : 리액터 역할

㉡ 여자가 강할 때(과여자) : I가 V보다 진상(앞섬) : 콘덴서 역할

㉢ 여자가 적합 할 때 : I와 V가 동위상이 되어 역률이 100% 답 ④

06 동기조상기를 과여자로 해서 운전하였을 때 나타나는 현상이 아닌 것은? [2007]

① 리액터로 작용한다. ② 전압강하를 감소시킨다.

③ 진상전류를 취한다. ④ 콘덴서로 작용한다.

풀이 역률이 개선되면, 전류가 감소하여 전압강하가 감소한다. 답 ①

07 동기조상기에 유입되는 여자전류를 정격보다 적게 공급시켜 운전했을 때의 현상으로 옳은 것은? [2006]

① 콘덴서로 작용한다. ② 저항부하로 작용한다.

③ 부하의 앞선 전류를 보상한다. ④ 부하의 뒤진 전류를 보상한다.

풀이 위의 문제 해설 참조 답 ④

08 A, B 두 대의 동기발전기를 병렬 운전하는 중 계통 주파수를 바꾸지 않고 B기의 역률을 좋게 하는 방법은? [2004]

① A기의 여자전류를 증대시킨다. ② A기의 원동기 출력을 증대시킨다.

③ B기의 여자전류를 증대시킨다. ④ B기의 원동기 출력을 증대시킨다.

풀이 A기를 동기조상기로 작동시켜 콘덴서 역할을 할 수 있도록 한다. 답 ①

(1) 기동특성

① 기동 시 고정자 권선의 회전자기장은 동기속도 N_s로 빠르게 회전하고, 정지되어 있는 회전자는 관성이 커서 바로 반응하지 못하기 때문에 기동토크가 발생되지 않아 회전하지 못하고 계속 정지하게 된다.
　회전자를 동기속도로 회전시키면 일정 방향의 토크가 발생하여 회전하게 된다.

② 기동법

　㉮ 자기 시동법 : 회전자 자극표면에 권선을 감아 만든 기동용 권선을 이용하여 기동하는 것. 유도전동기의 원리를 이용한 것이다.

　㉯ 타 시동법 : 유도전동기나 직류전동기로 동기 속도까지 회전시켜 주전원에 투입하는 방식으로 유도전동기를 사용할 경우 극수가 2극 적은 것을 사용한다.

　㉰ 저주파 시동법 : 낮은 주파수에서 시동하여 서서히 높여가면서 동기 속도가 되면, 주전원에 동기 투입하는 방식

(2) 운전특성

① 전동기에 부하가 있는 경우, 회전자가 뒤쪽으로 밀리면서 회전자기장과 각도를 유지하면서 회전을 계속하는데, 이 각도를 부하각 $\delta[°]$라 한다.

② 부하가 증가하면, 부하각 $\delta[°]$ 커지게 되며, $\frac{\pi}{2}[\text{rad}]$에서 최대토크 T_m이 발생하게 되고, $\pi[\text{rad}]$보다 커지게 되면 역방향의 토크가 발생되어 회전자가 정지하게 되는데, 이를 동기이탈이라고 한다.

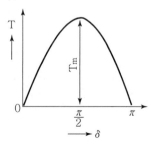

(3) 동기전동기의 난조

① 전동기의 부하가 급격하게 변동하면, 동기속도로 주변에서 회전자가 진동하는 현상이다. 난조가 심하면 전원과의 동기를 벗어나 정지하기도 한다.

② **방지책** : 회전자 자극표면에 홈을 파고 도체를 넣어 도체 양 끝에 2개의 단락고리로 접속한 제동권선을 설치한다. 제동권선은 기동용 권선으로 이용되기도 한다.

09 동기전동기의 특징

(1) 동기전동기의 장점

① 부하의 변화에 **속도가 불변**이다.
② **역률을 임의적으로 조정**할 수 있다.
③ 공극이 넓으므로 기계적으로 견고하다.
④ 공급전압의 변화에 대한 토크 변화가 작다.
⑤ 전부하 시에 효율이 양호하다.

(2) 동기전동기의 단점

① 여자를 필요로 하므로 **직류전원장치가 필요**하고, 가격이 비싸다.
② 취급이 복잡하다.(기동 시)
③ 난조가 발생하기 쉽다.

기출 및 예상문제

01 8극 동기전동기의 기동방법에서 유도전동기로 기동하는 기동법을 사용하려면 유도전 동기의 필요한 극수는 몇 극인가? [2002][2007]

① 6 ② 8

③ 10 ④ 12

풀이 유도전동기로 기동시킬 경우에는 동기전동기보다 2극 적게 하여야 한다. **답** ①

02 동기전동기의 기동을 다른 전동기로 할 경우에 대한 설명으로 옳은 것은? [2006]

① 유도전동기를 사용할 경우 동기전동기의 극수보다 2극 정도 적은 것을 택한다.

② 유도전동기의 극수를 동기전동기의 극수와 같게 한다.

③ 다른 동기전동기로 기동시킬 경우 2극 정도 많은 전동기를 택한다.

④ 유도전동기로 기동시킬 경우 동기전동기보다 2극 정도 많은 것을 택한다.

풀이 위의 문제 해설 참조 **답** ①

03 동기전동기에서 제동 권선의 사용목적으로 가장 옳은 것은 어느 것인가?

[2003][2005][2006]

① 난조방지 ② 정지시간의 단축

③ 운전토크의 증가 ④ 과부하 내량의 증가

풀이 운전 중 발생하는 난조방지와 기동용으로 사용 **답** ①

04 다음 중 동기전동기의 특징을 설명하고 있는 것으로 옳은 것은? [2008]

① 저속도에서 유도전동기에 비해 효율이 나쁘다.

② 기동토크가 크다.

③ 필요에 따라 진상전류를 흘릴 수 있다.

④ 직류전원이 필요 없다.

답 ③

05 동기전동기에 대한 특성으로 옳지 않은 것은? [2005]

① 기동토크가 작다.

② 여자기가 필요하다.

③ 난조가 일어나기 쉽다.

④ 역률을 조정할 수 없다.

풀이 계자전류를 조정하여 역률을 조정할 수 있다. **답** ④

06 역률을 가장 좋게 운전할 수 있는 전동기는? [2002][2003]

① 단상 유도전동기

② 3상 유도전동기

③ 동기전동기

④ 3상 권선형 유도전동기

풀이 동기전동기는 동기조상기로 사용한다. **답** ③

07 주파수와 극수에 의하여 정하여지는 일정속도를 필요로 하여 동기전동기를 설치하고
자 한다. 다음 중 동기전동기의 장점이 아닌 것은? [2003][2005]

① 시동특성이 좋고, 또 여자장치가 필요 없다.

② 역률과 효율이 좋기 때문에 운전경비가 경감된다.

③ 부하에 관계없이 역률을 임의로 설정할 수 있다.

④ 유도전동기에 비하여 효율이 좋고, 공극(Gab)도 크다.

풀이 동기전동기는 직류여자전원이 필요하다. **답** ①

08 동기전동기의 공급전압과 부하가 일정할 때 여자전류를 변화시켜도 변하지 않는 것은?

① 전기자 전류

② 역률

③ 전동기 속도

④ 역기전력

풀이 동기전동기는 속도가 일정하다는 것이 가장 큰 장점이다. **답** ③

09 회전변류기의 직류 측 전압을 조정하는 방법이 아닌 것은 [2004][2006]

① 동기승압기 사용방법

② 부하 시 전압조정변압기 사용방법

③ 직렬리액턴스를 이용한 방법

④ 여자전류를 조정하는 방법

풀이 회전전기자형 동기전동기의 전기자권선에 교류를 가하여 회전시키고, 반대편에 직류발전기와 같은 작용을 하도록 정류자를 설치하여 직류전압을 얻는 장치이다. 전압을 조정하기 위해 여자전류를 변화시키면 역률만 변화하게 되므로, 직류전압을 조정하려면 교류전압을 변화시켜야 한다. **답** ④

10 회전변류기의 전압제어에 쓰이지 않는 것은? [2005]

① 직렬 리액턴스 ② 유도전압조정기

③ 변압기 탭 변환 ④ 계자저항기

풀이 위의 문제 해설 참조 **답** ④

03 변압기

CHAPTER

□ **개요**

변압기는 전압으로 변환하는 정지기기이다.

전압을 높게 하면, 대전력을 송전하기에 유리하며, 손실이 낮아지며 경제적이다.

발전된 전력을 높은 전압으로 승압하여 송전하고, 송전된 전력은 변전소에서 다시 전압을 낮추어 각 수용가에 배전되며, 주상변압기에서 다시 전압을 낮추어 가정에 공급된다.

01 변압기의 원리

(1) 전자유도작용

1차 권선에 교류전압을 공급하면 자속이 발생하여 철심을 지나 2차 권선과 쇄교하면서 기전력을 유도하는 작용

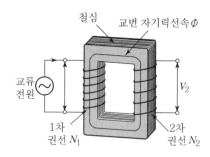

(2) 1차 측을 전원 측이라 하고, 2차 측을 부하 측이라 하는데, 변압기는 권선수에 따라서 2차 측의 전압을 변화시키는 기기로서 주파수는 변화시킬 수 없다.

(1) 변압기는 자기회로인 규소강판을 성층한 철심에 전기회로인 2개의 권선이 서로 쇄교되는 구조로 되어 있다.

(2) 변압기의 형식

① **내철형** : 철심이 안쪽에 있고, 권선은 양쪽의 철심각에 감겨져 있는 구조
② **외철형** : 권선이 철심의 안쪽에 감겨져 있고, 권선은 철심이 둘러싸고 있는 구조
③ **권철심형** : 규소강판을 성층하지 않고, 권선 주위에 방향성 규소강대를 나선형으로 감아서 만드는 구조(주상변압기에 사용)

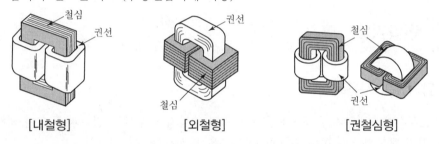

[내철형]　　　　[외철형]　　　　[권철심형]

(3) 변압기의 재료

① **철심** : **철손을 적게 하기 위해 규소강판**(규소함량 3~4[%], 0.35[mm])**을 성층하여 사용**
② **도체** : 권선의 도체는 동선에 면사, 종이테이프, 유리섬유 등으로 피복한 것을 사용
③ **절연**
　　㉮ 변압기의 절연은 철심과 권선 사이의 절연, 권선 상호 간의 절연, 권선의 층간 절연으로 구분된다.
　　㉯ 절연체는 절연물의 최고사용온도로 분류된다.

(4) 권선법

① **직권** : 철심에 절연을 하고 저압권선을 감고 절연을 한 다음, 고압권선을 감는 방법으로 철심과 권선 사이, 권선과 권선 사이의 공극이 적어서 특성이 좋지만, 중·대용량기에서는 권선의 절연처리와 제작이 어려워 소형기에서만 주로 사용된다.

② 형권 : 목제 권형 또는 절연통에 코일을 감아서 절연한 다음 철심과 조립하는 형태로 중·대형의 변압기에 채용된다.

(5) 부싱

① 부싱 : 전기기기의 구출선을 외함에서 끌어내는 절연단자
② 종류 : 절연처리의 방법에 따라 단일형 부싱, 콤파운드부싱, 유입부싱, 콘덴서부싱 등으로 분류되고, 콤파운드 부싱은 80[kV] 이하의 주상변압기, 계기용변압기에 주로 쓰인다.

03 변압기유

(1) 변압기유의 사용목적

① 온도상승 : 변압기에 부하전류가 흐르면 변압기 내부에는 철손과 동손에 의해 변압기의 온도가 상승하여 내부에 절연물을 변질시킬 우려가 있다.
② 목적 : **변압기권선의 절연과 냉각작용을 위해 사용**한다.

(2) 변압기유의 구비조건

① 절연 내력이 클 것
② 비열이 커서 냉각효과가 클 것
③ 인화점이 높고, 응고점이 낮을 것
④ 고온에서도 산화하지 않을 것
⑤ 절연재료와 화학작용을 일으키지 않을 것

(3) 변압기유의 열화방지대책

① 브리더 : 변압기의 호흡작용이 브리더를 통해서 이루어지도록 하여 공기 중의 습기를 흡수한다.
② 콘서베이터 : 공기가 변압기 외함 속으로 들어갈 수 없게 하여 기름의 열화를 방지한다. 특히 콘서베이터 유면 위에 공기와의 접촉을 막기 위해 **질소로 봉입**한다.

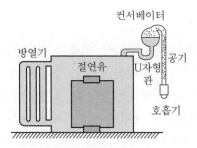

③ **부흐홀츠계전기** : 변압기 내부 고장으로 인한 절연유의 온도 상승 시 발생하는 유증기를 검출하여 경보 및 차단하기 위한 계전기로 변압기 탱크와 컨서베이터 사이에 설치한다.

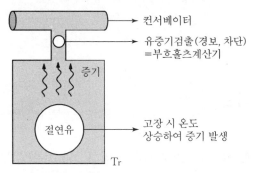

④ **차동계전기** : 변압기 내부 고장 발생 시 1·2차 측에 설치한 CT 2차 전류의 차에 의하여 계전기를 동작시키는 방식

⑤ **비율차동계전기** : 변압기 내부 고장발생 시 1·2차 측에 설치한 CT 2차 측의 억제 코일에 흐르는 전류차가 일정비율 이상이 되었을 때 계전기가 동작하는 방식

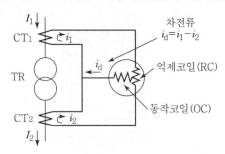

(4) 변압기의 냉각방식

① 건식자냉식 : 철심 및 권선을 공기에 의해서 냉각하는 방식
② 건식풍냉식 : 건식자냉식 변압기를 송풍기 등으로 강제 냉각하는 방식
③ 유입자냉식 : 변압기 외함 속에 절연유를 넣어 발생한 열을 기름의 대류작용으로 외함 및 방열기에 전달되어 대기로 발산시키는 방식
④ 유입풍냉식 : 유입자냉식 변압기의 방열기를 설치함으로써 냉각효과를 더욱 증가시키는 방식
⑤ 유입송유식 : 변압기 외함 내에 들어 있는 기름을 펌프를 이용하여 외부에 있는 냉각장치로 보내서 냉각시켜서 다시 내부로 공급하는 방식

04 변압기의 이론

(1) 1차 측의 전압(V_1)과 전류(I_1), 2차 측의 전압(V_2)과 전류(I_2)는 1차 권선수(N_1)와 2차 권선수(N_2)의 비(권수비 a)에 의해 다음과 같이 구해진다.

$$a = \frac{N_1}{N_2} = \frac{V_1}{V_2} = \frac{I_2}{I_1}$$

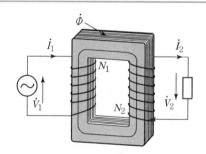

(2) 등가회로

실제 변압기의 회로는 독립된 2개의 전기회로가 하나의 자기회로로 결합되어 있지만, 전자유도 작용에 의하여 1차 쪽의 전력이 2차 쪽으로 전달되므로 변압기 회로를 하나의 전기회로로 변환시키면 회로가 간단해지며 전기적 특성을 알아보는 데 편리하다.

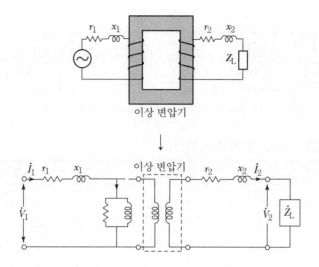

이상 변압기

① 1차 측에서 본 등가회로

2차 측의 전압, 전류 및 임피던스를 1차 측으로 환산하여 등가회로를 만들 수 있다.

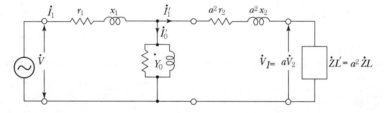

② 2차 측에서 본 등가회로

1차 측을 2차 측으로 환산하여 등가회로를 만들 수 있다.

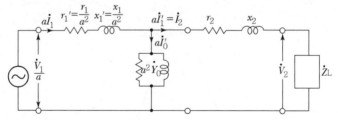

③ 간이 등가회로

실제 변압기에서 1차 임피던스에 의한 전압강하가 매우 작고, 여자전류도 작으므로, 여자 어드미턴스를 전원 쪽으로 옮겨서 계산하여도 오차가 거의 없으므로, 변압기 특성을 계산하는 데 많이 사용한다.

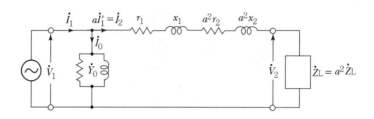

④ 1, 2차 전압, 전류, 임피던스 환산

구분	2차를 1차로 환산	1차를 2차로 환산
전압	$V_1 = a V_2$	$V_2 = \dfrac{V_1}{a}$
전류	$I_1 = \dfrac{I_2}{a}$	$I_2 = a I_1$
저항	$r'_2 = a^2 r_2$	$r'_1 = \dfrac{r_1}{a^2}$
리액턴스	$x'_2 = a^2 x_2$	$x'_1 = \dfrac{x_1}{a^2}$
임피던스	$Z'_2 = a^2 Z_2$	

(3) 여자전류

변압기 철심에는 **자기포화현상**과 **히스테리시스 현상**으로 인해 자속 ϕ를 만드는 여자전류 i_o는 정현파가 될 수 없으며 그림과 같이 제3고조파를 포함하는 비정현파가 된다.

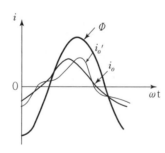

01 주상변압기 철심용 규소강판의 두께는 몇 mm 정도를 사용하는가? [2002][2007]

① 0.01
② 0.05
③ 0.35
④ 0.85

풀이 철손을 적게 하기 위해 규소강판(규소함량 3~4[%], 0.35[mm])을 성층하여 사용 **답** ③

02 변압기의 철심에는 철손을 적게 하기 위하여 철이 몇 [%]인 강판을 사용하는가?

① 약 50~55
② 약 76~86
③ 약 96~97
④ 약 100~105

풀이 철심에는 철 96~97%, 규소 3~4[%]의 냉간 압연된 강판을 사용 **답** ③

03 절연내력이 낮은 주상변압기, 계기용 변압기 등에 주로 설치하며 중심도체에 절연물을 감고 자기애관으로 절연한 후 절연물질로 채워 절연내력을 향상시킨 변압기 부싱은?

① 콤파운드 부싱
② 콘덴서 부싱
③ 단일형 부싱
④ 유입 부싱

풀이 콤파운드 부싱은 80[kV] 이하의 주상변압기, 계기용 변압기에 주로 쓰인다. **답** ①

04 변압기 절연유의 구비조건이 아닌 것은? [2007]

① 응고점이 낮을 것
② 절연 내력이 높을 것
③ 점도가 클 것
④ 인화점이 높을 것

풀이 ㉠ 절연내력이 클 것
㉡ 비열이 커서 냉각효과가 클 것
㉢ 인화점이 높고, 응고점이 낮을 것
㉣ 고온에서도 산화하지 않을 것
㉤ 절연재료와 화학작용을 일으키지 않을 것 **답** ③

05 유입변압기에 기름을 사용하는 목적이 아닌 것은?

① 열방산을 좋게 하기 위하여
② 냉각을 좋게 하기 위하여
③ 절연을 좋게 하기 위하여
④ 효율을 좋게 하기 위하여

풀이 변압기유의 사용목적 : 변압기권선의 절연과 냉각작용을 위해 사용　　　　**답** ④

06 변압기유를 사용하는 가장 큰 목적은?

① 절연내력을 낮게 하기 위해서
② 녹이 슬지 않게 하기 위해서
③ 절연과 냉각을 좋게 하기 위해서
④ 철심의 온도상승을 좋게 하기 위해서

풀이 위의 문제 해설 참조　　　　**답** ③

07 변압기에 컨서베이터(Conservator)를 설치하는 목적은?　　　　[2003]

① 열화방지　　　　　　　② 통풍장치
③ 코로나 방지　　　　　　④ 강제순환

풀이 공기가 변압기 외함 속으로 들어갈 수 없게 하여 기름의 열화를 방지한다.　　　　**답** ①

08 변압기 기름의 열화를 방지하기 위하여 실행되는 방법 중의 하나는?

① 질소봉입　　　　　　　② 산소봉입
③ 수소봉입　　　　　　　④ 이산화탄소 봉입

풀이 콘서베이터 유면 위에 불활성 질소를 넣어 공기의 접촉을 막는다.　　　　**답** ①

09 부흐홀쯔계전기로 보호되는 기기는?　　　　[2002][2004]

① 변압기　　　　　　　　② 발전기
③ 동기전동기　　　　　　④ 회전변류기

풀이 변압기 내부 고장으로 인한 절연유의 온도 상승 시 발생하는 유증기를 검출하여 경보 및 차단하기 위한 계전기로 변압기 탱크와 컨서베이터 사이에 설치한다.　　　　**답** ①

10 변압기의 본체와 변압기 오일 콘서베이터와의 사이에 설치되어 변압기 내부 고장 때 발생하는 가스 또는 기름의 흐름변화를 검출하는 계전기는?

① 과전류계전기
② 차동전류계전기
③ 부흐홀츠계전기
④ 비율차동계전기

풀이 위의 문제 해설 참조

답 ③

11 변압기 내의 축적된 가스, 기름의 흐름, 압력을 검출하는 계전기는? [2002]

① 과전류계전기
② 기계적 계전기
③ 차동전류계전기
④ 비율차동계전기

풀이 부흐홀츠계전기가 기계적 계전기이다.

답 ②

12 부흐홀쯔계전기의 설치 위치는? [2004][2005]

① 변압기 주탱크 내부
② 컨서베이터 내부
③ 변압기 주탱크와 컨서베이터를 연결하는 파이프의 도중
④ 변압기의 고압 측 부싱

풀이 위의 문제 해설 참조

답 ③

13 변압기 내부고장에 쓰이는 계전기로서 가장 적당한 것은? [2004]

① 과전류계전기
② 차동계전기
③ 접지계전기
④ 역상계전기

풀이 변압기 내부고장 발생 시 고·저압 측에 설치한 CT 2차 전류의 차에 의하여 계전기를 동작시키는 방식

답 ②

14 변압기의 내부고장 보호용으로 사용되는 계전기는? [2005]

① 거리계전기
② 방향계전기
③ 과전압계전기
④ 비율차동계전기

풀이 변압기 내부고장 발생 시 고저압 측에 설치한 CT 2차 측의 억제 코일에 흐르는 전류차가 일정비율 이상이 되었을 때 계전기가 동작하는 방식

답 ④

15 변압기의 층간 단락이나 지락사고나 상단락을 보호하기 위하여 주로 무슨 계전기가 사용되는가?

[2003]

① 비율차동계전기　　　　　　　② 거리계전기

③ 방향계전기　　　　　　　　　④ 영상계전기

풀이 위의 문제 해설 참조　　　　　　　　　　　　　　　**답** ①

16 송유풍냉식 특별고압용 변압기의 송풍기가 고장이 생길 경우에 어느 보호 장치가 필요한가?

[2002]

① 경보장치　　　　　　　　　　② 자동차단장치

③ 전압계전기　　　　　　　　　④ 속도조정장치

풀이 송풍기의 고장을 관리자에게 알려주는 장치가 필요하다.　　　　　**답** ①

17 변압기의 1차 및 2차의 전압, 권선수, 전류를 각각 V_1, N_1, I_1 및 V_2, N_2, I_2라 할 때 어느 식이 성립되는가?

① $\dfrac{V_1}{V_2} = \dfrac{N_1}{N_2} = \dfrac{I_1}{I_2}$ 　　　　　　　② $\dfrac{V_1}{V_2} = \dfrac{N_2}{N_1} = \dfrac{I_1}{I_2}$

③ $\dfrac{V_2}{V_1} = \dfrac{N_1}{N_2} = \dfrac{I_1}{I_2}$ 　　　　　　　④ $\dfrac{V_1}{V_2} = \dfrac{N_1}{N_2} = \dfrac{I_2}{I_1}$

풀이 변압기는 다음 식이 성립한다. $a = \dfrac{N_1}{N_2} = \dfrac{V_1}{V_2} = \dfrac{I_2}{I_1}$　　　　**답** ④

18 1차 전압이 210V, 2차 전압이 105V인 단상변압기에서 2차 권회수가 42회일 때 1차 권회수는 몇 회인가?

[2002]

① 80회　　　　　　　　　　　　② 82회

③ 84회　　　　　　　　　　　　④ 86회

풀이 $a = \dfrac{N_1}{N_2} = \dfrac{V_1}{V_2} = \dfrac{I_2}{I_1}$ 의 식에서 $\dfrac{N_1}{42} = \dfrac{210}{105}$ 이므로 N_1을 구하면, $N_1 = 84$회　　**답** ③

19 1차 권수 6,000, 2차 권수 200인 변압기의 전압비는?

① 30   ② 1/30
③ 40   ④ 1/900

풀이 $a = \dfrac{N_1}{N_2} = \dfrac{V_1}{V_2} = \dfrac{I_2}{I_1}$ 의 식에서 $\dfrac{V_1}{V_2}$ 를 전압비라고 한다.   **답** ①

20 권수비 30의 변압기의 1차에 6,600[V]를 가할 때 2차 전압은?

① 220   ② 420
③ 380   ④ 120

풀이 $a = \dfrac{N_1}{N_2} = \dfrac{V_1}{V_2} = \dfrac{I_2}{I_1}$ 에서 $30 = \dfrac{6,600}{V_2}$ V_2를 구하면 $V_2 = 220[V]$ **답** ①

21 그림과 같이 표시된 변압기 회로에 전원전압 200V를 인가할 때 전류계에 흐르는 전류는 몇 A 인가?(단, 변압기의 무부하 전류 손실은 무시한다.)   [2002]

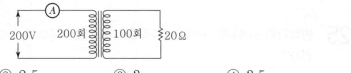

① 2   ② 2.5   ③ 3   ④ 3.5

풀이 $a = \dfrac{N_1}{N_2} = \dfrac{V_1}{V_2} = \dfrac{I_2}{I_1}$ 에서 $\dfrac{200}{100} = \dfrac{200}{V_2}$ V_2를 구하면 $V_2 = 100[V]$

$I_2 = \dfrac{100}{20} = 5[A]$이다.

$\therefore \dfrac{200}{100} = \dfrac{5}{I_1}$ 이므로 $I_1 = 2.5[A]$이다.   **답** ②

22 50Hz용 변압기에 60Hz의 동일한 전압을 가할 경우 자속밀도는 50Hz일 경우의 몇 배인가?   [2005]

① $\dfrac{6}{5}$ ② $\dfrac{5}{6}$ ③ $\left(\dfrac{6}{5}\right)^2$ ④ $\left(\dfrac{5}{6}\right)^2$

풀이 변압기의 동작원리는 전자유도작용으로 $E = 4.44fN\phi[V]$ 의 식이 성립되므로, 전압이 같으면 자속밀도는 주파수에 반비례한다. 주파수가 감소하면 자속밀도는 반비례하게 증가한다.   **답** ②

23 변압기의 누설리액턴스를 줄이는 데 가장 효과적인 방법은? [2002]

① 권선을 분할시켜 조립한다. ② 코일의 단면적을 크게 한다.
③ 권선을 동심 배치시킨다. ④ 철심의 단면적을 크게 한다.

> **풀이** 자속 중에 일부분은 권선의 일부만을 통과하는 누설자속이 존재한다. 이 누설자속은 자기 인덕턴스의 역할만 하므로 누설 리액턴스가 된다. 누설자속을 줄이기 위해서는 코일의 단면적을 되도록 작게 하여야 한다. 권선을 분할하여 조립하면 단면적을 줄일 수 있다. **답** ①

24 변압기의 등가회로 작성에 필요한 시험은? [2002]

① 구속시험 ② 반환부하시험
③ 유도시험 ④ 단락시험

> **풀이** 변압기 등기회로도 작성에 필요한 시험
> ㉠ 저항측정시험
> ㉡ 단락시험
> ㉢ 무부하시험
> 반환부하시험은 변압기의 온도시험방법이다. **답** ④

25 변압기의 권수비가 60일 때 2차측 저항이 0.1옴이다. 이것을 1차로 환산하려면 몇 옴인가?

① 310 ② 360
③ 390 ④ 410

> **풀이** $Z_2 = a^2 Z_2$에서 $Z_2 = 60^2 \times 0.1 = 360[\Omega]$이다. **답** ②

26 어떤 변압기의 1차 환산 임피던스 $Z_{12} = 225[\Omega]$이고 이것을 2차로 환산하면 $Z_{21} = 1[\Omega]$이다. 2차 전압이 400[V]이면 1차 전압은?

① 1,500 ② 3,000
③ 4,500 ④ 6,000

> **풀이** $Z'_2 = a^2 Z_2$에서 $225 = a^2 \times 1$ 권수비 $a = 15$이므로
> $a = \dfrac{N_1}{N_2} = \dfrac{V_1}{V_2} = \dfrac{I_2}{I_1}$에서 $15 = \dfrac{V_1}{400}$이므로
> $\therefore V_1 = 6,000[V]$이다. **답** ④

27 변압기의 권선저항을 무시할 수 있다면 1차 유도기전력과 1차 전압과의 위상차는 몇 [rad]만큼 뒤지는가?

① $\dfrac{\pi}{2}$ ② π ③ $\dfrac{3\pi}{2}$ ④ 2π

풀이 다음 그림과 같이 유도기전력 E_1과 E_2의 위상은 동상이고, 1차 공급전압 V_1보다 π[rad]만큼 뒤진다.

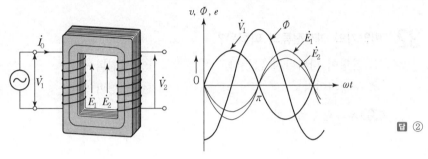

답 ②

28 변압기에 있어서 부하와는 관계없이 자속만을 발생시키는 전류는? [2008]

① 철손전류 ② 자화전류
③ 여자전류 ④ 1차 전류

풀이 자속을 만드는 전류를 자화전류라 하며, 철손전류와 자화전류의 합을 여자전류라 한다. **답** ②

29 변압기에서 여자전류를 감소시키려면? [2003]

① 접지를 한다. ② 코일의 권회수를 증가시킨다.
③ 코일의 권회수를 감소시킨다. ④ 우수한 절연물을 사용한다.

풀이 코일의 권선수를 늘리면, 자기 인덕턴스에 의한 유도 리액턴스가 커지므로 여자전류가 감소한다. **답** ②

30 변압기의 여자전류가 일그러지는 이유는?

① 와류(맴돌이 전류) ② 자기 포화와 히스테리시스 현상
③ 누설리액턴스의 원인 ④ 선간의 정전용량의 원인

풀이 변압기 철심에는 자기포화 현상과 히스테리시스 현상으로 인해 자속를 만드는 여자전류는 정현파가 될 수 없으며 제3 고조파를 포함하는 비정현파가 된다. **답** ②

31 변압기 여자전류에 많이 포함된 고조파는? [2002][2003][2006]

① 제2조파 ② 제3조파

③ 제4조파 ④ 제5조파

풀이 위의 문제 해설 참조 **답** ②

32 변압기의 여자전류의 파형은? [2008]

① 파형이 나타나지 않는다. ② 사인파이다.

③ 구형파이다. ④ 왜형파이다.

풀이 위의 문제 해설 참조 **답** ④

33 1차 전압 2,200V, 무부하 전류 0.088A, 철손 110W인 단상변압기의 자화전류는 몇 A인가? [2002]

① 0.038 ② 0.072 ③ 0.088 ④ 0.094

풀이 변압기의 여자전류 I_o(무부하 1차 전류)는 철손전류 I_w와 자화전류 I_u의 벡터 합성으로 구해진다.

철손전류 $I_w = \dfrac{P_i}{V_1} = \dfrac{110}{2,200} = 0.05[\text{A}]$

자화전류 $I_u = \sqrt{I_o^2 - I_w^2} = \sqrt{0.088^2 - 0.05^2} = 0.072[\text{A}]$ **답** ②

05 변압기의 특성

(1) 전압 변동률

$$\varepsilon = \frac{V_{2O} - V_{2n}}{V_{2n}} \times 100 \, [\%]$$

여기서, V_{2O} : 무부하 2차 전압 V_{2n} : 정격 2차 전압

(2) 전압 변동률 계산

$$\varepsilon = p\cos\theta + q\sin\theta \, [\%]$$

① %저항강하(p) : 정격전류가 흐를 때 권선저항에 의한 전압강하의 비율을 퍼센트로 나타낸 것
② %리액턴스강하(q) : 정격전류가 흐를 때 리액턴스에 의한 전압강하의 비율을 퍼센트로 나타낸 것
③ %임피던스 강하%Z(= 전압변동률의 최대값 $\varepsilon_{\max}$)

$$\%Z = \varepsilon_{\max} = \sqrt{p^2 + q^2}$$

④ 단락전류

$$I_s = \frac{100}{\%Z} I_n$$

여기서, I_n : 정격전류

(3) 임피던스 전압, 임피던스 와트

① 임피던스 전압(V_s) : 변압기 2차 측을 단락한 상태에서 1차 측에 정격전류(I_{1n})가 흐르도록 1차 측에 인가하는 전압 → 변압기 내의 임피던스 강하 측정
② 임피던스 와트(P_s) : 임피던스 전압을 인가한 상태에서 발생하는 와트(동손) → 변압기 내의 부하손 측정

(4) 변압기의 손실

① 무부하손 : 거의 철손으로 되어 있다.$(P_i = P_h + P_e)$ → 무부하시험으로 측정

⑦ 히스테리시스손(철손의 약 80%)

$$P_h = k_h\,f\,B_m^{\,1.6}\,[\mathrm{W/kg}]$$

⑭ 맴돌이전류손(와류손)

$$P_e = k_e\,(t\,f\,B_m)^2\,[\mathrm{W/kg}]$$

여기서, B_m : 최대자속밀도 t : 강판두께

f : 주파수 $k_h,\ k_e$: 상수

② 부하손 : 거의 대부분이 동손(P_c)으로 되어 있다. → 단락시험으로 측정

$$P_c = (r_1 + a^2 r_2) \cdot I_1^{\,2}\,[\mathrm{W}]$$

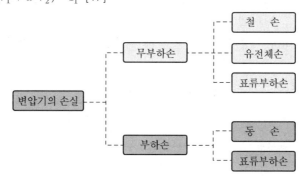

(5) 효율

① 규약효율

$$\eta = \frac{\text{출력}[\mathrm{kW}]}{\text{출력}[\mathrm{kW}] + \text{손실}[\mathrm{kW}]} \times 100\,[\%]$$

② 전부하 효율

$$\eta = \frac{V_{2n}\,I_{2n}\cos\theta}{V_{2n}\,I_{2n}\cos\theta + P_i + P_c} \times 100\,[\%]$$

③ 임의의 부하의 효율 : 정격 출력의 $\dfrac{1}{m}$ 부하의 효율

$$\eta_{\frac{1}{m}} = \frac{\dfrac{1}{m}\,V_{2n}\,I_{2n}\cos\theta}{\dfrac{1}{m}\,V_{2n}I_{2n}\cos\theta + P_i + \left(\dfrac{1}{m}\right)^2 P_c} \times 100\,[\%]$$

④ 최대 효율 조건
  ㉮ 전부하 시

$$\text{철손}(P_i) = \text{동손}(P_c)$$

  ㉯ $\dfrac{1}{m}$ 부하 시

$$\frac{1}{m} = \sqrt{\frac{P_i}{P_c}}$$

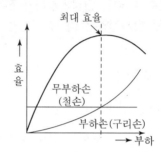

⑤ 전일 효율(η_d) : 변압기의 부하는 항상 변화하므로 하루 중의 평균효율

$$\begin{aligned}
\eta_d &= \frac{1일중\ 출력량[\text{kWh}]}{1일중\ 입력량[\text{kWh}]} \times 100\,[\%] \\[2mm]
&= \frac{1일중\ 출력량}{1일중\ 출력량 + 손실량} \times 100\,[\%] \\[2mm]
&= \frac{V_2\,I_2\cos\theta \times T}{V_2\,I_2\cos\theta \times T + 24\,P_i + T \times P_c} \times 100\,[\%]
\end{aligned}$$

01 변압기 2차 정격전압 100[V], 무부하 전압 104[V]이면 전압 변동률은?

① 1 ② 2

③ 4 ④ 6

풀이 $\varepsilon = \dfrac{V_{2O} - V_{2n}}{V_{2n}} \times 100[\%]$ 이므로 $\varepsilon = \dfrac{104 - 100}{100} \times 100[\%] = 4[\%]$ 이다. **답** ③

02 권수비 30인 단상변압기가 전부하에서 2차 전압이 115V, 전압변동률이 2%라 한다. 1차 단자전압은 약 몇 V인가? [2002]

① 3,300 ② 3,419

③ 3,519 ④ 3,700

풀이 $\varepsilon = \dfrac{V_{2O} - V_{2n}}{V_{2n}} \times 100[\%]$ 이므로 $2\% = \dfrac{V_{2O} - 115}{115} \times 100[\%]$ 에서

V_{20}를 구하면 $V_{20} = 117.3[V]$ 이고,

$a = \dfrac{N_1}{N_2} = \dfrac{V_1}{V_2} = \dfrac{I_2}{I_1}$ 이므로 $30 = \dfrac{V_1}{117.3}$ 에서 V_1을 구하면

∴ $V_1 = 3,519[V]$ 이다. **답** ③

03 변압기의 전압변동률을 작게 하려면 어떻게 해야 하는가? [2007][2008]

① 권선의 리액턴스를 작게 한다. ② 권선의 임피던스를 크게 한다.

③ 권수비를 작게 한다. ④ 권수비를 크게 한다.

풀이 $\varepsilon = p\cos\theta + q\sin\theta[\%]$ 와 같이 %저항강하, %리액턴스강하를 작게 하여야 한다. **답** ①

04 %저항강하가 1.3%, %리액턴스강하가 2%인 변압기가 있다. 전부하 역률 80%(뒤짐)에서의 전압변동률은 약 몇 %인가? [2005][2007]

① 1.35 ② 1.86

③ 2.18 ④ 2.24

풀이 $\varepsilon = p\cos\theta + q\sin\theta[\%]$ 이므로

$\varepsilon = 1.3 \times 0.8 + 2 \times \sin\cos^{-1}0.8[\%] = 2.24[\%]$ 이다. **답** ④

05 변압기의 최대 전압변동률은?(단, 퍼센트 저항강하 3% 리액턴스 강하 4%이고 역률 80% 지상이다.)

① 3 ② 10

③ 4 ④ 5

풀이 $\varepsilon_{\max} = \sqrt{p^2 + q^2}$ 에서 $\varepsilon_{\max} = \sqrt{3^2 + 4^2} = 5[\%]$이다. **답** ④

06 10kVA, 2,000/100V 변압기에서 1차로 환산한 등가임피던스가 $6.2 + j7\Omega$이다. 이 변압기의 %리액턴스 강하는? [2003]

① 0.18 ② 0.35

③ 1.75 ④ 3.5

풀이 %리액턴스 강하 $q = \dfrac{x_{21}\,I_{1n}}{V_{1n}} \times 100[\%]$이고, $I_{1n} = \dfrac{10 \times 10^3}{2,000} = 5[A]$이므로,

$q = \dfrac{7 \times 5}{2,000} \times 100[\%] = 1.75[\%]$이다. **답** ③

07 어떤 변압기를 운전하던 중에 단락이 되었을 때 그 단락전류가 정격전류의 25배가 되었다면 이 변압기의 임피던스 강하는 몇 %인가? [2004]

① 2 ② 3

③ 4 ④ 5

풀이 $I_s = \dfrac{100}{\%Z} I_n$ 이므로 $\dfrac{I_s}{I_n} = 25 = \dfrac{100}{\%Z}$에서 %Z를 구하면

%Z=4%이다. **답** ③

08 변압기의 임피던스 전압이란 어떤 전압을 말하는가? [2003][2006]

① 부하시험에서 인가하는 정격전압
② 무부하시험에서 인가하는 정격전압
③ 절연내력시험에서 절연이 파괴되는 전압
④ 정격전류가 흐를 때의 변압기 내의 전압강하전압

풀이 변압기 2차 측을 단락한 상태에서 1차 측에 정격전류(I_{1n})가 흐르도록 1차 측에 인가하는 전압

답 ④

09 변압기에서 임피던스 전압을 구하는 시험은? [2004][2005]

① 단락시험　　　　　　　　② 부하시험
③ 극성시험　　　　　　　　④ 변압비시험

풀이 위의 문제 해설 참조　　　　　　　　　　　　　　　　　**답** ①

10 변압기에 대한 설명으로 잘못된 것은? [2002][2007]

① 변압기의 호흡작용은 기름의 열화의 원인이 된다.
② 변압기의 임피던스 전압이 크면 전압변동률은 작다.
③ 변압기의 온도상승에 영향이 가장 큰 것은 동손이다.
④ 무부하시험에서는 고압 쪽을 개방하고 저압 쪽에 기계를 단다.

풀이 임피던스 전압이 크면, 내부 임피던스가 크기 때문에 전압변동률이 크다.　　**답** ②

11 변압기의 무부하손으로 대부분을 차지하는 것은?

① 유전체손　　　　　　　　② 동손
③ 철손　　　　　　　　　　④ 표유부하손

풀이 무부하손은 철손, 유전체손, 표류부하손이 있으나 거의 철손으로 구성된다.　　**답** ③

12 변압기의 개방회로시험으로 구할 수 없는 것은? [2002]

① 무부하 전류　　　　　　　② 동손
③ 히스테리시스 손실　　　　④ 와류손

풀이 무부하시험을 개방회로시험이라고 하는데, 이 시험을 통해서 철손과 무부하 여자전류를 측정할 수 있다.
　　　　　　　　　　　　　　　　　　　　　　　　　　　　　답 ②

13 변압기의 철손과 동손을 측정할 수 있는 시험은? [2008]

① 철손 : 무부하시험, 동손 : 단락시험
② 철손 : 무부하시험 동손 : 절연내력시험
③ 철손 : 부하시험, 동손 : 유도시험
④ 철손 : 단락시험, 동손 : 극성시험

14 변압기의 철손은 부하 전류가 증가하면 어떠한가? [2004][2008]

① 변동이 없다. ② 감소한다.

③ 증가한다. ④ 변압기에 따라 다르다.

풀이 철손은 무부하시험에서 측정하므로 부하와는 관련이 없다. **답** ①

15 일정 전압 및 일정 파형에서 주파수가 상승하면 변압기 철손은 어떻게 변하는가?

① 증가한다. ② 감소한다.

③ 불변한다. ④ 어떤 기간 동안 증가한다.

풀이 **주파수와 철손과의 관계**

철손 $P_i = P_h + P_e$ 에서

히스테리시스손 $P_h \propto f B_m{}^2 = \dfrac{f^2 B_m{}^2}{f}$ 이고,

와류손 $P_e \propto t^2 f^2 B_m{}^2 = t^2 (f B_m)^2$ 이므로,

유도기전력 $E = 4.44 f N \phi_m = 4.44 f N B_m A \left(B_m = \dfrac{\phi_m}{A} \right)$ 에서

$E \propto f B_m$ 의 관계가 성립하므로,

$\therefore \ P_h \propto \dfrac{E^2}{f} \quad P_e \propto E^2$

(철손은 주파수에 반비례하지만, 와류손은 주파수와 무관하다.) **답** ②

16 변압기의 효율 η 는? [2003]

① $\eta = \dfrac{출력}{입력 + 손실} \times 100\%$ ② $\eta = \dfrac{입력}{출력 + 손실} \times 100\%$

③ $\eta = \dfrac{입력}{입력 + 손실} \times 100\%$ ④ $\eta = \dfrac{출력}{출력 + 손실} \times 100\%$

풀이 변압기, 발전기의 규약효율은 ④이다. **답** ④

17 200kVA 단상변압기가 있다. 철손은 1.6kW, 전부하 동손은 2.4kW이다. 역률이 0.8일 때 전 부하에서의 효율은 약 몇 %인가? [2003][2007]

① 91.9   ② 94.7   ③ 97.6   ④ 99.1

풀이 $\eta = \dfrac{출력}{출력+손실} \times 100\%$ 에서 $\eta = \dfrac{200 \times 0.8}{200 \times 0.8 + (1.6 + 2.4)} \times 100\%$

$\therefore \eta = 97.6\%$ 이다.   **답** ③

18 150kVA의 전부하 동손이 2kW, 철손이 1kW일 때 이 변압기의 최대효율은 전부하의 몇 %일 때인가? [2004]

① 50   ② 63   ③ 70.7   ④ 141.4

풀이 최대 효율 조건 $\left(\dfrac{1}{m}$ 부하 시$\right)$: $\dfrac{1}{m} = \sqrt{\dfrac{P_i}{P_c}}$ 이므로

$\therefore \dfrac{1}{m} = \sqrt{\dfrac{1}{2}} = 0.707 = 70.7\%$ 이다.   **답** ③

19 변압기의 철손이 P_i[kW], 전부하동손이 P_c[kW]일 때 정격 출력이 $\dfrac{1}{m}$ 인 부하를 걸었다면 전손실은 몇 kW가 되는가? [2003]

① $\left(P_i + P_c\right)\left(\dfrac{1}{m}\right)^2$ ② $P_i\left(\dfrac{1}{m}\right)^2 + P_c$

③ $P_i + P_c\left(\dfrac{1}{m}\right)^2$ ④ $P_i + P_c\left(\dfrac{1}{m}\right)$

풀이 $\eta_{\frac{1}{m}} = \dfrac{\dfrac{1}{m} V_{2n} I_{2n} \cos\theta}{\dfrac{1}{m} V_{2n} I_{2n} \cos\theta + P_i + \left(\dfrac{1}{m}\right)^2 P_c} \times 100[\%]$ 이므로

전손실은 $P_i + \left(\dfrac{1}{m}\right)^2 P_c$ **답** ③

(1) 변압기의 극성

변압기의 극성에는 2차 권선을 감는 방향에 따라 감극성과 가극성의 두 가지가 있으며, 우리나라에서는 감극성을 표준으로 하고 있다.

① 감극성인 경우 : $V = V_1 - V_2$

② 가극성인 경우 : $V = V_1 + V_2$

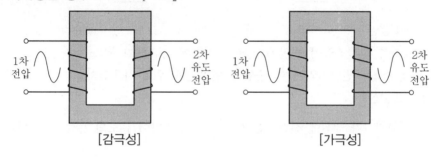

[감극성]　　　　　　　[가극성]

(2) 단상변압기로 3상 결선방식

① $\Delta - \Delta$결선

　㉮ 변압기 외부에 **제3고조파가 발생하지 않아 통신장애가 없다.**

　㉯ 변압기 3대 중 1대가 고장이 나도 나머지 2대로 **V결선이 가능**하다.

　㉰ **중성점을 접지할 수 없어** 지락사고 시 보호가 곤란하다.

　㉱ 선로전압과 권선전압이 같으므로 60[kV] 이하의 배전용 변압기에 사용된다.

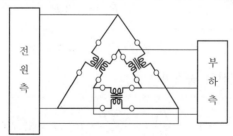

② $Y - Y$결선

　㉮ **중성점을 접지할 수 있어서 보호계전방식의 채용이 가능**하다.

　㉯ 권선전압이 선간전압의 $\dfrac{1}{\sqrt{3}}$이므로 **절연이 용이**하다.

ⓒ 선로에 **제3고조파를 포함한 전류가 흘러 통신장애**를 일으킨다.

ⓓ 이 결선법은 3권선 변압기에서 $Y - Y - \Delta$의 송전 전용으로 주로 사용한다.

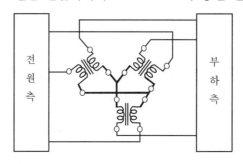

③ $\Delta - Y$결선

ⓐ 2차측 선간전압이 변압기 권선의 전압에 $\sqrt{3}$ 배가 된다.

ⓑ 발전소용 변압기와 같이 **승압용 변압기에 주로 사용**한다.

④ $Y - \Delta$결선

ⓐ 변압기 1차 권선에 선간전압의 $\dfrac{1}{\sqrt{3}}$ 배의 전압이 유도되고, 2차권선에는 1차 전압에 $\dfrac{1}{a}$ 배의 전압이 유도된다.

ⓑ 수전단 변전소의 변압기와 같이 **강압용 변압기에 주로 사용**한다.

⑤ $V - V$결선

ⓐ $\Delta - \Delta$결선으로 3상 변압을 하는 경우, **1대의 변압기가 고장이 나면 제거하고 남은 2대의 변압기를 이용하여 3상 변압을 계속하는 방식**

ⓑ V결선의 3상 출력

$$P_V = \sqrt{3} \, P$$

여기서, P : 단상 변압기 1대의 출력[kVA]

ⓒ Δ결선과 V결선의 출력비

$$\frac{P_V}{P_\Delta} = \frac{\sqrt{3} \, P}{3P} = 0.577 = 57.7\%$$

㉑ V결선한 변압기의 이용률

$$이용률 = \frac{\sqrt{3}\,P}{2P} = 0.866 = 86.6\%$$

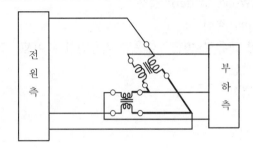

(3) 3상 변압기

① 단상 변압기 3대를 철심으로 조합시켜서 하나의 철심에 1차 권선과 2차 권선을 감은
변압기

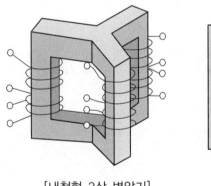

[내철형 3상 변압기]

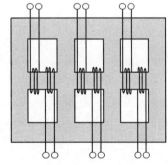

[외철형 3상 변압기]

② 3상 변압기의 장점
   ㉮ 철심재료가 적게 들고, 변압기 유량도 적게 들어 **경제적이고 효율이 높다.**
   ㉯ 발전기와 변압기를 조합하는 **단위방식에서 결선이 쉽다.**
   ㉰ 전압 조정을 위한 **탭 변환장치를 채용에 유리**하다.
③ 3상 변압기의 단점
   ㉮ **V 결선으로 운전할 수 없다.**
   ㉯ **예비기가 필요할 때** 단상변압기는 1대만 있으면 되지만, 3상 변압기도 1세트가
   있어야 하므로 **비경제적**이다.

(4) 상수 변환

① 3상 교류를 2상 교류로 변환
  ㉮ 스코트(Scott) 결선(T결선)
  ㉯ 우드브리지(Wood bridge) 결선
  ㉰ 메이어(Meyer) 결선
② 3상 교류를 6상 교류로 변환 : 대용량 직류변환에 이용
  ㉮ 2차 2중 Y결선
  ㉯ 2차 2중 Δ결선
  ㉰ 대각 결선
  ㉱ 포크(Fork) 결선

기출 및 예상문제

01 630/315V의 단상변압기를 그림과 같이 접속하고 1차 측에 100V의 전압을 가했을 때 변압기가 감극성이라면 전압계의 지시값은 몇 V인가?   [2003][2005]

① 50   ② 100   ③ 150   ④ 200

풀이 $a = \dfrac{N_1}{N_2} = \dfrac{V_1}{V_2} = \dfrac{I_2}{I_1}$ 에서 $\dfrac{630}{315} = \dfrac{100}{V_2}$ 이므로 $V_2 = 50[V]$

감극성인 경우 $V = V_1 - V_2$ 이므로

∴ $V = 100 - 50 = 50[V]$ 이다.   **답** ①

02 권수비 30인 변압기의 저압측 전압이 8[V]인 경우 극성시험에서 합성전압의 읽음의 차이는 감극성의 경우 가극성의 경우보다 몇 [V] 적은가?

① 20   ② 16   ③ 8   ④ 4

풀이 $a = \dfrac{N_1}{N_2} = \dfrac{V_1}{V_2} = \dfrac{I_2}{I_1}$ 에서 $30 = \dfrac{V_1}{8}$ 이므로 $V_1 = 240[V]$

감극성인 경우 $V = V_1 - V_2$ 이므로 $V = 240 - 8 = 232[V]$ 이고,

가극성인 경우 $V = V_1 + V_2$ 이므로 $V = 240 + 8 = 248[V]$ 이다.

∴ $248 - 232 = 16[V]$ **답** ②

03 수변전설비에서 변압기 결선방법 중 $\Delta - \Delta$ 결선의 특징이 아닌 것은?   [2002]

① 1대가 고장날 경우 나머지 2대로 V 결선하여 사용할 수 있다.

② 상전류가 선전류의 $\dfrac{1}{\sqrt{3}}$ 이 되어 대전류 부하에 적합하다.

③ 지락사고 시 고장전류 검출이 용이하다.

④ 각 상의 전선 임피던스가 다를 경우 변압기의 부하전류가 불평형이 된다.

풀이 $\Delta - \Delta$ 결선 방식은 중성점 접지를 못하므로 보호계전방식에 의한 선로 고장 검출이 안 된다. **답** ③

04 제3고조파 전류가 나타내는 결선법은? [2004]

① $Y-\Delta$결선
② $Y-Y$결선
③ $\Delta-Y$결선
④ $\Delta-\Delta$결선

풀이 Y-Y결선 방식의 특징

㉠ 중성점을 접지할 수 있어서 보호계전방식의 채용이 가능하다.

㉡ 권선전압이 선간전압의 $\dfrac{1}{\sqrt{3}}$이므로 절연이 용이하다.

㉢ 선로에 제3고조파를 포함한 전류가 흘러 통신장애를 일으킨다.

㉣ 이 결선법은 3권선 변압기에서 Y-Y-△의 송전 전용으로 주로 사용한다. **답** ②

05 발전소용 변압기와 같이 낮은 전압을 높은 전압으로 승압하는 데 적당한 결선방법은?

① $\Delta-Y$
② $Y-Y$
③ $\Delta-\Delta$
④ $V-V$

풀이 2차측 선간전압이 변압기 권선의 전압에 $\sqrt{3}$배가 되므로 승압용에 적합하다. **답** ①

06 다음 중 $Y-\Delta$ 변압기결선의 특징으로 옳은 사항은?

① 1, 2차 간 전류, 전압의 위상 변위가 없다.

② 1상에 고장이 일어나도 송전을 계속 할 수 있다.

③ 저압에서 고압으로 송전하는 전력용 변압기에 주로 사용된다.

④ 3상과 단상부하를 공급하는 강압용 배전용 변압기에 주로 사용된다.

풀이 $Y-\Delta$변압기결선의 특징

㉠ 1, 2차에 각 변위 30°가 생긴다.

㉡ 1상 고장 시 송전을 계속할 수 없다.

㉢ 2차 변전소에서 강압용에 사용한다.

㉣ 중성점 접지가 되고, 이상 전압이 경감된다.

㉤ 제3고조파에 의한 기전력의 일그러짐이 없고, 유도장애가 적다. **답** ④

07 단상 변압기 2대를 이용하여 3상 변압을 할 경우 결선방식이 맞는 것은?

① $Y-Y$결선
② $V-V$결선
③ $\Delta-\Delta$결선
④ $Y-\Delta$, $\Delta-Y$결선

풀이 단상변압기 2대를 이용한 3상 결선은 V-V결선이다. **답** ②

08 다음은 변압기 V결선의 특징이다. 틀린 것은?

① 고장 시 응급처치방법으로도 쓰인다.
② 단상변압기 2대로 3상 전력을 공급한다.
③ 장래 부하증가가 예상되는 지역에 시설한다.
④ V결선 시 출력은 Δ결선 시 출력과 그 크기가 같다.

풀이 V결선의 3상 출력은 $P_V = \sqrt{3}\,P$이다.　　　　　　　　　　　　　　　　**답** ④

09 100[kVA]의 단상변압기 3대를 $\Delta - \Delta$ 결선하여 300[kVA]의 3상 평형 부하에 전력을 공급하던 중 1대가 고장이 나서 이것을 빼버리고 2대로 송전을 계속하려면 몇 [kVA]까지 송전할 수 있는가?

① 173.2　　　　　　　　　　　② 86.6
③ 57.7　　　　　　　　　　　④ 200

풀이 V결선의 3상 출력은 $P_V = \sqrt{3}\,P$이므로

$\therefore P_V = \sqrt{3} \times 100 = 173.2[\text{kVA}]$이다.　　　　　　　　　　　　**답** ①

10 정격출력 P[kW], 역률 0.8, 효율 0.82로 운전하는 3상 유도전동기에 V결선 변압기로 전원을 공급할 때 변압기 1대의 최소 용량은 몇 kVA인가?　　　　　　[2006]

① $\dfrac{2P}{0.8 \times 0.82 \times \sqrt{3}}$　　　　　　② $\dfrac{P}{0.8 \times 0.82 \times 3}$

③ $\dfrac{\sqrt{3}\,P}{0.8 \times 0.82 \times 2}$　　　　　　④ $\dfrac{P}{0.8 \times 0.82 \times \sqrt{3}}$

풀이 V결선의 3상 출력은 $P_V = \sqrt{3}\,P_1[\text{kVA}]$과

전동기 용량 $P_M = \dfrac{P}{0.8 \times 0.82}[\text{kVA}]$가 같아야 하므로,

$P_M = P_V$에서

$\therefore$ 변압기 1대의 용량 $P = \dfrac{P}{0.8 \times 0.82 \times \sqrt{3}}[\text{kVA}]$이다.　　　　**답** ④

11 3상에서 2상으로 변환할 수 없는 변압기 결선방식은? [2005][2008]

① 포크결선　　　　　　　　　　② 스코트결선

③ 메이어결선　　　　　　　　　　④ 우드브리지결선

풀이 **3상 교류를 2상 교류로 변환**

ㄱ 스코트(Scott) 결선(T결선)

ㄴ 우드브리지(Wood bridge) 결선

ㄷ 메이어(Meyer) 결선

※ 포크(Fork) 결선 : 3상 교류를 6상 교류로 변환 결선　　　**답** ①

12 3상을 2상으로 상수 변환하는 데 가장 많이 사용되는 방법은? [2002][2003]

① 환상결선　　　　　　　　　　② 스코트결선

③ 대각결선　　　　　　　　　　④ 포크결선

풀이 위의 문제 해설 참조　　　**답** ②

(1) 병렬운전조건

① 각 변압기의 **극성이 같을 것**(같지 않으면 2차 권선에 매우 큰 순환 전류가 흘러서 변압기 권선이 소손된다.)

② 각 변압기의 **권수비가 같고**, 1차 및 2차의 **정격전압이 같을 것**(같지 않으면 2차 권선에 큰 순환전류가 흘러서 권선이 과열된다.)

③ 각 변압기의 **%임피던스 강하가 같을 것**, 즉 각 변압기의 임피던스가 정격용량에 반비례할 것(같지 않으면 부하부담이 부적당하게 된다.)

④ 각 변압기의 $\dfrac{r}{x}$ **비가 같을 것**(같지 않으면 위상차가 발생하여 동손이 증가한다.)

(2) 3상 변압기군의 병렬운전

① 3상 변압기군를 병렬로 결선하여 송전하는 경우에는 각 군(群)의 3상 결선방식에 따라서 가능한 것과 불가능한 것이 있는데, 그 이유는 결선방식에 따라서 2차 전압의 위상이 달라지기 때문이다.

② 3상 변압기군의 병렬운전의 결선 조합

병렬운전 가능		병렬운전 불가능
$\Delta-\Delta$와 $\Delta-\Delta$ $Y-Y$와 $Y-Y$ $Y-\Delta$와 $Y-\Delta$	$\Delta-Y$와 $\Delta-Y$ $\Delta-\Delta$와 $Y-Y$ $\Delta-Y$와 $Y-\Delta$	$D-D$와 $D-Y$ $Y-Y$와 $\Delta-Y$

08 특수 변압기

(1) 단권 변압기

① 권선 하나의 도중에 탭(Tab)을 만들어 사용한 것으로, 경제적이고 특성도 좋다.

② 보통변압기와 단권변압기의 비교

   ㉮ 권선이 가늘어도 되며, 자로가 단축되어 **재료를 절약**할 수 있다.

   ㉯ **동손이 감소되어 효율이 좋다.**

   ㉰ 공통선로를 사용하므로 누설자속이 없어 **전압변동률이 작다.**

   ㉱ **고압 측 전압이 높아지면 저압 측에서도 고전압을 받게 되므로 위험이 따른다.**

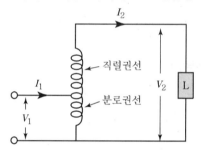

③ 자기용량과 부하용량의 비

   ㉮ 단권변압기 용량(자기용량)$= (V_2 - V_1)I_2$

   ㉯ 부하용량(2차 출력)$= V_2 I_2$

$$\therefore \ \frac{자기용량}{부하용량} = \frac{(V_2 - V_1)I_2}{V_2 I_2} = \frac{V_2 - V_1}{V_2}$$

(2) 3권선 변압기

① 1개의 철심에 3개의 권선이 감겨 있는 변압기

② 용도

   ㉮ 3차 권선에 콘덴서를 접속하여 1차측 역률을 개선하는 **선로조상기로 사용**할 수 있다.

   ㉯ 3차 권선으로부터 발전소나 변전소의 **구내전력을 공급**할 수 있다.

   ㉰ 두 개의 권선을 1차로 하여 **서로 다른 계통의 전력을 받아 나머지 권선을 2차로 하여 전력을 공급**할 수도 있다.

(3) 계기용 변성기

교류고전압회로의 전압과 전류를 측정하려고 하는 경우에 전압계나 전류계를 직접 회로에 접속하지 않고 계기용 변성기를 통해서 연결한다. 이렇게 하면 계기회로를 선로전압으로부터 절연하므로 위험이 적고 비용이 절약된다.

① 계기용 변압기(PT)

    ㉮ 전압을 측정하기 위한 변압기로 **2차 측 정격전압은 110[V]가 표준**이다.

    ㉯ 변성기 용량은 2차 회로의 부하를 말하며 2차 **부담**이라고 한다.

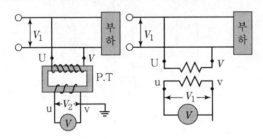

[계기용 변압기(PT)]

② 계기용 변류기(CT)

    ㉮ 전류를 측정하기 위한 변압기로 **2차 전류는 5[A]가 표준**이다.

    ㉯ 계기용 변류기는 2차 전류를 낮게 하게 위하여 권수비가 매우 작으므로 2차 측을 개방되면, 2차 측에 매우 높은 기전력이 유기되어 위험하므로 **2차 측을 절대로 개방해서는 안 된다.**

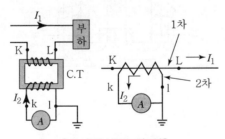

[계기통 변류기(CT)]

(4) 부하 시 전압조정 변압기

부하 변동에 따른 선로의 전압강하나 1차 전압이 변동해도 2차 전압을 일정하게 유지하고자 하는 경우에 **전원을 차단하지 않고 부하를 연결한 상태에서 1차 측 탭을 설치하여 전압을 조정하는 변압기**이다.

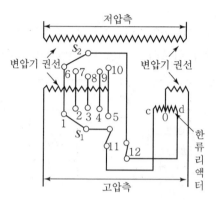

(5) 누설변압기

네온관 점등용 변압기나 아크 용접용 변압기에 이용되는 변압기로 누설자속을 크게 한 변압기로 정전류 변압기라고도 한다.

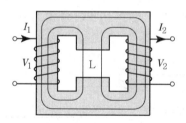

01 변압기의 병렬운전 시 필요하지 않은 것은? [2004]

① 극성이 같을 것
② 임피턴스 전압이 같을 것
③ 정격 전압과 권수비가 같을 것
④ 정격 출력이 같을 것

풀이 병렬운전 조건
ⓐ 극성이 같을 것
ⓑ 권수비가 같고, 1차 및 2차의 정격전압이 같을 것
ⓒ %임피던스 강하가 같을 것
ⓓ $\frac{r}{x}$비가 같을 것

답 ④

02 변압기의 병렬운전 조건이 아닌 것은? [2004]

① 극성이 같을 것
② 1차 및 2차의 정격전압이 같을 것
③ 권수비가 같을 것
④ 퍼센트 임피던스가 다를 것

풀이 위의 문제 해설 참조

답 ④

03 변압기를 병렬운전하고자 할 때 갖추어져야 할 조건이 아닌 것은? [2006]

① 극성이 같을 것
② 변압비가 같을 것
③ %임피던스 강하가 같을 것
④ 효율이 같을 것

풀이 위의 문제 해설 참조

답 ④

04 단상변압기 2대를 병렬운전하기 위한 조건으로 잘못된 것은? [2004][2007]

① 2차 유도기전력의 크기가 같아야 한다.
② 각 변압기의 저항과 리액턴스비가 같아야 한다.
③ 2차 권선의 폐회로에 순환전류가 흐르지 않아야 한다.
④ 각 변압기에 흐르는 부하전류가 임피던스에 비례해야 한다.

풀이 각 변압기의 %임피던스 강하가 같을 것, 즉 각 변압기의 임피던스가 정격용량에 반비례할 것 : 같지
않으면 부하부담이 부적당하게 된다.

답 ④

05 다음 중 변압기의 병렬운전조건에 해당되지 않는 것은? [2008]

① 극성이 같아야 한다.

② 권수비, 1차 및 2차의 정격전압이 같아야 한다.

③ 각 변압기의 저항과 누설리액턴스의 비가 같아야 한다.

④ 각 변압기의 임피던스가 정격용량에 비례해야 한다.

풀이 위의 문제 해설 참조 **답** ④

06 단상 변압기를 병렬운전하는 경우 부하전류의 분담은 어떻게 되는가? [2007]

① 임피던스에 비례 ② 리액턴스에 비례

③ 임피던스에 반비례 ④ 리액턴스에 반비례

풀이 위의 문제 해설 참조 **답** ③

07 3상 변압기 결선 조합 중 병렬운전이 불가능한 것은? [2002][2006]

① $\Delta - \Delta$와 $\Delta - \Delta$ ② $\Delta - Y$와 $Y - \Delta$

③ $\Delta - \Delta$와 $\Delta - Y$ ④ $\Delta - \Delta$와 $Y - Y$

풀이

병렬운전 가능		병렬운전 불가능
$\Delta - \Delta$와 $\Delta - \Delta$	$\Delta - Y$와 $\Delta - Y$	$\Delta - \Delta$와 $\Delta - Y$
$Y - Y$와 $Y - Y$	$\Delta - \Delta$와 $Y - Y$	$Y - Y$와 $\Delta - Y$
$Y - \Delta$와 $Y - \Delta$	$\Delta - Y$와 $Y - \Delta$	

답 ③

08 단권변압기의 용도이다. 이 중 잘못된 것은?

① 권수비가 10에 가까운 강압용에 사용

② 승압변압기로 사용

③ 전압조정기로 사용

④ 기동보상기로 사용

풀이 1, 2차를 같은 권선을 사용하기 때문에 권수비를 크게 하지는 못한다. **답** ①

09 동기전동기나 유도전동기의 기동 시 기동보상기로 많이 사용하는 변압기로서 1차, 2차 전압을 같은 권선으로부터 얻는 변압기의 명칭은?

① 단권변압기 ② 계기용 변압기
③ 누설변압기 ④ 계기용 변류기

풀이 단권변압기의 구조도

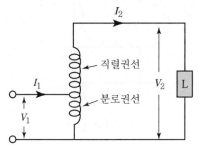

답 ①

10 1차 전압 100V, 2차 전압 110V인 단상단권변압기의 변압기용량과 부하용량의 비는?

[2002]

① $\dfrac{1}{10}$ ② $\dfrac{1}{11}$
③ 10 ④ 11

풀이 $\dfrac{\text{자기용량}}{\text{부하용량}} = \dfrac{V_2 - V_1}{V_2}$ 에서 $\dfrac{\text{자기용량}}{\text{부하용량}} = \dfrac{110 - 100}{110} = \dfrac{1}{11}$ 이다.

답 ②

11 3권선 변압기의 3차 권선의 용도가 아닌 것은?

[2003]

① 소내용 전원 공급 ② 조상 설비 접속
③ 제3고조파 제거 역할 ④ 승압용에 이용

풀이 ㉠ 3차 권선에 콘덴서를 접속하여 1차측 역률을 개선하는 선로조상기로 사용
ㄴ 3차 권선으로부터 발전소나 변전소의 구내 전력을 공급
ㄷ 두 개의 권선을 1차로 하여 서로 다른 계통의 전력을 받아 나머지 권선을 2차로 하여 전력을 공급

답 ④

12 계기용 변압기 단자에는 1차 권선과 2차 권선의 극성관계를 표시하는 기호가 있는데 이것이 잘 맞아야 한다. 옳은 것은? [2003]

① (1) U (2) U
② (1) V (2) V
③ (1) U (2) V
④ (1) V (2) U

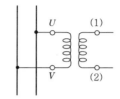

풀이

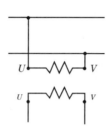

답 ③

13 변류기 개방시 2차 측을 단락하는 이유는? [2006]

① 2차측 절연보호
② 2차측 과전류보호
③ 측정오차 방지
④ 1차측 과전류방지

풀이 계기용 변류기는 2차 전류를 낮게 하게 위하여 권수비가 매우 작으므로 2차 측이 개방되면, 2차 측에 매우 높은 기전력이 유기되어 위험하다. **답** ①

14 배전반에 연결되어 운전중인 PT와 CT를 점검할 때 유의해야 할 사항은?

① PT와 CT 모두 개방
② PT와 CT 모두 단락
③ PT는 단락, CT는 개방
④ CT는 단락, PT는 개방

풀이 CT는 고저압이 유기되므로 단락해야 되고, PT는 큰 전류가 흐를 수 있으므로 개방해야 한다.
답 ④

15 변류기의 오차를 경감시키는 방법은? [2004]

① 암페어 턴을 감소시킨다.
② 철심의 단면적을 크게 한다.
③ 도자율이 작은 철심을 사용한다.
④ 평균자로의 길이를 길게 한다.

풀이 변류기 자체의 손실을 적게 하여야 오차를 줄일 수 있다.

손실을 줄이기 위해 자기저항 $R = \frac{\ell}{\mu A}$ [AT/wb]을 작게 하여야 한다.

따라서, 철심의 단면적을 크게 하고, 도자율을 큰 것을 사용하며, 자로의 길이를 작게 해야 한다.

답 ②

---

16 계기용 변류기의 정격 2차 전류는 몇 [A]인가?

① 5   ② 15   ③ 25   ④ 50

풀이 변류기의 2차 전류는 5[A]가 표준이다.

답 ①

---

17 주상변압기 고압 측에 여러 개의 탭을 설치하는 이유는 어느 것인가?

① 역률개선용   ② 주파수조정용

③ 위상조정용   ④ 전압조정용

풀이 **전압조정변압기**

부하 변동에 따른 선로의 전압강하나 1차 전압이 변동해도 2차 전압을 일정하게 유지하고자 하는 경우에 1차측 탭을 설치하여 전압을 조정하는 변압기이다.

답 ④

---

18 용접용 변압기가 일반 전력용 변압기와 다른 점은? [2004][2005]

① 누설리액턴스가 크다.   ② 권선의 저항이 크다.

③ 효율이 높다.   ④ 역률이 좋다.

풀이 정전류를 만들기 위해 누설자속을 크게 한 변압기이다.

답 ①

---

19 전력용 일반 변압기에 비교할 때 아크 용접용 변압기의 차이점에 해당되는 것은?

[2002]

① 역률이 좋다.   ② 효율이 좋다.

③ 철심을 사용한다.   ④ 누설리액턴스가 크다.

풀이 위의 문제 해설 참조

답 ④

20 일정전압으로 사용하는 용접용 변압기에서 2차 전류가 증가하게 될 때 이 2차 전류를 주로 억제하는 것은? [2008]

① 1차 권선의 저항
② 2차 권선의 저항
③ 누설리액턴스
④ 누설커패시턴스

풀이 위의 문제 해설 참조
답 ③

21 다음 중 누설변압기의 특징이 아닌 것은?

① 전압변동률이 작고 역율이 높다.
② 아크등, 방전등, 아크 용접기의 전원용변압기로 쓰인다.
③ 부하에 일정한 전류를 공급하는 정전류 전원용으로 쓰인다.
④ 기동 시에는 고전압, 운전 중에는 낮은 전압이 요구되는 곳에 쓰인다.

풀이 누설자속으로 전압변동률이 높고, 역률이 매우 나쁘다.
답 ①

22 변압기의 온도상승시험을 하는 데 가장 좋은 방법은? [2007]

① 실부하시험법
② 단락시험법
③ 충격전압시험법
④ 전전압시험법

풀이 **변압기의 온도시험**

ⓐ 실부하시험 : 변압기에 전부하를 걸어서 온도가 올라가는 상태를 시험하는 것으로 전력이 많이 소비되므로, 소형기에서만 적용할 수 있다.
ⓑ 반환부하법 : 전력을 소비하지 않고, 온도가 올라가는 원인이 되는 철손과 구리손만 공급하여 시험하는 방법
ⓒ 등가부하법(단락시험법) : 변압기의 권선 하나를 단락하고 전손실에 해당하는 부하 손실을 공급해서 온도상승을 측정한다.
답 ②

23 변압 시기의 온도상승시험을 하는 데 가장 좋은 방법은? [2003]

① 실부하시험법
② 반환부하법
③ 단락시험법
④ 전전압시험법

풀이 위의 문제 해설 참조
답 ②

24 변압기 권선의 층간 절연시험은?　　　　　　　　　　　　　　　　　　[2004]

① 가압시험　　　　　　　　　　　② 충격시험

③ 단락시험　　　　　　　　　　　④ 유도시험

풀이 **변압기 절연내력시험**

　㉠ 변압기유의 절연파괴 전압시험 : 변압기유의 절연내력시험

　㉡ 가압시험 : 온도시험 직후에 절연저항과 절연내력을 확인하는 시험

　㉢ 유도시험 : 전기기기의 층간절연을 시험하는 것으로 권선 간에 절연내력을 확인

　㉣ 충격전압시험 : 변압기에 번개와 같은 충격전압을 가하여 견디는 정도를 확인　　　**답** ④

25 변압기 절연내력시험과 관계없는 것은?

① 가압시험　　　　　　　　　　　② 유도시험

③ 충격시험　　　　　　　　　　　④ 극성시험

풀이 위의 문제 해설 참조　　　　　　　　　　　　　　　　　　　　　　　　**답** ④

26 변압기의 정격이란 지정된 조건하에서 제조회사가 보장하는 사용한도를 말한다. 지정된 조건에 해당되지 않는 것은?　　　　　　　　　　　　　　　　　　[2002]

① 전압　　　　　　　　　　　　　② 주파수

③ 역률　　　　　　　　　　　　　④ 리액턴스

풀이 정격은 출력(용량), 전압, 전류, 주파수, 역률을 표시한다.　　　　　　　　**답** ④

27 변압기의 정격출력의 단위가 아닌 것은?

① VA　　　　　　　　　　　　　② kVA

③ MVA　　　　　　　　　　　　④ kW

풀이 변압기와 발전기는 출력을 피상전력 [VA]로 표시한다.　　　　　　　　　　**답** ④

04 유도전동기

CHAPTER

□ 개요

유도전동기는 각종 전동기 중에서 범용으로 가장 많이 쓰이고 있는 전동기로서 공장용에서부터 가정용에 이르기까지 전체 전동기 사용분야에 90% 이상이다.

3상 유도전동기는 공작기계, 양수펌프 등과 같이 큰 기계장치를 움직이는 동력으로 사용되고 있고, 단상 유도전동기는 선풍기, 냉장고 등과 같이 작은 동력을 필요로 하는 곳에 주로 사용되고 있다.

유도 전동기가 산업 및 가정용으로 널리 이용되고 있는 것은 교류전원만을 필요로 하므로 전원을 쉽게 얻을 수 있으며, 구조가 간단하고, 가격이 싸며, 취급과 운전이 쉬우므로 다른 전동기에 비해 편리하게 사용할 수 있기 때문이다.

01 유도전동기의 원리

(1) 기본원리

① **아라고의 원판** : 알루미늄 원판의 중심축으로 회전할 수 있도록 만든 원판에 주변을 따라 자석을 회전시키면 원판은 전자유도작용에 의하여 같은 방향으로 회전하는 원리

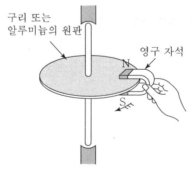

구리 또는
알루미늄의 원판

영구 자석

② **플레밍의 법칙** : 플레밍의 오른손법칙에 따라 원판의 기전력의 방향을 구하면 원판의 중심으로 향하는 맴돌이 전류가 흐른다. 다음에 이 맴돌이 전류의 방향과 자속과의 방향에서 플레밍의 왼손법칙을 적용하여 원판의 회전방향을 구하면 자속의 회전

방향과 같은 것을 알 수 있다. 이와 같이 **원판은 자석의 회전방향과 같은 방향으로 약간 늦게 회전한다.**

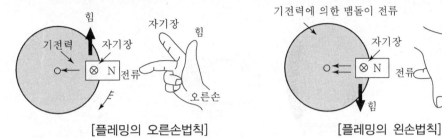

[플레밍의 오른손법칙]   [플레밍의 왼손법칙]

(2) 회전 자기장

자석을 기계적으로 회전하는 대신 고정자 철심에 감겨 있는 3개조의 권선에 3상 교류를 가해 줌으로써 전기적으로 회전하는 회전 자기장을 만들 수 있다.

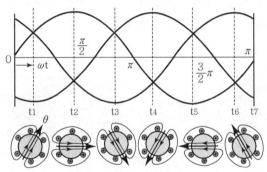

[회전 자기장의 발생]

(3) 동기 속도

회전 자기장이 회전하는 속도는 극수 P와 전원의 주파수 f에 의해 정해지고 이를 동기 속도 N_s라 한다.

$$N_s = \frac{120f}{P}[\text{rpm}]$$

02 유도전동기의 구조

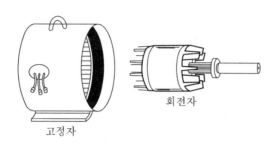

고정자

회전자

(1) 고정자

① 고정자 프레임 : 전동기 전체를 지탱하는 것으로, 내부에 고정자 철심을 부착한다.

② 고정자 철심 : 두께 0.35~0.5[mm]의 **규소강판을 성층**하여 만든다.

③ 고정자 권선 : 대부분이 2층권으로 되어 있고, 1극 1상 슬롯 수는 거의 2~3개이다.

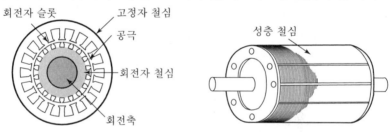

회전자 슬롯   고정자 철심   공극   회전자 철심   회전축   성층 철심

(2) 회전자

규소강판을 성층하여 둘레에 홈을 파고 코일을 넣어서 만든다. 홈 안에 끼워진 코일의 종류에 따라 농형회전자와 권선형 회전자로 구분된다.

① 농형 회전자

㉮ 회전자 둘레의 홈에 원형이나, 다른 모양의 구리 막대를 넣어서 양 끝을 구리로 단락고리(End Ring)에 붙여 전기적으로 접속하여 만든 것이다.

㉯ 회전자 구조가 간단하고 튼튼하여 운전 성능은 좋으나, 기동 시에 큰 기동 전류가 흐를 수 있다.

㉰ 회전자 둘레의 홈을 축방향에 평행하지 않고 비뚤어져 있는데, 이것은 소음발생을 억제하는 효과가 있다.

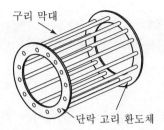

구리 막대

단락 고리 환도체

② 권선형 회전자

㉠ 회전자 둘레의 홈에 3상 권선을 넣어서 결선한 것이다.

㉡ 회전자 내부 권선의 결선은 슬립 링(Slip Ring)에 접속하고, 브러시를 통해 바깥에 있는 기동저항기와 연결한다.

㉢ 회전자의 구조가 복잡하고 농형에 비해 운전이 어려우나 기동저항기를 이용하여 **기동전류를 감소시킬 수 있고, 속도 조정도 자유로이 할 수 있다.**

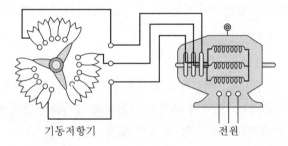

기동저항기   전 원

(3) 공극

① **공극이 넓으면** 기계적으로 안전하지만, 전기적으로는 자기저항이 커지므로 여자 전류가 커지고 **전동기의 역률이 떨어진다.**

② **공극이 적으면** 기계적으로 약간의 불평형이 생겨도 진동과 소음의 원인이 되고, 전기적으로는 누설 리액턴스가 증가하여 전동기의 순간 최대 출력이 감소하고 철손이 증가한다.

03 유도전동기의 이론

(1) 회전수와 슬립

① 슬립(Slip) : 회전자가 토크를 발생하기 위해서는 회전자기장의 회전속도(동기속도 N_s)와 회전자속도 N의 차이로 회전자에 기전력이 발생하여 회전하게 되는데, 동기속도 N_s와 회전자속도 N의 차에 대한 비를 슬립이라 한다.

$$슬립 \ S = \frac{동기속도 - 회전자속도}{동기속도} = \frac{N_s - N}{N_s} = 1 - \frac{N}{N_s}$$

② 회전자가 **정지상태이면 슬립** $S = 1$이고, **동기속도로 회전한다면 슬립** $S = 0$이 된다.
③ 일반적인 슬립은 소형인 경우에는 5~10[%], 중·대형인 경우에는 2.5~5[%]이다.

(2) 전력의 변환

① 유도전동기는 동기속도와 회전자속도의 차이에 의해서 발생한 회전자 기전력으로 회전력을 갖게 되고, 그 기전력의 크기가 회전력의 크기를 좌우하게 된다. 이것은 슬립이 전동기의 전력변화의 중요한 요소가 됨을 의미하고 있다.

② **전력의 흐름** : 유도전동기에서 공급되는 1차 입력(P_1)의 대부분은 2차 입력(P_2)이되고, 2차 입력(P_2)에서 주로 회전자동손(P_{2C})을 뺀 나머지는 기계적 출력(P_0)으로된다.

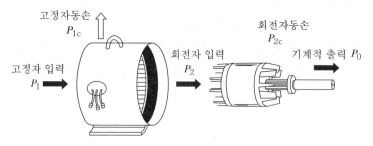

③ **유도전동기와 변압기의 관계** : 유도전동기는 변압기와 같이 1차 권선과 2차 권선이 있고, 전자유도작용으로 전력을 2차 권선에 공급하는 회전기계이다. 유도전동기의 2차권선은 전자유도적으로 전력을 공급받아 토크를 발생하여 전기적에너지를 기계적에너지로 변환한다.

④ 기계적 출력 P_o

기계적 출력(P_o)＝2차 입력(P_2)－2차 동손(P_{2c})이므로
슬립의 관계식으로 표시하면 다음과 같다.

$$P_2 : P_{2c} : P_o = 1 : S : (1-S)$$

⑤ 전체 효율 및 2차 효율

$$\eta = \frac{P_o}{P_1} \qquad \eta_2 = \frac{P_o}{P_2} = (1-S)$$

(3) 토크

토크는 기계적 출력으로부터 구할 수 있다.

$$P_o = 2\pi \cdot \frac{N}{60} T[\mathrm{W}]\text{에서} \quad T = \frac{60}{2\pi} \cdot \frac{P_o}{N}[\mathrm{N} \cdot \mathrm{m}] = \frac{1}{9.8} \cdot \frac{60}{2\pi} \cdot \frac{P_o}{N}[\mathrm{kg} \cdot \mathrm{m}]$$

(4) 동기와트

① 2차 입력으로서 토크를 표시하는 것을 말한다.
② 위의 토크식에 $P_o = (1-S)P_2$와 $N = (1-S)N_s$ 식을 대입하여 정리하면
다음과 같이 된다.

$$T = \frac{60}{2\pi \cdot N_s} \cdot P_2[\mathrm{N} \cdot \mathrm{m}]$$

01 유도 전동기의 원리와 직접 관계가 되는 것은?

① 옴의 법칙 ② 키르히호프의 법칙
③ 정전유도작용 ④ 회전자기장

풀이 아라고의 원판의 원리에 따라 회전자기장에 이끌려서 전동기가 회전하게 된다. **답** ④

02 60[Hz]의 교류전원에서 사용 가능한 3상 유도 전동기의 최대 동기속도[rpm]는?(단, 자극수는 2극이 최소이다.)

① 1,200 ② 1,800 ③ 3,600 ④ 7,200

풀이 $N_s = \dfrac{120f}{P}$[rpm]이므로 $N_s = \dfrac{120 \times 60}{2} = 3,600$[rpm]이다. **답** ③

03 동기속도가 1,800[rpm]으로 회전하는 유도전동기의 극수는?(단, 유도전동기의 주파수는 60[Hz]이다.)

① 2극 ② 4극 ③ 6극 ④ 8극

풀이 $N_s = \dfrac{120f}{P}$[rpm]이므로 $1,800 = \dfrac{120 \times 60}{P}$[rpm]에서 $P=4$이다. **답** ②

04 농형 회전자에 비뚤어진 홈을 쓰는 이유로 잘못된 것은?

① 기동특성 개선 ② 파형 개선
③ 소음 경감 ④ 미관상 좋다.

풀이 회전자 둘레의 홈을 축방향에 평행하지 않고 비뚤어져 있는데, 이것은 소음발생을 억제하는 효과가 있다. **답** ④

05 220/380V 겸용 3상 유도전동기의 리드선은 몇 가닥 인출하는가? [2003]

① 3 ② 6 ③ 9 ④ 12

풀이 회전 자기장을 발생시키기 위해 고정자 철심에 독립된 3개조의 권선의 리드선이 인출된다. **답** ②

06 다음 전동기 중에서 브러시를 사용하지 않는 것은? [2003]

① 직류전동기 　　　　　　　　　② 권선형 유도전동기
③ 정류자전동기 　　　　　　　　④ 농형 유도전동기

풀이 농형회전자는 원통형의 단락고리로 구성된 회전자이므로 브러시를 사용하지 않는다.　　**답** ④

07 3상 유도전동기 중에서 권상기, 펌프 등 중관성 부하용에 많이 사용되는 유도전동기는? [2003]

① 농형 유도전동기 　　　　　　② 권선형 유도전동기
③ 콘덴서기동형 전동기 　　　　④ 반발기동형 전동기

풀이 권선형 유도전동기는 기동저항기를 이용하여 기동토크를 크게 하여 기동할 수 있다.　　**답** ②

08 유도전동기의 공극을 작게 하는 이유는?

① 효율 증대 　　　　　　　　　② 기동 전류 감소
③ 역률 증대 　　　　　　　　　④ 토크 증대

풀이 공극이 넓으면 기계적으로 안전하지만, 전기적으로는 자기저항이 커지므로 여자 전류가 커지고 전동기의 역률이 떨어진다.　　**답** ③

09 유도전동기의 동기속도가 1,200rpm이고, 회전수가 1,176rpm일 때 슬립은?

① 0.06　　　　② 0.04　　　　③ 0.02　　　　④ 0.01

풀이 슬립 $S = \dfrac{N_s - N}{N_s}$ 이므로, $S = \dfrac{1,200 - 1,176}{1,200} = 0.02$ 이다.　　**답** ③

10 60Hz, 4극 유도전동기의 슬립이 4%라면 회전수는 몇 rpm인가? [2005]

① 1,690　　　② 1,728　　　③ 1,764　　　④ 1,800

풀이 슬립 $S = \dfrac{N_s - N}{N_s}$, 동기속도 $N_s = \dfrac{120f}{P}$[rpm]이므로

$N_s = \dfrac{120 \times 60}{4} = 1,800$[rpm]이고, $0.04 = \dfrac{1,800 - N}{1,800}$ 에서 N를 구하면,

∴ $N = 1,728$[rpm]이다.　　**답** ②

11 60Hz의 전원에 접속된 4극 3상 유도전동기의 슬립이 0.05일 때의 회전속도는 몇 rpm인가? [2003]

① 1,610　　　　② 1,710　　　　③ 1,760　　　　④ 1,800

풀이 슬립 $S = \dfrac{N_s - N}{N_s}$, 동기속도 $N_s = \dfrac{120f}{P}$ [rpm]이므로

$N_s = \dfrac{120 \times 60}{4} = 1{,}800$ [rpm]이고,

$0.05 = \dfrac{1{,}800 - N}{1{,}800}$에서 N를 구하면,

∴ $N = 1{,}710$ [rpm]이다.　　　　**답** ②

12 유도 전동기에서 슬립이 가장 큰 상태는?

① 무부하 운전 시　　　　② 경부하 운전 시
③ 정격부하 운전 시　　　　④ 기동 시

풀이 슬립 $S = \dfrac{N_s - N}{N_s}$이므로

기동 시($N = 0$) $S = 1$, 동기속도로($N = N_s$) 운전 시 $S = 0$이다.　　　　**답** ④

13 3상 유도전동기의 회전원리를 설명한 것 중 틀린 사항은?

① 슬립이 발생할 때만 회전력이 발생된다.
② 회전자의 회전속도가 증가할수록 슬립은 증가한다.
③ 부하를 회전시키기 위해서는 회전자의 속도는 동기속도 이하로 운전되어야 한다.
④ 3상 교류전압을 고정자에 공급하면 고정자 내부에서 회전 자기장이 발생된다.

풀이 회전속도가 증가하면 슬립은 작아진다.　　　　**답** ②

14 스트로보 스코우트법은 유도 전동기의 무엇을 측정하는 방법인가?

① 슬립　　　　② 주파수
③ 속도　　　　④ 토크

풀이 흑백 부채꼴 원판을 전동기 축 끝에 설치하여 운전하고, 동일한 전원에 접속시킨 네온램프을 비추어 부채모양의 회전수를 구하고, 계산식으로 슬립을 구한다.　　　　**답** ①

15 유도전동기의 2차 입력, 2차 동손 및 슬립을 각각 P_2, P_{c2}, S라 하면 이들 관계식은?

[2003][2008]

① $S = P_2 \cdot P_{c2}$

② $S = P_{c2} + P_2$

③ $S = \dfrac{P_2}{P_{c2}}$

④ $S = \dfrac{P_{c2}}{P_2}$

풀이 $P_2 : P_{2c} : P_o : 1 : S : (1-S)$이므로

$P_2 : P_{2c} = 1 : S$에서 S로 정리하면,

$S = \dfrac{P_{c2}}{P_2}$이 된다. **답** ④

---

16 3상 유도전동기의 2차 입력이 P_2, 슬립이 S라면 2차 저항손은 어떻게 표현되는가?

[2002][2005][2008]

① $S \cdot P_2$

② $\dfrac{P_2}{S}$

③ $\dfrac{1-S}{P_2}$

④ $\dfrac{P_2}{1-S}$

풀이 $P_2 : P_{2c} : P_o = 1 : S : (1-S)$이므로

$P_2 : P_{2c} = 1 : S$에서 P_{2c}로 정리하면, $P_{2c} = P_2 \cdot S$이 된다. **답** ①

---

17 3상 유도전동기가 1차 입력 60kW, 1차 손실이 1kW일 때, 슬립 5%로 회전하고 있다면 기계적 출력은 몇 kW인가?

[2003]

① 56.05

② 59.25

③ 64.45

④ 69.15

풀이 $P_2 : P_{2c} : P_o = 1 : S : (1-S)$ 이고, 2차 입력 $P_2 =$ 1차 입력 $-$ 1차 손실이므로

$P_2 = 60 - 1 = 59$[kW]

$P_2 : P_o = 1 : (1-S)$에서 $59 : P_o = 1 : (1-0.05)$

$\therefore P_o = 56.05$[kW]이다. **답** ①

18 동기각속도 ω_s, 회전각속도 ω인 유도전동기의 2차 효율은? [2002]

① $\dfrac{\omega_s - \omega}{\omega}$

② $\dfrac{\omega_s - \omega}{\omega_s}$

③ $\dfrac{\omega_s}{\omega}$

④ $\dfrac{\omega}{\omega_s}$

풀이 2차 효율 $\eta_2 = \dfrac{P_o}{P_2}$이므로 $P_2 : P_o = 1 : (1-S)$에서 $\eta_2 = \dfrac{P_o}{P_2} = 1 - S = 1 - \left(1 - \dfrac{N}{N_s}\right) = \dfrac{N}{N_s}$이다.

또한, $\omega_s = 2\pi \dfrac{N_s}{60}$, $\omega = 2\pi \dfrac{N}{60}$ 대입하여 정리하면,

$\therefore \eta_2 = \dfrac{\omega}{\omega_s}$이다.

답 ④

19 정격출력 5kW, 회전수 1,800rpm인 3상 유도전동기의 토크는 약 몇 N · m인가? [2007]

① 2.7

② 26.5

③ 79.5

④ 259.7

풀이 $T = \dfrac{60}{2\pi} \cdot \dfrac{P_o}{N}[\mathrm{N} \cdot \mathrm{m}]$이므로, $T = \dfrac{60}{2\pi} \cdot \dfrac{5 \times 10^3}{1,800} = 26.5[\mathrm{N} \cdot \mathrm{m}]$이다.

답 ②

20 단상 교류전동기의 입력을 표시하는 식은? [2003][2006]

① $3EI\cos\theta$

② $\sqrt{3}\,EI\cos\theta$

③ EI

④ $EI\cos\theta$

풀이 교류전동기도 일반적인 교류부하에 포함되므로 소비전력공식과 같다.

답 ④

21 3상 유도전동기의 출력 4[HP], 전압 210[V], 효율 80[%], 역률 80[%]일 때 전동기에 흘러들어가는 전류를 구하면? [2005]

① 10.2

② 14.2

③ 10.82

④ 12.82

풀이 $P = \sqrt{3}\,VI\cos\theta \cdot \eta[\mathrm{W}]$이고, $1[\mathrm{HP}] = 746[\mathrm{W}]$이므로,

$4 \times 746 = \sqrt{3} \times 210 \times I \times 0.8 \times 0.8[\mathrm{W}]$에서 I를 구하면,

$\therefore I = 12.82[\mathrm{A}]$이다.

답 ④

22 60Hz로 제작된 3상 유도전동기를 동일한 전압의 50Hz 전원으로 사용할 때 나타나는 현상은?

[2002]

① 자속이 감소한다.　　　　　　② 속도가 증가한다.
③ 온도상승이 감소한다.　　　　④ 무부하 전류가 증가한다.

풀이 **주파수와 철손의 관계**

철손 $P_i = P_h + P_e$ 에서

히스테리시스손 $P_h \propto fB_m{}^2 = \dfrac{f^2 B_m{}^2}{f}$ 이고,

와류손 $P_e \propto t^2 f^2 B_m{}^2 = t^2 (fB_m)^2$ 이므로,

유도기전력 $E = 4.44 f N \phi_m = 4.44 f N B_m A \left(B_m = \dfrac{\phi_m}{A} \right)$ 에서

$E \propto f B_m$ 의 관계가 성립하므로,

$$P_h \propto \frac{E^2}{f} \quad P_e \propto E^2$$

따라서, 철손은 주파수에 반비례하기 때문에 주파수가 감소하면, 철손이 증가하여 무부하 전류가 증가한다. (무부하전류는 철손전류와 여자전류의 합이다.)　　　　　　**답** ④

04 유도전동기의 특성

(1) 슬립과 토크의 관계

① 슬립 S에 의한 토크 특성은 변압기와 같은 방법으로 유도전동기를 등가회로로 구성하여 관계식을 구하면 다음과 같다.

$$T = \frac{PV_1^{\,2}}{4\pi f} \cdot \frac{\dfrac{r'_2}{S}}{\left(r_1 + \dfrac{r'_2}{S}\right)^2 + (x_1 + x'_2)^2} \, [\mathrm{N \cdot m}]$$

따라서, 슬립 S가 일정하면, 토크는 공급전압 V_1의 제곱에 비례한다.

② 위의 식에서 슬립에 대한 토크 변화를 곡선으로 표현한 것이 아래 속도특성 곡선이다.

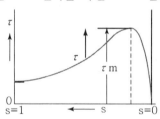

③ **최대토크(정동 토크)** Tm : 정격부하상태의 토크의 160[%] 이상이다.

(2) 비례추이

① 비례추이 : 토크는 위의 식에서 $\dfrac{r'_2}{S}$의 함수가 되어 r'_2를 m배 하면 슬립 S도 m배로 변화하여 토크는 일정하게 유지된다. 이와 같이 **슬립는 2차 저항을 바꿈에 따라 여기에 비례해서 변화하는 것**을 말한다.

② 2차 회로의 저항을 변화시킬 수 있는 **권선형 유도전동기**의 경우에는 이러한 성질을 이용하여 **속도 제어에 이용**할 수 있다. r'_2에 외부저항 R를 연결하여, 2차 저항값을 변화시켜 속도를 제어할 수 있게 된다.

$$\frac{r_2 + R}{S'} = \frac{mr_2}{mS} = \frac{r'_2}{S}$$

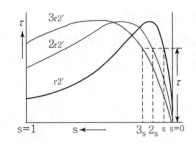

③ **비례추이를 이용하여 기동토크를 크게** 할 수 있으며, 1차 전류, 역률, 1차 입력도 비례추이 성질을 가지지만, 2차 동손, 전체출력, 전체효율, 2차 효율은 비례추이의 성질이 없다.

05 유도전동기의 운전

(1) 기동법

기동전류가 정격전류의 5배 이상의 큰 전류가 흘러 권선을 가열시킬 뿐 아니라 전원 전압을 강하시켜 전원계통에 나쁜 영향을 주기 때문에 기동전류를 낮추기 위한 방법이 필요하다.

① 농형 유도전동기의 기동법

㉮ **전전압 기동** : 6[kW] 이하의 **소용량에 쓰이며**, 기동전류는 정격정류의 600[%] 정도가 흐르게 되어 큰 전원설비가 필요하다.

㉯ 리액터 기동법 : 전동기의 전원 측에 직렬 리액터(일종의 교류 저항)를 연결하여 기동하는 방법이다. 중·대용량의 전동기에 채용할 수 있으며, 다른 기동법이 곤란한 경우나 기동 시 충격을 방지할 필요가 있을 때 적합하다.

㉰ *Y* − *Δ* **기동법** : 10~15[kW] **이하의 중용량 전동기에 쓰이며**, 이 방법은 고정자권선을 *Y*로 하여 상전압을 줄여 기동전류를 줄이고 나중에 *Δ*로 하여 운전하는 방식이다. **기동전류는 정격전류의 1/3로 줄어들지만, 기동토크도 1/3로 감소한다.**

㉱ **기동보상기법** : 15[kW] **이상의 전동기나 고압 전동기에 사용**되며, 단권변압기를 써서 공급전압을 낮추어 기동시키는 방법으로 기동전류를 1배 이하로 낮출 수가 있다.

② **권선형 유도전동기의 기동법(2차 저항법)**

2차 회로에 가변 저항기를 접속하고 비례추이의 원리에 의하여 큰 기동 토크를 얻고 기동전류도 억제할 수 있다.

(2) 속도 제어

① **주파수 제어법**

㉮ 공급전원에 **주파수를 변화시켜 동기 속도를 바꾸는 방법**이다.

㉯ **VVVF 제어** : 주파수를 가변하면 $\phi \propto \dfrac{V}{f}$ 와 같이 자속이 변화기 때문에 자속을 일정하게 유지하기 위해 전압과 주파수를 비례하게 가변시키는 제어법을 말한다.

② **1차 전압제어**

전압의 2승에 비례하여 토크는 변화하므로 이것을 이용해서 속도를 바꾸는 제어법으로 전력전자소자를 이용하는 방법이 최근에 널리 이용되고 있다.

③ **극수 변환에 의한 속도 제어**

고정자권선의 접속을 바꾸어 극수를 바꾸면 단계적이지만 속도를 바꿀 수 있다.

④ **2차 저항제어**

권선형 유도전동기에 사용되는 방법으로 비례추이를 이용하여 외부저항을 삽입하여 속도를 제어한다.

⑤ **2차 여자제어**

2차 저항제어를 발전시킨 형태로 저항에 의한 전압강하 대신에 반대의 전압을 가하여 전압강하가 일어나도록 한 것으로 효율이 좋아진다.

(3) 제동법

① **발전제동** : 제동시 전원으로 분리한 후 직류전원을 연결하면 계자에 고정자속이 생기고 회전자에 교류기전력이 발생하여 제동력이 생긴다. 직류제동이라고도 한다.

② **역상제동(플러깅)** : 운전 중인 유도전동기에 회전방향과 반대방향의 토크를 발생시켜서 급속하게 정지시키는 방법이다.

③ **회생제동** : 제동 시 전원에 연결시킨 상태로 외력에 의해서 동기속도 이상으로 회전시키면 유도발전기가 되어 발생된 전력을 전원으로 반환하면서 제동하는 방법이다.

④ **단상제동** : 권선형 유도전동기에서 2차 저항이 클 때 전원에 단상전원을 연결하면 제동 토크가 발생한다.

기출 및 예상문제

01 유도전동기의 토크는? [2002][2003]

① 단자전압의 2승에 비례한다.　　　② 단자전압에 비례한다.

③ 단자전압의 $\frac{1}{2}$승에 비례한다.　　　④ 단자전압과는 무관하다.

풀이 $T = \dfrac{PV_1^{\,2}}{4\pi f} \cdot \dfrac{\dfrac{r'_2}{S}}{\left(r_1 + \dfrac{r'_2}{S}\right)^2 + (x_1 + x'_2)^2}$ [N · m]

슬립 S가 일정하면, 토크는 공급전압 V_1의 제곱에 비례한다.　　　**답** ①

02 3상 유도전동기의 전전압 기동토크는 전부하 시의 1.8배이다. 전전압의 $\frac{2}{3}$로 기동할 때 기동토크는 전부하 시의 몇 배인가? [2005]

① 0.6　　　　② 0.8　　　　③ 1.0　　　　④ 1.2

풀이 $T \propto V_1^{\,2}$에서 $T \propto \left(\dfrac{2}{3}V_1\right)^2 = 0.44 V_1^2$ 되므로,

∴ 1.8배×0.44=0.8배가 된다.　　　**답** ②

03 220[V]인 3상 유도전동기의 전부하 슬립이 3[%]이다. 공급전압이 200[V]가 되면 전부하 슬립은 약 몇 [%]가 되는가? [2004][2008]

① 3.6　　　　② 4.2　　　　③ 4.8　　　　④ 5.4

풀이 $T = \dfrac{PV_1^{\,2}}{4\pi f} \cdot \dfrac{\dfrac{r'_2}{S}}{\left(r_1 + \dfrac{r'_2}{S}\right)^2 + (x_1 + x'_2)^2}$ [N · m]에서

r_1와 $(x_1 + x'_2)^2$를 무시하면, $T \propto V_1^{\,2} \cdot S$의 관계가 성립하고,

전부하의 토크는 일정하므로, $220^2 \times 0.03 = 200^2 \times S$가 된다.

∴ $S \fallingdotseq 0.0363$이다.　　　**답** ①

04 유도전동기의 슬립, 전류, 역률곡선을 나타내는 것은? [2003]

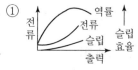

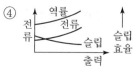

풀이 유도전동기는 거의 무효전류인 무부하 전류가 많이 흐르므로 역률이 낮다. 슬립은 약 5% 정도로 거의 동기속도로 운전하게 되며, 속도가 거의 일정한 정속도 전동기라 볼 수 있다. **답** ①

05 무부하 시 유도전동기는 역률이 낮지만, 부하가 증가하면 역률이 높아지는 이유는?

① 전압이 떨어지므로
② 효율이 좋아지므로
③ 부하 전류가 증가하므로
④ 2차 측의 저항이 증가하므로

풀이 부하 증가에 따라 유효전류가 무효전류보다 상대적으로 증가하기 때문이다. **답** ③

06 3상 권선형 유도전동기를 사용하는 주된 이유는? [2004]

① 효율향상
② 역률개선
③ 기동특성의 향상
④ 소용량 기기에 적용

풀이 2차 회로의 저항을 변화시킬 수 있는 권선형 유도전동기는 비례추이의 성질을 이용하여 기동토크를 크게 할 수 있고, 속도 제어에도 이용할 수 있다. **답** ③

07 비례추이의 성질을 이용할 수 있는 전동기는?

① 직권전동기
② 3상동기전동기
③ 권선형 유도전동기
④ 농형 유도전동기

풀이 위의 문제 해설 참조 **답** ③

08 유도전동기의 비례추이를 적용할 수 없는 것은?

① 토크   ② 1차 전류   ③ 부하   ④ 역률

[풀이] ① 비례추이 성질이 있는 것 : 1차 전류, 역률, 1차입력
       ② 비례추이 성질이 없는 것 : 2차 동손, 전체출력, 전체효율, 2차 효율   [답] ③

09 3상 유도전동기에서 2차 측 저항을 2배로 하면 그 최대 토크는 몇 배로 되는가?

[2003][2005][2008]

① 2배가 된다.   ② 1/2로 줄어든다.
③ $\sqrt{2}$ 배가 된다.   ④ 변하지 않는다.

[풀이] 슬립과 토크를 특성곡선에서 알 수 있듯이 2차 저항을 변화시켜도 최대토크는 변화하지 않는다.

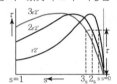

[답] ④

10 슬립 5[%]인 유도전동기를 전부하 토크로 기동시킬 때 2차에 2차 저항의 몇 배를 넣으면 되는가?

① 5   ② 9   ③ 15   ④ 19

[풀이] $\dfrac{r'_2 + R}{S'} = \dfrac{r'_2}{S}$ 에서 기동 시 슬립 $S = 1$이므로

$\dfrac{r'_2 + R}{1'} = \dfrac{r'_2}{0.05}$ 을 정리하면,

∴ $R = 19\, r_2$이다.   [답] ④

11 유도전동기의 1차 접속을 Δ에서 Y 결선으로 바꾸면 기동 시의 1차 전류는?

[2002][2003][2006]

① $\dfrac{1}{3}$ 로 감소한다.   ② $\dfrac{1}{\sqrt{3}}$ 로 감소한다.
③ 3배로 증가한다.   ④ $\sqrt{3}$ 배로 증가한다.

[풀이] $Y - \Delta$기동법 : 고정자권선을 Y로 하여 상전압을 줄여 기동전류를 줄이고 나중에 Δ로 하여 운전하는 방식으로 기동전류는 정격전류의 1/3로 줄어들지만, 기동토크도 1/3로 감소한다.   [답] ①

12 그림은 권선형 유도전동기 2차에 전자 접촉기를 사용하여 자동적으로 기동하기 위한 주 회로이다. 여기서 접촉기의 동작 순서가 바르게 된 것은? [2004]

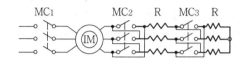

① $MC_1 - MC_2 - MC_3$
② $MC_2 - MC_3 - MC_1$
③ $MC_3 - MC_1 - MC_2$
④ $MC_1 - MC_3 - MC_2$

풀이 비례추이의 성질을 이용하여 기동토크를 크게 할 수 있으므로, 기동 시에는 저항을 크게 하고, 기동 후에는 저항을 단계적으로 줄인다. **답** ④

13 농형 유도전동기 기동법이 아닌 것은? [2007]

① 직입기동
② 2차 저항기동법
③ 콘도르퍼 방식
④ $Y - \Delta$ 기동법

풀이 2차 저항기동법은 권선형 유도전동기의 기동법이다. **답** ②

14 3상 농형 유도전동기의 기동방법 중 전전압 기동방식은?

① 리액터 기동
② $Y - \Delta$ 기동
③ 직입기동
④ 단권변압기 기동

풀이 전전압 기동방식을 직입기동이라 한다. **답** ③

15 3상 유도전동기의 속도를 변화시킬 수 있는 요소가 아닌 것은? [2002]

① 슬립
② 전압
③ 극수
④ 주파수

풀이 슬립 $S = \dfrac{N_s - N}{N_s}$, 동기속도 $N_s = \dfrac{120f}{P}$[rpm]이므로

전압은 속도 결정에 직접적이지는 않지만, 전압을 조정하면 토크가 변화하므로 속도제어를 할 수 있다. **답** ②

16 농형 유도전동기의 속도제어를 위한 1차 주파수 제어방식이 아닌 것은? [2005]

① 전압, 주파수제어
② 벡터제어
③ 슬립, 주파수제어
④ 일정전압제어

풀이 일정진압제어

주파수 제어법으로 주파수를 가변하면 $\phi \propto \dfrac{V}{f}$와 같이 자속이 변하기 때문에 자속을 일정하게 유지하기 위해 전압과 주파수를 비례하게 가변시키는 제어법이다. 참고로 벡터제어는 고정자 전류를 자속 성분전류와 토크 성분전류로 분리하여 독립제어함으로써 직류전동기와 동등한 제어특성을 부여하기 위한 제어방식이다. **답** ④

17 유도전동기의 주파수 제어를 위한 정지형 전력변환장치는? [2006]

① 정류기
② 여자기
③ 인버터
④ 초퍼

풀이 주파수 제어는 인버터를 이용한다. **답** ③

18 유도전동기의 속도제어법 중에서 인버터를 사용하면 가장 효과적인 것은? [2008]

① 극수변환법
② 슬립변환법
③ 주파수변환법
④ 인가전압변환법

풀이 위의 문제 해설 참조 **답** ③

19 인버터 제어라고도 하여 유도전동기에 인가되는 전압과 주파수를 변환시켜 제어하는 방식은? [2007]

① VVVF 제어방식
② 궤한 제어방식
③ 웨드레오나드 제어방식
④ 1단속도제어방식

풀이 위의 문제 해설 참조 **답** ①

20 유도전동기의 1차 전압 변화에 의한 속도제어에 SCR을 사용하는 경우에 변화 대상은 어떤 것인가? [2003][2004]

① 주파수
② 위상각
③ 역상분 토크
④ 전압의 최대치

풀이 전력전자소자 중에 SCR은 점호시간(위상각)을 조정하여 교류를 직류로 변환할 뿐만 아니라, 출력전압을 제어할 수 있다. **답** ②

21 유도전동기의 토크가 전압의 제곱에 비례하여 변화하는 성질을 이용하여 유도전동기의 속도를 제어하는 것은? [2008]

① 극수변환방식　　② 전원전압제어법　③ 크래머방식　　　④ 전원주파수변환법

> **풀이** **1차 전압제어**
> 전력전자소자를 이용하는 방법　　　　　　　　　　　　　　　　　　　　**답** ②

22 유도전동기의 회전자에 슬립 주파수의 전압을 공급하여 속도제어를 하는 것은? [2003]

① 직류여자법　　　② 2차 여자법　　③ 2차 저항제어법　④ 주파수변환제어법

> **풀이** **2차 여자제어**
> 2차 저항제어를 발전시킨 형태로 저항에 의한 전압강하 대신에 반대의 전압을 가하여 전압강하가 일어나도록 한 것으로 효율이 좋다.　　　　　　　　　　　　　　　　**답** ②

23 3상 유도전동기의 운전 중 급속정지가 필요할 때 사용하는 제동방식은?

① 단상제동　　　② 회생제동　　　③ 발전제동　　　④ 역상제동

> **풀이** **역상제동(플러깅)**
> 정회전 운전 중 역회전을 시켜 급속도로 정지시켜 제동하는 방법　　　　**답** ④

24 유도전동기의 제어방법 중 슬립의 범위를 1~2 사이로 하여 제동하는 방법은? [2002][2003]

① 역상제동　　　② 직류제동　　　③ 단상제동　　　④ 회생제동

> **풀이** 슬립 $S = \dfrac{N_s - N}{N_s}$ 이므로, 슬립이 1보다 큰 경우는 $(N_s - N) \geq N_s$ 에서 속도 N 이 역회전을 의미한다.
> 따라서 역상제동이다.　　　　　　　　　　　　　　　　　　　　　　　**답** ①

25 3상 유도전동기의 회전방향을 바꾸려면?

① 전원의 극수를 바꾼다.　　　　　② 전원의 주파수를 바꾼다.
③ 3상 전원 중 두 선의 접속을 바꾼다.④ 기동 보상기를 이용한다.

> **풀이** 3상 회전자계를 반대방향으로 바꾸려면, 3상 중 두 상의 접속을 바꾸면 된다.　**답** ③

26 유도전동기를 이용한 권상기 등에서 일정한 속도 이상으로 되는 것을 방지하는 동시에 전력도 회수할 수 있는 제동법은?

① 단상제동   ② 발전제동   ③ 플러깅   ④ 회생제동

> **풀이** **회생제동**
> 제동 시 동기속도 이상으로 회전시키면 발전기가 되어 발생된 전력을 전원으로 반환하면서 제동하는 방법
>   **답** ④

27 속도 변화가 편리한 전동기는?   [2002]

① 시라게 전동기   ② 동기전동기   ③ 농형 전동기   ④ 2중농형 전동기

> **풀이** **시라게 전동기**
> ㉠ 권선형 유도전동기의 브러시 간격을 조정하여 속도제어를 원활하게 한 전동기
> ㉡ 구조 : 권선형 유도전동기는 보통 1차 권선이 고정자이고 회전자가 2차이다. 이것을 역으로 하여 다시 회전자에 직류기의 전기자와 같이 3차 권선을 설치하여 이것을 정류자에 접속한 전동기
> ㉢ 특징 : 속도제어가 원활하다.
>   **답** ①

28 승강기용으로 주로 사용되는 전동기는?

① 동기전동기   ② 단상 유도전동기
③ 3상 유도전동기   ④ 셀신 전동기

     답 ③

06 단상 유도전동기

(1) 단상 유도전동기의 특징

① 고정자 권선에 단상교류가 흐르면 축방향으로 크기가 변화하는 **교번자계가** 생길 뿐 이라서 **기동토크가 발생하지 않아 기동할 수 없다.** 따라서 별도의 기동용 장치를 설 치하여야 한다.

② 동일한 정격의 3상 유도전동기에 비해 **역률과 효율이 매우 나쁘고, 중량이 무거워서** **1마력 이하의** 가정용과 소동력용으로 많이 사용되고 있다.

(2) 기동장치에 의한 분류

① 분상기동형

기동권선은 운전권선보다 가는 코일을 사용하며 권수를 적게 감아서 권선저항을 크 게 만들어 주권선과의 전류 위상차를 생기게 하여 기동하게 된다.

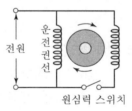

② 콘덴서 기동형

기동권선에 직렬로 콘덴서를 넣고, 권선에 흐르는 기동전류를 앞선 전류로 하고 운 전권선에 흐르는 전류와 위상차를 갖도록 한 것이다. 기동 시 위상차가 2상식에 가 까우므로 기동특성을 좋게 할 수 있고, 시동전류가 적고, 시동 토크가 큰 특징을 갖 고 있다.

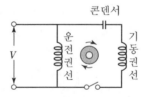

③ 영구 콘덴서형

㉮ 콘덴서 시동형은 기동 시에만 콘덴서를 연결하지만, 영구 콘덴서형 전동기는 기 동에서 운전까지 콘덴서를 삽입한 채 운전한다.

④ 원심력 스위치가 없어서 가격도 싸므로 큰 기동토크를 요구하지 않는 선풍기, 냉장고, 세탁기 등에 널리 사용된다.

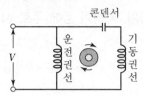

④ 셰이딩 코일형

㉮ 고정자에 돌극을 만들고 여기에 셰이딩 코일이라는 동대로 만든 단락 코일을 끼워 넣는다. 이 코일이 이동자계를 만들어 그 방향으로 회전한다.

㉯ 슬립이나 속도 변동이 크고 효율이 낮아, 극히 소형 전동기에 한해 사용되고 있다.

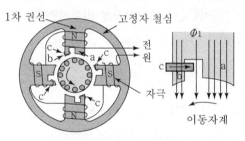

⑤ 반발 기동형

회전자에 직류전동기 같이 전기자 권선과 정류자를 갖고 있고 브러시를 단락하면 기동 시에 큰 기동 토크를 얻을 수 있는 전동기이다.

01 역률이 좋아서 가정용 선풍기, 세탁기 등에 주로 사용되는 것은?

① 분상 기동형　　　　　　　　② 영구 콘덴서형
③ 반발 기동형　　　　　　　　④ 셰이딩 코일형

풀이 **영구 콘덴서형**
　원심력 스위치가 없어서 가격도 싸므로 큰 기동토크를 요구하지 않는 선풍기, 냉장고, 세탁기 등에 널리 사용된다.

답 ②

02 분상기동형 단상 유도전동기의 회전방향을 바꾸려면?　　　　　　[2002]

① 주권선 및 기동권선 단자의 접속을 모두 바꾼다.
② 기동권선이나 주권선 중 어느 한 권선의 단자의 접속을 바꾼다.
③ 전원의 두선을 바꾸어 접속한다.
④ 정지 후 손으로 회전방향을 바꾼 다음에 기동시킨다.

풀이 운전권선이나 기동권선 중 한 권선의 단자접속을 바꾸면, 상 순서가 바뀌게 되어 회전방향이 바뀐다.

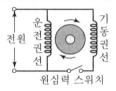

답 ②

03 단상 유도전동기 중에서 콘덴서 기동 전동기의 특징은?　　　　　　[2005]

① 기동토크가 크다.　　　　　　② 기동전류가 크다.
③ 소출력의 것에 사용된다.　　　④ 정류자, 브러시 등을 이용한다.

풀이 기동 시 위상차가 2상식에 가까우므로 기동특성을 좋게 할 수 있고, 시동전류가 적고, 시동 토크가 큰 특징을 갖고 있다.

답 ①

04 간단한 전축, 녹음기 등에 가장 많이 쓰이는 전동기는?　　　　　　[2003]

① 콘덴서 전동기　　　　　　　② 반발 유도전동기
③ 셰이딩 코일형 전동기　　　　④ 농형 유도전동기

05 단상 유도전동기의 기동방법 중에서 가장 기동 토크가 작은 것은?

① 셰이딩 코일형   ② 반발 기동형   ③ 콘덴서 기동형   ④ 분상 기동형

풀이 기동토크가 큰 순서

반발 기동형 → 콘덴서 기동형 → 분상 기동형 → 영구 콘덴서형 → 셰이딩 코일형 **답** ①

06 단상 유도전동기의 반발 기동형(A), 콘덴서 기동형(B), 분상 기동형(C), 셰이딩 코일형(D)일 때 기동 토크가 큰 순서는?

① ABCD   ② ADBC   ③ ACDB   ④ ABDC

풀이 위의 문제 해설 참조 **답** ①

07 슬립이 0.5인 곳에서 게르게스현상을 갖는 유도전동기는?   [2002]

① 농형 유도전동기   ② 권선형 유도전동기
③ 단상 유도전동기   ④ 2상 서보전동기

풀이 게르게스현상

권선형 유도전동기에서 2차회로 단선으로 가속이 안 되는 현상 **답** ②

08 크롤링 현상은 다음의 어느 것에서 일어나는가?   [2007]

① 농형 유도전동기   ② 직류직권전동기
③ 회전변류기   ④ 3상 직권전동기

풀이 크롤링 현상(=차동기 운전) : 소용량의 농형 유도전동기에서 주로 생기는 현상으로 고조파의 영향으로 가속이 안 되는 현상이다. **답** ①

09 2중 농형전동기가 보통 농형전동기에 비해서 다른 점은?   [2002][2004]

① 기동전류, 기동토크 모두 크다.
② 기동전류, 기동토크 모두 작다.

③ 기동전류는 작고, 기동토크는 크다.

④ 기동전류는 크고, 기동토크는 작다.

풀이 **2중 농형 유도전동기**

  ㉠ 회전자 홈을 2층으로 만들고 상층 홈에는 저항이 큰 도체를 하층 홈에는 저항이 작은 도체를 넣은 다음 이 양단을 단락시켜 만든 회전자 구조의 전동기

  ㉡ 기동토크가 커지고 기동전류는 작아지며, 최대토크의 값은 보통 농형보다 작다.   **답** ③

10 3상 유도전압조정기의 1차 권선은 어디에 감는가?   [2003]

① 정류자   ② 고정자   ③ 회전자   ④ 전기자

풀이 **유도전압조정기**

  ㉠ 유도전동기와 유사한 홈을 가진 철심의 회전자에 1차 권선을 감고, 고정자에는 2차 권선을 감는다.

  ㉡ 직렬권선과 분로권선의 자속 교차 각도를 조정함으로써 전압을 조정할 수 있다.

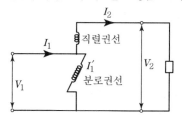

답 ③

11 1차 100[V], 2차 최대 130[V], 2차 정격 50[A]인 단상 유도전압조정기의 정격출력 [kVA]은?

① 1.5   ② 2.5   ③ 3.5   ④ 4

풀이 **정격출력(조정용량)**

  $P = E_2 I_2 \times 10^{-3}$[kVA]이고, $V_2 = V_1 + E_2 \cos\alpha$ 이므로,

  최대일 때 $\cos 0° = 1$, $E_2 = V_2 - V_1 = 130 - 100 = 30V$을 대입하면,

  ∴ $P = 30 \times 50 \times 10^{-3} = 1.5$[kVA]   **답** ①

12 정격 2차전류 I_2, 조정전압 E_2일 때, 3상 유도전압조정기의 정격출력 [kVA]은?

① $\sqrt{3}\, E_2 I_2 \times 10^3$

② $\sqrt{3}\, E_2 I_2 \times 10^{-3}$

③ $3 E_2 I_2 \times 10^3$

④ $3 E_2 I_2 \times 10^{-3}$

풀이 정격출력(조정용량) : $P = \sqrt{3}\, E_2 I_2 \times 10^{-3}$[kVA]   **답** ②

전력전자

01 전력용 반도체 소자
CHAPTER

01 다이오드(Diode)

(1) 자유 전자와 정공

① **가전자** : 실리콘(Si) 원자에서는 1개의 원자핵 주위를 14개의 전자가 궤도를 형성하여 돌고 있다. 원자핵에서 제일 바깥쪽 궤도를 돌고 있는 전자를 가전자라고 한다.

② **자유전자** : 가전자는 결속력이 약하여 외부의 에너지에 의해 원자핵으로부터 쉽게 이탈될 수 있다. 이탈된 가전자는 원자 사이를 자유롭게 움직일 수 있는 자유전자가 된다.

③ **공유결합** : 두 원자핵이 같은 전자에 대해 동시에 정전기적 인력(引力)을 가짐으로써 생기는 원자 사이의 결합

④ **정공(Hole)** : 전자가 이동하여 비어 있는 구멍(+의 전기적 성질을 갖는다.)

⑤ **반송자(Carrier)** : 전류가 흐를 때 이동되는 전자와 정공을 말한다.

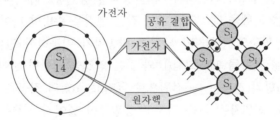

(a) 실리콘의 원자 구조   (b) 실리콘의 단결정
[실리콘 원자의 구조 및 단결정]

(2) 불순물 반도체

① **진성 반도체** : 실리콘(Si)이나 게르마늄(Ge) 등과 같이 불순물이 섞이지 않은 순수한 반도체(전자와 정공의 수가 같으며 충분한 전도성이 없다.)

② **불순물 반도체** : 실리콘(Si)이나 게르마늄(Ge) 등과 같은 진성 반도체에 비소(As), 인듐(In), 붕소(B), 안티몬(Sb)과 같은 원소를 소량으로 혼입하면 진성 반도체와 다른 전기적 성질이 나타나며, 이와 같은 반도체를 불순물 반도체라 한다. 불순물 반도체에는 n형과 p형 반도체가 있다.

㉮ n형 반도체 : 4가의 진성 반도체(Si, Ge)에 5가 원자(As, Sb)의 불순물(도너, Donor)을 혼합한 반도체 → 전자의 수가 정공보다 많아진다.

㉯ p형 반도체 : 4가의 진성 반도체(Si, Ge)에 3가 원자(B, In)의 불순물(억셉터, Acceptor)을 혼합한 반도체 → 가전자가 1개 부족하여 정공이 생기게 된다.

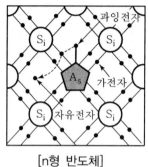

[n형 반도체]

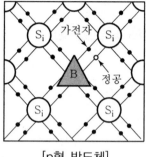

[p형 반도체]

(3) pn 접합 다이오드

① **공핍층** : p형 반도체와 n형 반도체를 접합시키면, 접합면 부근의 p형 영역에서는 억셉터 원자의 정공이 이동하여 없어지고 (−)전하를 띠게 된다. 또, n형 영역에서는 도너 원자의 전자가 이동하여 없어지고 (+)전하가 생긴다. 이와 같이 접합면 부근에서 반송자가 없어지고 전위차가 생긴 영역을 공핍층이라 한다.

② **순방향 전압을 가했을 때** : 그림(a)와 같은 연결을 순방향 바이어스(Forward Bias)라고 한다. 공핍층의 전위차가 낮아져 반송자가 이동하여 전류가 흐른다.

③ **역방향 전압을 가했을 때** : 그림(b)와 같은 연결을 역방향 바이어스(Reverse Bias)라고 한다. n형의 전자는 (+)전원으로 끌리고, p형의 정공은 (−)전원으로 끌리게 된다. 따라서, 전위차는 더욱 커지고 공핍층이 넓어져 전류는 흐리지 못한다.

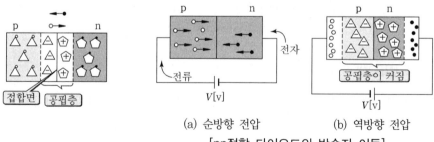

(a) 순방향 전압 (b) 역방향 전압

[pn접합 다이오드의 반송자 이동]

④ pn 접합 다이오드 또는 다이오드(Diode, D) : pn 접합 양단에 가해지는 전압의 방향에 따라 전류를 흐르게 하거나 흐르지 못하게 하는 작용을 정류작용이라고 하며, 이 성질을 이용한 반도체소자가 다이오드이다.

⑤ 다이오드의 극성과 기호

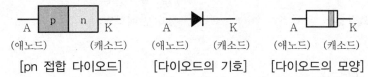

A (애노드)	p	n	K (캐소드)	A (애노드)	K (캐소드)	A (애노드)	K (캐소드)
[pn 접합 다이오드]				[다이오드의 기호]		[다이오드의 모양]	

⑥ 다이오드의 특성곡선

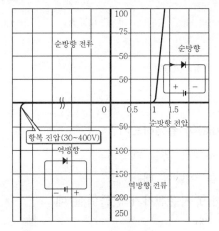

(4) 다이오드의 종류와 용도

종류	용도	비고
일반용 다이오드	스위칭, 검파	순방향으로만 전류가 흐름
정류용 다이오드	정류 회로	순방향으로만 전류가 흐름
정전압 다이오드	정전압 회로	역방향으로 일정 전압을 가하면 급격히 전류가 흐름
발광 다이오드(LED)	표시 소자	순방향 전류가 흐르면 발광함
포토 다이오드	카메라의 노출계	역방향으로 일정 전압을 가하여 빛이 닿으면 전류가 증가함

01 일반적으로 활용하고 있는 불순물 반도체의 결정구조 형태는? [2005]

① 이온결합   ② 공유결합

③ 금소결합   ④ 반데르발스

답 ②

02 다음 재료 중 최대허용 동작 접합온도가 가장 높은 반도체는? [2005]

① Ge   ② Si

③ Pb   ④ Al

풀이 최고 허용 온도

     Ge : 65~75℃, Si : 140~200℃

답 ②

03 어느 경우에 정공(Hole)이 발생하는가?

① 전도대에서 가전자대로 옮길 때

② 전자가 공유결합을 이탈할 때

③ 인가 전압에 의하여 자유전자가 만들어질 때

④ 원자핵이 움직일 때

답 ②

04 p형 반도체에 관한 내용으로 가장 관계가 먼 것은?

① 알미늄   ② 도너(Donor)

③ 불순물 반도체   ④ 정공

풀이 도너(Donor) : n형 반도체, 억셉터(Acceptor) : p형 반도체

답 ②

05 PN 접합부에서 정공과 자유전자가 결합하는 과정을 무엇이라 하는가?

① 확산   ② 재결합

③ 열팽창   ④ 평균수명시간

답 ②

06 "절연체에 빛이나 열과 같은 에너지를 부가하면 에너지에 의해 전자가 궤도를 이탈하여 자유로이 움직이는 전자와 (ⓐ)의 쌍이 생기는데, 이에 따라 (ⓑ)가 통하게 된다. 여기에서 전자나 (ⓐ)을 (ⓒ)라고 한다." 여기에서 ⓐ, ⓑ, ⓒ에 들어갈 용어는?

① ⓐ 정공   ⓑ 전기   ⓒ 캐리어
② ⓐ 전기   ⓑ 정공   ⓒ 캐리어
③ ⓐ 정공   ⓑ 캐리어   ⓒ 전기
④ ⓐ 캐리어   ⓑ 전기   ⓒ 정공

답 ①

07 다이오드의 애벌란시(Avalanche) 현상이 발생되는 것을 옳게 설명한 것은?   [2007]

① 역방향 전압이 클 때 발생한다.   ② 순방향 전압이 클 때 발생한다.
③ 역방향 전압이 작을 때 발생한다.   ④ 순방향 전압이 작을 때 발생한다.

풀이 **애벌란시 현상**

다이오드에서 충분히 높은 역방향 바이어스는 소수 캐리어를 충분히 가속시켜 돌발사태를 일으킨다. 가속된 캐리어의 운동 에너지가 공유 결합을 깨뜨릴 만큼(즉, 금지대보다) 크다면 하나의 캐리어에 의하여 한 쌍의 전자−정공이 2차적으로 생성된다. 이런 식으로 충돌에 의한 생성과 가속이 반복되는 현상을 전자 사태(Electron Avalanche)라 부르고, 그 임계 전압을 항복 전압이라 부른다. 답 ①

08 피크 역전압(PIV)을 결정하는 것은?   [2002][2006]

① PN 접합 다이오드에 걸리는 전압
② PN 접합 다이오드 역바이어스 특성으로 애벌란시 영역
③ PN 접합에 걸리는 전압
④ 유지전류

답 ②

09 PN 접합 다이오드에서 공핍층이 생기는 경우는?

① 전자와 정공의 확산에 의해서 생긴다.
② (−)전압만 가할 때 생긴다.
③ 전압을 가하지 않을 때 생긴다.
④ 다수의 반송자가 많이 모여 있는 순간 생긴다.

풀이 P형 반도체와 N형 반도체를 원자 구조적으로 결합시키면, 접합면 부근에서는 P형 반도체의 정공과 N형 반도체의 전자가 각각 상대방의 영역으로 확산되어 들어가고, 이들 전자와 정공은 재결합하여 소멸된다. 이와 같이 전자와 정공이 소멸되어 비어 있는 공간을 공핍층이라고 한다. 답 ①

10 다이오드 또는 광석다이오드라고 하는 것은 일반적으로 어느 것인가? [2003]

① 순수 진성반도체   ② PN접합 반도체

③ P형 반도체   ④ N형 반도체

답 ②

11 PN 접합 정류소자에 대한 설명 중 틀린 것은? [2003]

① 정류비가 클수록 정류특성은 좋다.

② 역방향 전압에서는 극히 적은 전류만이 흐른다.

③ 순방향전압은 P에 [+], N에 [−]전압을 가함을 말한다.

④ 온도가 높아지면 순방향 및 역방향전류가 모두 감소한다.

풀이 온도가 높아지면 순방향 바이어스일 때는 지수 함수적으로 증가하고, 역방향 바이어스일 때는 일정하다.

답 ④

12 전력용 반도체 소자 중 일정한 전압값을 얻기 위해 역바이어스 상태에서 항복전압과 관련된 특성을 사용하는 반도체소자는? [2006]

① SCR   ② Zener diode

③ IGBT   ④ Transistor

풀이 제너 다이오드 : 역방향으로 특정전압(항복전압)을 인가 시에 전류가 급격하게 증가하는 현상을 이용하여 만든 PN접합 다이오드이다.

답 ②

13 제너 다이오드의 용도 중 맞는 것은? [2005]

① 고압 정류용   ② 검파용

③ 전압 안정회로   ④ 전파 정류용

풀이 제너 다이오드는 정류회로에서 정전압(전압 안정회로)에 많이 이용한다.

답 ③

14 전력용 반도체 소자를 직렬 접속하여 사용하는 주된 목적은? [2002]

① 고내압화   ② 고정밀화

③ 고신속성   ④ 고용량화

풀이 다이오드를 여러 개 직렬 접속하면 과전압으로부터 다이오드를 보호할 수 있으며, 병렬로 접속하여 사용하면 과전류로부터 보호된다.

답 ①

(1) 바이폴러 트랜지스터(Bipolar Transistor)

1) 트랜지스터의 구조

① p형과 n형 반도체를 3개 층으로 접합한 것으로 npn형과 pnp형 트랜지스터가 있다.

② 트랜지스터의 전극은 가운데의 베이스(Base, B)와, 전자나 전공을 방출하는 이미터(Emitter, E), 이미터에서 방출된 전자나 정공을 모으는 컬렉터(Collector, C)로 구성된다.

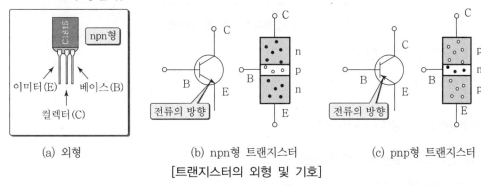

      (a) 외형   (b) npn형 트랜지스터   (c) pnp형 트랜지스터

[트랜지스터의 외형 및 기호]

2) 트랜지스터의 동작원리

① 컬렉터－이미터 사이의 전압 V_{cc}을 인가하고, 베이스－이미터 사이에 순방향 전압 V_{BB}를 가하면 이미터의 전자는 (－)전원에 반발되어 베이스로 이동한다.

② 베이스에 유입된 전자의 일부는 베이스 내의 정공과 재결합하여 소멸된다.

③ 재결합분의 전류는 베이스 단자에서 공급되므로 베이스 전류가 되며, 극히 작은 값이다.

④ 그러나 베이스이 폭이 매우 좁고 V_{cc}의 전압이 높기 때문에, 이미터 전자의 대부분은 V_{cc}의 (+)전원에 이끌려 베이스를 지나 컬렉터로 이동된다.

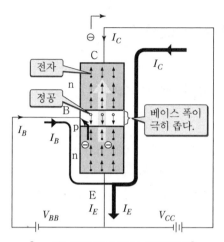

[npn형 트랜지스터의 동작원리]

3) 트랜지스터의 용도

증폭, 발진, 변조, 검파

(2) 전계효과 트랜지스터(FET)

1) 전계효과 트랜지스터의 분류

① 접합형 FET : p 채널, n 채널
② MOS FET : 증가형, 공핍형

2) FET의 외형과 기호

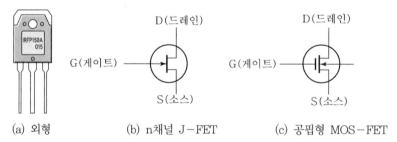

(a) 외형   (b) n채널 J−FET   (c) 공핍형 MOS−FET

3) 동작원리(n 채널형 J−FET)

① 3개의 전극 가운데 반송자가 흘러들어 가는 쪽이 소스, 흘러나가는 쪽이 드레인, 그리고, 반송자가 드레인으로 이동할 때 채널(통로) 폭을 결정해주는 전극이 게 이트이다.
② 그림 (a)와 같이 드레인−소스 간에 전압을 가하면 소스에서 드레인 방향으로 전 자가 흘러간다.

③ 게이트 전극에는 (−)전압이 걸려 있으므로, p형 안의 정공은 게이트 전극 쪽으로 끌리고, n 채널의 전자는 게이트의 (−)전압에 반발되어 공핍층이 커진다.

④ 공핍층이 커지면 전류의 통로가 좁아져 드레인의 전류가 제한된다. 이러한 공핍층은 역방향 전압이 클수록 넓어지게 되어 주전류의 흐름을 제한한다.

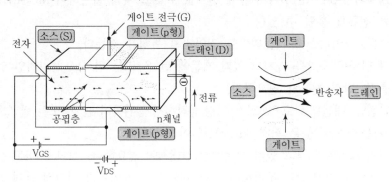

(a) 접합형 FET(n채널)의 동작 원리도　　　　(b) FET의 동작 모형

(3) IGBT(Insulated Gate Bipolar Transistor)

1) 구조 및 원리

① MOSFET, BJT, GTO 사이리스터의 장점을 결합한 일종의 하이브리드(Hybrid) 소자로서 바이폴러 트랜지스터와 MOSFET를 복합한 형태이다.

② MOSFET와 마찬가지로 입력부(Gate)의 임피던스가 무한대에 가까우나 바이폴러 트랜지스터와 같이 도통 손실이 낮고, 출력 C−E 간은 트랜지스터의 특성을 갖는 전력용 반도체 소자이다.

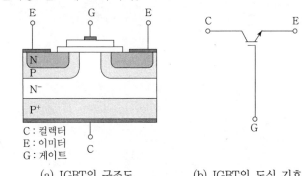

C : 컬렉터
E : 이미터
G : 게이트

(a) IGBT의 구조도　　　　(b) IGBT의 도식 기호

[IGBT의 구조 및 기호]

2) 특징

① 전압제어 소자로서 게이트와 이미터 간 입력 임피던스가 매우 높아 BJT보다 구동이 쉽다.

② BJT처럼 on－drop이 전류에 관계없이 낮고 거의 일정하여 MOSFET보다 훨씬 큰 전류를 흘릴 수 있다.

③ GTO 사이리스터처럼 역방향 전압저지 특성을 갖는다.

④ 각 단자에 용량을 가지고 있기 때문에 턴 온 또는 턴 오프시키려면 입력 용량에 충전, 방전 전류가 필요하다.

⑤ 고전압, 대전류를 고속으로 스위칭 동작시키기 위하여 턴 온 또는 턴 오프 시 di/dt 가 높게 되어 높은 서지(Surge)전압이 발생한다.

⑥ 절연 게이트를 갖고 있기 때문에 정전대책이 필요하다. 게이트 OFF 시 이미터와 컬렉터 간의 전압을 부가해서는 안된다. 또한 게이트와 이미터 간에 20V 이상의 과도한 전압을 가하지 않도록 하여야 한다.

3) 응용분야

직류 및 교류 전동기의 구동, 지하철 차량의 구동 전동기, 무정전 전원공급 장치, 반도체 릴레이, 전자 접촉기 등 중용량급 전력전자회로에 주로 사용되며 소음이 적고, 동작 성능이 우수하다.

01 파워(Power) 트랜지스터에 관한 설명이다. 옳은 것은? [2004]

① 자기소호형 반도체 소자이다.
② 파워 트랜지스터는 그 동작원리에 따라 3종류로 나눈다.
③ 유니폴라 트랜지스터는 증폭작용을 한다.
④ 유니폴라 트랜지스터는 내압특성이 우수하다.

답 ①

02 파워 트랜지스터를 병렬 접속하는 주목적은? [2003]

① 대용량화 ② 소형화
③ 고주파화 ④ 저손실화

답 ①

03 파워 트랜지스터의 파워 스위칭 전원의 용도로 사용되지 않는 것은? [2002][2007]

① 용접기 전원 ② 고주파 전원
③ UPS 전원 ④ 직류 안정화 전원

답 ④

04 바이폴라 트랜지스터의 동작영역 중 트렌지스터가 정상적으로 증폭동작을 하는 영역은?

[2006]

① 포화영역 ② 항복영역
③ 차단영역 ④ 활성영역

답 ④

05 파워 트랜지스터에서 달링턴 트랜지스터가 널리 이용되는 이유는 무엇인가? [2004]

① 스위칭 특성이 뛰어나고 전류증폭률이 높다.
② 포화전압 특성이 뛰어나다.
③ 전류증폭률이 높고 베이스 드라이브 회로가 소형화된다.
④ 전류분포가 균일하다.

풀이 **달링턴 트랜지스터**

한 개의 트랜지스터 소자 내에 두 개의 트랜지스터가 달링턴 쌍으로 연결된 구조의 트랜지스터 모듈이다. 이 3단자 소자는 매우 큰 전류 증폭률을 갖는 하나의 트랜지스터로서의 역할을 한다.

답 ③

06 **직렬 접속시킨 파워 트랜지스터의 전압 분담을 저해하는 요인이 아닌 것은?** [2004]

① 스위칭 특성의 편차
② 컬렉터 차단전류 편차
③ 드라이브 회로의 신호전달 지연시간의 편차
④ 정특성 편차

답 ④

07 **트랜지스터의 스위칭 시간에서 턴오프(Turn Off) 시간은?**

① 상승시간
② 하강시간＋지연시간
③ 축적시간＋상승시간
④ 축적시간＋하강시간

답 ④

08 **MOS－FET의 드레인 전류는 무엇으로 제어하는가?** [2008]

① 게이트 전압
② 게이트 전류
③ 소스 전류
④ 소스 전압

풀이 소스와 드레인 사이의 게이트 전압에 의해 조절한다. P형 기판인 실리콘에는 전류의 자유전자 수가 매우 적으므로 소스와 드레인 사이의 높은 전압을 가해도 기판의 저항이 너무 크기 때문에 전류가 흐를 수 없다. 그러나 게이트 전압을 가하면 중간의 절연체인 Oxide 때문에 전류가 흐르지 못하다가 기판과 Oxide 경계면에 전자가 모이게 되어 전도채널(Conduction Channel)이 형성되어 전류가 도통하게 된다.

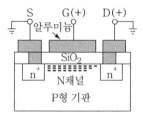

답 ①

09 일반적으로 동작 주파수가 가장 빠른 반도체 소자는? [2002]

① MOS-FET　　　　　　　② 바이폴라 트랜지스터

③ IGBT　　　　　　　　　④ GTO

> **풀이** **MOS-FET의 특징** : 전압제어소자로서 고입력 임피던스, 전류이득이 크다(10^9 정도). 스위칭 속도가 바이폴라 트랜지스터보다 빠르다.
> **주파수 속도** : MOS-FET > IGBT > 바이폴라 트랜지스터 > GTO　　　　**답** ①

10 다음은 전력용 MOS FET에 대한 설명이다. 잘못된 것은?

① 작은 구동전력을 요구하는 전압제어 소자이다.

② 작은 게이트 임피던스 때문에 작은 구동전력이 요구된다.

③ 고속 스위칭의 수행이 가능하다.

④ 넓은 안정동작 분야를 갖는다.

> **풀이** MOS FET : 고입력 임피던스를 갖는다.　　　　**답** ②

11 전력용(Power) MOSFET의 특징을 설명한 것이다. 잘못된 것은? [2002][2005]

① 직렬접속이 용이하다.　　　　② 열(熱)적으로 안정하다.

③ 고속 스위칭이 가능하다.　　　④ 구동전력이 작다.

> 　　　　**답** ①

12 IGBT는 파워 트랜지스터에 비하여 고속 스위칭이 가능하고 게이트 회로가 간단하여 많이 사용되는데 그림에서 IGBT가 on되는 조건은? [2003][2007]

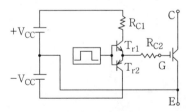

① Tr_1이 on　　　　　　　② Tr_1이 off

③ Tr_2가 on　　　　　　　④ Tr_2가 off

> **풀이** Tr_1을 on하면 Gate에 $+V_{cc}$전압이 가해져 IGBT는 on된다.　　　　**답** ①

13 파워용 전력반도체 소자 중 IGBT는 스위칭 속도가 빨라서 응용범위가 확대되고 있는 데 이 소자의 구동방식은? [2002]

① 전류구동
② 클램프구동
③ 전압구동
④ 자연전류구동

풀이 IGBT는 전압제어 소자로서 게이트와 이미터 간 입력 임피던스가 매우 높아 BJT보다 구동이 쉽다.

답 ③

14 파워 트랜지스터가 턴, 오프할 때 주회로 전류의 급격한 변화에 따라 주회로 인덕턴스 에 전압이 유기됨에 따라 발생되는 전압은?

① 유기전압
② 서지전압
③ 충전전압
④ 정류전압

답 ②

15 지속적인 게이트 신호를 필요로 하는 소자는?

① TRIAC
② SCR
③ GTO
④ MOS FET

답 ④

03 사이리스터(Thyristor)

(1) 정의

PNPN 구조를 가지는 스위칭 소자의 총칭으로 사이리스터는 PN접합을 3개 이상 내장하고 주 전압, 전류 특성이 적어도 한 개의 상한에서 ON, OFF 두 개의 안정상태를 가지고, 오프상태에서 온 상태로 절환되며, 또 그 역으로 전환될 수 있는 반도체소자

(2) SCR

1) 구조

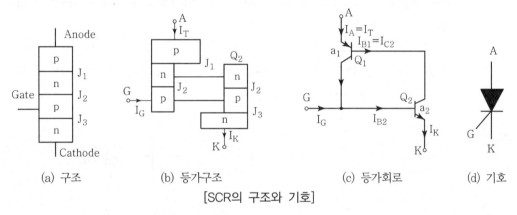

(a) 구조　　　　(b) 등가구조　　　　(c) 등가회로　　　　(d) 기호

[SCR의 구조와 기호]

2) SCR의 동작

① SCR은 점호능력은 있으나 소호능력이 없다. 소호시키려면 SCR의 주전류를 유지전류(20mA) 이하로 한다. 또는, SCR의 애노드, 캐소드 간에 역전압을 인가한다.

② 애노드 전압이 캐소드에 대하여 전위가 높을 때 접합 J_1과 J_3는 순방향 바이어스된다. 접합 J_2는 역방향 바이어스되고, 누설전류만이 애노드로부터 캐소드로 흐르게 된다. 이때, 사이리스터는 순방향저지(Forward Blocking) 또는 오프상태(Off−state)의 조건이 있다고 말하며 이 누설전류는 오프상태전류(Off−state Current) I_D라고 한다.

③ 애노드−캐소드전압 V_{AK}가 충분히 큰 값으로 증가하면, 역방향 바이어스된 접합 J_2는 도통될 것이다. 이것을 애벌란시 항복(Avalanche Breakdown)이라고 하며, 상응되는 전압을 순방향 항복전압(Forward Breakdown Voltage)이라고 한다. 이때 큰 전류가 흐르고 이 소자는 도통 상태 또는 온 상태에 있다고 한다. 전압강하는 4층의 저항에서 생기며 일반적으로 1[V] 정도 된다.

④ 애노드 전류는 접합면을 통하여 흐르는 캐리어 양을 유지하기 위하여 래칭 전류 (Latching Current) I_L 이상을 흘려주어야 한다. 그렇지 않으면, 소자는 애노드 －캐소드 전압이 감소되어 차단상태로 바뀔 것이다. 래칭전류 I_L은 사이리스터가 턴온 되고 게이트 신호를 제거한 직후에 사이리스터가 온상태를 유지하는 데 필 요한 애노드 전류의 최소치이다.

⑤ 일단 사이리스터가 도통되면 도통된 다이오드처럼 동작되고 소자를 제어할 수 없 게 된다. 즉, 소자는 캐리어의 자유이동으로 인하여 접합 J_2에 공핍층이 없어지 기 때문에 도통을 계속하게 된다. 그러나 순방향 애노드 전류가 유지전류 (Holding Current) I_H 미만으로 감소된다면 캐리어의 감소로 인하여 공핍층이 J_2접합 둘레에 생기게 되어 사이리스터는 차단상태로 된다. 이 유지전류는 mA단 위로 래칭전류 I_L보다 작다. 유지전류 I_H는 다이오드가 온상태를 유지하기 위한 최소 애노드 전류이다.

⑥ 캐소드 전압이 애노드에 대하여 전위가 높을 때 접합 J_2는 순방향 바이어스되고 접합 J_1과 J_3는 역방향 바이어스된다. 이때 사이리스터는 역저지상태이고 역전 류(Reverse Current) I_R이 흐른다.

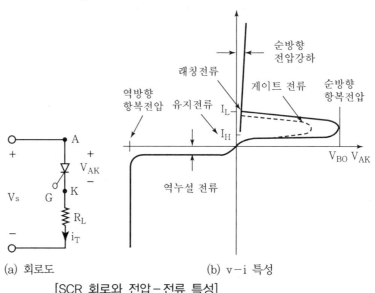

(a) 회로도　　　　(b) v－i 특성
[SCR 회로와 전압－전류 특성]

- turn on 시간 : 게이트 전류를 가하여 도통 완료까지의 시간
- 래칭 전류 : SCR을 turn on시키기 위하여 게이트에 흘려야 할 최소 전류 (80[mA])
- 유지 전류 : SCR이 on 상태를 유지하기 위한 최소전류

3) SCR 턴-온

① **열(Thermal)** : 사이리스터의 온도가 높아지면 전자-정공 쌍의 수도 증가하여 누설전류도 증가하게 된다. 이때 사이리스터는 결국 턴온된다. 이러한 턴온 방법은 열폭주를 일으키게 되므로 피해야 한다.

② **빛(Light)** : 빛을 사이리스터의 접합면에 직접 쪼이면, 전자-정공쌍이 증가하게 되고 사이리스터도 턴온된다. LA(Light-activated) SCR은 바로 이렇게 실리콘 웨이퍼에 빛을 쪼여 턴온시키는 사이리스터다.

③ **고전압(High Voltage)** : 순방향의 애노드-캐소드 전압을 항복전압 V_{BO} 이상으로 크게 하면, 충분한 크기의 누설전류가 턴온이 유발되도록 흐르게 된다. 이러한 방법의 턴온은 소자를 파괴시키므로 피하여야 한다.

④ ***Pdv/dt*** : 애노드-캐소드 전압의 상승률을 높게 할 때, 용량성 접합면의 충전전류가 충분히 커지게 되어 사이리스터를 턴온시키게 된다. 이러한 충전전류의 큰 값은 사이리스터를 파괴시킬 수 있으므로 높은 dv/dt에 대하여 보호해야 한다.

⑤ **게이트 전류(Gate Current)** : 사이리스터가 순방향 바이어스된 상태에서 게이트와 캐소드 단자 사이에 정(正)의 게이트 전압을 인가하면, 게이트 전류를 유발시켜 사이리스터는 턴온된다. 게이트 전류를 증가시키면 순방향 차단전압은 감소하게 된다.

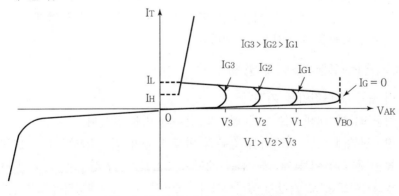

[순방향 차단전압에 대한 게이트 전류의 효과]

4) SCR의 턴-오프

① 온상태에 있는 사이리스터는 순방향 전류를 유지전류 I_H 미만으로 감소시켜 턴오프시킬 수 있다.

② 애노드 전류는 유지전류 미만으로 충분히 오랜 시간 동안 유지하여야 하며 이렇게 함으로써 과잉캐리어는 사라지거나 재결합하게 된다. 재결합 시간을 필요로 한다.

③ 역전압을 턴오프 과정 동안 사이리스터 양단에 인가한다.

5) 사이리스터의 형태

① **위상제어 사이리스터** : 일반적으로 상용전류에서 동작되며, 지연전류에 의하여 턴오프된다. 이때 턴오프 시간은 $50 \sim 100 \mu s$ 정도가 된다. 보통 SCR이라 부른다. 온상태전압은 1.15V에서 2.5V까지 다양하다.

② **고속스위칭 사이리스터** : 강제전류를 이용한 고속스위칭 응용(초퍼, 인버터)에 사용된다. 빠른 턴오프시간을 가지며, 일반적으로 $5 \sim 50 \mu s$ 정도로 전압범위에 따라 다르게 된다.

(3) GTO(Gate Turn Off thyristors)

양(+) 게이트 전류에 의하여 턴온시킬 수 있고 음(−)의 게이트 전류에 의하여 턴오프시킬 수 있다.

[GTO 기호]

1) GTO의 장점(SCR에 비해)

① 강제전류에 요구되는 전류소자를 제거할 수 있으므로 가격, 무게, 부피 등을 감소시킬 수 있다.

② 전류형 초크를 제어하여 전자기적 소음을 감소시킬 수 있다.

③ 높은 스위칭 주파수를 허용하는 빠른 턴오프 기능을 갖고 있다.

④ 컨버터 효율을 향상시킬 수 있다.

2) GTO의 장점(트랜지스터에 비해)

① 더 높은 차단전압을 가진다.

② 평균전류에 대해 제어 가능한 피크전류의 비율이 높다.

③ 평균전류에 대한 피크서지 전류의 비율이 높아 일반적으로 10 : 1이다.

④ 높은 온상태 이득(애노드 전류/게이트 전류)은 일반적으로 600 정도이다.

⑤ 펄스게이트 신호 기간이 짧다. 서지상태에서 GTO는 재생작용으로 인하여 더 짙은 포화상태에 이르게 된다.

(4) TRIAC(TRIode AC switch)

TRIAC는 양방향 도통이 가능하며, 일반적으로 AC 위상제어에 사용된다. 두 개의 SCR을 게이트 공통으로 하여 역병렬 연결한 것이다. 게이트 트리거 단자가 하나로 되어 있기 때문에 트리거 회로가 간단해진다.

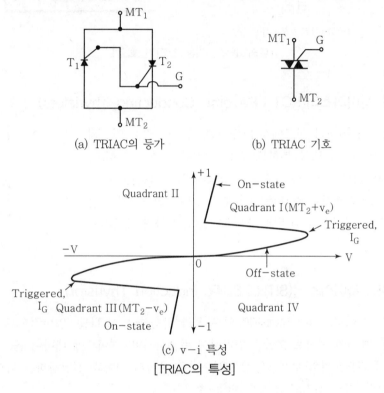

(a) TRIAC의 등가   (b) TRIAC 기호

(c) v−i 특성

[TRIAC의 특성]

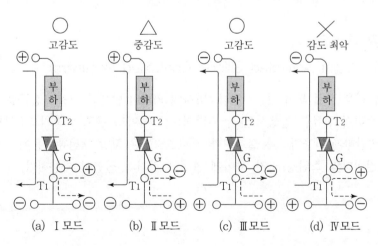

(a) Ⅰ모드   (b) Ⅱ모드   (c) Ⅲ모드   (d) Ⅳ모드

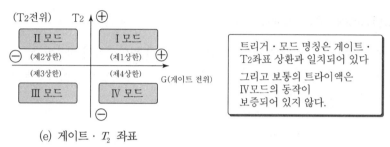

(e) 게이트 · T_2 좌표

[트라이액의 기본 트리거 회로]

(5) 역도통 사이리스터(RCT ; Reverse Conducting Thyristors)

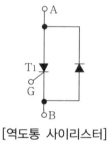

많은 초퍼나 인버터 회로에서 SCR 양단에 역병렬로 연결되는 다이오드는 유도성 부하로 인한 역전류를 흐르게 하고, 전류(轉流)회로의 턴오프 조건을 향상시키는 역할을 한다. 역도통 사이리스터는 소자 특성과 회로조건을 절충시켜 주는 소자로서 사이리스터 역병렬 다이오드를 부착하여 충족시켜 주고 있다.

[역도통 사이리스터]

(6) 정전유도 사이리스터(SITH ; Static Induction Thyristor)

정전유도 사이리스터는 MOSFET의 특성과 비슷하다. SITH는 일반적으로 사이리스터와 같이 양(+)의 게이트 전압을 인가하여 턴온시키며, 게이트에 대하여 음(−)의 전압을 인가하여 턴오프시킬 수 있다. SITH는 낮은 온상태 저항과 전압강하를 나타내므로 고압의 전압, 전류 정격의 소자를 만들 수 있다.

(7) 광실리콘 제어정류기

(LASCR ; Light Activated Silicon Controlled Rectifiers)

실리콘에 빛을 직접 쬐어 턴온시킨다. 방사에 의하여 발생한 전자−정공쌍이 전계의 영향으로 트리거 전류를 발생시킨다. 일반적으로 게이트 구조는 광원으로부터 게이트가 충분히 민감하게 반응하도록 설계된다. 이 LASCR은 고압 대전류응용에 많이 사용되며 전력용 컨버터의 스위칭 소자 사이에 완전한 전기적 절연이 가능하다.

(8) FET 제어 사이리스터(FET-CTH ; FET-Controlled THyristor)

MOSFET와 사이리스터가 병렬로 연결된 것이다.
MOSFET의 게이트에 충분한 전압, 약 3V 정도를
인가하면, 사이리스터를 점호시키기 위한 전류가
내부적으로 발생한다. 이 소자는 높은 스위칭 속도,
높은 di/dt, dv/dt 특성을 가지고 있다.

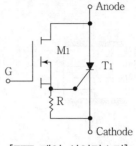

[FET 제어 사이리스터]

(9) MOS 제어 사이리스터(MCT)

재생형 4층 사이리스터와 MOS 게이트 구조의 특징을 결합한 것이다.

① 도통기간 동안에 순방향 전압강하가 낮다.

② 턴온시간과 턴오프시간이 빠르다.(300A, 500V의 MCT에 대해서 턴온시간이 0.4 μs, 턴오프시간이 $1.25\mu s$)

③ 스위칭 손실이 낮다.

④ 역방향 전압 저지능력이 낮다.

⑤ 게이트 입력임피던스가 높아서 구동회로가 매우 간단하다.

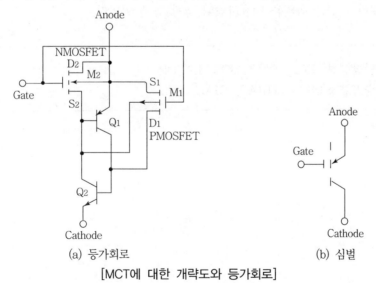

[MCT에 대한 개략도와 등가회로]

(10) 쌍방향 2단자 사이리스터(SSS ; Silicon Symmetrical Switch)

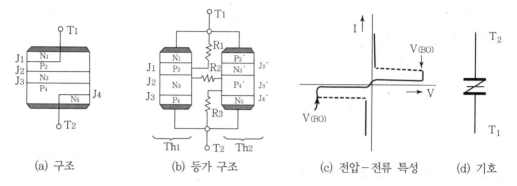

| (a) 구조 | (b) 등가 구조 | (c) 전압-전류 특성 | (d) 기호 |

① 실리콘 대칭형 스위치의 약어로 일명 사이댁(Sidac)이라고도 한다.

② 2개의 역저지 3단자 사이리스터를 역병렬 접속시킨 소자이며 게이트 단자가 없는 사이리스터이다.

③ SSS를 온상태로 하기 위해서는 T_1과 T_2 사이에 펄스상의 브레이크 오버 전압 이상의 전압을 가하는 V_{BO}와 상승이 빠른 전압을 가하는 dv/dt 점호가 필요하다.

④ SSS는 브레이크 오버 전압 이상의 펄스를 줌으로써 온 시킬 수 있어 SCR과 같이 과전압이 걸려도 파괴되는 일없이 온이 된다는 강점을 가지고 있다. 따라서 과전압이 걸리기 쉬운 옥외용 네온사인의 조광 등에 알맞다.

> **참고**
> - 단방향성 : SCR, GTO, SCS, LASCR
> - 쌍방향성 : SSS, TRIAC, DIAC, SBS

기출 및 예상문제

01 사이리스터에 대한 설명 중 틀린 것은? [2006]

① PNPN 구조를 이용하여 2개의 안정된 ON/OFF 동작을 한다.

② SCR도 사이리스터의 일부분으로 이 소자는 확산공정에 의하여 제조된다.

③ 단자의 수에 의하여 2단자, 3단자 또는 4단자가 있고, 전류가 흐르는 방향에 따라 구분하기도 한다.

④ NPN 또는 PNP의 3층 구조로서 베이스 신호에 의하여 ON/OFF를 제어할 수 있다.

풀이 ④는 트랜지스터에 대한 설명이다. **답** ④

02 SCR의 전압공급방법(Turn-On) 중 가장 타당한 것은? [2003][2005][2007]

① 애노드에 (−)전압, 캐소드에 (+)전압, 게이트에 (+)전압을 공급한다.

② 애노드에 (−)전압, 캐소드에 (+)전압, 게이트에 (−)전압을 공급한다.

③ 애노드에 (+)전압, 캐소드에 (−)전압, 게이트에 (+)전압을 공급한다.

④ 애노드에 (+)전압, 캐소드에 (−)전압, 게이트에 (−)전압을 공급한다.

풀이 SCR의 Turn-On 조건 : A(+), K(−), G(+) **답** ③

03 SCR을 off 상태에서 on 상태가 되게 하는 방법으로 적당하지 않은 것은?

① 게이트에 (+)의 펄스전류를 인가한다.

② 게이트에 (−)의 펄스전류를 인가한다.

③ 양극과 음극 사이에 브레이크 오버 전압까지 인가한다.

④ 양극에 인가하는 전압 상승률을 크게 한다.

풀이 게이트에 (+)의 펄스전류를 인가해야 한다. **답** ②

04 SCR의 게이트에 전류를 흘리기 전에 애노드에 정(+)의 전압, 캐소드에 부(−)의 전압을 인가하는 상태는? [2005]

① 역저지상태   ② 순저지상태

③ Turn-on 상태   ④ Turn-off 상태

풀이 애노드 전압이 캐소드에 대하여 전위가 높을 때 순방향저지(Forward Blocking) 또는 오프상태(Off-state) 조건에 있다고 말한다. **답** ②

05 SCR의 설명 중 잘못된 것은? [2002]

① 주전류를 차단하려면 게이트 전압을 0 또는 +로 하여야 한다.
② 정류 기능을 갖는 1방향성 3단자 소자이다.
③ ON 상태에서는 PN 접합의 순방향과 마찬가지로 낮은 저항을 나타낸다.
④ SCR은 실리콘의 PNPN 4층으로 되어 있다.

풀이 SCR은 점호(도통)능력은 있으나 소호(차단)능력이 없다. 소호시키려면 SCR의 주전류를 유지전류 이하로 한다. 또는 SCR의 애노드, 캐소드 간에 역전압을 인가한다. **답** ①

06 SCR에 대한 설명으로 옳지 않은 것은? [2002]

① 대전류 제어 정류용으로 이용된다.
② 게이트전류로 통전전압을 가변시킨다.
③ 주전류를 차단하려면 게이트전압을 영 또는 부(−)로 해야 한다.
④ 게이트전류의 위상각으로 통전전류의 평균값을 제어시킬 수 있다.

풀이 게이트 전압은 주전류 차단능력이 없다. **답** ③

07 SCR의 설명으로 적당치 않은 것은? [2004]

① 과전압에 약하다.
② 대전류의 제어 및 정류용으로 이용된다.
③ 게이트 전류로 통전전압을 가변시킨다.
④ 주전류를 차단하려면 게이트 전압을 0 또는 부(−)로 해야 한다.

답 ④

08 SCR에 대한 설명으로 옳지 않은 것은? [2007]

① 게이트 전류로 턴−온 할 수 있다.
② 애노드, 게이트, 캐소드 구간의 3단자이다.
③ 역전압이 걸리면 턴−오프 할 수 있다.
④ 턴−온 시 게이트 전류를 차단하면 소호된다.

답 ④

09 SCR의 설명이 옳은 것은? [2002][2006]

① 게이트 전류로 애노드 전류를 제어할 수 있다.
② 단락상태에서 전원 전압을 감소시켜 차단상태로 할 수 있다.
③ 게이트 전류를 차단하면 애노드 전류가 차단된다.
④ 단락상태에서 애노드 전압을 0 또는 부(−)로 하면 차단상태로 된다.

답 ④

10 다음 중 SCR에 대한 설명으로 가장 옳은 것은? [2008]

① 게이트 전류로 애노드 전류를 연속적으로 제어할 수 있다.
② 쌍방향성 사이리스터이다.
③ 게이트 전류를 차단하면 애노드 전류가 차단된다.
④ 단락상태에서 애노드 전압을 0 또는 부(−)로 하면 차단상태로 된다.

답 ④

11 OFF 상태에 있던 SCR을 ON 상태로 되게 하는 방법이 아닌 것은? [2004]

① 온도를 높인다.
② 게이트 전류를 흘린다.
③ 애노드에 (+)의 전압을 내압까지 인가한다.
④ 애노드에 인가되는 전압 상승률을 작게 잡는다.

풀이 dv/dt
애노드−캐소드 전압의 상승률을 높게 할 때, 용량성 접합면의 충전전류가 충분히 커지게 되어 사이리스터를 턴온시키게 된다.

답 ④

12 사이리스터는 자기소호 능력이 없는 소자로서 턴−온에서 턴−오프하려는 방법 중 적당하지 못한 것은?

① 전류를 유지전류 이하로 한다.
② 역바이어스를 주는 방법을 취한다.
③ 게이트 전류를 차단한다.
④ 주전원을 완전히 차단한다.

답 ③

13 사이리스터의 유지전류(Holding Current)에 관한 설명으로 옳은 것은? [2005]

① 사이리스터가 턴온(Turn On)하기 시작하는 순전류
② 게이트를 개방한 상태에서 사이리스터가 도통상태를 유지하기 위한 최소의 순전류
③ 사이리스터의 게이트를 개방한 상태에서 전압을 상승하면 급히 증가하게 되는 순전류
④ 게이트 전압을 인가한 후에 급히 제거한 상태에서 도통상태가 유지되는 최소의 순전류

풀이 유지전류 : SCR이 On 상태를 유지하기 위한 최소전류 **답** ②

14 사이리스터에 관한 설명이다. 적합하지 않은 것은? [2005]

① 사이리스터를 턴온시키기 위해 필요한 최소의 순방향 전류를 래칭전류라고 한다.
② 도통 중인 사이리스터에 유지전류 이하가 흐르면 사이리스터는 턴오프된다.
③ 유지전류의 값은 항상 일정하다.
④ 래칭전류는 유지전류보다 크다.

풀이 ㉠ 래칭전류(I_L) : SCR을 Turn On시키기 위하여 게이트에 흘려야 할 최소전류
ㄴ 유지전류(I_H) : SCR이 On 상태를 유지하기 위한 최소전류

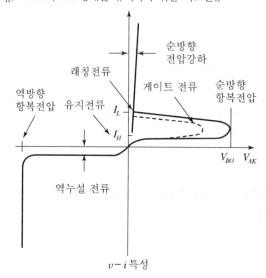

$v-i$특성

답 ③

15 사이리스터의 응용에 대한 설명으로 잘못된 것은?

① 위상제어에 의해 AC 전력제어를 할 수 있다.

② AC 전원에서 가변주파수의 AC 변환이 가능하다.

③ DC 전력의 증폭은 컨버터가 가능하다.

④ 위상제어에 의해 제어정류, 즉 AC를 가변 DC로 변환할 수 있다.

> **풀이** SCR은 정류 회로가 부착되어야 하고 신뢰성 등의 문제가 있어 초퍼회로(DC→DC 제어)에 별로 이용되지 않고 있다.

답 ③

16 어떤 제어소자를 턴온하려고 할 때에는 유지전류 이상의 순방향전류가 필요하고 턴온시키기 위한 최소의 순방향 전류를 무엇이라 하는가? [2002][2004]

① 유지전류　　　　　　　　　② 래칭전류

③ 브레이크 오버 전류　　　　　④ 브레이크 다운 전류

답 ②

17 도통상태의 SCR을 턴오프(Turn Off)하려면 애노드 전류의 값은? [2002][005]

① 래칭(Latching)전류보다 작게 해야 한다.

② 래칭(Latching)전류보다 크게 해야 한다.

③ 유지전류보다 작게 해야 한다.

④ 래칭전류보다는 작게 유지전류보다는 크게 한다.

답 ③

18 유지전류(Holding Current)의 설명 중 옳은 것은? [2003]

① 일반적으로 부의 온도의 특성을 가지며, 온도가 상승하면 유지전류는 감소한다.

② SCR을 ON 상태로 유지하는 데 필요한 최소의 게이트 전류를 말한다.

③ SCR을 게이트로서 턴온시킨 직후에 ON 상태로 유지하는 데 필요한 최소한의 양극전류이다.

④ 일반적으로 부의 온도 특성을 가지며, 온도가 상승하면 유지전류는 증가한다.

답 ①

19 SCR의 턴온 시 10A의 전류가 흐를 때 게이트 전류를 $\frac{1}{2}$로 줄이면 SCR의 전류는 몇 A인가?

[2002]

① 5 　　　　　② 10 　　　　　③ 20 　　　　　④ 40

풀이 SCR의 게이트 전류는 턴온할 수 있으나, 턴오프 능력이 없으므로 게이트 전류를 $\frac{1}{2}$로 줄여도 턴온상태를 유지한다.

답 ②

20 실리콘정류기의 동작 시 최고 허용온도를 제한하는 가장 주된 이유는? [2002][2007]

① 브레이크 오버(Breake Over) 전압의 저하방지
② 브레이크 오버(Breake Over) 전압의 상승방지
③ 역방향 누설전류의 감소방지
④ 정격 순전류의 저하방지

답 ①

21 사이리스터에 관한 설명이다. 옳은 것은? [2003]

① 브레이크 오버(Breake Over) 전압에서 소자는 파괴된다.
② 브레이크 다운(Breake Down) 전압은 브레이크 오버(Breake Over) 전압과 거의 같은 값이다.
③ 유지(Holding)전류 이상이 되면 순방향저지 상태가 된다.
④ 래칭(Latching)전류는 유지(Holding)전류보다 적다.

답 ②

22 SCR을 제어회로에 사용할 때의 설명으로 잘못된 것은? [2003]

① AC를 완전히 제어하기 위해서는 SCR 2개를 사용한다.
② DC 회로를 제어할 때에는 Gate의 전류를 기준치 이하로 떨어뜨린다.
③ DC 회로를 제어할 때에는 순간적인 역전압을 애노드에 가한다.
④ AC를 완전히 제어하기 위해서는 쌍방향 대칭 특성을 가진 소자를 쓴다.

풀이 SCR은 점호능력은 있으나 소호능력이 없다.

답 ②

23 사이리스터가 오프(Off)되었을 때의 등가회로는? [2002]

①

②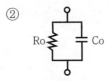

③

④

답 ②

24 SCR의 pn 접합 구조를 옳게 나타낸 것은?

①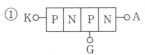

②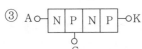

③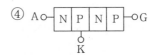

④

답 ②

25 사이리스터의 접속 중에서 옳은 것은?

①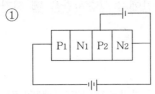

②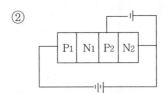

③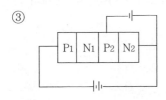

④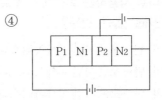

풀이 SCR의 Turn-on 조건 : A(+), K(−), G(+) ⇒ P_1 : Anode, N_2 : Cathode, P_2 : Gate

답 ④

26 사이리스터에 대한 기호가 옳은 것은?

①

②

③

④

답 ①

27 사이리스터(Thyristor)의 가장 일반적인 펠릿(Pellet)의 제조법이 아닌 것은? [2003]

① 플레이너(Planer) 확산법　　　　② 전 확산법

③ 합금 확산법　　　　　　　　　　④ 다이케스팅법

> **풀이** 사이리스터의 제법과 구조
>
> ㉠ 펠릿의 제조 : P형과 N형 반도체 재료를 서로 쌓아 올린 다층 구조이다.
> ㉡ 펠릿은 합금 확산법, 전 확산법, 플레이너 확산법이 있다.
> • 합금 확산법 : 대형 고압 사이리스터를 만드는 데 적합
> • 전 확산법 : 양산에 적합하므로 소형 SCR 제조
> • 플레이너 확산법 : 전 확산법보다 대량 생산에 적합하며 소형 SCR을 값싸게 만들 수 있다.

답 ④

28 사이리스터를 턴온하기 위한 게이트 전류의 펄스 폭은? [2002]

① 지연시간 이상　　　　　　　　　② 상승시간 이상

③ 턴온시간 이상　　　　　　　　　④ 턴온시간에서 상승시간을 뺀 시간 이상

답 ③

29 사이리스터를 사용하는 회로에서 회로의 턴－오프시간과 사이리스터 자체의 턴－오프시간의 관계로 옳은 것은?

① 회로의 턴－오프시간＜사이리스터 자체의 턴－오프시간

② 회로의 턴－오프시간＝사이리스터 자체의 턴－오프시간

③ 회로의 턴－오프시간＞사이리스터 자체의 턴－오프시간

④ 회로의 턴－오프시간과 사이리스터 자체의 턴－오프시간은 상관이 없다.

답 ③

30 사이리스터의 내압(V_{DRM})은 전원전압에 몇 배를 곱한 값을 기준으로 하는가?

[2004]

① 1.5~2.0　　　② 2.0~2.5　　　③ 2.5~3.0　　　④ 3.0~3.5

답 ③

31 사이리스터에서 양극전류 상승률 $\dfrac{di}{dt}$가 커지면 나타나는 현상은? [2002]

① 게이트 전류는 지수함수적으로 증가한다.

② 양극전류가 감소한다.

③ $\dfrac{di}{dt}$를 증가시키면 고주파 진동을 억제할 수 있다.

④ 접합부 온도가 상승 과열되어 파괴가 되는 경우도 있다.

풀이 전류 상승률($\dfrac{di}{dt}$)

SCR을 게이트로 턴온했을 때의 전류 상승률의 제한 값으로, 이 값을 넘어선 상승률의 전류가 게이트 턴온 시에 흐르면, 게이트 부근의 접합부가 국부적으로 과열해서 파괴된다.

답 ④

32 다음 중 SCR의 응용과 관계없는 것은? [2005]

① 접점의 스파크 제거장치　　　② 자동전압 제어장치

③ 조광장치　　　　　　　　　④ 전동기 제어장치

풀이 사이리스터의 응용분야

㉠ 스위치 : 개폐횟수가 많은 곳, 방폭을 위해 불꽃이 생겨서는 안 되는 곳, 원격조작, 신속한 동작이 요구되는 곳, 과전압 보호, 속응성 보호장치, 변압기 탭 전환, 용접기의 제어 등

㉡ 위상제어 : 전등의 밝기조정, 전동기의 속도제어, 전열제어 등

㉢ 정류기 : 제어할 수 있는 정류기로 사용, 정전압원, 정전류원 등

㉣ 초퍼(Chopper)와 인버터(Inverter) : 전동기의 속도제어, 비상용 전원, 고주파전원 등

답 ①

33 다음 중 사이리스터의 용도가 아닌 것은? [2003][2005]

① 전동기의 속도제어　　　　　② 조명제어

③ 램프의 소프트 스타트 회로　　④ 발전기 병렬운전 시 부하제어

답 ④

34 SCR을 직·병렬로 구성하여 사용하는 주된 목적은?

① 고주파를 얻을 수 있다.
② 고전압, 대전류를 얻는다.
③ 전류의 불평형이 없다.
④ 스위칭 속도가 빠르다.

답 ②

35 SCR의 용도 중 틀린 것은?   [2005]

① 증폭기   ② 전동기 제어장치
③ 조명장치   ④ 교류 온-오프 제어장치

풀이 증폭기
트랜지스터의 용도이다.   답 ①

36 다음 중 사이리스터의 응용분야가 아닌 것은?   [2006]

① 스위칭   ② 증폭기
③ 초퍼   ④ 위상제어

답 ②

37 사이리스터의 응용에 대한 설명이 잘못된 것은?   [2005]

① 가격이 비싸고 주파수 제어, 직류제어가 되지 않는다.
② 무접점 스위치로 응답 특성이 빠르고 손실이 작다.
③ 위상제어에 의한 AC 전력제어가 된다.
④ AC-DC 변환, 제어가 가능하다.

답 ①

38 SCR의 신뢰성 향상을 위해 실시하는 시험이 아닌 것은?   [2005]

① 서지전류시험   ② 열충격시험
③ 고온방치시험   ④ 저지전압인가시험

답 ①

39 다음은 전력용 반도체 소자인 GTO에 관한 설명이다. 적합하지 않은 것은? [2005]

① Gate Turn Off Transistor의 약자이다.
② GCS라고도 한다.
③ 자기소호기능을 갖고 있다.
④ 역저지 3단자 사이리스터의 일종이다.

풀이 ㉠ GTO : Gate Turn Off thyristors
㉡ GCS : Gate-Controlled Switch
답 ①

40 게이트에 인가된 전류의 극성에 따라 온－오프(On－off)를 절환하는 디바이스는?
[2002]

① GTO ② MOSFET ③ SIT ④ TR

풀이 GTO(Gate Turn Off thyristors)
양(+)의 게이트 전류에 의하여 턴온시킬 수 있고 음(－)의 게이트 전류에 의하여 턴오프시킬 수 있다.
답 ①

41 반도체에 트리거 소자로서 자기 회복능력이 있는 것은? [2002][2003][2006]

① GTO ② SSS ③ SCS ④ SCR

답 ①

42 GTO의 동작원리를 올바르게 설명한 것은? [2007]

① 게이트에 정(+)의 전류 인가로 턴－온, 부(－)의 전류로 턴－오프
② 한번 턴－온되면 게이트 입력에 관계없이 계속 유지
③ 게이트 입력은 오직 삼각파이어야 된다.
④ 빛에 의해서만 턴－온, 턴－오프된다.

답 ①

43 GTO를 바르게 설명한 것은? [2007]

① 게이트에 역방향 전류를 흘려서 주전류를 차단한다.
② 게이트에 순방향 전류를 흘려서 주전류를 차단한다.
③ 게이트에 역방향 전류를 흘려서 주전류를 흐르게 한다.
④ 게이트에 의한 제어전력이 적게 든다.

답 ①

44 전력용 반도체 소자인 GTO를 턴-오프하기 위해서는 어떻게 해야 하는가? [2004]

① 게이트에 (+)의 신호를 준다.
② 게이트에 (-)의 신호를 준다.
③ 게이트에 전류를 0으로 한다.
④ 전류(轉流)회로가 필요하다.

답 ②

45 다음 반도체 소자 중에서 일반적으로 정격전류-정격전압 범위가 가장 좋은 소자는?

[2002][2003]

① MOS-FET
② 바이폴라 트랜지스터
③ IGBT
④ GTO

답 ④

46 양방향성 소자가 아닌 것은? [2005]

① DIAC
② SBS
③ SSS
④ GTO

풀이 양방향성 소자 : SSS, TRIAC, SBS, DIAC

답 ④

47 전력용 반도체 소자 중 양방향으로 전류를 흘릴 수 있는 것은? [2003]

① GTO
② TRIAC
③ DIODE
④ SCR

답 ②

48 트라이액 설명 중 틀린 것은? [2003][2005]

① (+)게이트 전류로 트리거시킬 수 있다.
② (-)게이트 전류로 트리거시킬 수 있다.
③ 단방향성 소자이다.
④ 비교적 약한 전력으로 기동할 수 있다.

풀이 트라이액은 양방향성 소자이다.

답 ③

49 트라이액(TRIAC)에 대하여 바르게 설명한 것은? [2006]

① 단일방향 특성을 가진 소자이다.

② 정(+)의 게이트 전류만을 흐르게 하는 소자이다.

③ 부(−)의 게이트 전류만을 흐르게 하는 소자이다.

④ 쌍방향 특성을 가진 소자이다.

답 ④

50 트라이액(TRIAC)에 관한 설명 중 잘못된 것은? [2002]

① 쌍방향소자이다.

② 정, 부 어떤 극성이라도 통전한다.

③ 교류회로의 전류제어 소자로 이용된다.

④ (+)의 Gate 신호만이 통전한다.

답 ④

51 트라이액(TRIAC)에 대한 다음 기술 중 적절하지 못한 것은? [2003]

① 전류제어 소자이다.

② 게이트 전류에 의해 트리거시킬 수 있다.

③ 사이리스터 2개를 역병렬로 접속한 것과 같다.

④ 애노드(A), 캐소드(K)의 두 전극이 있다.

풀이 트라이액은 양방향 소자이므로 각 단자를 애노드와 캐소드로 구분하지 않는다. 답 ④

52 트라이액에 대한 설명 중 옳지 않은 것은?

① AC 전력의 제어에 사용된다.

② 트랜지스터 2개를 역병렬로 조합한 것이다.

③ 2방향성 3단자 사이리스터이다.

④ 턴오프는 주전극 간의 극성을 역전시키면 된다.

풀이 두 개의 SCR을 게이트 공통으로 하여 역병렬 연결한 것이다. 답 ②

53 다음의 그림기호와 같은 반도체 소자의 명칭은? [2005]

① SCR
② UJT
③ TRIAC
④ FET

답 ③

54 교류회로에서 스위칭 소자로 널리 사용되는 TRIAC은 부하에 흐르는 어떤 전류를 제어하는 데 이용되는가? [2002]

① 최대전류　　② 평균전류　　③ 실효전류　　④ 누설전류

답 ②

55 TRIAC을 사용하여 소용량 저항부하의 AC 전력제어를 하려고 한다. 게이트용 소자로 가장 간단히 사용할 수 있는 것은? [2003][2007]

① UJT　　　　② PUT　　　③ DIAC　　　④ SUS

풀이 DIAC
　　정상 동작 시에 양방향으로 전류를 흘릴 수 있는 pn-pn 4층 구조의 2단자 반도체 사이리스터

답 ③

56 그림은 어떤 반도체의 특성 곡선인가? [2003]

① SSS
② UJT
③ FET
④ MHS

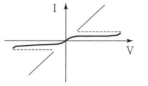

풀이 양방향성 소자 : SSS

답 ①

57 SSS의 트리거에 대한 설명 중 옳은 것은? [2004][2005][2007]

① 게이트에 (+)펄스를 가한다.
② 게이트에 (−)펄스를 가한다.

③ 게이트에 빛을 비춘다.

④ 브레이크 오버전압을 넘는 전압의 펄스를 양 단자 간에 가한다.

풀이 SSS를 온상태로 하기 위해서는 T_1과 T_2 사이에 펄스상의 브레이크 오버 전압 이상의 전압을 가하는 V_{BO}와 상승이 빠른 전압을 가하는 dv/dt 점호가 필요하다. **답** ④

58 다음 SSS에 대한 설명 중 잘못된 것은? [2003]

① 쌍방향성 소자이다.

② SCR 2개를 직렬 접속한 것과 같은 구조

③ V_{BO} 이상의 전압 인가로 통전(V_{BO} : 브레이크 오버 전압)

④ 구조가 간단하다.

풀이 2개의 역저지 3단자 사이리스터를 역병렬 접속시킨 소자이며 게이트 단자가 없는 사이리스터이다.
답 ②

59 반도체 전력소자인 SSS에 관한 설명이다. 옳지 않은 것은? [2002]

① 브레이크 오버(Break Over) 전압 이상의 펄스를 인가함으로써 온(on)된다.

② 양방향성 2단자 사이리스터라고 한다.

③ 2개의 역저지 3단자 사이리스터를 직렬 접속한 구조이다.

④ 과전압에 잘 견딘다.

답 ③

60 과전압이 걸리기 쉬운 옥외용 네온사인의 조광회로에 사용되는 소자는? [2004]

① SCR   ② TRIAC   ③ SSS   ④ TR

풀이 SSS는 브레이크 오버 전압 이상의 펄스를 줌으로써 온시킬 수 있어 SCR과 같이 과전압이 걸려도 파괴되는 일 없이 온(on)이 된다는 강점을 가지고 있다. 따라서 과전압이 걸리기 쉬운 옥외용 네온사인의 조광 등에 알맞다. **답** ③

61 전파제어 정류회로에 사용하는 쌍방향성 반도체 소자는?

① SCR   ② SSS   ③ UJT   ④ PUT

답 ②

04 트리거소자

(1) UJT(Uni–Junction Transistor)

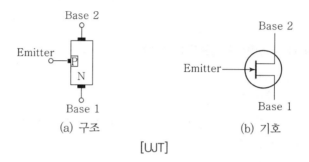

(a) 구조   (b) 기호

[UJT]

① 유니정크션 트랜지스터(UJT), (단일접합 트랜지스터) : 사이리스터의 트리거신호 발생에 일반적으로 이용되고 있다. UJT는 세 개의 단자를 가지고 있으며 각각은 이미터 E, 베이스1 B_1, 베이스2 B_2이다. B_1과 B_2 사이의 단일접합은 보통 저항의 특성을 가지고 있다. 이 저항이 베이스 저항 R_{BB}이고 9.1kΩ 범위의 저항값을 가지고 있다.

② UJT는 일명 더블베이스 다이오드(Double Base Diode)라고 한다.

③ 트리거 발생기로 사용되는 이유는 정격피크 전류가 크고 트리거 전압이 안정되며, 특히 소비 전력이 적고 소형이며 간단하다.

(2) PUT(Programable Uni–junction Transistor)

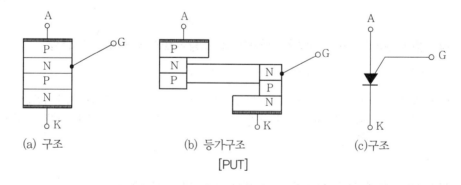

(a) 구조   (b) 등가구조   (c)구조

[PUT]

① 프로그래머블 단일 접합 트랜지스터(PUT ; Programmable Unijunction Transistor) PUT는 소형 사이리스터이며 발진기로서 사용될 수 있다.

② 애노드 측에 게이트 단자를 붙인 소형의 N게이트 사이리스터다.

③ PUT의 게이트 전압이 어떤 값으로 유지되어 있는 경우에 애노드 전압이 게이트 전압보다 낮을 때는 턴온하지 않고, 애노드 전압이 게이트 전압보다 높을 경우에만 턴온 한다.

(3) SUS(Silicon Unilateral Switch)

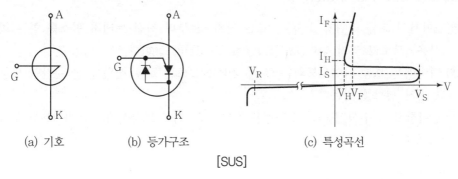

(a) 기호　　　　(b) 등가구조　　　　(c) 특성곡선

[SUS]

① 게이트와 캐소드 사이에 저전압 제너 다이오드를 가진 소형의 1방향성 3단자 트리거 소자이다.
② SUS는 내부의 애벌란시 전압으로 결정되는 일정 전압으로 스위칭된다.

(4) SBS(Silicon Bilateral Switch)

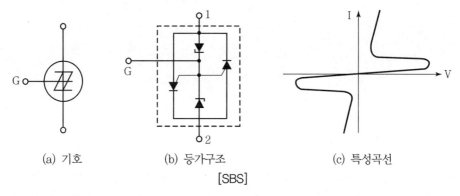

(a) 기호　　　　(b) 등가구조　　　　(c) 특성곡선

[SBS]

① 두 개의 같은 SUS를 역병렬로 접속한 것과 같다.
② 쌍방향성 3단자 트리거 소자이다.

(5) 펄스변압기

① 2개의 회로 사이에 전기적인 절연을 목적으로 쓰인다.

② 트리거 펄스 발생기와 사이리스터를 결합하기 위해 사용된다.

(6) DIAC(DIode AC switch)

① 2단자의 교류 스위칭 소자로, 교류 전원으로부터 직접 트리거 펄스를 얻는 회로에 사용되므로 트리거 다이오드(Trigger Diode)라고 한다.

② 다이액은 보통 다이오드와는 달리 쌍방향성으로, 교류 전원을 한 순간만 도통시켜 트리거 펄스를 만든다.

③ 간단하고 값이 싸기 때문에 가정용 전화, SCR이나 트라이액의 트리거용으로 사용되고 있다.

기출 및 예상문제

01 다음 중 UJT를 맞게 설명한 것은?   [2003]

① 보통 트랜지스터와 같은 접합이다.

② 1개의 접합밖에 없다.

③ 2개의 Emitter 전극을 가지고 있다.

④ Gate 전극이 있다.

풀이 유니정크션 트랜지스터(UJT)(단일접합 트랜지스터)

사이리스터의 트리거신호 발생에 일반적으로 이용되고 있다. UJT는 세 개의 단자를 가지고 있으며 각각은 이미터E, 베이스1 B_1, 베이스2 B_2이다.   **답** ②

02 UJT의 특징에 대한 설명으로 틀린 것은?

① 소비전력이 적다.   ② 정격 피크전류가 작다.

③ 트리거 전압이 안정하다.   ④ 소형이다.

풀이 UJT가 트리거 발생기로 사용되는 이유는 정격피크 전류가 크고 트리거 전압이 안정되며, 특히 소비전력이 적고 소형이며 간단하기 때문이다.   **답** ②

03 펄스 발생기로서 성능이 우수한 것은?

① Varractor   ② Thyristor

③ Mos FET   ④ UJT

답 ④

04 사이리스터 트리거소자 중에서 애노드 측에 게이트 단자를 붙인 소형의 N게이트 사이리스터의 명칭은?

① SCS   ② DIAC

③ PUT   ④ SSS

풀이 PUT(Programmable Uni-junction Transistor)

애노드 측에 게이트 단자를 붙인 소형의 N게이트 사이리스터다.

답 ③

05 PUT가 UJT에 비하여 좋은 점을 설명한 것이다. 잘못 설명된 것은? [2002][2007]

① 외부 저항에 의해 효율값을 조정할 수 있다.

② 베이스 간 저항을 조절할 수 있다.

③ 누설전류가 적다.

④ 발진주파수의 변화폭이 크다.

답 ④

06 단일 방향성 3단자 트리거(SUS ; Silicon Unilateral Switch)에 의한 펄스 정형회로이다. 그림과 같이 톱니파를 입력으로 인가한 경우 출력파형은? [2002]

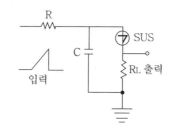

①   ②  ③  ④

답 ②

07 그림과 같은 SUS(Silicon Unilateral Switch) 펄스 정형회로의 출력파형은?

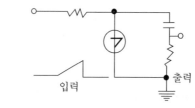

①   ②   ③   ④

답 ④

08 그림과 같은 기호의 소자는? [2003][2005]

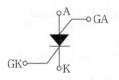

① PUT ② VRD ③ SCR ④ SCS

답 ④

09 다이액(DIAC)에 대한 설명으로 틀린 것은? [2006]

① NPN 3층으로 되어 있다.
② 트리거 용도로 사용된다.
③ 역저지 4극 사이리스터이다.
④ 쌍방향으로 대칭적인 부성저항을 나타낸다.

풀이 DIAC : 쌍방향성 소자 답 ③

10 다음 사이리스터 중 3단자 형식이 아닌 것은? [2005]

① SCR ② GTO ③ DIAC ④ TRIAC

풀이 DIAC : 2단자의 교류 스위칭 소자 답 ③

11 황화 카드뮴(CdS)소자의 특성을 설명한 것 중 적합한 것은? [2003][2004]

① 빛에 의하여 전기저항이 변화한다.
② 온도에 의하여 저항이 변화한다.
③ 전압에 의하여 전기저항이 변화한다.
④ 태양에너지를 전기에너지로 변화한다.

풀이 CdS : 빛을 비추면 자유전자가 증가하여 저항이 감소하고, 빛을 비추지 않으면 저항이 커져 전류의 흐름을 방해한다.

답 ①

12 CdS(황화 카드뮴)은 어떠한 소자인가? [2008]

① 빛에 의한 전도성을 이용하는 소자이다.
② 빛에 의한 기전력이 발생하는 소자이다.
③ 태양전지에서 0.55[V]의 기전력을 발산하는 소자이다.
④ 광전 트랜지스터를 만드는 소자이다.

답 ①

13 발광소자와 수광소자를 하나의 용기에 넣어 외부의 빛을 차단한 구조로 출력 측의 전
기적인 조건이 입력 측에 전혀 영향을 끼치지 않는 소자는? [2007]

① 포토 다이오드 ② 포토 트랜지스터
③ 서미스터 ④ 포토 커플러

풀이 **포토 커플러(Photo Coupler)**
발광소자와 수광소자를 조합하여, 광을 매체로 신호를 전송하는 소자. 구조는 발광 다이오드와 광 트
랜지스터를 하나의 패키지에 넣은 것이다. 입출력 사이가 전기적으로 절연되어 있기 때문에 전기적인
잡음 제거에 널리 사용된다.

답 ④

14 다음 중 포토 커플러(Photo Coupler) 소자와 용도가 유사한 것은? [2003]

① 펄스 변압기 ② 서미스터
③ LASCR ④ GTO

답 ①

15 포토 다이오드(Photo Diode)에 관한 설명 중 틀린 것은?

① 빛에 대하여 민감하다.
② 온도 특성이 나쁘다.
③ PN 접합에 역방향으로 바이어스를 가한다.
④ PN 접합의 순방향 전류가 빛에 대하여 민감하다.

답 ②

16 빛의 에너지를 전기 에너지로 변화시키는 것은? [2006][2008]

① 광전 다이오드 ② 광전로 소자

③ 광전 트랜지스터 ④ 태양전지

답 ④

17 다음 중 무정전 전원장치를 나타내는 기호는? [2005]

① CATV ② PCS

③ UPS ④ PID

풀이 UPS(Uninterrupted Power Supply) : 무정전 전원 공급 장치

답 ③

18 다음 중 UPS의 기능으로서 옳은 것은 어느 것인가? [2007]

① 3상 전파정류 방식 ② 가변주파수 공급 가능

③ 무정전 전원공급장치 ④ 고조파 방지 및 정류 평활

답 ③

19 무정전전원장치(UPS)에는 별로 중요하지 않아 일반적으로 포함되지 않는 요소는?

① 축전기 ② 인버터

③ 컨버터 ④ 주파수변환기

답 ④

20 고전압 대전력 정류기로 널리 사용되는 것은? [2006]

① 회전변류기 ② 수은정류기

③ 전동발전기 ④ 베르트로(Vertro)

답 ②

21 낮은 전압에서 큰 저항을 나타내며, 높은 전압에서는 작은 저항을 갖는 소자는?

[2004]

① 서미스터 ② 바렉터
③ 배리스터 ④ 사이리스터

> **풀이** 배리스터(Varistor)
> 저항값이 전압에 의해 비직선적으로 변화되는 성질을 가진 두 전극의 반도체 디바이스를 말한다. 저항은 전압이 높아지면 감소하고, 또 온도에 의해서도 변화한다. 특성으로 대칭, 비대칭 배리스터로 나뉘며, 좁은 뜻으로는 전자를 배리스터라 하고, SiC 배리스터가 있다. 피뢰기, 변압기나 코일 등의 과전압 보호, 스위치나 계전기의 접점 불꽃 소거법용 등에 사용된다. **답** ③

22 특정전압 이상이 되면 ON 되는 반도체인 배리스터의 주된 용도는? [2003][2007][2008]

① 온도 보상 ② 전압의 증폭
③ 출력전류의 조절 ④ 서지전압에 대한 회로보호

답 ④

23 트리거소자가 아닌 것은?

[2003]

① SCR   ② UJT   ③ SBS   ④ DIAC

> **풀이** 트리거소자 : UJT, PUT, SUS, SBS, DIAC, 펄스 변압기 등 **답** ①

24 사이리스터의 게이트 트리거용 반도체 소자로서 적합하지 않은 것은? [2003][2004]

① UJT   ② SUS   ③ DIAC   ④ TRIAC

답 ④

02 정류회로
CHAPTER

01 정류회로의 특성

(1) 정류회로의 개요

① 정류기(Rectifier) : 교류(AC)전력을 직류(DC)전력으로 변환하는 전력변환기
② 정류 전원회로의 구성

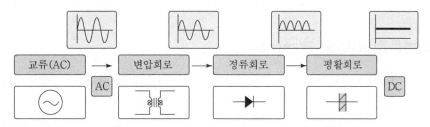

③ **정류회로** : 다이오드를 사용하여 교류를 한 방향의 전류로 변환
④ **평활회로** : 교류성분(Ripple Current)을 제거하여 전지와 같은 실효값을 갖는 직류로 변환

(2) 정류효율(Efficiency of Rectification)

① 정류회로에서 출력전압과 출력전류의 평균값을 V_{dc}, I_{dc}라고 하면 직류출력 P_{dc}는

$$P_{dc} = V_{dc} I_{dc}$$

② 정류회로에서 입력전압과 입력전류의 실효값을 V_{rms}, I_{rms}라고 하면 교류출력 P_{ac}는

$$P_{ac} = V_{rms} I_{rms}$$

③ 정류효율

$$\eta = \frac{P_{dc}}{P_{ac}}$$

(3) 맥동률(Ripple Factor : 리플률)

① 맥류(Pulsating Current) : 다이오드에서 정류된 파형
② 맥동률 : 정류된 직류 출력에 교류성분이 얼마나 포함되어 있는지의 정도

$$\gamma = \frac{\text{파형 속의 맥류분 실효값}(rms)}{\text{정류된 파형의 평균값}(\text{직류})} = \sqrt{\left(\frac{I_{rms}}{I_{dc}}\right)^2 - 1}$$

(4) 전압변동률(Voltage Regulation)

① 전압변동률 : 정류회로에서 전원전압이나 부하의 변동에 따라 직류 출력전압이 변화하는 정도

$$\alpha = \frac{\text{무부하직류전압} - \text{전부하직류전압}}{\text{전부하직류전압}} \times 100[\%] = \frac{V_o - V_{dc}}{V_{dc}} \times 100[\%]$$

② 이상적인 전원회로는 부하 전류의 크기에 관계없이 항상 일정한 출력전압을 유지하여야 하며, 그 전압변동률은 0이다. 즉 전압변동률은 작을수록 좋다.

02 다이오드 정류회로

(1) 단상반파 정류회로(반파 정현파)

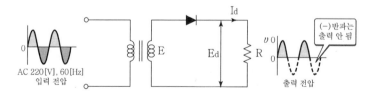

① 회로의 전원전압 : $e = \sqrt{2}\,E\sin\omega t$

② e 양의 반주기($0 \le \omega t < \pi$)

  ㉮ 다이오드는 순방향 바이어스되어 On

  ㉯ 부하 측으로 전류가 흐른다.

  ㉰ 출력전압 $e_o = \sqrt{2}\,E\sin\omega t$

  ㉱ 출력전류 $i_o = \dfrac{e_o}{R} = \dfrac{\sqrt{2}\,E\sin\omega t}{R}$

  ㉲ 다이오드 전압 $e_D = 0$

③ e 음의 반주기($\pi \le \omega t < 2\pi$)

  ㉮ 다이오드는 역방향 바이어스되어 Off

  ㉯ 출력전압 $e_o = 0$

  ㉰ 출력전류 $i_o = 0$

  ㉱ 다이오드 전압 $e_D = e$

④ 직류의 평균값 E_d, $I_d(\omega t = \theta)$

  ㉮ $E_d = \dfrac{1}{2\pi}\displaystyle\int_0^\pi \sqrt{2}\,E\sin\theta d\theta = \dfrac{\sqrt{2}}{\pi}E$

  ㉯ $E_d = \dfrac{E_m}{\pi} = \dfrac{\sqrt{2}}{\pi}E = 0.45E$ → $I_d = \dfrac{E_d}{R}$

(2) 단상전파 정류회로(전파 정현파)

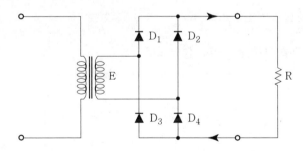

① 회로의 전원 전압 : $e = \sqrt{2}\,E\sin\omega t$

② e 양의 반주기($0 \le \omega t < \pi$)

  ㉮ 다이오드는 D_1과 D_4는 순방향 바이어스되어 On

     (D_2와 D_3는 역방향 바이어스되어 Off)

  ㉯ 출력전압 $e_o = e = \sqrt{2}\,E\sin\omega t$

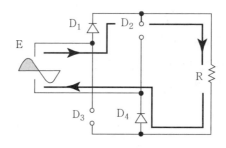

③ e 음의 반주기($\pi \le \omega t < 2\pi$)

    ㉮ 다이오드는 D_2와 D_3는 순방향 바이어스되어 On

        (D_1과 D_4는 역방향 바이어스되어 Off)

    ㉯ 출력전압 $e_o = -e = -\sqrt{2}\,E \sin \omega t$

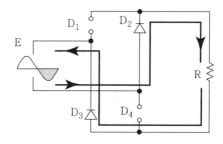

④ **직류의 평균값 E_d, I_d ($\omega t = \theta$) : 반파 정류의 2배**

    ㉮ $E_d = 2 \times \dfrac{1}{2\pi} \displaystyle\int_0^\pi \sqrt{2}\,E\sin\theta d\theta = \dfrac{2\sqrt{2}}{\pi}E$

    ㉯ $E_d = \dfrac{2E_m}{\pi} = \dfrac{2\sqrt{2}}{\pi}E = 0.9E \;\; \rightarrow \;\; I_d = \dfrac{E_d}{R}$

⑤ **다이오드 2개를 사용한 전파 정류회로**

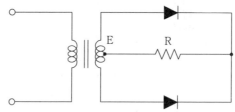

    ㉮ $E_d = \dfrac{1}{\pi}\displaystyle\int_0^\pi \sqrt{2}\,E\sin\theta d\theta = \dfrac{2\sqrt{2}}{\pi}E$

    ㉯ $E_d = \dfrac{2}{\pi}E_m = \dfrac{2\sqrt{2}}{\pi}E = 0.9E$

(3) 3상 반파 정류회로

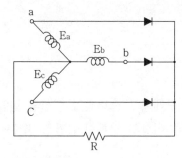

① 직류전압의 평균값 : $E_d = 1.17E$

② 직류전류의 평균값 : $I_d = 1.17\dfrac{E}{R}$

(4) 3상 전파 정류회로(3상 브리지 회로)

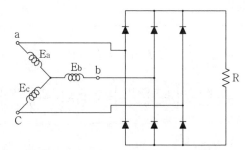

① 직류전압의 평균값 : $E_d = 1.35E$

② 직류전류의 평균값 : $I_d = 1.35\dfrac{E}{R}$

03 사이리스터 정류회로

(1) SCR의 특성

① SCR turn on 조건

㉮ 양극과 음극 간에 브레이크 오버전압 이상의 전압 인가($I_g = 0$)

㉯ 게이트에 래칭 전류 이상의 전류인가(펄스 전류)

② SCR turn off 조건

㉮ 애노드의 극성을 부($-$)로 한다.

㉯ SCR에 흐르는 전류를 유지 전류 이하로 한다.

(2) SCR의 위상 제어

1) 단상반파 정류회로

$$E_d = \frac{1}{2\pi} \int_{\alpha}^{\pi} \sqrt{2}\, E \sin\omega t \, d(\omega t) = \frac{\sqrt{2}\, E}{2\pi} [-\cos\omega t]_{\alpha}^{\pi}$$

$$= \frac{\sqrt{2}}{\pi} E \left(\frac{1 + \cos\alpha}{2} \right) = 0.45 E \left(\frac{1 + \cos\alpha}{2} \right)$$

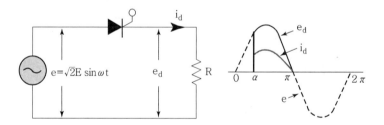

2) 단상전파 정류회로

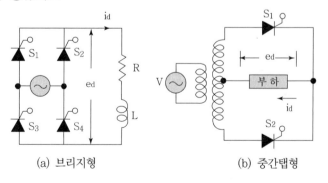

(a) 브리지형　　　　　(b) 중간탭형

① 저항만의 부하

$$E_d = \frac{1}{\pi}\int_{\alpha}^{\pi}\sqrt{2}\,E\sin\omega t\,d(\omega t) = \frac{\sqrt{2}\,E}{\pi}\left[-\cos\omega t\right]_{\alpha}^{\pi}$$

$$= \frac{\sqrt{2}}{\pi}E(1+\cos\alpha) = 0.45E(1+\cos\alpha)$$

② 유도성 부하

$$E_d = \frac{2\sqrt{2}}{\pi}E\cos\alpha = 0.9E\cos\alpha$$

3) 3상 반파 정류회로

$$E_d = \frac{3\sqrt{6}}{2\pi}E\cos\alpha = 1.17E\cos\alpha\,(\text{유도성 부하})$$

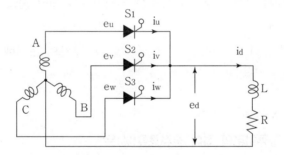

4) 3상 전파 정류회로

$$E_d = \frac{3\sqrt{2}}{\pi}E\cos\alpha = 1.35E\cos\alpha\,(\text{유도성 부하})$$

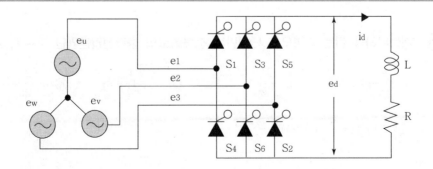

01 저항부하 정류회로의 특성 중 맥동률이 가장 큰 것은? [2005]

① 단상반파   ② 단상전파   ③ 삼상반파   ④ 삼상전파

풀이 단상반파 정류회로는 음(−)의 반주기는 이용하지 못하므로 정류효율, 직류출력, 리플률 등이 모두 좋지 않다.

답 ①

02 저항부하 시 맥동률이 가장 작은 정류방식은? [2002][2004][2008]

① 단상반파식   ② 단상전파식   ③ 3상반파식   ④ 3상전파식

풀이 맥동률 크기의 순서는 ④ < ③ < ② < ①   **답** ④

03 정류회로에서 순저항 부하에 유도성 부하가 포함되면 공급 전력은? [2005]

① 증가한다.   ② 감소한다.
③ 변함이 없다.   ④ 부하의 조건에 따라 달라진다.

답 ②

04 단상반파 정류회로의 최대 정류효율(%)은? [2004]

① 30.6   ② 40.6   ③ 50   ④ 81.2

풀이 $\eta = \dfrac{0.406}{1+(R_d/R)}$, R_d : 다이오드 순방향 저항값, R : 부하저항

R_d를 무시한다면 $\eta = 0.406$, 즉 이론상 최대효율은 40.6%로 된다.   **답** ②

05 저항부하를 갖는 다이오드 단상반파 정류회로의 출력전압은?(단, $e = V_m \sin\theta$이다.)

① $\dfrac{V_m}{\pi}$ ② $\dfrac{V_m}{2\pi}$ ③ $\dfrac{\sqrt{2}\,V_m}{\pi}$ ④ $\dfrac{\sqrt{2}\,V_m}{2\pi}$

풀이 $V_d = \dfrac{1}{2\pi}\displaystyle\int_0^{\pi} V_m \sin\theta d\theta = \dfrac{\sqrt{2}}{\pi}V = \dfrac{V_m}{\pi}$ **답** ①

06

반파 정류회로에서 직류전압 200[V]를 얻는 데 필요한 변압기 2차 상전압은 약 몇 [V]인가?(단, 부하는 순저항 변압기 내 전압강하를 무시하면 정류기 내의 전압강하는 50[V]로 한다.) [2008]

① 68 　　　② 113 　　　③ 333 　　　④ 555

풀이 $E_d = 0.45E - e \, (E_d : \text{직류전압}, \; E : \text{입력전압의 실효값}, \; e : \text{전압강하})$

$E = \dfrac{1}{0.45}(E_d + e) = \dfrac{1}{0.45}(200 + 50) = 555[\text{V}]$ 　　　**답** ④

07

반파 정류회로에서 직류전압 200V를 얻는 데 필요한 변압기 2차 전압은 약 몇 [V]인가?(단, 부하는 순저항이고 전압강하는 15V로 한다.) [2005]

① 74 　　　② 185 　　　③ 392 　　　④ 478

풀이 $E = \dfrac{1}{0.45}(E_d + e) = \dfrac{1}{0.45}(200 + 15) = 478[\text{V}]$ 　　　**답** ④

08

220[V], 60[Hz]의 정현파 단상교류를 반파 정류하고자 한다. 순저항 부하 시 평균 출력 전압은 몇 [V]인가?(단, 정류기의 전압강하는 9[V]이다.) [2002]

① 80 　　　② 90 　　　③ 100 　　　④ 110

풀이 $E_d = 0.45E - e = 0.45 \times 220 - 9 = 90[\text{V}]$ 　　　**답** ②

09

그림의 회로에서 전원전압 $v = 110\sqrt{2}\sin120\pi t[\text{V}]$, $R = 5\,\Omega$, $L = 30\text{mH}$일 때, 부하 전류 i_0의 평균치는 약 몇 [A]인가?

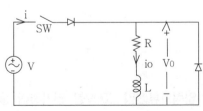

① 9.9 　　　② 12.3 　　　③ 23.2 　　　④ 45.5

풀이 환류 정류회로의 출력전압 v_0은 L값에 무관하게 저항부하를 갖는 단상반파 정류회로에서의 출력전압과 동일하다. 부하전류 i_0의 평균값은 $I_{dc} = \dfrac{V_{dc}}{R} = \dfrac{0.45\,V}{R} = \dfrac{0.45 \times 110}{5} = 9.9[\text{A}]$ 이다. 　　　**답** ①

10 단상전파 정류회로를 구성한 회로로 가장 알맞은 것은? [2003][2006]

①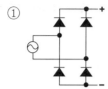

②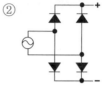

③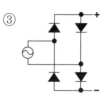

④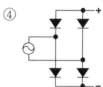

답 ①

11 단상전파 정류회로에서 맥동률은 약 몇 [%]인가? [2005]

① 4   ② 17

③ 48   ④ 96

풀이 $\gamma = \sqrt{\left(\dfrac{I_{rms}}{I_{dc}}\right)^2 - 1} = \sqrt{\left(\dfrac{I}{0.9I}\right)^2 - 1} = 0.48$

답 ③

12 교류 브리지용 전원의 주파수, 파형에 대한 구비조건이 아닌 것은? [2007]

① 주파수가 되도록 높을 것
② 파형이 정현파에 가까울 것
③ 주파수가 되도록 일정할 것
④ 취급이 간단할 것

답 ①

13 단상전파 정류회로에 입력교류전압 200V를 인가하여 출력되는 직류전압은 몇 V인가?(단, 소자의 전압강하는 무시하며, 부하는 순저항 부하이다.) [2003]

① 90   ② 180

③ 270   ④ 360

풀이 $E_d = 0.9E = 0.9 \times 200 = 180[\text{V}]$

답 ②

14 그림과 같은 회로에서 AB 간의 전압의 실효값을 200V라고 할 때 R_L 양단에서 전압의 평균값은 약 몇 V인가?(단, 다이오드는 이상적인 다이오드이다.)

[2004][2007]

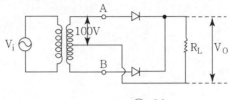

① 64

② 90

③ 141

④ 282

풀이 $E_d = 0.9E = 0.9 \times 100 = 90[\text{V}]$

답 ②

---

15 그림에서 가동코일형 밀리암페어계의 지시는?(단, 정류기의 저항은 무시한다.)

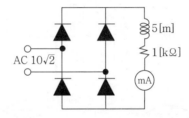

① 9.2[mA]

② 12.7[mA]

③ 18.4[mA]

④ 25.4[mA]

풀이 저항부하만을 갖는 전파정류회로에서와 동일하다.

$$E_d = \frac{2E_m}{\pi} = \frac{2\sqrt{2}}{\pi}E = 0.9E, \quad I_d = \frac{E_d}{R} = \frac{0.9E}{R} = \frac{0.9 \times 10\sqrt{2}}{1 \times 10^3} = 12.7[\text{mA}]$$

답 ②

---

16 입력 200V의 단상 교류전압을 SCR 4개를 사용하여 전파정류제어하려고 한다. 이때 사용할 SCR 한 개의 최대 역전압(내압)은 약 몇 V 이상이어야 하는가?

① 141.4

② 200

③ 282.8

④ 400

풀이 브리지형 전파정류회로의 최대 역전압 $\text{PIV} = V_m$ 이므로 $V_m = \sqrt{2}\,V = \sqrt{2} \times 200 = 282.8[\text{V}]$

답 ③

17 단상 브리지 정류회로에서 직류 출력전압이 100V이고 부하저항이 5Ω일 때, 각 다이오드에 걸리는 최대 역전압은 몇 V인가?

① 10π ② 13π ③ 50π ④ 100π

풀이 $E_d = 2 \times \dfrac{1}{2\pi}\displaystyle\int_0^\pi \sqrt{2}\,E\sin\theta d\theta = \dfrac{2\sqrt{2}}{\pi}E = \dfrac{2E_m}{\pi} = 100[\text{V}]$

$\therefore\ \text{PIV} = E_m = \dfrac{100 \times \pi}{2} = 50\pi[\text{V}]$ **답** ③

18 회로에 스위치 S_1이 닫혀지면 전압 V_L에 나타나는 파형의 모양은 어느 것이 적당한가?

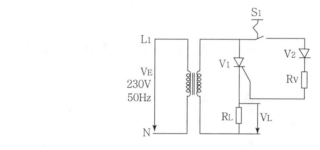

① V_L ② V_L
③ V_L ④ V_L

답 ①

19 그림의 정류회로는 어떠한 회로인가?   [2004]

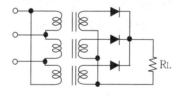

① 단상전파 정류회로   ② 브리지 정류회로
③ 단상 3배압 정류회로   ④ 3상 반파 정류회로

답 ④

20 그림의 정류회로에서 상전압이 220V, 주파수 60Hz, 부하저항 R은 10Ω이다. 다이오드에 흐르는 전류는 약 몇 A인가?

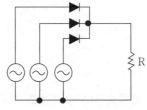

① 25.7   ② 31.1   ③ 51.4   ④ 62.2

풀이 $E_d = 1.17E$, $I_d = 1.17\dfrac{E}{R} = \dfrac{1.17 \times 220}{10} = 25.7[\text{A}]$ **답** ①

21 상전압 300V의 3상 반파 정류회로의 직류전압은 몇 V인가?   [2007]

① 117   ② 200   ③ 283   ④ 351

풀이 $E_d = 1.17E = 1.17 \times 300 = 351[\text{V}]$ **답** ④

22 맥동전압 주파수가 전원 주파수의 6배가 되는 정류방식은?   [2007]

① 단상전파 정류   ② 단상 브리지 정류
③ 3상 반파 정류   ④ 3상 전파 정류

     답 ④

23 200V의 교류전압을 배전압 정류할 때 최대 정류전압은 약 몇 V인가?   [2005]

① 220   ② 282   ③ 360   ④ 566

풀이 최대 정류전압 $= 2V_m = 2 \times \sqrt{2} \times 200 = 566[\text{V}]$ **답** ④

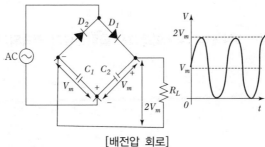

[배전압 회로]

24 3상 제어 정류회로에서 점호각의 최대값은 몇 도인가? [2002]

① 30 ② 90

③ 150 ④ 180

답 ③

25 교류를 직류로 변화시키는 정류회로에서 맥류를 직류에 가깝도록 파형을 개선하는 평활회로에 반드시 필요한 콘덴서는? [2002]

① 세라믹 콘덴서 ② 전해 콘덴서

③ 공기 콘덴서 ④ 무극성 콘덴서

답 ②

26 정류회로에 사용되는 평활회로는?

① 저역 여파기 ② 고역 여파기

③ 대역 여파기 ④ 대역 소거 여파기

답 ①

27 정류기 회로에 사용되는 고조파 제거용 필터에 관한 설명으로 옳은 것은?

① 정류기의 입력 측에는 DC 필터를 사용한다.

② 정류기의 출력 측에는 AC 필터를 사용한다.

③ DC 필터로는 LC형이 주로 사용된다.

④ AC 필터로는 L형과 C형이 사용된다.

답 ③

28 순저항 부하를 갖는 3상 반파 정류회로에서 출력전류가 연속되기 위한 점호각 α 의 범위는?

① $\alpha \leq 30°$ ② $\alpha \leq 45°$

③ $\alpha \leq 60°$ ④ $60° \leq \alpha \leq 90°$

답 ①

03 사이리스터의 응용회로

CHAPTER

01 컨버터 회로(AC - AC Converter : 교류변환)

(1) 교류전력 제어장치

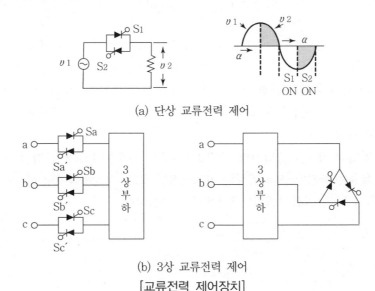

(a) 단상 교류전력 제어

(b) 3상 교류전력 제어

[교류전력 제어장치]

① 주파수의 변화는 없고, 전압의 크기만을 바꾸어주는 교류 - 교류전력 제어장치이다.
② 사이리스터의 제어각 α를 변화시킴으로써 부하에 걸리는 전압의 크기를 제어한다.
③ 전동기의 속도제어, 전등의 조광용으로 쓰이는 디머(Dimmer), 전기담요, 전기밥솥 등의 온도조절장치로 많이 이용되고 있다.

(2) 사이클로컨버터(Cycloconverter)

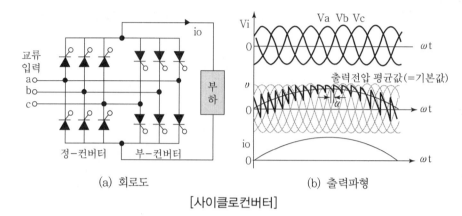

(a) 회로도   (b) 출력파형

[사이클로컨버터]

① 주파수 및 전압의 크기까지 바꾸는 교류－교류전력 제어장치이다.

② 어떤 주파수의 교류전력을 다른 주파수의 교류전력으로 변환하는 것을 주파수변환이라고 하며, 직접식과 간접식이 있다. 간접식은 정류기와 인버터를 결합시켜서 변환하는 방식이고, 직접식은 교류에서 직접 교류로 변환시키는 방식으로 사이클로컨버터라고 한다.

③ 전원 전압의 파형을 조합시켜, 전원보다 낮은 주파수의 교류를 직접 구하는 방식이므로 효율은 좋지만 출력 파형의 일그러짐이 크고, 다상방식에서 사이리스터 소자의 이용률이 나쁜 결점이 있고 제어회로가 복잡하다.

(1) 강압형 초퍼

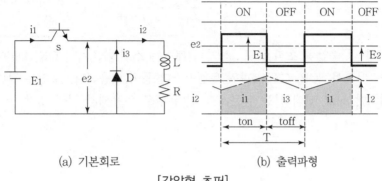

(a) 기본회로   (b) 출력파형

[강압형 초퍼]

① 초퍼(Chopper)는 직류를 다른 크기의 직류로 변환하는 장치이다. 강압형 초퍼는 트
랜지스터 S의 도통시간을 가변함으로써 직류 – 직류전력 변환이 이루어진다.
② 출력 전압 e_2의 평균값 E_2는

$$E_2 = \frac{T_{on}}{T_{on} + T_{off}} E_1 = \frac{T_{on}}{T} E_1$$

여기서, $T = T_{on} + T_{off}$로 스위칭 주기이다.

(2) 승압형 초퍼

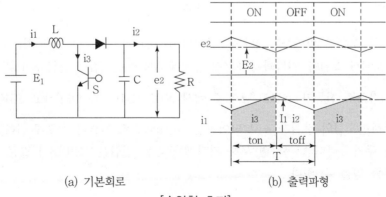

(a) 기본회로   (b) 출력파형

[승압형 초퍼]

① 승압형 초퍼는 입력 측에 인덕턴스를 넣고 트랜지스터 S의 도통 시간을 가변함으로써 직류-직류전력 변환이 이루어진다.

② 출력 전압 e_2의 평균값 E_2와 입력전압 E_1과의 관계식은 다음과 같이 된다.

$$\frac{E_2}{E_1} = \frac{T}{T_{off}}$$

③ 강압형 및 승압형 초퍼를 구성하기 위해서는 스위칭 소자가 ON, OFF가 가능해야 한다. 따라서 SCR, GTO, 파워 트랜지스터 등이 이용되나, SCR은 정류 회로가 부착되어야 하고 신뢰성 등의 문제가 있어 별로 이용되지 않고 있다.

03 인버터 회로(DC - AC Converter : 역변환)

(1) 인버터의 원리

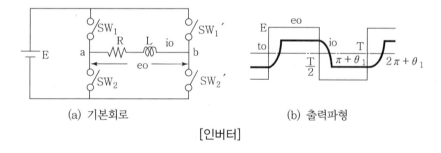

(a) 기본회로   (b) 출력파형

[인버터]

① 직류를 교류로 변환하는 장치를 인버터(Inverter) 또는 역변환장치라고 한다.

② $t = t_0$에서 스위치 SW_1과 $SW_2\,'$를 동시에 ON 하면 a점의 전위가 +로 되어 a점에서 b점으로 전류가 흐르고, $t = \frac{T}{2}$에서 SW_1, $SW_2\,'$를 OFF하고 $SW_1\,'$, SW_2를 ON 하면 b점의 전위가 +로 되어 b점에서 a점으로 전류가 흐르게 된다. 이러한 동작을 주기 T마다 반복하면 부하 저항에 걸리는 전압은 그림(b)와 같은 직사각형파 교류를 얻을 수 있다.

(2) 단상 인버터

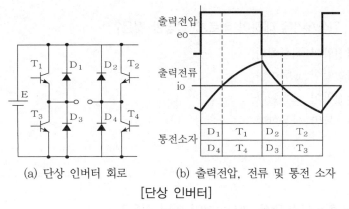

(a) 단상 인버터 회로   (b) 출력전압, 전류 및 통전 소자

[단상 인버터]

그림(a)와 같은 단상 인버터 회로에 직류 전압을 가해주고, T_1, T_4와 T_2, T_3를 주기적으로 ON시켜 주면 그림(b)와 같은 방형파 교류 전압이 출력된다. 부하가 R, L 부하일 경우에 출력 전류의 파형은 그림(b)의 i_0와 같은 파형이 된다.

(3) 3상 인버터

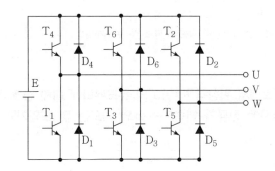

회로에서 트랜지스터를 T_1, T_2, T_3, T_4, T_5, T_6 순서로 점호를 해주면 출력으로 3상 교류를 얻을 수 있다.

01 다음 중 위상제어에 대하여 바르게 설명한 것은? [2003]

① 입력전압이 직류이다.
② 입력전압이 교류이다.
③ 출력전압이 교류이다.
④ 다이오드만 사용한다.

답 ②

02 위상제어 컨버터의 역률 개선방법이 아닌 것은?

① 소호각 제어
② 대칭각 제어
③ 펄스 폭 변조
④ 지연전류 제어

풀이 위상제어 컨버터의 역률 개선방법
ㄱ 소호각 제어법　　ㄴ 대칭각 제어법
ㄷ 펄스 폭 변조법　　ㄹ 정현파 펄스 폭 변조제어법

답 ④

03 그림과 같은 회로에서 위상각 $\theta = 60°$의 유도부하에 대해 점호각 α를 0°에서 180°까지 가감하는 경우에 전류가 연속되는 α의 각도는 몇 도인가? [2002][2006]

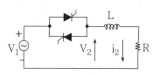

① 30
③ 90
② 60
④ 120

답 ②

04 단상 전파 제어회로인 그림에서 전원 전압이 2,300[V]이고 부하의 저항은 1.15[Ω]에서 2.3[Ω] 사이를 변동하지만 항상 출력부하는 2,300[kW]가 되어야 한다. 이 경우에 사이리스터의 최대 전압[V]은? [2002]

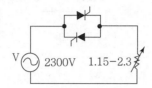

V ⌇ 2300V   1.15−2.3

① 2,308　　　② 2,830　　　③ 3,252　　　④ 4,600

풀이 ㉠ 최대 전류 $I_m = \sqrt{\dfrac{P}{R}} = \sqrt{\dfrac{2,300\times10^3}{1.15}} = 1,414.2[A]$, 최대저항 $R_m = 2.3[\Omega]$

㉡ 최대 전압 $V_m = I_m \times R_m = 1,414.2 \times 2.3 = 3,252[V]$　　　**답** ③

05 위상 제어 스위치를 통해 부하에 10[Ω]의 저항이 연결되어 있다. 220[V] 전원에서 출력 전력을 2[kW]에서 제어하려고 한다. 제어각 α에서 부하전류의 실효값은 몇 [A]인가? [2003]

① 14.14　　　② 22.36　　　③ 33.94　　　④ 8.76

풀이 $I = \sqrt{\dfrac{P}{R}} = \sqrt{\dfrac{2\times10^3}{10}} = 14.14[A]$　　　**답** ①

06 그림의 회로에 단상 220[V], 60[Hz]를 인가할 때 부하에 흐르는 전류의 파형은?(단, 부하는 순저항 부하이고, 보기의 빗금 친 부분은 통전됨을 나타낸다.) [2003]

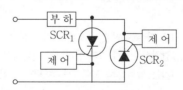

① 　　　　　②

③ 　　　　　④

풀이 SCR을 역병렬로 연결하여 양의 반주기와 음의 반주기를 제어하고 있다.　　　**답** ③

07 그림의 회로에서 전원 전압이 110V이면 사이리스터(SCR)에 인가되는 역전압은 몇 V 인가?

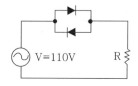

① 0   ② 110   ③ 220   ④ 311

풀이 역방향 전압은 다이오드에 의해서 0V가 된다.   **답** ①

08 사이리스터 브리지를 이용한 일반적인 변환장치의 특징인 것은?   [2002]

① 위상제어에 의해 직류전압은 연속 가변된다.
② 자여식 전류가 가능하다.
③ 교류전류는 일련의 우수파 고조파를 함유하고 있다.
④ 제어각이 커짐에 따라 기본파 역률은 앞선 방향으로 저하된다.

답 ①

09 사이클로컨버터(Cycloconverter)란?   [2007]

① 실리콘 양방향성 소자이다.
② 제어 정류기를 사용한 주파수 변환기이다.
③ 직류 제어 소자이다.
④ 전류 제어 소자이다.

풀이 어떤 주파수의 교류 전력을 다른 주파수의 교류 전력으로 변환하는 것을 주파수 변환이라고 하며, 직접식과 간접식이 있다. 간접식은 정류기와 인버터를 결합시켜서 변환하는 방식이고, 직접식은 교류 에서 직접 교류로 변환시키는 방식으로 사이클로컨버터라고 한다.   **답** ②

10 교류정전압을 가변주파수나 교류가변전압으로 변화하는 기능을 무엇이라 하는가?

    [2004]

① 정류기   ② 초퍼   ③ 인버터   ④ 사이클로컨버터

풀이 **사이클로컨버터** : 주파수 및 전압의 크기까지 바꾸는 교류-교류전력 제어장치이다.   **답** ④

11 사이클로컨버터에 관한 설명 중 잘못된 것은?

① 일반적으로 출력파형이 좋다.
② 일반적으로 다상 정류결선이고, 각 상의 이용률이 나쁘다.
③ 전원전압에 의해 전류(轉流)된다.
④ 직류를 이용하지 않으므로 일반적으로 종합효율이 높다.

> **풀이** 전원전압의 파형을 조합시켜, 전원보다 낮은 주파수의 교류를 직접 구하는 방식이므로 효율은 좋지만 출력파형이 일그러짐이 크고, 다상방식에서 사이리스터 소자의 이용률이 나쁜 결점이 있고 제어회로 가 복잡하다. **답** ①

12 사이클로컨버터에서 SCR 게이트의 가장 주된 작용은?

① 온 – 오프 작용   ② 브레이크 오버 작용
③ 브레이크 다운 작용   ④ 통과전류의 제어작용

답 ④

13 저속, 대용량 동기전동기의 구동에 적합한 장치는?

① 전류제어형 PWM 인버터   ② 전압제어형 PWM 인버터
③ 구형파 전류원 인버터   ④ 사이클로컨버터

답 ④

14 일정한 직류전압에서 가변 직류전압을 얻는 장치는? [2003]

① 정류기   ② 초퍼
③ 인버터   ④ 사이클로컨버터

> **풀이** **전력변환방식**
> ㉠ AC – DC Converter(순변환) : 제어정류기(Controlled Rectifier)
> ㉡ AC – AC Converter(교류변환) : 교류전압제어기, 사이클로컨버터
> ㉢ DC – DC Converter(직류변환) : Chopper, 스위칭 레귤레이터
> ㉣ DC – AC Converter(역변환) : Inverter   **답** ②

15 다음 전력변환방식 중 직류를 크기가 다른 직류로 변환하는 것은? [2008]

① 인버터   ② 컨버터

③ 반파정류   ④ 직류초퍼

풀이 초퍼(Chopper) : 직류를 다른 크기의 직류로 변환하는 장치이다.   **답** ④

16 전력변환을 하기 위한 반도체 전력변환장치의 변환회로에 해당되지 않는 것은?

[2004]

① 직류변환회로   ② 교류변환회로

③ 순변환회로   ④ 클리핑회로

답 ④

17 사이리스터의 온 기간, 오프 기간 및 동작주기를 제어하여 부하의 직류 출력 전압을 직접 제어하는 것은? [2004]

① 단상 인버터   ② 초퍼 회로

③ 브리지형 인버터   ④ 3상 인버터

풀이 인버터는 교류출력전압을 제어하고, 초퍼는 직류출력전압을 제어한다.   **답** ②

18 초퍼에 의한 전력제어 방법이 아닌 것은? [2005]

① 위상제어방식   ② 펄스폭 변조방식

③ 혼합 변조방식   ④ 펄스 주파수 변조방식

풀이 위상제어방식의 입력전압은 교류이나 초퍼는 직류전압을 입력받아 직류전압을 출력한다.   **답** ①

19 직류 직권전동기의 속도제어에 사용되는 전력 변환기기에 알맞은 것은?

① 사이클로컨버터   ② 인버터

③ 듀얼컨버터   ④ 초퍼

풀이 직류를 출력하는 것은 초퍼이다.   **답** ④

20 일반적으로 공진형 컨버터에 사용되지 않는 소자는? [2003][2008]

① MOS-FET ② SCR
③ 트랜지스터 ④ IGBT

풀이 컨버터의 스위치로 사용되는 TR이나 MOS-FET 등 반도체 소자들은 ON, OFF 시 전력손실이 발생한다. 그런데 스위치의 전압이나 전류가 0일 때 스위칭을 하면 스위칭 손실을 현저하게 줄일 수 있다. 즉, RLC 중에 L과 C를 공진하게 하여 소모전력도 줄이고 스위칭 반도체의 열도 감소시킬 수 있는 초퍼를 공진형 컨버터라고 한다.
초퍼를 구성하기 위해서는 스위칭 소자가 ON, OFF가 가능해야 한다. 따라서 SCR, GTO, 파워 트랜지스터 등이 이용되나, SCR은 정류회로가 부착되어야 하고 신뢰성 등의 문제가 있어 별로 이용되지 않고 있다. **답** ②

21 강압형 직류 제어기의 정의를 알맞게 설명한 것은?

① 출력전압이 입력전압보다 높게 나타난다.
② 출력전압이 입력전압보다 낮게 나타난다.
③ 출력전압과 입력전압이 같게 나타난다.
④ 출력전압이 입력전압에 관계없이 높게 나타난다.

답 ②

22 초퍼에 의해 구동되는 전기기기에서 입력전원은 직류 1,000V이고, 스위칭 소자의 유효 온(ON)시간은 20μs 이다. 기동 시와 저속 운전 시 초퍼의 출력전압이 직류 10V라면 이때 초퍼의 주파수는 몇 Hz인가?

① 200 ② 250
③ 500 ④ 750

풀이 $E_2 = \dfrac{T_{on}}{T_{on} + T_{off}} E_1 = \dfrac{T_{on}}{T} E_1$

$T = \dfrac{E_1}{E_2} T_{on} = \dfrac{1,000}{10} \times 20 \times 10^{-6} = 2\text{ms}$

$f = \dfrac{1}{T} = \dfrac{1}{2 \times 10^{-3}} = 500[\text{Hz}]$ **답** ③

23 전기철도 주 전동기제어, 전기 자동차 속응서보 구동 등 다양한 전동기제어의 응용에 알맞은 변환방식은?

① 순변환정류
② 역변환 인버터
③ 직류 초퍼
④ 주파수변환 사이클로컨버터

풀이 직류 초퍼는 지하철 전동차의 직류 전동기 제어에 이용되고 있어 에너지 절약효과를 크게 하고 있다. 전동 지게차 및 전기자동차 등의 수송 및 교통기관용으로도 이용되고 있다. 고속 서보 직류전동기의 구동 및 VTR 등의 전자기기의 서보 제어 등에도 이용되고 있다. **답** ③

24 직류를 교류로 변환하는 장치를 무엇이라 하는가? [2008]

① 버퍼
② 정류기
③ 인버터
④ 정전압장치

풀이 직류를 교류로 변환하는 장치를 인버터(Inverter) 또는 역변환장치라고 한다. **답** ③

25 반도체 전력변환 기기에서 인버터의 역할은? [2002][2005][2007]

① 직류 → 직류변환
② 직류 → 교류변환
③ 교류 → 교류변환
④ 교류 → 직류변환

답 ②

26 인버터(Inverter)의 설명 중 맞는 것은? [2003]

① 직류에서 교류로 변화하는 것을 역변환 또는 인버터라고 한다.
② 교류에서 직류로 변화하는 것을 역변환 또는 변환이라고 한다.
③ 교류에서 직류로 변화하는 것을 순변환이라고 하고, 변환이라고 부른다.
④ 인버터란 교류에서 교류로 변환하는 것을 말한다.

답 ①

27 단상 인버터에 관한 설명으로 틀린 것은?

① 직류를 교류로 변환하는 장치이다.
② 정류기의 출력전원은 단상 교류이다.
③ 역변환장치라고 한다.
④ 3상 유도전동기를 구동할 수 없다.

풀이 정류기의 출력전원은 직류이다. **답** ②

28 전력 회로가 제어 정류 회로와 동일한 인버터는? [2002][2003]

① 직렬 인버터 　　　　　　② 타여식 인버터

③ 병렬 인버터 　　　　　　④ 전류원 인버터

풀이 타여식 인버터 : 변환장치가 외부에 설치되어 인버터에 DC를 공급하는 방식 　　답 ②

29 인버터제어라고도 불리며, 유도전동기에 인가되는 전압과 주파수를 동시에 변환시켜 직류전동기 제어와 동등한 성능을 갖는 제어방식은? [2002][2006]

① VVVF 제어방식 　　　　　② 궤환제어방식

③ 워드레오나드제어방식 　　　④ 1단 속도제어방식

풀이 ㉠ 가변전압 가변주파수(VVVF ; Variable Voltage Variable Frequency)
　　㉡ 가변전압 일정주파수(VVCF ; Variable Voltage Constant Frequency)
　　㉢ 일정전압 일정주파수(CVCF ; Constant Voltage Constant Frequency) 　　답 ①

30 유도전동기의 주파수제어를 위한 정지형 전력변환장치는? [2003]

① 정류기 　　② 여자기 　　③ 인버터 　　④ 초퍼

답 ③

31 인버터의 스위칭 주기가 10[msec]이면 주파수는 몇 [Hz]인가? [2005]

① 100 　　　② 60 　　　③ 20 　　　④ 1

풀이 $f = \dfrac{1}{T} = \dfrac{1}{10 \times 10^{-3}} = 100[\text{Hz}]$ 　　답 ①

32 PWM 전압형 인버터의 특징이 아닌 것은?

① 소형화 저가격화에 유리

② 고차고조파 제거 가능

③ 고속전류제어 가능

④ 전압제어를 위한 주회로 디바이스 불필요

풀이 PWM 전압형 인버터

㉠ 전압제어를 위한 주회로 디바이스가 불필요하므로 소형화, 저가격화에 유리하다.

ⓛ 저차 고조파의 제거 또는 저감이 가능하다.

ⓒ 벡터제어와 같은 교류전동기의 고성능 구동에 불가결한 고속전류제어가 가능해진다.　　답 ②

33 인버터의 응용분야의 부하로 적합하지 않은 것은?

① 유도가열장치　　　　　　　　② 동기전동기

③ 직류 분권전동기　　　　　　　④ 유도전동기

풀이 직류 분권전동기는 직류전압을 입력으로 받아야 하나, 인버터는 교류전압을 출력함으로 부하로 적합하지 않다.

답 ③

34 PWM 인버터방식에서 반송신호로 가장 많이 사용되는 것은?

① 삼각파　　　　② 반원파　　　　③ 구형파　　　　④ 정현파

답 ①

35 인버터의 출력전압 파형의 제어에 주로 사용되는 방식은?

① 펄스폭 변조(PWM)방식　　　　② 펄스진폭 변조(PAM)방식

③ 펄스주파수 변조(PFM)방식　　④ 혼합 변조방식(PWM+PAM)

답 ①

36 CVCF의 용도는? [2003]

① 자동전압조정기　　　　　　　② 콘덴서 차단장치

③ 실리콘형 정류기　　　　　　　④ 정전압 및 정주파수장치

풀이 일정전압 일정주파수(CVCF ; Constant Voltage Constant Frequency)　　답 ④

37 유도전동기의 정격전압이 480V, 60Hz이다. 이 전동기를 50Hz에서 사용한다면 전압은 몇 V를 사용하여야 가장 적절한가?

① 400　　　　　② 440　　　　　③ 480　　　　　④ 576

풀이 $\dfrac{V}{f}$=일정, $\dfrac{480}{60}=\dfrac{V_x}{50}$=일정, $V_x=400[\text{V}]$　　답 ①

38 다음 중 직렬 인버터(Inverter)를 사용하는 경우는? [2005]

① 이 인버터는 비교적 주파수가 높고 출력파형이 정현파에 가까운 것을 원할 때
② 이 인버터는 비교적 주파수가 낮고 출력파형이 정현파에 가까운 것을 원할 때
③ 이 인버터는 비교적 주파수가 높고 출력파형이 삼각파를 원할 때
④ 이 인버터는 비교적 주파수가 낮고 출력파형이 삼각파를 원할 때

답 ①

39 전자계산기용 전원, FA 기기나 OA 기기 또한 의료기기 등 전력의 고품질화를 요구하는 기기에 광범위하게 사용되는 장치는? [2002]

① CVCF 장치   ② VVVF 인버터장치
③ 컨버터장치   ④ 승압기

답 ①

40 전력 변환기의 응용 중 항공기의 전원에 사용되는 것은?

① 인버터   ② 초퍼
③ 컨버터   ④ 사이클로 컨버터

답 ①

41 다음의 설명 중에서 옳은 것은? [2005]

① 전류형 인버터의 직류회로에는 평활콘덴서가 필요하다.
② 전류형 인버터의 교류전압은 부하에 따라 변한다.
③ 전류형 인버터의 직류회로에는 다이오드가 직렬로 접속된다.
④ 전류형 인버터의 출력전류는 구형파이다.

풀이 VSI(전압형 인버터)와 CSI(전류형 인버터)의 특징

구분	VSI(전압형 인버터)	CSI(전류형 인버터)
출력 전압	전압파형이 구형파	전압파형이 톱니파
출력 전류	전류파형이 톱니파	전류파형이 구형파
회로구성의 특징	1) 주 소자와 역병렬로 귀환다이오드를 갖는다. 2) 직류전원은 저임피던스의 전압원 (평활콘덴서)을 갖는다.	1) 주 소자는 한 방향으로만 전류를 흘린다. (귀환다이오드가 없다.) 2) 직류전원은 고임피던스의 전류원 (전류리액터)을 갖는다.

답 ④

42 전류원 인버터(CSI)로 유도전동기를 구동할 때의 설명이 잘못된 것은?

① 전류(Commutation)가 용이하다.
② 저속 스위칭 SCR을 사용할 수 있다.
③ 출력 전압이 구형파이며 스파이크(Spike)가 발생한다.
④ 인버터 자체에서 출력전류의 크기를 제어할 수 없다.

풀이 출력전압은 톱니파이다. **답** ③

43 전압형 인버터의 특징이 아닌 것은?

① 부하단락 시에도 과전류가 흐른다.
② 프리휠링 다이오드가 있다.
③ 직류전원에 직렬로 큰 인덕턴스를 접속한다.
④ 전동기의 4상한 운전을 위하여 회생용 컨버터가 필요하다.

풀이 직류전원은 저임피던스의 전압원(평활콘덴서)을 갖는다. **답** ③

44 브리지형 인버터에서는 상하 암(Arm)의 전류를 바꿀 때 동시에 온(on) 하면 직류 단락 상태가 되며, 과전류가 발생한다. 이것을 방지하는 방법은? [2005]

① 클램프회로를 부하와 병렬로 접속한다.
② 스너버회로를 소자와 병렬로 접속한다.
③ 암에 대한 양쪽 모두 동시에 off 상태를 유지하는 구간을 설정한다.
④ 배선의 인덕턴스를 작게 한다.

답 ③

45 유도전동기의 속도제어를 위한 계통이 잘못된 것은?

① 직류전원 – 초퍼 – 필터 – 인버터 – 유도전동기
② 직류전원 – PWM 인버터 – 유도전동기
③ 교류전원 – 제어정류회로 – 필터 – 인버터 – 유도전동기
④ 교류전원 – PWM 인버터 – 유도전동기

풀이 인버터는 직류전원을 입력으로 받는다. **답** ④

46 전압형 인버터로 유도전동기를 구동하는 경우 1차 주파수를 변화시키며, 동시에 전압도 비례해서 변화시켜 제어하게 되는데 이런 경우 무엇을 일정하게 하기 위한 것인가?

[2003][2004]

① 포화전류　　　　　　　　　　② 여자전류
③ 스위칭 주파수　　　　　　　　④ 펄스 폭

답 ②

47 전력용 반도체 소자의 턴-오프 시 소자에 가해지는 과전압과 스위칭 손실을 저감시키거나 전력용 트랜지스터의 역바이어스 2차 항복 파괴방지를 목적으로 하는 회로는?

[2004]

① 스너버회로　　　　　　　　　　② 드라이브회로
③ 정류회로　　　　　　　　　　　④ 브리지회로

풀이 **스너버회로**

　㉠ 스너버회로는 전력용 반도체 디바이스의 턴오프 시 디바이스에 인가되는 과전압과 스위칭 손실을 저감시키거나 전력용 트랜지스터의 역바이어스 2차 항복 파괴방지를 목적으로 하는 보호회로이다
　㉡ 턴온 시의 스위칭 손실저감과 순전압 2차 항복파괴방지를 목적으로 하는 보호회로를 일반적으로 di/dt 제어회로라 부른다.
　㉢ 스너버회로가 존재하지 않는 경우 턴온 시 전류는 급격하게 상승하며, 턴오프 시에 급격하게 강하하여 과대전압(dv/dt)이 컬렉터와 이미터 사이에 인가된다.

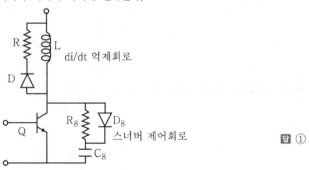

답 ①

48 클램프회로와 스너버회로는 전력전자회로에서 주로 어떤 곳에 사용하는가? [2003]

① 스위칭 속도의 증가　　　　　② 정전용량 발생 억제
③ 래치업(Latch-up) 상승　　　　④ 과전압 방지

답 ④

49 다음은 스너버(Snubber) 회로에 관한 설명이다. 옳지 않은 것은? [2005]

① R, C로 구성된다.

② 반도체 소자와 병렬로 접속된다.

③ 반도체 소자의 전류 상승률(di/dt)을 제한하기 위한 것이다.

④ 반도체 소자의 보호회로에 사용된다.

답 ③

50 전력용 사이리스터를 사용한 회로에서 과전류 보호를 위한 회로가 아닌 것은? [2004]

① 전류제한 퓨즈 사용회로

② 리액터 사이리스터 클로버회로

③ 접합부의 온도상승저지회로

④ RC 서지흡수기회로

풀이 RC 서지흡수기회로 : 과전압 보호회로

답 ④

51 펄스 전압을 측정하는 데 가장 적합한 것은? [2003][2004]

① 오실로스코프 ② 전압계

③ VTVM ④ 전위차계

답 ①

52 그림과 같은 연산 증폭기에서 입력에 구형파 전압을 가했을 때 출력 파형은? [2003]

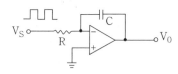

① 정현파 ② 대형파

③ 삼각파 ④ 구형파

풀이 적분기(Integrator)

답 ③

53 그림과 같은 신호파와 반송파를 비교기에 인가한 경우 출력파형은? [2004]

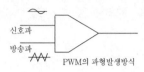

신호파

반송파

PWM의 파형발생방식

①

② ▢ ▢ ▢

③

④ ◠◡

풀이 신호파와 반송파를 비교하여 신호파가 반송파보다 작은 구역에서만 On된다.   **답** ①

54 일반적인 전력전자의 구성영역에 포함되지 않는 것은? [2004]

① 전력   ② 전자   ③ 제어   ④ 기계

풀이 전력전자의 구성영역 : 전력분야, 전자분야, 제어분야   **답** ④

55 제어전극에 가하는 신호가 전압인 소자의 특징이 아닌 것은? [2004]

① 구동 전력이 작다.   ② 구동 회로가 간단하다.

③ 소형화할 수 있다.   ④ 저주파에 사용된다.

답 ④

56 전력전자 제어용 센서 소자의 구비요건이 아닌 것은? [2004]

① 안정성과 직선성이 좋을 것   ② 잔류편차가 없을 것

③ 리플 노이즈가 있을 것   ④ 선로의 응답성이 좋을 것

답 ③

57 서지보호장치(SPD)의 기능에 따라 분류할 경우 해당되지 않는 것은? [2008]

① 전류 스위칭형 SPD   ② 전압 스위칭형 SPD

③ 전압 제한형 SPD   ④ 복합형 SPD

풀이 서지보호장치(SPD)는 기능에 따라 전압 스위칭형 SPD, 전압 제한형 SPD, 복합형 SPD로 분류된다.

답 ①

PART 4

전기설비

KS 규격의 선진화 계획 및 세계무역기구의 무역에 대한 기술장벽 (WTO/TBT)협정에 따라 KS 전선규격이 국제규격(IEC)과 부합화가 진전되어, 2010년에 전기설비기술기준 및 판단기준과 내선규정의 전선 규격, 명칭, 약호 등이 대폭적으로 개정되었습니다.

본 수험서 내용은 개정된 기준에 맞도록 수정하였으나, 관련규정 개정 이전에 출제되었던 기출문제는 현행규정과 내용이 상이하여 이전의 규정으로 해설되어 있으니, 수험생분들은 이 점을 고려하여 본문의 현행규정을 공부하시기 바랍니다.

01 전선 및 배선기구

CHAPTER

01 전선 및 케이블

(1) 전선

1) 전선의 구비조건

① 도전율, 기계적 강도가 클 것
② 신장률이 크고, 내구성이 있을 것
③ 비중(밀도)이 작고, 가선이 용이할 것
④ 가격이 저렴하고, 구입이 쉬울 것

2) 단선과 연선

① 단선 : 전선의 도체가 한 가닥으로 이루어진 전선
② 연선 : 여러 가닥의 소선을 꼬아 합쳐서 된 전선
  ㉮ 총 소선수 : $N = 3n(n+1)+1$
  ㉯ 연선의 바깥지름 : $D = (2n+1)d$
      여기서, n : 중심 소선을 뺀 층수
          d : 소선의 지름

[단선]

[연선]

(2) 전선의 종류와 용도

1) 전선분류

절연전선, 코드, 케이블로 나눌 수가 있고, 사용되는 도체로는 구리(동), 알루미늄, 철(강) 등이 있으며, 절연체로는 합성수지, 고무, 섬유 등이 사용된다.

2) 절연전선의 종류와 약호

명칭	약호
450/750V 일반용 단심 비닐 절연전선	NR
450/750V 일반용 유연성 비닐절연전선	NF
300/500V 기기 배선용 단심 비닐절연전선(70℃)	NRI(70)
300/500V 기기 배선용 유연성 단심 비닐절연전선(70℃)	NFI(70)
300/500V 기기 배선용 단심 비닐절연전선(90℃)	NRI(90)
300/500V 기기 배선용 유연성 단심 비닐절연전선(90℃)	NFI(90)
750V 내열성 고무 절연전선(110℃)	HR(0.75)
300/500V 내열 실리콘 고무 절연전선(180℃)	HRS
옥외용 비닐 절연전선	OW
인입용 비닐 절연전선	DV
형광방전등용 비닐전선	FL
비닐절연 네온전선	NV
6/10kV 고압 인하용 가교 폴리에틸렌 절연전선	PDC
6/10kV 고압 인하용 가교 EP 고무절연전선	PDP

3) 코드

① **코드선** : 전기기구에 접속하여 사용하는 이동용 전선으로 아주 얇은 동선을 원형 배치를 하여 절연 피복한 전선
② **특징** : 소선의 굵기가 아주 얇아서 전선 자체가 부드러우나, 기계적 강도가 약함
③ **용도** : 가요성이 좋아 주로 가전제품에 사용되며, 특히 전기면도기, 헤어드라이기, 전기다리미 등에 적합하나, 기계적 강도가 약하여 일반적인 옥내배선용으로는 사용하지 못한다.

④ 코드의 종류 및 약호

명칭	약호
300/300V 평형 금사코드	FTC
300/300V 평형 비닐코드	FSC
300/300V 연질 비닐시스코드	LPC
300/300V 편조 고무코드	BRC
300/300V 유연성 고무절연 고무시스코드	RIF

4) 케이블

① 케이블 : 전선을 1차 절연물로 절연하고, 2차로 외장한 전선
   예 가교폴리에틸렌 절연 비닐 시스 케이블은 1차로 가교폴리에틸렌으로 절연하고, 2차로 비닐로 외장을 한 케이블
② 특징 : 절연전선보다 절연성 및 안정성이 높아서, 높은 전압이나 전류가 많이 흐르는 배선에 사용한다.
③ 케이블의 종류와 약호

명칭	약호
0.6/1kV 비닐절연 비닐시스 케이블	VV
0.6/1kV 비닐절연 비닐 캡타이어 케이블	VCT
0.6/1kV 가교 폴리에틸렌 절연 비닐시스 케이블	CV1
0.6/1kV 가교 폴리에틸렌 절연 저녹성 난연 폴리올레핀시스 전력케이블	HFCO
6/10kV 가교 폴리에틸렌 절연 비닐시스 케이블	CV10
동심중성선 차수형 전력케이블	CN-CV
폴리에틸렌절연 비닐 시스케이블	EV
콘크리트 직매용 폴리에틸렌절연 비닐시스케이블(환형)	CB-EV
미네랄 인슈레이션 케이블	MI
고무 시스 용접용 케이블	AWR

(3) 허용전류

1) 허용전류

① 전선에 흐르는 전류의 줄열로 절연체 절연이 약화되기 때문에 전선에 흐르는 한계전류를 말한다.

구리도체의 공칭단면적 (mm²)	450/750V 일반용 단심 비닐 절연전선(NR) [도체허용온도 70℃, 단상, 단위 A]	0.6/1kV 가교 폴리에틸렌 절연 비닐시스 케이블(CV1) [도체허용온도 90℃, 단상, 단위 A]
1.5	14.5	19
2.5	19.5	26
4	26	35
6	34	45
10	46	61
16	61	81
25	80	106
35	99	131
50	119	158
70	151	200
95	182	241
120	210	278

※ KS C IEC60364-5-52에 의한 배선공사 방법 중 단열벽안 전선관의 절연전선 배선공사 방식

② 전선의 허용전류는 도체의 굵기, 절연체 종류, 시설조건에 따라서 결정되는 것이 일반적이다. 따라서, 배선공사방법과 절연물에 허용온도, 주위온도 등을 고려한 계산식으로 구할 수 있지만, 실제로는 전류감소계수를 보정하여 산정하는 경우가 많다.

2) 전류감소계수

절연전선을 합성수지몰드 · 합성수지관 · 금속몰드 · 금속관 또는 가요전선관에 넣어
사용하는 경우에는 전선의 허용전류는 전류감소계수를 곱한 것으로 한다.

동일관 내의 전선 수	전류 감소계수
3 이하	0.70
4	0.63
5 또는 6	0.56
7 이상 15 이하	0.49
16 이상 40 이하	0.43
41 이상 60 이하	0.39
61 이상	0.34

(4) 전선의 접속

1) 전선의 접속이 불량하면, 접속부위 저항의 증가로 과열, 단선 등에 의한 장애와 절연
약화로 누설전류가 흘러 감전 및 화재의 위험이 생긴다.

2) 전선접속 조건

① 접속 시 전기적 저항을 증가시키지 않는다.
② 접속부위의 기계적 강도를 20% 이상 감소시키지 않는다.
③ 접속점의 절연이 약화되지 않도록 테이핑 또는 와이어 커넥터로 절연한다.
④ 전선의 접속은 박스 안에서 하고, 접속점에 장력이 가해지지 않도록 한다.

01 다음 중 전선의 구비조건이 아닌 것은? [2004]

① 도전율이 크고, 기계적인 강도가 클 것
② 신장률이 크고, 내구성이 있을 것
③ 비중(밀도)이 크고, 가선이 용이할 것
④ 가격이 저렴하고, 구입이 쉬울 것

> **풀이** 전선의 구비조건
> ㉠ 도전율이 크고, 기계적 강도가 클 것
> ㉡ 신장률이 크고, 내구성이 있을 것
> ㉢ 비중(밀도)이 작고, 가선이 용이할 것
> ㉣ 가격이 저렴하고, 구입이 쉬울 것 **답** ③

02 직경 2.6[mm] 단선 19가닥을 사용한 연선의 규격은? [2006]

① 60[mm²] ② 80[mm²] ③ 100[mm²] ④ 120[mm²]

> **풀이** 소선 한 가닥의 단면적 : $\pi \times \left(\dfrac{2.6}{2}\right)^2 = 5.3[\text{mm}^2]$
> 연선 전체 단면적 : $5.3 \times 19 \fallingdotseq 100[\text{mm}^2]$ **답** ③

03 옥내배선에 사용하는 600[V] 비닐절연전선에서 공칭단면적 38[mm²]인 연선의 소선 구성(소선수/소선의 지름)은?(단, 절연물의 최고허용온도가 60℃이다.) [2004]

① 7/1.6 ② 7/2.0 ③ 7/2.3 ④ 7/2.6

> **풀이** 연선 단면적 : 소선수 $\times \pi \left(\dfrac{\text{소선지름}}{2}\right)^2$에 각각을 대입하여 계산한다. **답** ④

04 동심 연선에서 심선을 뺀 층수를 n, 소선의 지름을 d, 소선 단면적을 S라 할 때 소선의 총수(N)를 구하는 식은?

① $N = n(n+1)$
② $N = 3n(n+1)+1$
③ $N = (1+2n)d+1$
④ $N = (1+2n)d$

> **풀이** 연선의 소선의 총수 $N = 3n(n+1)+1$로 표시한다. **답** ②

05 37/3.2[mm]인 경동선이 있다. 이 전선의 바깥지름[mm]은 얼마인가?

① 22.4[mm]

② 20.4[mm]

③ 14.4[mm]

④ 12.4[mm]

풀이 $D=(2n+1)d$에서 $D=(2\times3+1)\times3.2=22.4$[mm]　　　　**답** ①

06 600V 2종 비닐 절연전선의 약호는?　　　　　　　　　　　　　　[2008]

① DV

② HIV

③ 2CT

④ IE

풀이 2CT : 2종 천연고무 절연 천연고무 캡타이어 케이블　　　**답** ②

07 OW 전선이란?　　　　　　　　　　　　　　　　　　　　　[2005]

① 옥외용 비닐절연전선

② 인입용 비닐절연전선

③ 형광등 전선

④ 네온전선

답 ①

08 주석 도금한 0.75mm²(30/0.18)의 연동연선에 비닐을 피복한 것으로 형광등용 안정기의 2차 배선에 주로 사용되는 전선은?　　　　　　　　　　　[2006]

① IAL 전선

② RB 전선

③ FL 전선

④ ACRS 전선

답 ③

09 N-EV는 네온관용 전선기호이다. 여기서 V는 무엇을 의미하는가?　[2008]

① 네온전선

② 클로로프렌

③ 비닐시스

④ 폴리에틸렌

풀이 N(네온), E(폴리에틸렌), V(비닐)　　　　　　　　　**답** ③

10 내열성이 우수하고 기계적 강도가 크며 화학적으로 안정한 절연 전선은?

① 플루오르수지 절연전선   ② 폴리에틸렌 절연전선

③ 비닐절연전선   ④ 인입용 비닐절연전선

풀이 플루오르수지 절연전선은 테플론이라고 하는 합성수지 절연체로 피복한 것이며, 사용전압 600[V] 이하에 사용된다. 또 내열성이 우수하며 기계적 강도가 크고 흡수성이 없으며 화학적으로 안정되어 있다.

답 ①

11 전기적 특성이 우수하고 내식성도 좋으며 내열전선으로 300[℃]의 고온에도 사용되는 전선은?

① 폴리우레탄 전선   ② 폴리에틸렌 전선

③ 폴리에스테르 전선   ④ 테플론 전선

풀이 고온 300[℃]에 견디며 저온 −70[℃]에서 탄력, 절연 내력을 잃지 않으며 내식성 전기적 특성이 커 내열전선에 사용된다.

답 ④

12 비닐절연 비닐외장 평형 케이블의 약어는?   [2002][2003][2005]

① CV   ② EV   ③ VVF   ④ RN

풀이 WFF(옥내방습장편코드)

답 ③

13 EV600[V], 14[mm²]×3C로 표시되어 있는 것 중에서 EV의 정확한 명칭은?   [2002]

① 폴리에틸렌 절연비닐 외장 케이블

② 비닐 절연비닐 외장 케이블

③ 부틸고무절연 클로로프렌 외장 케이블

④ 고무절연 클로로프렌 외장 케이블

답 ①

14 주석으로 도금한 연동연선에 종이 테이프 또는 무명실을 감고 규정된 고무 혼합물을 입힌 후 질긴 고무로 외장한 것으로서 이동용 배선에 쓰이는 것은?

① 권선류   ② 캡타이어 케이블

③ 에나멜선   ④ 면 절연전선

15 절연체로 폴리에틸렌, 보호층으로 연질의 비닐, 외장으로 반 경질비닐을 사용한 것으로 600V 이하의 저압 분기회로에 사용하는 케이블은? [2006]

① CV 케이블
② CB－EV 케이블
③ MI 케이블
④ TFR－CV 케이블

풀이 CB－EV 케이블 : 콘크리트 직매용 폴리에틸렌 절연비닐 외장 케이블 **답** ②

16 리드용 2종 케이블의 약호로 옳은 것은? [2007]

① WRNCT
② WNCT
③ WCT
④ WRCT

풀이 용접용 케이블

WCT	리드용 1종 케이블
WNCT	리드용 2종 케이블
WRCT	홀드용 1종 케이블
WRNCT	홀드용 2종 케이블

답 ②

17 옥내배선 공사에 사용할 수 없는 케이블은? [2002]

① OF 케이블
② VV 케이블
③ IV 케이블
④ MI 케이블

풀이 OF 케이블은 66~154[kV] 특고압에 사용된다. **답** ①

18 다음 중 사용전압이 가장 높은 케이블은?

① 벨트 케이블
② SL 케이블
③ H 케이블
④ OF 케이블

풀이 ①는 10[kV] 이하, ②는 20~30[kV], ③는 30[kV], ④는 66~154[kV] **답** ④

19 다음 중 전력용 케이블의 손실과 거리가 가장 먼 것은? [2004][2007]

① 철손 ② 저항손
③ 유전체손 ④ 차폐손

풀이 철손 : 전기기기의 철심에서 생기는 손실로 히스테리시스손과 와류손이다. **답** ①

20 옥내 저압 이동전선으로 사용하는 캡타이어 케이블에는 단심, 2심, 3심, 4~5심이 있다. 이때 도체 공칭 단면적의 최소값은 몇 mm²인가?

① 0.75 ② 2
③ 5.5 ④ 8

풀이 옥내에 시설하는 사용전압이 400V 이상인 전압의 이동전선은 1종 캡타이어 케이블 및 비닐 캡타이어 케이블 이외의 캡타이어 케이블로 단면적 0.75mm² 이상일 것 **답** ①

21 옥내배선설비에 사용되는 코드 및 형광등 전선의 경우 주위온도가 30[℃] 이하에서 공칭단면적이 0.75[mm²]라면 허용전류는 몇 [A]인가? [2005]

① 7 ② 12
③ 17 ④ 23

풀이 코드 및 형광등 전선의 허용전류

도체	공칭단면적[mm²]	0.75	1.25	2.0	3.5	5.5	금사 코드
	소선수/지름[본/mm]	30/0.18	50/0.18	37/0.26	45/0.32	70/0.32	
	허용전류[A]	7	12	17	23	35	0.5

답 ①

22 전기설비기술 기준령 및 내선규정에 규정된 허용전류에 의한 절연전선의 굵기 선정 시 주위온도가 몇 ℃를 넘는 경우 전류 보정계수를 계산하여 이를 적용한 허용전류값을 갖는 전선의 굵기를 선정하는가? [2005]

① 20 ② 25
③ 30 ④ 35

풀이 전선의 허용전류 선정 시 주위온도는 30℃ 이하이다. **답** ③

23 조명설계에 있어서 30[A] 분기회로에 사용하는 전선의 굵기는 몇 [mm] 이상인가?

[2004]

① 1.6

② 2.0

③ 2.6

④ 3.2

풀이 신·구 전선의 규격별 허용전류

구 규격		신 규격		허용전류
단선[mm]	연선[mm²]	단선[mm]	연선[mm²]	전선관에 넣는 경우 (3가닥 이하)[A]
		1.38	1.5	14
1.6		1.78	2.5	19.6
2.0		2.20	4	25.9
2.6	5.5	2.76	6	33.6
3.2	8		10	46.2

답 ③

24 동일한 전선관 속에 7가닥 이상 15가닥 이하의 전선을 넣을 경우 전류 감소계수는?

[2002]

① 0.70

② 0.63

③ 0.56

④ 0.49

풀이 전류 감소계수

동일관 내의 전선 수	전류 감소계수
3 이하	0.70
4	0.63
5 또는 6	0.56
7 이상 15 이하	0.49
16 이상 40 이하	0.43

답 ④

25 금속관 공사에서 600[V] 비닐절연전선 3개를 동일 관 내에 넣어 사용하는 경우 그 전선의 허용전류의 감소계수는?

[2003]

① 0.3

② 0.6

③ 0.7

④ 0.9

풀이 위의 문제 해설 참조

답 ③

26 다음은 전선 접속에 관한 설명이다. 옳지 않은 것은? [2008]

① 접속 슬리브나 전선 접속기구를 사용하여 접속하거나 또는 납땜을 한다.
② 접속 부분의 전기저항을 증가시켜서는 안 된다.
③ 전선의 세기를 60[%] 이상 유지해야 한다.
④ 절연을 원래의 절연효력이 있는 테이프로 충분히 한다.

풀이 **전선접속의 조건**
ⓐ 전기적 저항을 증가시키지 않는다.
ⓑ 접속부위의 기계적 강도를 20% 이상 감소시키지 않는다.
ⓒ 접속점의 절연이 약화되지 않도록 테이핑 또는 와이어 커넥터로 절연한다.
ⓓ 전선의 접속은 박스 안에서 하고, 접속점에 장력이 가해지지 않도록 한다. 답 ③

27 전선의 접속원칙이 아닌 것은? [2007]

① 전선의 허용전류에 의하여 접속부분의 온도상승 값이 접속부 이외의 온도상승 값을 넘지 않도록 한다.
② 접속부분은 접속관, 기타의 기구를 사용한다.
③ 전선의 강도를 30% 이상 감소시키지 않는다.
④ 구리와 알루미늄 등 다른 종류의 금속 상호 간을 접속할 때에는 접속부에 전기적 부식이 생기지 않도록 한다.

풀이 위의 문제 해설 참조 답 ③

28 전선을 접속할 때의 유의사항으로 틀린 것은? [2006]

① 전선 접속점의 전기적 저항을 증가시키지 않는다.
② 전선 접속점의 기계적 강도가 80% 이상 감소되어서는 안 된다.
③ 전선 접속점의 절연내력이 약화되지 않도록 테이핑한다.
④ 전선 접속점에 장력이 가해지지 않도록 유의한다.

풀이 위의 문제 해설 참조 답 ②

29 단선의 트위스트 접속은 몇 mm 이상의 전선을 접속할 때 사용되는 방법인가?

[2007]

① $0.75mm^2$ ② $1.5mm^2$
③ $6mm^2$ ④ $10mm^2$

단선의 직선접속 방법

　　트위스트 접속 : 지름 6mm² 이하의 가는 단선　　　　　　　　　　　　　　　답 ③

30 전선을 접속하는 재료로서 납땜을 하는 것은?

　① 동관 단자　　　　　　　　　　② S형 슬리브

　③ 와이어 커넥터　　　　　　　　④ 박스형 커넥터

　풀이 ②, ③, ④는 모두 납땜을 하지 않아도 되지만, ①은 홈에 납물과 전선을 동시에 넣어 냉각시킨다.

　　　　　　　　　　　　　　　　　　　　　　　　　　　　　　　　답 ①

31 주택배선에 금속관 또는 합성수지관 공사를 할 때 전선을 1.6mm 또는 2.0mm의 단선
　으로 배선하려고 한다. 전선관의 접속함(정크션 박스) 내에서 비닐테이프를 사용치 않
　고 직접 전선 상호 간을 접속하는 데 가장 편리한 재료는?　　　　　　　　[2006]

　① 터미널 캡　　　　　　　　　　② 서비스 캡

　③ 와이어 커넥터　　　　　　　　④ 엔트런스 캡

　풀이 터미널 캡, 서비스 캡, 엔트런스 캡은 금속관용 접속 부품이다.　　　　　답 ③

32 절연전선의 피복을 벗기는 데 사용하는 공구는?　　　　　　　　　　　　[2003]

　① 벤더　　　　　　　　　　　　② 플라이어

　③ 와이어 스트리퍼　　　　　　　④ 리머

　풀이 ㉠ 벤더 : 금속관을 구부리는 공구
　　　㉡ 플라이어 : 팬치와 같은 작업공구
　　　㉢ 리머 : 절단된 금속관 안의 날카로운 것을 다듬는 공구　　　　　　　답 ③

02 배선기구

배선기구란 전선을 연결하기 위한 전기기구라고 말할 수 있는데, 다음과 같이 크게 나눌 수 있다.
- 전선을 통해서 흘러가는 전류의 흐름을 제어하기 위한 스위치류
- 전기장치를 상호 연결해주는 콘센트와 플러그류와 소켓
- 전기를 안전하게 사용하게 해주는 장치류

(1) 개폐기의 종류

구분	특징	용도
나이프 스위치	대리석이나 백크라이트판 위에 고정된 칼과 칼받이의 접촉에 의해 전류의 흐름을 제어한다.	일반용에는 사용할 수 없고, 전기실과 같이 취급자만 출입하는 장소의 배전반이나 분전반에 사용한다.
커버 나이프 스위치	나이프 스위치에 절연제 커버를 설치한 것	옥내배선의 인입 또는 분기 개폐기로 사용되며, 전기회로의 이상이 생겨 퓨즈의 용량 이상 전류가 흐르게 되면, 퓨즈가 용단되어 전기의 흐름을 차단하는 역할을 한다.
안전 (세이프티) 스위치	나이프 스위치를 금속제의 함 내부에 장치하고, 외부에서 핸들을 조작하여 개폐할 수 있도록 만든 것이다.	전류계나 표시등을 부착한 것도 있으며, 전등과 전열기구 및 저압전동기의 주개폐기로 사용된다.
전자 개폐기	전자석의 힘으로 개폐조작을 하는 전자접속기와 과전류를 감지하기 위한 열동계전기를 조합한 것을 말한다.	전동기의 자동조작, 원격조작에 이용된다.

(2) 점멸 스위치

전등이나 소형 전기기구 등의 전류의 흐름을 개폐하는 옥내배선기구

명칭	용도
매입 텀블러 스위치	스위치 박스에 고정하고 플레이트로 덮은 구조이며, 토클형과 파동형의 2종이 있다.
연용 매입 텀블러 스위치	2, 3개를 연용하여 고정테에 조립하여 사용할 수 있으며, 표시램프나 콘센트와 조합하여 사용

버튼 스위치	버튼을 눌러서 점멸하는 것으로 매입형과 노출형이 있다.
코드 스위치	중간 스위치라고도 하며, 전기담요, 전기방석 등의 코드 중간에 사용
펜던트 스위치	형광등 또는 소형 전기기구의 코드 끝에 매달아 사용하는 스위치이다.
일광 스위치	정원등, 방범등 및 가로등을 주위의 밝기에 의하여 자동적으로 점멸하는 스위치
타임 스위치	시계기구를 내장한 스위치로 지정한 시간에 점멸을 할 수 있게 된 것과 일정시간 동안 동작하게 된 것
조광 스위치	불의 밝기를 조절할 수 있는 스위치
리모컨 스위치	리모컨으로 램프를 점멸할 수 있는 스위치
인체 감지센서	사람이 램프에 근접하면 센서에 의해 동작하는 것으로, 복도나 현관의 램프에 사용

(3) 콘센트와 플러그 및 소켓

1) 콘센트

① 전기기구의 플러그를 꽂아 사용하는 배선기구를 말한다.
② 형태에 따라 노출형과 매입형이 있으며, 용도에 따라 방수용, 방폭형 등이 있다.

2) 플러그

① 전기기구의 코드 끝에 접속하여 콘센트에 꽂아 사용하는 배선기구를 말한다.
② 감전예방을 위한 접지극이 있는 접지 플러그와 접지극이 없는 플러그로 크게 나눌 수 있다.

명칭	용도
코드접속기	코드를 서로 접속할 때 사용한다.
멀티 탭	하나의 콘센트에 2~3가지의 기구를 사용할 때 쓴다.
테이블 탭	코드의 길이가 짧을 때 연장하여 사용한다.
아이언 플러그	전기다리미, 온탕기 등에 사용한다.

3) 소켓

① 전선의 끝에 접속하여 백열전구나 형광등 전구를 끼워 사용하는 기구를 말한다.
② 키소켓, 키리스 소켓, 리셉터클, 방수 소켓, 분기 소켓 등이 있다.

(4) 과전류 차단기와 누전 차단기

1) 과전류 차단기

① 역할 : 전기회로에 큰 사고 전류가 흘렀을 때 자동적으로 회로를 차단하는 장치로 배선용 차단기와 퓨즈가 있다. 배선 및 접속기기의 파손을 막고 전기화재를 예방한다.

② 과전류 차단기의 시설 금지 장소
  ㉮ 접지공사의 접지선
  ㉯ 제2종 접지공사를 한 저압 가공전로의 접지측 전선
  ㉰ 다선식 전로의 중성선

③ 과전류 차단기로 저압전로에 사용하는 배선용 차단기
  ㉮ 정격전류의 1배의 전류로 자동적으로 동작하지 않아야 한다.
    정격전류의 1.25배 및 2배의 전류를 통한 경우에는 정해진 시간 안에 자동적으로 동작하여야 한다.
  ㉯ 분기회로용으로 사용하면 개폐기 및 자동차단기의 두 가지 역할을 겸하게 된다.

④ 과전류 차단기용 퓨즈
  ㉮ 과전류에 의해 발생되는 열(줄열)로 퓨즈가 녹아(용단) 전로를 끊어지게 하여 자동적으로 보호하는 장치이다.
  ㉯ 저압퓨즈 특성 : 정격전류의 1.1배의 전류에 견디고, 1.6배 및 2배의 과전류가 흐를 때 용단 시간은 다음과 같다.

정격전류의 구분	시간	
	정격전류의 1.6배의 전류가 흐를 때(분)	정격전류의 2배의 전류가 흐를 때(분)
30 A 이하	60분	2분
30 A 초과 60 A 이하	60분	4분
60 A 초과 100 A 이하	120분	6분
100 A 초과 200 A 이하	120분	8분
200 A 초과 400 A 이하	180분	10분

  ㉰ 고압전로의 퓨즈 특성
    ㉠ 비포장 퓨즈는 정격전류 1.25배에 견디고, 2배의 전류로는 2분 안에 용단되어야 한다.
    ㉡ 포장 퓨즈는 정격전류 1.3배에 견디고, 2배의 전류로는 120분 안에 용단되어야 한다.
  ㉱ 퓨즈의 종류와 용도는 다음과 같다.

구분	명칭	용도
비포장 퓨즈	실 퓨즈	납과 주석의 합금으로 만든 것으로 정격전류 5[A] 이하의 것이 많으며, 안전기, 단극 스위치 등에 사용
	훅 퓨즈 (판퓨즈)	실퓨즈와 같은 재료의 판 모양 퓨즈 양단에 단자 고리가 있어 나사 조임을 쉽게 할 수 있는 것으로 정격전류 10~600[A]까지 있으며 나이프 스위치에 사용
포장 퓨즈	통형 퓨즈 (원통퓨즈)	파이버 또는 백크라이트로 만든 원통 안에 실퓨즈를 넣고 양단에 동 또는 황동으로 캡을 씌운 것으로 정격전류 60[A] 이하에 사용
	통형 퓨즈 (칼날단자)	통형 퓨즈와 같은 재료로 원통 내부에 판퓨즈를 넣고 칼날형의 단자를 양단에 접속한 것으로 정격전류 75~600[A]의 것에 사용
	플러그 퓨즈	자기 또는 특수유리제의 나사식 통 안에 아연재료로 된 퓨즈를 넣어 나사식으로 돌리어 고정하는 것으로 충전 중에도 바꿀 수 있다.
	텅스텐 퓨즈	유리관 안에 텅스텐선을 넣고 연동선이 리드를 뺀 구조로, 정격 전류는 0.2[A]의 미소전류로 계기의 내부 배선 보호용으로 사용
	유리관 퓨즈	유리관 안에 실퓨즈를 넣고 양단에 캡을 씌운 것으로 정격전류는 0.1~10[A]까지 있으며 TV 등 가정용 전기기구의 전원 보호용으로 사용
	온도 퓨즈 (서모퓨즈)	주위온도에 의하여 용단되는 퓨즈로 100, 110, 120[℃]에서 동작하며 주로 난방기구(담요, 장판)의 보호용으로 사용
	전동기용 퓨즈	기동전류와 같이 단시간의 과전류에 동작하지 않고 사용 중 과전류에 의하여 회로를 차단하는 특성을 가진 퓨즈로 정격전류 2~16[A]까지 있으며 전동기의 과전류 보호용으로 사용

2) 누전 차단기

① **역할** : 옥내배선회로에 누전이 발생 했을 때 이를 감지하고, 자동적으로 회로를 차단하는 장치로서 감전사고 및 화재를 방지할 수 있는 장치이다.

② **설치**

㉮ 주택의 옥내에 시설하는 것으로 대지전압 150V 초과 300V 이하의 저압 전로 인입구

㉯ 사람이 쉽게 접촉할 우려가 있는 장소에 시설하는 사용 전압이 60V를 초과하는 저압의 금속제 외함을 가지는 기계 기구에 전기를 공급하는 전로

㉰ 물기가 없는 장소에 시설하는 저압용 전로에 인체감전보호용 누전차단기 정격감도전류가 30mA 이하, 동작시간이 0.03초 이하의 전류동작형을 시설하는 경우에는 접지공사를 생략할 수 있다.

01 조명용 전등에 일반적으로 타임스위치를 시설하는 곳은? [2007]

① 병원   ② 은행   ③ 아파트 현관   ④ 공장

> **풀이** 조명용 백열 전등을 호텔, 여관 객실 입구에 타임 스위치를 설치 1분 이내에 소등하며, 일반주택, 아파트 각 호실의 현관은 3분 이내 소등되도록 한다.   **답** ③

02 과부하뿐만 아니라 정전 시나 저전압 때에도 자동적으로 차단되어 전동기의 소손을 방지하는 스위치는?

① 안전 스위치   ② 마그넷 스위치   ③ 자동 스위치   ④ 압력 스위치

> **풀이** 버튼 스위치에 의하여 전자적으로 접촉면을 개폐할 수 있게 되어 있으며 바이메탈을 쓴 열동계전기와 같이 사용하여 과부하가 되면 전로를 개방시킨다.   **답** ②

03 열효과에 의해 동작하는 계전기로 모터 과부하 보호용으로 가장 많이 사용되고 있는 것은? [2002]

① 비율차동계전기   ② 정전계전기   ③ 열동계전기   ④ 정류형 계전기

> **답** ③

04 중소용량의 3상 유도전동기용 과부하 보호로서 가장 적당한 것은? [2004]

① 유도형 과전류계전기   ② 퓨즈
③ 열전계전기   ④ 노퓨즈 브레이크

> **답** ③

05 전기세탁기에 사용하는 콘센트로서 적당한 것은?

① 2극 15[A]   ② 2극 20[A]
③ 접지극부 2극 15[A]   ④ 2극 20[A] 걸이형

> **풀이** 세탁기와 같은 기계 기구에 접지를 하여야 하므로 접지극이 있는 콘센트로 사용한다.   **답** ③

06 하나의 콘센트에 둘 또는 세 가지의 기계기구를 끼워서 사용할 때 사용되는 것은?

① 노출형 콘센트 ② 키리스 소켓
③ 멀티 탭 ④ 아이언 플러그

답 ③

07 200W 이하의 백열전구는 보통 베이스의 소켓을 사용하는데 그중 점열장치가 있는 소켓은 어느 것인가? [2006]

① 키 소켓 ② 키리스 소켓
③ 누름단추 소켓 ④ 풀 소켓

답 ①

08 섬유 등 먼지가 많은 장소에서 사용하는 배선 기구에 대하여 틀린 것은?

① 전기소켓은 키리스 소켓을 쓴다.
② 로젯은 절연성 불가연성 물질로 만들어진 것일 것
③ 로젯 안에는 반드시 퓨즈를 장치할 것
④ 로젯은 진동으로 뚜껑이 풀리지 않는 구조로 할 것

풀이 먼지가 많은 장소이므로 배선 기구 내부에서 스파이크가 발생되어도 위험을 초래하므로 소켓도 키가 없는 것이 좋고, 로젯은 절연성 불가연성으로 만들며 파손이나 뚜껑이 풀리지 않도록 하는 것이 좋다. 그리고 로젯 내에도 퓨즈를 사용하지 않는 것이 좋다. **답** ③

09 접속기 또는 접속함을 사용하지 않고 접속해도 좋은 것은?

① 코드 상호
② 비닐 외장 케이블과 코드
③ 캡타이어 케이블과 비닐 외장 케이블
④ 절연전선과 코드

풀이 코드 상호, 캡타이어 케이블 상호, 케이블 상호 또는 이들을 상호 또는 접속할 때에는 원칙적으로 접속기, 접속함 기타의 기구를 사용하게 되어 있으므로 ①, ②, ③은 해당 없고 ④의 절연 전선과 코드를 접속한다는 것은 절연 전선 상호를 접속하는 것과 같다는 것으로서 접속기를 사용하여도 지장은 없으나, 접속기를 사용하지 않아도 좋다 **답** ④

10 300[W] 이상의 백열전구는 대형 베이스의 것을 사용하는데 이 소켓의 명칭은?

① 모걸 소켓   ② 베이스 소켓

③ 키리스 소켓   ④ 풀 소켓

풀이 대형 베이스에는 모걸 소켓을 쓴다.   **답** ①

11 다음 중 과전류 차단기를 시설하여야 할 곳은 어디인가?

① 발전기, 변압기, 전동기 등의 기계 기구를 보호하는 곳

② 접지공사의 접지선

③ 다선식 전로의 중성선

④ 저압 가공 전로의 접지측 전선

     답 ①

12 자기 또는 특수유리제의 나사식 통 안에 아연재료로 된 퓨즈를 넣어 나사식으로 고정을 시키며, 위험성이 적은 퓨즈는?   [2005]

① 판 퓨즈   ② 통형 퓨즈

③ 플러그 퓨즈   ④ 유리관 퓨즈

풀이 포장퓨즈의 한 종류이다.   **답** ③

13 220V 전선로에 사용하는 과전류 차단기용 퓨즈가 견디어야 할 전류는 정격전류의 몇 배인가?

① 1.5   ② 1.25   ③ 1.2   ④ 1.1

풀이 A(저압용)종은 정격전류의 1.1배, B(고압용)종은 1.3배에 용단되지 않아야 한다.   **답** ④

14 A종 퓨즈라 함은 고리 휴즈, 통형 퓨즈, 플러그 퓨즈로서 최소 용단전류가 정격전류의 몇 [%] 사이에 있는 것을 말하는가?   [2004]

① 80~90   ② 100   ③ 110~135   ④ 150~160

풀이 A종 퓨즈 : 110~135[%], B종 퓨즈 : 130~160[%]   **답** ③

15 과전류 차단기로 시설하는 퓨즈 중 고압 전로에 사용하는 포장 퓨즈는 정격전류의 1.3 배에 견디고 또한 2배의 전류로 몇 분 이내에 용단되는 것이어야 하는가?

① 10분   ② 30분   ③ 60분   ④ 120분

풀이 **고압 전로의 퓨즈 특성**

㉠ 비포장 퓨즈는 정격전류 1.25배에 견디고, 2배의 전류로는 2분 안에 용단되어야 한다.

㉡ 포장 퓨즈는 정격전류 1.3배에 견디고, 2배의 전류로는 120분 안에 용단되어야 한다.   **답** ④

16 전압계, 전류계 등의 소손방지용으로 계기 내에 장치하고 봉입하는 퓨즈는?

① 텅스텐 퓨즈   ② 방출형 퓨즈
③ 플러그 퓨즈   ④ 통형 퓨즈

풀이 **텅스텐 퓨즈**

㉠ 유리관 내에 가용제 텅스텐을 봉입한 것으로, 정격 전류는 0.2~2[A]의 것이 있다.

㉡ 텅스텐 퓨즈는 작은 전류에 민감하게 용단되므로 전압계, 전류계 등의 소손 방지용으로 계기 내에 장치하고 봉입한 것이다.   **답** ①

17 다음 중 지락 차단장치를 시설해야 하는 곳은?

① 금속제 외함을 가지는 사용전압이 60V를 넘는 저압의 기계기구로서 사람이 쉽게 접촉할 우려가 있는 장소
② 기계기구를 건조한 장소에 시설하는 경우
③ 기계기구가 고무, 합성수지 등의 절연물로 피복되어 있는 경우
④ 기계기구가 유도전동기의 2차 측 전로에 접속되는 저항기일 경우

   답 ①

02 배선설비

CHAPTER

01 전압

(1) 전압의 종류

1) 전압은 저압, 고압, 특고압의 세 가지로 구분

① 저압 : 교류는 600[V] 이하, 직류는 750[V] 이하인 것
② 고압 : 교류는 600[V]를 넘고 7,000[V] 이하
　　　　직류는 750[V]를 넘고 7,000[V] 이하인 것
③ 특별 고압 : 7,000[V]를 넘는 것

2) 전압을 표현하는 용어

① 공칭전압 : 전선로를 대표하는 선간 전압
② 정격전압 : 실제로 사용하는 전압 또는 전기기구 등에 사용되는 전압
③ 대지전압 : 측정점과 대지 사이의 전압

(2) 전기방식

전력을 적절하게 전송하기 위한 여러 가지 방식의 종류와 특징은 다음과 같다.

전기방식	결선도	장점 및 단점	사용처
단상 2선식		• 구성이 간단하다. • 부하의 불평형이 없다. • 소요 동량이 크다. • 전력손실이 크다. • 대용량부하에 부적합하다.	주택 등 소규모 수용가에 적합하며, 220[V]를 사용한다.
단상 3선식		• 부하를 110/200V 동시 사용. • 부하의 불평형이 있다. • 소요 동량이 2선식의 37.5%이다. • 중선선 단선 시 이상전압 발생이 있다.	공장의 전등, 전열용으로 사용되며 빌딩이나 주택에서는 거의 사용하지 않는다.

3상 3선식		• 2선식에 비해 동량이 적고, 전압강하 등이 개선된다. • 동력부하에 적합하다. • 소요 동량이 2선식의 75%이다.	빌딩에서는 거의 사용되지 않고 있으며 주로 공장 동력용으로 사용된다.
3상 4선식		• 경제적인 방식이다. • 중성선 단선 시 이상전압이 발생한다. • 단상과 3상 부하를 동시 사용할 수 있다. • 부하의 불평형이 발생한다. • 소요 동량이 2선식의 33.3%이다.	대용량의 상가, 빌딩은 물론 공장 등에서 가장 많이 사용된다.

(3) 옥내배선선로의 대지전압 제한

1) 주택의 옥내전로

옥내전로의 대지전압은 300[V] 이하로 하며, 다음 각 호의 의하여 시설하여야 한다. (단, 대지전압 150[V] 이하인 경우 제외)
① 사용전압은 400[V] 미만일 것
② 사람이 쉽게 접촉할 우려가 없도록 할 것
③ 주택의 전로 인입구에는 인체 보호용 누전차단기를 시설할 것
④ 백열전등 및 형광등 안정기는 옥내배선과 직접 접속하여 시설할 것
⑤ 전구소켓은 키나 점멸기구가 없는 것일 것
⑥ 정격소비전력이 2[kW] 이상의 전기장치는 옥내배선과 직접 시설하고, 전용의 개폐기 및 과전류 차단기를 시설할 것
⑦ 주택 이외의 장소에서는 은폐된 장소에 합성수지 전선관, 금속전선관, 케이블 공사로 시설할 것

2) 주택 이외의 옥내전로

옥내전로의 대지전압은 300[V] 이하로 하며,(단, 대지전압 150[V] 이하인 경우 제외) "가"항의 ①, ②, ⑤, ⑥항에 따라 시설하거나, 취급자 이외의 사람이 쉽게 접촉할 우려가 없도록 시설할 것

(4) 불평형 부하의 제한

1) 설비불평형률

중선선과 전압 측 전선 간에 부하설비 용량의 차이와 총 부하설비용량의 평균값의 비를 나타낸 것

구분	설비불평형률
단상 3선식	중성선과 각 전압 측 전선 간에 접속되는 부하설비용량의 차 / 총 부하설비 용량의 1/2
3상 3선식 또는 3상 4선식	각 전선 간에 접속되는 단상부하 총설비 용량의 최대와 최소의 차 / 총 부하설비 용량의 1/3

2) 불평형 부하의 문제점

비율이 커지게 되면, 변압기의 온도상승과 절연물의 열화가 발생하고 전력손실이 증가하여 설비 이용률이 저하하는 등 많은 문제 발생

3) 불평형 부하의 제한

① 단상 3선식 : 40[%] 이하
② 3상 3선식 또는 3상 4선식 : 30[%] 이하

(5) 전압강하의 제한

1) 허용 전압강하

① 저압 배선 중에 전압강하는 표준전압의 2[%] 이하로 하는 것이 원칙이며, 사용장소 내에 시설한 변압기에 의하여 공급되는 경우에는 3[%] 이하로 할 수 있다.
② 공급변압기에서 가장 먼 곳의 부하에 이르는 전선의 길이가 60[m]를 초과하는 경우에는 아래 표에서 구할 수 있다.

변압기에서 가장 먼 곳의 부하 전선길이[m]	전압강하[%]	
	사용장소 내 변압기에서 공급하는 경우	전기사업자로부터 공급받는 경우
120 이하	5 이하	4 이하
200 이하	6 이하	5 이하
200 초과	7 이하	6 이하

2) 전압강하의 계산식

구분	전압강하 계산식	전선의 최대길이 (허용전압강하 이내의 길이)
단상 2선식	$e = \dfrac{35.6LI}{1,000A}[\text{V}]$	$L = \dfrac{1,000Ae}{35.6I}[\text{m}]$
3상 3선식	$e = \dfrac{30.8LI}{1,000A}[\text{V}]$	$L = \dfrac{1,000Ae}{30.8I}[\text{m}]$
3상 4선식 또는 단상 3선식	$e = \dfrac{17.8LI}{1,000A}[\text{V}]$	$L = \dfrac{1,000Ae}{17.8I}[\text{V}]$

여기서, A : 도체단면적[mm^2], L : 선로의 길이[m], e : 허용전압강하[V]

기출 및 예상문제

01 정격전압 13.2[kV]의 전원 3개를 Y결선하여 3상 전원으로 할 때 이 전원의 정격전압 [kV]은?

[2005]

① 22.9　　　　② 13.2　　　　③ 7.6　　　　④ 30

풀이 3상 전원방식에서는 선간전압을 정격으로 표시하므로, 13.2[kV]×√3 = 22.9[kV]이다.　　**답** ①

02 우리나라의 공칭전압에 해당되는 것은?

① 330　　　　② 6,900　　　　③ 2,300　　　　④ 154,000

풀이 공칭전압 : 765kV, 345kV, 154kV, 22.9kV, 380V, 220V　　**답** ④

03 표준전압이란 전기를 공급하는 전선로의 전압을 말하며, 그 표시는 전선로를 대표하는 선간전압으로 나타낸다. 그 표준전압에 해당하지 않는 것은?

[2004]

① 100[V]　　　　② 110[V]　　　　③ 220[V]　　　　④ 380[V]

답 ①

04 저압 단상 3선식 회로의 중성선에는?

① 다른 선의 퓨즈와 같은 용량의 퓨즈를 넣는다.
② 다른 선의 퓨즈의 2배 용량의 퓨즈를 넣는다.
③ 다른 선의 퓨즈의 1/2배 용량의 퓨즈를 넣는다.
④ 퓨즈를 넣지 않고 직결한다.

풀이 저압 단상 3선식 회로의 중성선에는 퓨즈를 사용하지 않는다.　　**답** ④

05 옥내전로의 대지전압의 제한에서 잘못된 설명은?

① 백열전등 또는 방전등 및 이에 부속하는 전선은 사람이 접촉할 우려가 없도록 한다.
② 백열전등 및 방전등용 안정기는 옥내 배선에 직접 접속하여 시설한다.
③ 백열전등의 전구 소켓은 키나 그 밖의 점멸기구가 있는 것으로 한다.
④ 사용 전압은 400V 미만일 것

답 ③

06 평형 보호층 공사에 의한 저압 옥내 배선은 전로의 대지 전압 몇 V 이하에서 시설해야 하는가?

[2007]

① 150　　　　② 220　　　　③ 300　　　　④ 400

풀이 평형 보호층 공사

　㉠ 전선은 정격전류가 30 A 이하의 과전류 차단기로 보호되는 분기회로에서 사용할 것

　㉡ 전로의 대지 전압은 150 V 이하일 것　　　　**답** ①

07 저압, 고압 및 특별 고압수전의 3상 3선식 또는 3상 4선식에서 설비 불평형률을 몇 [%] 이하로 하는 것을 원칙으로 하는가?

① 10　　　　② 20　　　　③ 30　　　　④ 40

답 ③

08 단상 3선식 선로에 그림과 같이 부하가 접속되어 있을 경우 설비불평형률은 약 몇 % 인가?

[2007]

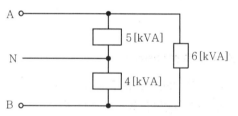

① 13.33　　　　② 14.33　　　　③ 15.33　　　　④ 16.33

풀이 $\text{설비불평형률} = \dfrac{\text{중성선과 각 전압 측 전선 간에 접속되는 부하설비용량의 차}}{\text{총 부하설비 용량의 평균값}}$

$= \dfrac{5-4}{(5+4+6)/2} \times 100[\%] = 13.33\%$　　　　**답** ①

09 저압배선 중의 전압강하는 간선 및 분기회로에서 각각 표준전압의 몇 [%] 이하로 하는 것을 원칙으로 하는가?

[2003][2005][2008]

① 2　　　　② 3　　　　③ 4　　　　④ 6

풀이 저압 배선 중에 전압강하는 표준전압의 2[%] 이하로 하는 것이 원칙이며, 사용장소 내에 시설한 변압기에 의하여 공급되는 경우에는 3[%] 이하로 할 수 있다.　　　　**답** ①

(1) 간선의 개요

1) 간선

전선로에서 전등, 콘센트, 전동기 등의 설비에 전기를 보낼 때 구역을 정하여 큰 용량의 배선으로 배전하기 위한 전선

2) 아래 그림과 같이 한 개 간선에 많은 분기회로가 포함되어 있으므로 전력 공급 면에서 간선이 분기회로보다 큰 용량이다.

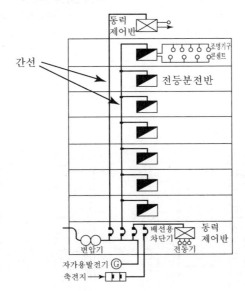

(2) 간선의 종류

1) 사용목적에 따른 분류

① 전등 간선 : 조명기구, 콘센트, 사무용 기기 등에 전력을 공급하는 간선

② 동력 간선

㉮ 에어컨, 공기조화기, 급·배수 펌프, 엘리베이터 등의 동력설비에 전력을 공급하는 간선

㉯ 승강기용 동력간선은 다른 용도의 부하와 접속시키지 않는다.

③ 특수용 간선 : 중요도가 높은 특수기기 및 장비에 전력을 공급하는 간선

2) 전기방식에 의한 분류

간선의 종류		적용장소
저압 간선	단상 2선식(220V) 전등간선 단상 3선식(220V) 전등간선 3상 3선식(220/380V) 동력간선 3상 4선식(220/380V) 동력 및 전등간선	일반적인 건축물에 전등이나 동력용 간선
고압 간선	3상 3선식(3.3, 6.6kV)	• 고압용 동력설비가 시설되어 있는 장소 • 대용량 부하가 광범위하게 분포되어 있는 장소 • 한 건물 내 2개소 이상 변전소 간선
특별 고압 간선	3상 4선식(22.9kV)	• 대용량 부하가 광범위하게 분포되어 있는 장소 • 한 건물 내 2개소 이상 변전소 간선

(3) 간선의 시공

1) 간선 계통 결정

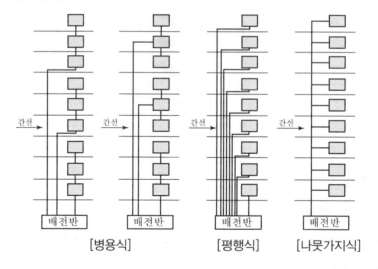

[병용식] [평행식] [나뭇가지식]

구분	특징
나뭇가지식	각 분전반을 차례로 경유하여 간선의 굵기를 점점 감소시켜 배선비는 적게 들지만 간선의 굵기가 변하는 접속점에는 보완장치를 할 필요가 있고, 각 분전반 사이의 단자전압이 차이가 생기므로 규모가 작은 경우에 이용된다.
평행식	각 분전반마다 전용간선을 설치하므로 각 분전반마다 전압을 균일하게 할 수 있고 사고 시 영향을 적게 할 수 있는 이점과 비용이 많이 드는 단점도 있지만 가장 이상적인 방법이다.
병용식	위의 두 가지 방식의 중간 방식으로 일반적으로 많이 쓰이고 있고, 각 층마 다 부하 규모가 비교적 적은 경우에 사용되며 여러 층을 묶어 간선의 회선 수를 줄일 수 있는 점이 특징이다.

2) 간선의 굵기 결정

① 전선도체의 굵기는 허용전류, 전압강하 및 기계적 강도를 고려하여 선정한다.
② 간선에 접속하는 전동기 부하의 간선의 굵기는 다음과 같이 선정한다.

전동기 정격전류	허용전류 계산
50[A] 이하	정격전류 합계의 1.25배
50[A] 초과	정격전류 합계의 1.1배

③ 전기사용 장치의 정격전류의 합계의 값에 수용률과 역률을 고려하여 수정된 부하 전류값 이상의 허용전류를 갖는 전선을 선정한다.

건축물의 종류	간선의 수용률[%]
주택, 기숙사, 여관, 호텔, 병원, 창고	50
학교, 사무실, 은행	70

(4) 간선의 보호

1) 과전류 보호장치

① 간선을 과전류로부터 보호하기 위해 과전류 차단기를 시설한다.
② 과전류 차단기의 정격전류는 간선으로 사용하는 전선의 허용전류보다는 작은 것을 사용해야 한다.
③ 간선에 전동기와 일반부하가 접속되어 있다면, 전동기의 기동전류를 보상하기 위하여 [전동기 정격전류 합계의 3배와 일반부하의 정격전류의 합]과 [간선의 허용전류의 2.5배 한 값] 중에서 작은 값으로 시설해야 한다.

④ 간선은 끝으로 갈수록 보다 가는 전선을 사용할 경우 과전류 차단기를 설치한다.

원칙	가는 전선의 시작점에 과전류 차단기를 시설해야 한다. (단락사고 발생 시 가는 간선 보호)
가는 간선의 과전류 차단기를 생략할 수 있는 경우	가는 간선의 길이가 3m 이하인 경우
	가는 간선의 길이가 8m 이하일 때, [가는 간선의 허용전류]가 [굵은 간선의 과전류차단기 정격전류]에 35[%] 이상인 경우
	가는 간선의 길이가 임의의 거리일 때, [가는 간선의 허용전류]가 [굵은 간선의 과전류차단기 정격전류]에 55[%] 이상인 경우

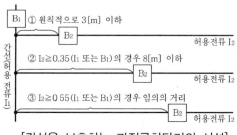

[간선을 보호하는 과전류차단기의 시설]

2) 지락 보호 장치

지락사고 시 자동적으로 전로를 차단하여 간선을 보호한다.

3) 단락 보호 장치

간선의 전선이나 전기부하에서 생기는 단락사고 시 단락 전류를 차단하여 간선을 보호한다.

03 분기회로

(1) 분기회로의 정의

1) 간선으로부터 분기하여 과전류 차단기를 거쳐 각 부하에 전력을 공급하는 배선을 말한다. 즉 모든 부하는 분기회로에 의하여 전력을 공급받고 있는 것이다.

2) 사용목적

고장발생 시 고장범위를 될 수 있는 한 줄여 신속한 복귀와 경제적 손실을 줄이기 위해 분기회로를 시설한다.

(2) 분기회로의 종류

분기회로의 과전류 차단기는 배선용 차단기 또는 퓨즈를 사용하는데, 전등, 콘센트 분기회로의 종류는 과전류 차단기의 정격전류에 의해 아래 표와 같이 분류된다.

분기회로의 종류	분기 과전류 차단기의 정격 전류
15A 분기회로	15A
20A 배선용 차단기 분기회로	20A(배선용 차단기에 한한다.)
20A 분기회로	20A(퓨즈에 한한다.)
30A 분기회로	30A
50A 분기회로	50A
50A를 초과하는 분기회로	배선의 허용전류 이하

(3) 부하의 상정

배선을 설계하기 위한 전등 및 소형 전기 기계기구의 부하용량 산정은 아래 표에 표시하는 건물의 종류 및 그 부분에 해당하는 표준부하에 바닥 면적을 곱한 값을 구하고 여기에 가산하여야 할 VA 수를 더한 값으로 계산한다.

$$\text{부하설비용량} = \{표준부하밀도\} \times \{바닥면적\}$$
$$+ \{부분부하밀도\} \times \{바닥면적\} + \{가산부하\}[VA]$$

부하구분	건물종류 및 부분	표준부하밀도[VA/m²]
표준부하	공장, 공회장, 사원, 교회, 극장, 영화관	10
	기숙사, 여관, 호텔, 병원, 음식점, 다방	20
	주택, 아파트, 사무실, 은행, 백화점, 상점	30
부분부하	계단, 복도, 세면장, 창고	5
	강당, 관람석	10
가산부하	주택, 아파트	세대당 500~1,000[VA]
	상점 진열장	길이 1m마다 300[VA]
	옥외광고등, 전광사인, 무대조명, 특수 전등 등	실[VA] 수

(4) 분기회로수의 결정

분기회로수는 부하상정에 따라 상정한 부하설비용량을 사용전압 110V인 경우에는 1,650VA, 사용전압이 220V인 경우에는 3,300VA로 나눈 값을 원칙으로 한다.

> **예제** 다음의 예제를 보면서 부하의 상정과 분기회로수의 결정의 방법에 대해 이해한다.

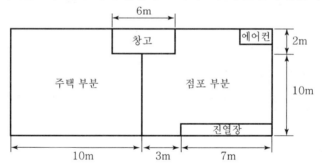

풀이

◇ 부하산정

부하설비용량 = {표준부하밀도} × {바닥면적} + {부분부하밀도}
　　　　　　 × {바닥면적} + {가산부하}[VA]이므로,

(주택의 표준부하밀도) = 30[VA/m²], (주택의 바닥면적) = 10×12 − 3×2 = 114[m²]

(점포의 표준부하밀도) = 30[VA/m²], (점포의 바닥면적) = 10×12 − 3×2 = 114[m²]

(창고의 부분부하밀도) = 5[VA/m²], (창고의 바닥면적) = 6×2 = 12[m²]

(진열장의 가산부하) $= 7[m] \times 300[VA/m] = 2,100[VA]$

(주택에 가산부하) $= 1,000[VA]$

따라서, 부하설비용량 $= \{30 \times 114 + 30 \times 114\} + \{5 \times 12\} + 2,100 + 1,000$

$\qquad\qquad\qquad = 10,000[VA]$

◇ 분기회로 수 결정

사용전압이 220[V]일 경우 $10,000/3,300 = 3.03$ 이것을 절상하면 4회로가 되고, 에어컨을 전용회로로 하여 1회로 추가하면 5회로가 된다.

(5) 분기회로의 시공

1) 전선의 굵기 선정

허용전류, 전압강하 등을 고려하여 선정한다.

2) 개폐기 및 과전류 차단기 시설

원칙	간선과의 분기점에서 전선의 길이가 3[m] 이하의 장소에 개폐기 및 과전류 차단기를 시설하여야 한다.
분기선의 길이가 3[m]를 초과할 경우	분기선의 길이가 8m 이하로 하려면, [분기선의 허용전류]가 [간선의 과전류 차단기 정격전류]에 35[%] 이상인 경우
	분기선의 길이가 임의의 거리로 하려면, [분기선의 허용전류]가 [간선의 과전류 차단기 정격전류]에 55[%] 이상인 경우

3) 다선식(단상 3선식, 3상 3선식, 3상 4선식) 분기회로는 부하의 불평형을 고려한다.

(6) 분기회로 구성 시 주의사항

1) 전등과 콘센트는 전용의 분기회로로 구분하는 것이 원칙으로 한다.
2) 분기회로의 길이는 전압강하와 시공을 고려하여 약 30[m] 이하로 한다.
3) 정확한 부하산정이 어려울 경우에는 사무실, 상점, 대형 건물에서 $36[m^2]$ 마다 1회로로 구분하고, 복도나 계단은 $70[m^2]$마다 1회로로 적용한다.
4) 복도와 계단 및 습기가 있는 장소의 전등수구는 별도의 회로로 한다.

04 전로의 절연

(1) 전로의 절연의 필요성

1) 누설전류로 인하여 화재 및 감전사고 등의 위험 방지
2) 전력손실 방지
3) 지락전류에 의한 통신선에 유도 장해 방지

(2) 저압 전선로의 절연

1) 옥내 저압 전선로의 절연 저항값은 개폐기 또는 과전류 차단기로 구분할 수 있는 전로마다 아래 표와 같이 그 한계 값을 정하고 있으며, 신규로 공사한 초기값은 1 [MΩ] 이상으로 하는 것이 바람직하다.

전로의 사용전압의 구분	절연저항값
대지전압이 150V 이하의 경우	0.1MΩ
대지전압이 150V를 넘고 300V 이하의 경우	0.2MΩ
사용전압이 300V를 넘고 400V 미만인 경우	0.3MΩ
사용전압이 400V 이상 저압인 경우	0.4MΩ

2) 옥외 절연부분의 전선과 대지 사이의 절연저항은 사용전압에 대한 누설전류가 최대 공급전류의 1/2,000(1가닥)을 초과하지 않도록 해야 한다.

$$누설전류 \leq \frac{최대공급전류}{2,000}$$

$$옥외배선의 \ 절연저항 \geq \frac{사용전압}{누설전류}[\Omega]$$

(3) 고압, 특고압 전로 및 기기의 절연

참고

• 사용전압이 높아지면 그 절연저항이 상대적으로 낮아지므로 저압전로에서와 같은 절연 저항값은 의미가 없게 된다. 따라서, 고압이나 특고압 전로에서는 절연저항 값의 측정보다는 절연내력 시험을 통해서 절연상태를 점검한다.
• 고압 및 특별고압 전로의 절연내력 시험전압
절연내력 시험은 아래 표에서 정한 시험전압을 전로와 대지 간에 10분간 연속적으로 가하여 견디어야 한다. 다만, 케이블 시험에서는 표에서 정한 시험전압 2배의 직류전압을 10분간 가하여 시험을 한다.

구분	시험전압		
	고압, 특고압 전로 및 변압기		회전기 (회전변류기 제외)
	중성점 접지	중성점 비접지	
7kV 이하의 전로	최대사용전압×1.5배 (최저시험전압 500V)	최대사용전압×1.5배 (최저시험전압 500V)	최대사용전압×1.5배
7kV를 넘고 25kV 이하	최대사용전압×0.92배	최대사용전압×1.25배 (최저시험전압 10,500V)	최대사용전압×1.25배 (최저시험전압 10,500V)
25kV를 넘고 60kV 이하	최대사용전압×1.25배		
60kV를 초과	최대사용전압×1.1배 (최저시험전압 75,000V) 최대사용전압×0.72배 (중성점 직접 접지식)	최대사용전압×1.25배	최대사용전압×1.25배
170kV 초과	최대사용전압×0.64배 (중성점 직접 접지식)		
시험전압 인가 장소	－회전기 : 권선과 대지 사이 －변압기 : 권선과 다른 권선 사이, 권선과 철심 사이, 권선과 외함 사이 －전기기구 : 충전부와 대지 사이		

참고

- 공칭전압과 최대사용전압

공칭전압[kV]	최대사용전압[kV] (IEC 기준)
3.3	3.6
6.6	7.2
22.9	25.8
154	161
345	360
765	800

기출 및 예상문제

01 배전방식에서 간선계통의 종류가 아닌 것은? [2003]

① 단독형 간선　　　　　　　　② 분기형 간선

③ 방사형 간선　　　　　　　　④ 횡접속형 간선

> **풀이** 간선계통의 종류
> 나뭇가지식(분기형), 평행식(단독형), 병용식(횡접속형)　　　　　　**답** ③

02 옥내저압 배전선의 전선 굵기를 결정하는 3대 요소가 아닌 것은? [2004]

① 허용전류　　　　　　　　　② 절연종류

③ 기계적 강도　　　　　　　　④ 전압강하

> **풀이** 전선의 굵기는 허용전류, 전압강하 및 기계적 강도를 고려하여 선정한다.　　**답** ②

03 3상 4선식 Y접속 시 전등과 동력을 공급하는 옥내배선의 경우는 상별 부하 전류가 평형으로 유도 되도록 상별로 결선하기 위하여 전압 측 전선에 색별 배선을 하거나 색 테이프를 감는 등의 방법으로 표시를 하여야 한다. 이때 전압 측 전선의 색별 표시에서 B상의 색상은? [2008]

① 백색 또는 회색　　　　　　② 흑색

③ 적색　　　　　　　　　　　④ 청색

> **풀이** A상(흑색), B상(적색), C상(청색), N상(백색 또는 회색), G상(녹색)　　**답** ③

04 전압 측 전선의 색별표시에서 C상의 색은?(단, 4선식 접속의 경우) [2002]

① 청색　　　　② 백색　　　　③ 흑색　　　　④ 적색

> **풀이** 위의 문제 해설 참조　　　　　　**답** ①

05 전동기의 정격전류의 합계가 50[A] 이하인 경우 전선의 굵기는 전동기의 정격전류 합계를 몇 배한 값 이상의 허용전류값을 가진 전선이어야 하는가? [2005][2006]

① 1　　　　　② 1.25　　　　③ 1.6　　　　④ 2

전동기 정격전류	허용전류 계산
50[A] 이하	정격전류 합계의 1.25배
50[A] 초과	정격전류 합계의 1.1배

풀이

답 ②

06 전원 측 전로에 시설한 배선용 차단기의 정격전류가 몇 [A] 이하의 것이면 이 선로에 접속하는 단상전동기에는 과부하 보호장치를 생략할 수 있는가? [2008]

① 15 　　　　② 20 　　　　③ 30 　　　　④ 50

풀이 옥내에 시설하는 전동기에는 과전류 경보장치나 차단기를 설치하여야 한다. 다만, 다음 경우에는 예외로 한다.
　㉠ 전동기를 운전 중 상시 취급자가 감시할 수 있는 위치에 시설하는 경우
　㉡ 전동기의 구조나 부하의 성질로 보아 전동기가 소손할 수 있는 과전류가 생길 우려가 없는 경우
　㉢ 단상 전동기로서 전원 측 전로에 시설하는 과전류 차단기의 정격전류가 15 A(배선용 차단기는 20 A) 이하인 경우

답 ②

07 누전경보기는 전압 몇 [V] 이하의 전로의 누전을 검출하는 것인가? [2005]

① 100 　　　　② 200 　　　　③ 600 　　　　④ 7,000

풀이 누전경보기는 600V 이하인 경계전로의 누설전류를 검출하여 당해 소방대상물의 관계자에게 통보하는 설비이다.

답 ③

08 간선에서 분기하여 분기 과전류 차단기를 거쳐서 부하에 이르는 사이의 배선을 무엇이라 하는가?

① 간선 　　　　② 인입선 　　　　③ 중선선 　　　　④ 분기회로

풀이 급전선→간선→분기회로→부하

답 ④

09 저압옥내 전로에서 분기회로의 종류가 아닌 것은? [2002]

① 10[A] 분기회로 　　　　② 15[A] 분기회로
③ 20[A] 분기회로 　　　　④ 50[A] 분기회로

답 ①

10 관등회로에 대한 설명으로 옳은 것은? [2006]

① 방전등용 안정기로부터 방전관까지의 전로

② 전선 지지점의 거리가 2m 이하인 전로

③ 전선 상호 간의 간격이 0.8m 이상인 전로

④ 금속관 공사로서 콘크리트에 매설하는 깊이가 0.2m 이상인 전로

답 ①

11 공장, 공회당, 사원, 교회 등의 표준부하 [VA/m²] 값은? [2004]

① 10　　　　② 20　　　　③ 30　　　　④ 40

부하구분	건물종류 및 부분	표준부하밀도[VA/m²]
표준부하	공장, 공회장, 사원, 교회, 극장, 영화관	10
	기숙사, 여관, 호텔, 병원, 음식점, 다방	20
	주택, 아파트, 사무실, 은행, 백화점, 상점	30

답 ①

12 기숙사, 여관, 병원의 표준부하는 몇 [VA/m²]으로 상정하는가? [2002][2007]

① 10　　　　　　　　　② 20

③ 30　　　　　　　　　④ 40

풀이 위의 문제 해설 참조

답 ②

13 아파트, 주택, 사무실, 은행, 상점, 미용원 등의 건축물 종류에서 표준부하[VA/m²] 값은 얼마로 규정하고 있는가? [2008]

① 5　　　　② 10　　　　③ 20　　　　④ 30

풀이 위의 문제 해설 참조

답 ④

14 전등 및 소형 전기기계 기구의 부하 선정에 있어 배선 도면에 대형 전등 수구만 표시되고, 부하의 종류, 용량 등의 표시가 없을 경우 이 수구의 예상부하[VA]는? [2002][2005]

① 150　　　　② 300　　　　③ 500　　　　④ 600

풀이 수구종류에 의한 예상부하

수구의 종류	예상부하[VA/개]	비고
소형전등 수구, 콘센트	150	공칭지름 26mm 베이스
대형전등 수구	300	공칭지름 39mm 베이스

답 ②

15 그림과 같은 건물을 표준부하를 적용하여 분기회로수를 구하고자 한다. 회로수는?(단, 전원전압은 100[V]로 하고, 분기회로는 15[A], 분기회로로 80[%]의 정격이 되도록 하며, 주거부분에 가산부하는 1,000[VA]로 한다.)　　　　　　[2003][2004]

건물평면도

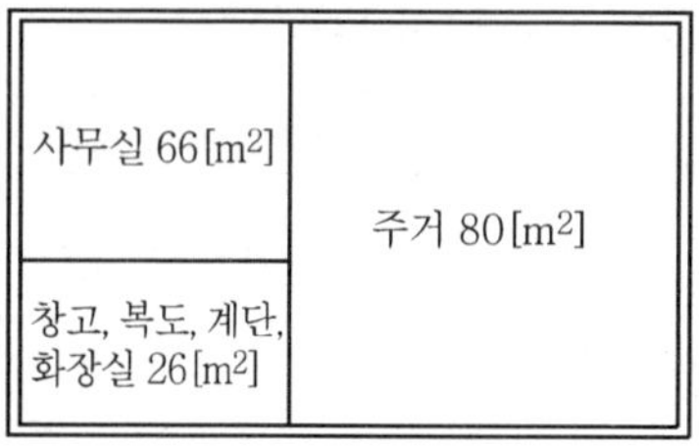

```
┌──────────┬──────────────┐
│사무실 66[m²] │              │
│          │  주거 80[m²]   │
├──────────┤              │
│창고, 복도, 계단,│              │
│화장실 26[m²] │              │
└──────────┴──────────────┘
```

표준부하

건물의 종류	표준부하[VA/m²]
주택, 아파트, 사무실	30
창고, 복도, 계단, 화장실	5

① 1　　　　　② 2　　　　　③ 3　　　　　④ 5

풀이 부하설비용량 = {표준부하밀도} × {바닥면적} + {부분부하밀도} × {바닥면적} + {가산부하}[VA]

$$= 30 \times 66 + 5 \times 26 + 80 \times 30 + 1,000 = 5,510[\text{VA}]$$

간선전류 $= \dfrac{5,510}{100} = 55.1[\text{A}]$

분기회로수 $= \dfrac{55.1}{15 \times 0.8} = 4.59$ (분기회로 80% 정격 고려)

∴ 소수점 절상하여 5분기 회로가 된다.

답 ④

16 학교, 사무실, 은행 등의 옥내배선 설계에서 간선의 굵기를 선정할 때, 등 및 소형 전기기계기구의 용량 합계가 10[kVA]를 넘는 것에 대한 수용률은 내선규정에서 몇 %를 적용하도록 규정하고 있는가?　　　　　　[2006]

① 40　　　　　　　　　　② 50

③ 60　　　　　　　　　　④ 70

풀이 전등부하의 수용률[%] $\left(= \dfrac{\text{최대수용전력}}{\text{설비용량}} \right)$

건물의 종류	수용률	
	10kVA 이하	10kVA 초과
주택, 아파트, 기숙사, 여관, 호텔, 병원	100	50
사무실, 은행, 학교	100	70
기타	100	

답 ④

17 220[V] 저압옥내전로의 인입구 가까운 곳에 반드시 시설하여야 하는 인입구 장치는 어느 것인가?

[2008]

① 계량기 및 배선용 차단기 ② 계량기 및 누전차단기
③ 분전반 및 배선용 차단기 ④ 개폐기 및 과전류차단기

풀이 옥내간선과의 분기점에서 전선의 길이가 3[m] 이하의 장소에 개폐기 및 과전류 차단기를 시설하는 것이 원칙이다.

답 ④

18 분기회로시설 중 저압 옥내간선과의 분기점에서 전선의 길이가 몇 m 이하인 곳에 개폐기 및 과전류차단기를 시설하여야 하는가?

[2006]

① 3   ② 4   ③ 5   ④ 6

풀이 위의 문제 해설 참조

답 ①

19 전기설비의 절연 열화 정도를 판정하는 측정방법이 아닌 것은?

[2005]

① Corona 진동법 ② Megger법
③ tanδ법 ④ 보이스 Camera

풀이 **절연열화 진단기술**

• 직류고압법 : 직류고전압을 인가하여 흡수전류를 측정하여 진단
• 부분방전 측정법 : 고전압을 인가하면 부분방전이 발생하기 시작하는 인가전압으로 진단
• 유전정접($\tan\delta$) 측정법 : 상용주파교류전압을 인가하여 온도특성, 전압특성을 측정하여 절연상태를 판정하는 방법
• 절연저항계법 : 직류전압을 인가하여 이때의 누설전류로부터 절연저항을 측정

답 ④

03 내선설비
CHAPTER

01 합성수지관 공사

(1) 합성수지관의 특징

① 염화비닐수지로 만든 것으로, 금속관에 비하여 가격이 싸다.
② 절연성과 내부식성이 우수하고, 재료가 가볍기 때문에 시공이 편리하다.
③ 관 자체가 비자성체이므로 접지할 필요가 없다.
④ 열에 약할 뿐 아니라, 충격 강도가 떨어지는 결점이 있다.

(2) 합성수지관의 종류

1) 경질비닐 전선관

① 특징
　㉮ 기계적 충격이나 중량물에 의한 압력 등 외력에 견디도록 보완된 전선관
　㉯ 딱딱한 형태이므로 구부리거나 하는 가공방법은 토치램프로 가열하여 가공

② 호칭
　㉮ 관의 굵기를 안지름의 크기에 가까운 짝수로써 표시
　㉯ 지름 14~82mm로 9종(14, 16, 22, 28, 36, 42, 54, 70, 82mm)
　㉰ 한 본의 길이는 4[m]로 제작

2) 폴리에틸렌 전선관(PF관)

① 특징
　㉮ 경질에 비해 연한 성질이 있어 배관작업에 토치램프로 가열할 필요가 없다.
　㉯ 경질에 비해 외부 압력에 견디는 성질이 약한 편이다.

② 호칭
　㉮ 관의 굵기를 안지름의 크기에 가까운 짝수로써 표시
　　(14, 16, 22, 28, 36, 42mm)
　㉯ 한 가닥 길이가 100~6m로서 롤(Roll) 형태로 제작

3) 합성수지제 가요전선관(CD관)

① 특징

㉮ 무게가 가벼워 어려운 현장 여건에서도 운반 및 취급이 용이

㉯ 금속관에 비해 결로현상이 적어 영하의 온도에서도 사용 가능

㉰ PE 및 단연성 PVC로 되어 있기 때문에 내약품성이 우수하고 내후, 내식성도 우수

㉱ 가요성이 뛰어나므로 굴곡된 배관작업에 공구가 불필요하며 배관작업이 용이

㉲ 관의 내면이 파부형이므로 마찰계수가 적어 굴곡이 많은 배관 시에도 전선의 인입이 용이

② 호칭

㉮ 관의 굵기를 안지름의 크기에 가까운 짝수로써 표시(14, 16, 22, 28, 36, 42mm)

㉯ 한 가닥 길이가 100~50m로서 롤(Roll) 형태 제작

(3) 합성수지관의 시공

① 합성수지관은 전개된 장소나 은폐된 장소 등 어느 곳에서나 시공할 수 있지만, 중량물의 압력 또는 심한 기계적 충격을 받는 장소에서 시설해서는 안 된다.(콘크리트 매입은 제외)

② 관의 지지점 간의 거리는 1.5 m 이하로 하고, 관과 박스의 접속점 및 관 상호 간의 접속점 등에서는 가까운 곳(0.3m 이내)에 지지점을 시설하여야 한다.

③ 스위치 접속 및 전선 접속을 위한 박스와 전선관의 접속방법은 그림과 같다.

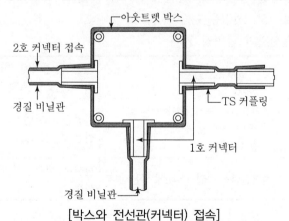

[박스와 전선관(커넥터) 접속]

④ 관 상호 접속은 커플링을 이용하여 다음과 같다.

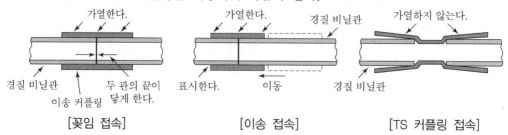

[꽂임 접속]　　　　　　[이송 접속]　　　　　　[TS 커플링 접속]

이송 커플링	양쪽 관이 같은 길이로 맞닿게 하여 연결한다.
TS 커플링	커플링 양쪽 입구 지름이 중앙부보다 크게 되어 있다.

㉠ 커플링에 들어가는 관의 길이는 관 바깥지름의 1.2배 이상으로 한다. 단, 접착제를 사용할 때는 0.8배 이상으로 한다.

㉡ 관 상호 접속점의 양쪽 관과 박스 접속개소의 가까운 곳(0.3m 이내)에 관을 고정해야 한다.

(4) 합성수지관의 굵기 선정

① 합성수지관의 배선에는 절연전선을 사용해야 한다.

② 절연전선은 단면적 $10mm^2$(알루미늄선은 $16mm^2$) 이하의 단선을 사용하며, 그 이상일 경우는 연선을 사용하고, 전선에 접속점이 없도록 해야 한다.

③ 합성수지관의 굵기 선정은 다음과 같다.

㉠ 전선과 전선관의 단면적 관계

배선 구분	전선 단면적에 따른 전선관 굵기 선정 (전선 단면적은 절연피복 포함)
동일 굵기의 절연전선을 동일 관 내에 넣을 경우 배관의 굴곡이 작아 전선을 쉽게 인입하고 교체할 수 있는 경우	전선관 내단면적의 48% 이하로 전선관 선정
굵기가 다른 절연전선을 동일 관 내에 넣는 경우	전선관 내단면적의 32% 이하로 전선관 선정

㉯ 전선관의 내단면적의 32% 및 48%일 때의 단면적은 아래 표와 같다.

전선관 굵기 [mm]	내단면적 32%[mm²]	내단면적 48%[mm²]	전선관 굵기 [mm]	내단면적 32%[mm²]	내단면적 48%[mm²]
16	81	122	42	402	603
22	121	182	54	653	980
28	197	295	70	1128	1692
36	308	461	82	1497	2245

㉰ 전선의 절연피복을 포함한 단면적은 아래 표와 같다.

도체 단면적 [mm²]	절연물 두께 [mm]	전선의 단면적 [mm²]	도체 단면적 [mm²]	절연물 두께 [mm]	전선의 단면적 [mm²]
1.5	0.7	9	10	1.0	35
2.5	0.8	13	16	1.0	48
4	0.8	17	25	1.2	74
6	0.8	21	35	1.2	93

㉱ 안정성을 고려하여, 전선의 굵기와 가닥 수에 의해 구해진 전선의 전체 단면적에 보정계수를 곱하여 절연전선의 단면적을 정하여 전선관을 선정한다.

도체 단면적 [mm²]	보정계수	
	경질비닐전선관	합성수지제 가요관 (PF관, CD관)
2.5, 4.0	2.0	1.3
6, 10	1.2	1.0
16 이상	1.0	1.0

예제 다음 예제를 통해서 전선관의 굵기 선정방법을 이해할 수 있도록 한다.
전선 4[mm²] 3본, 10[mm²] 3본을 넣을 수 있는 전선관의 굵기를 산정하시오.

풀이 전선의 단면적은 다음과 같다.
4[mm²] 3본 : $17 \times 3 = 51[mm^2]$, 10[mm²] 3본 : $35 \times 3 = 105[mm^2]$
전선의 단면적에 보정계수를 곱한 전선의 단면적의 합계는
$51 \times 2.0 + 105 \times 1.2 = 228[mm^2]$이므로, 228[mm²]가 내 단면적에 32%가 되는 전선관의 굵기는 36[mm] 이상의 전선관이 된다.

02 금속관 공사

(1) 금속전선관의 특징

1) 금속관 공사(Steel Conduit Wiring)

노출된 장소, 은폐 장소, 습기, 물기 있는 곳, 먼지가 있는 곳 등 어느 장소에서나 시설할 수 있고, 가장 완전한 공사방법으로 공장이나 빌딩에서 주로 사용된다.

2) 금속관 공사

① 전선이 기계적으로 완전히 보호된다.
② 단락사고, 접지사고 등에 있어서 화재의 우려가 적다.
③ 접지공사를 완전히 하면 감전의 우려가 없다.
④ 방습장치를 할 수 있으므로, 전선을 내수적으로 시설할 수 있다.
⑤ 전선이 노후되었을 경우나 배선방법을 변경할 경우에 전선의 교환이 쉽다.

3) 금속관 공사의 시설방법

① **매입배관공사** : 콘크리트 또는 흙벽 속에 시설
② **노출배관공사** : 벽면, 천장면 등을 따라 시설하거나 천장 등에 매달아 시설

(2) 금속전선관의 종류

1) 후강 전선관

두께가 2.3mm 이상으로 두꺼운 금속관

2) 박강 전선관

두께가 1.2mm 이상으로 얇은 금속관

구분	후강 전선관	박강 전선관
관의 호칭	안지름의 크기에 가까운 짝수	바깥지름의 크기에 가까운 홀수
관의 종류[mm]	16, 22, 28, 36, 42, 54, 70, 82, 92, 104 (10종류)	19, 25, 31, 39, 51, 63, 75 (7종류)
관의 두께	2.3~3.5[mm]	1.2~2.0[mm]
한 본의 길이	3.66[m]	3.66[m]

3) 관의 두께와 공사

① 콘크리트에 매설하는 경우 : 1.2[mm] 이상

② 기타의 경우 : 1[mm] 이상

(3) 금속 전선관의 시공

1) 관의 절단과 나사 내기

① 금속관의 절단 : 파이프 바이스에 고정시키고 파이프 커터 또는 쇠톱으로 절단하고, 절단한 내면을 리머로 다듬어 전선의 피복이 손상되지 않도록 한다.

② 나사내기 : 오스터로 필요한 길이만큼 나사를 낸다.

2) 금속전선관 구부리기

① 히키(벤더)를 사용하여 관이 심하게 변형되지 않도록 구부려야 하며, 구부러지는 관의 안쪽 반지름은 관 안지름의 6배 이상으로 구부려야 한다.

② 금속관의 굵기가 36[mm] 이상이 되면, 노멀 벤드와 커플링을 이용하여 시설한다.

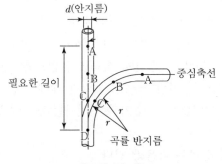

[굴곡 반경]

3) 금속 전선관으로 연결되는 박스 상호 간이나 전기기구와 박스 사이의 전선관에는 3개소를 초과하는 굴곡 개소를 만들면 안 되며, 굴곡 개소가 많은 경우 또는 관의 길이가 30[m]를 초과하는 경우에는 전선의 입선을 쉽게 하기 위하여 배관 도중에 박스를 시설한다.

4) 관 상호 접속은 커플링을 이용하여 접속한다.

[커플링 접속방법]

5) 전선관과 박스접속

금속관을 박스에 접속하려면 나사가 내어져 있는 관 끝을 구멍(녹아웃)에 끼우고, 부싱과 로크너트를 써서 전기적, 기계적으로 완전히 접속한다. 녹아웃 크기가 클 때는 링리듀서를 사용한다.

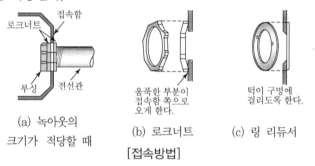

[접속방법]

(4) 금속전선관의 굵기 선정

① 금속전선관의 배선에는 절연전선을 사용해야 한다.
② 절연전선은 단면적 $6mm^2$(알루미늄선은 $16mm^2$) 이하의 단선을 사용하며, 그 이상일 경우는 연선을 사용하여, 전선에 접속점이 없도록 해야 한다.
③ 교류회로에서는 1회로의 전선 모두를 동일관 내에 넣는 것을 원칙으로 한다.
④ 교류회로에서 전선을 병렬로 여러 가닥 입선하는 경우에 관내에 왕복전류의 합계가 "0"이 되도록 하여야 한다.
⑤ 금속전선관의 굵기 선정은 다음과 같다.

㉮ 전선과 전선관의 단면적 관계

배선 구분	전선 단면적에 따른 전선관 굵기 선정 (전선 단면적은 절연피복 포함)
동일 굵기의 절연전선을 동일관 내에 넣을 경우 배관의 굴곡이 작아 전선을 쉽게 인입하고 교체할 수 있는 경우	전선관 내단면적의 48% 이하로 전선관 선정
굵기가 다른 절연 전선을 동일관 내에 넣는 경우	전선관 내단면적의 32% 이하로 전선관 선정

㉯ 금속(후강) 전선관의 내단면적 32% 및 48%일 때의 단면적은 아래 표와 같다.

전선관 굵기 [mm]	내단면적 32%[mm²]	내단면적 48%[mm²]	전선관 굵기 [mm]	내단면적 32%[mm²]	내단면적 48%[mm²]
16	67	101	42	460	690
22	120	180	54	732	1,098
28	201	301	70	1,216	1,825
36	342	513	82	1,701	2,552

(5) 금속전선관의 접지

① 사용전압이 400[V] 미만인 경우의 전선관은 누전에 의한 사고를 방지하기 위하여 제3종 접지공사를 해야 한다.

② 사용전압이 400[V] 이상 전압인 경우에는 특별 제3종 접지공사를 하여야 하며, 사람이 접촉할 우려가 없는 경우에는 제3종 접지공사를 할 수 있다.

③ 강전류 회로의 전선과 약전류 회로의 전선을 전선관에 시공할 때는 특별 제3종 접지공사를 하여야 한다.

④ 사용전압이 400[V] 미만인 다음의 경우에는 접지공사를 생략할 수 있다.

㉮ 건조한 장소 또는 사람이 쉽게 접촉할 우려가 없는 장소의 대지전압이 150[V] 이하, 8[m] 이하의 금속관을 시설하는 경우

㉯ 대지전압이 150[V]를 초과할 때 4[m] 이하의 전선을 건조한 장소에 시설하는 경우

01 다음은 합성수지관 공사의 장점에 대한 설명이다. 이 중 틀린 것은?

① 무게가 가볍고 시공이 쉽다.
② 누전의 우려가 없다.
③ 고온 및 저온의 곳에서 사용하기 좋다.
④ 부식성의 가스 또는 용액이 발산되는 곳에서 적당하다.

답 ③

02 다음 중 합성수지관의 굵기를 부르는 호칭은 무엇인가?

① 반지름　　　② 단면적　　　③ 근사안 지름　　④ 근사 바깥지름

답 ③

03 합성수지관 상호 및 관과 박스와의 접속 시에 삽입하는 깊이는 관 바깥지름의 몇 배 이상으로 하여야 하는가?(접착제 사용하지 않음)

① 0.8　　　　② 1.2　　　　③ 2.0　　　　④ 2.5

풀이 커플링에 들어가는 관의 길이는 관 바깥지름의 1.2배 이상으로 한다. 단, 접착제를 사용할 때는 0.8배 이상으로 한다.

답 ②

04 합성수지관 공사 시 반드시 연선으로 시공해야 하는 전선의 굵기는 몇 [mm] 초과하는 것이어야 하는가?

[2002]

① 2.0　　　　② 2.6　　　　③ 3.0　　　　④ 3.2

풀이 절연전선은 지름 3.2 mm(알루미늄선은 4 mm) 이하의 단선을 사용하며, 그 이상일 경우는 연선을 사용한다.

답 ④

05 합성수지관을 새들 등으로 지지하는 경우에는 그 지지점 간의 거리를 몇 m 이하로 하여야 하는가?

① 1.5m 이하　　② 2.0m 이하　　③ 2.5m 이하　　④ 3.0m 이하

답 ①

06 PVC PIPE의 부속자재 중 커넥터(또는 PIPE 커넥터)의 사용 시 용도는 다음 중 어느 것인가?

① 관과 노멀벤드의 접속에 사용된다.
② 관과 관 또는 관과 BOX와의 접속에 공히 사용된다.
③ 관과 BOX와의 접속에 사용된다.
④ 관과 관의 접속에 사용된다.

답 ③

07 직접 콘크리트에 매입하여 시설하거나 전용의 불연성 또는 난연성 덕트에 넣어야만 시공할 수 있는 전선관은?　[2006]

① CD관　　　　　　　　② PF관
③ PF-P관　　　　　　　④ 두께 2mm 합성수지관

답 ①

08 사용전압이 400[V] 미만인 저압 옥내 배선공사를 점검할 수 없는 은폐된 건조한 장소에 시설하는 공사방법은?　[2004]

① 합성수지 몰드공사　　　② 금속몰드 공사
③ 금속관 공사　　　　　　④ 금속덕트 공사

풀이 금속관 공사는 어느 장소에나 사용이 가능하다.　　　　답 ③

09 강제 전선관의 굵기를 표시하는 방법 설명 중 옳은 것은 어느 것인가?

① 후강은 내경, 박강은 외경을 [mm]로 표시한다.
② 후강, 박강의 외경을 [mm]로 표시한다.
③ 후강은 외경, 박강은 내경을 [mm]로 표시한다.
④ 후강, 박강의 내경을 [mm]로 표시한다.

답 ①

10 박강전선관의 규격에 해당되지 않는 것은?　[2003]

① 19[mm]　　② 23[mm]　　③ 25[mm]　　④ 31[mm]

풀이 19, 25, 31, 39, 51, 63, 75[mm] (7종류)　　　　답 ②

11 금속 전선관을 콘크리트에 매설할 경우 관 두께가 몇 [mm] 이상이어야 하는가?

[2003][2004]

① 1.0   ② 1.2   ③ 1.6   ④ 2.3

풀이 ㉠ 콘크리트에 매설하는 경우 : 1.2[mm] 이상
    ㉡ 기타의 경우 : 1[mm] 이상   **답** ②

12 교류회로의 왕복회선을 동일관 내에 넣어 전자적으로 평형을 유지시켜야 하는 공사방법은?

[2004]

① 경질비닐전선관   ② 연질전선관
③ 합성수지 몰드공사   ④ 금속전선관 공사

답 ④

13 박스에 금속관을 고정할 때 사용하는 것은?

[2005]

① 새들   ② 부싱   ③ 커플링   ④ 로크너트

풀이 ㉠ 부싱 : 전선관에 전선을 배선할 때 전선의 손상을 방지
    ㉡ 로크너트 : 전선관과 박스를 전기적 · 기계적으로 접속
    ㉢ 새들 : 전선관을 조영재에 지지
    ㉣ 커플링 : 전선관 상호 접속   **답** ④

14 아웃렛 박스에서 녹아웃 지름이 전선관의 지름보다 클 때 관을 박스에 고정시키기 위해 쓰는 재료는?

[2003]

① 링리듀서   ② 절연부싱
③ 노멀벤드   ④ 새들

답 ①

15 동일한 굵기의 전선을 동일관 내에 넣는 금속관의 굵기를 선정할 때 전선의 피복을 포함한 단면적의 총합계가 관내 단면적의 최대 몇 % 이하가 되도록 선정해야 하는가?

[2007]

① 32   ② 40   ③ 48   ④ 5

풀이 ㉠ 동일 굵기의 절연전선을 동일 관 내에 넣을 경우 : 관내 단면적의 48% 이하가 되도록 선정

㉡ 굵기가 다른 절연 전선을 동일 관 내에 넣는 경우 : 관내 단면적의 32% 이하가 되도록 선정

답 ③

16 금속 전선관을 조영재에 따라서 시설하는 경우에는 새들 또는 행거(hanger) 등으로 견고하게 지지하고, 그 간격을 최대 몇 [m] 이하로 하는 것이 바람직한가? [2008]

① 1.0   ② 1.5   ③ 2.0   ④ 2.5

답 ③

17 엔트런스 캡의 주된 사용장소는 다음 중 어느 것인가?

① 부스 덕트의 끝 부분의 마감재
② 저압 인입선 공사 시 전선관 공사로 넘어갈 때 전선관의 끝부분
③ 케이블 트레이의 끝부분의 마감재
④ 케이블 헤드를 시공할 때 케이블 헤드의 끝부분

풀이 엔트런스 캡(우에사 캡)

인입구, 인출구의 관단에 설치하여 금속관에 접속하여 옥외의 빗물을 막는 데 사용한다.

답 ②

18 콘크리트에 매입하는 금속관 공사에서 직각으로 배관할 때 사용하는 것은?

① 노멀벤드   ② 뚜껑이 있는 엘보
③ 서비스 엘보   ④ 유니버설 엘보

답 ①

19 금속관 공사 시 관을 접지하는 데 사용하는 것은?

① 노출배관용 박스   ② 엘보
③ 접지 클램프   ④ 터미널 캡

풀이 접지 클램프 또는 접지 부싱을 사용하여 분전반, 배전반 등의 인입 개폐기에 가까운 곳에서 각 관로마다 접속한다.

답 ③

03 가요전선관공사

(1) 금속제 가요전선관의 특징

1) 가요전선관은 두께 0.8[mm] 이상의 연강대에 아연도금을 하고, 이것을 약 반 폭씩 겹쳐서 나선모양으로 만들어 가요성이 풍부하고, 길게 만들어져서 관에 상호 접속하는 일이 적고 자유롭게 배선할 수 있는 전선관이다.

2) 가요전선관공사는 작은 증설 배선, 안전함과 전동기 사이의 배선, 기차나 전차 안의 배선 등의 시설에 적당하다.

(2) 금속제 가요전선관의 종류

1) 제1종 금속제 가요전선관

   플렉시블 콘딧(Flexible Conduit)이라고 하며, 전면을 아연도금한 파상 연강대가 빈틈없이 나선형으로 감겨져 있으므로 유연성이 풍부하다. 방수형과 비방수형, 고장력형이 있다.

2) 제2종 금속제 가요전선관

   플리커 튜브(Flicker Tube)라고 하며, 아연도금한 강대와 강대 사이에 별개의 파이버를 조합하여 감아서 만든 것으로 내면과 외면이 매끈하고 기밀성, 내열성, 내습성, 내진성, 기계적 강도가 우수하며, 절단이 용이하다. 방수형과 비방수형이 있다.

3) 금속제 가요전선관의 호칭

   전선관의 굵기는 안지름으로 정하는데 10, 12, 15, 17, 24, 30, 38, 50, 63, 76, 83, 101[mm]로 제작된다.

(3) 금속제 가요전선관의 시공

1) 건조하고 전개된 장소와 점검할 수 있는 은폐장소에 한하여 시설할 수 있다. 그러나 무게의 압력 또는 심한 기계적 충격을 받을 우려가 있는 장소는 피해야 한다.

2) 관의 지지점 간의 거리는 1[m] 이하마다 새들을 써서 고정시키고, 구부러지는 쪽의 안쪽 반지름은 가요전선관 안지름의 6배 이상으로 하여야 한다.

3) 금속제 가요전선관의 부속품은 아래와 같다.
   ① 가요전선관 상호의 접속 : 스프리트 커플링

② 가요전선관과 금속관의 접속 : 콤비네이션 커플링

③ 가요전선관과 박스와의 접속 : 스트레이트 박스 커넥터, 앵글 박스 커넥터

4) 전선은 절연전선으로 단면적 10mm²(알루미늄선은 16mm²)를 초과하는 것은 연선을 사용해야 되고, 관내에서는 전선의 접속점을 만들어서는 안 된다.

(4) 금속제 가요전선관의 접지

1) 금속제 가요전선관 및 부속품은 사용전압이 400[V] 미만인 경우에 제3종 접지공사 해야 한다.(길이가 4m 이하인 경우는 생략)

2) 사용전압이 400[V] 이상의 저압인 경우에는 특별 제3종 접지공사를 하여야 하며, 사람이 접촉할 우려가 없는 경우에는 제3종 접지공사를 할 수 있다.

3) 강전류 회로의 전선과 약전류 회로의 전선을 전선관에 시공할 때는 특별 제3종 접지 공사를 하여야 한다.

4) 금속제 가요전선관은 금속 전선관에 비해 전기저항이 크고 굴곡으로 인하여 전기저 항의 변화가 심하므로 접지효과를 충분하게 하기 위하여 나연동선을 접지선으로 하 여 배관의 안쪽에 삽입 또는 첨가한다.

04 애자사용공사

(1) 애자사용배선의 특징

1) 전선을 지지하여 전선이 조영재(벽면이나 천장면) 및 기타 접촉할 우려가 없도록 배 선하는 것이다.

2) 애자는 절연성, 난연성 및 내수성이 있어야 한다.

(2) 애자의 종류

애자의 높이와 크기에 따라 소놉, 중놉, 대놉, 특대놉과 재질로는 사기, PVC, 에폭시 등이 있다.

(3) 애자사용배선 시공

1) 전선은 절연전선을 사용해야 한다. 다만, 아래의 경우에는 노출장소에 한해 나전선을 사용할 수 있다.
   ① 열로 인한 영향을 받는 장소
   ② 전선의 피복 절연물이 부식하는 장소
   ③ 취급자 이외의 사람이 출입할 수 없도록 설비한 장소
2) 절연전선과 애자를 묶기 위한 바인드선은 0.9~1.6[mm]의 구리 또는 철의 심선에 절연 혼합물을 피복한 선을 사용한다.
3) 애자 사용 배선은 시공 전선을 조영재의 아래 면이나 옆면에 시설해야 한다.
   ① 전선 상호 간의 거리 : 6[cm] 이상
   ② 전선과 조영재와의 거리
      ㉮ 400[V] 미만 : 2.5[cm] 이상
      ㉯ 400[V] 이상 : 4.5[cm] 이상(건조한 곳은 2.5[cm] 이상)
   ③ 애자의 지지점 간의 거리는 2[m] 이하이다.

05 케이블 배선공사

(1) 케이블 배선의 특징

1) 케이블 배선은 절연전선보다는 안정성이 뛰어나므로 빌딩, 공장, 변전소, 주택 등 다방면으로 많이 사용되고 있다.
2) 다른 배선방식에 비하여 시공이 간단하여, 전력 수요가 증대되는 곳에서 주로 사용된다.

(2) 케이블 배선의 종류

저압 배선용으로 주로 폴리에틸렌 절연 비닐 시스케이블(EV), 0.6/1kV 가교 폴리에틸렌 절연 비닐 시스케이블(CV1), 0.6/1kV 비닐 절연 시스케이블(VV), 0.6/1kV 비닐절연 비닐 캡타이어케이블(VCT) 등이 사용된다.

(3) 케이블 배선의 시공

1) 중량물의 압력 또는 심한 기계적 충격을 받을 우려가 있는 장소에서는 사용해서는 안된다. 단, 케이블을 금속관 또는 합성수지관 등으로 방호하는 경우에는 사용 가능하다.

2) 옥측 및 옥외에 케이블을 설치할 때는 구내는 지표상 1.5[m], 구외는 2[m] 이상 높이로 한다.

3) 케이블을 마루바닥, 벽, 천장, 기둥 등에 직접 매입하지 않도록 한다.

4) 케이블을 구부리는 경우 피복이 손상되지 않도록 하고, 그 굴곡부의 곡률 반지름은 원칙적으로 케이블의 바깥 지름의 6배 이상으로 하여야 한다.

5) 케이블 지지점 간의 거리
   ① 조영재의 수직방향으로 시설할 경우 : 2[m] 이하(단, 캡타이어 케이블은 1[m])
   ② 조영재의 수평방향으로 시설할 경우 : 1[m] 이하

6) 케이블 상호의 접속과 케이블과 기구단자를 접속하는 경우에는 캐비닛, 박스 등의 내부에서 한다.

(4) 케이블 트레이 배선

1) 케이블 트레이의 특징

케이블 트레이는 케이블이나 전선관을 지지하기 위하여 금속재료로 결합된 구조물을 말한다.

2) 케이블 트레이의 종류

① 사다리형 케이블 트레이
가장 일반적인 형태로 옥외설치가 용이하고 가격이 저렴하여 경제적이다. 발전소나 공장 등에 사용되며 강도가 강하여 열악한 환경에 사용되고 있다.

② 채널형 케이블 트레이
㉮ 바닥 통풍형과 바닥 밀폐형의 복합채널 부품으로 구성된 조립 금속구조로 폭이 150[mm] 이하인 케이블 트레이를 말한다.
㉯ 바닥 펀칭 형상에 강한 엠보 처리로 높은 강도가 유지되며, 터널, 플랜트 시설, 오피스텔, 아파트, 할인점, 백화점, 운동장, 공장 등 모든 분야에 사용되고 있다.

③ 바닥 밀폐형 케이블 트레이

직선방향 측면 레일에서 바닥에 구멍이 없는 조립 금속구조로서, 케이블 보호에
탁월하여 필요 개소에는 뚜껑을 설치한다.

[사다리형]　　　　[채널형]　　　　[바닥 밀폐형]

3) 케이블 트레이 배선의 시공

① 케이블은 케이블 트레이의 가로대에 견고하게 고정시켜야 한다.

② 안전율은 1.5 이상으로 트레이 내에 수용된 모든 전선을 지지할 수 있어야 한다.

③ 저압케이블과 고압 또는 특별 고압케이블은 동일 케이블 트레이 내에 시설하여서
는 안 된다.

④ 케이블 단면적의 합계는 트레이의 최대허용 케이블 점유면적 이하로 시설하여야 한다.

⑤ 단심 50[mm²] 미만의 케이블은 케이블 트레이 내에 시설할 수 없으며, 다심케이
블을 사용하여야 한다.

⑥ 케이블 트레이 내에서 전선을 접속하는 경우에는 접속부분에 사람이 접근할 수
있으며, 접속부분이 옆면 레일 위로 나오지 않도록 하여야 한다.

⑦ 금속제 케이블 트레이의 사용전압이 400[V] 미만인 경우에는 제3종 접지공사를
하여야 하고, 400[V] 이상인 경우에는 특별 제3종 접지공사를 하여야 한다.

(1) 덕트의 특징

강판제를 이용하여 사각 틀을 만들고, 그 안에 절연전선, 케이블, 동바 등을 넣어서 배선하는 것이다.

(2) 덕트의 종류

1) 금속 덕트 배선

① 강판제의 덕트 내에 다수의 전선을 정리하여 사용하는 것으로, 주로 공장, 빌딩 등에서 다수의 전선을 수용하는 부분에 사용되며, 다른 전선관 공사에 비해 경제적이고 외관도 좋으며 배선의 증설 및 변경 등이 용이하다.

② 금속 덕트는 폭 5[cm]를 넘고 두께 1.2[mm] 이상인 철판으로 견고하게 제작하고, 내면은 아연도금 또는 에나멜 등으로 피복한다.

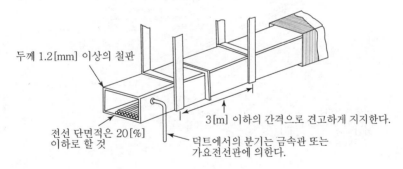

두께 1.2[mm] 이상의 철판

전선 단면적은 20[%] 이하로 할 것

3[m] 이하의 간격으로 견고하게 지지한다.

덕트에서의 분기는 금속관 또는 가요전선관에 의한다.

③ 금속 덕트 배선의 시공

㉮ 옥내에서 건조한 노출장소와 점검 가능한 은폐장소에 시설할 수 있다.

㉯ 지지점 간의 거리는 3[m] 이하로 견고하게 지지하고, 뚜껑이 쉽게 열리지 않도록 하며, 덕트의 끝 부분은 막는다.

㉰ 절연 전선을 사용하고, 덕트 내에서는 전선이 접속점을 만들어서는 안 된다.

㉱ 금속 덕트의 사용전압이 400[V] 미만인 경우에는 제3종 접지공사를 하여야 하고, 사용전압이 400[V] 이상인 경우에는 특별 제3종 접지공사를 하여야 한다. 다만, 사람이 접촉될 우려가 없도록 시설하는 경우에는 제3종 접지공사로 할 수 있다.

④ 전선과 전선관의 단면적 관계

㉮ 금속 덕트에 수용하는 전선은 절연물을 포함하는 단면적의 총합이 금속 덕트 내 단면적의 20[%] 이하가 되도록 한다.

㉯ 전광사인 장치, 출퇴 표시등, 기타 이와 유사한 장치 또는 제어회로 등의 배선에 사용하는 전선만을 넣는 경우에는 50[%] 이하로 할 수 있다.

㉰ 전선수는 30가닥 이하로 하는 것이 좋다.

2) 버스 덕트 배선

① 버스 덕트는 절연 모선을 금속제 함에 넣는 것으로 빌딩, 공장 등의 저압 대용량의 배선설비 또는 이동 부하에 전원을 공급하는 수단으로 사용된다.

② 구리 또는 알루미늄으로 된 나도체를 난연성, 내열성, 내습성이 풍부한 절연물로 지지하고, 절연한 도체를 강판 또는 알루미늄으로 만든 덕트 내에 수용한 것이다.

③ 버스 덕트는 대전류 용량을 수용할 수 있고, 신뢰도가 높으며, 배선이 간단하여 보수가 쉽고, 시공이 용이하다.

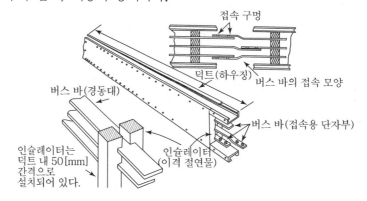

④ 버스 덕트 배선 시공

㉮ 옥내에서 건조한 노출장소와 점검 가능한 은폐장소에 시설할 수 있다.

㉯ 덕트는 3[m] 이하의 간격으로 견고하게 지지하고, 내부에 먼지가 들어가지 못하도록 한다.

㉰ 도체는 덕트 내에서 0.5[m] 이하의 간격으로 비흡수성의 절연물로 견고하게 지지해야 한다.

㉱ 버스 덕트의 사용전압이 400[V] 미만인 경우에는 제3종 접지공사를 하여야 하고, 사용전압이 400[V] 이상인 경우에는 특별 제3종 접지공사를 하여야 한다. 다만, 사람이 접촉될 우려가 없도록 시설하는 경우에는 제3종 접지공사로 할 수 있다.

3) 플로어 덕트 배선

① 마루 밑에 매입하는 배선용의 덕트로 마루 위로 전선인출을 목적으로 하는 것
② 사무용 빌딩에서 전화 및 전기배선 시설을 위해 사용하며, 사무기기의 위치가 변경될 때 쉽게 전기를 끌어 쓸 수 있는 융통성이 있으므로 사무실, 은행, 백화점 등의 실내공간이 크고 조명, 콘센트, 전화 등의 배선이 분산된 장소에 적합하다.

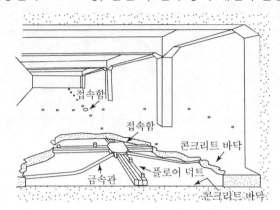

③ 플로어 덕트 배선의 시공
㉮ 옥내의 건조한 콘크리트 바닥에 매입할 경우에 한하여 시설한다.
㉯ 플로어 덕트 배선에 사용되는 전선은 절연전선으로 단면적 10mm^2(알루미늄선은 16mm^2) 이하를 사용하고 초과하는 경우에는 연선을 사용해야 되고, 관내에서는 전선의 접속점을 만들어서는 안 된다.
㉰ 플로어 덕트에 수용하는 전선은 절연물을 포함하는 단면적의 총합이 덕트 내단면적의 32[%] 이하가 되도록 한다.
㉱ 플로어 덕트 및 박스 등 기타 부속품은 두께 2[mm] 이상의 강판으로 제작하고 아연도금 또는 에나멜로 피복한다.
㉲ 플로어 덕트는 사용전압 400[V] 미만에서 주로 사용하고, 제3종 접지공사를 하여야 한다.

4) 셀룰러 덕트 배선

① 셀룰러 덕트의 특징
건물의 바닥 콘크리트 가설틀 또는 바닥 구조재의 일부로서 사용되는 데크 플레이트 등의 홈을 폐쇄하여 전기 배선용 덕트로 사용하는 것으로, 고층건물, 넓은 공간 구조의 건물 등에 이용된다.

② 셀룰러 덕트 배선의 시공

㉮ 옥내의 건조한 곳으로 점검할 수 있는 은폐장소이거나, 점검할 수 없는 은폐장소로서 콘크리트 바닥 내에 매설하는 부분에 한하여 시설할 수 있다.

㉯ 사용전압은 400[V] 미만이고, 전선은 절연전선으로 단면적 10mm²(알루미늄선은 16mm²) 이상은 연선을 사용해야 되고, 관내에서는 전선의 접속점을 만들지 말아야 한다.

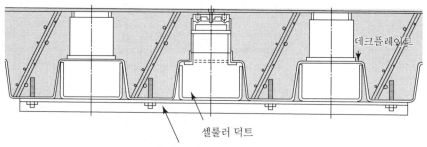

셀룰러 덕트 지지재

셀룰러 덕트

데크플레이트

㉰ 셀룰러 덕트에 수용하는 전선은 절연물을 포함하는 단면적의 총합이 금속 덕트 내 단면적의 20[%] 이하가 되도록 한다. 단, 전광사인 장치, 출퇴 표시등, 기타 이와 유사한 장치 또는 제어회로 등의 배선에 사용하는 전선만을 넣는 경우에는 50[%] 이하로 할 수 있다.

㉱ 셀룰러 덕트 및 부속품에 물이 고이지 않도록 시설하고, 덕트의 종단부는 폐쇄한다.

㉲ 제3종 접지공사를 하여야 한다.

07 몰드 배선공사

(1) 몰드 배선의 종류

1) 합성수지 몰드 배선

① 합성수지 몰드 배선의 특징

매립 배선이 곤란한 경우의 노출 배선이며, 접착테이프와 나사못 등으로 고정시키고 절연전선 등을 넣어 배선하는 방법이다.

② 합성수지 몰드 배선 시공

㉮ 옥내의 건조한 노출장소와 점검할 수 있는 은폐장소에 한하여 시공할 수 있다.

㉯ 합성수지 몰드 배선의 사용전압은 400[V] 미만이고, 전선은 절연전선을 사용하며 몰드 내에서는 접속점을 만들지 않는다.

㉰ 홈의 폭과 깊이가 3.5[cm] 이하, 두께는 2[mm] 이상의 것이어야 한다. 단, 사람이 쉽게 접촉될 우려가 없도록 시설한 경우에는 폭 5[cm] 이하, 두께 1[mm] 이상인 것을 사용할 수 있다.

㉱ 합성수지 몰드의 베이스를 조영재에 부착할 경우 40~50[cm] 간격마다 나사못 또는 접착제를 이용하여 견고하게 부착해야 한다.

2) 금속몰드 배선

① 금속몰드 배선의 특징

콘트리트 건물 등의 노출 공사용으로 쓰이며, 금속전선관 공사와 병용하여 점멸 스위치, 콘센트 등의 배선기구의 인하용으로 사용된다.

② 금속몰드 배선의 시공

㉮ 옥내의 외상을 받을 우려가 없는 건조한 노출장소와 점검할 수 있는 은폐장소에 한하여 시공할 수 있다.

㉯ 사용전압은 400[V] 미만이고, 전선은 절연전선을 사용하며 몰드 내에서는 접속점을 만들지 않는다.

㉰ 조영재에 부착할 경우 1.5[m] 이하마다 고정하고, 금속몰드 및 기타 부속품에는 제3종 접지공사를 하여야 한다.

3) 레이스 웨이 배선(2종 금속몰드)

① 배선용 덕트와 조합하여 사용하는 배선 및 기구 설치용으로 사무실, 주차장, 기계실, 전시장, 생산 공장 등의 조명이나 콘센트 설치, 통신용 배선 등에 사용된다.

② 레이스 웨이의 시공

㉮ 조립식 공법을 채택하여 조명기구, 리셉터클, 박스 등의 동시 설치작업이 가능하다.

㉯ 다양한 조립식으로 증설, 변경, 철거 및 이설 등이 용이하다.

㉰ 외관이 미려하고 내구성이 뛰어나며, 현장 여건에 따라서 전로의 형태를 자유롭게 설계 시공할 수 있다.

㉱ 해체 및 조립이 용이하고 재활용이 가능하여 경제적이다.

㉲ 레이스 웨이는 제3종 접지공사를 하여야 한다.

01 다음 중 가요전선관 공사로 적당하지 않은 것은?

① 엘리베이터　　　　　　　　　② 전차 내의 배선
③ 콘크리트 매입　　　　　　　　④ 금속관 말단

답 ③

02 가요전선관 공사에 사용되는 부품 중 전선관 상호 간에 접속되는 연결구로 사용되는 부품의 명칭은?

[2002][2007]

① 스플리트 커플링　　　　　　　② 콤비네이션 커플링
③ 콤비네이션 유니온 커플링　　　④ 앵글 박스 커넥터

풀이 ㉠ 가요전선관 상호의 접속 : 스플리트 커플링
　　 ㉡ 가요전선관과 금속관의 접속 : 콤비네이션 커플링
　　 ㉢ 가요전선관과 박스와의 접속 : 스트레이트 박스 커넥터, 앵글 박스 커넥터

답 ①

03 제2종 가요전선관을 구부릴 경우 안쪽 반지름은 내경의 몇 배 이상으로 해야 하는가?

[2002]

① 2　　　　　　　　　　　　　② 3
③ 5　　　　　　　　　　　　　④ 6

풀이 구부러지는 쪽의 안쪽 반지름은 가요전선관 안지름의 6배 이상으로 하여야 한다.

답 ④

04 2중 천장 내 옥내배선에서 분기하여 조명기구에 접속하는 시공방법 중 바르게 된 것은?

[2005]

① IV 또는 합성수지관배선
② IV 또는 가요전선관배선
③ 케이블 또는 합성수지관배선
④ 케이블 또는 금속제 가요전선관배선

답 ④

05 애자 사용공사에서 사용전압이 220V인 경우 전선 상호 간의 이격거리는 몇 [cm] 이상이어야 하는가?

① 3　　　　　　② 6　　　　　　③ 9　　　　　　④ 12

풀이 ㉠ 전선 상호 간의 거리 : 6[cm] 이상
　　㉡ 전선과 조영재와의 거리
　　　• 400[V] 미만 : 2.5[cm] 이상
　　　• 400[V] 이상 : 4.5[cm] 이상(건조한 곳은 2.5[cm] 이상)　　　**답** ②

06 네온관등 회로의 배전공사 방법은?　　　　　　　　　　　　　　　　[2002]

① 금속 몰드공사　　　　　　　② 가요전선관공사
③ 애자사용공사　　　　　　　④ 합성수지 몰드공사

답 ③

07 다음 중 노브애자사용 공사에서 전선 교차 시 사용하는 것은?

① 애관　　　　　　　　　　　② 부목
③ 동관　　　　　　　　　　　④ 테이프

풀이 **저압 옥내배선공사**
　　애관, 노브애자나 클리트 배선공사 시, 전선 교차장소에 절연 목적으로 애관이 사용된다.　**답** ①

08 케이블 공사 시 단심 비닐 외장 케이블의 굴곡 반지름은 바깥지름의 몇 배 이상이 되어야 하는가?

① 6　　　　　　② 8　　　　　　③ 10　　　　　　④ 12

답 ②

09 케이블 공사에서 비닐 외장 케이블을 조영재의 측면에 따라 붙이는 경우 지지점 간 거리의 최대값[m]은 얼마로 규정되어 있는가?

① 1.0　　　　　　② 1.5　　　　　　③ 2.0　　　　　　④ 2.5

답 ①

10 케이블을 고층건물에 수직으로 배선하는 경우에는 다음 중 어떤 방법으로 지지하는 것이 가장 적당한가?

① 3층마다   ② 2층마다   ③ 매 층마다   ④ 4층마다

풀이 고층건물에 수직으로 배선하는 경우에는 매 층마다 2개소를 지지한다.   답 ③

11 바닥 통풍형과 바닥 밀폐형의 복합채널 부품으로 구성된 조립 금속구조로 폭이 (150mm) 이하이며, 주 케이블 트레이로부터 말단까지 연결되어 단일 케이블을 설치하는 데 사용하는 tray는? [2008]

① 통풍채널형 케이블 트레이   ② 사다리형 케이블 트레이
③ 바닥 밀폐형 케이블 트레이   ④ 트로프형 케이블 트레이

답 ①

12 다음 중 금속덕트 공사의 시설방법 중 틀린 것은?

① 덕트 상호 간은 견고하고 또한 전기적으로 완전하게 접속할 것
② 덕트 지지점 간의 거리는 3m 이하로 할 것
③ 덕트 종단부는 열어둘 것
④ 저압 옥내 배선의 사용 전압이 400V 미만인 경우에는 덕트에 제3종 접지공사를 할 것

풀이 금속덕트의 종단부는 폐소하여야 한다.   답 ③

13 금속덕트 안에 넣는 전선은 고무절연전선, 비닐절연전선 또는 케이블로서 그 피복을 포함한 총 단면적은 덕트 내 단면적을 몇 [%] 이내로 하여야 가장 적당한가?

① 10   ② 20   ③ 30   ④ 40

답 ②

14 다음 중 플로어 덕트의 전선 접속은 어디에서 하는가?

① 전선 입출구에서 한다.   ② 접속함 내에서 한다.
③ 플로어 덕트 내에서 한다.   ④ 덕트 끝단부에서 한다.

답 ②

15 금속덕트, 버스덕트, 플로어 덕트에는 어떤 접지를 하여야 하는가?(단, 사람이 접촉할 우려가 없도록 시설하는 경우)

① 금속덕트는 제1종, 버스덕트는 제3종, 플로어 덕트는 안 해도 관계없다.

② 덕트공사는 모두 제2종 접지공사를 하여야 한다.

③ 덕트공사는 모두 제3종 접지공사를 하여야 한다.

④ 덕트공사는 접지공사를 할 필요가 없다.

답 ③

16 버스덕트 공사 중 도중에서 부하를 접속할 수 있도록 꽂음 구멍이 있는 덕트는?

[2008]

① Feeder Bus Way

② Plug-in Way

③ Trolley Bus Way

④ Floor Bus Way

풀이 ㉠ 피더버스덕트 : 옥내의 변압기와 배전반, 배전반과 분전반 간의 간선에서 분기 접속이 없는 전로에 사용

㉡ 플러그인버스덕트 : 피더버스덕트의 측면에 적당한 간격으로 분기장치를 할 수 있도록 한 것

㉢ 트롤리버스 덕트 : 덕트의 하면에 홈을 만들어 모선에 따라 접촉자가 이동할 수 있도록 한 것

답 ②

17 셀룰러 덕트 및 부속품은 제 몇 종 접지공사를 하여야 하는가?

[2008]

① 제1종 접지공사

② 제2종 접지공사

③ 제3종 접지공사

④ 특별 제3종 접지공사

답 ③

18 셀룰러 덕트 배선공사 시 부속품의 판 두께는 몇 [mm] 이상이어야 하는가?

[2005]

① 1.0

② 1.2

③ 1.4

④ 1.6

답 ④

19 합성수지몰드 공사에 사용하는 몰드 홈의 폭과 깊이는 몇 cm 이하가 되어야 하는가?

[2007]

① 1.5 　　　　② 2.5 　　　　③ 3.5 　　　　④ 4.5

풀이 홈의 폭과 깊이가 3.5[cm] 이하, 두께는 2[mm] 이상의 것이어야 한다. 단, 사람이 쉽게 접촉될 우려
가 없도록 시설한 경우에는 폭 5[cm] 이하, 두께 1[mm] 이상인 것을 사용할 수 있다.　　**답** ③

20 금속몰드 배선의 사용전압은 몇 [V] 미만이어야 하는가?

① 110 　　　　② 220 　　　　③ 400 　　　　④ 600

답 ③

21 몰드의 길이가 8.5m인 금속몰드 공사 시 금속몰드는 제 몇 종 접지공사를 하여야 되
는가?

[2002][2007]

① 제1종 접지공사 　　　　② 제2종 접지공사
③ 제3종 접지공사 　　　　④ 특별 제3종 접지공사

답 ③

22 1종 금속몰드 공사 시 동일 몰드 내에 넣는 최대 전선수는 몇 본인가? 　[2005]

① 4 　　　　② 6 　　　　③ 8 　　　　④ 10

답 ④

23 평형 보호층 배선의 시설장소로 적합한 곳은?

[2006]

① 호텔 　　　　② 병원
③ 학교 　　　　④ 연구소

풀이 다음에 열거한 장소 이외의 장소에 시설
　　㉠ 주택, 여관, 호텔, 숙박소 등의 숙박실
　　㉡ 초등학교, 중·고등학교 등의 교실
　　㉢ 병원, 진료소 등의 병실　　**답** ④

08 특수 장소의 배선

(1) 먼지가 많은 장소의 공사

1) 폭연성 분진 또는 화약류 분말이 존재하는 곳

① 폭연성(먼지가 쌓여진 상태에서 착화된 때에 폭발할 우려가 있는 것) 또는 화약류 분말이 존재하는 곳의 전기설비가 발화원이 되어 폭발할 우려가 있는 곳에 시설하는 저압 옥내 배선은 **금속 전선관 공사** 또는 **케이블공사**에 의하여 시설하여야 한다.

② 이동 전선은 0.6/1 kV EP 고무절연 클로로프렌 캡타이어케이블을 사용하고, 모든 전기 기계 기구는 분진 방폭 특수방진구조의 것을 사용하고, 콘센트 및 플러그를 사용해서는 안 된다.

2) 가연성 분진이 존재하는 곳

① 소맥분, 전분, 유황 기타의 가연성 먼지로서 공중에 떠다니는 상태에서 착화하였을 때, 폭발의 우려가 있는 곳의 저압 옥내 배선은 **합성 수지관 배선, 금속 전선관 배선, 케이블 배선**에 의하여 시설한다.

② 이동 전선은 0.6/1 kV EP 고무절연 클로로프렌 캡타이어케이블 또는 0.6/1 kV 비닐절연 비닐캡타이어 케이블을 사용하고, 분진 방폭 보통방진구조의 것을 사용하고, 손상 받을 우려가 없도록 시설한다.

3) 불연성 먼지가 많은 곳

① 정미소, 제분소, 시멘트 공장 등과 같은 먼지가 많아서 전기 공작물의 열방산을 방해하거나, 절연성을 열화시키거나, 개폐 기구의 기능을 떨어뜨릴 우려가 있는 곳의 저압옥내 배선은 **애자 사용 공사, 합성 수지관 공사, 금속 전선관 공사, 금속제 가요 전선관 공사, 금속덕트 공사, 버스덕트 공사 또는 케이블 공사**에 의하여 시설한다.

② 전선과 기계 기구와는 진동에 의하여 헐거워지지 않도록 기계적, 전기적으로 완전히 접속하고, 온도 상승의 우려가 있는 곳은 방진장치를 한다.

(2) 가연성 가스가 존재하는 곳의 공사

1) 가연성 가스 또는 인화성 물질의 증기가 새거나 체류하여 전기설비가 발화원이 되어 폭발할 우려가 있는 곳(프로판 가스 등의 가연성 액화 가스를 다른 용기에 옮기거나 나누는 등의 작업을 하는 곳, 에탄올, 메탄올 등의 인화성 액체를 옮기는 곳 등)의 장소에서는 금속 전선관 공사 또는 케이블 공사에 의하여 시설하여야 한다.

2) 이동용 전선은 접속점이 없는 0.6/1 kV EP 고무절연 클로로프렌 캡타이어케이블을 사용하여야 한다.

3) 전기기계기구는 설치한 장소에 존재할 우려가 있는 폭발성 가스에 대하여 충분한 방폭 성능을 가지는 것을 사용하여야 한다.

4) 전선과 전기기계 기구의 접속은 진동에 풀리지 않도록, 너트와 스프링 와셔 등을 사용하여 전기적으로는 완전하게 접속하여야 한다.

(3) 위험물이 있는 곳의 공사

1) 셀룰로이드, 성냥, 석유 등 타기 쉬운 위험한 물질을 제조하거나 저장하는 곳은 합성수지관 공사, 금속 전선관 공사 또는 케이블 공사에 의하여 시설한다.

2) 이동 전선은 0.6/1 kV EP 고무절연 클로로프렌 캡타이어케이블 또는 0.6/1 kV 비닐절연 비닐캡타이어 케이블을 사용한다.

3) 불꽃 또는 아크가 발생될 우려가 있는 개폐기, 과전류 차단기, 콘센트, 코드접속기, 전동기 또는 온도가 현저하게 상승될 우려가 있는 가열장치, 저항기 등의 전기기계기구는 전폐구조로 하여 위험물에 착화될 우려가 없도록 시설하여야 한다.

(4) 화약류 저장소의 위험장소

1) 화약류 저장소 안에는 전기설비를 시설하지 아니하는 것이 원칙으로 되어 있다. 다만, 백열전등, 형광등 또는 이들에 전기를 공급하기 위한 전기설비만을 금속 전선관 공사 또는 케이블 공사에 의하여 다음과 같이 시설할 수 있다.

2) 전로의 대지 전압은 300[V] 이하로 한다.

3) 전기기계기구는 전폐형으로 한다.

4) 화약류 저장소 이외의 곳에 전용 개폐기 및 과전류 차단기를 시설하여 취급자 이외의 사람이 조작할 수 없도록 시설하고, 또한 지락 차단 장치 또는 지락 경보 장치를 시설 한다.

5) 전용 개폐기 또는 과전류 차단기에서 화약류 저장소의 인입구까지는 케이블을 사용하여 지중 전로로 사용한다.

(5) 부식성 가스 등이 있는 장소

1) 산류, 알칼리류, 염소산칼리, 표백분, 염료 또는 인조비료의 제조공장, 제련소, 전기 도금공장, 개방형 축전지실 등 부식성 가스 등이 있는 장소의 저압 배선에는 애자사용 배선, 금속 전선관 배선, 합성수지관 배선, 2종 금속제 가요전선관, 케이블 배선으로 시공하여야 한다.

2) 이동전선은 필요에 따라서 방식도료를 칠하여야 한다.

3) 개폐기, 콘센트 및 과전류 차단기를 시설하여서는 안 된다.

4) 전동기와 전력장치 등은 내부에 부식성 가스 또는 용액이 침입할 우려가 없는 구조의 것을 사용한다.

(6) 습기가 많은 장소

1) 습기가 많은 장소(물기가 있는 장소)의 저압 배선은 금속 전선관 배선, 합성수지 전선관 배선, 2종 금속제 가요전선관 배선, 케이블 배선으로 시공하여야 한다.

2) 조명기구의 플랜지 내에는 전선의 접속점이 없도록 한다.

3) 개폐기, 콘센트 또는 과전류차단기를 시설하여야 하는 경우에는 내부에 습기가 스며 들 우려가 없는 구조의 것을 사용하여야 한다.

4) 전동기 등의 동력장치는 방수형을 사용하여야 한다.

5) 전기기계 기구에 전기를 공급하는 전로에는 누전차단기를 설치하여야 한다.

(7) 흥행장소

1) 무대, 무대마루 밑, 오케스트라 박스, 영사실 기타의 사람이나 무대 도구가 접촉할 우려가 있는 곳에 시설하는 저압 옥내 배선, 전구선 또는 이동 전선은 사용 전압이 400[V] 미만이어야 한다.

2) 무대 밑 배선은 금속 전선관 배선, 합성수지 전선관 배선, 케이블 배선으로 시공하여 야 한다.

3) 조명기구와 같이 온도가 현저하게 상승될 우려가 있는 기구류는 무대의 막, 목조의 마루나 벽 등의 가연성 물질과 쉽게 접촉되지 아니하도록 그 사이를 충분히 이격하 여 시설하여야 한다.

4) 무대, 무대 밑, 오케스트라 박스 및 영사실에서 사용하는 전등 등의 부하에 공급하는 전로에는 이들의 전로에 전용개폐기 및 과전류차단기를 설치하여야 한다.

5) 이동 전선은 0.6/1 kV EP 고무절연 클로로프렌 캡타이어케이블 또는 0.6/1 kV 비 닐절연 비닐캡타이어 케이블을 사용한다.

(8) 광산, 터널 및 갱도

1) 사람이 상시 통행하는 터널 내의 배선은 저압에 한하여 애자 사용, 금속 전선관, 합성 수지관, 금속제 가요전선관, 케이블 배선으로 시공하여야 한다.
2) 터널의 인입구 가까운 곳에 전용의 개폐기를 시설하여야 한다.
3) 광산, 갱도 내의 배선은 저압 또는 고압에 한하고, 케이블 배선으로 시공하여야 한다.

<특수장소에서 시설 가능한 공사방법>

구분		금속관	케이블	합성수지관	금속제 가요전선관	덕트	애자	비고
먼지	폭발성	○	○	×	×	×	×	
	가연성	○	○	○	×	×	×	
	불연성	○	○	○	○	○	○	
가연성 가스		○	○	×	×	×	×	
위험물		○	○	○	×	×	×	
화약류		○	○	×	×	×	×	300V 미만 조명배선만 가능
부식성 가스		○	○	○	○ (2종만 가능)	×	○	
습기 있는 장소		○	○	○	○ (2종만 가능)	×	×	
흥행장		○	○	○	×	×	×	400V 미만
광산, 터널, 갱도		○	○	○	○	○	○	

[참조] 위 표에서 알 수 있듯이 금속관, 케이블, 합성수지관 배선공사는 거의 모든 장소의 전기공사에 사용할 수 있으나, 합성수지관이 열에 약한 특성으로 인해 폭발성 먼지, 가연성 가스, 화약류보관장소의 배선은 할 수 없음을 기억한다.

01 폭연성 분진이 있는 곳의 금속관 공사이다. 박스 기타의 부속품 및 풀박스 등이 쉽게 마모, 부식, 기타 손상을 일으킬 우려가 없도록 하기 위해 쓰이는 재료는? [2007]

① 새들   ② 커플링

③ 노멀 벤드   ④ 패킹

답 ④

02 소맥분, 전분 기타 가연성의 분진이 존재하는 곳의 저압 옥내 배선공사 방법 중 적당하지 않은 것은?

① 애자사용공사   ② 합성수지관 공사

③ 케이블 공사   ④ 금속관 공사

답 ①

03 셀룰로이드, 성냥, 석유류 등 기타 가연성 위험 물질을 제조 또는 저장하는 장소의 배선방법 중 잘못된 것은?

① 금속관 배선   ② 합성수지관 배선

③ 플로어 덕트 배선   ④ 케이블 배선

답 ③

04 흥행장이 저압공사에서 잘못된 것은?

① 무대용의 콘센트 박스 플라이 덕트 및 보더 라이트의 금속제 외함에는 제3종 접지를 하여야 한다.

② 무대 마루 밑 오케스트라 박스 및 영사실의 전로에는 전용 개폐기 및 과전류 차단기를 시설할 필요가 없다.

③ 플라이 덕트는 조영재 등에 견고하게 시설할 것

④ 플라이 덕트 내의 전선을 외부로 인출할 경우는 1종 캡타이어 케이블을 사용한다.

답 ②

05 인화성 유기용제를 사용하는 도색 공장 내에 시설해서는 안 되는 저압 옥내 배선공사 방법은 어느 것인가?

① 합성수지관 공사　　　　　　　　② 연피 케이블 공사
③ 금속관 공사　　　　　　　　　　④ 캡타이어 케이블 공사

답 ②

06 폭발성 분진이 존재하는 곳의 금속관 공사에 있어서 관 상호 및 관과 박스 기타의 부속품이나 풀박스 또는 전기기계 기구와의 접속은 몇 턱 이상의 나사 조임으로 접속하여야 하는가?

① 2턱　　　　　　　　　　　　　② 3턱
③ 4턱　　　　　　　　　　　　　④ 5턱

답 ④

07 가연성 가스가 존재하는 장소의 저압시설공사 방법으로 옳은 것은?

① 가요전선관공사　　　　　　　　② 합성수지관 공사
③ 금속관 공사　　　　　　　　　　④ 금속몰드 공사

풀이 금속전선관공사, 케이블배선공사가 가능하다.

답 ③

08 화약고 등 위험장소의 배선공사에서 전로의 대지전압은 몇 V 이하로 하도록 되어 있는가?

① 300　　　　　　　　　　　　　② 400
③ 500　　　　　　　　　　　　　④ 600

풀이 화약고 등의 위험장소에는 원칙적으로 전기설비를 시설해서는 안되지만 다음의 경우에 시설할 수 있다.
　　㉠ 전로의 대지전압이 300V 이하로 전기기계기구(개폐기, 차단기 제외)는 전폐형으로 사용하여야 한다.
　　㉡ 금속전선관 또는 케이블 배선에 의하여 시설한다.

답 ①

04 CHAPTER 접지설비

01 접지의 목적

(1) 전기설비의 절연물이 열화 또는 손상되었을 때 흐르는 누설 전류로 인한 감전을 방지
(2) 높은 전압과 낮은 전압이 혼촉 사고가 발생했을 때 사람에게 위험을 주는 높은 전류를 대지로 흐르게 하기 위함
(3) 뇌해로 인한 전기설비나 전기기기 등을 보호하기 위함
(4) 전로에 지락 사고 발생 시 보호계전기를 신속하고, 확실하게 작동하도록 하기 위함
(5) 전기기기 및 전로에서 이상전압이 발생하였을 때 대지전압을 억제하여 절연강도를 낮추기 위함

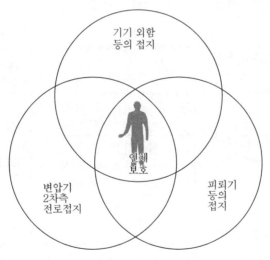

02 접지공사

(1) 접지 구분

1) 독립접지

각 접지전극 간을 개별적으로 접지공사하는 방식

2) 공용접지

수 개소에 시공한 공통의 접지전극에 개개의 기기나 설비를 모아서 접속하여 접지하는 방식

(2) 접지공사의 종류

1) 접지공사는 아래 표와 같이 4가지 종류로 하며 특기사항은 다음과 같다.

접지종별	접지저항값	접지선의 굵기	적용기기
제1종 접지공사	$10[\Omega]$ 이하	• 6mm² 이상의 연동선 • 8mm² 이상(이동용)	• 피뢰기 • 피뢰침 • 특고압 계기용변성기 • 고압이상 기계기구의 외함
제2종 접지공사	$\dfrac{150}{1선지락전류}[\Omega]$ 이하[주1]	특고압 → 저압 : 16mm² 이상 8mm² 이상(이동용) 고압, 22.9[kV−Y][주2] → 저압 6mm² 이상 8mm² 이상(이동용)	변압기 2차측 중성점 또는 1 단자(고저압 혼촉으로 인한 사고방지)

제3종
접지공사
	$100[\Omega]$ 이하	• 2.5mm² 이상 연동선
		• 0.75mm²
		  (코드, 케이블 이동용)
		• 1.25mm²(연동연선 이동용)
			• 고압용 계기용 변성기
			• 400[V] 미만의 기기외함
			• 철대 금속제 전선관
			  (400[V] 미만)

특별 제3종 접지공사	$10[\Omega]$ 이하		• 400[V] 이상 기기 • 외함 • 철대 • 수중용 조명등

주 1) 변압기의 혼촉 발생 시 1초를 넘고 2초 이내에 자동으로 전로를 차단하는 장치를 설치할 때는
$\dfrac{300}{I_g}$, 1초 이내에 자동으로 차단하는 장치를 설치할 때는 $\dfrac{600}{I_g}$

주 2) 22.9[kV−Y] : 22.9kV 중성점 다중접지식 전로

2) 저압 전로에서 지기가 생겼을 경우에 0.5초 이내에 자동적으로 전로를 차단하는 장치를 시설하는 경우에는 제3종 접지공사와 특별 제3종 접지공사의 접지 저항치는 자동차단기의 정격감도 전류에 따라 다음 표에서 정한 값 이하로 할 수 있다.

정격감도 전류	접지저항치
30[mA]	500[Ω]
50[mA]	300[Ω]
100[mA]	150[Ω]
200[mA]	75[Ω]
300[mA]	50[Ω]
500[mA]	30[Ω]

(3) 접지선의 시설기준

1) 접지극은 지하 75cm 이상의 깊이로 매설할 것
2) 접지선을 철주 기타의 금속체를 따라서 시설하는 경우에는 접지극을 철주의 밑면으로부터 30cm 이상의 깊이에 매설하는 경우 이외에는 접지극을 지중에서 그 금속체로부터 1m 이상 떼어 매설할 것
3) 접지선은 접지극에서 지표상 60cm까지의 부분에는 절연전선, 캡타이어 케이블 또는 케이블을 사용할 것
4) 접지선의 지하 75cm로부터 지표상 2m까지의 부분을 두께 2mm 이상의 합성수지관 또는 이와 동등 이상의 절연효력 및 강도를 가지는 것으로 덮을 것

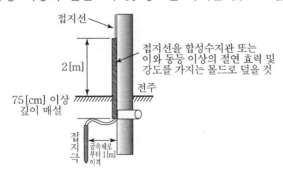

(4) 접지전극의 시설

1) 접지극으로 동봉, 동복 강봉을 사용하는 경우에는 지름 8[mm] 이상, 길이 0.9[m] 이상이어야 하며, 동판을 사용하는 경우에는 두께 0.7[mm] 이상, 면적 900[cm²] 이상이어야 한다.

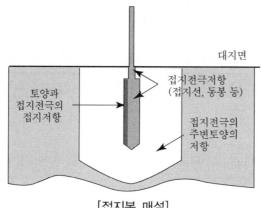

[접지봉 매설]

2) 지중에 매설되어 있고 대지와의 전기 저항치가 3Ω 이하의 값을 유지하고 있는 금속 제 수도관은 접지공사의 접지극으로 사용할 수 있다.

3) 접지선과 금속제 수도 관로의 접속은 안지름 75mm 이상인 금속제 수도관의 부분 또는 이로부터 분기한 안지름 75mm 미만인 금속제 수도관의 분기점으로부터 5m 이내에서 분기한 수도관을 사용해야 한다. 다만, 금속제 수도관로와 대지 간의 전기 저항치가 2Ω 이하인 경우에는 분기점으로부터의 거리는 5m를 넘을 수 있다.

01 다음 중 접지공사의 목적으로 부적합한 것은 어느 것인가?

① 감전방지　　　② 뇌해방지　　　③ 보호협조　　　④ 절연강도 강화

답 ④

02 접지공사설비에서 시공할 장소의 상황을 확인하는 사전준비를 요하고 있다. 다음 중 이에 해당하지 않는 것은? [2003][2005]

① 부하의 종별 분리 및 선정 검토
② 필요한 접지공사의 종류, 접지공사의 확인 및 검토
③ 건설공정표 등으로 접지공사 시공시기의 검토
④ 접지공사에 필요한 재료의 선정 및 수배

답 ①

03 기계기구의 구분에서 고압용 또는 특별고압용의 접지공사는? [2002]

① 제3종 접지공사　　　　　　② 제2종 접지공사
③ 제1종 접지공사　　　　　　④ 특별 제3종 접지공사

풀이 접지공사의 종류 표 참조

답 ③

04 피뢰침 접지공사는 몇 종 접지공사를 하여야 하는가? [2002][2004]

① 제1종 접지공사　　　　　　② 제2종 접지공사
③ 제3종 접지공사　　　　　　④ 특별 제3종 접지공사

풀이 피뢰기, 피뢰침은 제1종 접지공사

답 ①

05 특별고압 계기용 변압기의 2차 전로의 접지방법은? [2004]

① 제1종　　　② 제2종　　　③ 제3종　　　④ 특별 제3종

풀이 ㉠ 특별고압용 계기용 변성기의 2차 전로 : 제1종 접지공사
　　　 ㉡ 고압용 계기용 변성기의 2차 전로 : 제3종 접지공사

답 ①

06 가공배전선로에서 고압선과 저압선의 혼촉으로 인한 위험을 방지하기 위한 접지공사는 몇 종 접지를 하는가? [2003][2004]

① 제1종 접지공사   ② 제2종 접지공사

③ 제3종 접지공사   ④ 특별 제3종 접지공사

풀이 접지공사의 종류 표 참조   답 ②

07 네온변압기의 외함, 네온변압기를 넣는 금속함 및 관 등을 지지하는 금속제 프레임 등은 몇 종 접지를 하여야 하는가? [2002]

① 제3종   ② 제2종

③ 제1종   ④ 특별 제3종

풀이 네온변압기를 넣은 외함의 금속제 부분 : 제3종 접지공사   답 ①

08 분수 등 물속에서 시설하는 조명등용 용기 및 방호 장치의 금속부분에 하는 접지공사는 무엇인가?

① 제1종   ② 특별 제3종

③ 제2종   ④ 제3종

답 ②

09 전극식 온천용 승온기 차폐장치의 전극에 시행하여야 할 접지공사는? [2008]

① 제1종 접지공사   ② 제2종 접지공사

③ 제3종 접지공사   ④ 특별 제3종 접지공사

풀이 ㉠ 전극식 온천용 승온기 차폐장치의 전극 : 제1종 접지공사
㉡ 전극식 온천용 승온기에 사용하는 절연변압기의 철심 및 금속제 외함 : 제3종 접지공사   답 ①

10 다음 중 교통 신호등의 외함에 시설하는 접지공사는?

① 제1종 접지공사   ② 제2종 접지공사

③ 제3종 접지공사   ④ 특별 제3종 접지공사

답 ③

11 접지공사를 할 경우 접지선의 굵기 선정에서 고려할 요소가 아닌 것은?　　[2003]

① 기계적 강도　　② 가요성　　③ 내식성　　④ 통신용량

답 ②

12 제1종 접지공사의 접지선의 굵기로 알맞은 것은?(단, 공칭단면적으로 나타내며, 연동선의 경우이다.)

① 0.75[mm²] 이상　　　　② 2.5[mm²] 이상
③ 6[mm²] 이상　　　　　④ 16[mm²] 이상

접지종별	접지선의 굵기
제1종 접지공사	6[mm²] 이상
제2종 접지공사	16[mm²] 이상(특고압에서 저압변성)
	6[mm²] 이상(고압, 22.9[kV−Y]에서 저압변성)
제3종 접지공사	2.5[mm²] 이상 연동선
특별 제3종 접지공사	

답 ③

13 제3종 접지공사의 접지선으로 연동선을 사용하는 경우 접지선의 굵기(공칭단면적)는 몇 [mm²] 이상이어야 하는가?

① 2.5[mm²]　　　　　② 6[mm²]
③ 8[mm²]　　　　　④ 16[mm²]

답 ①

14 제1종 접지공사 또는 제2종 접지공사에 사용하는 접지선을 사람이 접촉할 우려가 있는 곳에 시설하는 경우 접지극은 지하 몇 [cm] 이상의 깊이에 매설하여야 하는가?

① 30[cm]　　　　　② 60[cm]
③ 75[cm]　　　　　④ 90[cm]

풀이 접지공사의 접지극은 지하 75[cm] 이상 깊이로 매설할 것

답 ③

15 제3종 접지공사를 하여야 하는 금속체와 대지 간의 전기저항값이 몇 Ω 이하인 경우에는 제3종 접지공사를 한 것으로 보는가? [2006]

① 10　　　　　　　　　　　② 40

③ 70　　　　　　　　　　　④ 100

풀이 접지공사의 종류 표 참조　　　　　　　　　　　**답** ④

16 접지공사를 하여야 하는 금속체와 대지 간의 전기저항치가 100[Ω] 이하인 경우에는 제 몇 종 접지공사를 한 것으로 보는가? [2005]

① 제1종　　　　　　　　　　② 제2종

③ 제3종　　　　　　　　　　④ 특 제3종

풀이 접지공사의 종류 표 참조　　　　　　　　　　　**답** ③

17 접지가 생긴 경우에 정격 감도 전류 50[mA]이고, 0.5초 이내에 차단되는 자동차단기가 설치된 저압전로에 관한 제3종 접지공사 또는 특별 제3종 접지공사의 최대 접지저항값은 몇 [Ω]인가? [2002]

① 75　　　　　　　　　　　② 150

③ 300　　　　　　　　　　　④ 500

풀이

정격감도 전류	접지저항치
30mA	500 Ω
50mA	300 Ω
100mA	150 Ω
200mA	75 Ω
300mA	50 Ω
500mA	30 Ω

답 ③

18 제2종 접지공사의 저항값을 결정하는 가장 큰 요인은?

① 변압기의 용량

② 고압 가공 전선로의 전선연장

③ 변압기 1차 측에 넣는 퓨즈 용량

④ 변압기 고압 또는 특고압 측 전로의 1선 지락 전류의 암페어 수

답 ④

19 사람이 접촉될 우려가 있는 곳에 시설하는 경우 접지극은 지하 몇 cm 이상의 깊이에 매설하여야 하는가?

① 30

② 45

③ 50

④ 75

답 ④

20 접지극에 동봉, 동피복 강봉을 사용하는 경우는 지름 몇 [mm] 이상의 것을 사용하여야 하는가?

[2005]

① 0.5[mm], 0.7[m]

② 0.9[mm], 2.0[m]

③ 8[mm], 0.8[m]

④ 8[mm], 0.9[m]

풀이 접지극으로 동봉, 동복 강봉을 사용하는 경우에는 지름 8[mm] 이상, 길이 0.9[m] 이상이어야 하며, 동판을 사용하는 경우에는 두께 0.7[mm] 이상, 면적 900[cm²] 이상이어야 한다.

답 ④

21 제1종 및 제2종 접지공사를 다음과 같이 시행하였다. 잘못된 접지공사는?

① 접지극은 동봉을 사용하였다.

② 접지극은 75cm 이상의 깊이에 매설하였다.

③ 지표, 지하 모두에 옥외용 비닐절연전선을 사용하였다.

④ 접지선과 접지극은 은납땜을 하여 접속하였다.

풀이 접지선에는 절연전선(옥외용 비닐절연전선을 제외한다.) 캡타이어 케이블 또는 케이블(통신용 케이블을 제외한다.)을 사용할 것. 다만, 철주 기타의 금속체를 따라서 시설하는 경우 이외의 경우에는 접지선의 지표상 60cm를 넘는 부분에 대하여는 그러하지 아니하다.

답 ③

22 접지공사에서 접지극으로 사용되는 금속제 수도관의 접지 저항의 최대값은 몇 [Ω]인가?

[2004]

① 2

② 3

③ 4

④ 5

풀이 지중에 매설되어 있고 대지와의 전기 저항치가 3Ω 이하의 값을 유지하고 있는 금속제 수도관은 접지공사의 접지극으로 사용할 수 있다.

답 ②

23 접지공사 시공방법으로 맞지 않는 것은? [2004]

① 피뢰침, 피뢰기용 접지선은 강제 금속관에 넣어 설치

② 접지극은 일반적으로 건물바닥 밑에 매설

③ 건물에 대하여 접지극을 수직으로 매설

④ 지중매설 부분은 황동땜으로 시공

풀이 피뢰도선이 지중으로 들어가는 부분은 경질비닐관 또는 비자성체의 관에 넣어 기계적으로 보호한다.

답 ①

24 접지저항 측정에 쓰이는 측정기는? [2002]

① 회로시험기 ② 어스테스터

③ 검류기 ④ 변류기

답 ②

05 조명설비
CHAPTER

01 조명의 개요

(1) 조명의 목적

1) 물체를 보기 쉬운 밝은 상태를 중요시하는 것
2) 안락한 분위기를 이루게 하는 것

(2) 조명의 용어

용어	기호[단위]	정의
광속	F[lm] 루멘	광원으로 나오는 복사속을 눈으로 보아 빛으로 느끼는 크기를 나타낸 것
광도	I[cd] 칸델라	광원이 가지고 있는 빛의 세기
조도	E[lx] 럭스	• 어떤 물체에 광속이 입사하여 그 면은 밝게 빛나는 정도 • 조명조건에서 중요한 요소로 조도는 밝음을 의미함
휘도	B[sb] 스틸브	광원이 빛나는 정도
광속 발산도	R[rlx] 래드럭스	물체의 어느 면에서 반사되어 발산하는 광속
광색	[K] 켈빈	• 점등 중에 있는 램프의 겉보기 색상을 말하며 그 정도를 색온도로 표시 • 색온도가 높으면 빛은 청색을 띠고 낮을수록 적색을 띤 빛으로 나타난다.
연색성		조명된 피사체의 색 재현 충실도를 나타내는 광원의 성질 (빛이 색에 미치는 효과)

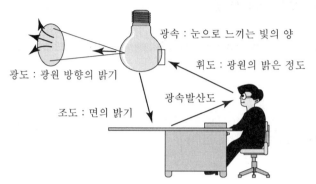

광도 : 광원 방향의 밝기

조도 : 면의 밝기

광속 : 눈으로 느끼는 빛의 양

휘도 : 광원의 밝은 정도

광속발산도

[광속, 광도, 조도, 휘도, 광속발산도의 관계도]

(3) 광원의 종류와 용도

종류		크기[W]	구조	특징	적합장소
전구	일반 백열전구	10~200	온도 복사의 발광원리를 이용한 것	가격이 싸고, 취급이 간단	• 국부조명 • 보안용
	반사용 전구	40~500		취급이 간단 하고 고광도	• 국부조명 • 먼지 많은 곳
	할로겐 전구	100~150		소형, 고효율	• 전반 • 국부조명
형광등	형광등	4~40	방전에 의하여 생긴 자외선이 형광 방전관 내벽에 칠한 형광물질을 자극해서 빛을 발생시키는 것	고효율, 저휘도, 긴 수명	• 낮은 천장 전반조명 • 국부조명
	고연색 형광등	20~40		연색성 좋고, 고효율	연색성이 중시되는 장소
고압 수은등		40~2,000	유리구 내에 들어 있는 수증기의 방전현상을 이용한 것	고효율, 광속이 크고, 수명이 길다.	높은 천장의 전반 조명용
메탈 할라이드등		250~2,000	고압 수은등의 발광관 내에 할로겐 화합물을 넣은 것	고효율, 광속이 크다.	연색성이 중요한 장소 전반조명(높은 천장)
고압 나트륨등		70~1,000	발광관 내에 금속나트륨 증기가 봉입된 것	고효율, 광속이 크다.	• 연색성이 필요치 않은 장소 • 투시성이 우수하여 도로, 터널, 안개 지역

(4) 조명방식

1) 기구의 배치에 의한 분류

조명방식		특징
전반조명		작업 면 전반에 균등한 조도를 가지게 하는 방식, 광원을 일정한 높이와 간격으로 배치하며, 일반적으로 사무실, 학교, 공장 등에 채용된다. 이 방식은 설치가 쉽고, 작업대의 위치가 변해도 균등한 조도를 얻을 수 있다.
국부조명		작업 면의 필요한 장소만 고조도로 하기 위한 방식으로 그 장소에 조명기구를 밀집하여 설치하든가 또는 스탠드 등을 사용한다. 이 방식은 국부만을 조명하기 때문에 밝고 어둠의 차이가 커서 눈부심을 일으키고 눈이 피로하기 쉬운 결점이 있다.
전반 국부 병용 조명		전반조명에 의하여 시각 환경을 좋게 하고, 국부조명을 병용해서 필요한 장소에 고조도를 경제적으로 얻는 방식으로 병원 수술실, 공부방, 기계공작실 등에 채용된다.

2) 조명기구의 배광에 의한 분류

조명방식	조명기구	상향광속	하향광속	특징
직접 조명		10[%] 정도	90~100[%]	빛의 손실이 적고, 효율은 높지만, 천장이 어두워지고 강한 그늘이 생기며 눈부심이 생기기 쉽다.
반직접 조명		10~40[%]	90~60[%]	밝음의 분포가 크게 개선된 방식으로 일반사무실, 학교, 상점 등에 적용된다.
전반확산 조명		40~60[%]	40~60[%]	고급사무실, 상점, 주택, 공장 등에 적용한다.
반간접 조명		60~90[%]	10~40[%]	부드러운 빛을 얻을 수 있으나 효율은 나빠진다. 세밀한 작업을 오랫동안 하는 장소, 분위기 조명 등에 적용된다.
간접 조명		90~100[%]	10[%] 정도	전체적으로 부드러우며, 눈부심과 그늘이 적은 조명을 얻을 수 있다. 그러나 효율이 매우 나쁘고, 설비비가 많이 든다. 대합실, 회의실, 입원실 등에 적용한다.

3) 건축화 조명

건축구조나 표면마감이 조명기구의 일부가 되는 것으로 건축디자인과 조명과의 조화를 도모하는 조명방식을 말하며, 다음과 같은 방식이 있다.

조명방식		특징
광량조명		연속열 등기구를 천장에 반 매입하는 방식으로 일반화된 방식
광천장조명		천장 내부에 광원을 배치하는 방식으로 고조도가 필요한 장소에 적용
코니스조명		천장과 벽면의 경계구역에 건축적으로 턱을 만들어 그 내부에 조명기구를 설치하는 방식
코퍼조명		천장 면에 환형, 사각형 등의 형상으로 기구를 취부한 방식
루버조명		천장 면에 루버 판을, 천장 내부에 광원을 배치한 방식으로 높은 조도로 인하여 낮과 같은 조명환경을 얻을 수 있다.
밸런스 조명		벽면조명으로 벽면에 나무나 금속판을 시설하여 그 내부에 램프를 설치하는 방식
다운라이트 조명		천장에 작은 구멍을 뚫어 그 속에 등기구를 매입시키는 방식
코브 조명		벽이나 천장면에 플라스틱, 목재 등을 이용하여 광원을 감추는 방식

(1) 우수한 조명의 요건

1) 조도가 적당할 것

장소마다 필요한 만큼의 밝음의 정도

2) 시야 내의 조도차가 없을 것

잘 보이지 않을 뿐만 아니라 눈의 피로를 초래

3) 눈부심이 일어나지 않도록 할 것

불쾌하거나 대상이 보기 힘들어짐

4) 적당한 그림자가 있을 것

요철부와 같은 곳처럼 구분을 명확하게 할 것

5) 광색이 적당할 것

인공조명을 자연광에 가까운 광색으로 선정하는 것

(2) 옥내 조명설계

1) 조명설계 순서

조도의 결정 → 광원의 선정 → 조명방식의 선정 → 조명기구의 선정

→ 실지수(room index) 결정 → 조명률 결정 → 감광보상률 결정

→ 광속의 결정 → 광원수 결정 → 조명기구의 배치 결정

2) 조도의 결정

방의 크기, 방의 용도, 사용 목적, 작업 내용, 조명 목적, 경제적인 면, 보수 관계, 사용자 편의 등을 고려하여 조도를 결정한다.

3) 광원의 선정

건물의 종류와 용도에 따라 조화된 광색, 조도(밝음), 연색성, 설치방법, 경제성 등을 비교 검토하여 종류를 결정한다.

4) 조명기구의 배치 결정

① 광원의 높이 : 광원의 높이가 너무 높으면 조명률이 나빠지고, 너무 낮으면 조도의 분포가 불균일하게 됨

㉮ 직접 조명일 때 : $H = \dfrac{2}{3} H_0$ (천장과 조명 사이의 거리는 $\dfrac{H_o}{3}$)

㉯ 간접 조명일 때 : $H = H_0$ (천장과 조명 사이의 거리는 $\dfrac{H_o}{5}$)

② 광원의 간격 : 실내 전체의 명도차가 없는 조명이 되도록 기구 배치한다.

㉮ 광원 상호 간 간격 : $S \leq 1.5H$

㉯ 벽과 광원 사이의 간격 : $S_0 \leq \dfrac{H}{2}$ (벽측 사용 안 할 때)

㉰ 벽과 광원 사이의 간격 : $S_0 \leq \dfrac{H}{3}$ (벽측 사용할 때)

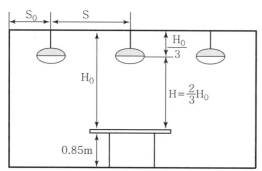

[직접 조명방식에서 전등의 높이와 간격]　　[간접 조명방식에서 전등의 높이와 간격]

5) 조명의 계산

① 광속의 결정

$$총\ 광속\ N \times F = \frac{E \times A}{U \times M}[\text{lm}]$$

여기서, E : 평균 조도, A : 실내의 면적, U : 조명률
M : 보수율, N : 소요 등수, F : 1등당 광속

② **조명률 결정**(U) : 광원에서 방사된 총 광속 중 작업 면에 도달하는 광속의 비율을 말하며, 실지수, 조명기구의 종류, 실내면의 반사율, 감광보상률에 따라 결정된다.

③ **실지수의 결정**

㉮ 조명률을 구하기 위해서는 어떤 특성을 가진 방인가를 나타내는 실지수를 알아야 하는데, 실지수는 실의 크기 및 형태를 나타내는 척도로서 실의 폭, 길이, 작업면 위의 광원의 높이 등의 형태를 나타내는 수치로 다음 식으로 나타낸다.

$$실지수 = X \cdot \frac{Y}{H(X+Y)}$$

여기서, X : 방의 가로 길이 , Y : 방의 세로 길이
H : 작업면으로부터 광원의 높이

㉯ 위의 식에서 구한 실지수는 아래 표에 적용하여 실지수의 기호를 결정한다.

기호	A	B	C	D	E	F	G	H	I	J
실지수	5.0	4.0	3.0	2.5	2.0	1.5	1.25	1.0	0.8	0.6

④ **반사율** : 조명률에 대하여 천장, 벽, 바닥의 반사율이 각각 영향을 주지만 이들 중 천장의 영향이 가장 크고, 벽면, 바닥 순서이다.

⑤ **감광보상률**(D) : 램프와 조명기구 최초 설치 후 시간이 지남에 따라 광속의 감퇴, 조명기구와 실내 반사면에 붙은 먼지 등으로 광속의 감소 정도를 예상하여 소요 광속에 여유를 두는 정도를 말한다.

㉮ 직접조명(보통 장소) : $D = 1.3$

㉯ 직접조명(먼지, 오물 많은 장소) : $D = 1.5 \sim 2.0$

㉰ 간접조명 : $D = 1.5 \sim 2.0$

⑥ **보수율**(M) : 감광보상률의 역수로 소요되는 평균조도를 유지하기 위한 조도저하에 대한 보상계수라고 볼 수 있다.

01 우수한 조명의 조건이 되지 못하는 것은?

① 조도가 적당할 것   ② 균등한 광속발산도 분포일 것

③ 그림자가 없을 것   ④ 광색이 적당할 것

풀이 우수한 조명의 조건

    ㉠ 조도가 적당할 것

    ㉡ 그림자가 적당할 것(요철부 같은 곳을 명확하게 할 필요성)

    ㉢ 균등한 광속발산도 분포(얼룩이 없는 조명)일 것

    ㉣ 휘도의 대비가 적당할 것

    ㉤ 광색이 적당할 것   **답** ③

02 조명에서 사용되는 칸델라[cd]의 단위는?   [2003]

① 광속   ② 광도   ③ 휘도   ④ 조도

풀이 광도(I)[cd] : 광원이 가지고 있는 빛의 세기   **답** ②

03 물체의 보임에 큰 영향을 미치는 네 가지 조건을 조명의 4대 요소라 한다. 해당하지 않는 것은?   [2002]

① 밝음   ② 물체의 크기

③ 색온도   ④ 시간

풀이 물체의 보임의 조건

    ㉠ 밝기 : 보이기 위한 최소한의 조도   ㉡ 크기 : 물체의 크기

    ㉢ 속도 : 물체가 움직이는 속도   ㉣ 대비 : 주변과의 색깔 대비   **답** ③

04 고압수은등에 대하여 틀린 것은?   [2003]

① 청백색의 광색으로 색온도가 높다.

② 연색성을 고려하지 않는 장소의 조명등에 사용된다.

③ 백열전구에 비하여 효율이 높다.

④ 연색성이 좋다.

풀이 연색성이 좋은 등은 메탈 할라이드등이나 고연색 형광등이다.   **답** ④

05 옥내배선용 심볼 ○는 무엇을 나타내는 것인가? [2005]

① 조광기   ② 형광등   ③ 백열등   ④ 비상콘센트

풀이   (형광등)   **답** ③

06 조명기구의 배광에 의한 분류 중 40~60% 정도의 빛이 위쪽과 아래쪽으로 고루 향하고 가장 일반적인 용도를 가지고 있으며 상·하 좌우로 빛이 모두 나오므로 부드러운 조명이 되는 방식은?

① 직접 조명방식   ② 반직접 조명방식
③ 전반확산 조명방식   ④ 반간접 조명방식

답 ③

07 건축화 조명이란? [2005]

① 물체의 보임, 작업에 필요한 조명
② 건물에 필요한 조명기구의 종류
③ 상업조명과 같이 매상의 증가와 비교하여 조명비를 고려한 조명
④ 조명기구를 건축내장재의 마무리 일부로서 건축의 장과 조명기구를 일체화한 조명

풀이 건축구조나 표면마감이 조명기구의 일부가 되는 것으로 건축디자인과 조명과의 조화를 도모하는 조명방식   **답** ④

08 작업면에서 천장까지의 높이가 3m일 때 직접 조명일 경우의 광원 높이는 몇 m인가?

① 1   ② 2   ③ 3   ④ 4

풀이 직접조명일 때 : $H = \dfrac{2}{3} H_0$ 이므로, $\therefore H = \dfrac{2}{3} \times 3 = 2[\text{m}]$ **답** ②

09 실내 전반조명을 하고자 한다. 작업대로부터 높이가 2.4m인 위치에 조명기구를 배치할 때 벽에서 한 기구 이상 떨어진 기구에서 기구 간의 거리는 일반적인 경우 최대 몇 m로 배치하여 설치하는가?

① 1.8   ② 2.4   ③ 3.2   ④ 3.6

풀이 광원 상호 간 간격 : $S \leq 1.5H$ 이므로 $\therefore S \leq 1.5 \times 2.4 = 3.6[\text{m}]$ **답** ④

10 반사율이 50[%], 면적이 50[cm]×40[cm]인 완전 확산면에서 100[lm]의 광속을 투사하면 그 면의 휘도는 약 몇 [nt]인가? [2008]

① 60   ② 80   ③ 100   ④ 120

풀이 휘도 $B = \dfrac{\rho E}{\pi}$[nt]이고, 조도 $E = \dfrac{F}{A}$[lx]이므로,

$$E = \frac{100}{0.5 \times 0.4} = 500[\text{lx}]$$

$$\therefore \ B = \frac{0.5 \times 500}{\pi} = 79.6[\text{nt}]$$

답 ②

11 바닥면적 12[m²]인 방에 40[W] 형광등 2등(1등당의 전광속은 3,000[lm])을 점등하였을 때 바닥면에서의 광속의 이용도(조명률)를 60[%]라 하면 바닥면의 평균조도[lx]는?(단, 감광보상률은 1로 계산한다.) [2002]

① 200   ② 300   ③ 400   ④ 500

풀이 광속 $N \times F = \dfrac{E \times A}{U \times M}$[lm]이므로, $2 \times 3,000 = \dfrac{E \times 12}{0.6 \times 1}$[lm]을 계산하면,

$$\therefore \ E = 300[\text{lx}]$$

답 ②

12 최근에 백화점이나 고급 의상실 등에서 많이 사용되는 삼파장 형광램프는 파장 폭이 좁은 3가지 색의 빛을 조합하여 효율이 높은 백색 빛을 얻는 램프인데 이 3가지에 포함되지 않는 색은? [2006]

① 청색   ② 녹색   ③ 적색   ④ 황색

답 ④

13 공장·사무실·학교·상점 등의 옥내에 시설하는 전등은 부분 조명이 가능하도록 시설하여야 하는데, 이때 전등군은 몇 등 이내로 하는 것이 바람직한가?

① 6   ② 8   ③ 10   ④ 12

풀이 점멸기는 전등 기구마다 시설하는 것이 원칙이다. 단, 공장·사무실·학교·상점에 있어서는 6등 이하의 전등군마다 점멸이 가능하도록 하여야 한다.

답 ①

06 수 · 변전설비

CHAPTER

01 수 · 변전설비의 분류

(1) 시설장소에 의한 분류

1) 옥외 수 · 변전설비

주변압기, 개폐장치, 고압 배전반 등을 옥외에 설치하는 방식으로 비교적 부지의 여유가 있는 공장, 플랜트 등에 사용된다.

2) 옥내 수 · 변전설비

주변압기, 개폐장치, 배전반, 제어기기 등 모두를 옥내의 큐비클에 설치하는 방식으로 빌딩 등에 많이 사용한다.

(2) 수전방식에 의한 분류

수전방식		특징
1회선 수전방식		계통이 가장 간단하고 신뢰도가 낮으나 경제적이다.
2회선 수전 방식	예비회선방식	배전선 또는 공급변전소 사고 시에 예비변전소로 전환하여 정전시간을 단축 가능하다.
	평형 2회선방식	한쪽의 배전선 사고 시에도 예비선으로 전기공급이 가능하다.
	루프방식	• 임의의 구간 사고 시 루프가 끊어지지만 정전되지 않는다. • 전압 변동률이 양호하며 배전 손실이 감소한다. • 루프 회로에 삽입되는 기기는 루프 내의 전 계통 용량이 필요하다. • 수전방식이 복잡하고, 설치면적 및 공사비가 크다.
스폿 네트워크 방식 (3회선 이상으로 수전하는 방식)		• 무정전 공급이 가능하다. • 기기의 이용률이 향상된다. • 전압 변동률이 감소한다. • 부하 증가에 대한 적응성이 크다 • 2차 변전소 수량을 감소시킬 수 있다. • 공사비가 고가이다.

(3) 수전전압에 의한 분류

1) 특고압 변전설비

수전전압이 22[kV] 이상의 특고압으로 수전하는 변전소로 22.9[kV]와 154[kV]의 변전설비가 많이 설치된다.

2) 고압 변전설비

3.3~6.6[kV]인 고압으로 수전하는 변전소로 고층빌딩이나 규모가 큰 공장에서 중간 또는 옥상에 고압변전설비를 운영하고 있다.

02 수·변전설비 용량의 결정

(1) 부하설비 용량 산정

모든 부하설비가 전부 상시 사용되는 것이 아니며, 사용시각이 항상 일정하지 않다. 그러므로 각 부하마다 추산한 설비용량에 수용률, 부등률, 부하율 등을 고려해서 최대수용전력을 산정한다. 여기에 장래의 부하 증설계획과 여유분 등을 감안하여 수전 변압기 용량을 결정하게 된다.

1) 수용률

수용장소에 설비된 전 용량에 대하여 실제 사용하고 있는 부하의 최대 전력 비율을 말한다. 전력소비기기가 동시에 사용되는 정도를 나타내는 척도이며, 보통 1보다 작다.

$$수용률 = \frac{최대수용전력}{총\ 부하설비용량\ 합계} \times 100[\%]$$

2) 부등률

한 배전용 변압기에 접속된 수용가의 부하는 최대수용전력을 나타내는 시각이 서로 다른 것이 보통이다. 이 다른 정도를 부등률로 나타낸다. 보통 1보다 큰 값을 나타낸다.

$$부등률 = \frac{각\ 부하의\,최대수용전력의\ 합계}{합성최대수용전력}$$

3) 부하율

전기설비가 어느 정도 유효하게 사용되는가를 나타내며 부하율이 높을수록 설비가
효율적으로 사용되는 것이다.

$$부하율 = \frac{부하의\,평균전력}{최대수용전력} \times 100\,[\%]$$

(2) 수전(변압기) 용량 산정

1) 각 부하별로 최대수용전력을 산출하고 이에 부하역률과 부하증가를 고려하여 변압기
의 총용량을 결정한다.

$$변압기\ 용량 = \frac{총\ 부하설비용량 \times 수용률}{부등률} \times 여유율$$

2) 여유율은 일반적으로 10% 정도의 여유를 둔다.

03 수 · 변전설비 기기와 결선

(1) 수 · 변전설비의 주회로 결선

수 · 변전설비 주회로 접속도는 전력기기를 심벌로 표시하여 상호 접속을 종합적이고 전개식으로 표시한 계통도이며 전기설비의 기본설계도라 할 수 있다. 결선도에는 단선결선도와 복선결선도가 있다.

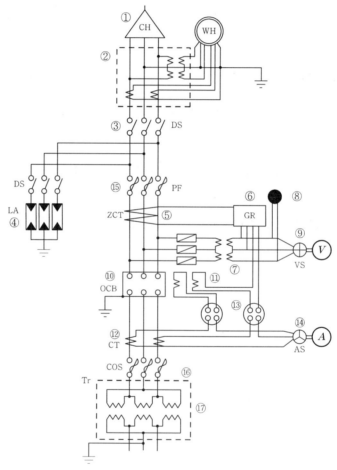

[수변전설비의 복선결선도 예]

1	케이블헤드 (CH)	케이블 단말처리 및 접지를 용이하게 하고 절연 열화 방지
2	계기용 변성기 (MOF)	전력량계 산출을 위해 PT와 CT를 하나의 함 속에 넣은 것
3	단로기 (DS)	차단기와 조합하여 사용하며 전류가 통하고 있지 않은 상태에서 개폐가능
4	피뢰기(LA)	이상전압 발생 시 대지로 방전시키고 속류를 차단한다.
5	영상변류기 (ZCT)	지락 영상전류 검출
6	지락계전기 (GR)	전로의 지락 시 지락전류로 동작하여 트립 코일을 여자
7	계기용 변압기 (PT)	고전압을 저전압으로 변압하여 계전기나 계측기에 전원공급
8	표시등 (PL)	전원의 정전 여부를 표시
9	전압계용 전환 개폐기 (VS)	전압계 하나로 3상의 선간전압을 측정하기 위해 사용
10	유입차단기 (OCB)	부하전류 개폐 및 고장전류 차단
11	트립코일(TC)	사고 시 전류가 흘러 여자되어 차단기를 개로
12	계기용 변류기 (CT)	대전류를 소전류로 변류하여 계전기나 계측기에 전원을 공급
13	과전류계전기 (OCR)	고장전류로 동작하여 트립코일을 여자
14	전류계용 전환 개폐기(AS)	하나의 전류계로 3상의 선간전류를 측정
15	전력용 퓨즈 (PF)	전로의 단락보호용으로 사용
16	컷아웃스위치 (COS)	변압기 및 주요기기 1차 측에 시설하여 단락보호용으로 사용
17	변압기(Tr)	고전압을 저전압으로 변압하여 부하에 전원 공급
18	전력용 콘덴서 (SC)	무효전력을 공급하여 부하의 역률을 개선

기출 및 예상문제

01 일반적으로 큐비클형이라 하여 점유면적이 좁고 운전보수에 안전하므로 공장, 빌딩 등의 전기실에 많이 사용되며 조립형, 장갑형이 있는 배전반은? [2007]

① 데드 프런트식 배전반 ② 철제수직형 배전반
③ 라이브 프런트식 배전반 ④ 폐쇄식 배전반

풀이 폐쇄식 배전반 : 큐비클형 **답** ④

02 수용 설비 용량이 2.2kW인 주택에서 최대 사용전력이 0.8kW이었다면 수용률은 몇 [%]가 되겠는가?

① 26.5 ② 36.4
③ 46.8 ④ 56.2

풀이 수용률$=\dfrac{\text{최대수용전력}}{\text{수용설비용량}}\times100[\%]$이므로, 수용률$=\dfrac{0.8}{2.2}\times100[\%]=36.4\%$이다. **답** ②

03 최대 수용전력이 각각 5kW, 8kW, 10kW, 15kW, 17kW의 수용가에 있어서 그 합성 최대 수용 전력이 50kW이다. 부등률은 얼마인가?

① 0.9 ② 1
③ 1.1 ④ 1.2

풀이 부등률$=\dfrac{\text{각 부하의 최대수용전력의 합계}}{\text{합성최대수용전력}}$이므로, 부등률$=\dfrac{5+8+10+15+17}{50}=1.1$이다. **답** ③

04 그림에서 전압방식은 2단 강압방식을 채택하였다. 부등률은 1.2로 적용할 경우 주변압기 용량을 산정하면 몇 [kVA]인가?

[2004]

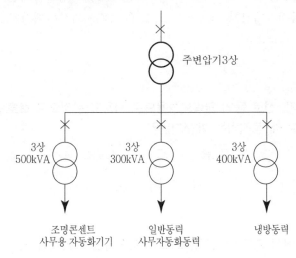

① 1,000　　　　② 1,200　　　　③ 1,300　　　　④ 1,440

풀이 부등률$=\dfrac{\text{각 부하의 최대수용전력의 합계}}{\text{합성최대수용전력}}$에서,

합성최대수용전력이 주변압기 용량이므로,

∴ 합성최대수용전력$=\dfrac{500+300+400}{1.2}=1,000[\text{kVA}]$

답 ①

05 $\dfrac{\text{부하의 평균전력}(1\text{시간 평균})}{\text{최대 수용전력}(1\text{시간평균})\times100[\%]}$의 관계를 가지고 있는 것은?

① 부하율　　　　② 부등률　　　　③ 수용률　　　　④ 설비율

풀이 부하율$=\dfrac{\text{부하의 평균전력}}{\text{최대수용전력}}\times100[\%]$이다.

답 ①

06 어느 빌딩의 부하설비 용량이 4,500[kW], 부하역률 85[%], 수용률 55[%]이라면 이 건물의 변전설비 용량 최저값은 약 얼마인가?

[2005]

① 2,104[kVA]　　② 2,912[kVA]　　③ 955[kVA]　　④ 9,626[kVA]

풀이 수용률$=\dfrac{\text{최대수용전력}}{\text{총 부하설비용량 합계}}\times100[\%]$이고, 최대수용전력=공급설비용량이므로,

$55=\dfrac{\text{최대수용전력}}{4,500/0.85}\times100[\%]$에서 최대수용전력은 2,912[kVA]이다.

답 ②

07 문자 기호와 계전기의 명칭이 잘못된 것은? [2005]

① Df – 차동계전기 　　　　② DG – 지락방향계전기

③ UV – 부족전압계전기 　　④ OC – 과부하계전기

풀이 OCR : 과전류계전기 　　　　답 ④

08 발전기, 변압기, 선로 등의 단락보호용으로 사용되는 것으로 보호할 회로의 전류가 적 정치보다 커질 때 동작하는 계전기는? [2003][2005][2008]

① OCR 　　② SGR 　　③ OVR 　　④ UCR

풀이 OCR : 과전류계전기, OVR : 과전압계전기 　　답 ①

09 고압수전설비에서 과부하(과전류)보호에 사용하는 계전기의 명칭(약어)은? [2003]

① OCR 　　② OVR 　　③ UVR 　　④ OCGR

풀이 ㉠ OCR : 과전류계전기 　　㉡ OVR : 과전압계전기
　　㉢ UVR : 부족전압계전기 　　㉣ OCGR : 지락과전류계전기 　　답 ①

10 과부하 또는 외부의 단락사고 시에 동작하는 계전기는? [2003]

① 차동계전기 　　　　② 과전압계전기

③ 과전류계전기 　　　④ 부족전력계전기

답 ③

11 변압기 고장 중에서 특히 지속적 과부하에 의한 과열을 방지하기 위한 계전기는? [2005]

① 가스검출계전기 　② 역상계전기 　③ 접지계전기 　④ 과전류계전기

답 ④

12 다음은 과전류계전기가 동작하여 차단기를 동작하는 순서이다. (   ) 안에 들어가야 할 것은? [2002]

$$과전류 \ 검출 - 판단 - (\quad) - 차단기 \ 동작$$

① OCB 동작   ② GR 동작   ③ UVR 동작   ④ 트립코일 소자

풀이 **상시폐로형**
　CT의 2차 전류가 정해진 값보다 초과되었을 때 OCR(과전류계전기)이 동작하여 접점이 떨어져서 TC(트립코일)가 소자되고, 차단기가 동작한다.　　　　　　　　　　　　　　　**답** ④

13 전압이 설정값보다 내려갔을 때 동작하는 계전기는? [2002]

① 과전압계전기　　　　　　　② 부족전압계전기
③ 과전류계전기　　　　　　　④ 부족전류계전기

답 ②

(2) 수 · 변전설비의 기기구성

1) 변압기(Tr)

① 변압기 주변의 보호장치

장치	기능
피뢰기(LA)	뇌(雷)서지, 개폐서지 등의 이상전압에서 변압기를 보호
차단기(CB)	과전류계전기나 지락계전기와 조합해서 과부하, 단락이나 지락사고로부터 변압기를 보호
과전류계전기 (OCR)	변류기(CT)에 의하여 과전류를 검출하여 차단기를 동작시키는 릴레이
지락계전기(GR)	영상변류기(ZCT)와 영상변압기(GPT)에 의하여 지락사고를 검출하여 차단기를 동작시키는 릴레이
프라이머리 · 컷 아웃(PC, COS)	퓨즈 스위치로서 단락사고 시 퓨즈로 차단
배선용 차단기 (MCCB)	변압기의 2차 측에 설치하며 과전류를 검출하여 차단
차동계전기	변압기의 1차, 2차에 CT를 설치하고, 전류 차동회로에 과전류계전기 OC를 삽입한 것으로 변압기 내부고장 시는 1차, 2차 전류의 차이가 발생하여 계전기가 동작하는 방식이다.
비율차동계전기	차동계전기의 오동작을 방지하기 위하여 그림과 같이 억제코일을 삽입하여 통과전류로 억제력을 발생시키고, 차전류로 동작력을 발생시키도록 한 방식이다.
부흐홀츠 계전기	변압기 내부 고장으로 인한 절연유의 온도 상승 시 발생하는 유증기를 검출하여 경보 및 차단하기 위한 계전기로 변압기 탱크와 컨서베이터 사이에 설치한다.

② 변압기 접지공사

㉮ 변압기 외함 접지 : 절연열화 등으로 생기는 누전에 의한 감전사고 방지를 목적으로 하며 전압 구분에 따라 제1종, 제3종, 특별 3종 접지공사를 한다.

㉯ 변압기 제2종 접지 : 고압전로 또는 특별 고압전로와 저압전로를 결합하는 변압기의 저압 측 중성점에는 제2종 접지공사한다.

2) 차단기(CB)

구분	구조 및 특징
유입차단기 (OCB)	전로를 차단할 때 발생한 아크를 절연유를 이용하여 소멸시키는 차단기이다. 차단성능, 보수 면에서 불리한 점이 있으나 가격이 저렴하여 소·중 용량 차단기로서 널리 쓰이고 있다.
자기차단기 (MBB)	아크와 직각으로 자계를 주어 아크를 소호실로 흡입시켜 아크전압을 증대시키고, 냉각하여 소호작용을 하도록 된 구조다. 주로 고압 전로에 사용되며 화재의 염려가 없고 보수가 간단하지만 소호 능력 면에서 특고압에는 적당하지 않고 일반적으로 큐비클 내장형으로 사용된다.
공기차단기 (ABB)	개방할 때 접촉자가 떨어지면서 발생하는 아크를 압축공기를 이용하여 소호하는 방식으로 화재의 위험이 없고 차단 능력이 뛰어나며 유지 보수에도 용이하다. 대용량 차단기로서 널리 쓰이고 있다.
진공차단기 (VCB)	진공도가 높은 상태에서는 절연내력이 높아지고 아크가 분산되는 원리를 이용하여 소호하고 있는 차단기이다. 소호장치의 구조가 간단하여 소형으로 제작할 수 있으므로 차단기 전체가 다른 차단기에 비하여 소형 경량으로 된다.
가스차단기 (GCB)	절연내력이 높고, 불활성인 6불화유황(SF_6) 가스를 고압으로 압축하여 소호 매질로 사용한다. SF_6(6불화유황) 가스는 절연내력과 소호특성이 좋고 물리적, 화학적으로 안정되어 있을 뿐만 아니라 절연특성의 회복이 빠르므로 고전압, 대전류용 차단기로 적합하다.
기중차단기 (ACB)	자연공기 내에서 회로를 차단할 때 접촉자가 떨어지면서 자연소호에 의한 소호방식을 가지는 차단기로 교류 600[V] 이하 또는 직류차단기로 사용된다.

3) 계기용 변성기(MOF, PCT)

교류고전압회로의 전압과 전류를 측정할 때 계기용 변성기를 통해서 전압계나 전류계를 연결하면, 계기회로를 선로전압으로부터 절연하므로 위험이 적고 비용이 절약된다.

① 계기용 변류기(CT)

㉮ 전류를 측정하기 위한 변압기로 2차 전류는 5[A]가 표준이다.

㉯ 계기용 변류기는 2차 전류를 낮게 하게 위하여 권수비가 매우 작으므로 2차 측을 개방되면, 2차 측에 매우 높은 기전력이 유기되어 위험하므로 2차 측을 절대로 개방해서는 안 된다.

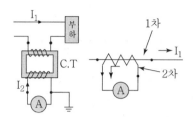

[계기용 변류기(CT)]

② 계기용 변압기(PT)

㉮ 전압을 측정하기 위한 변압기로 2차 측 정격전압은 110[V]가 표준이다.

㉯ 변성기 용량은 2차 회로의 부하를 말하며 2차 부담이라고 한다.

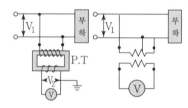

[계기용 변압기(PT)]

4) 영상변류기(ZCT)

① **역할**

㉮ 선로 전류 중에 포함되는 영상전류를 검출하여 접지계전기에 의하여 차단기를 동작시켜 사고의 파급을 방지하는 장치

㉯ 3상 선로의 불평형, 왕복선의 전류차, 접지선의 전류를 검출하여 누전계전기, 접지계전기, 화재경보기를 동작

② **설치위치** : 지락계전기와 조합하여 고압전로에 지락이 생겼을 때 전로를 자동적으로 차단할 수 있도록 전원에 가장 가까운 위치에 시설

5) 전력 퓨즈(PF)

① 전력 퓨즈는 고압 및 특별 고압 기기의 단락 보호용으로 사용되고 있는 차단장치로 소호 방식에 따라 한류형과 비한류형이 있다.

② **한류형 퓨즈** : 높은 아크저항을 발생하여 사고 전류를 강제적으로 억제시켜 차단하는 퓨즈이다

③ **비한류 퓨즈** : 퓨즈가 용단된 후 발생한 아크열에 의하여 생성되는 소호성 가스를 분출구를 통하여 방출하여 전류 영점에서 극간의 절연내력을 높여 차단하는 퓨즈이다.

<한류형과 비한류형 퓨즈의 장단점>

항목 \ 종류	한류형(전압 영점에서 차단)	비한류형(전류 영점에서 차단)
차단 특성	단락전류 차단 시 높은 아크저항을 발생하여 사고전류를 강제로 억제 차단	전류 차단 시 소호가스를 뿜어 전류영점에서 극간의 절연내력을 재기전압 이상으로 높여 차단
장점	• 소형이며 차단용량이 큼 • 한류효과가 큼(후비보호용으로 적합)	• 차단 시 과전압을 발생시키지 않음 • 용단하면서 확실한 차단(과부하 보호기능)
단점	• 차단 시 과전압 발생 • 최소 차단전류가 존재	• 대형 • 한류효과가 작음

6) 진상용 콘덴서

① 역률개선의 효과

㉮ 전압강하의 저감 : 역률이 개선되면 부하전류가 감소하여 전압강하가 저감되고 전압변동률도 작아진다.

㉯ 선로손실의 저감 : 선로전류를 줄이면 선로손실을 줄일 수 있다.

㉰ 동손 감소 : 동손은 부하전류의 2승에 비례하므로 동손을 줄일 수 있다.

② 콘덴서의 용량 계산

㉮ 유효전력 P[kW], 역률 $\cos\theta_1$인 부하설비를 역률 $\cos\theta$로 개선하고자 할 때 콘덴서 용량 Q

$$Q = P(\tan\theta_1 - \tan\theta_2)[\text{kVA}]$$

㉯ 전원전압 V, 주파수 f, 용량 C인 콘덴서를 Q로 환산

$$Q = 2\pi f C V^2 \times 10^{-9}[\text{kVA}]$$

③ 콘덴서 설치위치 : 부하에 가까울수록 가장 효과적이다. 다만, 경제적인 면과 관리의 편이성 등을 고려하여 위치를 정한다.

④ 콘덴서의 부속기기

㉮ 직렬리액터 : 콘덴서의 용량이 크게 되면 투입 시의 돌입전류가 커지고, 고조파를 포함하는 경우가 많으므로 이를 억제하기 위해서 직렬리액터를 설치한다. 보통 직렬리액터는 콘덴서 임피던스의 6%를 설치한다.

㉯ 방전장치 : 콘덴서는 회로에서 개방시켜도 잔류전하가 남아 있어서 장시간 단자전압이 저하되지 않아 감전우려 등 취급하기가 위험하기 때문에 방전장치를 설치한다.

7) 개폐기

장치	기능
고장구분자동개폐기 (A.S.S)	한 개 수용가의 사고가 다른 수용가의 피해를 최소화하기 위한 방안으로 대용량 수용가에 한하여 설치
자동부하전환개폐기 (ALTS)	이중 전원을 확보하여 주전원 정전 시 예비전원으로 자동 절환하여 수용가가 항상 일정한 전원공급을 받을 수 있는 장치
라인스위치 (L.S)	책임분계점에서 보수 점검 시 전로를 구분하기 위한 선로개폐기로 시설하고 반드시 무부하 상태로 개방하여야 하며 이는 단로기와 같은 용도로 사용한다.
단로기(D.S)	공칭전압 3.3kV 이상 전로에 사용되며 기기의 보수 점검 시 또는 회로 접속변경을 하기 위해 사용하지만 부하전류 개폐는 할 수 없는 기기이다.
컷아웃스위치 (C.O.S)	변압기 1차 측 각 상마다 취부하여 변압기의 보호와 개폐를 위한 것
부하개폐기 (L.B.S)	수·변전설비의 인입구 개폐기로 많이 사용되고 있으며 전력퓨즈 용단 시 결상을 방지하는 목적으로 사용하고 있다.
기중부하개폐기 (I.S)	수전용량 300kVA 이하에서 인입개폐기로 사용한다.

8) 피뢰기

① 피뢰기가 구비해야 할 성능
㉮ 이상전압의 침입에 대하여 신속하게 방전특성을 가질 것
㉯ 이상전압 방전완료 이후 속류를 차단하여 절연의 자동 회복능력을 가질 것
㉰ 방전개시 이후 이상전류 통전 시의 단자전압을 일정전압 이하로 억제할 것
㉱ 반복 동작에 대하여 특성이 변화하지 않을 것

② 피뢰기의 정격
㉮ 정격전압 : 전압을 선로단자와 접지단자에 인가한 상태에서 동작책무를 반복 수행할 수 있는 정격 주파수의 상용주파전압 최고한도(실효치)를 말한다.
㉯ 공칭 방전전류 : 보통 수전설비에 사용하는 피뢰기의 방전전류는 154kV 계통에서는 10kA로 22.9kV 계통에서는 5kA나 10kA를 사용한다.
㉰ 제한전압 : 피뢰기 방전 시 단자 간에 남게 되는 충격전압의 파고치로서 방전 중에 피뢰기 단자 간에 걸리는 전압을 말한다.

계통구분	피뢰기 정격전압의 예	
	공칭전압[kV]	정격전압[kV]
유효접지계통	345	288
	154	138
	22.9	18
비유효접지계통	22	24
	6.6	7.5

③ 피뢰기의 구비조건

㉮ 충격방전개시 전압이 낮을 것

㉯ 제한 전압이 낮을 것

㉰ 뇌전류 방전능력이 클 것

㉱ 속류차단을 확실하게 할 수 있을 것

㉲ 반복동작이 가능하고, 구조가 견고하며 특성이 변화하지 않을 것

④ 피뢰기의 시설장소

㉮ 발전소, 변전소 또는 이에 준하는 장소의 가공전선 인입구 및 인출구

㉯ 가공전선로에 접속하는 특고압 배전용 변압기의 고압 측 및 특별고압 측

㉰ 고압 또는 특별고압 가공전선로로부터 공급을 받는 수용장소의 인입구

㉱ 가공전선로와 지중전선로가 접속되는 곳

01 계전기 중 변압기의 보호에 사용되지 않는 계전기는?　　　　　　　[2003]

① 비율차동계전기　　　　　　　　② 차동전류계전기
③ 부흐홀츠계전기　　　　　　　　④ 임피던스계전기

풀이 임피던스 거리계전기
선로의 단락이나 지락 시 계전기가 고장점까지의 거리를 측정하여 그 거리에 비례하여 동작하는 계전기
답 ④

02 차동계전기의 동작요소는?　　　　　　　　　　　　　　[2003][2004][2005]

① 양쪽 전압차　　　　　　　　　② 정상전압과 역상전압의 차
③ 양쪽 전류의 차　　　　　　　　④ 정상전류와 역상전류의 차

풀이 변압기 내부고장 시는 1차, 2차 전류의 차이가 발생하여 계전기가 동작하는 방식　　**답** ③

03 그림과 같이 변압기의 1, 2차에 각각 CT를 접속하고 CT의 2차를 상호 접속한 ○ 내에 들어갈 보호계전기는?　　　　　　　　　　　　　　　　　[2002]

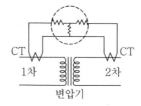

① 과부하계전기　　② 과전압계전기　　③ 지락계전기　　　④ 차동계전기

답 ④

04 대형 변압기의 단락보호용 계전기는 주로 어느 것인가?　　　　　　[2003]

① 차동계전기　　　　　　　　　　② 비율차동계전기
③ 과전류계전기　　　　　　　　　④ 역기전력계전기

답 ②

05 발전기의 층간 단락보호를 위하여, 각 상이 2회로 혹은 2 이상의 병렬권으로 되어 있을 때는 발전기 정격 전류의 1/2 정격의 CT를 차동으로 연결하고, 그 2차에 무엇을 사용하는가? [2002]

① 비율차동계전기 ② 지락보호계전기 ③ 피뢰기 ④ 영상변류기

풀이

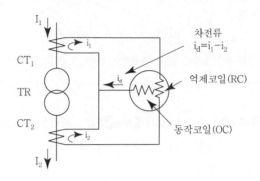

I_1

i_1

차전류
$i_d = i_1 - i_2$

CT₁

i_d

억제코일(RC)

TR

CT₂

i_2

동작코일(OC)

I_2

답 ①

06 2,000[kVA] 이상의 발전기 고정자 권선의 단락보호에 쓰이는 계전기는? [2003]

① 접지계전기   ② 저항접지계전기
③ 비율차동계전기   ④ 과전압계전기

풀이 비율차동 계전기 : 변압기나 발전기의 내부고장 시 동작하는 계전기   **답** ③

07 다음 심벌의 명칭은 어느 것인가? [2007]

① 전류제한기   ② 지진감지기
③ 전압제한기   ④ 역률제한기

답 ①

08 변전소에 사용하는 주요기기로서 VCB는 무엇을 의미하는가? [2002][2005]

① 유입차단기   ② 자기차단기   ③ 진공차단기   ④ 공기차단기

풀이 유입차단기(OCB), 자기차단기(MBB), 공기차단기(ABB)   **답** ③

09 변전기기의 형식에서 진공식의 약호는? [2004]

① OCB   ② MBB   ③ VCB   ④ ABB

풀이 위의 문제 해설 참조 **답** ③

10 변전실에서 전로차단이 6불화유황[SF₆]과 같은 특수한 기체를 매질로 하여 동작하는 차단기는? [2005]

① VCB   ② MBB   ③ GCB   ④ OCB

풀이 가스차단기는 절연내력이 높고, 불활성인 6불화유황(SF_6) 가스를 소호매질로 사용 **답** ③

11 가스 절연 개폐기나 가스차단기에 사용되는 가스인 SF₆의 성질이 아닌 것은?

① 연소하지 않는 성질이다.
② 색깔, 독성, 냄새가 없다.
③ 절연유의 1/140로 가볍지만 공기보다 5배 무겁다.
④ 공기의 25배 정도로 절연내력이 낮다.

풀이 동일한 압력하에서 공기보다 2.5~3배 정도로 절연내력이 높다. **답** ④

12 고압 및 특별고압 차단기 소호매체 및 소호방식에 따라 분류할 경우 기름이 있는 차단기는? [2003]

① VCB   ② GCB   ③ LOCB   ④ MBB

풀이 LOCB : 소유량 유입차단기 **답** ③

13 자연 공기 내에서 개방할 때 접촉자가 떨어지면서 소호되는 방식을 가진 차단기로 저압의 교류 또는 직류 차단기로 많이 사용되는 것은?

① 유입차단기   ② 자기차단기   ③ 가스차단기   ④ 기중차단기

풀이 ㉠ 유입차단기 : 절연유 이용
㉡ 자기차단기 : 자기장 이용
㉢ 가스차단기 : SF₆ 가스 이용 **답** ④

14 고압전기회로의 전기사용량을 적산하기 위한 계기용 변압변류기의 약자는?

① ZPCT   ② MOF   ③ DCS   ④ DSPF

풀이 계기용 변압기(PT)와 변류기(CT)를 조합한 것이다. **답** ②

15 변전실에서 지락사고를 검출하기 위하여 이용되는 것은? [2005]

① CT ② OCR

③ ZCT ④ PT

풀이 영상변류기(ZCT) : 지락사고 시 발생되는 영상전류 검출 **답** ③

16 3상 3선식 수전설비에서 영상변류기와 조합하여 차단기를 동작시키는 계전기는?
[2004]

① 과전류계전기 ② 과부하계전기

③ 지락계전기 ④ 거리계전기

풀이 영상변류기(ZCT)는 지락계전기와 조합하여 고압전로에 지락이 생겼을 때 전로를 자동적으로 차단할 수 있도록 전원에 가장 가까운 위치에 시설 **답** ③

17 영상변류기(ZCT)의 사용 목적은? [2002][2005]

① 과전류검출 ② 과전압검출

③ 지락전류검출 ④ 부하전류검출

풀이 선로 전류 중에 포함되는 영상전류를 검출하여 접지계전기에 의하여 차단기를 동작시켜 사고의 파급을 방지하는 장치

답 ③

18 역률 개선은 전동기에 적정부하의 선로에 콘덴서 삽입으로 이루어지며, 콘덴서는 삽입된 위치로부터 전원 측으로 향하여 역률이 개선된다. 다음 중 역률이 개선되었을 때 이루어지지 않는 것은? [2003][2005]

① 변압기의 저항손실 감소 ② 설비용량의 실질적 감소

③ 부하단에 전압확보 ④ 선로에 저항손실 감소

풀이 **역률개선의 효과**
ㄱ 전압강하의 저감
ㄴ 선로손실의 저감
ㄷ 동손 감소

답 ②

19 3상 유도전동기가 여러 대 설치되어 있는 공장에서 역률을 개선하기 위하여 경제성, 보수성만 유리하게 콘덴서를 설치한다면 다음 중 어떤 방법이 가장 적절한가? [2006]

① 고압 측에 설치한다.

② 저압 측에 일괄해서 설치한다.

③ 대용량 전동기에만 설치한다.

④ 저압 측에 각 전동기마다 개별적으로 설치한다.

풀이 **진상용 콘덴서 설치방법**
ⓐ 모선에 일괄 설치 : 가장 경제적인 방법
ⓑ 고저압 병용 설치
ⓒ 개개의 부하에 설치

답 ①

20 전력 880kW, 역률 75%(지상)인 부하에 전력용 콘덴서를 설치하여 역률을 90%로 개선하고자 하면 이때 필요한 전력용 콘덴서의 용량은 약 몇 kVA 정도 되겠는가?

[2003]

① 340　　　　② 350　　　　③ 360　　　　④ 370

풀이 $Q = P(\tan\theta_1 - \tan\theta_2)[\text{kVA}]$

$= 880(\tan \cdot \cos^{-1}0.75 - \tan \cdot \cos^{-1}0.9) = 350[\text{kVA}]$

답 ②

21 어떤 공장의 소모전력이 100[kW]이며, 이 부하의 역률이 0.6일 때, 역률을 0.9로 개선하기 위하여 필요한 전력용 콘덴서의 용량은 몇 [kVA]인가? [2004]

① 30　　　　② 60　　　　③ 85　　　　④ 90

풀이 $Q = P(\tan\theta_1 - \tan\theta_2)[\text{kVA}]$

$= 100(\tan \cdot \cos^{-1}0.6 - \tan \cdot \cos^{-1}0.9) = 85[\text{kVA}]$

답 ③

22 역률 80%, 300kW의 전동기를 95%의 역률로 개선하는 데 필요한 콘덴서의 용량은 약 몇 kVA가 필요한가? [2003]

① 32　　　　② 63　　　　③ 87　　　　④ 126

풀이 $Q = P(\tan\theta_1 - \tan\theta_2)[\text{kVA}]$

$= 300(\tan \cdot \cos^{-1}0.8 - \tan \cdot \cos^{-1}0.95) = 126[\text{kVA}]$

답 ④

23 지상역률 80%인 1,000kVA의 부하를 100%의 역률로 개선하는 데 필요한 전력용 콘덴서의 용량은 몇 kVA인가? [2002][2006]

① 200   ② 400   ③ 600   ④ 800

풀이 $Q = P(\tan\theta_1 - \tan\theta_2)[\text{kVA}]$

$= 1,000 \times 0.8(\tan \cdot \cos^{-1}0.8 - \tan \cdot \cos^{-1}1.0) = 600[\text{kVA}]$ **답** ③

24 3상 배전선로의 말단에 늦은 역률 80[%], 80[kW]의 평형 3상 부하가 있다. 부하점에 부하와 병렬로 전력용 콘덴서를 접속하여 선로 손실을 최소화하려고 할 때에 필요한 콘덴서 용량은 몇 [kVA]인가? [2008]

① 20   ② 60   ③ 80   ④ 100

풀이 선로 손실을 최소화하려면, 역률을 개선하여 선로 전류를 감소시켜야 한다.

$Q = P(\tan\theta_1 - \tan\theta_2)[\text{kVA}]$

$= 80(\tan \cdot \cos^{-1}0.8 - \tan \cdot \cos^{-1}1.0) = 60[\text{kVA}]$ **답** ②

25 그림은 산업현장에서 많이 응용되고 있는 회로이다. 이 회로에서 점선 부분에 가장 타당한 회로로 맞는 것은? [2008]

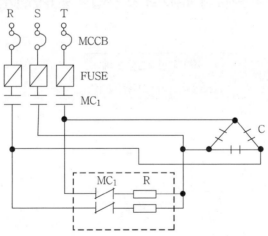

① 정역회로   ② $Y - \Delta$ 기동회로
③ 방전장치회로   ④ 역률개선회로

풀이 콘덴서의 잔류전하 방전장치   **답** ③

26 피뢰기(LA)는 일반적으로 속류를 제한하는 특성요소(Element)와 속류를 차단하는 직렬갭(Series-gap) 및 성능을 유지하는 기밀구조의 애관(Insulator)으로 되어 있으나, 최근 개발된 직렬갭이 필요 없는 피뢰기의 종류는?　[2005]

① 산화아연형　　② 변저항형　　③ 방출형　　④ 지형

풀이 **갭리스 피뢰기**

산화아연을 주성분으로 한 피뢰기로 비직선 전압, 전류 특성이 대단히 우수하기 때문에 정격전압에서도 속류는 대부분 흐르지 않고 평상시의 대지전압에서는 절연상태를 유지하므로 직렬갭이 불필요하다.

답 ①

27 피뢰기가 동작할 때 방전 중의 단자전압의 파고값을 무엇이라고 하는가?　[2006]

① 특성요소의 방전전류　　　② 방전개시전압

③ 속류　　　　　　　　　　④ 제한전압

풀이 **제한전압**

피뢰기 방전 시 단자 간에 남게 되는 충격전압의 파고치로서 방전 중에 피뢰기 단자 간에 걸리는 전압을 말한다.

답 ④

28 전압이 22[kV]인 변전소에 피뢰기의 정격전압은 몇 [kV]인가?　[2002]

① 18　　　　　② 21　　　　　③ 24　　　　　④ 28

풀이

계통구분	피뢰기 정격전압의 예	
	공칭전압[kV]	정격전압[kV]
유효접지계통	345	288
	154	138
	22.9	18
비유효접지계통	22	24
	6.6	7.5

답 ③

29 다음 중 피뢰기를 반드시 시설하여야 할 곳은?　[2008]

① 전기 수용 장소 내의 차단기 2차 측

② 수전용 변압기의 2차 측

③ 가공 전선로와 지중 전선로가 접속되는 곳

④ 경간이 긴 가공 전선로

피뢰기의 시설장소

   ⊙ 발전소, 변전소 또는 이에 준하는 장소의 가공전선 인입구 및 인출구
   ⓒ 가공전선로에 접속하는 특고압 배전용 변압기의 고압 측 및 특별고압 측
   ⓒ 고압 또는 특별고압 가공전선로로부터 공급을 받는 수용장소의 인입구
   ⓔ 가공전선로와 지중전선로가 접속되는 곳   **답** ③

30 고압 또는 특별고압 가공전선로에서 공급을 받을 수용장소의 인입구 또는 이와 근접한 곳에는 무엇을 시설하여야 하는가?   [2008]

① 동기조상기   ② 직렬리액터
③ 정류기   ④ 피뢰기

위의 문제 해설 참조   **답** ④

31 송전계통의 절연협조에 있어 절연 레벨을 가장 낮게 잡고 있는 기기는?   [2004]

① 단로기   ② 피뢰기
③ 변압기   ④ 차단기

                                                답 ②

32 콘덴서를 회로로부터 개방하였을 때 잔류전하로 인한 사고의 방지와 재투입 시 콘덴서에 걸리는 과전압의 방지를 위하여 필요한 장치는?   [2002][2004]

① 직렬 리액터   ② 방전코일
③ 단로기   ④ 소호리액터

                                                답 ②

33 전선로나 전기기기를 수리 및 점검하는 경우 전로를 확실하게 열기(open) 위하여 사용하는 개폐기의 명칭은?   [2002]

① 단로기   ② 차단기
③ PF   ④ PT

                                                답 ①

07 배전설비
CHAPTER

01 건주, 장주 및 가선

(1) 건주

1) 지지물을 땅에 세우는 공정
2) 전주가 땅에 묻히는 깊이
   ① 전주의 길이 15[m] 이하 : 전주 길이의 1/6 이상
   ② 전주의 길이 15[m] 초과 : 2.5[m] 이상
3) 도로의 경사면 또는 논과 같이 지반이 약한 곳은 표준 근입(깊이)에 0.3m를 가산하거나 근가를 사용하여 보강한다.

(2) 지선

1) 지선의 설치

   ① 전주의 강도를 보강하고 전주가 기우는 것을 방지하며, 선로의 신뢰도를 높이기 위해서 설치
   ② 지형상 지선을 설치하기 곤란한 경우에는 지주를 설치
   ③ 전선을 끝맺는 경우, 불평형 장력이 작용하는 경우, 선로의 방향이 바뀌는 경우의 전주에 설치
   ④ 폭풍에 견딜 수 있도록 5기마다 1기의 비율로 선로 방향으로 전주 양측에 설치

2) 지선의 시공

   ① 지선의 안전율은 2.5 이상, 허용 인장하중의 최저는 4.31kN으로 한다.
   ② 지선에 연선을 사용할 경우, 소선(素線) 3가닥 이상으로 지름 2.6mm 이상의 금속선을 사용한다.
   ③ 지중부분 및 지표상 30cm까지의 부분에는 내식성이 있는 것 또는 아연도금을 한 철봉을 사용하고 쉽게 부식되지 아니하는 근가에 견고하게 붙여야 한다.
   ④ 도로를 횡단하는 지선의 높이는 지표상 5m 이상으로 한다.

전선로

• 지선의 안전율은 2.5 이상
• 허용 인장하중의 최저는 4.31kN
• 소선(素線) 3가닥 이상
• 소선지름 2.6mm 이상의 금속선

지중부분 및 지표상 30cm까지의 부분에는 내식성이 있는 것 또는 아연도금을 한 철봉을 사용

지선근가

전주근가

3) 지선의 종류

① **보통지선** : 일반적인 것으로 전주길이의 약 1/2 거리에 지선용 근가를 매설하여 설치

② **수평지선** : 보통지선을 시설할 수 없을 때 전주와 전주 간 또는 전주와 지주 간에 설치

③ **공동지선** : 두 개의 지지물에 공동으로 시설하는 지선

④ **Y지선** : 다단 완금일 경우, 장력이 클 경우, H주일 경우에 보통지선을 2단으로 설치하는 것

⑤ **궁지선** : 장력이 적고 타 종류의 지선을 시설할 수 없는 경우에 설치하는 것으로 A형, R형이 있다.

(3) 장주

지지물에 전선 그 밖의 기구를 고정시키기 위하여 완금, 완목, 애자들을 장치하는 공정

1) 완금의 설치

① 지지물에 전선을 설치하기 위하여 완금을 사용한다.

② **완금의 길이**

㉮ 경(ㅁ형)완금 : 900/1,400/1,800/2,400mm

㉯ ㄱ형 완금 : 2,600/3,200/5,400mm

③ **완금 고정** : 전주의 말구에서 25cm 되는 곳에 I볼트, U볼트, 암 밴드를 사용하여 고정

④ **암타이** : 완금이 상하로 움직이는 것을 방지

⑤ **암타이 밴드** : 암타이를 고정

2) 래크(Rack)배선

저압선의 경우에 완금을 설치하지 않고 전주에 수직방향으로 애자를 설치하는 배선

3) 주상 기구의 설치

① 주상 변압기 설치
　㉮ 행거 밴드를 사용하여 고정
　㉯ 행거 밴드를 사용하기 곤란한 경우에는 변대를 만들어 변압기를 설치한다.
　㉰ 변압기 1차 측 인하선은 고압 절연 전선 또는 클로로프렌 외장 케이블을 사용
　　하고, 2차 측은 옥외 비닐 절연선(OW) 또는 비닐 외장 케이블을 사용한다.

② 변압기의 보호
　㉮ 컷아웃 스위치(COS) : 변압기의 1차 측에 시설하여 변압기의 단락을 보호
　㉯ 캐치홀더 : 변압기의 2차 측에 시설하여 변압기를 보호

③ 구분개폐기
　전력계통의 수리, 화재 등의 사고 발생 시에 구분개폐를 위해 2km 이하마다 설치

(4) 가선공사

1) 전선의 종류

① 단금속선
　㉮ 구리, 알루미늄, 철 등과 같은 한 종류의 금속선만으로 된 전선
　㉯ 종류 : 경동선, 경알루미늄선, 철선, 강선 등

② 합금선
　㉮ 장경간 등 특수한 곳에 사용하기 위해 구리 또는 알루미늄에 다른 금속을 배
　　합한 전선
　㉯ 종류 : 규동선, 카드뮴-구리선, 열처리 경화 구리 합금선 등

③ 쌍금속선
　㉮ 두 종류의 금속을 융착시켜 만든 전선으로 장경 간 배전선로용에 쓰인다.
　㉯ 구리복 강선, 알루미늄복 강선

④ 합성 연선
　㉮ 두 종류 이상의 금속선을 꼬아 만든 전선
　㉯ 종류 : 강심 알루미늄 연선(ACSR)

⑤ 중공연선
　200[kV] 이상의 초고압 송전 선로에서 코로나의 발생을 방지하기 위하여 단면적
　은 증가시키지 않고 전선의 바깥지름만 필요한 만큼 크게 만든 전선

2) 전선의 소요량 계산

① 전선의 실소요량은 이도(dip)나 잠바선 등을 가선하여 산출한다.

㉮ 이도 : 전선을 지지물 사이에 가설하면 자체의 무게 때문에 밑으로 쳐져 곡선을 이루게 되는데, 이 곡선의 가장 밑으로 처진 점의 수직거리

$$D = \frac{WS^2}{8T}[\mathrm{m}]$$

여기서, W : 전선무게[kg/m], S : 경간, T : 장력

② 위의 (1)항과 같이 산출하지 않을 때는 다음과 같이 산출한다.

㉮ 선로가 평탄할 때 : (선로길이 × 전선조수) × 1.02

㉯ 선로의 고저가 심할 때 : (선로길이 × 전선조수) × 1.03

㉰ 철거 시 회수량 : (선로길이 × 전선조수)

3) 저·고압 가공 전선의 최소 높이

① 도로를 횡단하는 경우 : 지표상 6[m] 이상

② 철도를 횡단하는 경우 : 레일면상 6.5[m] 이상

③ 횡단보도교 위에 시설하는 경우

㉮ 저압 : 노면상 3m 이상(절연 전선, 케이블 사용의 경우)

㉯ 고압 : 노면상 3.5m 이상

④ 그 밖의 장소 : 지표상 5[m] 이상

02 인입선 공사

(1) 가공 인입선

1) 가공 인입선

가공 전선로의 지지물에서 분기하여 다른 지지물을 거치지 아니하고 수용 장소의 붙임점에 이르는 가공전선을 말한다. 가공 인입선에는 저압 가공 인입선과 고압 가공 인입선이 있다.

2) 저압 인입선

① 지름 2.6[mm](경간 15[m] 이하는 2[mm])의 경동선 또는 이와 동등 이상의 세기 및 굵기의 것일 것
② 전선은 옥외용 비닐전선(OW), 인입용 절연전선(DV) 또는 케이블일 것
③ 인입선의 길이는 50m 이하로 할 것
④ 전선의 높이는 다음에 의할 것
  ㉮ 도로를 횡단하는 경우에는 노면상 5[m] 이상
    (기술상 부득이한 경우에 교통에 지장이 없을 때에는 2.5[m])
  ㉯ 철도 궤도를 횡단하는 경우에는 레일면상 6.5[m] 이상
  ㉰ 기타의 경우 : 4[m] 이상

3) 고압 및 특고압 인입선

① 인입선의 길이는 30m를 표준(불가피한 경우 50m 이하)
② 전선의 높이는 다음에 의할 것
  ㉮ 도로를 횡단하는 경우에는 노면상 6[m] 이상
  ㉯ 철도 궤도를 횡단하는 경우에는 레일면상 6.5[m] 이상
  ㉰ 기타의 경우 : 5[m] 이상

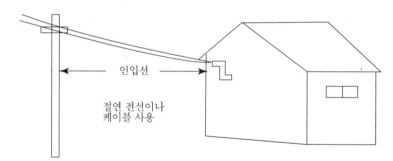

저압 인입선 굵기 : 지름 2.6[mm] 이상 경동선
(경간 15[m] 이하인 경우 2.0[mm] 가능)

고압 인입선 굵기 : 지름 5.0[mm] 이상 경동선

(2) 연접 인입선

1) 연접 인입선

한 수용 장소의 인입선에서 분기하여 다른 지지물을 거치지 아니하고 다른 수용가의 인입구에 이르는 부분의 전선을 말한다.

2) 시설 제한 규정

① 인입선에서의 분기하는 점에서 100[m]를 넘는 지역에 이르지 않아야 한다.

② 폭 5[m]를 넘는 도로를 횡단하지 않아야 한다.

③ 연접 인입선은 옥내를 관통하면 안 된다.

④ 고압 연접 인입선은 시설할 수 없다.

03 지중 전선로

(1) 지중 전선로의 특징

1) 케이블을 사용해서 땅속에 시설하는 전선로를 말한다.

2) 전력사용의 안정도가 향상되고, 시가지 내 전력시설 건설에 도시미관을 저해하지 않는다.

3) 건설비가 많이 들고, 선로의 사고 복구에 많은 시간이 걸린다.

(2) 시설방식

1) 직접매설식

① 땅을 파고 케이블 방호물을 매설하고, 그 속에 케이블을 포설하는 방식

② 케이블 매설 깊이

㉮ 차량 등 중량물의 압력을 받을 우려가 있는 장소 : 1.2m 이상

㉯ 기타 장소 : 0.6m 이상

③ 지중 케이블의 상부에 견고한 판 또는 경질 비닐판 등으로 덮어서 매설한다.

2) 관로인입식

① 케이블을 포설할 관로를 만들어 놓고, 여기에 케이블을 포설하는 방식

② 케이블 조수가 많은 장소, 장래에 부하의 변경이 예상되는 장소에 사용

3) 암거식

① 지중에 암거를 시설하고 그 속에 케이블을 포설하는 방식

② 케이블은 암거의 측벽에 받침대나 선반에 의해 지지하며, 작업자의 보행을 위한 통로를 확보한다.

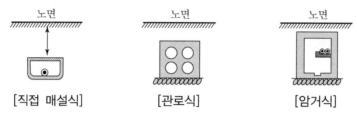

[직접 매설식]　　　　[관로식]　　　　[암거식]

매설방식	장점	단점
직매식(直埋式)	• 포설 공사비 적음 • 열 발산 양호 • 공사기간 짧음	• 외상으로 인한 고장 발생 가능 • 보수 점검 불편 • 증설, 철거 어려움
관로식(管路式)	• 증설, 철거 관리 용이 • 보수 점검 용이 • 타회선 포설 가능	• 열 발산 어려움 • 다소의 외상 고장 가능 • 관로의 곡률 제한
암거식(暗渠式)	• 유지 보수 용이 • 열 발산 양호 • 다회선 포설 가능, 외상 고장 없음	• 공사비 고가임 • 공사 기간 장기간 소요

기출 및 예상문제

01 15[m] 콘크리트주를 시설하는 경우 근가의 표준 깊이는 몇 [m]인가?

[2002][2003][2005]

① 1.0   ② 1.2   ③ 2.5   ④ 3.0

풀이 전주가 땅에 묻히는 깊이
  ㉠ 전주의 길이 15[m] 이하 : 전주 길이의 1/6 이상
  ㉡ 전주의 길이 15[m] 초과 : 2.5[m] 이상   **답** ③

02 구내에 시설하는 22.9[kV−Y] 가공 전선로의 지지물에 기기를 장치하는 경우의 콘크리트주의 최소 길이는 몇 [m]인가?

[2002]

① 10   ② 12   ③ 14   ④ 16

풀이 지지물의 길이는 10m 이상이어야 하며, 기기를 장치하는 경우에는 12m 이상이어야 한다. **답** ②

03 전주의 길이가 10[m]이고, 근가의 길이가 1.2[m]일 때 U−볼트(경 × 길이)[mm]의 표준은?

[2004]

① 270×500   ② 320×550
③ 360×590   ④ 400×630

풀이 전주의 규격에 따른 U−볼트의 직경

전주규격[M]	10	12	14	16
U−볼트 직경[mm]	320	360		400

답 ②

04 고압 가공전선로의 전선의 조수가 3조일 때 완금의 길이는?

① 1,200mm   ② 1,400mm   ③ 1,800mm   ④ 2,400mm

풀이 완금의 길이

전선의 조수	특고압	고압	저압
2	1,800	1,400	900
3	2,400	1,800	1,400

답 ③

05 지선의 시설 목적에 적합하지 않은 것은? [2005]

① 지지물의 강도보강 ② 전선로의 안정성 증대
③ 전선로와 건조물과의 이격 ④ 불평형 하중에 대한 평형

풀이 전주의 강도를 보강하고 전주가 기우는 것을 방지하며, 선로의 신뢰도를 높이기 위해서 설치

답 ③

06 가공전선로의 지지물에 시설하는 지선에서 맞지 않는 것은?

① 지선의 안전율은 2.5 이상일 것
② 지선의 안전율이 2.5 이상일 경우에 허용 인장하중의 최저는 4.31kN으로 한다.
③ 소선의 지름이 1.6mm 이상의 동선을 사용한 것일 것
④ 지선에 연선을 사용할 경우에는 소선 3가닥 이상의 연선일 것

풀이 소선의 지름이 2.6mm 이상의 금속선을 사용할 것

답 ③

07 전선로의 지선에 사용되는 애자는?

① 현수애자 ② 구형애자
③ 인류애자 ④ 핀애자

풀이 말굽애자, 옥애자, 지선애자라고도 한다.

답 ②

08 지지물에 완금, 완목, 애자 등을 장치하는 것을 무슨 공사라 하는가? [2006]

① 군가공사 ② 지선공사
③ 장주공사 ④ 가선공사

답 ③

09 완목이나 완금을 목주에 붙이는 경우에는 볼트를 사용하고, 철근콘크리트주에 붙이는 경우에는 어느 것을 사용하는가?

① 지선밴드 ② 암타이
③ 암밴드 ④ U볼트

답 ④

10 전선을 지지하기 위해 사용되는 자재로 애자를 부착하여 사용하는 □형으로 생긴 형 강은? [2005]

① 인류스트립   ② 각암타이   ③ 소켓아이   ④ 경완금

답 ④

11 주상변압기를 철근콘크리트 전주에 설치할 때 사용되는 기구?

① 암밴드   ② 암타이밴드   ③ 앵커   ④ 행거밴드

답 ④

12 주상변압기에 시설하는 캐치 홀더는 다음 어느 부분에 직렬로 삽입하는가? [2004]

① 1차 측 양선   ② 1차 측 1선
③ 2차 측 비접지 측선   ④ 2차 측 접지된 선

풀이 캐치 홀더는 변압기를 보호하기 위해 변압기 2차 측에 설치   답 ③

13 저압인입선을 설비할 경우 보호장치로 캐치홀더(Catch−holder)를 설치하고 고리 퓨 즈(Fuse)를 시설할 경우 잘못 표현된 것은? [2005]

① 저압배전선에서 분기하는 저압 측 인입선에는 그 분기점 가까운 곳에 설치한다.
② 캐치홀더의 부하전류 합계 100[A]까지는 공용할 수 있다.
③ 동력 부하의 경우에는 인입개폐기의 퓨즈 용량과 동일 또는 측근 상위의 것을 사용할 수 있다.
④ 전등공용 방식의 저압배선에서 인하하는 동력인입선에는 각 상마다 시설해야 한다.

답 ②

14 ACSR 약호의 명칭은? [2006][2008]

① 경동연선   ② 중공연선
③ 알루미늄선   ④ 강심알루미늄연선

풀이 ACSR ; Aluminium Conductor Steel Reinforced   답 ④

15 고주파 전기의 송전선으로 가장 적합한 것은? [2002]

① 강심알루미늄선　② 중공연선　③ 경동선　④ 주석도금선

풀이 중공연선

200[kV] 이상의 초고압 송전선로에서 코로나 발생을 방지하기 위하여 단면적은 증가시키지 않고, 전선의 바깥지름만 필요한 만큼 크게 만든 전선　**답** ②

16 직격뢰에 대한 방호설비로서 가장 적당한 것은? [2004]

① 서지 흡속기　② 가공지선　③ 복도체　④ 정전방전기

풀이 전주의 최상부에 설치되어 직격뢰에 대해 전선로를 보호한다.　**답** ②

17 전주 사이의 경간이 50[m]인 가공 전선로에서 전선 1[m]의 하중이 0.37[Kg], 전선의 딥이 0.8[m]라면 전선의 수평 장력은 약 몇 [kg]인가? [2008]

① 80　② 120　③ 145　④ 165

풀이 $D = \dfrac{WS^2}{8T}$ 이므로,

$0.8 = \dfrac{0.37 \times 50^2}{8 \times T}$ 에서, $T = 144.5[\text{kg}]$ 이다.　**답** ③

18 가공인입선 중 수용장소의 인입선에서 분기하여 다른 수용장소의 인입구에 이르는 전선을 무엇이라 하는가?

① 소주인입선　② 연접인입선　③ 본주인입선　④ 인입간선

답 ②

19 저압 연접인입선은 인입선에서 분기하는 점으로부터 100m를 넘지 않는 지역에 시설하고 폭 몇 m를 초과하는 도로를 횡단하지 않아야 하는가? [2007]

① 4　② 5　③ 6　④ 6.5

풀이 시설 제한 규정

㉠ 인입선에서의 분기하는 점에서 100[m]를 넘는 지역에 이르지 않아야 한다.

㉡ 폭 5[m]를 넘는 도로를 횡단하지 않아야 한다.

㉢ 연접 인입선은 옥내를 관통하면 안 된다.

㉣ 고압 연접 인입선은 시설할 수 없다.　**답** ②

20 다음 중 저압 연접인입선의 시설기준으로 틀린 것은? [2006]

① 인입선에서 분기하는 점으로부터 100m를 넘는 지역에 미치지 아니할 것

② 폭 5m를 넘는 도로를 횡단하지 아니할 것

③ 옥내를 통과하지 아니할 것

④ 지름은 최소 3.2mm 이상의 경동선을 사용할 것

풀이 지름 2.6[mm]의 경동선 또는 이와 동등 이상의 세기 및 굵기의 것일 것 　**답** ④

21 다음은 가공전선로에 비교한 지중선로의 장점이다. 이에 속하지 않는 것은? [2003]

① 선로사고 시 복구가 용이하다.

② 도시환경미화를 향상시킨다.

③ 폭풍우, 뇌(雷)의 위험이 적다.

④ 지상노출이 적어 보안상 유리하다.

풀이 ㉠ 전력사용의 안정도가 향상되고, 시가지 내 전력시설 건설에 도시미관을 저해하지 않는다.
㉡ 건설비가 많이 들고, 선로의 사고 복구에 많은 시간이 걸린다. 　**답** ①

22 지중배전에 사용되는 기기는 별도의 설치공간에 적합한 구조로 제작되어 설치되는데 이에 사용되는 일반기기를 설치형태별로 구분한 종류에 해당하지 않는 것은? [2007]

① 지상 설치형　　　　　　② 지중 설치형

③ 지하공 설치형　　　　　④ 반가대 설치형

풀이 반가대 설치는 가공전선로에서 사용하는 방법이다. 　**답** ④

23 지중에 매설되어 있는 케이블의 전식(전기적인 부식)을 방지하기 위한 대책이 아닌 것은? [2007]

① 회생양극법　　　　　　② 외부전원법

③ 선택배류법　　　　　　④ 배양법

풀이 **지중케이블의 전식방지법**
㉠ 금속표면 코팅
㉡ 회생양극법(유전양극법)
㉢ 외부전원법
㉣ 배류법(직접배류법, 강제배류법, 선택배류법) : 누설전류가 흐르도록 길을 만들어 금속표면의 부식을 방지 　**답** ④

24 지중전선로에 사용하는 지중함을 시설할 때 고려할 사항으로 잘못된 것은? [2007]

① 차량 기타 중량물의 압력에 견디는 튼튼한 구조로 할 것

② 물기가 스며들지 않으며, 또 고인 물은 제거할 수 있는 구조일 것

③ 지중함 뚜껑은 보통사람이 열 수 없도록 하여 시설자만 점검하도록 할 것

④ 폭발성 가스가 침입할 우려가 있는 곳에 시설하는 최소 0.5m³ 이상의 지중함에는 통풍장치를 할 것

풀이 지중전선로에 사용하는 지중함은 다음 각 호에 의하여 시설하여야 한다.

  ㉠ 지중함은 견고하고 차량 기타 중량물의 압력에 견디는 구조일 것

  ㉡ 지중함은 그 안의 고인 물을 제거할 수 있는 구조로 되어 있을 것

  ㉢ 폭발성 또는 연소성의 가스가 침입할 우려가 있는 것에 시설하는 지중함으로써 그 크기가 1 m³ 이상인 것에는 통풍장치 기타 가스를 방산시키기 위한 적당한 장치를 시설할 것

  ㉣ 지중함의 뚜껑은 시설자 이외의 자가 쉽게 열 수 없도록 시설할 것   **답** ④

25 케이블 포설공사가 끝난 후 하여야 할 시험의 항목에 해당되지 않는 것은? [2008]

① 절연저항 시험   ② 절연내력 시험

③ 접지저항 시험   ④ 유전체손 시험

풀이 ㉠ 절연저항 시험 : 각 심선 상호 간 및 심선과 대지 간의 절연저항 시험

  ㉡ 절연내력 시험 : 전로와 대지 간, 각 심선과 대지 간의 절연내력 시험

  ㉢ 접지저항 시험 : 케이블 차폐막의 접지저항 시험

  ㉣ 상시험 : 케이블 양단의 상순이 맞는지 여부 시험   **답** ④

26 고체 유전체의 파괴시험을 기름(Oil) 중에서 행하는 이유로 가장 적당한 것은? [2005][2008]

① 선행 불꽃방전을 방지하기 위하여

② 공기 중에서의 실행에 따른 위험을 방지하기 위하여

③ 연면섬락을 방지하기 위하여

④ 매질효과를 없애기 위하여

답 ③

PART

5

송배전
공학

01 CHAPTER 선로정수

01 표피효과 및 근접효과

(1) 표피효과

직류전류가 전선을 통과할 때는 전부 같은 전선밀도로 흐르지만 주파수가 있는 교류에 있어서는 전선의 외측 부근에 전류밀도가 커지는 경향이 있다. 이 같은 현상을 전선의 표피효과(skin effect)라고 한다.

이 이유는 전선단면 내의 중심부일수록 자속쇄교수가 커져서 인덕턴스가 증대되므로 중심부에는 전류가 잘 흐르지 못하고 표면으로 몰려 흐르게 되기 때문이다.

(2) 근접효과

많은 도체가 근접 배치되어 있는 경우, 각 도체에 흐르는 전류의 크기 방향 및 주파수에 따라서 각 도체의 단면에 흐르는 전류의 밀도분포가 변화하는 현상을 근접효과라 한다. 또한 표피효과(skin effect)는 근접효과의 일종으로 1가닥의 도체일 경우이고, 근접효과는 2가닥 이상의 평행도체에서 볼 수 있는 현상으로서 주파수가 높을수록 또 도체가 가까이 배치되어 있을수록 현저하게 나타난다.

02 선로정수

(1) 저항 R[Ω]

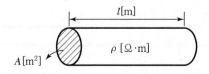

1) 전선의 저항

$$\sigma = \frac{1}{\rho} = \frac{1}{\frac{RA}{l}} = \frac{l}{RA}[\mho/\mathrm{m}], \quad R = \rho\frac{\ell}{A}[\Omega]$$

여기서, ρ : 고유저항

$l[\mathrm{m}]$: 전선길이

$A[\mathrm{mm}^2]$: 전선단면적

① 고유저항

$$\rho = R\frac{A}{\ell} = R\frac{A}{\ell} \times 10^6 \,[\Omega\mathrm{mm}^2/\mathrm{m}]$$

② 도전율

도선의 고유저항 역수

$$\sigma = \frac{1}{\rho}[\mho\mathrm{m}/\mathrm{mm}^2]$$

③ %도전율

$$k = \frac{\sigma}{\sigma_s} \times 100[\%]$$

여기서, σ : 도선의 도전도

σ_s : 표준연동의 도전도($\sigma_s = 58[\mho\mathrm{m}/\mathrm{mm}^2]$)

<전선의 고유저항률과 도전율>

종류	고유저항률($\Omega/\mathrm{m} \cdot \mathrm{mm}^2$)	도전률(%)
경동선	1/58	100
연동선	1/55	97
경알루미늄선	1/35	61

(2) 인덕턴스 L[H]

1) 작용 인덕턴스

전선로에 전류가 흐를 때 1상에 나타나는 자기인덕턴스와 상호인덕턴스의 합

① 단도체

$$L = 0.4605\log\frac{D}{r} + 0.05[\mathrm{mH/km}]$$

여기서, r : 도체의 반지름
D : 등가선간거리(기하학적 평균거리)

② n복도체

$$L = 0.4605\log_{10}\frac{D}{r_e} + \frac{0.05}{n}[\mathrm{mH/km}]$$

2) 등가선간거리 및 등가반지름

① 등가반지름
㉠ 복도체, 다도체 : 1상의 도체를 2~4개 정도로 분할하여 시설하는 전선
같은 방향 전류에 의한 흡인력이 발생 → 스페이서 설치
㉡ 등가반지름

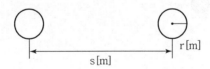

$$r_e = r^{\frac{1}{n}}s^{\frac{n-1}{n}}$$

여기서, $r[\mathrm{m}]$: 소도체의 반지름
n : 소도체의 개수
$s[\mathrm{m}]$: 소도체 간 간격

② 등가선간거리
- 정삼각형 배열

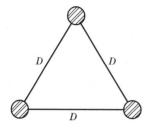

$$D = \sqrt[3]{D_1 \times D_1 \times D_1} = \sqrt[3]{D_1^3} = D_1$$

- 직선 배열(수평배치＝일직선배치)

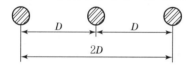

$$D = \sqrt[3]{D_1 \times D_1 \times 2D_1} = \sqrt[3]{2}\, D_1$$

- 정사각형 배열

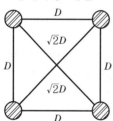

$$D = \sqrt[6]{D_1 \times D_1 \times D_1 \times D_1 \times \sqrt{2}\, D_1 \times \sqrt{2}\, D_1}$$
$$= \sqrt[6]{2} \times D_1$$

(3) 정전용량 C[F]

1) 작용정전용량

대지정전용량과 선간정전용량의 합

$$C = \frac{0.02413}{\log \dfrac{D}{r^{\frac{1}{n}} s^{\frac{n-1}{n}}}} [\mu F/km]$$

① 단도체($n=1$ 일 때)

$$C = \frac{0.02413}{\log\dfrac{D}{r}}[\mu\mathrm{F/km}]$$

② 복도체($n=2$ 일 때)

$$C = \frac{0.02413}{\log\dfrac{D}{\sqrt{rs}}}[\mu\mathrm{F/km}]$$

2) 작용정전용량 계산법

1선당을 기준으로 충전전류 계산 시 이용

① 단상 2선식

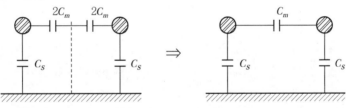

$$\therefore \text{작용정전용량(1선분)}: C = C_s + 2C_m = \frac{0.02413}{\log_{10}\dfrac{D}{r}}[\mu\mathrm{F/km}]$$

② 3상 3선식

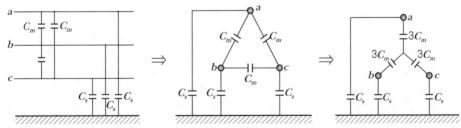

$$\therefore \text{작용정전용량(1상분)}: C_m = \frac{0.02413}{\log_{10}\dfrac{D}{r}}[\mu\mathrm{F/km}]$$

③ 충전전류(I_c) 및 충전용량(Q_c)

- 3선 일괄로 계산
- 콘덴서에 충전되는 전기에너지 = 전력 = 전압 × 전류[VA]

  ㉠ 충전전류 : $I_C = \omega CE\ell = 2\pi f\, C \dfrac{V}{\sqrt{3}}\ell\,(C = C_s + 3C_m)$[A]

  ㉡ 충전용량 : $Q_c = 3EI_c = 3\omega CE^2\ell = 2\pi f CV^2 \times 10^{-3}$[kVA]

(4) 누설콘덕턴스 G[℧]

$$G = \frac{1}{\text{절연저항}}\,[℧]$$

01 전선에서 전류의 밀도가 도선의 중심으로 들어갈수록 작아지는 현상은?

① 페란티 효과   ② 접지 효과

③ 표피 효과   ④ 근접 효과

풀이 표피 효과

전선에서 전류밀도가 전선의 표면에 집중하는 현상으로 전선이 굵고, 주파수가 높을수록 심하다.

답 ③

02 전선의 표피 효과에 관한 설명으로 옳은 것은?

① 전선이 굵을수록, 주파수가 낮을수록 커진다.

② 전선이 굵을수록, 주파수가 높을수록 커진다.

③ 전선이 가늘수록, 주파수가 낮을수록 커진다.

④ 전선이 가늘수록, 주파수가 높을수록 커진다.

풀이 표피 효과(Skin effect)는 전선에 교류전류가 흐를 때 전선 내의 전류밀도의 분포가 전선의 중심부로 들어갈수록 작고 전선표면으로 갈수록 커지는 현상이다. 표피 효과는 전선이 굵을수록, 도전율 및 투자율이 클수록 그리고 주파수가 높을수록 커진다.

답 ②

03 송전선로의 선로정수가 아닌 것은 다음 중 어느 것인가?

① 저항   ② 리액턴스

③ 정전용량   ④ 누설 콘덕턴스

풀이 송전선로의 선로정수는 저항(R), 인덕턴스(L), 정전용량(C), 누설콘덕턴스(G)이다.   **답** ②

04 송전선로의 저항을 R, 리액턴스를 X라 하면 다음의 어느 식이 성립되는가?

① $R > X$ ② $R \ll X$

③ $R = X$ ④ $R \leq X$

풀이 송전선로에서는 리액턴스에 비해 저항은 대단히 적어서 무시 가능하다.   **답** ②

05 반지름 r[m]인 전선 A, B, C가 그림과 같이 수평의 D[m] 간격으로 배치되고 3선이 완전 연가된 경우 각 선의 인덕턴스는?

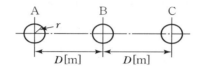

① $L = 0.05 + 0.4605 \log_{10} \dfrac{D}{r}$

② $L = 0.05 + 0.4605 \log_{10} \dfrac{\sqrt{2}\,D}{r}$

③ $L = 0.05 + 0.4605 \log_{10} \dfrac{\sqrt{3}\,D}{r}$

④ $L = 0.05 + 0.4605 \log_{10} \dfrac{\sqrt[3]{2}\,D}{r}$

풀이 등가선간거리는 수평배치(＝일직선배치)로 되어 있으므로

$$D_o = \sqrt[3]{D \times D \times 2D} = \sqrt[3]{2}\,D \,[\text{m}]$$

$$\therefore L = 0.05 + 0.4605 \log_{10} \frac{\sqrt[3]{2}\,D}{r}$$

답 ④

06 3상 3선식 가공 송전선로의 선간거리가 각각 D_1, D_2, D_3일 때 등가선간거리는?

① $\sqrt{D_1 D_2 + D_2 D_3 + D_3 D_1}$

② $\sqrt[3]{D_1 \cdot\ D_2 \cdot\ D_3}$

③ $\sqrt{D_1^2 + D_2^2 + D_3^2}$

④ $\sqrt[3]{D_1^3 + D_2^3 + D_3^3}$

풀이 **등가선간거리** : 기하학적 평균거리

$$D_o = \sqrt[n]{D_1 \times D_2 \times D_3 \cdots D_n}\,[\text{m}]$$

답 ②

07 전선 4개의 도체가 4각형으로 배치되어 있을 때 기하학적 평균거리는 얼마인가?(단, 각 도체 간의 거리는 d라 한다.)

① d

② $4d$

③ $\sqrt[3]{2}\,d$

④ $\sqrt[6]{2}\,d$

풀이 정사각형 배열에서의 등가선간거리는

$$D_o = \sqrt[3]{D \times D \times D \times D \times \sqrt{2}\,D \times \sqrt{2}\,D} = \sqrt[6]{2}\,D\,[\text{m}]$$

답 ④

08 전선 a, b, c가 일직선으로 배치되어 있다. a와 b, b와 c 사이의 거리가 각각 5[m]일 때 이 선로의 등가선간거리는 몇 [m]인가?

    ① 5   ② 10   ③ $5\sqrt{3}$ ④ $5\sqrt[3]{2}$

풀이 수평 배열(＝일직선배열)에서의 등가선간거리는
$$D_o = \sqrt[3]{D \times D \times 2D} = \sqrt[3]{2}\, D \,[\text{m}]$$

답 ④

09 선간거리를 D, 전선의 반지름을 r이라 할 때 송전선의 정전용량은 어떻게 되는가?

    ① $\log \dfrac{D}{r}$에 비례한다.   ② $\log \dfrac{D}{r}$에 반비례한다.

    ③ $\log \dfrac{r}{D}$에 비례한다.   ④ $\log \dfrac{r}{D}$에 반비례한다.

풀이 $C = C_s + 3C_s = \dfrac{0.02413}{\log_{10} \dfrac{D}{r}} [\mu\text{F/km}]$

답 ②

10 송전선로의 인덕턴스는 등가선간거리(그림 참조) D가 증가하면 어떻게 되는가?

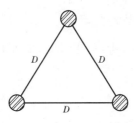

    ① 증가한다.   ② 감소한다.
    ③ 변하지 않는다.   ④ D에 비례하여 증가한다.

풀이 전선 1가닥에 대한 작용 인덕턴스
$$L = 0.05 + 0.4605 \log_{10} \frac{D}{r} [\text{mH/km}]$$

답 ①

11 복도체에 있어서 소도체의 반지름을 γ[m], 소도체 사이의 간격을 s[m]라고 할 때 2개의 소도체를 사용한 복도체의 등가 반지름은?

    ① $\sqrt{rs}$ ② $\sqrt{r^2 s}$ ③ $\sqrt{rs^2}$ ④ rs

풀이 2 복도체의 등가반경

$$r_e = r^{\frac{1}{n}} s^{\frac{n-1}{n}} = r^{\frac{1}{2}} s^{\frac{2-1}{2}} = \sqrt{rs}$$

답 ①

12 선간거리 $2D$[m]이고 선로 모선의 지름이 d[m]인 선로의 단위길이당 정전용량 [μF/km]은?

① $\dfrac{0.02413}{Log_{10}\dfrac{4D}{d}}$ ② $\dfrac{0.02413}{Log_{10}\dfrac{2D}{d}}$ ③ $\dfrac{0.02413}{Log_{10}\dfrac{D}{d}}$ ④ $\dfrac{0.2413}{Log_{10}\dfrac{4D}{d}}$

풀이 $C = \dfrac{0.02413}{\log_{10}\dfrac{D}{r}}[\mu\text{F/km}] = \dfrac{0.02413}{\log_{10}\dfrac{2D}{\frac{d}{2}}}[\mu\text{F/km}] \quad \therefore \dfrac{0.02413}{Log_{10}\dfrac{4D}{d}}$

답 ①

13 지중선 계통은 가공선 계통에 비하여 인덕턴스와 정전 용량은 어떠한가?

① 인덕턴스, 정전 용량이 모두 크다.
② 인덕턴스, 정전 용량이 모두 작다.
③ 인덕턴스는 크고 정전 용량은 작다.
④ 인덕턴스는 작고 정전 용량은 크다.

풀이 지중전선로에는 케이블을 채용하므로 가공전선로에 비해 선간거리가 작아진다.
    ∴ 인덕턴스는 작고 정전용량은 크다.

답 ④

14 송배전 선로의 작용 정전용량은 무엇을 계산하는 데 사용되는가?

① 비접지 계통의 1선 지락 고장 시 지락 고장전류 계산
② 정상 운전 시 선로의 충전전류 계산
③ 선간 단락 고장 시 고장전류 계산
④ 인접 통신선의 정전유도전압 계산

풀이 작용 정전용량 계산법
    1선당을 기준으로 충전전류 계산 시 이용

답 ②

15 3상 3선식 선로에 있어서 대지정전용량 C_s, 선간정전용량 C_m일 때, 1선당 작용정전용량은?

① $C_s + 2C_m$

② $2C_s + C_m$

③ $3C_s + C_m$

④ $C_s + 3C_m$

풀이 작용정전용량(1상분)

단상 2선식 $C = C_s + 2C_m$

3상 3선식 $C = C_s + 3C_m$

답 ④

16 송전선로의 정전용량 C = 0.008[μF/km], 선로의 길이 L = 100[km], 전압 E = 37,000 [V]이고 주파수 f = 60[Hz]일 때 충전전류[A]는?

① 8.7

② 11.1

③ 13.7

④ 14.7

풀이 충전전류 : $I_C = \omega C E \ell = 2\pi f C \dfrac{V}{\sqrt{3}} \ell$(E : 상전압 V : 선간전압)[A]

E는 상전압이므로 $I_C = \omega C E \ell = 2\pi f C E \ell$[A]

$= 2\pi \times 60 \times 0.008 \times 10^{-6} \times 37,000 \times 100 = 11.16$[A]

답 ②

17 대지 정전용량 0.007[μF/km], 상호 정전용량 0.001[μF/km] 선로의 길이 100[km]인 3상 송전선이 있다. 여기에 154[kV], 60[Hz]를 가했을 때 1선에 흐르는 충전전류는 몇[A]인가?

① 33.5

② 58.0

③ 73.4

④ 100.5

풀이 1선에 흐르는 충전전류 : $I_C = \omega C E \ell = 2\pi f C \dfrac{V}{\sqrt{3}} \ell (C = C_s + 3C_m)$[A]

$I_C = 2\pi f (C_s + 3C_m) \dfrac{V}{\sqrt{3}} \ell$[A] $= 2\pi \times 60 \times (0.007 + 3 \times 0.001) \times 10^{-6} \times \dfrac{154000}{\sqrt{3}} \times 100$

$= 33.5$[A]

답 ①

18 충전전류는 일반적으로 어떤 전류를 말하는가?

① 앞선 전류

② 뒤진 전류

③ 유효 전류

④ 누설 전류

풀이 충전전류는 진상전류 즉 앞선 전류를 의미한다.

답 ①

19 3상 3선식 소호 리액터 접지방식에서 1선의 대지 정전용량을 $C[\mu\mathrm{F}]$, 상전압 E[kV], 주파수 f[Hz]라 하면, 소호 리액터의 용량은 몇 [kVA]인가?

① $\pi f C E^2 \times 10^{-3}$ ② $2\pi f C E^2 \times 10^{-3}$

③ $3\pi f C E^2 \times 10^{-3}$ ④ $6\pi f C E^2 \times 10^{-3}$

풀이 소호리액터 용량(=충전용량)

$$Q_c = 3EI_c = 3\omega f C E^2 \ell = 3 \times 2\pi f C E^2 \times 10^{-3}[\mathrm{kVA}]$$

답 ④

02 전력원선도

CHAPTER

01 전력원선도

선로의 제량(諸量)을 계산할 때 수식에 의한 방법과 도식에 의한 방법 2가지가 있다. 전자는 번잡하지만 정확한 결과를 얻을 수 있는 특징이 있고 후자는 개략적이나마 필요한 내용을 간단히 구해서 변화하는 양을 한눈에 볼 수 있는 특징이 있다. 즉, 선로의 송수전 양단의 전압크기를 일정하게 하고 다만, 상차각만 변화시켜서 전력 P를 송전할 수 있는가, 또 어떠한 무효전력 Q가 흐르는가의 관계를 표시한 것이 전력원선도(power circle diagram)이다.

정전압계통에서 4단자정수를 이용한 방정식은

$$\dot{E}_S = \dot{A}\dot{E}_r + \dot{B}\dot{I}_r$$
$$\dot{I}_S = \dot{C}\dot{E}_r + \dot{D}\dot{I}_r$$

여기서, $\dot{B} = b_1 \angle \beta_1$, $\dfrac{\dot{A}}{\dot{B}} = m - jn$, $\dfrac{\dot{D}}{\dot{B}} = \acute{m} - j\acute{n}$. $\rho = \dfrac{E_S E_r}{b_1}$ 라고 하면 송전전력 $\dot{W}_S = \dot{P}_S + j\dot{Q}_S$ 및 수전전력 $\dot{W}_r = \dot{P}_r + j\dot{Q}_r$ 은 각각 아래와 같다.

$$\dot{W}_S = (\acute{m} + j\acute{n})E_S{}^2 - \rho \angle (\theta + \beta_1)$$
$$= \acute{m}E_S{}^2 - \rho\cos(\theta + \beta_1) + j\acute{n}E_S{}^2 - j\rho\sin(\theta + \beta_1)$$
$$\dot{W}_r = \rho\cos(\theta - \beta_1) - j\rho\sin(\theta - \beta_1) - (m + jn)E_r{}^2$$

그러므로 $\dot{W}_S$, $\dot{W}_r$ 을 θ에 대해서 변화시켜주면 다음 그림처럼 원이 된다.

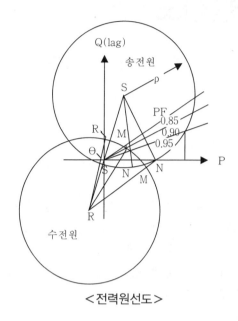

<전력원선도>

이것을 송전계통에서는 전력원선도라고 하며 송수전단의 유효전력 및 무효전력 4개 중 어느 것이나 1개만 정해지면 다른 것은 자동적으로 결정되어 계통의 흐름을 알 수 있게 된다.

<전력원선도의 성질>

제 원	송 전 단	수 전 단
반 경	$\rho = E_s E_r / b$	
중심좌표	$m'E_s{}^2$, $jn'E_s{}^2$	$-m'E_r{}^2$, $-jn'E_r{}^2$
기준선	SS'	RR'
Q의 증가방향	반시계방향	시계방향
유효전력(위상각이 η 인 경우)	$\overline{NN'}$	$\overline{MM'}$
무효전력(위상각이 η 인 경우)	$\overline{NN''}$	$\overline{MM''}$

전력 방정식 및 전력 원선도는 본래가 분포 정수회로로 구한 것이므로 선로의 전력 손실 P_L은 송·수 전단의 유효전력 P_S와 P_r의 차로써 구해진다.

P_S와 P_r을 전력 원선도에서 구하여 그 양자의 차를 가지고 손실전력 P_L을 나타내도 되지만 오차가 너무 크므로 정확을 기하기 위해서는 계산으로 구하거나 손실 원선도(Loss Circle)에 의하여 비교적 정확한 값을 구할 수 있다.

4단자 정수 A, B, C, D에서

$$\frac{\dot{A}}{\dot{B}} = m + jn, \quad \frac{\dot{D}}{\dot{B}} = \acute{m} + j\acute{n}, \quad \frac{1}{\dot{B}} = \frac{1}{B}\varepsilon^{j\beta}, \quad \frac{E_S E_R}{B} = \rho$$

라고 하면, 송전전력 P_S는

$$P_S = \acute{m}E_S^2 - \frac{E_S E_R}{B}cos\,(\theta + \beta) = \acute{m}E_S^2 - \rho cos\,(\theta + \beta)$$

수전전력 P_R은

$$P_R = \frac{E_S E_R}{B}cos\,(\theta - \beta) - mE_R^2 = \rho cos\,(\theta - \beta) - mE_R^{\,2}$$

그러므로 선로의 전력손실 P_L은 다음과 같이 된다.

$$P_L = P_S - P_R = \acute{m}E_S^2 - mE_R^{\,2} - 2\rho(cos\,\beta cos\,\theta)$$

상기 식은 원의 방정식으로서 중심 $OL = (\acute{m}E_S^2 + mE_R^2,\ 0)$ 반경 $= 2\rho cos\,\beta$ 인 전력손실 원선도가 된다.

즉, 그림의 X축상의 원점 0부터 우측으로 $(\acute{m}E_S^2 + mE_R^2)$에 상당하는 길이에 L점을 구하고 L를 중심으로 하여 $2\rho cos\,\beta$를 반경으로 하는 원을 그린다.

L0를 $\theta = 0°$의 기준선으로 하고 반시계방향으로 원주상에 각도를 눈금한다. 송전전압이 수전전압보다 θ만큼 앞서면 반시계방향으로 θ만큼 회전시켜 S점을 구하고, S점에서 Y축까지의 수평거리 ST가 손실전력 PL을 표시한다.

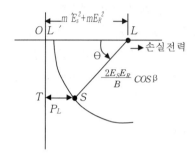

03 코로나 현상

CHAPTER

01 코로나 현상 및 임계전압

(1) 코로나 현상

초고압 송전계통에서 전선 표면의 전위경도가 높은 경우 전선 주위의 공기 절연이 파괴되면서 발생하는 일종의 부분방전현상

(2) 방전현상

① 잡음 및 전면(불꽃)방전
② 전선로 주변 및 애자 주변, 전선과 애자 접속부분에서 발생

(3) 코로나 임계전압

① 전선로 주변에 공기가 견딜 수 있는 전압의 한계
② 전위경도 파괴 극한전압

$$E_o = 24.3\, m_o m_1 \delta d \log_{10} \frac{D}{r}\,[\text{kV}]$$

여기서, m_o : 전선표면계수(단선 1, ACSR 0.8)
m_1 : 기상(날씨)계수(청명 1, 비 0.8)
δ : 상대공기밀도$\left(\delta \propto \dfrac{기압}{온도}\right)\left(\dfrac{0.386b}{273+t}\right)$
d : 전선의 직경

(4) Corona의 종류

① 기중 Corona : 전선표면, 소호각, 클램프
② 연면 Corona : 애자 갭

02 코로나 손실과 각종 장해

(1) 코로나 손실(Peek의 식)

$$P_c = \frac{241}{\delta}(f+25)\sqrt{\frac{r}{D}}(E-E_0)^2 \times 10^{-5}[\text{kW/cm 선당}]$$

여기서, E : 대지전압[kv]

E_0 : 코로나 임계전압

δ : 상대공기밀도($\delta \propto \frac{\text{기압}}{\text{온도}}$)

r : 도체의 반지름

(2) 영향

① 코로나 손실로 인한 송전용량 감소

② 코로나 잡음 발생으로 인한 전파장해

③ 고조파로 인해 통신선에 유도장해 발생

④ 질산에 의한 전선, 바인드선의 부식 : $(O_3, NO) + H_2O = NHO_3$(질산) 생성

⑤ 전력선 이용 반송전화 장해 발생

⑥ 소호리액터 접지방식의 장해 발생(소호 불능의 원인)

⑦ 애자 등의 절연내력 열화

⑧ 건전 시에는 전력선 반송전화에, 1선 접지 시에는 전력선 반송계전기의 선택 동작에 방해를 준다.

⑨ 이상전압 진행파의 파고치를 빨리 감쇠시킬 수 있는 장점이 있다.

(1) 전선지름을 크게 한다.

① 복도체 방식
② 중공도체 방식
③ ACSR선 사용

(2) 전선표면계수 크게

① 가선금구개량
② 노후전선교체

01 전력원선도의 가로축과 세로축은 각각 다음 중 어느 것을 나타내는가?

① 전압과 전류　　　　　　　　② 전압과 전력

③ 전류와 전력　　　　　　　　④ 유효전력과 무효전력

풀이 전력원선도에서 가로축은 유효전력, 세로축은 무효전력을 나타낸다.　　**답** ④

02 전력원선도에서 알 수 없는 것은?

① 전력　　　　　　　　　　　② 손실

③ 역률　　　　　　　　　　　④ 코로나 손실

풀이 **알 수 있는 사항** : 유효, 무효, 피상전력, 역률, 전력손실, 조상설비 용량　　**답** ④

03 $E_s = AE_r + BI_r$, $I_s = CE_r + DI_r$ 의 전파 방정식을 만족하는 전력원선도의 반지름 크기는?

① $\dfrac{E_S E_R}{A}$　　　　② $\dfrac{E_S E_R}{C}$　　　　③ $\dfrac{E_S E_R}{B}$　　　　④ $\dfrac{E_S E_R}{D}$

풀이 반지름 $\rho = \dfrac{E_s \cdot E_r}{B} \, [MW]$　　**답** ③

04 정전압 송전방식에서 전력원선도를 그리려면 무엇이 주어져야 하는가?

① 송수전단 전압, 선로의 일반회로 정수

② 송수전단 전류, 선로의 일반회로 정수

③ 조상기 용량, 수전단 전압

④ 송전단 전압, 수전단 전류

풀이 **전력원선도 작성 시 필요한 것**

- 송전단전압 E_s
- 수전단전압 E_r
- 회로일반정수 A, B, C, D

답 ①

05 송전선로에 복도체나 다도체를 사용하는 주된 목적은 다음 중 어느 것인가?

① 뇌해의 방지　　　　　　　　② 건설비의 절감

③ 진동방지　　　　　　　　　　④ 코로나방지

풀이 복도체를 사용하면 전선의 등가 반지름이 증가하여 인덕턴스는 감소하고 정전용량은 증가한다. 즉, 송전용량이 증가하여 안정도를 증진시키고, 코로나 임계전압을 높일 수 있어 코로나를 방지한다.

답 ④

06 송전선로에 코로나가 발생하였을 때 이점이 있다면 다음 중 어느 것인가?

① 계전기의 신호에 영향을 준다.

② 라디오 수신에 영향을 준다.

③ 전력선 반송에 영향을 준다.

④ 고전압의 진행파가 발생하였을 때 뇌 서지에 영향을 준다.

풀이 코로나가 발생하면 전력 손실이 생기며 전기회로 측면에서 보면 저항과 같은 역할을 하므로 이상 전압 발생 시 이상 전압을 경감시킨다.

답 ④

07 다음 중 송전선로의 코로나 임계전압이 높아지는 경우가 아닌 것은?

① 상대공기 밀도가 작다.　　　② 전선의 반경과 선간거리가 크다.

③ 날씨가 맑다.　　　　　　　　④ 낡은 전선을 새 전선으로 교체했다.

풀이 **코로나 임계전압(개시전압)**

$$E_0 = 24.3\, m_o\, m_1 \delta d \log \frac{D}{r}\,[\text{kV}]$$

m_o : 전선표면계수, m_1 : 기후계수, δ : 상대공기밀도, d : 전선의 직경

답 ①

08 코로나 임계전압과 직접 관계가 없는 것은?

① 전선의 굵기　　　　　　　　② 기상조건

③ 애자의 강도　　　　　　　　④ 선간 거리

풀이 애자의 강도와는 직접 관계가 없다.

답 ③

09 송전선로에서 코로나 임계전압이 높아지는 경우는 다음 중 어느 것인가?

① 온도가 높아지는 경우
② 상대 공기밀도가 작을 경우
③ 전선의 직경이 큰 경우
④ 기압이 낮은 경우

풀이 **코로나 임계전압** : 코로나가 발생하기 시작하는 최저한도전압

$$E_o = 24.3 m_o m_1 \delta d \log_{10} \frac{D}{r} [\text{kV}]$$

m_o : 전선표면계수(단선 1, ACSR 0.8)

m_1 : 기상(날씨)계수 : (청명 1, 비 0.8)

δ : 상대공기밀도($\delta \propto \frac{기압}{온도}$) d : 전선의 직경

답 ③

10 송전선로의 코로나 손실을 나타내는 Peek 식에서 E_0에 해당하는 것은?

$$P = \frac{241}{\delta}(f+25)\sqrt{\frac{d}{2D}}(E-E_0)^2 \times 10^{-5}[\text{kW/km/선}]$$

① 코로나 임계전압
② 전선에 걸리는 대지전압
③ 송전단 전압
④ 기준 충격 절연강도전압

풀이 **코로나 손실 발생(Peek의 식)**

$$P_c = \frac{241}{\delta}(f+25)\sqrt{\frac{r}{D}}(E-E_0)^2 \times 10^{-5}[\text{kW/cm/선당}]$$

δ : 상대공기밀도($\delta \propto \frac{기압}{온도}$)

E : 대지전압

E_0 : 코로나 임계전압

답 ①

11 표준상태의 기온, 기압하에서 공기의 절연이 파괴되는 전위 경도는 정현파 교류의 실효값[kV/cm]으로 얼마인가?

① 40
② 30
③ 21
④ 12

풀이 절연 파괴 전위 경도는 직류에 있어서는 30[kV/cm], 교류에 있어서는 교류 최대값이 30[kV/cm]이므로 실효값은 $\frac{30}{\sqrt{2}}$[kV/cm], 즉 21[kV/cm]이다.

답 ③

12 송전선에 코로나가 발생하면 전선이 부식된다. 다음의 무엇에 의하여 부식되는가?

① 산소
② 질소
③ 수소
④ 오존

풀이 초산에 의한 전선, 바인드선의 부식 : [(O_3, NO)$+H_2O=NHO_3$ 생성)]
코로나 방전에 의해 오존과 산화질소가 생기고 습기를 만나면 질산이 되며 전선이나 부속금구를 부식시킨다. **답** ④

13 다음 송전선로의 코로나 발생방지대책으로 가장 효과적인 방법은?

① 전선의 선간거리를 증가시킨다.
② 전선의 높이를 가급적 낮게 한다.
③ 선로의 절연을 강화한다.
④ 전선의 바깥 지름을 크게 한다.

풀이 **코로나 방지대책**
① 코로나 임계전압을 높이기 위하여 전선의 직경을 크게 한다.(복도체, 중공연선, ACSR 채용)
② 가선 금구류를 개량한다.
답 ④

디지털 공학

01 수의 변환 및 코드화

CHAPTER

01 진수의 변환

(1) 10진수와 2진수

2진수를 10진수로 변환하는 경우는 2진수 각 자리의 가중치를 이용하여 전개한다. 반대로, 10진수를 2진수로 변환하는 경우는 10진수를 2로 나누어 몫과 나머지를 구하고, 그 몫이 0이 될 때까지 그 과정을 반복한 다음 구해진 나머지를 역순으로 써 나간다.

> **예제** 10진수 37을 2진수로 바꾸시오.
>
> **풀이**
>
> $$\begin{array}{r} 2\ )\ \underline{37} \\ 2\ )\ \underline{18} \ \cdots\cdots\ 나머지\ 1 \\ 2\ )\ \underline{9} \ \cdots\cdots\ 나머지\ 0 \\ 2\ )\ \underline{4} \ \cdots\cdots\ 나머지\ 1 \\ 2\ )\ \underline{2} \ \cdots\cdots\ 나머지\ 0 \\ 2\ )\ \underline{1} \ \cdots\cdots\ 나머지\ 0 \\ 0 \ \cdots\cdots\ 나머지\ 1 \end{array}$$

10진수 37_{10}을 2진수로 표현하면 위의 계산 결과의 나머지를 밑에서부터 화살표 방향으로 역순으로 읽어서 100101_2이 된다.

> **예제** 2진수 110001을 10진수로 바꾸시오.
>
> **풀이**
>
> $$110001_2 = 1 \times 2^5 + 1 \times 2^4 + 0 \times 2^3 + 0 \times 2^2 + 0 \times 2^1 + 1 \times 2^0 = 49_{10}$$

(2) 2진수, 8진수와 16진수

① 2진수와 8진수 사이 변환은 2진수 세 자리를 8진수 한 자리로 변환한다.
② 2진수와 16진수 사이 변환은 2진수 네 자리를 16진수 한 자리로 변환한다.

예제 10진수 339를 8진수로 바꾸시오.

풀이

$$
\begin{array}{r}
8 \ ) \ 339 \\
8 \ ) \ \underline{42} \ \cdots\cdots \ \text{나머지 } 3 \\
8 \ ) \ \underline{5} \ \cdots\cdots \ \text{나머지 } 2 \\
0 \ \cdots\cdots \ \text{나머지 } 5
\end{array}
$$

즉, 10진수 339는 8진수로 표현하는 경우 523_8이 된다.

예제 16진수 $47D_{16}$를 10진수로 변환하시오.

풀이 $47D_{16} = 4 \times 16^2 + 7 \times 16^1 + 13 \times 16^0 = 1149_{10}$

예제 2진수 1101101011을 8진수로 변환하시오.

풀이 2진수의 총 자릿수는 10자리로 세 자리씩 묶으면 한 자리가 남게 된다. 이때에는, 오른쪽에서부터 세 자리씩 묶고 마지막에 남는 가장 왼쪽의 한 자리는 앞에 00을 추가하여 세 자리로 만든 후 8진수로 변환한다. 즉, 왼쪽에 00을 추가하여

001	101	101	011
↓	↓	↓	↓
1	5	5	3

이 되고, 즉 2진수 1101101011_2의 8진수 표현은 1553_8이다.

예제 16진수 $7C5_{16}$를 2진수로 변환하시오.

풀이

7	C	5
↓	↓	↓
0111	1100	0101

16진수 $7C5_{16}$는 2진수 011111000101_2로 표현할 수 있다.

---

02 디지털 코드

(1) BCD(Binary Coded Decimal) 코드

0에서 9까지의 10진수를 2진수인 0과 1의 조합으로 표시하는 코드이다.

10진수	2진수	BCD
64	1000000	0110 0100 | 6 | | 4 |

(2) 3초과 코드

BCD 코드의 변형된 형태로, BCD 코드에 10진수 3(2진수로는 0011)을 각각 더한 코드이다.

10진수	BCD	3초과 코드
64	0110 0100 | 6 | | 4 |	1001 0111 | 6 | | 4 |

(3) 그레이(Gray) 코드

① 서로 이웃하는 숫자와 1개의 비트만 변하는 코드로 입력코드로 사용할 때 오류가 적다.

② 사칙연산에는 부적당하지만, 아날로그－디지털 변환기나 입출력장치 코드로 주로 쓰인다.

③ 2진수의 최대 자릿수(MSB ; Most Significant Bit)는 그대로 내려쓰고 다음은 MSB와 다음 수를 합해서 올림수를 제거한 합(배타적 OR)만을 그레이 코드의 다음 수로 정해 나간다.

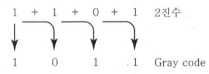

(4) 패리티 비트

① 문자 코드 내의 전체 1의 비트가 짝수 개가 되거나 홀수 개가 되도록 하여 코드에 덧붙이는 비트이다.
② 패리티 비트는 하나의 문자 혹은 문자 블록 내의 1비트 오류를 검사하기 위해 사용한다.

(5) 해밍(Hamming) 코드

① 4개의 순수한 정보 비트에 3개의 체크 비트를 추가하여 만든 코드로 오류의 검출뿐만 아니라 오류를 정정할 수 있는 코드이다.
② 두 개의 비트가 동시에 잘못된 경우는 Error를 발견하지 못할 수도 있다.

(6) ASCII(American Standard Code for Information Interchange) 코드

개인용 컴퓨터에서 주로 사용하는 문자 코드이다.

(7) EBCDIC(Extended Binary Coded Decimal Interchange) 코드

IBM의 대형 컴퓨터 등에서 많이 사용되는 코드이다.

01 2진수 (110010.111)₂를 8진수로 변환한 값은?

[2003][2007]

① $(62.7)_8$

② $(32.7)_8$

③ $(62.6)_8$

④ $(32.6)_8$

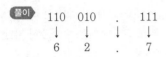
풀이   110   010   .   111
        ↓   ↓   ↓   ↓
        6   2   .   7

답 ①

02 10진수 249를 16진수 값으로 변환한 것은?

[2004][2008]

① 189

② 9F

③ FC

④ F9

풀이   16) 249
        16) 15 …… 나머지 9
               0 …… 나머지 F   ↑

답 ④

03 A=01100, B=00111인 두 2진수의 연산결과가 주어진 식과 같다면 연산의 종류는?

[2002]

01100
+11001
00101

① 덧셈

② 뺄셈

③ 곱셈

④ 나눗셈

풀이 ㉠ 2의 보수 방식(2's Complement Form)은 디지털 시스템에서 가장 흔히 음수를 표현하기 위해서 사용되는 방식이다. 여덟 자리 기억 소자에 대해서 설명하면 2의 보수 방식은 100000000−B의 형태로 B의 음수(−B)를 기억 소자상에 저장하는 방식이다.

㉡ 음수는 모두 2의 보수로 바꾸어 더하면 된다.

㉢ B=00111의 2의 보수는 100000−00111=11001이다.(−B=11001)

㉣ A+(−B)=A−B로 뺄셈연산이다.

답 ②

04 그림과 같은 회로의 기능은?

① 홀수 패리티 비트 발생기
② 크기 비교기
③ 2진 코드의 그레이 코드 변환기
④ 디코더

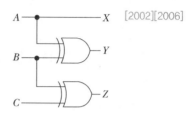

[2002][2006]

풀이 그레이 코드 : 2진수의 최대 자리수(MSB ; Most Significant Bit)는 그대로 내려쓰고 다음은 MSB와 다음 수를 합해서 올림수를 제거한 합(배타적 OR)만을 그레이 코드의 다음 수로 정해 나간다.

답 ③

05 2진수 1000을 그레이 코드(Gray Code)로 환산한 값은?

① 1100
② 1101
③ 1111
④ 1110

풀이

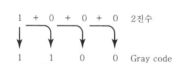

답 ①

06 에러(Error) 검출이 가능하지 못한 코드(Code)는?

① Gray Code
② Parity Code
③ 2−out−of−5 Code
④ Hamming Code

답 ①

07 45_{10}의 3초과 코드는?

① 01111000
② 01110101
③ 01111111
④ 10000111

풀이 3초과 코드 : BCD 코드의 변형된 형태로, BCD 코드에 10진수 3(2진수로는 0011)을 각각 더한 코드이다.

10진수	BCD	3초과 코드
45	0100 0101 |₄| |₅|	0111 1000 |₄| |₅|

답 ①

08 영문자 코드에 해당하는 것은?

① Gray Code ② BCD Code

③ 3초과 Code ④ ASCII Code

답 ④

02 불대수 및 논리회로
CHAPTER

01 불대수와 논리 게이트

(1) 논리 게이트의 종류

게이트	기호	수식	진리표
AND	A —⊐ Y B	$Y = A \cdot B$ $= AB$ $= A \times B$	A B Y 0 0 0 0 1 0 1 0 0 1 1 1
OR	A —⊐ Y B	$Y = A + B$	A B Y 0 0 0 0 1 1 1 0 1 1 1 1
NOT (Inverter)	A —▷○ Y	$Y = \overline{A} = A'$	A Y 0 1 1 0
NAND	A B —⊐▷○ Y ⊐○	$Y = \overline{AB}$	A B Y 0 0 1 0 1 1 1 0 1 1 1 0
NOR	A B —⊐▷○ Y ⊐○	$Y = \overline{A + B}$	A B Y 0 0 1 0 1 0 1 0 0 1 1 0
XOR	A B —⊐ Y 입력 변수들 중 1인 것이 홀수 개 있을 때 결과가 1인 성질	$Y = (A \oplus B)$ or $Y = \overline{A}B + A\overline{B}$	A B Y 0 0 0 0 1 1 1 0 1 1 1 0
XNOR	A B —⊐○ Y A와 B가 둘 다 1이든지 0일 때 1이 출력되고 그외는 0이다.	$Y = (A \odot B)$ or $Y = AB + \overline{A}\,\overline{B}$ ※ 홀수 패리티 함수	A B Y 0 0 1 0 1 0 1 0 0 1 1 1

(2) 계전기 및 전자소자 논리회로

게이트	계전기 회로	전자소자 회로	입출력 파형
AND			
OR			
NOT (Inverter)			
NAND			
NOR			

(3) 기본적인 등가 변환도

접점회로도		논리도	논리식
			$A \cdot A = A$
			$A + A = A$
			$A \cdot \overline{A} = 0$
			$A + \overline{A} = 1$
			$A \cdot (A + B) = A$
			$A \cdot B + A = A$

02 ▷ 불대수의 정리

(1) 불대수의 기본 성질

① 공리 1 : 모든 연산자는 교환(Commutative)이 성립한다.(교환 법칙)

$A + B = B + A$

$A \cdot B = B \cdot A$

② 공리 2 : 모든 연산자는 결합(Associative)이 성립한다.(결합 법칙)

$A + (B + C) = (A + B) + C$

$A \cdot (BC) = A \cdot B \cdot C$

③ 공리 3 : 모든 연산자는 상호 분배(Distributive)가 성립한다.(분배 법칙)

$A(B + C) = AB + AC$

$A + (BC) = (A + B) \cdot (A + C)$

④ 공리 4 : 유일한 요소 0과 1이 존재한다.(항등원)

$A + 0 = 0 + A = A$

$A \cdot 1 = 1 \cdot A = A$

⑤ 공리 5 : 각 요소는 보수(Complement)가 존재한다.

$A + \overline{A} = 1$

$A \cdot \overline{A} = 0$

⑥ 부정의 부정은 긍정

$\overline{\overline{A}} = A$

⑦ 기본 정리

㉮ $A \cdot 1 = A$	㉯ $A \cdot 0 = 0$	㉰ $A + 1 = 1$
㉱ $A + 0 = A$	㉲ $A \cdot A = A$	㉳ $A + A = A$
㉴ $A \cdot \overline{A} = 0$	㉵ $A + \overline{A} = 1$	

(2) 드 모르간(De Morgan)의 정리

① 제1정리 : 논리합의 전체 부정은 각각 변수의 부정을 논리곱한 것과 같다.

$\overline{A + B} = \overline{A} \cdot \overline{B}$

② 제2정리 : 논리곱의 전체 부정은 각각 변수의 부정을 논리합한 것과 같다.

$\overline{AB} = \overline{A} + \overline{B}$

(3) 논리식의 쌍대성

① 논리곱(AND)은 논리합(OR)으로, 논리합(OR)은 논리곱(AND)으로 대치한다.
② "0"은 "1"로, "1"은 "0"으로 대치한다.
③ 논리 변수의 문자는 그대로 사용한다.

> **예제** 다음의 논리식 $Y = \overline{A}B + C + 0 \cdot D(1 + \overline{E} + F)$을 쌍대 관계로 변환하시오.
>
> **풀이**
>
> 위의 ①, ②, ③과 같은 방법으로 각각 대치하여 바꾸면
> $Y = (\overline{A} + B) \cdot C \cdot (1 + D + (0 \cdot \overline{E} \cdot F))$가 된다.

03 논리함수의 간소화

(1) 불대수에 의한 논리식의 간소화

불대수의 공리와 정리 및 법칙을 잘 이해하여 논리 변수나 항의 수를 줄이는 데 적절히 활용함

> **예제** $Y = AB + A\overline{B} + \overline{A}B$를 간소화하시오.
>
> **풀이**
> $$Y = AB + A\overline{B} + \overline{A}B$$
> $$= A(B + \overline{B}) + \overline{A}B$$
> $$= A + \overline{A}B$$
> $$= (A + \overline{A})(A + B)$$
> $$= A + B$$

(2) 카르노 맵(Karnaugh Map)에 의한 논리식의 간소화

카르노 맵은 진리표를 도식적으로 나타내어 적은 수의 변수(2개에서 4개 또는 5개 정도)를 가지는 논리식을 단순화시키는 데 편리함

① 입력 변수로부터 전달된 함수값이 1인 것을 $2n$개씩 사각형으로 묶는다.

　(1, 2, 4, 8, 16, 32, 64, ……) → 중복되게 묶어도 상관없다.

② 전달 함수 값이 1인 것과 관련된 가로항과 세로항에서 불변인 것만 선택한다. 1로 불변인 것은 해당 변수 그대로, 0으로 불변인 것은 해당 변수에 보수(Complement)를 취하면 된다.

③ 선택된 가로항과 세로항에서 생긴 변수들끼리는 논리곱(AND)을 취하고 최종적으로 이러한 다른 사각형끼리는 서로 논리합(OR)을 구한다. 이렇게 하여 얻어진 변수의 각 조합을 민텀(Minterm)이라고 부른다.

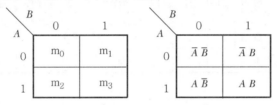

[2변수 카르노 맵]

[3변수 카르노 맵]

예 제 다음과 같은 불 함수식을 간소화하시오.

$$F(X, Y, Z) = \Sigma(0, 1, 4, 5, 7)$$

풀이

먼저 주어진 함수를 맵 형태로 그린다.

x \\ yz	00	01	11	10
0	1	1	0	0
1	1	1	1	0

전달 함수값이 1인 것을 사각형으로 묶는다.

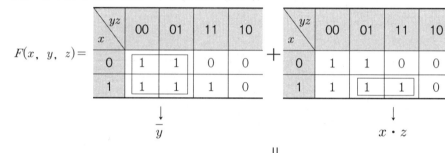

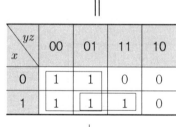

$$\overline{y} + x \cdot z$$

$$\therefore \ F = \overline{y} + x \cdot z$$

기출 및 예상문제

01 다음의 그림과 같은 논리기호와 같은 것은?

[2005]

① 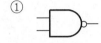　② 　③ 　④

풀이 드 모르간(De Morgan)의 정리 : $\overline{A} + \overline{B} = \overline{AB}$

답 ①

02 그림과 같은 회로의 논리식 F는?

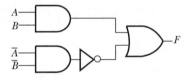

① $A + B$　　② AB　　③ $\overline{A} + \overline{B}$　　④ $\overline{A}\,\overline{B}$

풀이 $F = A \cdot B + \overline{\overline{A} \cdot \overline{B}} = A \cdot B + (\overline{\overline{A}} + \overline{\overline{B}}) = A \cdot B + (A + B) = (A \cdot B + A) + (A \cdot B + B)$
　　　$= A(B+1) + B(A+1) = A + B$

답 ①

03 논리회로의 출력 F를 나타낸 논리식은?

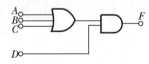

① $(A \cdot B \cdot C) \cdot D$　　　　② $(A \cdot B \cdot C) + D$
③ $(A + B + C)D$　　　　④ $A + B + C + D$

풀이 $F = (A + B + C)D$

답 ③

04 논리회로의 출력함수가 뜻하는 논리게이트의 명칭은?

[2002][2006]

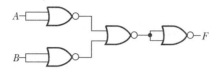

① AND

② OR

③ NAND

④ NOR

풀이 $\overline{\overline{\overline{A}} + \overline{\overline{B}}} = \overline{\overline{A}} + \overline{\overline{B}} = \overline{AB}$

답 ③

05 다음 그림은 어떤 논리 회로인가?

[2003][2007]

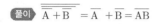

① NAND

② NOR

③ E-OR

④ E-NOR

풀이 $\overline{\overline{\overline{A} \cdot \overline{B}}} = \overline{\overline{A}} \cdot \overline{\overline{B}} = \overline{A + B}$

답 ②

06 그림과 같은 논리회로의 출력 x는?

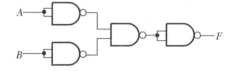

① $A \oplus B$

② $A \cdot B + \overline{A} \cdot \overline{B}$

③ $A \cdot \overline{B}$

④ $\overline{A + \overline{B}}$

풀이 $x = \overline{\overline{A\overline{B}} \cdot \overline{\overline{A}B}} = \overline{\overline{A\overline{B}}} + \overline{\overline{\overline{A}B}} = A\overline{B} + \overline{A}B = A \oplus B$

답 ①

07 그림과 같은 논리회로의 논리함수는?

[2007]

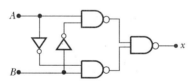

① $A\overline{B} + AC + BC + AC + BC$ ② $\overline{A}B + \overline{A}C + BC$

③ $\overline{A}B + AC + BC$ ④ $\overline{A}B + A\overline{C} + BC$

풀이 $F = (A+B) \cdot (\overline{A}+C) = (A+B)\overline{A} + (A+B)C = A\overline{A} + \overline{A}B + AC + BC = \overline{A}B + AC + BC$ **답** ③

08 그림의 논리회로와 그 기능이 같은 회로는?   [2003]

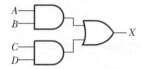

① 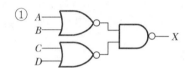   ②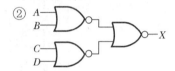

③ 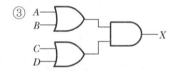   ④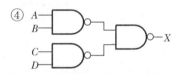

풀이 $X = AB + CD$

㉠ $\overline{(A+B) \cdot (C+D)} = \overline{(A+B)} + \overline{(C+D)} = (A+B) + (C+D)$

㉡ $\overline{\overline{(A+B)} + \overline{(C+D)}} = \overline{(A+B)} \cdot \overline{(C+D)} = (A+B) \cdot (C+D)$

㉢ $(A+B) \cdot (C+D)$

㉣ $\overline{\overline{(AB)} \cdot \overline{(CD)}} = \overline{(AB)} + \overline{(CD)} = AB + CD$ **답** ④

09 다음과 같은 기능을 가지는 등가인 논리 게이트는?

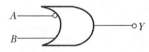

① $\begin{array}{c} A \\ B \end{array}$—▷o—Y   ② $\begin{array}{c} A \\ B \end{array}$—▷o—Y   ③ $\begin{array}{c} A \\ B \end{array}$—▷o—Y   ④ $\begin{array}{c} A \\ B \end{array}$—▷o—Y

풀이 $Y = \overline{A} + B$

㉠ $Y = \overline{\overline{A} \cdot \overline{B}} = \overline{\overline{A}} + \overline{\overline{B}} = A + B$ ㉡ $Y = \overline{A \cdot B}$

㉢ $Y = \overline{\overline{A} \cdot B} = \overline{\overline{A}} + \overline{B} = \overline{A} + B$ ㉣ $Y = \overline{\overline{A} \cdot B} = \overline{\overline{A}} + \overline{B} = A + \overline{B}$

답 ③

10 그림과 같은 논리회로를 논리함수로 바꾸면? [2003]

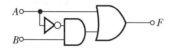

① $\overline{A}+B$ ② $A+\overline{B}$ ③ $\overline{A}+\overline{B}$ ④ $A+B$

풀이 $F=A+(\overline{A}B)=(A+\overline{A})(A+B)=A+B$ $(\because A+\overline{A}=1)$ **답** ④

11 그림과 같은 논리회로의 간략화된 논리함수는? [2006]

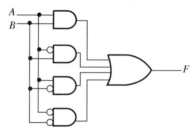

① 0   ② 1   ③ A   ④ B

풀이 $F=AB+\overline{A}B+A\overline{B}+\overline{A}\,\overline{B}=(A+\overline{A})B+(A+\overline{A})\overline{B}=B+\overline{B}=1$ **답** ②

12 그림과 같은 논리회로에서 X가 1이 되기 위한 입력 조건으로 옳은 것은? [2003]

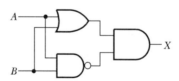

① A=1, B=1   ② A=1, B=0

③ A=0, B=0   ④ 위 3가지 경우가 모두 해당

풀이 $X = (A+B)(\overline{AB}) = (A+B)(\overline{A}+\overline{B}) = A(\overline{A}+\overline{B}) + B(\overline{A}+\overline{B})$

$\quad\quad = A\overline{A} + A\overline{B} + \overline{A}\,B + B\overline{B} = A\overline{B} + \overline{A}\,B = A \oplus B$

A	B	X
0	0	0
0	1	1
1	0	1
1	1	0

답 ②

13 다음 논리회로와 등가인 논리함수는? [2007]

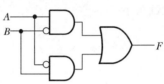

① $(\overline{A}+\overline{B})(A+B)$ ② $(A+\overline{B})(\overline{A}+B)$

③ $(\overline{A}+\overline{B})(\overline{A}+\overline{B})$ ④ $(\overline{A}+\overline{B})(\overline{A}+B)$

풀이 $F = A\overline{B} + \overline{A}B = (A\overline{B}+\overline{A})(A\overline{B}+B) = (A+\overline{A})(\overline{B}+\overline{A})(A+B)(\overline{B}+B) = (\overline{A}+\overline{B})(A+B)$ **답** ①

14 그림의 논리회로와 그 기능이 같은 것은? [2008]

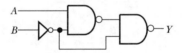

① $\begin{matrix} A \\ B \end{matrix}$ (AND gate)

② $\begin{matrix} A \\ B \end{matrix}$ (OR gate)

③ $\begin{matrix} A \\ B \end{matrix}$ (NOT + OR gate)

④ $\begin{matrix} A \\ B \end{matrix}$ (AND + NOT + OR gate)

풀이 $Y = \overline{(\overline{A\overline{B}}) \cdot \overline{B}} = \overline{\overline{A\overline{B}}} + \overline{\overline{B}} = A\overline{B} + B = (A+B)(B+\overline{B}) = A+B$ **답** ②

15 그림과 같은 접점회로를 논리 게이트로 표현하면? [2006]

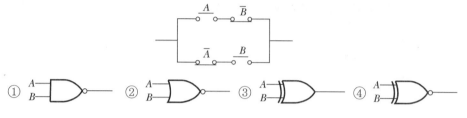

① A B ② A B ③ A B ④ A B

풀이 $A\overline{B}+\overline{A}B=A\oplus B$ **답** ③

16 다음 그림의 스위칭 회로에서 논리식은? [2007]

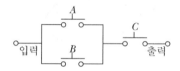

① $(A+B)C$ ② $AB+C$ ③ $AC+B$ ④ $A+BC$

풀이 $(A+B)C$ **답** ①

17 그림과 같은 접점회로를 논리회로로 표현한 것은? [2004]

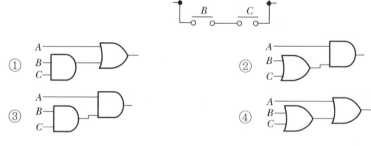

① A B C ② A B C

③ A B C ④ A B C

풀이 $A+BC$
    ㉠ $A+BC$
    ㉡ $A(B+C)$
    ㉢ ABC
    ㉣ $A+B+C$

답 ①

18 그림과 같은 스위칭회로의 논리식은? [2003]

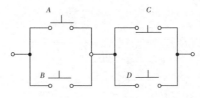

① $AB + \overline{C}D$
② $(A + \overline{C})(B + D)$
③ $(A + B)(\overline{C} + D)$
④ $(B + \overline{C})(A + D)$

풀이 $(A+B)(\overline{C}+D)$

답 ③

19 다음과 같은 회로에서 저항 R이 0[Ω]인 것을 사용하면 무슨 문제가 발생하는가? [2007]

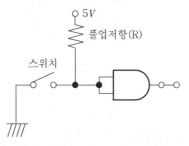

① 낮은 전압이 인가되어 문제가 없다.
② 저항 양단의 전압이 커진다.
③ 저항 양단의 전압이 작아진다.
④ 스위치를 ON 했을 때 회로가 단락된다.

풀이 풀업저항이 없을 경우, 스위칭이 일어날 때 과도한 전류가 흘러 디바이스에 안 좋은 영향을 끼칠 수가 있다.

답 ④

20 그림과 같은 다이오드 게이트(Diode Gate)의 출력값은?

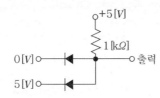

① 0[V]
② 5[V]
③ 10[V]
④ 15[V]

풀이 AND 게이트 전자소자 회로

답 ①

21 그림과 같은 다이오드 논리회로의 출력식은?

[2004][2008]

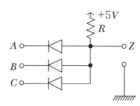

① Z=A+BC　　② Z=AB+C　　③ Z=ABC　　④ Z=A+B+C

풀이 논리표(Z=ABC)

A	B	C	Z
0	0	0	0
0	0	1	0
0	1	0	0
0	1	1	0
1	0	0	0
1	0	1	0
1	1	0	0
1	1	1	1

답 ③

22 그림과 같은 회로는 어떤 논리동작을 하는가?

[2002][2008]

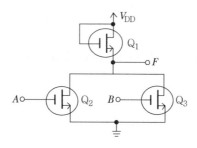

① NAND　　　　　　　　② NOR

③ AND　　　　　　　　 ④ OR

풀이 NOR 게이트 전자소자 회로

답 ②

23 그림과 같은 회로는 어떠한 논리동작을 하는가?

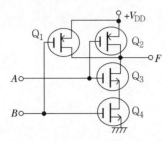

① NAND 게이트   ② NOR 게이트

③ OR 게이트   ④ AND 게이트

풀이 NAND 게이트 전자소자 회로   **답** ①

---

24 그림의 트랜지스터 회로에 5V펄스 1개를 가하면 출력파형 V_0은?   [2002]

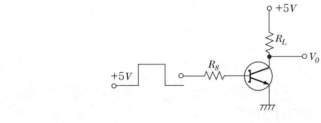

풀이 NOT 게이트   **답** ③

---

25 다음 중 이항(Binary)연산 명령이 아닌 것은?   [2006]

① AND   ② OR

③ Exclusive OR   ④ MOVE

풀이 단항연산자 : 로테이트, 시프트, MOVE, NOT(COMPLEMENT, 보수)   **답** ④

26 불 대수식 중 옳지 않은 것은?

① $A \cdot 1 = A$ ② $A + 1 = 1$ ③ $A \cdot \overline{A} = 0$ ④ $A + \overline{A} = 0$

풀이 $A + \overline{A} = 1$

답 ④

27 논리식 중 맞는 표현은?

[2007]

① $\overline{A + B} = \overline{A} \cdot \overline{B}$ ② $\overline{A} + \overline{B} = \overline{A + B}$

③ $\overline{A \cdot B} = \overline{A} \cdot \overline{B}$ ④ $\overline{A + B} = \overline{A} \cdot \overline{B}$

풀이 ② $\overline{A} + \overline{B} = \overline{A \cdot B}$ ③ $\overline{A \cdot B} = \overline{A} + \overline{B}$ ④ $\overline{A + B} = \overline{A} \cdot \overline{B}$

답 ①

28 A+BC와 같은 논리식은?

[2003]

① $(A + B)(A + C)$ ② $AB + AC$

③ $A(B + C)$ ④ $A + (B + C)$

풀이 $A + BC = (A + B)(A + C)$

답 ①

29 논리식 $A \cdot (A + B)$를 간단히 하면?

[2003]

① A ② B ③ $A \cdot B$ ④ $A + B$

풀이 $A \cdot (A + B) = A \cdot A + A \cdot B = A + A \cdot B = A(1 + B) = A$

답 ①

30 논리식 $F = \overline{A}\overline{B}C + \overline{A}B\overline{C} + A\overline{B}C + AB\overline{C}$를 간소화한 것은?

① $F = \overline{A}C + A\overline{C}$ ② $F = \overline{B}C + B\overline{C}$

③ $F = \overline{A}B + A\overline{B}$ ④ $F = \overline{A}B + B\overline{C}$

풀이 $F = \overline{A}(\overline{B}C + B\overline{C}) + A(\overline{B}C + B\overline{C}) = (\overline{A} + A)(\overline{B}C + B\overline{C}) = \overline{B}C + B\overline{C}$

BC \ A	00	01	11	10
0	0	1	0	1
1	0	1	0	1

→ $\overline{B}C$

→ $B\overline{C}$

답 ②

31 불함수 $F(A,B,C) = \Sigma(0,2,6)$이고, 부적(don't care)조건은 $d(A, B, C) = \Sigma(1, 3, 5)$이다. 간소화된 논리식은?

[2002]

① $F = \overline{A}C + B\overline{C}$

② $F = \overline{A} + B\overline{C}$

③ $F = (\overline{A}\,\overline{B}) + B\overline{C}$

④ $F = \overline{A}B + \overline{C}$

풀이 $\overline{A} + B\overline{C}$

BC / A	00	01	11	10
0	1	d	d	1
1	0	d	0	1

$\rightarrow \overline{A}$

$\rightarrow B\overline{C}$

답 ②

03 순서논리회로

CHAPTER

01 순서논리회로

순서논리회로는 조합논리회로의 소자인 AND, OR, NOT, XOR뿐만 아니라 메모리를 위한 소자인 래치, 플립플롭 등과 메모리를 위한 피드백 경로를 가지고 있어 메모리 요소에 2진 정보를 저장할 수 있다.

그렇기 때문에, 순서논리회로의 출력은 현재 입력된 내용뿐만 아니라 순서논리회로 내부에 기억되어 있는 과거의 입력에도 영향을 받는다.

순서논리회로는 크게 동기식 순서논리회로와 비동기식 순서논리회로로 나뉜다.

(1) 동기식 순서논리회로

동기식 순서논리회로는 클록 펄스를 사용해서 여러 개의 플립플롭을 동시에 동작시키는 순서논리회로로써, 동기를 위한 매스터 클럭이 존재한다.

동기식 순서논리회로는 이산된 시점에서만 기억소자에 영향을 주는 신호를 사용해야 하는데, 이 문제를 해결하는 한 방법으로 한정된 폭의 펄스를 사용하여 펄스가 있을 경우에는 1, 펄스가 없을 경우에는 0으로 나타낸다.

펄스를 사용하는 동기식 순서논리회로의 문제점은 서로 독립된 신호원으로부터 같은 논리 게이트의 입력에 도달한 펄스가 예측할 수 없는 지연을 나타내고, 결과적으로 시스템이 신뢰할 수 없는 동작을 하게 된다는 점이다.

(2) 비동기식 순서논리회로

비동기식 순서논리회로는 입력신호가 변하는 순서에 따르며, 언제라도 그 영향을 받을 수 있으며, 클록 펄스를 사용하지 않고 플립플롭을 동작시킨다.

비동기식 순서논리회로는 흔히 시간지연소자를 기억요소로 사용하는데, 시간지연소자를 통해서 신호가 전달되려면 이미 정한 시간이 걸리기 때문에 시간지연소자는 기억능력을 가진다.

비동기식 순서논리회로의 경우는 피드백 경로를 갖는 것이 특징인데, 2진 신호로써 정해진 크기의 전압을 사용하고 있다.

(1) RS 래치와 RS 플립플롭

1) RS 래치

① NOR게이트를 이용한 RS 래치회로

㉮ $R=0$, $S=0$: 래치는 저장된 값을 그대로 유지하고 있다.

㉯ $R=0$, $S=1$: Q의 값을 1로 세팅한다.

㉰ $R=1$, $S=0$: Q의 값을 0으로 리셋한다.

㉱ $R=1$, $S=1$: 사용하지 않는 입력이다.

㉲ 액티브하이(Active High) 회로(입력신호 R, S)

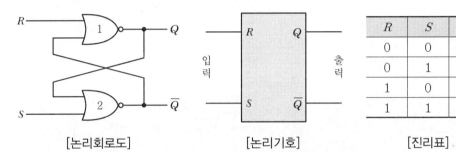

	[논리회로도]		[논리기호]				[진리표]

R	S	Q
0	0	불변
0	1	1
1	0	0
1	1	금지

② NAND 게이트를 이용한 RS 래치회로

㉮ $R=0$, $S=0$: 사용하지 않는 입력이다.

㉯ $R=0$, $S=1$: Q의 값을 0으로 리셋한다.

㉰ $R=1$, $S=0$: Q의 값을 1로 세팅한다.

㉱ $R=1$, $S=1$: 래치는 저장된 값을 그대로 유지하고 있다.

㉲ 액티브로(Active Low) 회로(입력신호 $\overline{R}$, $\overline{S}$)

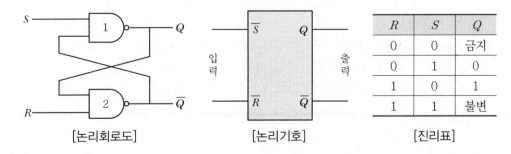

[논리회로도]　　　[논리기호]　　　[진리표]

R	S	Q
0	0	금지
0	1	0
1	0	1
1	1	불변

2) RS 플립플롭

① 플립플롭은 래치와 달리 입력이 변해도 클록이 변하지 않으면 출력도 변하지 않는 회로이다. 클록이 있을 때에만 동작하는 RS래치를 RS플립플롭이라 한다.

② 동작 설명

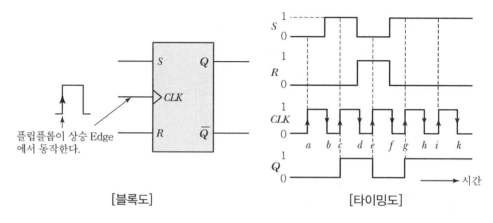

[블록도]　　　　　　　　　　　[타이밍도]

③ 논리 회로도

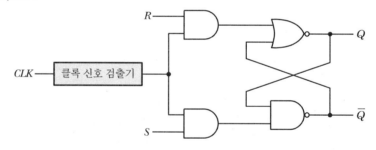

(2) JK 플립플롭

① RS 플립플롭의 입력상태가 $R=1$, $S=1$을 허용하지 않은 결점을 보완한 것으로 $J=1$, $K=1$의 입력인 경우 출력은 입력의 보수(Complement)를 생성한다.

② 동작 설명

　㉮ $J=0$, $K=0$, 클록 발생 : 저장된 값을 그대로 유지하고 있다.

　㉯ $J=1$, $K=0$, 클록 발생 : Q의 값을 1로 세팅한다.

　㉰ $J=0$, $K=1$, 클록 발생 : Q의 값을 0으로 리셋한다.

　㉱ $J=1$, $K=1$, 클록 발생 : Q의 값을 토글한다.

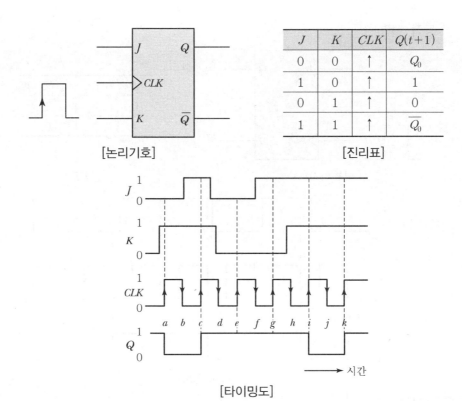

J	K	CLK	$Q(t+1)$
0	0	↑	Q_0
1	0	↑	1
0	1	↑	0
1	1	↑	$\overline{Q_0}$

[논리기호]   [진리표]

[타이밍도]

③ 논리회로도

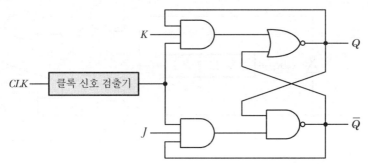

(3) D 플립플롭

① RS 플립플롭의 변형으로서 S와 R을 인버터(Inverter)를 통하여 연결하고, S입력에 D라는 기호를 붙인 것이다. 만약 D가 0일 경우에는 클리어이고, 1일 경우에는 세트가 된다.

② RS F/F의 입력을 변형한 형태로, $S=1$, $R=1$일 경우 부정이 되는 것을 방지하기 위하여 입력 값이 항상 보수화되도록 변형한 것이다. 결국 $S=0$, $R=1$인 상태와 $S=1$, $R=0$인 2가지 상태 값만 나타나도록 한 것이다.

③ 동작 설명

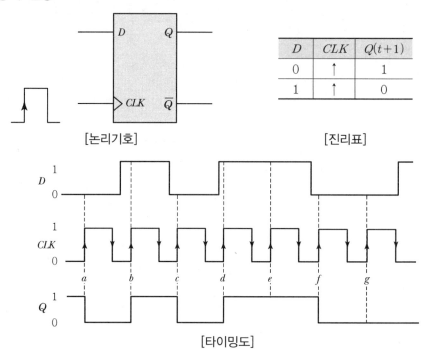

D	CLK	$Q(t+1)$
0	↑	1
1	↑	0

[논리기호]　　　　　　　　　　[진리표]

[타이밍도]

④ 논리회로도

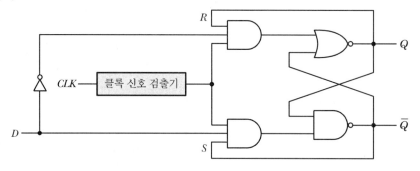

(4) T 플립플롭

① 토글(Toggle) 또는 보수 플립플롭으로서 JK 플립플롭의 J와 K를 묶어 T라고 하였다. 입력 T가 0일 경우에는 상태가 불변이고, T가 1일 경우에는 보수가 출력된다.

② 논리기호 및 진리표

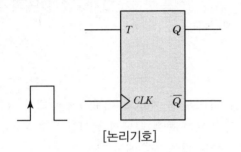

Q	T	$Q(t+1)$
0	0	0
0	1	1
1	0	1
1	1	0

[논리기호]   [진리표]

③ 논리회로도

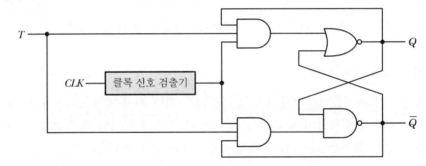

03 레지스터

레지스터는 2진 정보를 기억하는 2진 기억 소자인 플립플롭들의 집합이다. 레지스터는 제어장치 내에서 임시기억장치로 쓰이는데, 용량에는 한계가 있지만 주기억장치에 비해 접근 시간이 빠르고, 체계적인 특징을 가진다.

(1) 시프트 레지스터

시프트 레지스터는 매 클록 주기로 모든 비트를 한 자리씩 이동시키는 레지스터로서, 선형 시프트 레지스터인 경우에는 하나의 비트가 한쪽 끝에서 삽입되고 반대쪽 끝에서 떨어져 나가는 형태이고, 순환형 시프트 레지스터인 경우에는 한쪽 끝에서 떨어져 나간 비트가 반대쪽 끝에 다시 삽입된다.
시프트 레지스터는 병렬 인터페이스와 직렬 인터페이스를 변환하는 데 유용하게 사용되는데, 시프트 레지스터는 간단한 지연회로처럼 사용될 수 있다.

(2) 병렬 로드 레지스터

병렬 로드 레지스터는 2진 정보를 저장하기 위한 저장 레지스터로서, 레지스터를 구성하는 모든 플립플롭이 하나의 클록 펄스에 의해서 동시에 입력값을 저장(로드)한다.
병렬 로드 레지스터는 PIPO 형태(병렬 입력-병렬 출력)를 가진다.

카운터는 여러 개의 플립플롭의 조합으로 만들어진 특수한 순서논리회로로서, 클록펄스가 하나씩 인가될 때마다 미리 정해진 순서대로 반복되는 논리회로이다. 정해진 개수의 상태 값을 순환하도록 구성하기만 하면 카운터로 취급한다.

카운터는 주파수 감소기, 논리회로 동작순서 제어기로 사용되는데, 종류로는 동기식 카운터와 비동기식 카운터가 있다.

(1) 동기식 카운터

동기식 카운터는 모든 플립플롭이 하나의 공통 클록에 병렬로 연결되고 모든 플립플롭이 동시에 트리거된다. 또한 동기식 카운터는 불필요한 부분에 발생하는 노이즈 펄스로 인해 일어나는 컴퓨터의 일시적인 오동작인 글리치 현상이 나타나지 않는 장점이 있다.

(2) 비동기식 카운터

비동기식 카운터는 플립플롭의 출력이 다음 플립플롭의 클록으로 사용되어 동작하므로 리플 카운터라고도 한다. 비동기식 카운터는 플립플롭들이 서로 다른 2개 이상의 신호에 의해 클럭 단자가 구동되며 동기식 카운터에 비해 회로가 간단하지만 글리치 현상이 나타날 수 있는 단점이 있다.

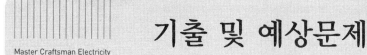
기출 및 예상문제

01 플립플롭회로에 대한 설명으로 잘못된 것은? [2003][2006]

① 두 가지 안정상태를 갖는다.
② 쌍안정 멀티바이브레이터이다.
③ 반도체 메모리 소자로 이용된다.
④ 트리거 펄스 2개마다 2개의 출력펄스를 얻는다.

풀이 트리거 펄스 1개마다 2개의 출력펄스를 얻는다. **답** ④

02 일반적으로 쌍안정 멀티바이브레이터에는 가속(Spreed-up)콘덴서가 몇 개 필요한가?

[2003]

① 2 ② 4
③ 6 ④ 8

답 ①

03 교차 결합 NAND 게이트 회로는 RS 플립플롭을 구성하며, 비동기 FF 또는 RS NAND 래치라고도 하는데 허용되지 않는 입력 조건은? [2004][2013]

① $S=0$, $R=0$
② $S=1$, $R=0$
③ $S=0$, $R=1$
④ $S=1$, $R=1$

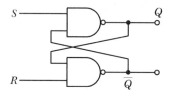

풀이 RS NAND 래치 진리표

R	S	Q
0	0	금지
0	1	0
1	0	1
1	1	불변

답 ①

04 JK 플립플롭에서 J 입력과 K 입력에 모두 1을 가하면 출력은 어떻게 되는가? [2008]

① 반전된다.   ② 불확정상태가 된다.

③ 이전 상태가 유지된다.   ④ 이전 상태에 상관없이 1이 된다.

풀이 JK 플립플롭 진리표

J	K	$Q_{(t+1)}$
0	0	Q_0(불변)
0	1	0
1	0	1
1	1	$\overline{Q_0}$(반전)

답 ①

05 $J-K$ FF에서 현재상태의 출력 Q_n을 0으로 하고, J 입력에서 0, K 입력에 1을 클럭 펄스 C.P에 ⤒(Rising Edge)의 신호를 가하게 되면 다음 상태의 출력 Q_{n+1}은?

[2002][2008][2015]

① X

② 0

③ 1

④ $\overline{Q_n}$

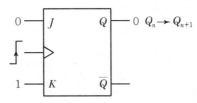

답 ②

06 순서회로 설계의 기본인 JK FF 여기표에서 현재상태의 출력 Q_n이 0이고, 다음 상태의 출력 Q_n+1이 1일 때 필요입력 J 및 K의 값은? (단, x는 0또는 1임) [2011]

① $J=1$, $K=0$

② $J=0$, $K=1$

③ $J=x$, $K=1$

④ $J=1$, $K=x$

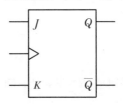

풀이 ㉠ $J=0$, $K=0$, 클록 발생 : 저장된 값을 그대로 유지하고 있다.

㉡ $J=1$, $K=0$, 클록 발생 : Q의 값을 1로 세팅한다.

㉢ $J=0$, $K=1$, 클록 발생 : Q의 값을 0으로 리셋한다.

㉣ $J=1$, $K=1$, 클록 발생 : Q의 값을 토글한다.

답 ④

07 동기형 RS 플립플롭을 이용한 동기형 $J-K$ 플립플롭에서 동작이 어떻게 개선되었는가?

[2015]

① $J=1$, $K=1$, $C_p=0$일 때 Q_n
② $J=0$, $K=0$, $C_p=1$일 때 Q_n
③ $J=1$, $K=1$, $C_p=1$일 때 $\overline{Q_n}$
④ $J=0$, $K=0$, $C_p=0$일 때 Q_n

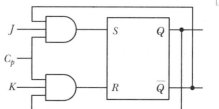

풀이 RS 플립플롭의 입력 상태가 $R=1$, $S=1$을 허용하지 않은 결점을 보완한 것으로 $J=1$, $K=1$의 입력인 경우 출력은 입력의 보수(Complement)를 생성한다. $J=1$, $K=1$, $C_p=1$일 때 Q의 값을 토글($\overline{Q_n}$)한다. 답 ③

08 그림은 어떤 플립플롭의 타임차트이다.(A)(B)에 해당되는 것은?

[2002]

① (A) : S, (B) : R
② (A) : R, (B) : S
③ (A) : J, (B) : K
④ (A) : K, (B) : J

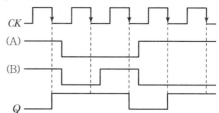

풀이

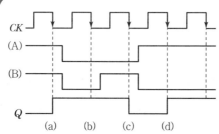

구분	(A)	(B)	Q
(a)	1	1	반전
(b)	0	0	불변
(c)	0	1	0
(d)	1	0	1

답 ③

09 RS 플립플롭에서 $R=S=1$일 때 발생되는 결점을 보완한 플립플롭은?

① D 플립플롭
② T 플립플롭
③ RS 플립플롭
④ JK 플립플롭

풀이 JK 플립플롭

RS 플립플롭의 입력상태가 $R=1$, $S=1$을 허용하지 않은 결점을 보완한 것으로 $J=1$, $K=1$의 입력인 경우 출력은 입력의 보수(Complement)를 생성한다. 답 ④

10 현재 상태의 값에 관계없이 다음 상태가 "0"이 되려면 입력도 "0"이 되어야 하는 플립플롭은?

① T 플립플롭
② D 플립플롭
③ JK 플립플롭
④ RS 플립플롭

풀이 D 플립플롭

RS 플립플롭의 변형으로서 S와 R을 인버터(Inverter)를 통하여 연결하고, S입력에 D라는 기호를 붙인 것이다. 만약 D가 0일 경우에는 클리어이고, 1일 경우에는 세트가 된다. **답 ②**

11 그림의 회로 명칭은? [2002][2015]

① D 플립플롭
② T 플립플롭
③ $J-K$ 플립플롭
④ $R-S$ 플립플롭

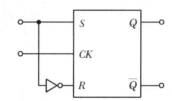

답 ①

12 D형 플립플롭의 현재 상태가 0일 때 다음 상태를 1로 하기 위한 D의 입력 조건은? [2008]

① 1
② 0
③ 1과0 모두 가능
④ 1에서 0으로 바뀌는 펄스

답 ①

13 T형 플립플롭을 3단으로 직렬접속하고 초단에 1[kHz]의 구형파를 가하면 출력 주파수는 몇 [Hz]인가? [2012]

① 1
② 125
③ 250
④ 500

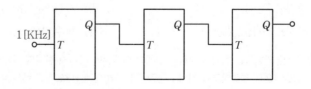

풀이 출력주파수 $f_0 = \dfrac{1,000}{2^3} = 125[\text{Hz}]$ ($\because$ 3단이므로 2^3이다.) **답 ②**

14 2진 계수회로에 가장 적합한 플립플롭은?

① RS 플립플롭 　　　　② D 플립플롭
③ T 플립플롭 　　　　　④ JK 플립플롭

답 ③

15 다음과 같은 $S-R$ 플립플롭 회로는
어떤 회로 동작을 하는가?

[2006][2007]

① 4진 카운터
② 시프트 레지스터
③ 분주회로
④ M/S 플립플롭

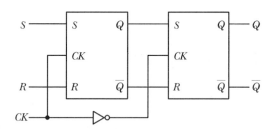

풀이 여러 단을 종속 접속한 플립플롭 회로는 동시에 클록을 가하면 동작의 불균일이 생긴다. 이 현상을
없애기 위해 그림과 같이 클록을 180°의 위상차를 주어 공급하면 동작이 안정하게 되는데 이 방식을
M/S(Master-slave) 플립플롭이라 한다. **답** ④

16 레이스(Race) 현상을 방지하기 위하여 사용되는 것은?

① 시미트 트리거 　　　　② 단안정 멀티바이브레이터
③ 무안정 멀티바이브레이터 　④ 마스터/슬레이브 플립플롭

풀이 **마스터/슬레이브 플립플롭**
레이스 현상을 해결하기 위해 고안된 플립플롭이다. **답** ④

17 순서논리 회로가 아닌 것은?

① 플립플롭(Flip-flop) 　　② 가산기(Adder)
③ 레지스터(Register) 　　④ 계수기(Counter)

풀이 순서논리회로는 현재의 출력이 현재의 입력뿐만 아니라 현재의 상태나 과거의 입력에 영향을 받으며,
일반적으로 조합회로와 기억소자로 구성되어 있다. 대표적인 예로는 플립플롭, 레지스터, 계수회로가
있다. **답** ②

04 조합논리회로

CHAPTER

01 가산기와 감산기

(1) 반가산기(Half – Adder ; HA)

① 합 : $S = \overline{A}B + A\overline{B} = A \oplus B$

② 자리올림 수 : $C = AB$

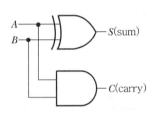

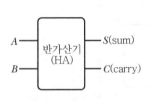

A	B	S	C
0	0	0	0
0	1	1	0
1	0	1	0
1	1	0	1

   (a) 논리회로도   (b) 논리기호   (c) 진리표

[반가산기]

(2) 전가산기(Full – Adder ; FA)

① 합 : $S = \overline{A}\,\overline{B}C + \overline{A}B\overline{C} + A\overline{B}\,\overline{C} + ABC = A \oplus B \oplus C$

② 자리올림 수 : $\overline{A}BC + A\overline{B}C + AB\overline{C} + ABC = AB + (A \oplus B) \cdot C$

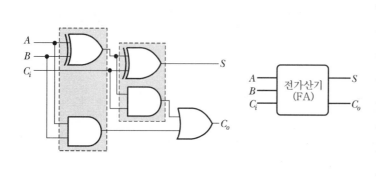

A	B	C	S	C_0
0	0	0	0	0
0	0	1	1	0
0	1	0	1	0
0	1	1	0	1
1	0	0	1	0
1	0	1	0	1
1	1	0	0	1
1	1	1	1	1

| (a) 논리회로도 | (b) 논리기호 | (c) 진리표 |

[전가산기]

③ 전가산기 논리회로는 반가산기 2개와 OR gate 1개로 구성되어 있다.

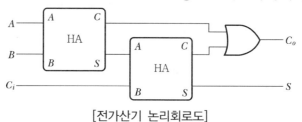

[전가산기 논리회로도]

(3) 반감산기(Half – Subtracter ; HS)

① 차 : $D = \overline{A}B + A\overline{B} = A \oplus B$

② 빌림 수 : $b = \overline{A}B$

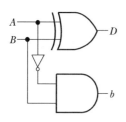

A	B	D	b
0	0	0	0
0	1	1	1
1	0	1	0
1	1	0	0

| (a) 논리회로도 | (b) 논리기호 | (c) 진리표 |

[반감산기]

(4) 전감산기(Full − Subtracter ; FS)

① 차 : $D = \overline{A}\overline{B}C + \overline{A}B\overline{C} + A\overline{B}\,\overline{C} + ABC = A \oplus B \oplus C$

② 빌림 수 : $b_0 = \overline{A}\overline{B}C + \overline{A}B\overline{C} + \overline{A}BC + ABC = \overline{A}B + (\overline{A \oplus B}) \cdot C$

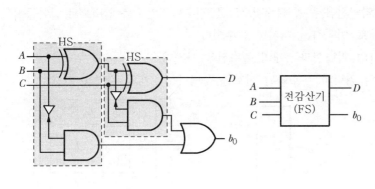

A	B	C	D	b_0
0	0	0	0	0
0	0	1	1	1
0	1	0	1	1
0	1	1	0	1
1	0	0	1	0
1	0	1	0	0
1	1	0	0	0
1	1	1	1	1

(a) 논리회로도　　　　　　　(b) 논리기호　　　　　　　(c) 진리표

[전감산기]

③ 전감산기 논리회로는 반감산기 2개와 OR gate 1개로 구성되어 있다.

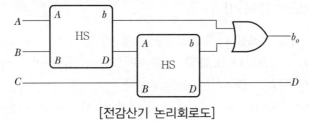

[전감산기 논리회로도]

02 인코더와 디코더

(1) 인코더(Encoder : 부호기)

① 인코더는 디코더의 역연산을 수행하는 것으로 10진수나 8진수를 입력으로 받아들여 2진수나 BCD Code로 변환하는 디지털 함수이다.
② 인코더는 2^n개 이하의 입력선과 n개의 출력선을 가진다.
③ 4×2 인코더 : 4개의 입력과 부호화된 신호를 출력하는 2개의 출력을 가진 장치

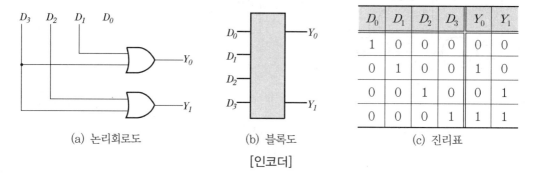

D_0	D_1	D_2	D_3	Y_0	Y_1
1	0	0	0	0	0
0	1	0	0	1	0
0	0	1	0	0	1
0	0	0	1	1	1

(a) 논리회로도   (b) 블록도   (c) 진리표

[인코더]

(2) 디코더(Decoder : 해독기)

① 코드 형식의 2진 정보를 다른 코드 형식으로 바꾸는 회로가 디코더(Decoder)이다. 다시 말하면, 2진 코드나 BCD Code를 해독(Decoding)하여 이에 대응하는 1개(10진수)의 선택 신호로 출력하는 것을 말한다.
② 디코더는 컴퓨터의 중앙처리장치 내에서 번지의 해독, 명령의 해독, 제어 등에 사용되며 타이프라이터 등에서는 중앙처리장치로부터 들어온 2진 코드를 문자로 변환하여 인쇄할 때 사용되고 있다.
③ 2×4 디코더 : 2개의 입력은 4개의 출력으로 해독된다.

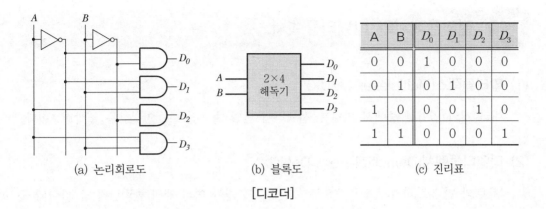

A	B	D_0	D_1	D_2	D_3
0	0	1	0	0	0
0	1	0	1	0	0
1	0	0	0	1	0
1	1	0	0	0	1

(a) 논리회로도　　　　　(b) 블록도　　　　　(c) 진리표

[디코더]

④ 컴퓨터에서 인코더와 디코더의 기능

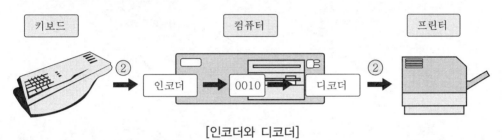

[인코더와 디코더]

03 멀티플렉서와 디멀티플렉서

(1) 멀티플렉스(Multiplexer ; MUX)

여러 개의 입력선 중에서 하나를 선택하여 단일 출력선으로 연결하는 조합회로이다.

(2) 디멀티플렉서(Demultiplexer ; DeMUX)

MUX와 반대로 하나의 입력선으로부터 정보를 받아 여러 개의 출력단자 중 하나의 출력선으로 정보를 출력하는 회로이다.

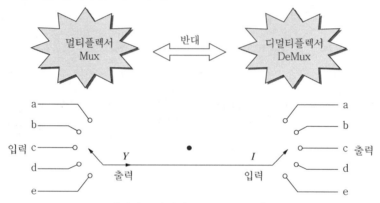

[멀티플렉서와 디멀티플렉서]

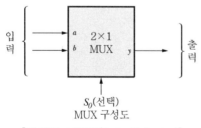

[데이터 셀렉터(Data Selector)]

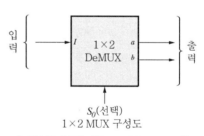

[데이터 분배기(Data Distributor)]

01 그림과 같은 회로의 기능은? [2006][2007]

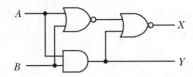

① 반일치회로   ② 감산기   ③ 반가산기   ④ 부호기

풀이 $X = \overline{\overline{A+B} + AB} = \overline{\overline{A+B}} \cdot \overline{AB} = (A+B)(\overline{A}+\overline{B}) = A\overline{A} + A\overline{B} + \overline{A}B + B\overline{B} = A\overline{B} + \overline{A}B = \text{sum}$

$Y = AB = \text{Carry}$ **답** ③

02 반가산기의 진리치표에 대한 출력함수는? [2002]

입력		출력	
A	B	S	C_0
0	0	0	0
0	1	1	0
1	0	1	0
1	1	0	1

① $S = \overline{AB} + AB, C_0 = \overline{AB}$ ② $S = \overline{A}B + A\overline{B}, C_0 = AB$

③ $S = \overline{A}\,\overline{B} + A, C_0 = AB$ ④ $S = \overline{A}B + A\overline{B}, C_0 = \overline{AB}$

답 ②

03 반가산기 회로에서 입력을 A, B라 하고 합을 S로 표시할 때 S는 어떻게 되는가? [2007]

① $A \cdot B$ ② $A + B$ ③ $\overline{A}B + A\overline{B}$ ④ $\overline{A+B}$

답 ③

04 전가산기의 입력변수가 x, y, z이고, 출력함수가 S, C일 때 출력의 논리식으로 옳은 것은?

[2005][2008]

① $S = x \oplus y \oplus z,\ C = xyz$

② $S = x \oplus y \oplus z,\ C = xy + xz + yz$

③ $S = x \oplus y \oplus z,\ C = (x \oplus y)z$

④ $S = x \oplus y \oplus z,\ C = xy + (x \oplus y)z$

답 ④

05 반감산기에서 차를 얻기 위해 사용되는 게이트는?

① AND 게이트 ② OR 게이트 ③ NOR 게이트 ④ EX−OR 게이트

풀이 차 : $D = \overline{A}B + A\overline{B} = A \oplus B$

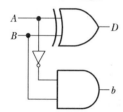

답 ④

06 10진수의 입력을 전자계산기의 내부 code로 변환시키는 장치는?

① Decoder ② Multiplexer ③ Encoder ④ Adder

풀이 Encoder : Decoder의 역연산을 수행하는 것으로 10진수나 8진수를 입력으로 받아들여 2진수나 BCD Code로 변환하는 디지털 함수이다. **답** ③

07 주어진 진리치표는 무엇을 나타내는가?

[2004][2006]

입력				출력	
D_0	D_1	D_2	D_3	B	A
1	0	0	0	0	0
0	1	0	0	0	1
0	0	1	0	1	0
0	0	0	1	1	1

① 디코더 ② 인코더 ③ 멀티플렉서 ④ 디멀티플렉서

풀이 4×2 인코더 : 4개의 입력과 부호화된 신호를 출력하는 2개의 출력을 가진 장치 **답** ②

08 어떤 시스템 프로그램에 있어서 특정한 부호와 신호에 대해서만 응답하는 일종의 장치 해독기로서 다른 신호에 대해서는 응답하지 않는 것을 무엇이라 하는가? [2008]

① 디코더(Decoder)　　　　　　② 산술연산기(ALU)
③ 인코더(Encoder)　　　　　　④ 멀티플렉서(Multiplexer)

답 ①

09 디코더(Decoder)는 어떤 입력을 받는가?

① BCD Code　　　　　　② Gray Code
③ 3중 Code　　　　　　④ Cyclic Code

풀이 코드 형식의 2진 정보를 다른 코드 형식으로 바꾸는 회로가 디코더(Decoder)이다. 다시 말하면, 2진 코드나 BCD Code를 해독(Decoding)하여 이에 대응하는 1개(10진수)의 선택 신호로 출력하는 것을 말한다.

답 ①

10 다음 회로의 기능은?

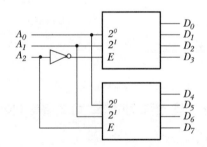

① 3×8 디코더　② 2×4 디코더　③ 2×8 디코더　④ 2×8 멀티플렉서

답 ①

11 진리표와 같은 입력조합으로 출력이 결정되는 회로는? [2002][2007]

① 인코더
② 디코더
③ 멀티플렉서
④ 디멀티플렉서

입력		출력			
A	B	X_0	X_1	X_2	X_3
0	0	1	0	0	0
0	1	0	1	0	0
1	0	0	0	1	0
1	1	0	0	0	1

답 ②

12 다음 회로의 기능은?

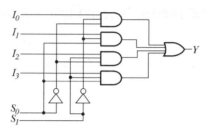

① 4×1 MUX
② 6×1 MUX
③ 4×1 디코더
④ 6×1 인코더

풀이 MUX : 여러 개의 입력선 중에서 하나를 선택하여 단일 출력선으로 연결하는 조합 회로이다.
입력 : 4개(I_0, I_1, I_2, I_3), 출력 : 1개(Y)   **답** ①

13 많은 입력 중 선택된 입력선의 2진 정보를 출력선에 넘기므로 데이터 선택기라고도 불리는 것은?

① DeMultiplexer
② Multiplexer
③ PLA
④ Decoder

풀이 멀티플렉서(Multiplexer ; MUX)   **답** ②

14 그림의 회로에서 X와 Y를 선택 입력으로 하고 Z를 데이터 입력단자로 사용할 경우 이 회로의 기능은?   [2003][2006]

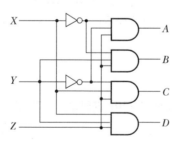

① 데이터 셀렉터
② 멀티플렉서
③ 인코더
④ 디멀티플렉서

풀이 디멀티플렉서(Demultiplexer ; DeMUX) : MUX와 반대로 하나의 입력선으로부터 정보를 받아 여러 개의 출력 단자 중 하나의 출력선으로 정보를 출력하는 회로이다.   **답** ④

15 다음 설명 중 조합논리회로의 특징으로 옳지 않은 것은?

① 입·출력을 갖는 게이트의 집합으로 출력 값은 0과 1의 입력 값에 의해서만 결정되는 회로

② 기억 회로를 갖고 있음

③ 반가산기, 전가산기, 디코더 등이 있음

④ 출력 함수는 n개의 입력 변수의 항으로 표시

풀이 **조합논리회로**

n개의 입력 변수가 외부로부터 입력되어 처리된 다음 그 결과가 m개의 출력 변수를 통하여 외부로 보내어지며 조합논리 회로의 종류에는 연산장치(가산, 감산 등), 코드 변환기, 비교기, 멀티플렉서와 디멀티플렉서 등이 있다.

[조합논리회로 개요도]

답 ②

PART 7

공업경영

01 품질관리
CHAPTER

01 품질관리의 개요

(1) 개념

소비자를 만족시킬 수 있는 제품을 가장 경제적으로 생산하기 위한 모든 수단의 체계

(2) 품질의 분류

① 설계품질 : 품질시방서상의 품질
② 제조품질 : 설계품질을 제품화했을 때의 품질
③ 사용품질 : 소비자가 요구하는 품질

(3) 품질관리 효과

품질향상, 원가절감, 생산량증가, 작업의욕향상, 사외신용향상, 검사비용감소, 소비자 관계개선

(4) 품질에 크게 영향을 미치는 요소(4M)

① 재료(Material)
② 설비(Machine)
③ 가공방법(Method)
④ 작업자(Man)

02 품질관리기법

(1) 파레토도

① 제품 불량이나 결점 데이터를 원인별로
분류하여 크기 순서대로 막대 그래프화
한 챠트

② 전체 손실금액의 상당부분을 차지하는 항
목을 발견할 수 있으며 이를 수정하여 원
가절감 등의 효과를 얻을 수 있다.

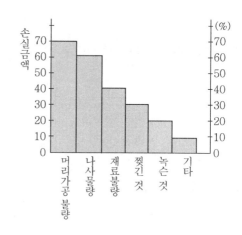

(2) 도수분법

1) 품질변동을 분포형상 또는 수량적으로 파악하는 통계적 기법으로 데이터의 흩어진
모양을 파악하고 평균치와 표준편차를 구할 때 사용(원 데이터 규격과 대조)

2) 도수분포표

① 여러 개의 제품을 측정하여 측정치를 순서대로 기록하여 놓은 표

② 데이터가 어떻게 분포되는가 하는 집단 품질 확인이 가능하다.

키(cm)	학생 수(명)
135 이상~140 미만	4
140~145	6
145~150	9
150~155	15
155~160	8
160~165	6
165~170	2
합계	50

[도수분포표의 예]

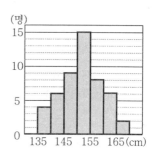

[히스토그램의 예]

3) 히스토그램

도수분포표로 정리된 변수의 분포 특징이 한눈에 보이도록 기둥 모양으로 나타낸 것

4) 특성요인도

① 일의 결과(특성)와 그것에 영향을 미치는 원인(요인)을 계통적으로 정리한 그림
② 특성에 대하여 어떤 요인이 어떤 관계로 영향을 미치고 있는지 명확히 하여 원인
　규명을 쉽게 할 수 있도록 하는 기법

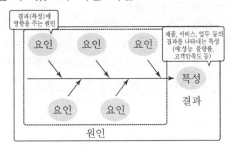

---

03 관리도

(1) 목적

품질기준치를 벗어난 피할 수 있는 원인을 찾기 위한 방법으로 한눈에 알 수 있게 도표
로 작성하고 관리의 한계를 정하여 공정을 판단하는 통계적 방법

(2) 관리도의 종류

1) 계량치에 관한 관리도

① 종류 : $\bar{x} - R$ 관리도, x 관리도, $x - R$ 관리도, R 관리도
② 길이, 무게, 강도, 전압, 전류 등 연속변량 측정

2) 계수치에 관한 관리도

① **종류** : nP(불량개수) 관리도, p(불량률) 관리도, c(결점수) 관리도, u(단위당 결점수) 관리도

② 직물의 얼룩, 흠 등과 같이 한 개, 두 개로 계수되는 수치와 그에 따른 불량률을 측정

종류		특징
계량형	$\bar{x} - R$ 관리도	• 가장 많이 사용 • 평균값의 변화를 파악 • 다른 관리도에 비해 많은 정보를 제공 • $\bar{x}$ 관리도는 x 관리도에 비해 공정의 변화를 쉽게 탐지
	x 관리도	• 공정안정상태 판정 및 조치가 빠름 • 자료를 얻는 시간적 간격이 크거나 정해진 공정으로부터 한 개의 측정값밖에 얻을 수 없을 때 사용 • 군 구분의 실익이 없는 경우에 사용
	$\tilde{x} - R$ 관리도	• 평균값의 계산시간과 노력을 줄이기 위한 것이 목적 • R 관리도 보다 취급이 간단
계수형	nP 관리도	• 자료군의 크기(n)가 반드시 일정할 것 • 측정이 불가능하여 계수값으로 밖에 나타낼 수 없을 때 사용 • 합격 여부 판정만이 목적인 경우에 사용
	p 관리도	• 계수형 관리도 중에 가장 널리 사용 • 양품률, 출근율 등과 같이 비율을 계산해서 공정을 관리할 경우 (수확률, 순도 등은 계량값이므로 계량형 관리도를 사용)
	c 관리도	일정 단위에 나타나는 결점수에 의거 공정을 관리할 경우 (납땜 불량의 수, 직물의 일정면적 중에 흠의 수)
	u 관리도	단위가 일정하지 않은 제품의 경우 일정한 단위당 결점수로 환산하여 사용할 경우

(3) 관리도 사용법

1) 사용법

관리한계를 나타내는 한 쌍의 선을 중심선의 상하로 긋고, 여기에 제조공정에서 제조된 제품의 특성값을 측정한 결과를 나타내는 점을 찍어 관리 한계 안쪽에 있는가 밖에 있는가에 따라 좋고 나쁨을 판단하여 잘못된 원인을 찾아 대책을 강구하는 데 사용한다.

2) 안정상태 판정

① 안정상태 : 관리도에 찍은 점이 거의 관리한계로 나가지 않고 중심선 근처에 널려 있을 때

② 안정상태가 아닌 경우

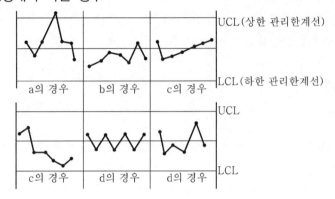

㉮ 1점이라도 관리한계를 벗어나는 경우

㉯ 찍은 점이 중심선 한쪽에 많이 연속될 때

㉰ 찍은 점이 점차로 상향 또는 하향으로 연속할 때

㉱ 점의 배열에 주기성 또는 위치의 격차가 있을 때

---

04 샘플링 검사

(1) 공정이나 로트(Lot)와 같은 모집단으로부터 샘플링하는 것

※ 로트(Lot) : 1회의 준비로서 만드는 물품의 집단

(2) 샘플링 검사와 전수검사 비교

1) 전수(전체)검사가 필요한 경우

① 불량품이 1개라도 혼입되면 안될 때

② 전수검사를 쉽게 행할 수 있을 때

2) 샘플링 검사가 유리한 경우

① 다수, 다량의 것으로 어느 정도 불량품이 섞여도 허용되는 경우
② 검사항목이 많을 경우
③ 불완전한 전수검사에 비해 높은 신뢰성이 얻어질 때
④ 검사비용을 적게 하는 편이 이익이 되는 경우
⑤ 생산자에게 품질향상의 자극을 주고 싶을 때

(3) 샘플링 방법

1) 랜덤샘플링

① **단순샘플링** : 난수표 또는 이와 유사한 방법을 이용하여 무작위로 표본을 추출하는 밥법
② **계통샘플링** : N개의 품목이 일렬로 나열되어 있을 때 이로부터 일정한 간격으로 n개의 샘플을 추출하는 방법

2) 2단계 샘플링

모집단을 몇 개의 부분으로 나누어 그 중 몇 개를 추출(1단계)하고, 다음 단계로 그 부분 중에서 몇 개의 단위체 또는 단위량을 추출(2단계)하는 방법

3) 층별 샘플링

로트를 몇 개의 층으로 나눌 수 있는 경우 로트 전체를 모아서 단순히 램덤 추출하는 것보다 층별로 샘플링하는 편이 바람직할 때, 각층에 포함된 품목의 수에 따라 시료의 크기를 비례 배분하여 추출하는 방법

4) 취락샘플링

모집단을 여러 개 집단으로 나누고 이들 중에서 몇 개를 무작위로 추출한 뒤 선택된 집단의 로트를 모두 검사하는 방법

(4) 샘플링 검사의 형태

1) 계수형 샘플링 검사

시료 중 발견된 불량 단위체의 개수 또는 결점수를 세어 미리 정해진 합격판정 개수와 비교하여 합격, 불합격 판단

2) 계량형 샘플링 검사

시료 중 단위체의 품질 특성치를 계측하여 시료 전부에 대한 평균치를 산출하고 미리 정해진 합격 평균치와 비교하여 합격, 불합격 처리

3) 규준형 샘플링 검사

생산자 위험 확률을 정하고, 소비자 위험 확률을 정한 최저한의 Lot(로트)품질, 즉 합격품질 수준을 정하여 이 수준보다 양호하면 합격되도록 하는 검사방법

4) 조정형 샘플링 검사

좋은 품질 생산자에게 가벼운 검사, 나쁜 품질 생산자에게는 엄격한 검사를 적용하는 검사방법

5) 선별형 샘플링 검사

시료 중 불량품의 수가 합격판정개수를 넘을 때는 Lot(로트)를 전량 검수하여 양호한 제품을 선별하는 방법

6) 연속 생산형 샘플링 검사

물품의 흐름상태를 계속 그대로 검사하는 방법

(5) 샘플링으로 인한 변동과 OC곡선

1) 샘플링에 의한 변동

샘플링 검사를 같은 제품에 대해 몇 회 되풀이하여도 우연성에 지배되어 결과가 같지 않다.

2) OC(검사특성)곡선(Operating Characteristic curve)

① 일정 불량률을 가지는 Lot(로트)가 합격되는 확률이 Lot(로트)의 품질에 따라 변하는 것을 표시
② OC곡선에서 좋은 Lot(로트)의 과오에 의한 불합격 확률과 임의의 품질을 가진 Lot(로트)의 합격 또는 불합격되는 확률을 알 수 있다.

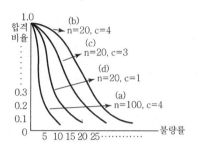

㉮ (a)의 경우 : n(시료의 크기)이 크면 곡선은 점차로 왼쪽으로 이동한다.

㉯ (b), (c), (d)의 경우 : n을 일정하게 하고, C(합격판정개수)를 증가시키면 OC 곡선은 오른쪽으로 이동한다.

05 설비보전

(1) 보전예방(MP)

설비의 설계 및 설치 시 고장이 적은 설비를 선택하여 설비 보전성 향상

(2) 예방보전(PM)

설비 사용 전 정기점검 및 검사와 조기수리 등을 하여, 설비성능의 저하와 고장 및 사고를 미연에 방지함으로써 설비의 성능을 표준 이상으로 유지하는 보전활동

1) TBM(시간기준보전 : Time Based Maintenance) 방식

돌발고장, 프로세스 트러블을 예방하기 위하여 정기적으로 설비를 검사, 정비 청소하고 부품을 교환하는 보전방식

2) CBM(상태기준보전 : Condition Based Maintenance) 방식

고장이 일어나기 쉬운 부분에 계측장비를 연결하여 사전에 고장위험을 검출하는 보전활동으로 설비상태를 보전하는 방식

(3) 개량보전(CM)

설비가 고장난 후에 설계변경, 부품의 개선 등으로 수명을 연장하거나 수리검사가 용이하도록 설비 자체의 체질개선을 꾀하는 보전방식

(4) 사후보전(BM)

기계설비의 고장이나 결함이 발생한 후에 이를 수리 또는 보수하여 회복시키는 보전활동으로 고장이 난 후 보전하는 쪽이 비용이 적게 드는 설비에 적용(열화설비)

01 다음 중 품질관리시스템에 있어서 4M에 해당하지 않는 것은? [2008]

① Man ② Machine ③ Material ④ Money

> **풀이** 4M : 재료(Material), 설비(Machine), 가공방법(Method), 작업자(Man) **답** ④

02 파레토그림에 대한 설명으로 가장 거리가 먼 내용은? [2005]

① 부적합품(불량), 클레임 등의 손실금액이나 퍼센트를 그 원인별, 상황별로 취해 그림의 왼쪽에서부터 오른쪽으로 비중이 작은 항목부터 큰 항목 순서로 나열한 그림이다.

② 현재의 중요 문제점을 객관적으로 발견할 수 있으므로 관리방침을 수립할 수 있다.

③ 도수분포의 응용수법으로 중요한 문제점을 찾아내는 것으로서 현장에서 널리 사용된다.

④ 파레토그림에서 나타난 1~2개 부적합품(불량) 항목만 없애면 부적합품(불량)률은 크게 감소된다.

> **풀이** 제품 불량이나 결점데이터를 원인별로 분류하여 왼쪽에서부터 오른쪽으로 비중이 큰 항목부터 작은 항목 순서로 나열한 그림이다. **답** ①

03 다음 중 데이터를 그 내용이나 원인 등 분류 항목별로 나누어 크기의 순서대로 나열하여 나타낸 그림을 무엇이라 하는가? [2008]

① 히스토그램(Histogram)

② 파레토도(Pareto Diagram)

③ 특성요인도(Causes and Effects Diagram)

④ 체크시트(Check Sheet)

답 ②

04 어떤 측정법으로 동일 시료를 무한 횟수 측정하였을 때 데이터 분포의 평균치와 참값과의 차를 무엇이라 하는가? [2003][2006]

① 신뢰성 ② 정확성 ③ 정밀도 ④ 오차

답 ②

05 모집단의 참값과 측정 데이터의 차를 무엇이라 하는가?　　　　　　　　　　[2002]

① 오차　　　　　　　　　　　　　② 신뢰성
③ 정밀도　　　　　　　　　　　　④ 정확도

　🔲 ①

06 도수분포표를 만드는 목적이 아닌 것은?　　　　　　　　　　　　　　　　[2002]

① 데이터의 흩어진 모양을 알고 싶을 때
② 많은 데이터로부터 평균치와 표준편차를 구할 때
③ 원 데이터를 규격과 대조하고 싶을 때
④ 결과나 문제점에 대한 계통적 특성치를 구할 때

　🔳풀이 ④는 특성요인도의 목적　　　　　　　　　　　　🔲 ④

07 문제가 되는 결과와 이에 대응하는 원인과의 관계를 알기 쉽게 도표로 나타낸 것은?

　　　　　　　　　　　　　　　　　　　　　　　　　　　　[2006]

① 산포도　　　　　　　　　　　　② 파레토도
③ 히스토그램　　　　　　　　　　④ 특성요인도

　🔲 ④

08 도수분포표에서 도수가 최대인 곳의 대표치를 말하는 것은?　　　[2002][2004]

① 중위수　　　　　　　　　　　　② 비대칭도
③ 모드(Mode)　　　　　　　　　④ 첨도

　🔲 ③

09 공정에서 만성적으로 존재하는 것은 아니고 산발적으로 발생하며, 품질의 변동에 크게
영향을 끼치는 요주의 원인으로 우발적 원인인 것을 무엇이라 하는가?　　[2008]

① 우연원인　　　　　　　　　　　② 이상원인
③ 불가피원인　　　　　　　　　　④ 억제할 수 없는 원인

　🔲 ②

10 관리도에 대한 설명 내용으로 가장 관계가 먼 것은? [2003]

① 관리도는 공정의 관리만이 아니라 공정의 해석에도 이용된다.

② 관리도는 과거의 데이터의 해석에도 이용된다.

③ 관리도는 표준화가 불가능한 공정에는 사용할 수 없다.

④ 계량치인 경우에는 $\bar{x} - R$ 관리도가 일반적으로 이용된다.

답 ③

11 다음 중 계량치 관리도는 어느 것인가? [2005]

① R관리도   ② nP관리도

③ c관리도   ④ u관리도

풀이 • 계량치 관리도 : $\bar{x} - R$ 관리도, x 관리도, $x - R$ 관리도, R 관리도
   • 계수치 관리도 : nP관리도, p관리도, c관리도, u관리도

답 ①

12 축의 완성지름, 철사의 인장강도, 아스피린 순도와 같은 데이터를 관리하는 가장 대표적인 관리도는? [2006]

① $\bar{x} - R$관리도   ② nP관리도

③ c관리도   ④ u관리도

풀이 계량형 관리도로 가능함

답 ①

13 품질특성을 나타내는 데이터 중 계수치 데이터에 속하는 것은? [2008]

① 무게   ② 길이

③ 인장강도   ④ 부적합품의 수

풀이 계수치 관리도 : 직물의 얼룩, 흠 등과 같이 한 개, 두 개로 계수되는 수치와 그에 따른 불량률을 측정

답 ④

14 계수값 관리도는 어느 것인가? [2004]

① R관리도   ② $\bar{x}$관리도

③ p관리도   ④ $\bar{x} - p$관리도

답 ③

15 미리 정해진 일정 단위 중에 포함된 부적합(결점)수에 의거 공정을 관리할 때 사용하는 관리도는? [2004]

① p관리도   ② nP관리도   ③ c관리도   ④ u관리도

풀이 nP(불량개수)관리도, p(불량률)관리도, c(결점수)관리도, u(단위당 결점수)관리도   **답** ③

16 M타입의 자동차 또는 LCD TV를 조립, 완성한 후 부적합수(결점수)를 점검한 데이터에는 어떤 관리도를 사용하는가? [2007]

① p관리도   ② nP관리도   ③ c관리도   ④ $\bar{x} - R$ 관리도

   답 ③

17 c관리도에서 $K=20$인 군의 총부적합(결점)수 합계는 58이었다. 이 관리도의 UCL, LCL을 구하면 약 얼마인가? [2008]

① UCL = 6.92, LCL = 0
② UCL = 4.90, LCL = 고려하지 않음
③ UCL = 6.92, LCL = 고려하지 않음
④ UCL = 8.01, LCL = 고려하지 않음

풀이 c 관리도

㉠ 중심선(Center Line) : CL = $\bar{c} = \dfrac{\sum c}{k} = \dfrac{58}{20} = 2.9$

㉡ 관리한계선(Control Limit) : UCL, LCL
- UCL = $\bar{c} + 3\sqrt{c} = 2.9 + 3\sqrt{2.9} = 8.01$
- LCL = $\bar{c} - 3\sqrt{c} = 2.9 - 3\sqrt{2.9} = -2.21$

   답 ④

18 u관리도의 공식으로 가장 올바른 것은? [2002][2007]

① $\bar{u} \pm 3\sqrt{\bar{u}}$ ② $\bar{u} \pm \sqrt{\bar{u}}$ ③ $\bar{u} \pm 3\sqrt{\dfrac{\bar{u}}{n}}$ ④ $\bar{u} \pm \sqrt{\dfrac{\bar{u}}{n}}$

풀이 u 관리도

㉠ 중심선(Center Line) : CL = $\bar{y} = \dfrac{\sum c}{\sum n}$

㉡ 관리한계선(Control Limit) : UCL, LCL
- UCL = $\bar{u} + 3\sqrt{\dfrac{\bar{u}}{n}}$
- LCL = $\bar{u} - 3\sqrt{\dfrac{\bar{u}}{n}}$

   답 ③

19 nP 관리도에서 시료군마다 $n = 100$이고, 시료군의 수가 $k = 20$이며, $\Sigma nP = 77$이다. 이때 nP관리도의 관리상한선 UCL을 구하면 얼마인가? [2005]

① UCL = 8.94   ② UCL = 3.85

③ UCL = 5.77   ④ UCL = 9.62

답 ④

20 관리한계선을 구하는 데 이항분포를 이용하여 관리선을 구하는 관리도는? [2003]

① nP관리도   ② u관리도

③ $\overline{x} - P$관리도   ④ x관리도

답 ①

21 이항분포의 특징으로 가장 옳은 것은? [2007]

① $P = 0$일 때는 평균치에 대하여 좌, 우 대칭이다.
② $P \leq 0.1$이고 $nP = 0.1 \sim 10$일 때는 푸아송 분포에 근사한다.
③ 부적합품의 출전 개수에 대한 표준 편차는 $D(x) = nP$이다.
④ $P \leq 0.5$이고, $nP \geq 5$일 때는 푸아송 분포에 근사한다.

답 ②

22 관리도에서 점이 관리한계 내에 있고 중심선 한쪽에 연속해서 나타나는 점을 무엇이라 하는가? [2002]

① 경향   ② 주기

③ 런   ④ 산포

풀이 점의 배열에서 이상상태 (Subject Method)

  ㉠ 런(Run)
    • 5의 런 : 공정의 진행에 주의한다.
    • 6의 런 : Action을 준비한다.
    • 7의 런 : Action을 취한다.(비관리상태로 판정)
  ㉡ 경향(Trend) : 길이 7의 상승경향과 하강경향(비관리상태)
  ㉢ 주기(Cycle) : 일정 간격을 갖고 점들이 오르내리는 현상

답 ③

23 다음 중 검사항목에 의한 분류가 아닌 것은? [2004]

① 자주검사　　　　　　　　　② 수량검사
③ 중량검사　　　　　　　　　④ 성능검사

풀이 (1) 검사공정에 의한 분류
　　　 ㉠ 수입검사(구입검사)　　　 ㉡ 공정검사(중간검사)
　　　 ㉢ 최종검사(완성검사)　　　 ㉣ 출하검사(출고검사)
　　(2) 검사장소에 의한 검사
　　　 ㉠ 정위치검사　　　 ㉡ 순회검사　　　 ㉢ 출장검사(입회검사)
　　(3) 검사성질에 의한 분류
　　　 ㉠ 파괴검사　　　 ㉡ 비파괴검사　　　 ㉢ 관능검사
　　(4) 검사방법(판정대상)에 의한 분류
　　　 ㉠ 전수검사　　　 ㉡ Lot별 샘플링 검사
　　　 ㉢ 관리 샘플링 검사　　　 ㉣ 무검사　　　　　　　　 답 ①

24 다음 검사 중 판정의 대상에 의한 분류가 아닌 것은? [2005][2007]

① 관리 샘플링 검사　　　　　② 로트별 샘플링 검사
③ 전수검사　　　　　　　　　④ 출하검사

답 ④

25 로트로부터 시료를 샘플링해서 조사하고, 그 결과를 로트 외 판정기준과 대조하여 그 로트의 합격, 불합격을 판정하는 검사를 무엇이라 하는가? [2008]

① 샘플링 검사　　　　　　　　② 전수검사
③ 공정검사　　　　　　　　　④ 품질검사

답 ①

26 샘플링 검사의 목적으로 틀린 것은? [2004]

① 검사비용 절감
② 생산공정상의 문제점 해결
③ 품질향상의 자극
④ 나쁜 품질인 로트의 불합격

답 ②

27 모집단을 몇 개의 층으로 나누고 각 층으로부터 각각 랜덤하게 시료를 뽑는 샘플링 방법은? [2007]

① 층별 샘플링　　　　　　　　② 2단계 샘플링
③ 계통 샘플링　　　　　　　　④ 단순 샘플링

풀이 **층별 샘플링**

로트를 몇 개의 층으로 나눌 수 있는 경우 로트 전체를 모아서 단순히 랜덤 추출하는 것보다 층별로 샘플링하는 편이 바람직할 때, 각 층에 포함된 품목의 수에 따라 시료의 크기를 비례 배분하여 추출하는 방법

답 ①

28 다음은 워크 샘플링에 대한 설명이다. 틀린 것은? [2003]

① 관측대상의 작업을 모집단으로 하고 임의의 시점에서 작업내용을 샘플로 한다.
② 업무나 활동의 비율을 알 수 있다.
③ 기초이론은 확률이다.
④ 한 사람의 관측자가 1인 또는 1대의 기계만을 측정한다.

답 ④

29 계수 규준형 1회 샘플링 검사(KS A 3102)에 관한 설명 중 가장 거리가 먼 것은? [2006][2008]

① 검사에 제출된 로트의 공정에 관한 사전 정보가 없어도 샘플링 검사를 적용할 수 있다.
② 생산자 측과 구매자 측이 요구하는 품질보호를 동시에 만족시키도록 샘플링 검사 방식을 선정한다.
③ 파괴검사의 경우와 같이 전수검사가 불가능한 때에는 사용할 수 없다.
④ 1회만 거래 시에도 사용할 수 있다.

답 ③

30 공급자에 대한 보호와 구입자에 대한 보증의 정도를 규정해 두고 공급자의 요구와 구입자의 요구 양쪽을 만족하도록 하는 샘플링 검사방식은? [2002]

① 규준형 샘플링 검사　　　　　② 조정형 샘플링 검사
③ 선별형 샘플링 검사　　　　　④ 연속생산형 샘플링 검사

31 다음 중 로트별 검사에 대한 AQL 지표형 샘플링 검사 방식은 어느 것인가?　[2005]

① KS A ISO 2859−0　　　② KS A ISO 2859−1

③ KS A ISO 2859−2　　　④ KS A ISO 2859−3

답 ②

32 그림의 OC 곡선을 보고 가장 올바른 내용을 나타낸 것은?　[2003]

① α : 소비자 위험

② $L(p)$: 로트의 합격확률

③ β : 생산자 위험

④ 불량률 : 0.03

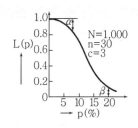

답 ②

33 생산보전(PM ; Productive Maintenance)의 내용에 속하지 않는 것은?　[2005]

① 사후보전　　　② 안전보전

③ 예방보전　　　④ 개량보전

34 예방보전의 기능에 해당하지 않는 것은?　[2003]

① 취급되어야 할 대상설비의 결정

② 정비작업에서 점검시기의 결정

③ 대상설비 점검개소의 결정

④ 대상설비의 외주이용도 결정

35 다음 내용은 설비보전조직에 대한 설명이다. 어떤 조직의 형태인가? [2005]

> • 보전작업자는 조직상 각 제보부문의 감독자 밑에 둔다.
> • 단점 : 생산우선에 의한 보전작업 경시, 보전기술 향상의 곤란성
> • 장점 : 운전과의 일체감 및 현장감독의 용이성

① 집중보전   ② 지역보전
③ 부문보전   ④ 절충보전

답 ③

36 설비의 구식화에 의한 열화는? [2002]

① 상대적 열화   ② 경제적 열화
③ 기술적 열화   ④ 절대적 열화

답 ①

37 TPM 활동의 기본을 이루는 3정 5S 활동에서 3정에 해당되는 것은? [2006]

① 정시간   ② 정돈
③ 정리   ④ 정량

풀이 TPM(전사적 생산보전)
• 3정 : 정위치, 정품, 정량
• 5S : 정리(Seiri), 정돈(Seiton), 청소(Seisho), 청결(Seiketsu), 습관화(Shitsuke)   **답** ④

38 "무결점운동"이라고 불리는 것으로 품질개선을 위한 동기부여 프로그램은 어느 것인가?

[2007]

① TQC   ② ZD
③ MIL-STD   ④ ISO

풀이 ZD(Zero Defects)운동
개별 종업원에게 계획기능을 부여하는 자주관리운동의 하나로 전개된 것으로 종업원들의 주의와 연구를 통해 작업상 발생하는 모든 결함을 없애는 운동   **답** ②

39 TQC(Total Quality Control)란? [2004]

① 시스템 사고방법을 사용하지 않는 품질관리 기법이다.

② 애프터서비스를 통한 품질을 보증하는 방법이다.

③ 전사적인 품질정보의 교환으로 품질향상을 기도하는 기법이다.

④ QC부의 정보분석 결과를 생산부에 피드백하는 것이다.

> **풀이** **종합적 품질관리(TQC)**
> 소비자가 만족할 수 있는 품질의 제품을 가장 경제적으로 생산 내지 서비스할 수 있도록 사내 각 부문
> 의 품질개발, 품질유지, 품질개선 노력을 종합하기 위한 효과적인 시스템　　　　　**답** ③

40 품질관리 활동의 초기단계에서 가장 큰 비율로 들어가는 코스트는? [2003][2008]

① 평가코스트　　　　　　　　　② 실패코스트

③ 예방코스트　　　　　　　　　④ 검사코스트

> **풀이** 예방코스트는 총 품질코스트의 약 10%, 평가코스트는 약 25%, 실패코스트는 50~75% 정도이다.
> 　　　　　　　　　　　　　　　　　　　　　　　　　　　　　　　　　　　　　**답** ②

02 생산관리
CHAPTER

01 생산관리의 개요

(1) 개요

제품을 생산하는 처음 단계에서 완성품이 나오는 마지막 단계까지의 모든 활동을 합리적으로 수행하기 위하여 계획, 운영 및 통제를 하는 기능을 말한다.

(2) 생산 합리화의 3원칙(3S)

표준화(Standardization), 단순화(Simplization), 전문화(Specialization)

(3) 생산관리의 내용

공정관리, 품질관리, 원가관리, 인사관리, 안전관리, 설비관리 등

1) 공정관리

생산을 원활히, 납기를 확실히 하는 목적

2) 품질관리

품질을 향상시켜 상품의 가치증진, 불량품을 적게 하는 목적

3) 원가관리

재료절약, 가동률 향상, 원가절감 목적

(4) 생산 3요소

Man(노동), Machine(기계설비), Material(원자재)

(1) 방법

1) 정성적 판단법

소비자를 가장 잘 파악하는 판매 경영자나 전문가 등이 판단법이나 시장조사법을 이용하여 수요예측을 하는 기법

2) 시계열 분석법

시간의 흐름에 따라 변하는 과거의 수요에 기초해서 미래의 수요를 예측하는 기법으로 이동평균법, 지수평활법, 최소자승법 등이 있다.

3) 원인적 예측법

수요 변동의 원인 요소(인구수, 소득수준, 기온, 투입자본 등)를 찾아내어 분석하는 기법

(2) 주요 기능

제조계획에 유용하도록 하는 것

1) 장기예측

공장 확장 필요성 여부 결정

2) 제조계획예측

현재설비에 의한 제조계획 결정

3) 생산계획예측

단기의 생산계획 결정

(3) 경제적 Lot(로트) 크기 선정

> 참고
>
> 로트(Lot) : 1회의 준비로서 만드는 물품의 집단

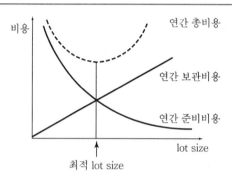

---

03 생산방식

(1) 주문생산

주문을 받아서 생산하는 방식(대용량 발전장치, 대규모 화학공업)

(2) 계획생산

수요를 예측하여 개별적으로 생산하는 방식(TV, 냉장고, 볼트, 너트)

(3) 개별생산

주문생산과 같은 개별적 생산방식으로 고가이며 큰 경우(항공기계)

(4) 로트생산

동일제품 또는 부품을 생산관리에 알맞은 수로 모으거나 나누어서 일괄 생산하는 방식
(기계가공, 의류제조)

(5) 연속생산

동일 제품을 대량 생산하는 방식, 오토메이션 방식(시멘트공업, 석유정제)

04 > 생산계획

(1) 공수계획

공정별, 기계별, 작업자별 필요 인원과 기계대수산정

> **참고**
>
> **공수체감현상**
> 대량 생산으로 동종작업이 계속적으로 반복될 때 작업시간은 일정한 것이 아니
> 고 시간이 경과됨에 따라 그 작업에 숙달되어 작업시간이 단축되는 현상

1) 부하의 계산

부품 한 개당의 작업시간(표준공수) × 당월의 생산수

2) 능력의 계산

- 사람능력 = 1개월 실동시간 × 출근율 × 가동률 × 인원수

    단, 실동시간 = 직접작업시간 + 간접작업시간

$$가동률 = 직접작업률 = \frac{직접작업시간}{실노동시간}$$

- 기계능력 = 1개월 실동시간 × 가동률 × 기계대수

(2) 일정계획

생산에 필요한 작업개시와 완료시기 결정

1) 일정

실제작업에 착수하여 끝날 때까지의 시간
실제 작업시간＋정체시간(여유시간)

2) 부품 가공의 일정

① 작업시간 전후에 정체시간이 있음
② 일정계산은 1/2일이나 1일 단위로 한다.

3) PERT/CPM 기법

① 전체적인 작업일정을 세분화함으로써 작업시간지연의 사전예방, 공기단축 등의
효율적인 일정관리를 도모하기 위한 기법

② 비용구배＝$\dfrac{\text{특급비용} - \text{정상비용}}{\text{정상시간} - \text{특급시간}}$

(3) 재료계획

자재재질, 가격, 공급량, 공급시기 등 결정

1) 목적

재료의 소요량을 견적하여 구매하고 재료를 조달하는 목적

2) 내용

개별재료의 견적, 기준재료의 작성, 종합재료계획

01 수요예측 방법의 하나인 시계열분석에서 시계열적 변동에 해당되지 않는 것은?

[2005]

① 추세변동　　　② 순환변동　　　③ 계절변동　　　④ 판매변동

풀이 시계열 분석법 : 시간의 흐름에 따라 변하는 과거의 수요에 기초해서 미래의 수요를 예측하는 기법으로 이동평균법, 지수평활법, 최소자승법 등이 있다.　　**답** ④

02 신제품에 가장 적합한 수요예측 방법은?

[2003]

① 시계열분석　　　② 의견분석　　　③ 최소자승법　　　④ 지수평활법

답 ②

03 단순지수평활법을 이용하여 금월의 수요를 예측하려고 한다면 이때 필요한 자료는 무엇인가?

[2004]

① 일정기간의 평균값, 가중값, 지수평활계수
② 추세선, 최소자승법, 매개변수
③ 전월의 예측치와 실제치, 지수평활계수
④ 추세변동, 순환변동, 우연변동

풀이 지수평활법(Exponential Smoothing Method)에서 당기의 데이터를 고려한 차기의 예측치는 당기 판매실적치, 당기예측치 등으로부터 구한다.　　**답** ③

04 표는 어느 회사의 월별 판매실적을 나타낸 것이다. 5개월 이동평균법으로 6월의 수요를 예측하면?

[2002]

① 150　　　② 140
③ 130　　　④ 120

월	1	2	3	4	5
판매량	100	110	120	130	140

풀이 균법(Simple Moving Average Method)

$$M_t = \frac{\sum X_{t-i}}{n} = \frac{600}{5} = 120$$

여기서 M_t : 당기예측치, X_t : 마지막 자료(당기실적치)　　**답** ④

05 로트(Lot)수를 가장 올바르게 정의한 것은? [2003]

① 1회 생산수량을 의미한다.
② 일정한 제조횟수를 표시하는 개념이다.
③ 생산목표량을 기계대수로 나눈 것이다.
④ 생산목표량을 공정수로 나눈 것이다.

풀이 로트(Lot)
1회의 준비로서 만드는 물품의 집단

답 ②

06 생산계획량을 완성하는 데 필요한 인원이나 기계의 부하를 결정하여 이를 현재 인원 및 기계의 능력과 비교하여 조정하는 것은? [2006]

① 일정계획   ② 절차계획   ③ 공수계획   ④ 진도관리

풀이 공수계획
공정별, 기계별, 작업자별 필요 인원과 기계대수산정

답 ③

07 다음 중 부하와 능력의 조정을 도모하는 것은? [2006]

① 진도관리   ② 절차계획   ③ 공수계획   ④ 현품관리

답 ③

08 다음 중 절차계획에서 다루어지는 주요한 내용으로 가장 관계가 먼 것은? [2007]

① 각 작업의 소요시간   ② 각 작업의 실시 순서
③ 각 작업에 필요한 기계와 공구   ④ 각 작업의 부하와 능력의 조정

풀이 ④는 공수계획

답 ④

09 여력을 나타내는 식으로 가장 올바른 것은? [2005]

① 여력＝1일 실동시간×1개월 실동시간×가동대수

② 여력＝(능력－부하)×$\dfrac{1}{100}$

③ 여력＝$\dfrac{능력－부하}{능력}×100$

④ 여력＝$\dfrac{능력－부하}{부하}×100$

답 ③

10 월 100대의 제품을 생산하는데 세이퍼 1대의 제품 1대당 소요공수가 14.4H라 한다. 1일 8H, 월 25일, 가동한다고 할 때 이 제품 전부를 만드는 데 필요한 세이퍼의 필요 대수를 계산하면?(단, 작업자 가동률 80%, 세이퍼 가동률 90%이다.) [2004]

① 8대　　　　　② 9대　　　　　③ 10대　　　　　④ 11대

풀이 기계능력＝1개월 실가동시간×가동률×기계대수
　　100대×14.4시간＝200시간×(0.9×0.8)×기계대수
　　∴ 기계대수＝10대　　　　　**답** ③

11 연간수요량이 4,000개인 어떤 부품의 발주비용은 매회 200원이며 부품단가는 100원, 연간 재고유지비율이 10%일 때 F.W Harris에 의한 경제적 주문량은 얼마인가?

[2007]

① 40개/회　　　　② 400개/회　　　　③ 1,000개/회　　　④ 1,300개/회

풀이 경제적 주문량(EOQ)＝$\sqrt{\dfrac{2OD}{C}}=\sqrt{\dfrac{2\times200\times4,000}{10}}=400$[개/회]

　　O(1회 주문비) : 200원
　　D(연간 재고 수요량) : 4,000개
　　C(1단위당 연간 재고 유지비)＝100×0.1　　　　**답** ②

12 일정통제를 할 때 1일당 그 작업을 단축하는 데 소요되는 비용의 증가를 의미하는 것은?

[2002][2008]

① 비용구배(Cost Slope)　　　　② 정상 소요시간(Normal Duration)
③ 비용견적(Cost Estimation)　　④ 총비용(Total Cost)

답 ①

13 다음 표를 이용하여 비용구배(Cost Slope)를 구하면 얼마인가? [2006]

정상		특급	
소요시간	소요비용	소요시간	소요비용
5일	40,000원	3일	50,000원

① 3,000원/일　　② 4,000원/일　　③ 5,000원/일　　④ 6,000원/일

풀이 비용구배＝$\dfrac{특급비용-정상비용}{정상시간-특급시간}=\dfrac{50,000원-40,000원}{5일-3일}=5,000$[원/일]　　**답** ③

14 어떤 공장에서 작업을 하는 데 있어서 소요되는 기간과 비용이 다음 [표]와 같을 때 비용구배는 얼마인가?(단, 활동시간의 단위는 일(日)로 계산한다.) [2008]

정상 작업		특급 작업	
기간	비용	기간	비용
15일	150만원	10일	200만원

① 50,000원   ② 100,000원

③ 200,000원   ④ 300,000원

풀이 비용구배 $= \dfrac{특급비용 - 정상비용}{정상시간 - 특급시간} = \dfrac{200만원 - 150만원}{15일 - 10일} = 100,000[원/일]$ **답** ②

15 PERT/CPM에서 Network 작도 시 $\dashrightarrow$ 은 무엇을 나타내는가? [2006]

① 단계(Event)   ② 명목상의 활동(Dummy Activity)

③ 병행활동(Paralleled Activity)   ④ 최초단계(Initial Event)

답 ②

16 더미활동(Dummy Activity)에 대한 설명 중 가장 적합한 것은? [2004]

① 가장 긴 작업시간이 예상되는 공정을 말한다.

② 공정의 시작에서 그 단계에서 이르는 공정별 소요시간들 중 가장 큰 값이다.

③ 실제활동은 아니며, 활동의 선행조건을 네트워크에 명확히 표현하기 위한 활동이다.

④ 각 활동별 소요시간이 베타분포를 따른다고 가정할 때의 활동이다.

답 ③

17 PERT에서 Network에 관한 설명 중 틀린 것은? [2006]

① 가장 긴 작업시간이 예상되는 공정을 주공정이라 한다.

② 명목상 활동(Dummy)은 점선 화살표($\dashrightarrow$)로 표시한다.

③ 활동(Activity)은 하나의 생산 작업 요소로서 원(○)으로 표시한다.

④ Network는 일반적으로 활동과 단계의 상호관계로 구성된다.

답 ③

18 그림과 같은 계획공정도(Network)에서 주공정으로 옳은 것은?(단, 화살표 밑의 숫자는 활동시간[단위 : 주]을 나타낸다.) [2007]

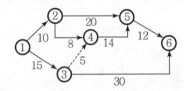

① ①-②-⑤-⑥   ② ①-②-④-⑤-⑥
③ ①-③-④-⑤-⑥   ④ ①-③-⑥

풀이 주공정 : 가장 긴 작업시간이 예상되는 공정
　　　① : 42주 ② : 44주 ③ : 41주 ④ : 45주   **답** ④

19 다음의 PERT/CPM에서 주공정(Critical Path)은?(단, 화살표 밑의 숫자는 활동시간을 나타낸다.) [2004]

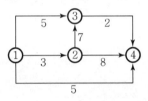

① ①-③-②-④   ② ①-②-③-④
③ ①-②-④   ④ ①-④

풀이 ① : 방향 틀림 ② : 12시간 ③ : 11시간 ④ : 5시간   **답** ②

03 작업관리
CHAPTER

01 작업관리의 개요

(1) 개념

작업방법을 조사, 연구하여 합리적 작업방법을 설계하고 결정된 작업표준에 의해 작업 활동을 계획하고 조직하여 통제하는 관리활동이다.

(2) 관리절차

문제 발견, 현상분석, 중요도 발견, 개선안 검토, 개선안 시행, 표준작업설정

02 관리내용

(1) 공정분석

① 생산공정이나 작업방법의 내용과 조건을 공정순서에 따라 여러 종류의 기호와 표현 형식으로 분석, 조사하여 개선방안이나 자료를 얻는 일이다.

② 공정분석의 종류

종류	특징
제품공정분석	소재가 제품화되는 과정을 분석 · 기록하기 위한 것으로 설비계획 · 일정계획 · 운반계획 · 인원계획 · 재고계획 등의 기초자료로 활용되는 분석기법이다.
사무공정분석	사무실이나 공장에서 서류를 중심으로 하는 사무제도나 수속을 분석 · 개선하는 데 사용되며 업무현황이나 정보를 기록 · 분석하거나 발송 · 보관하는 일을 공정도시기호를 사용하여 분석한다.
작업자 공정분석	작업자가 한 장소에서 다른 장소로 이동하면서 수행하는 일련의 행위를 분석하는 것으로 창고계 · 보전계 · 운반계 · 감독자 등의 행동을, 분석을 통해 업무범위와 경로 등을 개선하는 데 사용된다.

③ 공정분석의 공정기호는 아래 표와 같다.

공정종류	공정기호	내용
가공	○	물리적 또는 화학적 변화를 일으키는 상태이며 가공작업, 화학처리, 또는 다음 공정을 위하여 준비하는 상태
운반	⇨	작업물을 다른 장소로 옮기는 각종 운반, 반송, 이동작업 표시
정체	D	가공이나 운반 중 일시대기 또는 다음 가공을 위한 정체
저장	▽	원자재 저장, 창고의 완성품 재고, 중간 제공품 창고 저장
검사	□	물품을 일정한 방법으로 측정하여 합격, 불합격을 판단
흐름선	|	요소공정의 순서를 나타낸다.
구분	∿∿∿	공정계열에서 관리상의 구분을 나타낸다.
생략	⊥⊤	공정계열의 일부분 생략을 나타낸다.
질중심의 양검사	◈	품질검사를 주로하면서 수량검사도 한다.
양중심의 질검사	⊠	수량검사를 주로 하면서 품질검사도 한다.
가공하면서 양검사	▣	가공을 주로 하면서 수량검사도 한다.
가공하면서 운반	⊖	가공을 주로 하면서 운반도 한다.

(2) 작업분석

공정분석에서는 주로 공정계열의 합리화의 개선에 주안점을 두고 있으나 작업분석은 작업자에 의하여 수행되는 개개의 작업내용개선을 목적으로 한다.

(3) 동작분석

작업을 행하는 데 가장 경제적인 방법을 발견하기 위하여 동작의 무리, 낭비, 불합리한 요소를 배제하고 합리적인 동작을 구성하는 데 그 목적이 있다.

1) 목시동작분석

서블릭(Therblig) 분석

2) 미세동작연구

필름 테이프(Film–tape) 분석

03 작업측정

(1) 표준시간

단위작업량을 완성하는 데 필요한 소요시간

1) 표준시간＝정미시간＋여유시간

① 정미시간 : 작업수행에 직접 필요한 시간
② 여유시간 : 작업의 지연, 기계고장, 재료부족 등으로 소요되는 시간

2) 내경법

$$표준시간 = 정미시간 \times \left(\frac{1}{1 - 여유율} \right)$$

3) 외경법

$$표준시간 = 정미시간 \times (1 + 여유율)$$

(2) Stop Watch(스톱워치)법

스톱워치를 사용하여 표준시간 측정

(3) WS (Work Sampling)법

통계적 수법을 이용하여 작업자 또는 기계의 작업상태를 파악하는 방법

(4) PTS (Predetermined Time Standard)법

하나의 작업이 실제로 시작되기 전에 미리 작업에 필요한 소요시간을 작업방법에 따라 이론적으로 정해 나가는 방법으로 MTM법과 WF법 등이 있다.

1) MTM(Method Time Measurement)법

작업을 몇 개의 기본동작으로 분석하여 기본동작 간의 관계나 그것에 필요로 하는 시간치를 밝히는 것

2) WF(Work Factor)법

표준시간 설정을 위해 정밀계측시계를 이용하여 극소동작에 대한 상세 데이터를 분석한 결과를 기초적인 동작시간 공식을 작성하여 분석하는 방법이다.

01 원재료가 제품화되어가는 과정 즉, 가공, 검사, 운반, 지연, 저장에 관한 정보를 수집하여 분석하고 검토를 행하는 것은? [2005]

① 사무공정분석표　　　　　　　　② 작업자 공정분석표

③ 제품공정분석표　　　　　　　　④ 연합작업분석표

풀이 제품공정분석 : 소재가 제품화되는 과정을 분석·기록하기 위한 것으로 설비계획·일정계획·운반계획·인원계획·재고계획 등의 기초 자료로 활용되는 분석기법이다.　　　　**답** ③

02 작업자가 장소를 이동하면서 작업을 수행하는 경우에 그 과정을 가공, 검사, 운반, 저장 등의 기호를 사용하여 분석하는 것을 무엇이라 하는가? [2007]

① 작업자 연합작업분석　　　　　　② 작업자 동작분석

③ 작업자 미세분석　　　　　　　　④ 작업자 공정분석

풀이 작업자 공정분석 : 작업자가 한 장소에서 다른 장소로 이동하면서 수행하는 일련의 행위를 분석하는 것으로 창고계·보전계·운반계·감독자 등의 행동을 분석을 통해 업무범위와 경로 등을 개선하는 데 사용된다.　　　　**답** ④

03 제품공정분석표(Product Process Chart) 작성 시 가공시간 기입법으로 가장 올바른 것은? [2007]

① $\dfrac{1개당\ 가공시간 \times 1로트의\ 수량}{1로트의\ 총가공시간}$

② $\dfrac{1로트의\ 가공시간}{1로트의\ 총가공시간 \times 1로트의\ 수량}$

③ $\dfrac{1개당\ 가공시간 \times 1로트의\ 총가공시간}{1로트의\ 수량}$

④ $\dfrac{1개당\ 총가공시간}{1개당\ 가공시간 \times 1로트의\ 수량}$

답 ①

04 공정분석 기호 중 □는 무엇을 의미하는가? [2006]

① 검사
② 가공
③ 정체
④ 저장

답 ①

05 제품 공정분석표용 공정도시기호 중 정체 공정(Delay) 기호는 어느 것인가? [2006]

① ○
② →
③ D
④ □

답 ③

06 공정도시기호 중 공정계열의 일부를 생략할 경우에 사용되는 보조 도시기호는? [2003]

① 
② 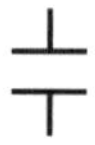
③ 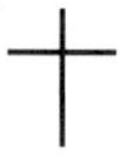
④

답 ②

07 제품공정분석표에 사용되는 기호 중 공정 간의 정체를 나타내는 기호는? [2004]

① 
② 
③ 
④

답 ②

08 다음 중 관리의 사이클을 가장 올바르게 표시한 것은?(단, A : 조처, C : 검토, D : 실행, P : 계획) [2007]

① P→C→A→D
② P→A→C→D
③ A→D→C→P
④ P→D→C→A

답 ④

09 서블리그(Therblig) 기호는 어떤 분석에 주로 이용되는가? [2002]

① 연합작업분석   ② 공정분석

③ 동작분석   ④ 작업분석

답 ③

10 표준시간을 내경법으로 구하는 수식은? [2006]

① 표준시간＝정미시간＋여유시간

② 표준시간＝정미시간×(1＋여유율)

③ 표준시간＝정미시간×$\left(\dfrac{1}{1-\text{여유율}}\right)$

④ 표준시간＝정미시간×$\left(\dfrac{1}{1+\text{여유율}}\right)$

풀이 ㉠ 내경법 : 표준시간＝정미시간×$\left(\dfrac{1}{1-\text{여유율}}\right)$

㉡ 외경법 : 표준시간＝정미시간×(1＋여유율)   **답** ③

11 로트 수가 10이고 준비작업시간이 20분이며 로트별 정미작업시간이 60분이라면 1로트당 작업시간은? [2004]

① 90분   ② 62분

③ 26분   ④ 13분

풀이 외경법 : 표준시간＝정미시간×(1＋여유율)＝$60×\left(1+\dfrac{20}{60×10}\right)=62$분   **답** ②

12 준비작업시간이 5분, 정미작업시간이 20분, Lot 수 5, 주작업에 대한 여유율이 0.2라면 가공시간은? [2002]

① 150분   ② 145분

③ 125분   ④ 105분

풀이 ㉠ 내경법 : 표준시간＝정미시간×$\left(\dfrac{1}{1-\text{여유율}}\right)=20×\left(\dfrac{1}{1-0.2}\right)=25$분   **답** ③

㉡ 가공시간＝표준시간×lot 수＝25×5＝125분

13 다음 중에서 작업자에 대한 심리적 영향을 가장 많이 주는 작업측정의 기법은?

[2005]

① PTS법
② 워크샘플링법
③ WF법
④ 스톱워치법

답 ④

14 모든 작업을 기본동작으로 분해하고 각 기본동작에 대하여 성질과 조건에 따라 정해놓은 시간치를 적용하여 정미시간을 산정하는 방법은?

[2002][2008]

① PTS법
② WS법
③ 스톱위치법
④ 실적기록법

답 ①

15 방법시간측정법(MTM ; Method Time Measurement)에서 사용되는 1TMU(Time Measurement Unit)는 몇 시간인가?

[2008]

① $\dfrac{1}{100,000}$ 시간
② $\dfrac{1}{10,000}$ 시간
③ $\dfrac{6}{10,000}$ 시간
④ $\dfrac{36}{1,000}$ 시간

답 ①

기출문제

- 2016년 59회 필기시험
- 2016년 60회 필기시험
- 2017년 61회 필기시험
- 2017년 62회 필기시험
- 2018년 63회 필기시험

01 고압 보안공사에서 전선을 경동선으로 사용하는 경우 지름 몇 [mm] 이상의 것을 사용하여야 하는지 그 기준으로 옳은 것은?

① 8

② 6

③ 5

④ 3

풀이 고압 보안공사에서 전선은 케이블인 경우 이외에는 인장강도 8.01 kN 이상의 것 또는 지름 5[mm] 이상의 경동선을 사용하여야 한다. **답** ③

02 제2종 접지공사에서 사용하는 접지선을 사람이 접촉할 우려가 있는 곳에 시설하는 경우, 접지극을 지중에서 철주 또는 기타의 금속체로부터 몇 [cm] 이상 떼어서 매설하여야 하는가?

① 80

② 100

③ 125

④ 150

풀이 ㉠ 접지극은 지하 75[cm] 이상으로 매설

㉡ 접지선을 철주 기타의 금속체를 따라서 시설하는 경우에는 접지극을 철주의 밑면부터 30[cm] 이상의 깊이에 매설하거나, 접지극을 지중에서 금속체로부터 1[m] 이상 떼어 매설 **답** ②

03 그림과 같은 회로에서 전류 I[A]는?

① -0.5

② -0.1

③ -1.5

④ -2.0

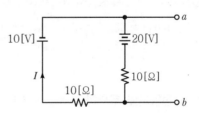

풀이 키르히호프 제2법칙(전압의 법칙)을 이용하면,

Σ기전력=Σ전압강하이므로 $-10+(-20)=10I+10I$

따라서, 전류 $I=-1.5$[A]이다. **답** ③

04 일반 변전소 또는 이에 준하는 곳의 주요 변압기에 시설하여야 하는 계측장치로 옳은 것은?

① 전류, 전력, 주파수
② 전압, 주파수 또는 역률
③ 전력, 주파수 또는 역률
④ 전압, 전류 또는 전력

풀이 변전소에 시설하는 계측장치
- ㉠ 주요 변압기의 전압 및 전류 또는 전력
- ㉡ 특고압용 변압기의 온도

답 ④

05 교류와 직류 양쪽 모두에 사용 가능한 전동기는?

① 단상 분권 정류자 전동기
② 단상 반발 전동기
③ 셰이딩 코일형 전동기
④ 단상 직권 정류자 전동기

풀이 직류직권전동기는 계자권선과 전기자권선이 직렬로 되어 있으므로 전원의 극성 바꾸어도 항상 같은 방향의 토크를 발생하고 같은 방향으로 회전한다. 단상 직권 정류자 전동기라고도 한다.

답 ④

06 송전단 전압 66kV, 수전단 전압 61kV인 송전선로에서 수전단의 부하를 끊은 경우의 수전단 전압이 63kV이면 전압변동률은 약 몇 %인가?

① 2.8
② 3.3
③ 4.8
④ 8.2

풀이 전부하 시 수전단 전압 $V_r = 61\text{kV}$, 무부하 시 수전단 전압 $V_{r0} = 63\text{kV}$

전압변동률 $\varepsilon = \dfrac{V_{r0} - V_{rn}}{V_{rn}} \times 100 = \dfrac{63 - 61}{61} \times 100 \fallingdotseq 3.3[\%]$

답 ②

07 동기 전동기를 무부하로 하였을 때, 계자전류를 조정하면 동기기는 L과 C소자와 같이 작동하고, 계자전류를 어떤 일정 값 이하의 범위에서 가감하면 가변 리액턴스가 되고, 어떤 일정값 이상에서 가감하면 가변 커패시턴스로 작동한다. 이와 같은 목적으로 사용되는 것은?

① 변압기
② 균압환
③ 제동권선
④ 동기조상기

풀이 동기조상기
무부하로 운전되는 동기전동기이며, 과여자로 하면 선로에 앞선 전류를 공급하여 콘덴서로 작용하고, 부족여자로 하면 뒤진 전류를 공급하여 리액터로 작용한다.

답 ④

08 단권 변압기에 대한 설명이다. 틀린 것은?

① 3상에는 사용할 수 없다는 단점이 있다.

② 1차 권선과 2차 권선의 일부가 공통으로 되어 있다.

③ 동일 출력에 대하여 사용 재료 및 손실이 적고 효율이 높다.

④ 단권 변압기는 권선비가 1에 가까울수록 보통 변압기에 비해 유리하다.

[풀이] 단권 변압기 3대를 이용하여 3상으로 사용할 수 있다. 답 ①

09 JK FF에서 현재상태의 출력 Q_n을 1로 하고, J 입력에 0, K 입력에 0을 클럭펄스 CP에 Rising Edge의 신호를 가하게 되면 다음 상태의 출력 Q_n+1은 무엇이 되는가?

① 1

② 0

③ X

④ $\overline{Q_n}$

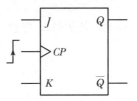

[풀이] JK 플립플롭 진리표

J	K	Q_{t+1}
0	0	Q_0(불변)
0	1	0
1	0	1
1	1	$\overline{Q_0}$(반전)

답 ①

10 합성수지 몰드공사에서 사용하는 몰드 홈의 폭과 깊이는 몇 [cm] 이하가 되어야 하는 가?(단, 두께는 1.2[mm] 이상이다.)

① 1.5 ② 2.5

③ 3.5 ④ 4.5

[풀이] 합성수지 몰드는 홈의 폭 및 깊이가 3.5[cm] 이하의 것이어야 한다. 단, 사람이 쉽게 접촉할 우려가 없도록 시설하는 경우에는 폭이 5[cm] 이하의 것을 사용할 수 있다. 답 ③

11 3상 유도전동기의 2차 입력, 2차 동손 및 슬립을 각각 P_2, P_{2c}, s라 하면 이들의 관계식은?

① $s = P_{2c} + P_2$

② $s = P_{2c} - P_2$

③ $s = P_{2c} \times P_2$

④ $s = \dfrac{P_{2c}}{P_2}$

풀이 $P_2 : P_{2c} : P_o = 1 : S : (1-S)$ 이므로

$P_2 : P_{2c} = 1 : S$ 에서 S로 정리하면,

$s = \dfrac{P_{2c}}{P_2}$ 이 된다.

답 ④

12 $f(t) = \sin t \cos t$를 라플라스 변환하면?

① $\dfrac{1}{s^2 + 2}$

② $\dfrac{1}{s^2 + 4}$

③ $\dfrac{1}{(s^2 + 2)^2}$

④ $\dfrac{1}{(s^2 + 4)^2}$

풀이 ㉠ 삼각함수 공식 중 곱을 합차로 변환하면,

$\sin\alpha\cos\beta = \dfrac{1}{2}[\sin(\alpha+\beta) + \sin(\alpha-\beta)]$ 이므로,

$f(t) = \sin t \cos t = \dfrac{1}{2}(\sin 2t + \sin 0) = \dfrac{1}{2}\sin 2t$

㉡ 라플라스 변환하면,

$F(s) = \mathcal{L}\left(\dfrac{1}{2}\sin 2t\right) = \dfrac{1}{2}\dfrac{2}{s^2 + 2^2} = \dfrac{1}{s^2 + 4}$

[참조]

라플라스 변환은 복잡한 미적분 방정식을 간단한 대수방정식으로 변환하기 위한 방법이다. 일반적으로 계산과정이 복잡하므로 아래와 같은 라플라스 변환표를 이용하여 구하는 경우가 많다.

$f(t)$	$F(s)$	$f(t)$	$F(s)$
$u(t)$, 1 (단위계단함수)	$\dfrac{1}{s}$	$\sin\omega t$	$\dfrac{\omega}{s^2 + \omega^2}$
$\delta(t)$ (임펄스함수)	1	$\cos\omega t$	$\dfrac{s}{s^2 + \omega^2}$
t	$\dfrac{1}{s^2}$	$\sinh\omega t$	$\dfrac{\omega}{s^2 - \omega^2}$
t^n	$\dfrac{n!}{s^{n+1}}$	$\cos h\omega t$	$\dfrac{s}{s^2 - \omega^2}$
$e^{\pm at}$	$\dfrac{1}{s \mp a}$	$t\tan\omega t$	$\dfrac{2\omega s}{(s^2 + \omega^2)^2}$

답 ②

13 선간거리 D(m)이고, 반지름이 r(m)인 선로의 인덕턴스 L(mH/km)은?

① $L = 0.4605\log_{10}\dfrac{D}{r} + 0.5$ ② $L = 0.4605\log_{10}\dfrac{D}{r} + 0.05$

③ $L = 0.4605\log_{10}\dfrac{r}{D} + 0.5$ ④ $L = 0.4605\log_{10}\dfrac{r}{D} + 0.05$

풀이 전선 1가닥에 대한 작용 인덕턴스

$$L = 0.05 + 0.4605\log_{10}\frac{D}{r}[\text{mH/km}]$$

답 ②

14 변압기에서 여자전류를 감소시키려면?

① 접지를 한다.

② 우수한 절연물을 사용한다.

③ 코일의 권회수를 증가시킨다.

④ 코일의 권회수를 감소시킨다.

풀이 변압기에 전압만 인가하고 부하를 인가하지 않은 상태에서 1차 측에 흐르는 전류를 여자전류 또는 무부하전류라 한다. 이 여자전류를 감소시키기 위해서는 코일의 권수를 증가시키면 된다.   **답** ③

15 역률을 개선하면 전력요금의 절감과 배전선의 손실경감, 전압강하의 감소, 설비여력의 증가 등을 기할 수 있으나, 너무 과보상하면 역효과가 나타난다. 즉, 경부하 시에 콘덴서가 과대 삽입되는 경우의 결점에 해당되는 사항이 아닌 것은?

① 송전손실의 증가   ② 전압 변동폭의 감소

③ 모선 전압의 과상승   ④ 고조파 왜곡의 증대

풀이 경부하 시에 콘덴서가 과대 삽입되는 경우 전압 변동폭은 증가된다.   **답** ②

16 전기설비기술기준의 판단기준에 의하여 전력용 커패시터의 뱅크용량이 15,000[kVA] 이상인 경우에는 자동적으로 전로로부터 자동 차단하는 장치를 시설하여야 한다. 장치를 시설하여야 하는 기준으로 틀린 것은?

① 과전류가 생긴 경우에 동작하는 장치

② 과전압이 생긴 경우에 동작하는 장치

③ 내부에 고장이 생긴 경우에 동작하는 장치

④ 절연유의 농도변화가 있는 경우에 동작하는 장치

풀이	설비종별	뱅크용량의 구분	자동적으로 전로로부터 차단하는 장치
	전력용 커패시터 및 분로리액터	500[kVA] 초과 15,000[kVA] 미만	내부에 고장이 생긴 경우에 동작하는 장치 또는 과전류가 생긴 경우에 동작하는 장치
		15,000[kVA] 이상	내부에 고장이 생긴 경우에 동작하는 장치 및 과전류가 생긴 경우에 동작하는 장치 또는 과전압이 생긴 경우에 동작하는 장치

답 ④

17 그림은 동기발전기의 특성을 나타낸 곡선이다. 단락곡선은 어느 것인가?(단, V_n은 정격전압, I_n은 정격전류, I_f는 계자전류, I_s는 단락전류이다.)

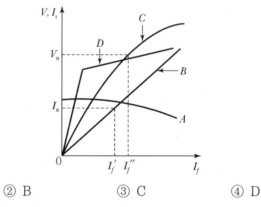

① A   ② B   ③ C   ④ D

풀이 A : 무부하 포화곡선, B : 단락곡선   답 ②

18 변압기의 철손과 동손을 측정할 수 있는 시험으로 옳은 것은?

① 철손 : 무부하시험, 동손 : 단락시험

② 철손 : 부하시험, 동손 : 유도시험

③ 철손 : 단락시험, 동손 : 극성시험

④ 철손 : 무부하시험, 동손 : 절연내력시험

풀이 ㉠ 무부하시험 : 철손, 무부하 여자전류 측정
ㄴ 단락시험 : 동손(임피던스 와트), 누설임피던스, 누설리액턴스, 저항, %저항 강하, %리액턴스 강하, %임피던스 강하 측정   답 ①

19 합성수지관 공사에 의한 저압 옥내배선의 시설기준으로 틀린 것은?

① 전선은 옥외용 비닐절연전선을 사용할 것

② 습기가 많은 장소에 시설하는 경우 방습장치를 할 것

③ 전선은 합성수지관 안에서 접속점이 없도록 할 것

④ 관의 지지점 간의 거리는 1.5[m] 이하로 할 것

> **풀이** 전선은 절연전선을 사용할 것. 다만, 옥외용 비닐절연전선은 제외한다.

답 ①

20 전등 및 소형기계기구의 용량합계가 25[kVA], 대형 기계기구 8[kVA]인 학교에 있어서 간선의 전선 굵기 산정에 필요한 최대 부하는 몇 [kVA] 인가?(단, 학교의 수용률은 70[%]이다.)

① 18.5   ② 28.5

③ 38.5   ④ 48.5

> **풀이** 수용률$=\dfrac{\text{최대 사용부하}}{\text{설비용량}}$ 이므로, 최대 사용 부하=설비용량×수용률으로 계산한다.
>
> 또한, 설비용량의 합계가 10[kVA]를 넘는 부하는 그 넘는 용량에 대하여 아래 표의 수용률을 적용한다.

건물의 종류	수용률[%]	
	10[kVA]이하	10[kVA]초과
주택, 아파트, 기숙사, 여관, 호텔, 병원	100	50
사무실, 은행, 학교	100	70
기타	100	

> 따라서, 최대 수용부하={10[kVA]+(25[kVA]−10[kVA])×0.7}+8[kVA]=28.5[kVA]이다.

답 ②

21 다음과 같은 회로에서 저항 R이 0[Ω]인 것을 사용하면 무슨 문제가 발생하는가?

① 낮은 전압이 인가되어 문제가 없다.

② 저항 양단의 전압이 커진다.

③ 저항 양단의 전압이 작아진다.

④ 스위치를 ON했을 때 회로가 단락된다.

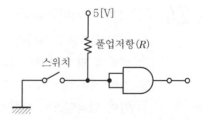

> **풀이** 풀업저항이 없을 경우, 스위칭이 일어날 때 과도한 전류가 흘러 디바이스에 안 좋은 영향을 끼칠 수가 있다.

답 ④

22 그림과 같은 직렬형 인버터에 대해서 $L = 1\text{mH}$, $C = 8\mu\text{F}$일 때 출력 주파수를 1kHz로 할 경우 거의 정현파의 출력전압 파형이 얻어진다. 이때 부하저항 R은 몇 Ω인가?

① 13.5

② 18.5

③ 23.0

④ 27.5

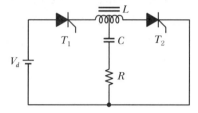

풀이 공진주파수 $\omega_r = 2\pi f_r = \sqrt{\dfrac{1}{LC} - \dfrac{R^2}{4L^2}}$ 이다.

즉, $R = \sqrt{4L^2\left(\dfrac{1}{LC} - \omega_r^2\right)} = \sqrt{4 \times (1 \times 10^{-3})^2 \times \left(\dfrac{1}{1 \times 10^{-3} \times 8 \times 10^{-6}} - (2\pi \times 10^3)^2\right)}$

$\fallingdotseq 18.5[\Omega]$

답 ②

23 AND 게이트 1개와 배타적 OR 게이트 1개로 구성되는 회로는?

① 전가산기 회로

② 반가산기 회로

③ 전비교기 회로

④ 반비교시 회로

풀이 **반가산기(HA ; Half-adder)**

㉠ 합 : $S = \overline{A}B + A\overline{B} = A \oplus B$

㉡ 자리올림 수 : $C = AB$

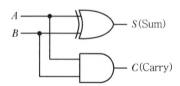

답 ②

24 3상 전류원 인버터(CSI)에 관한 설명이다. 틀린 것은?

① 입력이 3상 교류이다.

② 일종의 병렬 인버터이다.

③ 출력 전류의 파형이 구형파이다.

④ 입력 임피던스의 값이 클수록 좋다.

풀이 인버터는 직류를 교류로 변환하는 장치로 인버터의 입력은 직류이다.

답 ①

25 영상 변류기(ZCT)를 사용하는 계전기는?

① OCR   ② SGR   ③ UVR   ④ DFR

풀이 영상변류기(ZCT)는 지락사고가 발생했을 때 흐르는 영상전류를 검출하여 접지계전기(GR)에 의하여 차단기를 동작시키는 장치이다. 여기서, SGR(선택지락계전기)은 비접지 계통의 지락 시 사고 회로만을 선택 차단하는 계전기이다.   **답** ②

26 10진수 74210을 3초과 코드로 표시하면?

① 101001110101   ② 011101000010

③ 010000010000   ④ 111111111111

풀이 **3초과 코드**

BCD 코드의 변형된 형태로, BCD 코드에 10진수 3(2진수로는 0011)을 각각 더한 코드이다.

10진수	BCD	3초과코드
742	0111 0100 0010 └7┘ └4┘ └2┘	1010 0111 0101 └7┘ └4┘ └2┘

답 ①

27 평균 구면 광도 100[cd]의 전구 5개를 지름 10[m]인 원형의 방에 점등할 때 이 방의 평균 조도는 약 몇 [lx]인가?(단, 조명률은 0.5, 감광보상률은 1.5이다.)

① 24.5   ② 26.7   ③ 32.6   ④ 48.2

풀이 광속 $N \times F = \dfrac{E \times A \times D}{U \times M}$ [lm]이므로,

광속 $F = 4\pi I = 4\pi 100 = 1,256$[lm], 방의 면적 $A = \pi r^2 = \pi(\dfrac{10}{2})^2 = 78.5$[m²],

조명률 $U = 0.5$, 감광보상률 $D = 1.5$, 유지율 $M = 1$로 계산하면,

$5 \times 1,256 = \dfrac{E \times 78.5 \times 1.5}{0.5 \times 1.0}$

따라서, $E = 26.7$[lx]이다.   **답** ②

28 직류기에서 전기자 반작용을 방지하기 위한 보상권선의 전류방향은?

① 계자 전류방향과 같다.   ② 계자 전류방향과 반대이다.

③ 전기자 전류방향과 같다.   ④ 전기자 전류방향과 반대이다.

풀이 보상권선 : 전기자 전류방향과 반대방향으로 전류를 흘려 전기자 반작용을 없애 주는 방법

답 ④

29 전등회로 절연전선을 동일한 셀룰러 덕트에 넣을 경우 그 크기는 전선의 피복을 포함한 단면적의 합계가 셀룰러 덕트 단면적의 몇 [%] 이하가 되도록 선정하여야 하는지 기준으로 옳은 것은?

① 20 　　　　② 32 　　　　③ 40 　　　　④ 48

풀이 셀룰러 덕트에 수용하는 전선은 절연물을 포함하는 단면적의 총합이 금속 덕트 내 단면적의 20[%] 이하가 되도록 한다. 단, 전광사인 장치, 출퇴 표시등, 기타 이와 유사한 장치 또는 제어회로 등의 배선에 사용하는 전선만을 넣는 경우에는 50[%] 이하로 할 수 있다. 　　　**답** ①

30 병렬운전 중 A, B 두 동기 발전기에서 A 발전기의 여자를 B보다 강하게 하면 A발전기는 어떻게 변화되는가?

① $\dfrac{\pi}{2}$ 앞선 전류가 흐른다. 　　　② $\dfrac{\pi}{2}$ 뒤진 전류가 흐른다.

③ 동기화 전류가 흐른다. 　　　④ 부하전류가 증가한다.

풀이 여자를 강하게 하면 기전력이 커지게 되므로 무효순환전류가 흐른다. 　　　**답** ②

31 코로나 방지대책으로 적당하지 않은 것은?

① 가선 금구를 개량한다. 　　　② 복도체 방식을 채용한다.

③ 선간 거리를 증가시킨다. 　　　④ 전선의 외경을 증가시킨다.

풀이 **코로나 방지대책**
① 코로나 임계전압을 높이기 위하여 전선의 직경을 크게 한다.(복도체, 중공연선, ACSR 채용)
② 가선 금구류를 개량한다. 　　　**답** ③

32 30[V/m]인 전계 내의 50[V] 점에서 1[C]의 전하를 전계방향으로 70[cm] 이동한 경우 그 점의 전위는 몇 [V] 인가?

① 71 　　　　② 29 　　　　③ 21 　　　　④ 19

풀이 전기장의 세기 E[V/m]인 평등 전기장 내에서 거리 r[m] 떨어진 두 점 사이의 전위차 $V = Er$[V]이므로, 아래 그림에서 70[cm] 지점의 전위 $V = 50 - Er = 50 - 30 \times 70 \times 10^{-2} = 29$[V]이다.

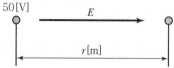

　　　답 ②

33 60Hz, 20극, 11,400W의 3상 유도 전동기가 슬립 5%로 운전될 때 2차 동손이 600W 이다. 이 전동기의 전부하 시의 토크는 약 몇 kg · m인가?

① 3.25 　　　　　② 2.85 　　　　　③ 2.45 　　　　　④ 2.05

풀이 $T = \dfrac{1}{9.8} \dfrac{P_2}{2\pi f} = \dfrac{1}{9.8} \dfrac{1}{2\pi f} \dfrac{P_{c2}}{s} = \dfrac{1}{9.8} \cdot \dfrac{1}{2\pi \times 60} \cdot \dfrac{600}{0.05} = 3.25[\text{kg} \cdot \text{m}]$ 　　**답** ①

34 용량이 같은 두 개의 콘덴서를 병렬로 접속하면 직렬로 접속할 때보다 용량은 어떻게 되는가?

① 2배 증가한다. 　　　　　② 4배 증가한다.

③ $\dfrac{1}{2}$로 감소한다. 　　　　　④ $\dfrac{1}{4}$로 감소한다.

풀이 병렬 접속 시 합성 정전용량 $C_P = 2C$

직렬 접속 시 합성 정전용량 $C_S = \dfrac{C}{2}$

따라서, $\dfrac{C_P}{C_S} = \dfrac{2C}{\dfrac{C}{2}} = 4$배이다. 　　**답** ②

35 100[mH]의 자기 인덕턴스에 220[V], 60[Hz]의 교류 전압을 가하였을 때 흐르는 전류 는 약 몇 [A]인가?

① 1.86 　　　　　② 3.66

③ 5.84 　　　　　④ 7.24

풀이 유도리액턴스 $X_L = 2\pi f L = 2\pi \times 60 \times 100 \times 10^{-3} = 37.98[\Omega]$

전류 $I = \dfrac{V}{X_L} = \dfrac{220}{37.68} = 5.84[\text{A}]$ 　　**답** ③

36 그림과 같은 회로는?

① 비교회로

② 가산회로

③ 반일치회로

④ 감산회로

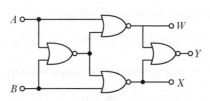

풀이 비교 회로

두 수의 대소를 비교하는 회로로, 논리회로를 조합시켜서 만든다.

A	B	A < B	A > B	A=B
0	0	0	0	1
0	1	1	0	0
1	0	0	1	0
1	1	0	0	1
논리식		$W = \overline{A}B$	$X = A\overline{B}$	$Y = \overline{A}\overline{B} + AB$

$W = \overline{\overline{A+B}+A} = \overline{A}B$, $X = \overline{\overline{A+B}+B} = A\overline{B}$

답 ①

37
1,500[kW], 6,000[V], 60[Hz]의 3상 부하의 역률이 75[%](뒤짐)이다. 이때 이 부하의 무효분은 약 몇 [kVar] 인가?

① 1,092 ② 1,278 ③ 1,323 ④ 1,754

풀이 유효전력 P, 무효전력 P_r, 피상전력 P_a와 역률각 θ의
관계는 아래 그림과 같다.

역률각 $\theta = \cos^{-1} 0.75 = 41.4[°]$

$\tan\theta = \dfrac{P_r}{P}$ 이므로,

무효전력 $P_r = P\tan\theta = 1,500\tan 41.4° = 1,322.43[\mathrm{kVar}]$

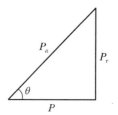

답 ③

38
그림과 같은 회로에서 스위치 S를 닫을 때 t초 후의 R에 걸리는 전압은?

① $Ee^{-\frac{C}{R}t}$

② $E\left(1 - e^{-\frac{C}{R}t}\right)$

③ $Ee^{-\frac{1}{CR}t}$

④ $E\left(1 - e^{-\frac{1}{CR}t}\right)$

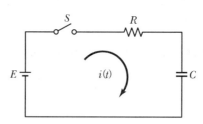

풀이 $R - L$ 직렬회로의 과도현상

㉠ 전압방정식 $E = Ri(t) + \dfrac{1}{C}\displaystyle\int i(t)dt$

㉡ 콘덴서에 충전되는 전하량 $q = CE(1 - e^{-\frac{1}{RC}t})$

㉢ 전류 $i(t) = \dfrac{dq}{dt} = \dfrac{E}{R} \cdot e^{-\frac{1}{RC}t}$

ⓔ R 양단의 전압 $v_R = Ri(t) = E \cdot e^{-\frac{1}{RC}t}$

ⓜ C 양단의 전압 $v_C = \frac{1}{C}\int i(t)dt = E(1-e^{-\frac{1}{RC}t})$

참조

과도현상이란?

에너지 저장 소자인 L과 C가 포함된 전기회로에서 스위치(SW)의 ON, OFF와 같이 입력이 변화했을 때 충전이나 방전과정이 필요하다. 따라서 회로의 전류 및 전압강하의 파형이 일정 시간이 지나야 정상상태로 도달하는데, 이러한 현상을 말한다.

$R-C$직렬회로 전류파형 변화	$R-L$직렬회로 전류파형 변화

답 ③

39 그림과 같은 회로는 어떤 논리동작을 하는가?
(단, A, B는 입력이며, F는 출력이다.)

① NAND

② NOR

③ AND

④ OR

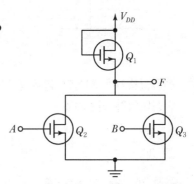

풀이 NOR 게이트

입력		출력
A	B	X
0	0	1
0	1	0
1	0	0
1	1	0

답 ②

40 직류 발전기의 극수가 10극이고, 전기자 도체수가 500, 단중 파권일 때 매극의 자속수
가 0.01Wb이면 600rpm의 속도로 회전할 때의 기전력은 몇 V인가?

① 200
② 250
③ 300
④ 350

풀이 $= \dfrac{P}{a}Z\phi\dfrac{N}{60}$[V]에서 파권일 때는 $a=2$이므로,

$$E = \dfrac{10}{2} \times 500 \times 0.01 \times \dfrac{600}{60} = 250[\text{V}]$$

답 ②

41 그림과 같은 논리회로의 논리함수는?

① 0
② 1
③ A
④ $\overline{A}$

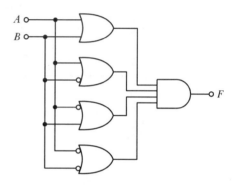

풀이 $F = (A+B)(A+\overline{B})(\overline{A}+B)(\overline{A}+\overline{B}) = 0$

논리표

A	B	F
0	0	0
0	1	0
1	0	0
1	1	0

답 ①

42 전격살충기를 시설할 경우 전격격자와 시설물 또는 식물 사이의 이격거리는 몇 [cm]
이상이어야 하는가?

① 10
② 20
③ 30
④ 40

풀이 **전격살충기의 시설기준**
　　㉠ 전기용품안전관리법의 적용을 받는 것을 사용할 것
　　㉡ 전용 개폐기를 전격살충기에서 가까운 곳에 시설할 것
　　㉢ 전격격자(電擊格子)가 지표상 또는 마루 위 3.5[m] 이상의 높이가 되도록 시설할 것
　　㉣ 전격격자와 다른 시설물(가공전선을 제외한다) 또는 식물 사이의 이격거리는 30[cm] 이상일 것
　　㉤ 전격살충기를 시설한 곳에는 위험표시를 할 것
답 ③

43 저압 연접인입선의 시설기준으로 옳은 것은?

① 옥내를 통과하여 시설할 것

② 폭 4[m]를 초과하는 도로를 횡단하지 말 것

③ 지름은 최소 1.5[mm²] 이상의 경동선을 사용할 것

④ 인입선에서 분기하는 점으로부터 100[m]를 초과하지 말 것

풀이 연접인입선 시설제한 규정

ⓐ 인입선에서의 분기하는 점에서 100[m]를 넘는 지역에 이르지 않아야 한다.

ⓑ 폭 5[m]를 넘는 도로를 횡단하지 않아야 한다.

ⓒ 연접 인입선은 옥내를 관통하면 안 된다.

ⓓ 고압 연접 인입선은 시설할 수 없다.

ⓔ 전선의 높이

• 도로를 횡단하는 경우에는 노면상 5[m] 이상

• 철도 궤도를 횡단하는 경우에는 레이면상 6.5[m] 이상

• 횡단보도교의 위에 시설하는 경우에는 노면상 3[m] 이상

• 기타의 경우 : 4[m] 이상

답 ④

44 소맥분, 전분, 기타의 가연성 분진이 존재하는 곳의 저압 옥내배선 공사방법으로 적합하지 않은 것은?

① 합성수지관 공사   ② 금속관 공사

③ 가요전선관 공사   ④ 케이블 공사

풀이 가연성 분진이 존재하는 곳(소맥분, 전분, 유황 기타의 가연성의 먼지로서 공중에 떠다니는 상태에서 착화하였을 때, 폭발의 우려가 있는 곳)의 저압 옥내배선은 합성수지관 배선, 금속전선관 배선, 케이블 배선에 의하여 시설한다.

답 ③

45 3상 3선식 선로에서 수전단 전압 6.6kV, 역률 80%(지상), 600kVA의 3상 평형부하가 연결되어 있다. 선로의 임피던스 $R = 3\,\Omega$, $X = 4\,\Omega$인 경우 송전단 전압은 약 몇 V인가?

① 6,852   ② 6,957

③ 7,037   ④ 7,543

풀이 전류 $I = \dfrac{P_a}{\sqrt{3}\,V_r} = \dfrac{600}{\sqrt{3} \times 6.6} = 52.48[\text{A}]$, $\sin\theta = \sqrt{1 - \cos^2\theta} = \sqrt{1 - 0.8^2} = 0.6$

송전단 전압 $V_s = V_r + \sqrt{3}\,I(R\cos\theta + X\sin\theta) = 6,600 + \sqrt{3} \times 52.48 \times (3 \times 0.8 + 4 \times 0.6) \fallingdotseq 7,037[\text{V}]$

답 ③

46 다음 중 SCR에 대한 설명으로 가장 옳은 것은?

① 게이트 전류로 애노드 전류를 연속적으로 제어할 수 있다.

② 쌍방향성 사이리스터이다.

③ 게이트 전류를 차단하면 애노드 전류가 차단된다.

④ 단락상태에서 애노드 전압을 0 또는 부(−)로 하면 차단상태로 된다.

> **풀이** SCR은 점호(도통) 능력은 있으나 소호(차단) 능력이 없다. 소호시키려면 SCR의 주전류를 유지전류 이하로 한다. 또는, SCR의 애노드, 캐소드 간에 역전압을 인가한다. **답** ④

47 최대 사용전압이 7[kV] 이하인 발전기의 절연내력을 시험하고자 한다. 최대사용전압의 몇 배의 전압으로 권선과 대지 사이에 연속하여 몇 분간 가하여야 하는지 그 기준을 옳게 나타낸 것은?

① 1.5배, 10분 　　　　　② 2배, 10분

③ 1.5배, 1분 　　　　　　④ 2배 1분

> **풀이** **절연내력 시험전압**
> 7[kV] 이하의 전로(회전기)는 최대사용전압×1.5배이고, 절연내력 시험은 10분간 연속적으로 가하여 견디어야 한다. **답** ①

48 전력 원선도에서 구할 수 없는 것은?

① 조상용량 　　　　　　　② 과도안정 극한전력

③ 송전손실 　　　　　　　④ 정태안정 극한전력

> **풀이** **알 수 있는 사항**
> 유효, 무효, 피상전력, 역률, 전력손실, 조상설비 용량 **답** ②

49 3상 유도전동기의 제동방법 중 슬립의 범위를 1~2 사이로 하여 제동하는 방법은?

① 역상제동 　　　　　　　② 직류제동

③ 단상제동 　　　　　　　④ 회생제동

> **풀이** **역상제동(플러깅)**
> 운전 중인 유도 전동기에 회전방향과 반대방향의 토크를 발생시켜서 급속하게 정지시키는 방법이다. 역회전할 때 슬립의 범위는 1~2 사이이므로 역상제동방법을 설명한 것이다. **답** ①

50 방향계전기의 기능에 대한 설명으로 옳은 것은?

① 예정된 시간지연을 가지고 응동(應動)하는 것을 목적으로 한 계전기이다.

② 계전기가 설치된 위치에서 보는 전기적 거리 등을 판별해서 동작한다.

③ 보호구간으로 유입하는 전류와 보호구간에서 유출되는 전류와의 벡터차와 출입하는 전류와의 관계비로 동작하는 계전기이다.

④ 2개 이상의 벡터량 관계위치에서 동작하며 전류가 어느 방향으로 흐르는가를 판정하는 것을 목적으로 하는 계전기이다.

> **풀이** 보기 ① : 한시계전기
> 보기 ② : 거리계전기
> 보기 ③ : 차동계전기
> **답** ④

---

51 나전선 상호 또는 나전선과 절연전선, 캡타이어 케이블 또는 케이블과 접속하는 경우의 설명으로 옳은 것은?

① 접속슬리브(스프리트 슬리브 제외), 전선 접속기를 사용하여 접속하여야 한다.

② 접속부분의 절연은 전선 절연물의 80[%] 이상의 절연효력이 있는 것으로 피복하여야 한다.

③ 접속부분의 전기저항을 증가시켜야 한다.

④ 전선의 강도는 30[%] 이상 감소하지 않아야 한다.

> **풀이** **전선접속의 조건**
> ㉠ 전기적 저항을 증가시키지 않는다.
> ㉡ 접속부위의 기계적 강도를 20[%] 이상 감소시키지 않는다.
> ㉢ 접속점의 절연이 약화되지 않도록 테이핑 또는 와이어 커넥터로 절연한다.
> ㉣ 전선의 접속은 박스 안에서 하고, 접속점에 장력이 가해지지 않도록 한다.
> **답** ①

---

52 출력 10kVA, 정격 전압에서의 철손이 85W, 뒤진 역률 0.8, $\dfrac{3}{4}$ 부하에서 효율이 가장 큰 단상 변압기가 있다. 역률 1일 때 최대 효율은 약 몇 %인가?

① 96.2   ② 97.8   ③ 98.8   ④ 99.1

> **풀이** **최대 효율 조건**
> 철손(P_i)=동손(P_c)
> 최대효율이 생기는 부하를 전부하의 $\dfrac{1}{m}$이라면, $P_i = \left(\dfrac{1}{m}\right)^2 P_c$

$$P_c = \frac{P_i}{\left(\frac{1}{m}\right)^2} = \frac{85}{\left(\frac{3}{4}\right)^2} = 151[\text{W}]$$

따라서, 역률 1일 때 최대효율 $\eta_m = \dfrac{10,000 \times 1}{10,000 \times 1 + 85 + 151} \times 100 \fallingdotseq 97.8[\%]$ **답** ②

---

53 총 설비용량 80[kW], 수용률 60[%], 부하율 75[%]인 부하의 평균전력은 몇 [kW]인가?

① 36

② 64

③ 100

④ 178

풀이 수용률$= \dfrac{\text{최대 수용전력}}{\text{설비용량}}$, 부하율$= \dfrac{\text{평균 수용전력}}{\text{합성 최대 수용전력}}$이므로,

최대 수용전력=설비용량×수용률=80×0.6=48[kW]

평균 수용전력=합성 최대 수용전력×부하율=48×0.75=36[kW]   **답** ①

---

54 3상 전파 정류회로에서 부하는 100Ω의 순저항 부하이고, 전원 전압은 3상 220V(선간전압), 60Hz이다. 평균 출력전압(V) 및 출력전류(A)는 각각 얼마인가?

① 149V, 1.49A

② 297V, 2.97A

③ 381V, 3.81A

④ 419V, 4.19A

풀이 3상 전파정류회로(3상 브리지 회로)

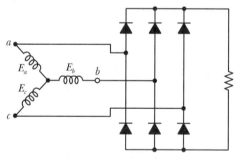

㉠ 직류 전압의 평균값 : $E_d = 1.35E = 1.35 \times 220 = 297[\text{V}]$

㉡ 직류 전류의 평균값 : $I_d = 1.35\dfrac{E}{R} = 1.35 \times \dfrac{220}{100} = 2.97[\text{A}]$ **답** ②

55 어떤 작업을 수행하는 데 작업소요시간이 빠른 경우 5시간, 보통이면 8시간, 늦으면 12시간 걸린다고 예측되었다면 3점 견적법에 의한 기대 시간치와 분산을 계산하면 약 얼마인가?

① $t_e = 8.0$, $\sigma^2 = 1.17$

② $t_e = 8.2$, $\sigma^2 = 1.36$

③ $t_e = 8.3$, $\sigma^2 = 1.17$

④ $t_e = 8.3$, $\sigma^2 = 1.36$

풀이 3점 견적법

소요시간을 낙관치, 최상 가능치, 비관치의 3점으로 견적, 그 분포를 추정해서 기대치와 분산 구하는 법

㉠ 기대 시간치 $t_e = \dfrac{t_o + 4t_m + t_p}{6} = \dfrac{5 + 4 \times 8 + 12}{6} = 8.2$

㉡ 분산 $\sigma^2 = \left(\dfrac{t_p - t_o}{6}\right)^2 = \left(\dfrac{12 - 5}{6}\right)^2 = 1.36$

여기서, 낙관 시간치 t_o=5시간, 정상 시간치 t_m=8시간, 비관 시간치 t_p=12시간 **답** ②

56 계량값 관리도에 해당되는 것은?

① c 관리도

② u 관리도

③ R 관리도

④ np 관리도

풀이 ㉠ 계수형 관리도 : np 관리도, p 관리도, c 관리도, u 관리도

㉡ 계량형 관리도 : $\bar{x} - R$ 관리도, x 관리도, $\tilde{x} - R$ 관리도, R 관리도 **답** ③

57 작업측정의 목적 중 틀린 것은?

① 작업개선

② 표준시간 설정

③ 과업관리

④ 요소작업 분할

풀이 요소작업 분할은 작업내용을 보다 정확하게 파악하기 위함이다. **답** ④

58 일반적으로 품질코스트 가운데 가장 큰 비율을 차지하는 것은?

① 평가코스트

② 실패코스트

③ 예방코스트

④ 검사코스트

풀이 예방코스트는 총 품질코스트의 약 10%, 평가코스트는 약 25%, 실패코스트는 50~75% 정도이다.

답 ②

59 계수 규준형 샘플링 검사의 OC곡선에서 좋은 로트를 합격시키는 확률을 뜻하는 것은?(단, α는 제1종과오, β는 제2종과오이다.)

① α　　　　　　　　　　② β
③ $1-\alpha$　　　　　　　　④ $1-\beta$

풀이 ㉠ 생산자 위험확률(α) : 시료가 불량하기 때문에 로트가 불합격되는 확률
　　㉡ 소비자 위험확률(β) : 당연히 불합격되어야 할 로트가 합격되는 확률
따라서, 좋은 로트가 합격되는 확률은 전체에서 불합격되어야 할 로트가 불합격된 확률(α)을 뺀 나머지 부분이 된다.

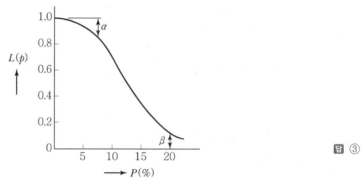

답 ③

60 정규분포에 관한 설명 중 틀린 것은?

① 일반적으로 평균치가 중앙값보다 크다.
② 평균을 중심으로 좌우대칭의 분포이다.
③ 대체로 표준편차가 클수록 산포가 나쁘다고 본다.
④ 평균치가 0이고 표준편차가 1인 정규분포를 표준정규분포라 한다.

풀이 중앙값(Median)이란 자료를 크기순으로 배열하여 가장 중앙에 위치하는 값을 말한다. 따라서, 평균치와 중앙값의 크기차이는 경우에 따라 다르다.　　**답** ①

01 35[kV] 이하의 가공전선이 철도 또는 궤도를 횡단하는 경우 지표상(레일면상)의 높이는 몇 [m] 이상이어야 하는가?

① 4
② 5
③ 6
④ 6.5

풀이 35[kV] 이하 특고압 가공전선의 높이
① 일반 : 5[m] 이상
② 철도 또는 궤도 횡단 : 6.5[m] 이상
③ 도로 횡단 : 6[m] 이상
④ 횡단보도교 위 : 4[m] 이상   **답** ④

02 사이리스터의 병렬 연결 시 발생하는 전류 불평형에 관한 설명으로 틀린 것은?

① 자기(磁氣)적으로 결합된 인덕터를 사용하여 전류 분담을 일정하게 한다.
② 사이리스터에 저항을 병렬로 연결하여 전류 분담을 일정하게 한다.
③ 전류가 많이 흐르는 사이리스터는 내부저항이 감소한다.
④ 병렬 연결된 사이리스터가 동시에 턴온되기 위해서는 점호 펄스의 상승 시간이 빨라야 한다.

답 ②

03 PWM 인버터의 특징이 아닌 것은?

① 전압 제어 시 응답성이 좋다.
② 스위칭 손실을 줄일 수 있다.
③ 여러 대의 인버터가 직류전원을 공용할 수 있다.
④ 출력에 포함되어 있는 저차 고조파 성분을 줄일 수 있다.

풀이 PWM 인버터는 스위칭 손실이 크다.   **답** ②

04 동기 발전기의 자기 여자 현상의 방지법이 아닌 것은?

① 발전기의 단락비를 적게 한다.
② 수전단에 변압기를 병렬로 접속한다.

③ 수전단에 리액턴스를 병렬로 접속한다.
④ 발전기 여러 대를 모선에 병렬로 접속한다.

풀이 **자기 여자 현상**
동기기 단자에 무(無)부하 송전선 등 일정 이상의 정전용량을 접속할 때 충전전류로 인하여 계자를
여자하지 않아도 스스로 전압을 일으키는 현상이다.
자기 여자 현상 방지법
– 발전기의 단락비를 크게 한다.
– 발전기를 병렬로 연결한다.
– 동기조상기를 사용하여 지상으로 한다.
– 리액터를 병렬로 연결한다.

답 ①

05 2진수(10101110)₂를 16진수로 변환하면?

① 174
② 1014
③ AE
④ 9F

풀이 2 진수 :   1010   1110
                ↓   ↓
      16진수 :   A   E

답 ③

06 송전선로에서 복도체를 사용하는 주된 목적은?

① 인덕턴스의 증가
② 정전용량의 감소
③ 코로나 발생의 감소
④ 전선 표면의 전위 경도 증가

풀이 복도체를 사용하면 전선의 등가 반지름이 증가하여 인덕턴스는 감소하고 정전용량은 증가한다. 즉,
송전용량이 증가하여 안정도를 증진시키고, 코로나 임계전압을 높일 수 있어 코로나를 방지한다.

답 ③

07 3상 배전선로의 말단에 늦은 역률 80[%], 200[kW]의 평형 3상 부하가 있다. 부하점
에 부하와 병렬로 전력용 콘덴서를 접속하여 선로손실을 최소화하려고 한다. 이 경우
필요한 콘덴서의 용량[kVar]은?(단, 부하단 전압은 변하지 않는 것으로 한다.)

① 105
② 112
③ 135
④ 150

풀이 선로 손실을 최소화하려면, 역률을 개선하여 선로 전류를 감소시켜야 하므로, 역률 개선용 콘덴서 용량 $Q = P(\tan\theta_1 - \tan\theta_2)$[kVar]이다.

따라서, $Q = 200 \times \{\tan(\cos^{-1}0.8) - \tan(\cos^{-1}1.0)\} = 150$[kVar] **답** ④

08 선간거리 2D(m), 지름 d(m)인 3상 3선식 가공 전선로의 단위길이당 대지정전용량(μF/km)은?

① $\dfrac{0.02413}{\log_{10}\dfrac{D}{d}}$

② $\dfrac{0.02413}{\log_{10}\dfrac{2D}{d}}$

③ $\dfrac{0.02413}{\log_{10}\dfrac{4D}{d}}$

④ $\dfrac{0.02413}{\log_{10}\dfrac{4D}{3d}}$

풀이 $C = \dfrac{0.02413}{\log_{10}\dfrac{D}{r}}[\mu\text{F/km}] = \dfrac{0.02413}{\log_{10}\dfrac{2D}{\dfrac{d}{2}}}[\mu\text{F/km}]$

$\therefore \dfrac{0.02413}{\log_{10}\dfrac{4D}{d}}$ **답** ③

09 극수 4, 회전수 1,800rpm, 1상의 코일수 83, 1극의 유효자속 0.3Wb의 3상 동기발전기가 있다. 권선계수가 0.96이고, 전기자 권선을 Y결선으로 하면 무부하 단자전압은 약 몇 kV인가?

① 8

② 9

③ 11

④ 12

풀이

① 동기발전기의 1상의 유도기전력은 $E = 4.44f N\phi kw$[V] 이므로,

여기서, N : 1상의 권선수, kw : 권선계수

주파수 $f = \dfrac{N_s P}{120} = \dfrac{1,800 \times 4}{120} = 60$[Hz] $\left(\because N_S = \dfrac{120f}{P}\right)$

② 1상의 유도기전력은 $E = 4.44 \times 60 \times 83 \times 0.3 \times 0.96 = 6,368[V]$이다.

③ 성형결선할 때 선간전압 $= \sqrt{3} \times$상전압이므로,

④ 선간전압 $= \sqrt{3} \times 6,368 = 11,000$[V] $= 11$[kV] **답** ③

10 2중 농형전동기가 보통 농형전동기에 비해서 다른 점은?

① 기동전류 및 기동토크가 모두 크다.
② 기동전류 및 기동토크가 모두 적다.
③ 기동전류는 적고, 기동토크는 크다.
④ 기동전류는 크고, 기동토크는 적다.

풀이 2중 농형 유도전동기 : 기동시 s=1 부근에서는 회전자 주파수가 크므로 회전자 누설 리액턴스는 저항 보다 훨씬 크다. 그리고 회전자 전류는 리액턴스가 적고 저항이 큰 상층도체에 흐르게 된다. 이것은 권선형 회전자에 저항을 넣은 것과 같게 되어 기동전류를 제한함과 동시에 큰 기동 토크를 발생시킨다.

답 ③

11 다음 그림에서 계기 X가 지시하는 것은?

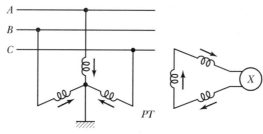

① 영상전압 ② 역상전압
③ 정상전압 ④ 정상전류

풀이 그림은 비접지 방식에서 영상전압을 검출하기 위해 설치된 GPT를 나타내고 있다.

답 ①

12 SCR을 완전히 턴온하여 온상태로 된 후, 양극 전류를 감소시키면 양극 전류의 어떤 값에서 SCR은 온상태에서 오프상태가 된다. 이때의 양극전류는?

① 래칭 전류 ② 유지 전류
③ 최대 전류 ④ 역저지 전류

풀이 유지 전류(holding current) : SCR이 on 상태를 유지하기 위한 최소전류

답 ②

13 그림과 같은 회로에서 전압비의 전달함수는?

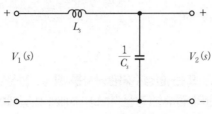

① $\dfrac{1}{LC+Cs}$

② $\dfrac{sC}{S^2(s+LC)}$

③ $\dfrac{1}{\dfrac{1}{Ls}+Cs}$

④ $\dfrac{\dfrac{1}{LC}}{s^2+\dfrac{1}{LC}}$

풀이 L 소자일 때 $V(s)=Ls\,I(s)$ 이고, C 소자일 때 $V(s)=\dfrac{1}{Cs}I(s)$ 이므로,

전달함수 $G(s)=\dfrac{V_2(s)}{V_1(s)}=\dfrac{\dfrac{1}{Cs}}{Ls+\dfrac{1}{Cs}}=\dfrac{1}{LCs^2+1}=\dfrac{\dfrac{1}{LC}}{s^2+\dfrac{1}{LC}}$ 이다.   **답** ④

---

14 자기인덕턴스가 L_1, L_2 상호인덕턴스가 M인 두 회로의 결합계수가 1인 경우 L_1, L_2, M의 관계는?

① $L_1 \cdot L_2 = M$

② $L_1 \cdot L_2 < M^2$

③ $L_1 \cdot L_2 > M^2$

④ $L_1 \cdot L_2 = M^2$

풀이 결합계수 $k=\dfrac{M}{\sqrt{L_1 L_2}}=1$ 이므로, $L_1 L_2 = M^2$ **답** ④

---

15 권수비 50인 단상변압기가 전부하에서 2차 전압이 115V, 전압변동률이 2%라 한다. 1차 단자전압(V)은?

① 3,381

② 3,519

③ 4,692

④ 5,865

풀이 $\varepsilon=\dfrac{V_{20}-V_{2n}}{V_{2n}}\times100[\%]$ 이므로 $2\%=\dfrac{V_{20}-115}{115}\times100[\%]$ 에서 V_{20}를 구하면 $V_{20}=117.3[V]$ 이고,

$$a = \frac{N_1}{N_2} = \frac{V_1}{V_2} = \frac{I_2}{I_1}$$ 이므로 $50 = \frac{V_1}{117.3}$ 에서 V_1을 구하면

$\therefore V_1 = 5,865[V]$ 이다.

답 ④

16 주택배선에 금속관 또는 합성수지관공사를 할 때 전선을 2.5[mm²]의 단선으로 배선하려고 한다. 전선관의 접속함(정션 박스) 내에서 비닐테이프를 사용하지 않고 직접 전선 상호 간을 접속하는 데 가장 편리한 재료는?

① 터미널 단자　　　　　　　　② 서비스 캡
③ 와이어 커넥터　　　　　　　④ 절연튜브

풀이 터미널 캡, 서비스 캡, 엔트런스 캡은 금속관용 접속 부품이다.

답 ③

17 비투자율 3,000인 자로의 평균 길이 50[cm], 단면적 30[cm²] 인 철심에 감긴, 권수 425회의 코일에 0.5[A]의 전류가 흐를 때 저축되는 전자(電磁)에너지는 약 몇 [J]인가?

① 0.25　　　　　　　　　　　② 0.51
③ 1.03　　　　　　　　　　　④ 2.07

풀이 ① 자체 인덕턴스 $L = \frac{\mu A N^2}{l} = \frac{4\pi \times 10^{-7} \times 3000 \times 30 \times 10^{-4} \times 425^2}{50 \times 10^{-2}} = 4.09[H]$

② 전자에너지 $W = \frac{1}{2}LI^2 = \frac{1}{2} \times 4 \times 0.5^2 = 0.51[J]$

답 ②

18 단상 교류 위상제어회로의 입력 전원전압이 $v_s = V_m \sin\theta$ 이고, 전원 v_s 양의 반주기 동안 사이리스터 T_1을 점호각 α에서 턴온시키고, 전원의 음의 반주기 동안에는 사이리스터 T_2를 턴온시킴으로써 출력전압(V_O)의 파형을 얻었다면 단상 교류 위상제어회로의 출력전압에 대한 실효값은?

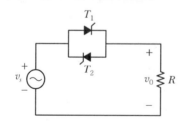
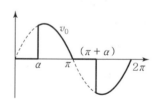

① $\dfrac{V_m}{\sqrt{2}}\sqrt{1-\dfrac{\alpha}{\pi}+\dfrac{\sin2\alpha}{2\pi}}$ ② $V_m\sqrt{1-\dfrac{\alpha}{\pi}+\dfrac{\sin2\alpha}{\pi}}$

③ $V_m\sqrt{1-\dfrac{2\alpha}{\pi}+\dfrac{\sin\alpha}{2\pi}}$ ④ $\dfrac{V_m}{\sqrt{2}}\sqrt{1-\dfrac{2\alpha}{\pi}+\dfrac{\sin2\alpha}{2\pi}}$

풀이 그림에서 점호각 α만큼 지연되어 있으며, 출력 전압 v_o의 평균전압 V_d는

$$V_d=\sqrt{\dfrac{1}{2\pi}\int_0^{2\pi}v_s^2d\theta}=\dfrac{V_m}{\sqrt{2}}\sqrt{1-\dfrac{\alpha}{\pi}+\dfrac{\sin2\alpha}{2\pi}}$$

답 ①

19 전동기의 외함과 권선 사이의 절연상태를 점검하고자 한다. 다음 중 필요한 것은 어느 것인가?

① 접지저항계 ② 전압계

③ 전류계 ④ 메거

풀이 메거 : 절연저항을 측정하는 계기

답 ④

20 MOS-FET의 드레인 전류는 무엇으로 제어하는가?

① 게이트 전압 ② 게이트 전류

③ 소스 전류 ④ 소스 전압

풀이 드레인 전류제어 : 소스와 드레인 사이의 게이트 전압(게이트 +, 소스 −)에 의해 조절한다. P형 기판인 실리콘에는 전류의 자유전자의 수가 매우 적으므로 소스와 드레인 사이의 높은 전압을 가해도 기판의 저항이 너무 크기 때문에 전류가 흐를 수 없다. 그러나 게이트 전압을 가하면 중간의 절연체인 Oxide 때문에 전류가 흐를 수 없다가 기판과 Oxide 경계면에 전자가 모이게 되어 전도채널 (Conduction channel)이 형성되어 전류가 도통하게 된다.

답 ①

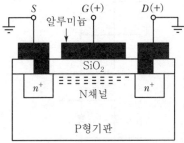

21 2대의 직류 분권발전기 G_1, G_2를 병렬 운전시킬 때, G_1의 부하 분담을 증가시키려면 어떻게 하여야 하는가?

① G_1의 계자를 강하게 한다.

② G_2의 계자를 강하게 한다.

③ G_1, G_2의 계자를 똑같이 강하게 한다.

④ 균압선을 설치한다.

> **[풀이]** 발전기 부하 분담을 위해 발전기 G_1의 계자전류를 증가시키면 유도 기전력 E_1이 증가 되고, 전기자 전류 I_1이 커져서 더 많은 부하 분담을 하게 된다.　　　　　**[답]** ①

22 반파 정류회로에서 직류 전압 220V를 얻는 데 필요한 변압기 2차 상전압은 약 몇 V인가?(단, 부하는 순저항이고, 변압기 내의 전압강하는 무시하며, 정류기 내의 전압강하는 50V로 한다.)

① 300

② 450

③ 600

④ 750

> **[풀이]** $E_d = 0.45E - e$ (E_d : 직류전압, E : 입력전압의 실효값, e : 전압강하)
>
> $E = \dfrac{1}{0.45}(E_d + e) = \dfrac{1}{0.45}(220 + 50) = 600[\text{V}]$　　　　　**[답]** ③

23 단상 전파 정류회로를 구성한 것으로 옳은 것은?

① 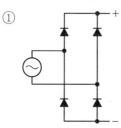　　　②

③ 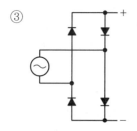　　　④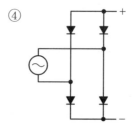

단상 전파 정류회로(전파 정현파)

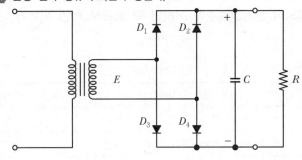

답 ①

24
전기자 권선에 의해 생기는 전기자 기자력을 없애기 위하여 주 자극의 중간에 작은 자극으로 전기자 반작용을 상쇄하고 또한 정류에 의한 리액턴스 전압을 상쇄하여 불꽃을 없애는 역할을 하는 것은?

① 보상권선

② 공극

③ 전기자권선

④ 보극

풀이 보극은 전기자반작용(브러시에 불꽃 발생, 중성축 이동, 유도기전력 감소)을 경감시키고, 정류작용을 좋게 하기 위해 사용된다.

답 ④

25
화약류 저장소 안에는 전기설비를 시설하여서는 아니 되나 백열전등이나 형광등 또는 이들에 전기를 공급하기 위한 전기설비를 금속관 공사에 의한 규정 등을 준수하여 시설하는 경우에는 설치할 수 있다. 설치할 수 있는 시설기준으로 틀린 것은?

① 전기기계기구는 전폐형의 것일 것

② 전로의 대지전압은 300[V] 이하일 것

③ 케이블을 전기기계기구에 인입할 때에는 인입구에서 케이블이 손상될 우려가 없도록 시설할 것

④ 전기설비에 전기를 공급하는 전로에는 과전류 차단기를 모든 작업자가 쉽게 조작할 수 있도록 설치할 것

풀이 화약류 저장소 안의 전기설비에 전기를 공급하는 전로에는 화약류 저장소 이외의 곳에 전용 개폐기 및 과전류 차단기를 각 극에 취급자 이외의 자가 쉽게 조작할 수 없도록 시설하고 전로에 지락이 생겼을 때에는 자동적으로 전로를 차단하거나 경보하는 장치를 시설하여야 한다.

답 ④

26 가로 25[m], 세로 8[m] 되는 면적을 갖는 상가에 사용전압 220[V], 15[A] 분기회로로 할 때, 표준부하에 의하여 분기회로수를 구하면 몇 회로로 하면 되는가?

① 1회로 　　　　② 2회로 　　　　③ 3회로 　　　　④ 4회로

풀이 ① 표준부하밀도는 아래 표와 같으며, 상가는 30[VA/m²]이다.

부하 구분	건물 종류 및 부분	표준부하밀도[VA/m²]
표준부하	공장, 공회장, 사원, 교회, 극장, 영화관	10
	기숙사, 여관, 호텔, 병원, 음식점, 다방	20
	주택, 아파트, 사무실, 은행, 백화점, 상점	30

② 상가의 면적 25×8=200[m²]이므로, 상가의 표준부하는 30[VA/m²]×200[m²]=6,000[VA]

③ 분기회로수$=\dfrac{6,000}{220\times15}=1.82$이므로, 올림하여 2회로이다.　　　　**답** ②

27 그림의 트랜지스터 회로에 5V 펄스 1개를 R_B 저항을 통하여 인가하면 출력 파형 V_O는?

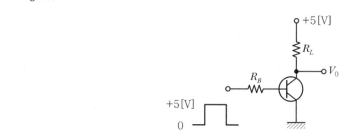

① +5[V] 0

② +5[V] 0

③ +5[V] 0

④ +5[V] 0

풀이 그림은 NOT 게이트를 나타내고 있다.　　　　**답** ③

28 전력 원선도의 가로축과 세로축은 각각 무엇을 나타내는가?

① 단자 전압과 단락 전류 　　　　② 단락 전류와 피상 전력
③ 단자 전압과 유효 전력 　　　　④ 유효 전력과 무효 전력

풀이 전력원선도에서 가로축은 유효전력, 세로축은 무효전력을 나타낸다.　　　　**답** ④

29 그림과 같은 회로에서 저항 R_2에 흐르는 전류는 약 몇 [A]인가?

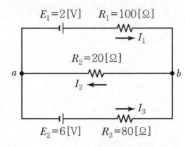

① 0.066

② 0.096

③ 0.483

④ 0.655

풀이 키르히호프 제1법칙(전류 법칙)을 적용하여 계산하면,

① $I_2 = I_1 + I_3$

② $I_1 = \dfrac{E_1 - V_b}{R_1} = \dfrac{2 - V_b}{100}$ (여기서, V_b는 b점의 전위)

③ $I_2 = \dfrac{V_b - V_a}{R_2} = \dfrac{V_b - 0}{20}$ (여기서, V_a는 a점의 전위로 0[V]로 정한다.)

④ $I_3 = \dfrac{E_2 - V_b}{R_3} = \dfrac{6 - V_b}{80}$

⑤ 위의

②, ③, ④번 식을 ①번 식에 대입하면,

$\dfrac{V_b}{20} = \dfrac{2 - V_b}{100} + \dfrac{6 - V_b}{80}$에서 $V_b = 1.31[V]$

⑥ 따라서, $I_2 = \dfrac{1.31}{20} = 0.066[A]$이다.

답 ①

30 부하를 일정하게 유지하고 역률 1로 운전 중인 동기전동기의 계자전류를 감소시키면?

① 아무 변동이 없다.

② 콘덴서로 작용한다.

③ 뒤진 역률의 전기자 전류가 증가한다.

④ 앞선 역률의 전기자 전류가 증가한다.

위상특성곡선

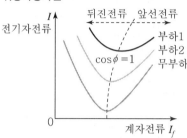

역률 1로 운전하고 있는 동기전동기의 계자전류(=여자전류)를 감소시키면, 역률은 뒤지고 전기자 전류는 증가한다.

답 ③

31 엔트런스 캡의 주된 사용 장소는 다음 중 어느 것인가?

① 저압 인입선 공사 시 전선관 공사로 넘어갈 때 전선관의 끝부분
② 케이블 헤드를 시공할 때 케이블 헤드의 끝부분
③ 케이블 트레이 끝부분의 마감재
④ 부스 덕트 끝부분의 마감재

풀이 저압 가공 인입선의 인입구에 사용하며 금속관 공사에서 끝 부분의 빗물 침입을 방지한다.

〈엔트런스 캡〉

답 ①

32 정격출력 200kVA, 정격전압에서의 철손 150W, 정격전류에서 동손 200W의 단상변압기에 뒤진 역률 0.8인 어느 부하를 걸었을 경우 효율이 최대라 한다. 이때 부하율은 약 몇 %인가?

① 75

② 87

③ 90

④ 97

풀이 최대효율조건 : 철손(Pi)＝동손(Pc)

최대효율이 생기는 부하를 전부하의 $\frac{1}{m}$ 이라면, $P_i = \left(\frac{1}{m}\right)^2 P_c$

$\frac{1}{m} = \sqrt{\frac{P_i}{P_c}} = \sqrt{\frac{150}{200}} \fallingdotseq 0.87$ 즉, 87[%]

답 ②

33 정류회로에서 교류 입력 상(phase) 수를 크게 했을 경우의 설명으로 옳은 것은?

① 맥동 주파수와 맥동률이 모두 증가한다.

② 맥동 주파수와 맥동률이 모두 감소한다.

③ 맥동 주파수는 증가하고 맥동률은 감소한다.

④ 맥동 주파수는 감소하고 맥동률은 증가한다.

풀이 정류회로에서 교류 입력 상(phase) 수를 크게 하면 맥동 주파수는 증가하고 맥동률은 감소한다.

답 ③

34 수전단 전압 66kV, 전류 100A, 선로저항 10Ω, 선로 리액턴스 15Ω, 수전단 역률 0.8인 단거리송전선로의 전압강하율은 약 몇 %인가?

① 1.34

② 1.82

③ 2.26

④ 2.58

풀이 전압강하율 $\varepsilon = \dfrac{E_s - E_r}{E_r} \times 100[\%] = \dfrac{I(R\cos\theta_r + X\sin\theta_r)}{E_r} \times 100[\%]$

$= \dfrac{100(10 \times 0.8 + 15 \times 0.6)}{66,000} \times 100 \fallingdotseq 2.58[\%]$

여기서, E_s : 송전단 전압[V], E_r : 수전단 전압[V], I : 전류[A], R : 선로 저항[Ω],

X : 선로 리액턴스[Ω], $\cos\theta_r$: 수전단 역률, $\sin\theta_r$: 수전단 무효율($= \sqrt{1^2 - 0.8^2} = 0.6$)

답 ④

35 3,300/100V 계기용 변압기(PT)의 2차측 전압을 측정하였더니 105V였다. 1차측 전압은 몇 V인가?

① 3,450

② 3,300

③ 3,150

④ 3,000

풀이 권수비 $a = \dfrac{V_1}{V_2} = \dfrac{3,300}{110} = 30$, 2차측 측정 전압이 105V이면,

1차측 측정전압은 $V_{1m} = a V_{2m} = 30 \times 105 = 3,150[V]$

답 ③

36 전기자 전류 20A일 때 100N · m의 토크를 내는 직류 직권 전동기가 있다. 전기자 전류가 40A로 될 때 토크는 약 몇 kg · m인가?

① 20.4　　　　　　　　　② 40.8

③ 61.2　　　　　　　　　④ 91.6

풀이 직류 직권 전동기에서 토크와 전류의 관계는 $T \propto I^2$ 이다. 비례식으로 풀면

$$100 : T = 20^2 : 40^2, \quad T = \frac{40^2}{20^2} \times 100 = 400[\text{N} \cdot \text{m}]$$

즉, $T = \frac{400}{9.8} \fallingdotseq 40.8[\text{kg} \cdot \text{m}](\because 1[\text{kg} \cdot \text{m}] = 9.8[\text{N} \cdot \text{m}])$

답 ②

37

그림과 같은 회로에서 스위치 S를 $t = 0$에서 닫았을 때 $(V_L)_{t=0} = 60[\text{V}]$, $\left(\dfrac{di}{dt}\right)_{t=0}$ $= 30[\text{A/s}]$이다. L의 값은 몇 H인가?

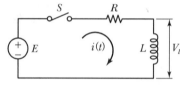

① 0.5　　　　　　　　　② 1.0

③ 1.25　　　　　　　　　④ 2.0

풀이 L소자 양단의 전압강하 $V_L = L\dfrac{di}{dt}$ 이므로, 따라서, 인덕턴스 $L = \dfrac{V_L}{\dfrac{di}{dt}} = \dfrac{60}{30} = 2[H]$이다.　**답** ④

38

다음 논리식을 간략화하면?

$$F = AB\overline{C} + A\overline{B}\,\overline{C} + \overline{A}\,\overline{B}\,\overline{C} + A\overline{B}C + ABC$$

① $AB + \overline{C}$　　　　　　　② $AB + \overline{B}\,\overline{C}$

③ $A + \overline{B}\,\overline{C}$　　　　　　　④ $B + A\overline{C}$

풀이 카르노 맵 활용

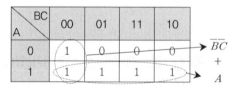

답 ③

39 단상 3선식 220/440[V] 전원에 다음과 같이 부하가 접속되었을 경우 설비 불평형률은 약 몇 [%]인가?

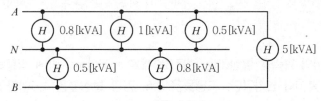

① 23.3 ② 26.2
③ 32.6 ④ 42.5

풀이 ① A상-N상 간의 부하 : 0.8+1+0.5=2.3[kVA]
② B상-N상 간의 부하 : 0.5+0.8=1.3[kVA]
③ A상-B상 간의 부하 : 5[kVA]

여기서, 설비불평형률 = $\dfrac{중성선과\,각\,전압측\,전선\,간에\,접속되는\,부하설비\,용량의\,차}{총부하설비\,용량의\,1/2}$ 이므로,

설비불평형률 = $\dfrac{2.3-1.3}{(5+2.3+1.3)/2} \times 100[\%] \fallingdotseq 23.2[\%]$

답 ①

40 평행판 콘덴서에서 전압이 일정할 경우 극판 간격을 2배로 하면 내부 전계의 세기는 어떻게 되는가?

① 4배로 된다. ② 2배로 된다.
③ $\dfrac{1}{4}$로 된다. ④ $\dfrac{1}{2}$로 된다.

풀이 평행판 콘덴서 내부는 평등 전기장이므로, 전위차 $V=E r$이고, 전계의 세기 $E=\dfrac{V}{r}[\text{V/m}]$이다.

따라서, 극판 간격을 2배로 하면, 전계의 세기는 $\dfrac{1}{2}$로 된다.

답 ④

41 옥내에 시설하는 전동기에는 전동기가 소손될 우려가 있는 과전류가 생겼을 때에 자동적으로 이를 저지하거나 경보하는 장치를 하여야 한다. 이 장치를 시설하지 않아도 되는 경우는?

① 전류 차단기가 없는 경우
② 정격 출력이 0.2[kW] 이하인 경우
③ 정격 출력이 2[kW] 이상인 경우
④ 전동기 출력이 0.5[kW]이며, 취급자가 감시할 수 없는 경우

풀이 **전동기의 과부하 보호장치의 시설**

옥내에 시설하는 전동기(정격출력이 0.2[kW] 이하 제외)에는 전동기가 소손될 우려가 있는 과전류가
생겼을 때에 자동적으로 이를 저지하거나 이를 경보하는 장치를 하여야 한다.   **답** ②

42 500[lm]의 광속을 발산하는 전등 20개를 1,000[m²] 방에 점등하였을 경우 평균조도
는 약 몇 [lx] 인가?(단, 조명률은 0.5, 감광 보상률은 1.5이다.)

① 3.33   ② 4.24
③ 5.48   ④ 6.67

풀이 광속 $N \times F = \dfrac{E \times A \times D}{U \times M}$ [lm] 이므로,

조명률 U=0.5, 감광보상률 D=1.5, 유지율 M=1로 계산하면,

$20 \times 500 = \dfrac{E \times 1,000 \times 1.5}{0.5 \times 1.0}$

따라서, 평균조도 E=3.33[lx] 이다.   **답** ①

43 변압기 단락시험에서 2차측을 단락하고 1차측에 정격전압을 가하면 큰 단락전류가 흘
러 변압기가 소손된다. 이에 따라 정격주파수의 전압을 서서히 증가시켜 1차 정격전류
가 될 때의 변압기 1차측 전압을 무엇이라 하는가?

① 부하 전압   ② 절연내력 전압
③ 정격주파 전압   ④ 임피던스 전압

풀이 **임피던스 전압**

변압기 2차측을 단락한 상태에서 1차측에 정격전류(I_{1n})가 흐르도록 1차 측에 인가하는 전압
   답 ④

44 다음 논리식을 간소화하면?

$$F = \overline{(\overline{A} + B) \cdot \overline{B}}$$

① $F = \overline{A} + B$ ② $F = A + \overline{B}$
③ $F = A + B$ ④ $F = \overline{A} + \overline{B}$

풀이 $F = \overline{(\overline{A}+B) \cdot \overline{B}} = \overline{(\overline{A}+B)} + \overline{\overline{B}} = \overline{\overline{A}} \cdot \overline{B} + B = (A+B) \cdot (\overline{B}+B) = A+B$ **답** ③

45 접지재료의 구비 조건이 아닌 것은?

① 전류용량   ② 내부식성

③ 시공성   ④ 내전압성

풀이 접지선 및 접지전극은 고장전류에 따른 전류용량, 시공성 및 부식에 강한 재료를 선정한다.

답 ④

46 인버터 제어라고도 하며 유도전동기에 인가되는 전압과 주파수를 변화시켜 제어하는 방식은?

① VVVF 제어방식   ② 궤환 제어방식

③ 1단속도 제어방식   ④ 워드레오나드 제어방식

풀이 주파수 제어법으로 주파수를 가변하면 $\phi \propto \dfrac{V}{f}$와 같이 자속이 변하기 때문에 자속을 일정하게 유지하기 위해 전압과 주파수를 비례하게 가변시키는 제어법으로 VVVF법이라고 한다.

답 ①

47 그림의 부스트 컨버터 회로에서 입력전압(V_s)의 크기가 20V이고 스위칭 주기(T)에 대한 스위치(SW)의 온(On) 시간(t_{on})의 비인 듀티비(D)가 0.6이었다면, 부하저항(R)의 크기가 10Ω인 경우 부하저항에서 소비되는 전력(W)은?

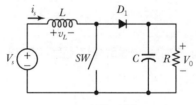

① 100   ② 150

③ 200   ④ 250

풀이 $V_o = \dfrac{1}{1-D} V_s = \dfrac{1}{1-0.6} \times 20 = 50[\text{V}]$

부하저항에 소비되는 전력 $P = \dfrac{V_o{}^2}{R} = \dfrac{50^2}{10} = 250[\text{W}]$

답 ④

48 인버터의 스위칭 소자와 역병렬 접속된 다이오드에 관한 설명으로 가장 적합한 것은?

① 스위칭 소자에 내장된 다이오드이다.
② 부하에서 전원으로 에너지가 회생될 때 경로가 된다.
③ 스위칭 소자에 걸리는 전압 스트레스를 줄이기 위한 것이다.
④ 스위칭 소자의 역방향 누설 전류를 흐르게 하기 위한 경로이다.

풀이 인버터의 스위칭 소자와 역병렬 접속된 다이오드는 부하에서 전원으로 에너지가 회생될 때 경로가 된다. **답** ②

49 저압 옥내 배선을 금속관 공사에 의하여 시설하는 경우에 대한 설명으로 옳은 것은?

① 전선은 옥외용 비닐절연전선을 사용하여야 한다.
② 전선은 굵기에 관계없이 연선을 사용하여야 한다.
③ 콘크리트에 매설하는 금속관의 두께는 1.2[mm] 이상이어야 한다.
④ 옥내 배선의 사용전압이 교류 600[V] 이하인 경우 관에는 제3종 접지공사를 하여야 한다.

풀이 ① : 금속전선관의 배선에는 절연전선을 사용해야 한다.
② : 전선은 단면적 6[mm²] 이하의 단선을 사용하며, 그 이상일 경우 연선을 사용한다.
④ : 사용전압이 400[V] 미만인 경우에는 제3종 접지공사, 400[V] 이상 저압인 경우에는 특별 제3종 접지공사를 하여야 한다. **답** ③

50 크기가 다른 3개의 저항을 병렬로 연결했을 경우의 설명으로 옳은 것은?

① 각 저항에 흐르는 전류는 모두 같다.
② 각 저항에 걸리는 전압은 모두 같다.
③ 합성 저항값은 각 저항의 합과 같다.
④ 병렬연결은 도체저항의 길이를 늘이는 것과 같다.

풀이 저항이 병렬연결일 경우 각 저항에 흐르는 전류는 각 저항에 반비례하며, 각 저항에 걸리는 전압은 모두 같다. 합성저항은 각 저항의 역수의 합을 역수한 값이며, 병렬연결은 도체의 단면적이 늘어나는 것과 같다. **답** ②

51 그림과 같은 회로의 기능은?

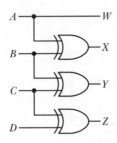

① 크기 비교기
② 디멀티플렉서
③ 홀수 패리티 비트 발생기
④ 2진 코드의 그레이 코드 변환기

풀이 그레이(Gray) 코드 : 2진수의 최대 자릿수(MSB : Most Significant Bit)는 그대로 내려쓰고 다음은 MSB와 다음 수를 합해서 올림수를 제거한 합(배타적 OR)만을 그레이 코드의 다음 수로 정해 나간다.

답 ④

52 지중에 매설되어 있는 케이블의 전식(전기적인 부식)을 방지하기 위한 대책이 아닌 것은?

① 회생 양극법
② 외부 전원법
③ 선택 배류법
④ 자립 배양법

풀이 **지중케이블의 전식방지법**
① 금속표면 코팅
② 회생양극법(유전양극법)
③ 외부전원법
④ 배류법(직접배류법, 강제배류법, 선택배류법) : 누설전류가 흐르도록 길을 만들어 금속표면의 부식 방지

답 ④

53 지선과 지선용 근가를 연결하는 금구는?

① U볼트
② 지선 로트
③ 볼쇄클
④ 지선 밴드

풀이 아래 그림과 같이 지선 로트로 연결한다.

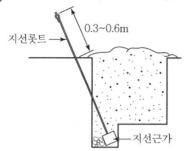

답 ②

54 유도 전동기의 슬립이 커지면 증가하는 것은?

① 회전수
② 2차 주파수
③ 2차 효율
④ 기계적 출력

풀이 유도 전동기에서 2차 주파수는 $f_2 = sf_1$으로 슬립이 커지면 증가한다. **답** ②

55 이항분포(binomial distribution)에서 매회 A가 일어나는 확률이 일정한 값 P일 때, n 회의 독립시행 중 사상A가 x회 일어날 확률 $P(x)$를 구하는 식은?(단, N은 로트의 크 기, n은 시료의 크기, P는 로트의 모부적합품률이다.)

① $P(x) = \dfrac{n!}{x!(n-x)!}$

② $P(x) = e^{-x} \cdot \dfrac{(nP)^x}{x!}$

③ $P(x) = \dfrac{\binom{NP}{x}\binom{N-NP}{n-x}}{\binom{N}{n}}$

④ $P(x) = \binom{n}{x}P^x(1-P)^{n-x}$

풀이 이항분포 함수

$$P(x) = nCx\,P^x(1-P)^{n-x} = \frac{n!}{x!(n-x)!}P^x(1-P)^{n-x} = \binom{n}{x}P^x(1-P)^{n-x}$$

답 ④

56 다음 표는 어느 자동차 영업소의 월별 판매실적을 나타낸 것이다. 5개월 단순이동 평 균법으로 6월의 수요를 예측하면 몇 대인가?

월	1월	2월	3월	4월	5월
판매량	100대	110대	120대	130대	140대

① 120대   ② 130대

③ 140대   ④ 150대

풀이 단순이동평균법(simple moving average method)

$$M_t = \frac{\sum X_{t-i}}{n} = \frac{(100+110+120+130+140)}{5} = \frac{600}{5} = 120$$

여기서 M_t : 당기 예측치, X_t : 마지막 자료(당기실적치)

답 ①

57 샘플링에 관한 설명으로 틀린 것은?

① 취락 샘플링에서는 취락 간의 차는 작게, 취락 내의 차는 크게 한다.

② 제조공정의 품질특성에 주기적 변동이 있는 경우 계통 샘플링을 적용하는 것이 좋다.

③ 시간적 또는 공간적으로 일정 간격을 두고 샘플링하는 방법을 계통 샘플링이라고 한다.

④ 모집단을 몇 개의 층으로 나누어 각 층마다 랜덤하게 시료를 추출하는 것을 층별 샘플링이라고 한다.

풀이 계통샘플링 : 연속적으로 생산되어 나오는 제품들에 대해 적절한 시간 간격마다 혹은 적절한 생산 개수마다 표본을 취해 검사하는 방법으로 제품 품질이 주기적으로 변동되는 경우에는 적합하지 않다.

답 ②

58 다음 내용은 설비보전조직에 대한 설명이다. 어떤 조직 형태에 대한 설명인가?

> 보전작업자는 조직상 각 제조부문의 감독자 밑에 둔다.
> • 단점 : 생산 우선에 의한 보전작업 경시, 보전기술 향상의 곤란성
> • 장점 : 운전자와 일체감 및 현장감독의 용이성

① 집중보전   ② 지역보전

③ 부문보전   ④ 절충보전

풀이 ① : 공장의 모든 보전요원을 한 사람의 관리자 밑에 조직

② : 특정지역에 보전요원 배치

③ : 보전요원을 제조부분의 감독자 밑에 배치

④ : 지역보전, 부문보전, 집중보전을 조합시켜 각각의 장점을 살리고 단점을 보완

답 ③

59 표준시간 설정 시 미리 정해진 표를 활용하여 작업자의 동작에 대해 시간을 산정하는 시간연구법에 해당되는 것은?

① PTS법 ② 스톱워치법
③ 워크샘플링법 ④ 실적자료법

풀이 ① : 하나의 작업이 실제로 시작되기 전에 미리 작업에 필요한 소요시간을 작업방법에 따라 이론적으로 정해 나가는 방법으로 MTM법과 WF법 등이 있다.

② : 스톱워치를 사용하여 표준시간 측정

③ : 통계적 수법을 이용하여 작업자 또는 기계의 작업상태를 파악하는 방법 **답** ①

60 다음은 관리도의 사용 절차를 나타낸 것이다. 관리도의 사용절차를 순서대로 나열한 것은?

> ㉠ 관리하여야 할 항목의 선정
> ㉡ 관리도의 선정
> ㉢ 관리하려는 제품이나 종류 선정
> ㉣ 시료를 채취하고 측정하여 관리도를 작성

① ㉠ → ㉡ → ㉢ → ㉣ ② ㉠ → ㉢ → ㉣ → ㉡
③ ㉢ → ㉠ → ㉡ → ㉣ ④ ㉢ → ㉣ → ㉠ → ㉡

풀이 **관리도의 사용절차**
① 공정의 결정
② 공정에 대한 관리항목 결정
③ 관리항목에 대한 시료채취방법 결정
④ 관리도의 결정
⑤ 시료채취 후 측정
⑥ 관리도 작성, 해석, 판정
⑦ 필요한 조치
⑧ 관리도의 관리항목, 관리선 등 개정 **답** ③

01 E_s, E_r을 각각 송전단전압, 수전단전압, A, B, C, D를 4단자 정수라 할 때 전력원선도의 반지름은?

① $(E_s \times E_r)/D$ ② $(E_s \times E_r)/C$ ③ $(E_s \times E_r)/B$ ④ $(E_s \times E_r)/A$

풀이 $E_s = AE_r + BI_r$, $I_s = CE_r + DI_r$의 전파 방정식을 만족하는 전력원선도의 반지름의 크기는

$\rho = \dfrac{E_s \cdot E_r}{B}$ [MW]이다.   **답** ③

02 동기전동기에 관한 설명 중 옳지 않은 것은?

① 기동 토크가 작다.   ② 역률을 조정할 수 없다.

③ 난조가 일어나기 쉽다.   ④ 여자기가 필요하다.

풀이 동기전동기는 동기조상기로 사용하기 때문에 계자전류를 조정하여 역률을 조정할 수 있다.   **답** ②

03 직류 분권전동기가 있다. 단자 전압이 215V, 전기자 전류가 60A, 전기자 저항이 0.1 Ω, 회전속도 1500rpm일 때 발생하는 토크는 약 몇 kg·m인가?

① 6.58   ② 7.92   ③ 8.15   ④ 8.64

풀이 역기전력 $E = V - I_a R_a = 215 - 60 \times 0.1 = 209$[V]

전동기 출력 $P = EI_a = 209 \times 60 = 12,540$[W]

토크 $T = \dfrac{P}{2\pi \dfrac{N}{60}} = \dfrac{60P}{2\pi N} = \dfrac{60 \times 12,540}{2\pi \times 1500} \fallingdotseq 78.87$[N·m]

1[N·m] $= \dfrac{1}{9.8}$[kg·m]이므로 토크 $T = \dfrac{78.87}{9.8} = 8.15$[kg·m]   **답** ③

04 그림과 같은 브리지가 평형되기 위한 임피던스 Z_x의 값은 약 몇 [Ω]인가?(단, $Z_1 = 3 + j2\,\Omega$, $R_2 = 4\,\Omega$, $R_3 = 5\,\Omega$이다.)

① $4.62 - j3.08$

② $3.08 + j4.62$

③ $4.24 - j3.66$

④ $3.66 + j4.24$

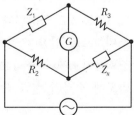

풀이 브리지의 평형조건은 $Z_1 \cdot Z_x = R_2 \cdot R_3$이므로,

$(3+j2) \cdot Z_x = 4 \cdot 5$에서

$Z_x = \dfrac{4 \cdot 5}{3+j2} = \dfrac{20 \cdot (3-j2)}{(3+j2)(3-j2)} = 4.62 - j3.08[\Omega]$이다.

답 ①

05 길이가 5m인 도체를 0.5Wb/m²의 자장 중에서 자장과 평행한 방향으로 5m/s의 속도로 운동시킬 때, 유기되는 기전력[V]은?

① 0   ② 2.5   ③ 6.25   ④ 12.5

풀이 도체가 자장과 평행하므로 $\theta = 0°$이다. 즉, 유도기전력 $e = B\ell u \sin\theta = 0.5 \times 5 \times 5 \times \sin 0° = 0[V]$

답 ①

06 다음과 같은 블록선도의 등가 합성 전달함수는?

① $\dfrac{1}{1 \pm GH}$

② $\dfrac{G}{1 \pm GH}$

③ $\dfrac{G}{1 \pm H}$

④ $\dfrac{1}{1 \pm H}$

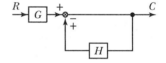

풀이 동작신호에 대한 방정식은

$C = GR \mp HC$

$C \pm HC = GR$

$(1 \pm H)C = GR$

전달함수 $G_f = \dfrac{C}{R} = \dfrac{G}{1 \pm H}$

답 ③

07 스너버(snubber) 회로에 관한 설명이 아닌 것은?

① R, C 등으로 구성된다.

② 스위칭으로 인한 전압스파이크를 완화시킨다.

③ 전력용반도체 소자의 보호 회로로 사용된다.

④ 반도체 소자의 전류 상승률(di/dt)만을 저감하기 위한 것이다.

풀이 스너버 회로

과도한 전류변화($\frac{di}{dt}$)나 전압변화($\frac{dv}{dt}$)에 의한 전력용 반도체 스위치의 소손을 막기 위해 사용하는 보호 회로이다.

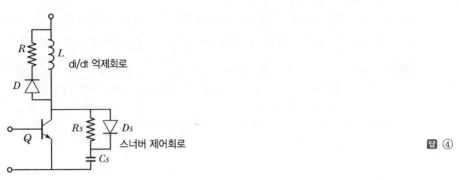

di/dt 억제회로

스너버 제어회로

답 ④

---

08 권수비가 1 : 2인 단상 센터탭형 전파정류회로에서 전원 전압이 220V라면 출력 직류 전압은 약 몇 V인가?

① 95   ② 124   ③ 180   ④ 198

풀이 단상 센터탭형 전파정류회로

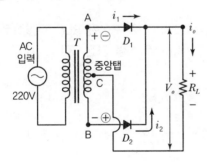

전원 전압이 220[V]일 때, 권수비가 1 : 2이므로 2차 측 전압 $V_{AC} = V_{BC} = 220[\text{V}]$이다.
단상 전파정류회로이므로 출력 직류전압은 $V_{dc} = 0.9\,V_{ac} = 0.9 \times 220 = 198[\text{V}]$이다.   **답** ④

---

09 수전용 변전설비의 1차 측에 설치하는 차단기의 용량은 주로 어느 것에 의하여 정해지는가?

① 수전계약 용량   ② 부하설비의 용량
③ 정격차단전류의 크기   ④ 수전전력의 역률과 부하율

풀이 차단기 용량은 $[P_s = \sqrt{3} \times 정격전압 \times 정격차단전류]$로 선정한다.   **답** ③

10 해독기(decoder)에 대한 설명으로 틀린 것은?

① 멀티플렉서로 쓸 수 있다.

② 기억회로로 구성되어 있다.

③ 입력을 조합하여 한 조합에 대하여 한 출력선만 동작하게 할 수 있다.

④ 2진수로 표시된 입력의 조합에 따라 1개의 출력만 동작하도록 한다.

> **풀이** • 디코더(decoder) : 코드 형식의 2진 정보를 다른 코드 형식으로 바꾸는 회로가 디코더(decoder)이다. 다시 말하면, 2진 코드나 BCD Code를 해독(decoding)하여 이에 대응하는 1개(10진수)의 선택 신호로 출력하는 것을 말한다.
> • 멀티플렉스(Multiplexer : MUX) : 여러 개의 입력선 중에서 하나를 선택하여 단일 출력선으로 연결하는 조합 회로이다. **답** ②

11 8극 동기전동기의 기동방법에서 유도전동기로 기동하는 기동법을 사용하려면 유도전동기의 필요한 극수는 몇 극으로 하면 되는가?

① 6 ② 8 ③ 10 ④ 12

> **풀이** 유도전동기로 기동시킬 경우에는 동기전동기보다 2극 적게 하여야 한다. **답** ①

12 $R = 5[\Omega]$, $L = 20[\text{mH}]$ 및 가변 콘덴서 $C[\mu F]$로 구성된 RLC 직렬회로에 주파수 1000[Hz]인 교류를 가한 다음 콘덴서를 가변시켜 직렬 공진시킬 때 C의 값은 약 몇 $[\mu F]$인가?

① 1.27 ② 2.54 ③ 3.52 ④ 4.99

> **풀이** 공진주파수 $f_0 = \dfrac{1}{2\pi\sqrt{LC}}[\text{Hz}]$이므로, $1000 = \dfrac{1}{2\pi\sqrt{20\times10^{-3}\times C}}$ 에서 $C = 1.27\times10^{-6}[\text{F}] = 1.27[\mu F]$
> 이다. **답** ①

13 저항 $10\sqrt{3}[\Omega]$, 유도리액턴스 $10[\Omega]$인 직렬회로에 교류 전압을 인가할 때 전압과 이 회로에 흐르는 전류와의 위상차는 몇 도인가?

① 60° ② 45° ③ 30° ④ 0°

> **풀이** R–L 직렬회로의 전압, 전류 위상차는
> $$\theta = \tan^{-1}\frac{X_L}{R} = \tan^{-1}\frac{10}{10\sqrt{3}} = 30°$$ **답** ③

14 송배전선로의 작용 정전용량은 무엇을 계산하는 데 사용되는가?

① 선간단락 고장 시 고장전류 계산

② 정상운전 시 전로의 충전전류 계산

③ 인접 통신선의 정전 유도 전압 계산

④ 비접지 계통의 1선 지락고장 시 지락 고장전류 계산

풀이 **작용 정전용량 계산법**

1선당을 기준으로 충전전류 계산 시 사용한다. **답** ②

15 코일의 성질을 설명한 것 중 틀린 것은?

① 전자석의 성질이 있다.

② 상호 유도 작용이 있다.

③ 전원 노이즈 차단 기능이 있다.

④ 전압의 변화를 안정시키려는 성질이 있다.

풀이 코일(리액터 또는 인덕터)은 인덕턴스(L)의 성질이 있으므로,

① 앙페르의 오른나사법칙에 따라 전자석의 원리가 된다.

② 두 개 코일 사이에서 상호 유도 작용(M)을 한다.

③ 유도리액턴스($X_L = 2\pi f L[\Omega]$) 작용으로 높은 주파수에서 노이즈 차단 기능을 한다.

④ 유도기전력 $e = -L\dfrac{\Delta I}{\Delta t}[\text{V}]$으로 전류의 변화를 축소시키려는 작용을 한다. **답** ④

16 전기자의 반지름이 0.15m인 직류발전기가 1.5KW의 출력에서 회전수가 1,500rpm이고, 효율은 80%이다. 이때 전기자 주변속도는 몇 m/s인가?(단, 손실은 무시한다.)

① 11.78

② 18.56

③ 23.56

④ 30.04

풀이 초당 회전수 : $n = \dfrac{1,500}{60} = 25[\text{rps}]$

회전자의 둘레 : $2\pi r = 2\pi \times 0.15[\text{m}]$이므로,

∴ 회자자계 주변속도는 $v = 2\pi r n = 2\pi \times 0.15[\text{m}] \times 25[\text{rps}] = 23.56[\text{m/s}]$ **답** ③

17 그림과 같은 회로에서 20[Ω]에 흐르는 전류는 몇 [A]인가?

① 0.4
② 0.6
③ 1.0
④ 1.2

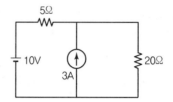

풀이

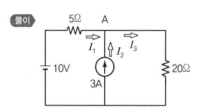

위 회로에서 전류의 방향을 정하고, 절점 A에서 키르히호프의 법칙을 적용하면,
$I_3 = I_1 + I_2$ 이다.

여기에 $I_1 = \dfrac{10 - V_A}{5}$, $I_2 = 3$을 대입하면,

$I_3 = \dfrac{10 - V_A}{5} + 3 \cdots\cdots$ ①이다.

또한, 절점A에서 20[Ω]에 흐르는 전류는

$I_3 = \dfrac{V_A}{20} \cdots\cdots$ ②이다.

식 ①, ②를 I_3에 대하여 풀이하면,

$I_3 = 1[A]$이다.

답 ③

18 금속관 공사 시 관을 접지하는 데 사용하는 것은?

① 엘보   ② 터미널 캡   ③ 어스 클램프   ④ 노출 배관용 박스

풀이 어스(접지) 클램프 : 금속관과 접지(본드)선 사이를 접속하는 데 사용한다.

답 ③

19 고압 또는 특고압 가공전선로에서 공급을 받는 수용장소의 인입구 또는 이와 근접한 곳에 시설하여야 하는 것은?

① 정류기   ② 피뢰기   ③ 동기조상기   ④ 직렬리액터

- 발전소, 변전소 또는 이에 준하는 장소의 가공전선 인입구 및 인출구
- 가공전선로에 접속하는 특고압 배전용 변압기의 고압 측 및 특별고압 측
- 고압 또는 특별고압 가공전선로에서 공급을 받는 수용장소의 인입구
- 가공전선로와 지중전선로가 접속되는 곳

답 ②

20 표준 상태에서 공기의 절연이 파괴되는 전위 경도는 교류(실효값)로 약 몇 [kV/cm]인가?

① 10 ② 21 ③ 30 ④ 42

풀이 공기의 절연이 파괴되는 전위 경도(표준상태 : 온도 20[℃], 기압 760[mmH])
- 직류 : 약 30[kV/cm]
- 교류(실효값) : 약 21.1[kV/cm]

답 ②

21 변압기의 효율이 회전기의 효율보다 좋은 이유는?

① 동손이 적기 때문이다. ② 철손이 적기 때문이다.

③ 기계손이 없기 때문이다. ④ 동손과 철손이 모두 적기 때문이다.

풀이 변압기(=정지기)는 기계손이 없기 때문에 회전기보다는 효율이 좋다. **답** ③

22 다음 ㉮, ㉯에 들어갈 내용으로 옳은 것은?

버스덕트 배선에 의하여 시설하는 도체는 (㉮)[mm²] 이상인 띠 모양,
5[mm]인 관모양이나 둥근 막대 모양의 동 또는 단면적 (㉯)[mm²] 이상인
띠 모양 알루미늄을 사용하여야 한다.

① ㉮ 10 ㉯ 20 ② ㉮ 15 ㉯ 25

③ ㉮ 20 ㉯ 30 ④ ㉮ 25 ㉯ 35

풀이 버스덕트에 사용하는 도체
- 동(구리) : 단면적 20[mm²] 이상인 띠 모양, 지름 5[mm] 이상인 관모양이나 둥글고 긴 막대 모양
- 알루미늄 : 단면적 30[mm²] 이상인 띠 모양 **답** ③

23 %동기 임피던스가 130%인 3상 동기발전기의 단락비는 약 얼마인가?

① 0.66 ② 0.77 ③ 0.88 ④ 0.99

> **풀이** 단락비는 %동기 임피던스의 역수이다. 즉, $K_s = \dfrac{100}{\%Z_s} = \dfrac{100}{130} = 0.77$ **답** ②

24 송전선에 코로나가 발생하면 무엇에 의해 전선이 부식되는가?

① 수소
② 아르곤
③ 비소
④ 산화질소

> **풀이** 초산에 의한 전선, 바인드선의 부식 : $[(O_3, NO) + H_2O = NHO_3 생성)]$
> 코로나 방전에 의해 오존과 산화질소가 생기고 습기를 만나면 질산이 되며 전선이나 부속금구를 부식시킨다.   **답** ④

25 현수애자 4개를 1련으로 한 66kV 송전선로가 있다. 현수애자 1개의 절연저항이 2,000MΩ 이라면 표준경간을 200m로 할 때 1km당 누설 컨덕턴스는 약 몇 ℧인가?

① 0.58×10^{-9}
② 0.63×10^{-9}
③ 0.73×10^{-9}
④ 0.83×10^{-9}

> **풀이** 현수애자 1개의 절연저항이 $2,000M\Omega$, 현수애자 4개가 직렬 연결되어 있으므로 전체 절연저항이 $8,000M\Omega$이다. 표준경간이 200m이므로 1km당 누설 컨덕턴스는
> $$g = \frac{1}{8,000 \times 10^6 \times 0.2} = 0.63 \times 10^{-9} [\text{℧/km}]$$ **답** ②

26 3상 유도전동기가 입력 50kW, 고정자 철손 2kW일 때 슬립 5%로 회전하고 있다면 기계적 출력은 몇 kW인가?

① 45.6
② 47.8
③ 49.2
④ 51.4

> **풀이** 2차 입력(회전자 입력) $P_2 = 입력 - 고정자 철손 = 50 - 2 = 48[kW]$
> $P_2(2차 입력) : P_o(기계적 출력) = 1 : 1-s$
> $P_o = (1-s) \times P_2 = (1 - 0.05) \times 48 = 45.6[kW]$ **답** ①

27 그림은 변압기의 단락시험 회로이다. 임피던스 전압과 정격전류를 측정하기 위해 계측기를 연결해야 할 단자와 단락결선을 하여야 하는 단자를 옳게 나타낸 것은?

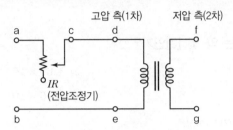

① 임피던스전압(a-b), 정격전류(c-d), 단락(e-g)
② 임피던스전압(a-b), 정격전류(d-e), 단락(f-g)
③ 임피던스전압(d-e), 정격전류(f-g), 단락(d-f)
④ 임피던스전압(d-e), 정격전류(c-d), 단락(f-g)

풀이 변압기 단락시험회로

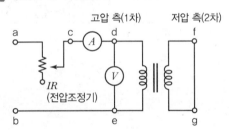

답 ④

28 보호선과 전압선의 기능을 겸한 전선은?

① DV선　　　　② PEM선　　　　③ PEL선　　　　④ PEN선

풀이 • PEM선 : 보호선과 중간선의 기능을 겸한 전선
　　　• PEL선 : 보호선과 전압선의 기능을 겸한 전선
　　　• PEN선 : 보호선과 중성선의 기능을 겸한 전선

답 ③

29 10kW인 농형 유도전동기의 기동방법으로 가장 적당한 것은?

① 전전압 기동법　　　　　　　② Y-△ 기동법
③ 기동 보상기법　　　　　　　④ 2차 저항 기동법

풀이 ① 전전압 기동법 : 6kW 이하 소용량 전동기에 사용
　　　② Y-△기동법 : 10~15[kW] 이하인 중용량 전동기에 사용

③ 기동 보상기법 : 15[kW] 이상인 전동기나 고압 전동기에 사용

④ 2차 저항 기동법 : 권선형 유도전동기의 기동법　　　　　　　　　　　　　답 ②

30 1전자볼트(eV)는 약 몇 [J]인가?

① 1.60×10^{-19}

② 1.67×10^{-21}

③ 1.72×10^{-24}

④ 1.76×10^{9}

풀이 전력량 $W = QV$[J]이므로,

$1[eV] = 1.602 \times 10^{-19} \times 1 = 1.602 \times 10^{-19}$[J]이다.　　　　　　답 ①

31 다음 그림은 어떤 논리 회로인가?

① NOR

② NAND

③ exclusive OR(XOR)

④ exclusive NOR(XNOR)

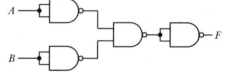

풀이 $\overline{\overline{\overline{A \cdot B}} = \overline{A} \cdot \overline{B}} = \overline{\overline{A} + \overline{B}}$　　　　　　　　　　답 ①

32 평형 3상 Δ부하에 선간전압 300[V]가 공급될 때 선전류가 30[A] 흘렀다. 부하 한 상의 임피던스는 몇 [Ω]인가?

① 10

② $10\sqrt{3}$

③ 20

④ $30\sqrt{3}$

풀이 Δ결선이므로 $V_p = V_\ell = 300$[V], $I_p = \dfrac{I_\ell}{\sqrt{3}} = \dfrac{30}{\sqrt{3}}$[A]

한 상의 임피던스 $Z = \dfrac{V_p}{I_p} = \dfrac{300}{\dfrac{30}{\sqrt{3}}} = 10\sqrt{3}$[$\Omega$]　　　　　　답 ②

33 그림의 회로에서 입력 전원(v_s)의 양(+)이 반주기 동안에 도통하는 다이오드는?

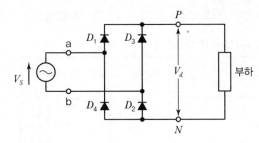

① D_1, D_2 ② D_2, D_3 ③ D_4, D_1 ④ D_1, D_3

풀이 양(+)의 반주기 동안에 도통하는 다이오드 : D_1, D_2

답 ①

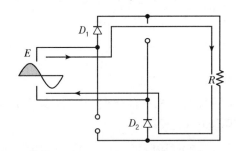

34 저압 가공 인입선의 시설기준이 아닌 것은?

① 전선은 나전선, 절연전선, 케이블을 사용할 것
② 전선이 케이블인 경우 이외에는 인장강도 2.30[kN] 이상일 것
③ 전선의 높이는 철도 또는 궤도를 횡단하는 경우에는 레일면상 6.5[m] 이상일 것
④ 전선이 옥외용 비닐절연전선일 경우에는 사람이 접촉할 우려가 없도록 시설할 것

풀이 저압 가공 인입선의 시설기준
• 전선이 케이블인 경우 이외에는 인장강도가 2.30 [kN] 이상인 것 또는 지름이 2.6[mm] 이상인 인입용 비닐절연전선일 것
• 전선은 절연전선, 다심형 전선 또는 케이블일 것
• 전선이 옥외용 비닐절연전선인 경우에는 사람이 접촉할 우려가 없도록 시설할 것
• 전선의 높이는 도로를 횡단하는 경우에는 노면상 5[m] 이상, 철도 또는 궤도를 횡단하는 경우에는 레일면상 6.5[m] 이상, 횡단보도교의 위에 시설하는 경우에는 노면상 3[m] 이상일 것

답 ①

35 전기회로에서 전류는 자기회로에서 무엇과 대응되는가?

① 자속　　　　　② 기자력　　　　　③ 자속밀도　　　　　④ 자계의 세기

풀이 전기회로와 자기회로의 대응관계

전기회로	자기회로
기전력 V[V]	기자력 F＝NI[AT]
전류 I[A]	자속 ϕ[Wb]
전기저항 R[Ω]	자기저항 R[AT/Wb]

답 ①

36 전압계의 측정범위를 확대하기 위해 콘스탄탄 또는 망가닌선의 저항을 전압계에 직렬로 접속하는데 이때의 저항을 무엇이라고 하는가?

① 분류기　　　　　② 배율기　　　　　③ 분압기　　　　　④ 정류기

풀이
• 배율기(multiplier) : 전압계의 측정 범위 확대를 위해 전압계와 직렬로 접속하는 저항기
• 분류기(shunt) : 전류계의 측정 범위 확대를 위해 전류계의 병렬로 접속하는 저항기　　**답** ②

37 220V인 3상 유도전동기의 전부하 슬립이 3%이다. 공급전압이 200V가 되면 전부하 슬립은 약 몇 %가 되는가?

① 3.6　　　　　② 4.2　　　　　③ 4.8　　　　　④ 5.4

풀이

$$T = \frac{PV_1^2}{4\pi f} \cdot \frac{\dfrac{r'_2}{S}}{(r_1 + \dfrac{r'_2}{S})^2 + (x_1 + x'_2)^2} \, [\text{N} \cdot \text{m}] \text{에서}$$

r_1와 $(x_1 + x'_2)^2$를 무시하면, $T \propto V_1^2 \cdot S$의 관계가 성립하고, 전부하의 토크는 일정하므로, $220^2 \times 0.03 = 200^2 \times S$가 된다.

∴ $S \fallingdotseq 0.0363 = 3.63[\%]$이다.　　**답** ①

38 GTO의 특성으로 옳은 것은?

① 게이트(gate)에 역방향 전류를 흘려서 주전류를 제어한다.

② 소스(source)에 순방향 전류를 흘려서 주전류를 제어한다.

③ 드레인(drain)에 역방향 전류를 흘려서 주전류를 제어한다.

④ 드레인(drain)에 순방향 전류를 흘려서 주전류를 제어한다.

> **풀이** GTO(gate turn off thyristors) : 양(+)의 게이트 전류에 의하여 턴온 시킬 수 있고 음(−)의 게이트 전류에 의하여 턴오프 시킬 수 있다. **답** ①

39 전력설비에 대한 설치 목적의 연결이 옳지 않은 것은?

① 소호 리액터 – 지락전류 제한 ② 한류 리액터 – 단락전류 제한

③ 직렬 리액터 – 충전전류 방전 ④ 분로 리액터 – 페란티 현상 방지

> **풀이**
> • 소호 리액터 : 선로의 대지 정전 용량과 공진하는 리액턴스를 가지는 소호리액터로 중성점을 접지하여 지락 사고 시에 사고점의 지락전류를 제한
> • 한류 리액터 : 단락사고에 대비하여 고장전류를 제한하기 위해서 회로에 직렬로 설치
> • 직렬 리액터 : 전력용 콘덴서에 파형 개선을 위해 설치
> • 분로 리액터 : 송전계통에 병렬로 설치하여 지상전류를 공급하기 위해 설치(페란티 현상 : 무부하 시나 경부하 시에 진상전류로 인해 수전단전압이 송전단전압보다 높아지는 현상) **답** ③

40 다음은 어떤 게이트에 대한 설명인가?

> 게이트의 입력에 서로 다른 입력이 들어올 때 출력이 1이 되고(입력이 "0"과 "1" 또는 "1"과 "0"이면 출력이 "1"), 게이트의 입력에 같은 입력이 들어올 때 출력이 0이 되는 회로(입력이 "0"과 "0" 또는 "1"과 "1"이면 출력이 "0")이다.

① OR 게이트 ② AND 게이트

③ NAND 게이트 ④ EX – OR 게이트

> **풀이** EX – OR 게이트 진리표

입력		출력
A	B	X
0	0	0
0	1	1
1	0	1
1	1	0

답 ④

41 파형률과 파고율이 같고 그 값이 1인 파형은?

① 고조파   ② 삼각파   ③ 구형파   ④ 사인파

풀이   파형율 $= \dfrac{\text{실횻값}}{\text{평균값}}$, 파고율 $= \dfrac{\text{최댓값}}{\text{실횻값}}$

명칭	파형률	파고율
사인파	1.11	1.414
구형파	1.0	1.0
삼각파	1.155	1.732

답 ③

42 지중에 매설되어 있는 케이블의 전식을 방지하기 위하여 누설전류가 흐르도록 길을 만들어 금속표면의 부식을 방지하는 방법은?

① 회생 양극법   ② 외부 전원법
③ 강제 배류법   ④ 배양법

풀이 **지중케이블의 전식방지법**
- 금속표면 코팅
- 회생 양극법(유전 양극법)
- 외부 전원법
- 배류법(직접 배류법, 강제 배류법, 선택 배류법) : 누설전류가 흐르도록 길을 만들어 금속표면의 부식방지

답 ③

43 하나의 철심에 동일한 권수로 자기 인덕턴스 $L[\mathrm{H}]$인 코일 두 개를 접근해서 감고, 이 것을 자속 방향이 동일하도록 직렬 연결할 때 합성 인덕턴스[H]는?(단, 두 코일의 결합계수는 0.5이다.)

① L ② $2L$ ③ $3L$ ④ $4L$

풀이 • 합성 인덕턴스 $L_o = L_1 + L_2 \pm 2M$
- 같은 철심, 동일 권수이므로 $L = L_1 = L_2$
- 상호인덕턴스 $M = k\sqrt{L_1 L_2}$ 결합계수 $k = 0.5$ 이므로, $M = 0.5L$
- 같은 방향(가동결합) "$+$", 다른 방향(차동결합) "$-$"
- $L_o = L + L + 2 \times 0.5L = 3L$

답 ③

44 고·저압 진상용 콘덴서(SC)의 설치위치로 가장 효과적인 것은?

① 부하와 중앙에 분산 배치하여 설치하는 방법
② 수전 모선단에 중앙 집중으로 설치하는 방법
③ 수전 모선단에 대용량 1개를 설치하는 방법
④ 부하 말단에 분산하여 설치하는 방법

풀이 진상용 콘덴서 설치 방법
- 수전단 모선에 설치 : 관리가 용이하고 경제적인 방법
- 수전단 모선과 부하 측에 분산 설치 : 수전단 모선에 설치하는 방법보다 개선효과 증대
- 부하 측에 분산 설치 : 가장 이상적이고 효과적인 역률개선 방법이나, 비용이 커짐   **답** ④

45 정격전압이 200V, 정격출력 50kW인 직류분권 발전기의 계자 저항이 20Ω일 때 전기자 전류는 몇 A인가?

① 10   ② 20   ③ 130   ④ 260

풀이 직류 분권 발전기는 다음 그림과 같으므로,

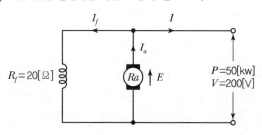

- 부하전류 $I = \dfrac{P}{V} = \dfrac{50 \times 10^3}{200} = 250[\text{A}]$

- 계자전류 $I_f = \dfrac{V}{R_f} = \dfrac{200}{20} = 10[\text{A}]$

- 전기자전류 $I_a = I + I_a = 250 + 10 = 260[\text{A}]$ **답** ④

46 전압원 인버터에서 암 단락(arm short)을 방지하기 위한 방법은?

① 데드타임 설정
② 스위칭 소자 양단에 커패시터 접속
③ 스위칭 소자 양단에 서지 흡수기 접속
④ 스위칭 소자 양단에 역병렬로 다이오드 접속

풀이 전압원 인버터에서 암 단락(arm short)을 방지하기 위한 방법으로 데드타임을 설정한다.   **답** ①

47 16진수 $B85_{16}$를 10진수로 표시하면?

① 738
② 1,475
③ 2,213
④ 2,949

풀이 $B85_{16} = 11 \times 16^2 + 8 \times 16^1 + 5 \times 16^0 = 2,816 + 128 + 5 = 2,949$　　**답** ④

48 진공 중에 2[m] 떨어진 2개의 무한 평행 도선에 단위 길이당 10^{-7}[N]인 반발력이 작용할 때, 도선에 흐르는 전류는?

① 각 도선에 1A가 반대 방향으로 흐른다.
② 각 도선에 1A가 같은 방향으로 흐른다.
③ 각 도선에 2A가 반대 방향으로 흐른다.
④ 각 도선에 2A가 같은 방향으로 흐른다.

풀이 평행한 두 도선에 작용하는 힘 $F = \dfrac{2I_1 I_2}{r} \times 10^{-7}$[N/m]이므로,

$10^{-7} = \dfrac{2I^2}{2} \times 10^{-7}$[N/m]에서 전류를 구하면 $I = 1$[A]이다.

또한, 같은 방향의 전류가 흐를 때는 흡인력, 다른 방향일 때 반발력이 발생한다.　　**답** ①

49 철근 콘크리트주로서 그 전체의 길이가 16[m] 초과, 20[m] 이하이고, 설계하중이 6.8[kN] 이하인 것을 지반이 연약한 곳 이외에 시설하려고 한다. 지지물의 기초 안전율을 고려하지 않고 철근 콘크리트주를 시설하려면 묻히는 깊이를 몇 [m] 이상으로 시설하여야 하는가?

① 2.5
② 2.8
③ 3.0
④ 3.2

풀이 일반적으로 철근 콘크리트주가 땅에 묻히는 깊이는 아래와 같다.
• 전주의 길이 15[m] 이하 : 1/6 이상
• 전주의 길이 15[m] 이상 : 2.5[m] 이상
다만, 단서조항으로 본 문제의 지문과 같은 경우에는 2.8[m] 이상으로 정하고 있다.　　**답** ②

50 여자기(Exciter)에 대한 설명으로 옳은 것은?

① 주파수를 조정하는 것이다.
② 부하 변동을 방지하는 것이다.
③ 직류 전류를 공급하는 것이다.
④ 발전기의 속도를 일정하게 하는 것이다.

풀이 여자기 : 계자권선에 직류 전류를 공급하는 장치이다.　　**답** ③

51 변압기의 병렬운전 조건에 대한 설명으로 틀린 것은?

① 극성이 같아야 한다.

② 권수비, 1차 및 2차의 정격 전압이 같아야 한다.

③ 각 변압기의 저항과 누설 리액턴스비가 같아야 한다.

④ 각 변압기의 임피던스가 정격 용량에 비례하여야 한다.

풀이 변압기의 %임피던스 강하가 같을 것, 즉 각 변압기의 임피던스가 정격용량에 반비례할 것

　　→ 변압기의 %임피던스 강하가 같지 않으면 부하부담이 부적당하게 된다.　　　**답** ④

52 전력 원선도에서 구할 수 없는 것은?

① 선로손실　　　　　　　　　② 송전효율

③ 수전단 역률　　　　　　　　④ 과도안정 극한 전력

풀이 알 수 있는 사항 : 유효, 무효, 피상전력, 역률, 전력손실, 조상설비 용량　　　**답** ④

53 $f(t) = \dfrac{e^{at} + e^{-at}}{2}$ 의 라플라스 변환은?

① $\dfrac{s}{s^2 - a^2}$　　　② $\dfrac{s}{s^2 + a^2}$　　　③ $\dfrac{a}{s^2 - a^2}$　　　④ $\dfrac{a}{s^2 + a^2}$

풀이 아래의 라플라스 변환표를 적용하면 다음과 같다.

$f(t)$	$F(s)$
$e^{\pm at}$	$\dfrac{1}{s \mp a}$

$$\mathcal{L}\left[\dfrac{e^{at} + e^{-at}}{2}\right] = \dfrac{\dfrac{1}{s-a} + \dfrac{1}{s+a}}{2} = \dfrac{s}{s^2 - a^2}$$

답 ①

54 공사원가를 구성하고 있는 순공사 원가에 포함되지 않는 것은?

① 경비　　　　② 재료비　　　　③ 노무비　　　　④ 일반관리비

풀이 공사원가는 재료비, 노무비, 경비를 합한 것이다.　　　**답** ④

55 3σ법의 $\overline{X}$관리도에서 공정이 관리상태에 있는데도 불구하고 관리상태가 아니라고 판정하는 제1종 과오는 약 몇 [%]인가?

① 0.27　　　　② 0.54　　　　③ 1.0　　　　④ 1.2

풀이 3σ법에서 제1종의 과오(생산자 위험 확률)를 범할 확률은 0.0027이다.　　　**답** ①

56 검사의 종류 중 검사공정에 의한 분류에 해당되지 않는 것은?

① 수입검사　　　② 출하검사　　　③ 출장검사　　　④ 공정검사

풀이 • 검사공정에 의한 분류 : 수입검사, 공정검사, 최종검사, 출하검사
• 검사장소에 의한 분류 : 정위치검사, 순회검사, 출장검사
• 검사성질에 의한 분류 : 파괴검사, 비파괴검사, 관능검사
• 검사방법에 의한 분류 : 전수검사, Lot별 샘플링 검사, 관리 샘플링 검사, 무검사　　　**답** ③

57 워크 샘플링에 관한 설명 중 틀린 것은?

① 워크 샘플링은 일명 스냅리딩(Snap Reading)이라 불린다.
② 워크 샘플링은 스톱워치를 사용하여 관측대상을 순간적으로 관측하는 것이다.
③ 워크 샘플링은 영국의 통계학자 L.H.C. Tippet가 가동률 조사를 위해 창안한 것이다.
④ 워크 샘플링은 사람의 상태나 기계의 가동상태 및 작업의 종류 등을 순간적으로 관측하는 것이다.

풀이 • 워크 샘플링법 : 통계적 수법을 이용하여 작업자 또는 기계의 작업상태를 파악하는 방법
• 스톱워치법 : 스톱워치를 사용하여 표준시간을 측정하는 방법　　　**답** ②

58 부적합품률이 20[%]인 공정에서 생산되는 제품을 매시간 10개씩 샘플링 검사하여 공정을 관리하려고 한다. 이때 측정되는 시료의 부적합품 수에 대한 기댓값과 분산은 약 얼마인가?

① 기댓값 : 1.6, 분산 : 1.3　　　　② 기댓값 : 1.6, 분산 : 1.6
③ 기댓값 : 2.0, 분산 : 1.3　　　　④ 기댓값 : 2.0, 분산 : 1.6

풀이 부적합품 개수(X)의
• 평균(기댓값) $E(X) = nP = 10 \times 0.2 = 2$
• 분산 $V(X) = nP(1-P) = 10 \times 0.2(1-0.2) = 1.6$　　　**답** ④

59 설비배치 및 개선의 목적을 설명한 내용으로 가장 관계가 먼 것은?

① 재공품의 증가   ② 설비투자 최소화
③ 이동거리의 감소   ④ 작업자 부하 평준화

풀이 **설비배치의 목적**
- 제품이 원활히 흐를 수 있도록 배치
- 여러 생산자원 간에 서로 조화
- 제품의 이동거리를 가급적 최소화
- 정체가 일어나지 않도록 배치

답 ①

60 설비보전조직 중 지역보전(area maintenance)의 장단점에 해당하지 않는 것은?

① 현장 왕복 시간이 증가한다.
② 조업요원과 지역보전요원과의 관계가 밀접해진다.
③ 보전요원이 현장에 있으므로 생산 본위가 되며 생산의욕을 가진다.
④ 같은 사람이 같은 설비를 담당하므로 설비를 잘 알며 충분한 서비스를 할 수 있다.

풀이 지역보전 : 특정지역에 보전요원배치

장점	단점
• 보전요원이 용이하게 작업자에게 접근 가능 • 작업지시에서 완성까지 시간적인 지체 최소 • 예비부품의 요구에 신속히 대처 가능 • 생산라인의 신속한 공정변경 가능 • 근무시간의 교대가 유기적 • 보전요원이 생산계획, 생산 문제점 등 파악 가능	• 큰 규모의 작업처리 어려움 • 지역별로 여분의 작업자 배치 발생 • 배치전환, 고용, 초과근로에 대한 제약 • 전문가 채용이 어려움

답 ①

01 히스테리시스 곡선에서 종축은 무엇을 나타내는가?

① 자계의세기　　② 자속밀도　　③ 기자력　　④ 자속

풀이 종축 : B(자속밀도), 횡축 : H(자장의 세기)

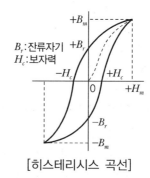

B_r:잔류자기
H_c:보자력

[히스테리시스 곡선]

답 ②

02 그림과 같은 논리회로에서의 출력식은?

① ABC
② A+B+C
③ AB+C
④ (A+B)C

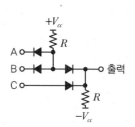

풀이 논리표

입력			출력
A	B	C	Z
0	0	0	0
0	0	1	1
0	1	0	0
0	1	1	1
1	0	0	0
1	0	1	1
1	1	0	1
1	1	1	1

카르노 맵을 사용하여 출력식을 구하면,

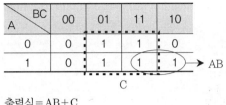

A \ BC	00	01	11	10
0	0	1	1	0
1	0	1	1	1

출력식 = AB+C   답 ③

03 전력변환장치의 반도체 소자 SCR가 턴온(Turn On)되어 20A의 전류가 흐를 때 게이트 전류를 1/2로 줄이면 SCR의 애노드와 캐소드에 흐르는 전류는?

① 40A   ② 20A   ③ 10A   ④ 5A

풀이 SCR은 점호능력은 있으나 소호능력이 없다. 소호시키려면 SCR의 주전류를 유지전류(20mA) 이하로 하거나, SCR의 애노드, 캐소드 간에 역전압을 인가한다.
즉, 게이트 전류를 1/2로 줄여도 소호되지 않으므로 20A의 전류가 그대로 흐른다.   답 ②

04 정격전류가 55[A]인 전동기 1대와 10[A]인 전동기 5대에 전력을 공급하는 간선의 허용전류의 최솟값은 몇 [A]인가?

① 94.5   ② 105.5   ③ 115.5   ④ 131.3

풀이 아래와 같이 전동기 부하에 대한 허용전류를 계산하므로,

전동기 정격전류	허용전류 계산
50[A] 이하	정격전류 합계의 1.25배
50[A] 초과	정격전류 합계의 1.1배

따라서, 전선의 허용전류는 (55[A]×1대+10[A]×5대)×1.1배=110[A] 이상이다.   답 ③

05 변압기의 내부저항과 누설 리액턴스의 %강하율은 2%, 3%이다. 부하의 역률이 80%일 때 이 변압기의 전압변동률은 몇 %인가?

① 1.6   ② 1.8   ③ 3.4   ④ 4.0

풀이 $\varepsilon = p\cos\theta + q\sin\theta\,[\%]$이므로
$\varepsilon = 2 \times 0.8 + 3 \times \sin(\cos^{-1}0.8) = 3.4[\%]$이다.   답 ③

06 동기전동기의 위상특성곡선에서 횡축은 무엇을 나타내는가?

① 역률   ② 효율   ③ 계자전류   ④ 전기자전류

풀이 **위상특성곡선**

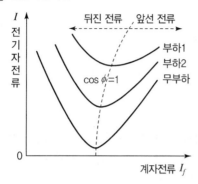

종축(y축) − 전기자전류(I_a), 횡축(x축) − 계자전류(I_f)　　　　　　답 ③

07 저압 연접인입선은 인입선에서 분기하는 점에서부터 100[m]를 넘지 않는 지역에 시설하고 폭 몇 [m]을 초과하는 도로를 횡단하지 않아야 하는가?

① 4　　　　　　② 5　　　　　　③ 6　　　　　　④ 7

풀이 **연접인입선 시설 제한 규정**
- 인입선에서 분기하는 점에서 100[m]를 넘는 지역에 이르지 않아야 한다.
- 폭 5[m]를 넘는 도로를 횡단하지 않아야 한다.
- 연접 인입선은 옥내를 관통하면 안 된다.
- 고압 연접 인입선은 시설할 수 없다.
- 전선의 높이
  − 도로를 횡단하는 경우에는 노면상 5[m] 이상
  − 철도 궤도를 횡단하는 경우에는 레일면상 6.5[m] 이상
  − 횡단보도교의 위에 시설하는 경우에는 노면상 3[m] 이상
  − 기타의 경우 : 4[m] 이상　　　　　　답 ②

08 정전압 송전방식에서 전력 원선도 작성 시 필요한 것으로 모두 옳은 것은?

① 조상기용량, 수전단 전압
② 송전단 전압, 수전단 전류
③ 송·수전단 전압, 선로의 일반회로정수
④ 송·수전단 전류, 선로의 일반회로정수

풀이 E_s, E_r을 각각 송전단 전압, 수전단 전압, A, B, C, D를 4단자 정수라 할 때 $E_s = AE_r + BI_r$, $I_s = CE_r + DI_r$의 전파 방정식을 이용하여 전력원선도를 작성한다.　　　　　　답 ③

09 저압 옥내배선 공사에서 금속관 공사로 시공할 경우 특징이 아닌 것은?

① 전선은 연선일 것

② 전선은 절연전선일 것

③ 전선은 금속관 안에서 접속점이 없을 것

④ 콘크리트에 매설하는 것은 관의 두께가 1.2[mm] 이하일 것

풀이 콘크리트에 매설하는 금속관의 두께는 1.2[mm] 이상이어야 한다. **답** ④

10 3상 유도전동기의 회전력은 단자전압과 어떤 관계가 있는가?

① 단자전압에 무관하다.

② 단자전압에 비례한다.

③ 단자전압의 2제곱에 비례한다.

④ 단자전압의 1/2제곱에 비례한다.

풀이 유도전동기의 토크특성 관계식을 구하면 다음과 같다.

$$T = \frac{PV_1^2}{4\pi f} \cdot \frac{\dfrac{r_2'}{S}}{(r_1 + \dfrac{r_2'}{S})^2 + (x_1 + x_2')^2} \, [\mathrm{N \cdot m}]$$

여기서, 토크와 전압은 제곱에 비례함을 알 수 있다. **답** ③

11 동기발전기의 권선을 분포권으로 할 때 나타나는 현상으로 옳은 것은?

① 집중권에 비하여 합성 유기기전력이 커진다.

② 전기자 반작용이 증가한다.

③ 권선의 리액턴스가 좋아진다.

④ 기전력의 파형이 좋아진다.

풀이 **분포권의 권선 특징**

ㄱ 기전력의 파형이 좋아진다.

ㄴ 전기자 동손에 의한 열을 골고루 분포시켜 과열을 방지한다.

ㄷ 권선의 누설 리액턴스가 감소한다.

ㄹ 분포계수만큼 합성 유도 기전력이 감소한다. **답** ④

12 3상 회로에서 2개의 전력계를 사용하여 평형부하의 역률을 측정하고자 한다. 전력계의 지시가 각각 2[kW] 및 8[kW]라 할 때 이 회로의 역률은 약 몇 [%]인가?

① 49　　　　　　　② 59　　　　　　　③ 69　　　　　　　④ 79

풀이 2전력계법에 의한 역률계산식

$$\cos\theta = \frac{P_1 + P_2}{2\sqrt{P_1^2 + P_2^2 - P_1 P_2}} = \frac{2 + 8}{2\sqrt{2^2 + 8^2 - 2 \times 8}} = 0.693 = 69.3[\%]$$

답 ③

13 그림에서 1차 코일의 자기인덕턴스 L_1, 2차 코일의 자기인덕턴스 L_2, 상호인덕턴스를 M이라 할 때 L_A의 값으로 옳은 것은?

① $L_1 + L_2 + 2M$

② $L_1 - L_2 + 2M$

③ $L_1 + L_2 - 2M$

④ $L_1 - L_2 - 2M$

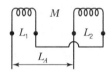

풀이 • 합성 인덕턴스 $L_A = L_1 + L_2 \pm 2M$

　　 • L_1과 L_2의 전류 방향이 다르므로 차동결합 "$-$"

　　 • 따라서, $L_A = L_1 + L_2 - 2M$

답 ③

14 3상 송전선로 1회선의 전압이 22kV, 주파수가 60Hz로 송전 시 무부하 충전전류는 약 몇 A인가?(단, 송전선의 길이는 20km이고, 1선 1km당 정전용량은 0.5μF이다.)

① 48　　　　　　　② 36　　　　　　　③ 24　　　　　　　④ 12

풀이 충전전류는 $I_C = \omega C E \ell = 2\pi f C \dfrac{V}{\sqrt{3}} \ell$ (E : 상전압, V : 선간전압)[A]

3상 송전선로 1회선의 전압(22kV)은 선간전압이므로

$$I_C = \omega C E \ell = 2\pi f C \frac{V}{\sqrt{3}} \ell = 2\pi \times 60 \times 0.5 \times 10^{-6} \times \frac{22 \times 10^3}{\sqrt{3}} \times 20 = 48[\text{A}]$$

답 ①

15 저압 가공 인입선의 금속관 공사에서 엔트런스 캡이 주로 사용되는 곳은?

① 전선관의 끝부분　　　　　　　　② 부스 덕트의 마감재

③ 케이블 헤드의 끝부분　　　　　　④ 케이블 트레이의 마감재

풀이 엔트런스 캡(우에사 캡) : 인입구, 인출구의 관단에 설치하여 금속관에 접속하여 옥외의 빗물을 막는 데 사용한다.

[엔트런스 캡]

답 ①

16 3상 송전선로에서 지름 5mm인 경동선을 간격 1m로 정삼각형 배치한 가공전선의 1선 1km당 작용 인덕턴스는 약 몇 mH/km인가?

① 1.0　　　　② 1.25　　　　③ 1.5　　　　④ 2.0

풀이 • 작용 인덕턴스

$$L = 0.4605\log\frac{D}{r} + 0.05[\text{mH/km}]$$

여기서, r : 도체의 반지름, D : 등가 선간거리(기하학적 평균거리)

• 정삼각형 배열일 경우 등가 선간거리

$$D = \sqrt[3]{D_1 \times D_1 \times D_1} = \sqrt[3]{D_1^3} = D_1 = 1[\text{m}]$$

• 작용 인덕턴스

$$L = 0.4605\log\frac{D}{r} + 0.05 = 0.4605\log\frac{1}{\frac{0.005}{2}} + 0.05 \fallingdotseq 1.25[\text{mH/km}]$$

답 ②

17 출퇴근 표시등 회로에 전기를 공급하기 위한 1차 측 전로의 대지 전압과 2차 측 전로의 사용전압이 몇 [V] 이하인 절연 변압기를 사용하여야 하는가?

① 200[V], 40[V]　　　　　　② 220[V], 60[V]

③ 300[V], 40[V]　　　　　　④ 300[V], 60[V]

풀이 출퇴표시등 회로에 전기를 공급하기 위한 변압기는 1차 측 전로의 대지전압이 300[V] 이하, 2차 측 전로의 사용전압이 60[V] 이하인 절연 변압기를 사용하여야 한다.

답 ④

18 가공전선로에 사용하는 애자가 갖춰야 하는 구비 조건이 아닌 것은?

① 가해지는 외력에 기계적으로 견딜 수 있을 것

② 전기적, 기계적 성능이 저하되지 않을 것

③ 표면 저항을 가지고 누설전류가 클 것

④ 코로나 방전을 일으키지 않을 것

풀이 애자의 구비조건
- 선로의 전압과 이상 전압에 대해서 충분한 절연 내력을 가질 것
- 비, 눈, 안개 등에 충분한 절연 저항을 가지며, 누설 전류가 적을 것
- 전선의 자체 무게, 바람, 눈 등에 의한 하중에 충분한 기계적 강도를 가질 것
- 온도의 급변에도 잘 견디고 습기를 흡수하지 않으며, 오랜 시일이 지나도 전기적 및 기계적 성능이 저하되지 않을 것
- 가격이 싸고 취급이 용이할 것   **답** ③

19 500kV 단상변압기 4대를 사용하여 과부하가 되지 않게 사용할 수 있는 3상 최대전력은 몇 kVA인가?

① $500\sqrt{3}$ ② 1500   ③ $1000\sqrt{3}$ ④ 2000

풀이 단상 변압기 2대를 이용하여 V 결선하면 3상 출력은 $P_V = \sqrt{3}\,P$이다. 단상 변압기 4대를 2대씩하여 병렬운전하면, 3상 최대전력은 $P_{3\phi} = 2 \times \sqrt{3} \times 500 = 1000\sqrt{3}\,[\text{kVA}]$이다.   **답** ③

20 그림과 같은 전기회로에서 전류 I_1은 몇 [A]인가?

① 1

② 2

③ 3

④ 6

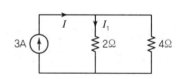

풀이 병렬회로에서 전류를 저항값에 따라 반비례하게 배분하면,

전류 $I_1 = \dfrac{4}{2+4} \times 3 = 2[\text{A}]$이다.   **답** ②

21 그림과 같은 블록선도에서 C/R을 구하면?

① $\dfrac{G_1 G_2}{1 + G_1 G_2 + G_3 G_4}$

② $\dfrac{G_3 G_4}{1 + G_1 G_2 + G_3 G_4}$

③ $\dfrac{G_1 G_2}{1 + G_1 G_2 G_3 G_4}$

④ $\dfrac{G_3 G_4}{1 + G_1 G_2 G_3 G_4}$

풀이 동작신호에 대한 방정식은

$$C_{(S)} = G_1 G_2 (R_{(S)} - G_3 G_4 C_{(S)})$$
$$= G_1 G_2 R_{(S)} - G_1 G_2 G_3 G_4 C_{(S)}$$
$$C_{(S)} + G_1 G_2 G_3 G_4 C_{(S)} = G_1 G_2 R_{(S)}$$
$$C_{(S)} (1 + G_1 G_2 G_3 G_4) = G_1 G_2 R_{(S)}$$

전달함수 $G_f = \dfrac{C_{(S)}}{R_{(S)}} = \dfrac{G_1 G_2}{1 + G_1 G_2 G_3 G_4}$

답 ③

22 단상 회로에 교류 전압 220[V]를 가한 결과 위상이 45°뒤진 전류가 15[A] 흘렀다. 이 회로의 소비전력은 약 몇 [W]인가?

① 1,335   ② 2,333   ③ 3,335   ④ 4,333

풀이 유효(소비)전력 $P = VI\cos\theta$[W]이므로,

$P = 220 \times 15 \times \cos 45° = 2,333$[W]이다.

답 ②

23 스위칭 주기(T)에 대한 스위치의 온(On) 기간(t_{on})의 비인 듀티비를 D라 하면 정상상태에서 벅-부스트 컨버터(Buck-Boost Converter)의 입력전압(V_s) 대 출력 전압(V_0)의 비($\dfrac{V_0}{V_s}$)를 나타낸 것으로 올바른 것은?

① $D-1$ ② $1-D$ ③ $\dfrac{D}{1-D}$ ④ $\dfrac{D}{1+D}$

풀이 벅-부스트 컨버터(Buck-boost convert)는 출력전압이 입력전압보다 낮을 수도 있고 높을 수도 있는 컨버터이다. 즉, buck converter와 boost converter의 특성을 모두 가지고 있다고 할 수 있다. 벅-부스트 컨버터(Buck-Boost Converter)의 입력전압(V_s)대 출력 전압(V_0)의 비

$$\frac{V_0}{V_s} = \frac{D}{1-D}$$ 이다.

여기서, D를 따라 정리하면 다음과 같다.

㉠ D=0이면, $V_s = V_0$ ㉡ D<0.5이면, $V_s > V_0$ ㉢ D>0.5이면, $V_s < V_0$ 🗒 ③

24 3상 권선형 유도전동기에서 2차 측 저항을 2배로 할 경우 최대 토크의 변화는?

① 2배가 된다.

② $\frac{1}{2}$로 줄어든다.

③ $\sqrt{2}$ 배가 된다.

④ 변하지 않는다.

풀이 슬립과 토크의 특성곡선에서 알 수 있듯이 2차 저항을 변화시켜도 최대 토크는 변화하지 않는다.

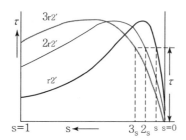

🗒 ④

25 그림과 같은 논리회로를 1개의 게이트로 표현하면?

① NOT
② OR
③ AND
④ NOR

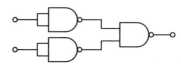

풀이 $X = \overline{\overline{A}\overline{B}} = \overline{\overline{A}} + \overline{\overline{B}} = A + B$

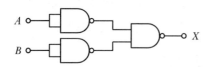

🗒 ②

26 서지보호장치(SPD)를 기능에 따라 분류할 때 포함되지 않는 것은?

① 복합형 SPD

② 전압 제한형 SPD

③ 전압 스위칭형 SPD

④ 전류 스위칭형 SPD

풀이 서지보호장치(SPD)는 기능에 따라 전압 스위칭형 SPD, 전압 제한형 SPD, 복합형 SPD로 분류된다.

답 ④

27 그림과 같이 단상 반파 정류 회로에서 저항 R에 흐르는 전류는 약 몇 A인가?(단, $v = 200\sqrt{2}\sin\omega t[\text{V}]$, $R = 10\sqrt{2}[\Omega]$이다.)

① 3.18

② 6.37

③ 9.26

④ 12.74

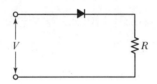

풀이 단상 반파 정류회로이므로 $I_{dc} = \dfrac{V_{dc}}{R} = \dfrac{0.45V}{R} = \dfrac{0.45 \times 200}{10\sqrt{2}} \fallingdotseq 6.37[\text{A}]$이다.

답 ②

28 직렬회로에서 저항 $6[\Omega]$, 유도리액턴스 $8[\Omega]$인 부하에 비정현파 전압 $v = 200\sqrt{2}$ $\sin\omega t + 100\sqrt{2}\sin 3\omega t[\text{V}]$를 가했을 때, 이 회로에서 소비되는 전력은 약 몇 W인가?

① 2,456

② 2,498

③ 2,534

④ 2,563

풀이 비정현파의 유효전력은 주파수가 같은 전압과 전류에 의한 유효전력의 대수합으로 구한다.

• 기본파의 임피던스 $Z_1 = \sqrt{R^2 + (\omega L)^2} = \sqrt{6^2 + 8^2} = 10[\Omega]$

• 기본파의 역률 $\cos\theta_1 = \dfrac{R}{Z_1} = \dfrac{6}{10} = 0.6$

• 기본파의 전류 $I_1 = \dfrac{V_1}{Z_1} = \dfrac{200}{10} = 20[\text{A}]$

• 3고조파의 임피던스 $Z_3 = \sqrt{R^2 + (3\omega L)^2} = \sqrt{6^2 + (3 \times 8)^2} = 24.74[\Omega]$

• 3고조파의 역률 $\cos\theta_3 = \dfrac{R}{Z_3} = \dfrac{6}{24.74} = 0.24$

• 3고조파의 전류 $I_3 = \dfrac{V_3}{Z_3} = \dfrac{100}{24.74} = 4.04[\text{A}]$

• 유효전력 $P = V_1 I_1 \cos\theta_1 + V_3 I_3 \cos\theta_3 = 200 \times 20 \times 0.6 + 100 \times 4.04 \times 0.24 = 2,497[\text{W}]$

답 ②

29 동기발전기를 병렬 운전하고자 하는 경우의 조건에 해당되지 않는 것은?

① 기전력의 위상이 같을 것　　　② 기전력의 파형이 같을 것
③ 발전기의 주파수가 같을 것　　④ 기전력의 임피던스가 같을 것

> **풀이** **병렬 운전의 조건**
> ㉠ 기전력의 크기가 같을 것
> ㉡ 기전력의 위상이 같을 것
> ㉢ 기전력의 주파수가 같을 것
> ㉣ 기전력의 파형이 같을 것
>
> **답** ④

30 반도체 소자 다이오드를 병렬로 접속하는 주된 목적은?

① 고전압화　　② 고주파화　　③ 대용량화　　④ 저손실화

> **풀이** 다이오드를 병렬 접속하여 사용하게 되면 전류 용량을 증가시킬 수 있으므로 대용량화가 가능해진다.
>
> **답** ③

31 전력변환 방식 중 직류전압을 높은 전압에서 낮은 전압으로 변환하는 장치는?

① 인버터　　　　　　② 반파정류
③ 벅컨버터　　　　　④ 부스트 컨버터

> **풀이** ㉠ DC → AC로 변환
> ㉡ AC → DC로 변환
> ㉢ DC → DC로 변환(높은 전압 → 낮은 전압)
> ㉣ DC → DC로 변환(낮은 전압 → 높은 전압)
>
> **답** ③

32 220/380V 겸용 3상 유도전동기의 리드선은 몇 가닥을 인출하는가?

① 3　　　　　② 4　　　　　③ 6　　　　　④ 8

> **풀이** 380[V] 전원을 사용할 때에는 유도전동기를 Y 결선하여야 하고, 220[V] 전원을 사용할 때에는 유도전동기를 △결선하여 한다. Y 결선과 △ 결선을 하기 위해서는 6 가닥의 리드선을 인출하여야 한다.
>
> **답** ③

33 송전선로에서 코로나 임계전압(kV)의 식은?(단, d 및 r은 전선의 지름 및 반지름, D는 전선의 평균 선간거리, 단위는 cm이며 다른 조건은 무시한다.)

① $24.3d\log_{10}\dfrac{r}{D}$　　② $24.3d\log_{10}\dfrac{D}{r}$　　③ $\dfrac{24.3}{d\log_{10}\dfrac{r}{D}}$　　④ $\dfrac{24.3}{d\log_{10}\dfrac{D}{r}}$

풀이 송전선로에서 코로나 임계전압

$E_o = 24.3m_o m_1 \delta d\log_{10}\dfrac{D}{r}[\text{kV}]$

여기서, m_o : 전선표면계수(단선 1, ACSR 0.8)

m_1 : 기상(날씨)계수(청명 1, 비 0.8)

δ : 상대공기밀도$\left(\delta \propto \dfrac{기압}{온도}\right)\left(\dfrac{0.386b}{273+t}\right)$

d : 전선의 직경

다른 조건은 무시하므로($m_o = 1$, $m_1 = 1$, $\delta = 1$)

$E_o = 24.3d\log_{10}\dfrac{D}{r}[\text{kV}]$

답 ②

34 다음 논리회로의 논리식 Z의 출력을 간략화하면?

$$Z = \overline{A}\,\overline{B}\,\overline{C} + \overline{A}\,\overline{B}C + A\overline{B}\,\overline{C} + \overline{A}BC + A\overline{B}C + ABC$$

① $\overline{A} + BC$　　　② $\overline{B} + C$　　　③ $\overline{A}\,\overline{B} + A\overline{C}$　　　④ $\overline{A}(B+C)$

풀이 카르노 맵 사용

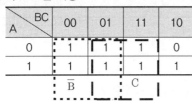

답 ②

35 직류 분권 전동기에서 전압의 극성을 반대로 공급하였을 때 다음 중 옳은 것은?

① 회전 방향은 변하지 않는다.　　② 회전 방향이 반대로 된다.

③ 회전하지 않는다.　　　　　　④ 발전기로 된다.

풀이 직류전동기는 전원의 극성을 바꾸게 되면, 계자권선과 전기자권선의 전류 방향이 동시에 바뀌게 되므로 회전 방향이 바뀌지 않는다.

답 ①

36 전기공급 설비 및 전기사용 설비에서 전선의 접속법에 대한 설명으로 틀린 것은?

① 접속부분은 접속관, 기타의 기구를 사용한다.

② 전선의 세기를 20[%] 이상 감소시키지 않는다.

③ 전선의 전기저항이 증가되도록 접속하여야 한다.

④ 접속부분은 절연전선의 절연물과 동등 이상의 절연 효력이 있도록 충분히 피복한다.

풀이 전선의 접속 시 전선의 전기저항을 증가시키지 않도록 접속하여야 한다. **답** ③

37 22.9[kV] 배전선로 가선공사에서 주상의 경완금(경완철)에 전선을 가선 작업할 때 필요 없는 금구류 또는 자재는 다음 중 어느 것인가?

① 앵커쇄클 ② 현수애자

③ 소켓아이 ④ 데드앤드 크램프

풀이

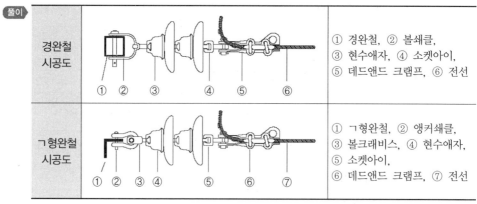

경완철 시공도		① 경완철, ② 볼쇄클, ③ 현수애자, ④ 소켓아이, ⑤ 데드앤드 크램프, ⑥ 전선
ㄱ형완철 시공도		① ㄱ형완철, ② 앵커쇄클, ③ 볼크래비스, ④ 현수애자, ⑤ 소켓아이, ⑥ 데드앤드 크램프, ⑦ 전선

답 ①

38 동기 전동기의 전기자 권선을 단절권으로 하는 이유는?

① 역률을 좋게 한다. ② 절연을 좋게 한다.

③ 고조파를 제거한다. ④ 기전력의 크기가 높아진다.

풀이 단절권 : 코일의 간격이 자극의 간격보다 작게 하는 것으로 고조파 제거로 파형이 좋아지고 코일 단부가 단축되어 동량이 적게 드는 장점이 있다. **답** ③

39 동기전동기 12극, 60Hz 회전자계의 속도는 몇 m/s인가?(단, 회전자계의 극 간격은 1m이다.)

① 60   ② 90   ③ 120   ④ 180

풀이 $N_s = \dfrac{120f}{p} = \dfrac{120 \times 60}{12} = 600[rpm]$ 이고,

초당 회전수는 $\dfrac{600}{60} = 10[\text{rps}]$

회전자의 둘레는 12극×1[m]=12[m]이므로,

∴ 회자자계 주변속도는 12[m]×10[rps] =120[m/s]   **답 ③**

40 400[V] 미만인 저압용의 계기용변성기에 있어서 그 철심 외함에 적당한 접지공사는?

① 제1종 접지공사   ② 제2종 접지공사

③ 제3종 접지공사   ④ 특별 제3종 접지공사

풀이

접지종별	적용기기
제1종 접지공사	고압이상 기계기구의 외함
제2종 접지공사	변압기 2차측 중성점 또는 1단자
제3종 접지공사	400[V] 미만인 기기 외함, 철대
특별 제3종 접지공사	400[V] 이상인 저압기계기구 외함, 철대

답 ③

41 자기용량 10kVA인 단권변압기를 이용해서 배전전압 3000V를 3300V로 승압하고 있다. 부하 역률이 80%일 때 공급할 수 있는 부하 용량은 약 몇 kW인가?(단, 단권변압기의 손실은 무시한다.)

① 58   ② 68   ③ 78   ④ 88

풀이 부하용량＝자기용량× $\dfrac{\text{고압측전압}}{\text{승압전압}} = 10 \times \dfrac{3300}{(3300-3000)} = 110[\text{kVA}]$

부하 역률이 80%일 때 공급할 수 있는 부하 용량 P=110×0.8=88[kW]   **답 ④**

42 송전선로에 코로나가 발생하였을 때 장점은?

① 송전선로의 전력 손실을 감소시킨다.

② 전력선 반송 통신설비에 잡음을 감소시킨다.

③ 송전선로에서의 이상전압 진행파를 감소시킨다.

④ 중성점 직접접지 방식의 송전선로 부근의 통신선에 유도장해를 감소시킨다.

풀이 코로나가 발생하면 전력 손실이 생기며 전기회로 측면에서 보면 저항과 같은 역할을 하므로 이상 전압 발생 시 이상 전압을 경감시킨다. **답** ③

43 변압기의 누설 리액턴스를 감소시키는 데 가장 효과적인 방법은?

① 권선을 동심 배치한다.　　　　　② 코일을 분할하여 조립한다.
③ 코일의 단면적을 크게 한다.　　　④ 철심의 단면적을 크게 한다.

풀이 실제의 변압기에서는 1차, 2차 권선을 통과하는 자속 이외에 권선의 일부만을 통과하는 누설자속이 존재하는데, 이 누설자속은 변압 작용에는 도움이 되지 않고 자기 인덕턴스 역할만 한다. 이것을 누설 리액턴스라 한다. 이를 줄이기 위해 권선을 분할하여 조립하는 방법이 있다. **답** ②

44 그림과 같은 전기회로에서 단자 a–b에서 본 합성저항은 몇 [Ω]인가?(단, 저항 R은 3[Ω]이다.)

① 1.0
② 1.5
③ 3.0
④ 4.5

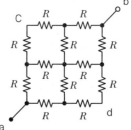

풀이 • 단위 전류법 : 기하학적으로 이루어진 회로망에서 합성저항을 구할 때는 1A의 전류를 입력단자에 흘려 각 저항에서 분배되는 특성으로 알 수 있는 방법

• $R_{ab} = R(\dfrac{1}{2}+\dfrac{1}{4}+\dfrac{1}{4}+\dfrac{1}{2}) = \dfrac{3}{2}R = \dfrac{3}{2}\times3 = 4.5[\Omega]$

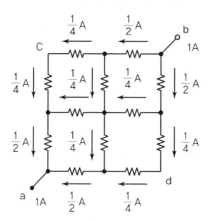

답 ④

45 콘덴서 인가 전압이 20[V]일 때 콘덴서에 800[μC]이 축적되었다면 이때 축적되는 에너지는 몇 [J]인가?

① 0.008   ② 0.016   ③ 0.08   ④ 0.16

풀이 정전에너지 $W = \dfrac{1}{2}CV^2 = \dfrac{1}{2}QV = \dfrac{1}{2} \times 800 \times 10^{-6} \times 20 = 0.008[\text{J}]$ **답** ①

46 동기발전기에서 발생하는 자기 여자 현상을 방지하는 방법이 아닌 것은?

① 단락비를 감소시킨다.
② 발전기 2대 이상을 병렬로 모선에 접속시킨다.
③ 송전선로의 수전단에 변압기를 접속시킨다.
④ 수전단에 부족 여자를 갖는 동기 조상기를 접속시킨다.

풀이 **자기 여자 현상**
동기기 단자에 무(無)부하 송전선 등 일정 이상의 정전용량을 접속할 때 충전전류로 계자를 여자하지 않아도 스스로 전압을 일으키는 현상이다.

자기 여자 현상 방지법
• 발전기의 단락비를 크게 한다.
• 발전기를 병렬로 연결한다.
• 동기조상기를 사용하여 지상으로 한다.
• 리액터를 병렬로 연결한다.   **답** ①

47 아래 논리회로에서 출력 F로 나올 수 없는 것은?

① AB
② A + B
③ AB + $\overline{\text{A}}\,\overline{\text{B}}$
④ $\overline{\text{A}}$B + A$\overline{\text{B}}$

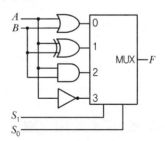

풀이 MUX 0번 입력 = A + B
MUX 1번 입력 = $\overline{\text{A}}$B + A$\overline{\text{B}}$
MUX 2번 입력 = AB
MUX 3번 입력 = $\overline{\text{A}}$ **답** ③

48 전기회로에서 전류에 의해 만들어지는 자기장의 자력선의 방향을 나타내는 법칙은?

① 암페어의 오른나사 법칙　　　　② 플레밍의 왼손 법칙

③ 가우스의 법칙　　　　　　　　④ 렌츠의 법칙

풀이 앙페르의 오른나사 법칙 : 전류에 의하여 생기는 자기장의 자력선의 방향을 결정　　　**답** ①

49 RC 직렬회로에서 $t=0$일 때 직류전압 10[V]를 인가하면 $t=0.1[\mathrm{sec}]$일 때 전류는 약 몇 [mA]인가?(단, R=1000[Ω], C=50[μF]이고, 초기 정전용량은 0이다.)

① 2.25　　　　　② 1.85　　　　　③ 1.55　　　　　④ 1.35

풀이 RC 직렬회로의 과도현상에서 전류 $i=\dfrac{V}{R}\cdot e^{-\frac{1}{RC}t}$ 이므로,

전류 $i=\dfrac{10}{1000}\cdot e^{-\frac{1}{1000\times50\times10^{-6}}\times0.1}=0.00135[\mathrm{A}]=1.35[\mathrm{mA}]$ 이다.

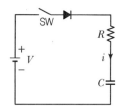

답 ④

50 어떤 정현파 전압의 평균값이 220[V]이면 최댓값은 약 몇 [V]인가?

① 282　　　　　② 315　　　　　③ 345　　　　　④ 445

풀이 평균값 $V_a=\dfrac{2}{\pi}V_m$ 이므로,

최댓값 $V_m=\dfrac{\pi}{2}V_a=\dfrac{\pi}{2}\times220\simeq345.6[\mathrm{V}]$ 이다.　　　**답** ③

51 345[kV]인 가공송전선을 사람이 쉽게 들어갈 수 없는 산지에 시설하는 경우 가공 송전선의 지표상 높이는 최소 몇 [m]인가?

① 5.28　　　　　② 6.28　　　　　③ 7.28　　　　　④ 8.28

풀이 가공 송전선의 지표상 높이

전압구분		154[kV]	345[kV]	765[kV]
시가지		11.44[m]	13.72[m]	13.95[m]
기타 지역	일반	6[m]	8.28[m]	10.52[m]
	철도 및 궤조면상	6.5[m]	8.78[m]	15[m]
	도로	6[m]	8.28[m]	13.32[m]
	산지(사람이 쉽게 들어갈 수 없는 곳)	5[m]	7.28[m]	10.52[m]

답 ③

52 전기공사에서 정부나 공공기관에서 발주하는 물량 산출 시 전기재료의 할증률 중 옥외 케이블은 일반적으로 몇 [%] 이내로 하여야 하는가?

① 1 　　　 ② 3 　　　 ③ 5 　　　 ④ 10

풀이 전선의 할증률
- 옥외전선 : 5[%]
- 옥내전선 : 10[%]
- 옥외 케이블 : 3[%]
- 옥내 케이블 : 5[%]

답 ②

53 전력변환 장치에서 턴 온(Turn On) 및 턴 오프(Turn Off) 제어가 모두 가능한 반도체 스위칭 소자가 아닌 것은?

① GTO 　　　 ② SCR 　　　 ③ IGBT 　　　 ④ MOSFET

풀이 SCR은 점호(Turn On)능력은 있으나 소호(Turn Off)능력이 없다.

답 ②

54 3상 유도 전동기의 1차 접속을 $\triangle$결선에서 Y결선으로 바꾸면 기동 시의 1차 전류는?

① $\frac{1}{3}$로 감소한다. 　　　 ② $\frac{1}{\sqrt{3}}$로 감소한다.

③ 3배로 증가한다. 　　　 ④ $\sqrt{3}$배로 증가한다.

풀이 Y－△기동법 : 고정자권선을 Y로 하여 상전압을 줄여 기동전류를 줄이고 나중에 △로 하여 운전하는 방식으로 기동전류는 정격전류의 1/3로 줄어든다.

답 ①

55 표준시간을 내경법으로 구하는 수식으로 맞는 것은?

① 표준시간＝정미시간－여유시간

② 표준시간＝정미시간×(1－여유율)

③ 표준시간＝정미시간×$\left(\dfrac{1}{1-여유율}\right)$

④ 표준시간＝정미시간×$\left(\dfrac{1}{1+여유율}\right)$

풀이 • 내경법 : 표준시간＝ 정미시간×$\left(\dfrac{1}{1-여유율}\right)$

• 외경법 : 표준시간＝ 정미시간×(1＋여유율) **답** ③

56 검사특성곡선(OC Curve)에 관한 설명으로 틀린 것은?(단, N : 로트의 크기, n : 시료의 크기, c : 합격판정개수이다.)

① N, n이 일정할 때 c가 커지면 나쁜 로트의 합격률은 높아진다.

② N, c가 일정할 때 n이 커지면 좋은 로트의 합격률은 낮아진다.

③ N/n/c의 비율이 일정하게 증가하거나 감소하는 퍼센트 샘플링 검사 시 좋은 로트의 합격률은 영향이 없다.

④ 일반적으로 로트의 크기 N이 시료 n에 비해 10배 이상 크다면, 로트의 크기를 증가시켜도 나쁜 로트의 합격률은 크게 변화하지 않는다.

풀이 검사특성곡선의 판정

• N, n이 일정하고 c가 변할 때 : c가 증가할수록 OC곡선은 오른쪽으로 기울기가 완만하게 변하며 소비자 위험 확률(β)이 증가하고 생산자 위험 확률(α)은 상대적으로 감소

• N, c가 일정하고 n이 변할 때 : n이 증가할수록 OC곡선은 기울기가 급격히 변하며 소비자 위험 확률(β)이 감소

• N/n/c의 비율이 일정할 때(퍼센트 샘플링) : OC곡선의 기울기가 급해지면 샘플링검사의 판별능력이 좋아짐

• c, n이 일정하고 N이 변할 때 : N은 OC곡선에 별로 영향을 미치지 않으며 $\dfrac{N}{n}>10$이면 생산자위험은 작은 수준으로 유지할 수 있는 샘플링 방식 **답** ③

57 품질특성에서 X 관리도로 관리하기에 가장 거리가 먼 것은?

① 볼펜의 길이 ② 알코올 농도

③ 1일 전력소비량 ④ 나사길이의 부적합품 수

• X 관리도는 계량치 관리도이고, 부적합품 수와 같은 데이터는 계수치 관리도로 관리한다.
　　• 계량치에 관한 관리도 : 길이, 무게, 강도, 전압, 전류 등 연속변량 측정
　　• 계수치에 관한 관리도 : 직물의 얼룩, 흠 등과 같이 한 개, 두 개로 계수되는 수치와 그에 따른 불량률

답 ④

58 다음 데이터로 통계량을 계산한 것 중 틀린 것은?

21.5, 23.7, 24.3, 27.2, 29.1

① 범위$(R) = 7.6$　　　　　　　　② 제곱합$(S) = 7.59$

③ 중앙값$(Me) = 24.3$　　　　　　④ 시료분산$(s^2) = 8.988$

범위(R) : 자료가 흩어져 있는 정도를 측정하는 방법, 최고값에서 최솟값을 빼준 값
　　범위 $R = $ 최고값 $-$ 최솟값 $+1 = 29.1 - 21.5 = 7.6$
　　• 제곱합(S) : 자료값의 편차(평균값의 차)를 제곱하여 더한 값
　　　제곱합 $S = (21.5 - 25.16)^2 + (23.7 - 25.16)^2 + (24.3 - 25.16)^2 + (27.2 - 25.16)^2 + (29.1 - 25.16)^2$
　　　　　 $= 35.95$
　　• 중앙값(median) : 자료를 크기순으로 배열하여 가장 중앙에 위치하는 값
　　　중앙값 $Me = 24.3$
　　• 시료분산(s^2) : 자료값의 편차(평균값의 차)에 대한 제곱의 평균
　　　시료분산 $s^2 = \dfrac{1}{N-1}\sum(x_i - \overline{x})^2 = \dfrac{1}{5-1}[(21.5 - 25.16)^2 + (23.7 - 25.16)^2 + (24.3 - 25.16)^2$
　　　　　　　　　　$+ (27.2 - 25.16)^2 + (29.1 - 25.16)^2] = 8.98$

답 ②

59 다음 그림의 AOA(Activity－on－Arc) 네트워크에서 E 작업을 시작하려면 어떤 작업들이 완료되어야 하는가?

① B
② A, B
③ B, C
④ A, B, C

AOA(Activity－On－Arc) 네트워크는 작업의 단계를 도형화하여 선행관계 중심으로 표시하는 방법이다. 따라서, E 작업은 도형에서 A, B, C 작업이 선행되어야 한다.

답 ④

60 브레인스토밍(Brainstorming)과 가장 관계가 깊은 것은?

① 특성요인도　　　② 파레토도　　　③ 히스토그램　　　④ 회귀분석

[풀이] 특성요인도를 통해 근본적 원인을 찾기 위한 절차

- 분석대상이 되는 문제에 관련된 경험과 지식 수집
- 브레인스토밍을 통해 지식과 문제의 원인 의견 수집
- 주요 원인의 결정
- 특성요인도를 분석하고 근본적 문제해결을 위한 실행방법 논의

　※ 브레인스토밍(Brainstorming) : 일정한 테마에 관하여 회의형식을 채택하고, 구성원의 자유발
　　 언을 통한 아이디어의 제시를 요구하여 발상을 찾아내려는 방법

　※ 특성요인도 : 특성에 대하여 어떤 요인이 어떤 관계로 영향을 미치고 있는지 명확히 하여 원인
　　 규명을 쉽게 할 수 있도록 하는 기법　　　　　　　　　　　　　　　　　　　　**답** ①

2018년 63회 · 전기기능장 필기

Master Craftsman Electricity

01 유도성 부하에 단상 100[V]의 전압을 가하면 30[A]의 전류가 흐르고 1.8[kW]의 전력을 소비한다고 한다. 이 유도성 부하와 병렬로 콘덴서를 접속하여 회로의 합성역률을 100[%]로 하기 위한 용량성 리액턴스는 약 몇 [Ω]이면 되는가?

① 2.32　　　　② 3.24　　　　③ 4.17　　　　④ 5.28

풀이
- 현재 역률 $\cos\theta = \dfrac{P}{VI} = \dfrac{1.8\times10^3}{100\times30} = 0.6$

- 역률 개선용 콘덴서 용량 $Q = P(\tan\theta_1 - \tan\theta_2)$[kVA]

  $Q = 1.8\times10^3 \times (\tan(\cos^{-1}0.6) - \tan(\cos^{-1}1.0)) = 2,400$[VA]

- 용량 리액턴스 $X_C = \dfrac{V^2}{Q} = \dfrac{100^2}{2400} = 4.17$[Ω]　　　　**답** ③

02 그림과 같은 병렬회로에서 저항 $r = 3$[Ω], 유도 리액턴스 $X = 4$[Ω]이다. 이 회로 a −b 간의 역률은?

① 0.8
② 0.6
③ 0.5
④ 0.4

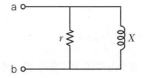

풀이 R−L 병렬회로의 어드미턴스 합성은 아래와 같으므로,

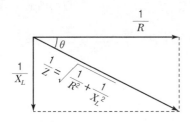

역률 $\cos\theta = \dfrac{G}{Y} = \dfrac{\dfrac{1}{R}}{\sqrt{(\dfrac{1}{R})^2 + (\dfrac{1}{X_L})^2}} = \dfrac{\dfrac{1}{3}}{\dfrac{5}{12}} = 0.8$　　　　**답** ①

03 그림과 같은 RLC 병렬 공진회로에 관한 설명 중 옳지 않은 것은?(단, Q는 전류확대율 이다.)

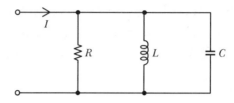

① R이 작을수록 Q가 커진다.
② 공진 시 입력 어드미턴스는 매우 작아진다.
③ 공진 주파수 이하에서의 입력 전류는 전압보다 위상이 뒤진다.
④ 공진 시 L 또는 C를 흐르는 전류는 입력 전류 크기의 Q배가 된다.

풀이 보기 ①, ④ : 전류확대율 $Q = \dfrac{I_{L0}}{I_0} = \dfrac{I_{C0}}{I_0} = \dfrac{R}{\omega_0 L} = \omega_0 CR$

(I_{L0}, I_{C0} : 공진 시 L 또는 C에 흐르는 전류, I_0 : 전체 공진전류)

보기 ② : 병렬공진 시 어드미턴스의 허수항이 0이 되므로 어드미턴스는 최솟값이 된다.

보기 ③ : 공진주파수보다 높은 주파수에서는 앞선 전류, 낮은 경우에는 뒤진 전류가 흐른다.

답 ①

04 환상 솔레노이드의 원환 중심선의 반지름 a = 50[mm], 권수 $N = 1000$회이고, 여기에 20[mA]의 전류가 흐를 때, 중심선의 자계의 세기는 약 몇 [AT/m]인가?

① 52.2　　　　② 63.7　　　　③ 72.5　　　　④ 85.6

풀이 아래와 같이 환상 솔레노이드의 내부 자계의 세기 $H = \dfrac{NI}{\ell} = \dfrac{NI}{2\pi r}$ [AT/m]이므로,

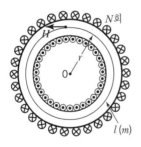

자계의 세기 $H = \dfrac{1000 \times 20 \times 10^{-3}}{2 \times \pi \times 50 \times 10^{-3}} = 63.70$[AT/m]

답 ②

05 그림의 회로에서 5[Ω]의 저항에 흐르는 전류[A]는?(단, 각각의 전원은 이상적인 것으로 본다.)

① 10

② 15

③ 20

④ 25

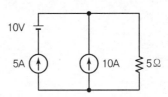

풀이 중첩의 원리를 이용하여 5[Ω]의 저항에 흐르는 전류를 해석하면 다음과 같다.

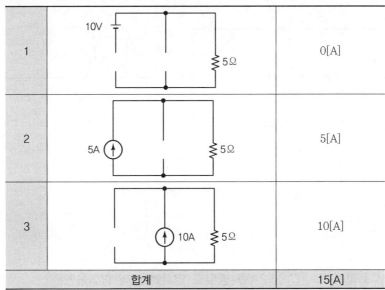

1	10V 5Ω	0[A]
2	5A 5Ω	5[A]
3	10A 5Ω	10[A]
합계		15[A]

답 ②

06 순서회로 설계의 기본인 JK-FF 진리표에서 현재 상태의 출력 Q_n이 "0"이고, 다음 상태의 출력 Q_{n+1}이 "1"일 때 필요입력 J 및 K의 값은?(단, x는 "0" 또는 "1"이다.)

① J=0, K=0　　② J=0, K=1　　③ J=0, K=x　　④ J=1, K=x

풀이 JK플립플롭 진리표

J	K	$Q_{(t+1)}$
0	0	Q_0(불변)
0	1	0
1	0	1
1	1	$\overline{Q_0}$(반전)

-J=1, K=0, 클록 발생 : Q의 값을 1로 세팅한다.

-J=1, K=1, 클록 발생 : Q의 값을 토글한다.(Q_n : 0 → $Q_{(t+1)}$: 1)

답 ④

07 그림과 같은 $v = 100\sin wt\,\mathrm{V}$인 정현파 교류전압의 반파 정류파에서 사선부분의 평균 값은 약 몇 V인가?

① 51.69

② 37.25

③ 27.17

④ 16.23

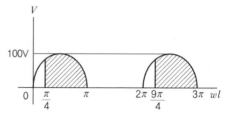

풀이 단상 반파 정류 회로

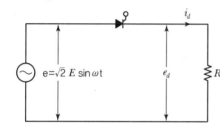
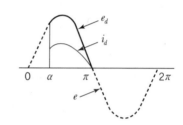

$$E_d = \frac{1}{2\pi}\int_{\alpha}^{\pi}\sqrt{2}\,E\mathrm{Sin}\omega t\,\mathrm{d}(\omega t) = \frac{\sqrt{2}\,\mathrm{E}}{2\pi}\left[-\cos\omega t\right]_{\alpha}^{\pi}$$

$$= \frac{\sqrt{2}}{\pi}E\left(\frac{1+\cos\alpha}{2}\right) = 0.45E\left(\frac{1+\cos\alpha}{2}\right) = 0.45 \times \frac{100}{\sqrt{2}} \times \left(\frac{1+\cos 45°}{2}\right)$$

$$\fallingdotseq 27.17[\mathrm{V}]$$

답 ③

08 콘덴서 용량이 C_1, C_2인 2개를 병렬로 연결했을 때 합성용량은?

① $C_1 + C_2$ ② $C_1 C_2$ ③ $\dfrac{C_1 C_2}{C_1 + C_2}$ ④ $\dfrac{C_1 + C_2}{C_1 C_2}$

답 ①

09 이상 변압기를 포함하는 그림과 같은 회로의 4단자 정수 $\begin{bmatrix} A\ B \\ C\ D \end{bmatrix}$는?

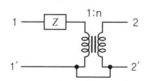

① $\begin{bmatrix} n & 0 \\ Z & \dfrac{1}{n} \end{bmatrix}$

② $\begin{bmatrix} n & \dfrac{1}{n} \\ nZ & 1 \end{bmatrix}$

③ $\begin{bmatrix} \dfrac{1}{n} & nz \\ 0 & n \end{bmatrix}$

④ $\begin{bmatrix} n & 0 \\ \dfrac{Z}{n} & Z \end{bmatrix}$

• 변압기 권수비 $a = \dfrac{1}{n} = \dfrac{V_1}{V_2} = \dfrac{I_2}{I_1}$ 이다.

• 4단자망 기본식을 행렬로 표시하면,

$$\begin{bmatrix} V_1 \\ I_1 \end{bmatrix} = \begin{bmatrix} A & B \\ C & D \end{bmatrix} \begin{bmatrix} V_2 \\ I_2 \end{bmatrix}$$

• 출력 단자 2-2′를 개방하면, 출력 단자 전류 $I_2 = 0$이 되므로,

$$A = \left(\dfrac{V_1}{V_2} \right)_{I_2 = 0} = \dfrac{1}{n}, \quad C = \left(\dfrac{I_1}{V_2} \right)_{I_2 = 0} = \left(\dfrac{nI_2}{V_2} \right)_{I_2 = 0} = 0$$

• 출력 단자 2-2′를 단락하면, 출력 단자 전압 $V_2 = 0$이 되므로,

$$B = \left(\dfrac{V_1}{I_2} \right)_{V_2 = 0} = \left(\dfrac{V_1}{\dfrac{I_1}{n}} \right)_{V_2 = 0} = \left(\dfrac{V_1}{I_1} n \right)_{V_2 = 0} = nz$$

$$D = \left(\dfrac{I_1}{I_2} \right)_{V_2 = 0} = n$$

답 ③

10 다음 그림에서 코일에 인가되는 전압의 크기 V_L은 몇 V인가?

① $2\pi \sin \dfrac{\pi}{6} t$

② $4\pi \cos \dfrac{\pi}{6} t$

③ $6\pi \cos \dfrac{\pi}{6} t$

④ $12\pi \sin \dfrac{\pi}{6} t$

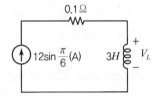

풀이 코일에 자체 유도 작용에 의하여 유도전압이 발생한다.

유도전압 $V_L = -L \dfrac{\Delta i}{\Delta t} = 3 \left(12 \times \dfrac{\pi}{6} \cos \dfrac{\pi}{6} t \right) = 6\pi \cos \dfrac{\pi}{6} t [V]$

답 ③

11 회로에 접속된 콘덴서(C)와 코일(L)에서 실제적으로 급격하게 변할 수 없는 것은?

① 코일(L) : 전압, 콘덴서(C) : 전류   ② 코일(L) : 전류, 콘덴서(C) : 전압

③ 코일(L), 콘덴서(C) : 전류   ④ 코일(L), 콘덴서(C) : 전압

풀이 코일(L)은 코일에 흐르는 전류를 변화시키면 코일의 자속도 변화하므로 전자유도에 의해 자속의 변화를 방해하려는 방향으로 유도 기전력이 발생하여 전류의 변화를 방해한다. 따라서, 급격한 전류의 변화를 방해하려는 성질이 있다.

• 콘덴서(C)는 콘덴서에 전압을 인가하면 도체면에 전하가 축적된다. 이때 축적되는 전하량은 도체에 인가한 전압에 비례하여 증가한다. 따라서, 축적된 전하에 의해 전압은 급격히 변화할 수 없게 된다.

답 ②

12 많은 입력선 중에서 필요한 데이터를 선택하여 단일 출력선으로 연결시켜 주는 회로는?

① 인코드

② 디코드

③ 멀티플렉서

④ 디멀티플렉서

풀이 멀티플렉서(Multiplexer : MUX) : 여러 개의 입력선 중에서 하나를 선택하여 단일 출력선으로 연결하는 조합 회로이다.

답 ③

13 전계 내 임의의 한 점에 단위전하 +1[C]을 놓았을 때 이에 작용하는 힘을 무엇이라 하는가?

① 전위

② 전위차

③ 전속밀도

④ 전계의 세기

풀이 전계의 세기는 $E = \dfrac{F}{Q}[N/C]$으로 단위 정전하에 작용하는 힘이라 할 수 있다.

답 ④

14 유도 기전력에 관한 렌츠의 법칙을 맞게 설명한 것은?

① 유도 기전력의 크기는 자기장의 방향과 전류의 방향에 의하여 결정된다.

② 유도 기전력은 자속의 변화를 방해하려는 방향으로 발생한다.

③ 유도 기전력의 크기는 코일을 지나는 자속의 매초 변화량과 코일의 권수에 비례한다.

④ 유도 기전력은 자속의 변화를 방해하려는 역방향으로 발생한다.

풀이 렌츠의 법칙 : 유도기전력의 방향은 코일을 지나는 자속이 증가될 때에는 자속을 감소시키는 방향으로, 자속이 감소될 때는 자속을 증가시키는 방향으로 발생한다.

답 ②

15 $C_1 = 1[\mu F]$, $C_2 = 2[\mu F]$, $C_3 = 3[\mu F]$인 3개의 콘덴서를 직렬로 접속하여 500[V]의 전압을 가할 때 C_1 양단에 걸리는 전압은 약 몇 V인가?

① 91

② 136

③ 272

④ 327

풀이 • 아래 회로와 같이 콘덴서를 직렬로 연결할 경우 각각의 콘덴서의 축적되는 전하량(Q)은 동일하고, $Q = CV$ 관계가 성립한다.

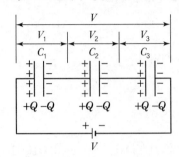

• 합성정전용량 $C = \dfrac{1}{\dfrac{1}{C_1} + \dfrac{1}{C_2} + \dfrac{1}{C_1}} = \dfrac{6}{11}\,[\mu\text{F}]$

• 전하량 $Q = CV = \dfrac{6}{11} \times 10^{-6} \times 500 = 272 \times 10^{-6}\,[\text{C}]$

• C_1 양단에 걸리는 전압 $V_1 = \dfrac{Q}{C_1} = \dfrac{272 \times 10^{-6}}{1 \times 10^{-6}} = 272\,[\text{V}]$

답 ③

16 카르노도에서 간략화된 논리함수를 구하면?

	$\overline{A}\,\overline{B}$	$\overline{A}B$	AB	$A\overline{B}$
$\overline{C}\,\overline{D}$	1	1	1	1
$\overline{C}D$	1	1	1	1
CD	1	1		
$C\overline{D}$	1	1		1

① $\overline{A} + \overline{C} + \overline{B}\,\overline{D}$ ② $A + C + \overline{B}\,\overline{D}$ ③ $\overline{B} + \overline{D} + AC$ ④ $\overline{B} + D + \overline{A}\,\overline{C}$

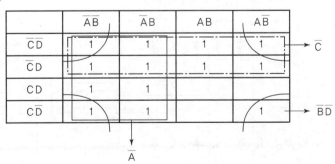

답 ①

17 자기인덕턴스가 50[mH]인 코일에 흐르는 전류가 0.01초 사이에 5[A]에서 3[A]로 감소하였다. 이 코일에 유기되는 기전력은 몇 [V]인가?

① 10   ② 15   ③ 20   ④ 25

풀이 유도기전력 $e = -L\dfrac{\Delta I}{\Delta t} = -50 \times 10^{-3} \times \dfrac{2}{0.01} = -10[\text{V}]$ **답** ①

18 101101에 대한 2의 보수는?

① 010001   ② 010011   ③ 101110   ④ 010010

풀이 • 2의 보수 방식(2's complement form)은 디지털 시스템에서 가장 흔히 음수를 표현하기 위해서 사용되는 방식이다. 여덟 자리 기억 소자에 대해서 설명하면 2의 보수 방식은 100000000 − B의 형태로 B의 음수 − B를 기억 소자상에 저장하는 방식이다.
  • 음수는 모두 2의 보수로 바꾸어 더하면 된다.
  • B = 101101의 2의 보수는 1000000 − 101101 = 010011이다.   **답** ②

19 동일 정격의 다이오드를 병렬로 연결하여 사용하면?

① 역전압을 크게 할 수 있다.   ② 순방향 전류를 증가시킬 수 있다.
③ 절연효과를 향상시킬 수 있다.   ④ 필터 회로가 불필요하게 된다.

풀이 동일 정격의 다이오드를 병렬 연결함으로써 전류가 분산됨으로 다이오드의 정격전류를 높일 수 있다. 즉, 순방향 전류를 증가시킬 수 있다.   **답** ②

20 아래 그림의 3상 인버터 회로에서 온(On) 되어 있는 스위치들이 S_1, S_6, S_2, 오프(Off) 되어 있는 스위치들이 S_3, S_5, S_4라면 전원의 중성점 g와 부하의 중성점 N이 연결되어 있는 경우 부하의 각 상에 공급되는 전압은?

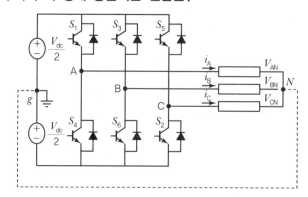

① $v_{AN} = -\dfrac{V_{dc}}{2}, \ v_{BN} = \dfrac{V_{dc}}{2}, \ v_{CN} = \dfrac{V_{dc}}{2}$

② $v_{AN} = \dfrac{3\,V_{dc}}{2}, \ v_{BN} = \dfrac{3\,V_{dc}}{2}, \ v_{CN} = -\dfrac{3\,V_{dc}}{2}$

③ $v_{AN} = \dfrac{V_{dc}}{2}, \ v_{BN} = -\dfrac{V_{dc}}{2}, \ v_{CN} = -\dfrac{V_{dc}}{2}$

④ $v_{AN} = \dfrac{2\,V_{dc}}{3}, \ v_{BN} = -\dfrac{2\,V_{dc}}{3}, \ v_{CN} = \dfrac{2\,V_{dc}}{3}$

풀이 조건에 따라 등가회로를 그리면 아래와 같다.

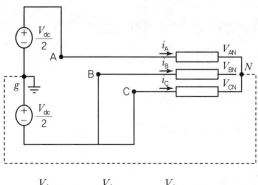

$v_{AN} = \dfrac{V_{dc}}{2}, \ v_{BN} = -\dfrac{V_{dc}}{2}, \ v_{CN} = -\dfrac{V_{dc}}{2}$

답 ③

21 변압기의 등가회로 작성에 필요 없는 시험은?

① 단락시험　　　② 반환부하법　　　③ 무부하시험　　　④ 저항측정시험

풀이 변압기 등기회로도 작성에 필요한 시험
  ㉠ 저항측정시험
  ㉡ 단락시험
  ㉢ 무부하시험
  반환부하시험은 변압기의 온도시험 방법이다.

답 ②

22 출력 3kW, 회전수 1500rpm인 전동기의 토크는 약 몇 kg · m인가?

① 2　　　　　　② 3　　　　　　③ 5　　　　　　④ 15

풀이 $T = \dfrac{1}{9.8}\dfrac{60}{2\pi}\dfrac{P_o}{N} = \dfrac{1}{9.8}\dfrac{60}{2\pi}\dfrac{3 \times 10^3}{1500} \fallingdotseq 2\,[\text{kg} \cdot \text{m}]$

답 ①

23 150kVA인 전부하 동손이 2kW, 철손이 1kW일 때 이 변압기의 최대 효율은 전부하의 몇 %일 때인가?

① 50 　　　　　② 63 　　　　　③ 70.7 　　　　　④ 141.4

풀이 최대 효율 조건 : 철손(Pi)＝동손(Pc)

최대효율이 생기는 부하를 전부하의 $\dfrac{1}{m}$이라면, $P_i = (\dfrac{1}{m})^2 P_c$

$\dfrac{1}{m} = \sqrt{\dfrac{P_i}{P_c}} = \sqrt{\dfrac{1}{2}} \fallingdotseq 0.707$ 즉, 70.7[%] 　　　　　**답** ③

24 전압 스너버(snubber) 회로에 관한 설명으로 틀린 것은?

① 저항(R)과 커패시터(C)로 구성된다.
② 전력용 반도체 소자와 병렬로 접속된다.
③ 전력용 반도체 소자와 보호회로로 사용된다.
④ 전력용 반도체 소자의 전류상승률($\dfrac{di}{dt}$)을 저감하기 위한 것이다.

풀이 **스너버회로**

과도한 전류변화($\dfrac{di}{dt}$)나 전압변화($\dfrac{dv}{dt}$)에 의한 전력용 반도체 스위치의 소손을 막기 위해 사용하는 보호 회로

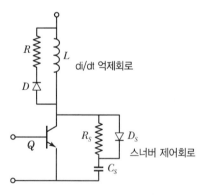

di/dt 억제회로

스너버 제어회로

답 ④

25 직류 복권전동기 중에서 무부하 속도와 전부하 속도가 같도록 만들어진 것은?

① 과복권 　　　　　② 부족복권 　　　　　③ 평복권 　　　　　④ 차동복권

풀이 평복권 전동기 : 무부하 속도와 전부하 속도가 같도록 만들어진 직류 복권전동기이다. 　　**답** ③

26 동기발전기를 병렬 운전할 때 동기 검정기(synchro scope)를 사용하여 측정이 가능한 것은?

① 기전력의 크기　　　　　　　　② 기전력의 파형

③ 기전력의 진폭　　　　　　　　④ 기전력의 위상

풀이 모선과 발전기의 기전력의 위상차를 확인한다.　　　　　　　　　　**답** ④

27 정격출력 P[kW], 역률 0.8, 효율 0.82로 운전하는 3상 유도전동기에 V 결선 변압기로 전원을 공급할 때 변압기 1대의 최소 용량은 몇 kVA인가?

① $\dfrac{2P}{0.8\times0.82\times\sqrt{3}}$　　　　　　② $\dfrac{P}{0.8\times0.82\times3}$

③ $\dfrac{\sqrt{3}\,P}{0.8\times0.82\times2}$　　　　　　④ $\dfrac{P}{0.8\times0.82\times\sqrt{3}}$

풀이 V결선의 3상 출력은 $P_V=\sqrt{3}\,P[\text{kVA}]$과 전동기 용량 $\dfrac{P}{0.8\times0.82}[\text{kVA}]$이 같아야 하므로,

∴ 변압기 1대의 용량 $P=\dfrac{P}{0.8\times0.82\times\sqrt{3}}[\text{kVA}]$이다.　　　　　**답** ④

28 기동 토크가 큰 특성을 가지는 전동기는?

① 직류 분권전동기　　　　　　　② 직류 직권전동기

③ 3상 농형 유도 전동기　　　　　④ 3상 동기 전동기

풀이 직류 직권전동기 : 부하의 변화에 따라 속도가 반비례하고, 기동 토크가 큰 특성을 가진다.

답 ②

29 변류기의 오차를 경감하는 방법은?

① 암페어 턴을 감소시킨다.　　　　② 철심의 단면적을 크게 한다.

③ 투자율이 작은 철심을 사용한다.　④ 평균 자로의 길이를 길게 한다.

풀이 변류기의 오차를 경감하기 위해서는 권회수를 많이 하는 방법과 철심의 단면적을 크게 하는 방법이 있다.　　　　　　　　　　　**답** ②

30 서보(servo) 전동기에 대한 설명으로 틀린 것은?

① 회전자의 직경이 크다.

② 교류용과 직류용이 있다.

③ 속응성이 높다.

④ 기동·정지 및 정회전·역회전을 자주 반복할 수 있다.

[풀이] 서보 전동기는 기계적 응답성이 좋은 것이 요구되므로 회전자를 가늘고 길게 한다. **[답]** ①

31 n차 고조파에 대하여 동기 발전기의 단절 계수는?(단, 단절권의 권선피치와 자극 간격과의 비를 β라 한다.)

① $\sin\dfrac{n\beta\pi}{2}$ ② $\cos\dfrac{n\beta\pi}{2}$ ③ $\sin\dfrac{n\beta\pi}{3}$ ④ $\cos\dfrac{n\beta\pi}{3}$

[풀이] n 고조파에 대한 단절 계수 : $k_{pn} = \sin\dfrac{n\beta\pi}{2}$ **[답]** ①

32 아래 그림과 같은 반파 다이오드 정류기의 상용 입력전압이 $v_s = V_m\sin\theta$라면 다이오드에 걸리는 최대 역전압(Peak Inverse Voltage)은 얼마인가?

① $\dfrac{V_m}{\pi}$

② V_m

③ $\dfrac{V_m}{2}$

④ $\dfrac{V_m}{\sqrt{2}}$

[풀이] 반파 다이오드 정류기에서 다이오드에 걸리는 최대 역전압은 V_m 이다. **[답]** ②

33 벅-부스트 컨버터(Buck-Boost Converter)에 대한 설명으로 옳지 않은 것은?

① 벅-부스트 컨버터의 출력전압은 입력전압보다 높을 수도 있고 낮을 수도 있다.

② 스위칭 주기(T)에 대한 스위치의 온(On) 시간(t_{on})의 비인 듀티비 D가 0.5보다 클 때 벅 컨버터와 같이 출력전압이 입력전압에 비해 낮아진다.

③ 출력전압의 극성은 입력전압을 기준으로 했을 때 반대 극성으로 나타난다.

④ 벅-부스트 컨버터의 입출력 전압비의 관계에 따르면 스위칭 주기(T)에 대한 스위치의 (On) 시간(t_{on})의 비인 듀티비 D가 0.5인 경우는 입력전압과 출력전압의 크기가 같게 된다.

풀이 벅-부스트 컨버터(Buck-boost convert)는 출력전압이 입력전압보다 낮을 수도 있고 높을 수도 있는 컨버터이다. 즉, buck converter와 boost converter의 특성을 모두 가지고 있다고 할 수 있다.

벅-부스트 컨버터(Buck-Boost Converter)의 입력전압(V_s)대 출력 전압(V_0)의 비 $\dfrac{V_0}{V_s} = \dfrac{D}{1-D}$ 이다.

여기서, D를 따라 정리하면 다음과 같다.

① D=0이면, $V_s = V_0$ ② D<0.5이면, $V_s > V_0$ ③ D>0.5이면, $V_s < V_0$

즉, 스위칭 주기(T)에 대한 스위치의 온(On) 시간(t_{on})의 비인 듀티비 D가 0.5보다 클 때 부스터 컨버터와 같이 출력전압이 입력전압에 비해 높아진다. **답** ②

---

34 60Hz의 전원에 접속된 4극, 3상 유도전동기의 슬립이 0.05일 때의 회전속도[rpm]는?

① 90
② 1,710
③ 1,890
④ 36,000

풀이 슬립 $S = \dfrac{N_s - N}{N_s}$, 동기속도 $N_s = \dfrac{120f}{P}$ [rpm]이므로

$N_s = \dfrac{120 \times 60}{4} = 1,800$[rpm]이고, $0.05 = \dfrac{1,800 - N}{1,800}$에서 N을 구하면,

∴ $N = 1,710$[rpm]이다. **답** ②

---

35 포화하고 있지 않은 직류 발전기의 회전수가 $\dfrac{1}{2}$로 감소되었을 때 기전력을 전과 같은 값으로 유지하려면 여자를 속도 변화 전에 비하여 몇 배로 하여야 하는가?

① 1.5배　　② 2배　　③ 3배　　④ 4배

풀이 $E = \dfrac{P}{a} Z\phi \dfrac{N}{60}$ [V]에서 $E \propto \phi N$ 이다. 즉, 직류 발전기의 회전수가 $\dfrac{1}{2}$로 감소되었을 때 기전력을 전과 같은 값으로 유지하려면 여자를 속도 변화 전의 2배로 하여야 한다. **답** ②

---

36 3상 발전기의 전기자 권선에 Y결선을 채택하는 이유로 볼 수 없는 것은?

① 상전압이 낮기 때문에 코로나, 열화 등이 적다.
② 권선의 불균형 및 제3고조파 등에 의한 순환전류가 흐르지 않는다.

③ 중성점 접지에 의한 이상 전압 방지의 대책이 쉽다.

④ 발전기 출력을 더욱 증대할 수 있다.

풀이 **결선법이 쓰이는 이유**

- 선간 전압에서 제3고조파가 나타나지 않아서, 순환전류가 흐르지 않는다.
- △결선에 비해 상전압이 $1/\sqrt{3}$ 배이므로 권선의 절연이 쉬워진다.
- 중성점을 접지하여 지락 사고 시 보호 계전 방식이 간단해진다.
- 코로나 발생률이 적다.

답 ④

37 전기설비가 고장이 나지 않은 상태에서 대지 또는 회로의 노출 도전성 부분에 흐르는 전류는?

① 접촉전류

② 누설전류

③ 스트레스전류

④ 계통 외 도전성 전류

풀이 누설전류(leakage current) : 전로 이외를 흐르는 전류로 전로의 절연체의 내부 및 표면과 공간을 통하여 선간 또는 대지 사이를 흐르는 전류

답 ②

38 동기조상기에 유입되는 여자전류를 정격보다 적게 공급시켜 운전했을 때의 현상으로 옳은 것은?

① 콘덴서로 작용한다.

② 저항부하로 작용한다.

③ 부하의 앞선 전류를 보상한다.

④ 부하의 뒤진 전류를 보상한다.

답 전항정답

39 다음은 풍압하중과 관련된 내용이다. ㉮, ㉯에 들어갈 내용으로 옳은 것은?

> 빙설이 많은 지방이외의 지방에서는 고온계절에는 (㉮) 풍압하중, 저온계절에는 (㉯) 풍압하중을 적용한다.

① ㉮ 갑종, ㉯ 갑종

② ㉮ 갑종, ㉯ 을종

③ ㉮ 갑종, ㉯ 병종

④ ㉮ 을종, ㉯ 병종

풀이 • 빙설이 많은 지방 이외의 지방에서는 고온계절에는 갑종 풍압하중, 저온계절에는 병종 풍압하중을 적용한다.

- 빙설이 많은 지방에서는 고온계절에는 갑종 풍압하중, 저온계절에는 을종 풍압하중을 적용한다.
- 빙설이 많은 지방 중 해안지방 기타 저온계절에 최대풍압이 생기는 지방에서는 고온계절에는 갑종 풍압하중, 저온계절에는 갑종 풍압하중과 을종 풍압하중 중 큰 것을 적용한다.

답 ③

40 저압 연접 인입선의 시설에 대한 기준으로 틀린 것은?

① 옥내를 통과하지 아니할 것

② 폭 5[m]를 초과하는 도로를 횡단하지 아니할 것

③ 인입선에서 분기하는 점에서부터 100[m]를 초과하는 지역에 미치지 아니할 것

④ 철도 또는 궤도를 횡단하는 경우에는 노면상 5[m]를 초과하지 아니할 것

풀이 **연접인입선 시설 제한 규정**
- 인입선에서 분기하는 점에서 100[m]를 넘는 지역에 이르지 않아야 한다.
- 폭 5[m]를 넘는 도로를 횡단하지 않아야 한다.
- 연접 인입선은 옥내를 관통하면 안 된다.
- 고압 연접 인입선은 시설할 수 없다.
- 전선의 높이
  - 도로를 횡단하는 경우에는 노면상 5[m] 이상
  - 철도 또는 궤도를 횡단하는 경우에는 레일면상 6.5[m] 이상
  - 횡단보도교의 위에 시설하는 경우에는 노면상 3[m] 이상
  - 기타의 경우 : 4[m] 이상   **탑** ④

41 평균 구면광도 200[cd]의 전구 10개를 지름 10[m]인 원형의 방에 점등할 때 방의 평균조도는 약 몇 [lx]인가?(단, 조명률은 0.5, 감광보상률은 1.5이다.)

① 26.7   ② 53.3   ③ 80.1   ④ 106.7

풀이 광속 $N \times F = \dfrac{E \times A \times D}{U \times M}$ [lm]이므로,

광속 $F = 4\pi I = 4 \times \pi \times 200 = 2,513$[lm], 방의 면적 $A = \pi r^2 = \pi (\dfrac{10}{2})^2 = 78.5$[m²],

조명률 U=0.5, 감광보상률 D=1.5, 유지률 M=1로 계산하면,

$10 \times 2,513 = \dfrac{E \times 78.5 \times 1.5}{0.5 \times 1.0}$

따라서, $E = 106.7$[lx]이다.   **탑** ④

42 애자사용 공사에 의한 고압 옥내배선의 시설 기준으로 적당하지 않은 것은?

① 전선 상호간의 간격은 8[cm] 이상일 것

② 전선의 지지점 간의 거리는 6[m] 이하일 것

③ 전선과 조영재와의 이격거리는 4[cm] 이상일 것

④ 전선이 조영재를 관통할 때에는 난연성 및 내수성이 있는 절연관에 넣을 것

풀이 애자사용 공사에 의한 고압 옥내배선의 시설 기준
- 사람이 접촉할 우려가 없도록 시설할 것
- 전선은 공칭단면적 6[mm²] 이상인 연동선 또는 이와 동등 이상의 세기 및 굵기의 고압 절연전선이나 특고압 절연전선 또는 인하용 고압 절연전선일 것
- 전선의 지지점 간의 거리는 6[m] 이하일 것
- 전선 상호 간의 간격은 8[cm] 이상, 전선과 조영재 사이의 이격거리는 5[cm] 이상일 것
- 애자사용 공사에 사용하는 애자는 절연성 · 난연성 및 내수성이 있는 것일 것 **답** ③

43 2종 가요전선관을 구부리는 경우 노출장소 또는 점검 가능한 은폐장소에서 관을 시설하고 제거하는 것이 부자유하거나 또는 점검이 불가능할 경우 곡률 반지름을 2종 가요전선관 안지름의 몇 배 이상으로 하여야 하는가?

① 3배 ② 6배 ③ 8배 ④ 12배

풀이 2종 가요전선관을 구부리는 경우(노출장소 또는 점검 가능한 은폐장소)
- 관을 시설하고 제거하는 것이 자유로운 경우 : 곡률반지름은 전선관 안지름의 3배 이상
- 관을 시설하고 제거하는 것이 부자유하거나 점검 불가능할 경우 : 곡률반지름은 전선관 안지름의 6배 이상 **답** ②

44 저압, 고압 및 특고압 수전의 3상 3선식 또는 3상 4선식에서 불평형부하의 한도는 단상 접속부하로 계산하여 설비불평형률을 30[%] 이하로 하는 것을 원칙으로 한다. 다음 중 이 제한에 따르지 않아도 되는 경우가 아닌 것은?

① 저압 수전에서 전용변압기 등으로 수전하는 경우
② 고압 및 특고압 수전에서 100[kVA] 이하인 단상부하인 경우
③ 특고압 수전에서 100[kVA] 이하인 단상 변압기 3대로 △결선하는 경우
④ 고압 및 특고압 수전에서 단상 부하용량의 최대와 최소의 차가 100[kVA] 이하인 경우

풀이 3상 3선식 또는 3상 4선식에서 설비 불평형률 30[%] 이하의 제한을 따르지 않아도 되는 경우
- 저압 수전에서 전용변압기 등으로 수전하는 경우
- 고압 및 특고압 수전에서 100[kVA] 이하의 단상부하인 경우
- 특고압 수전에서 100[kVA] 이하인 단상 변압기 2대로 역V접속을 하는 경우
- 단상 부하 용량의 최대와 최소의 차가 100[kVA] 이하인 경우 **답** ③

45 소도체 2개로 된 복도체 방식 3상 3선식 송전선로가 있다. 소도체의 지름 2cm, 간격 36cm, 등가 선간거리가 120cm인 경우에 복도체 1km의 인덕턴스는 약 몇 mH/km 인가?

① 1.536   ② 1.215   ③ 0.957   ④ 0.624

풀이 2 소도체의 복도체 인덕턴스

$$L_2 = 0.025 + 0.4605 \log \frac{D}{\sqrt{rs}} = 0.025 + 0.4605 \log \frac{120}{\sqrt{1 \times 36}} = 0.624 [\mathrm{mH/km}]$$ **답** ④

46 과전류차단기로 시설하는 퓨즈 중 고압전로에 사용하는 포장 퓨즈는 정격전류의 몇 배의 전류에 견뎌야 하는가?(단, 전기설비 기술기준의 판단기준에 의한다.)

① 1.1배   ② 1.3배   ③ 1.5배   ④ 2.0배

풀이 **고압퓨즈 특성**
- 포장 퓨즈는 정격 전류 1.3배에 견디고, 2배의 전류로는 120분 안에 용단되어야 한다.
- 비포장 퓨즈는 정격 전류에 1.25배에 견디고, 2배의 전류로는 2분 안에 용단되어야 한다.

   답 ②

47 가공 송전선로에서 단도체보다 복도체를 많이 사용하는 이유는?

① 인덕턴스의 증가   ② 정전용량의 감소
③ 코로나 손실 감소   ④ 선로 계통의 안정도 감소

풀이 복도체를 사용하면 전선의 등가 반지름이 증가하여 인덕턴스는 감소하고 정전용량이 증가한다. 즉, 송전용량이 증가하여 안정도를 증진시키고, 코로나 임계전압을 높일 수 있어 코로나를 방지한다.

   답 ③

48 가공전선로의 지지물에 시설하는 지선의 시설 기준이 아닌 것은?

① 소선 3가닥 이상인 연선일 것
② 지선의 안전율은 2.5 이상일 것
③ 소선의 지름이 2.6[mm] 이상인 금속선을 사용할 것
④ 도로를 횡단하여 시설하는 지선의 높이는 지표상 5.5[m] 이상으로 할 것

풀이 **지선의 시설기준**
- 지선의 안전율은 2.5 이상, 허용 인장하중의 최저는 4.31[kN]으로 한다.
- 지선에 연선을 사용할 경우, 소선(素線) 3가닥 이상으로 지름 2.6[mm] 이상인 금속선을 사용한다.

• 지중부분 및 지표상 30[cm]까지의 부분에는 내식성이 있는 것 또는 아연도금을 한 철봉을 사용하고 쉽게 부식되지 아니하는 근가에 견고하게 붙여야 한다.
• 도로를 횡단하는 지선의 높이는 지표상 5[m] 이상으로 한다.　　　　　　　　　**답** ④

49 송전 선로에서 소호환(arcing ring)을 설치하는 이유는?

① 전력 손실 감소　　　　　　　　　② 송전 전력 증대
③ 누설 전류에 의한 편열 방지　　　　④ 애자에 걸리는 전압 분담을 균일

풀이 소호환(arcing ring)을 설치하는 이유
• 애자련의 전압분포 개선(=애자에 걸리는 전압 분담을 균일)
• 섬락 사고에서 애자련을 보호　　　　　　　　　　　　　　　　**답** ④

50 저압의 전선로 중 절연부분의 전선과 대지 사이 및 전선의 심선 상호 간의 절연저항은 사용전압에 대한 누설전류가 최대 공급전류의 얼마를 넘지 않도록 하여야 하는가?(단, 전기설비 기술기준에 따른다.)

① $\dfrac{1}{500}$　　　　② $\dfrac{1}{1000}$　　　　③ $\dfrac{1}{2000}$　　　　④ $\dfrac{1}{4000}$

풀이 옥외 절연부분의 전선과 대지 사이의 절연저항은 사용전압에 대한 누설전류가 최대공급전류의 1/2000(1가닥)을 초과하지 않도록 해야 한다.
따라서, 누설전류 $\leq \dfrac{\text{최대공급전류}}{2000}$ 이다.　　　　　　　　**답** ③

51 전력원선도에서 알 수 없는 것은?

① 조상 용량　　　　　　　　　　② 선로 손실
③ 과도안정 극한전력　　　　　　④ 송수전단 전압간의 상차각

풀이 알 수 있는 사항 : 유효, 무효, 피상전력, 조상설비 용량, 정태 안정 극한 전력(최대 전력), 송수전단 전압간의 상차각, 선로 손실과 송전 효율, 수전단 역률　　　　　　**답** ③

52 소도체 두 개로 된 복도체 방식 3상 3선식 송전선로가 있다. 소도체의 지름이 2cm, 소도체 간격 16cm, 등가 선간거리 200cm인 경우 1상당 작용 정전용량은 약 몇 $\mu F/km$ 인가?

① 0.004　　　　② 0.014　　　　③ 0.065　　　　④ 0.092

복도체의 정전용량

$$C = \frac{0.02413}{\log \dfrac{D}{\sqrt{rs}}} = \frac{0.02413}{\log \dfrac{200}{\sqrt{1 \times 16}}} = 0.014 [\mu \text{F/km}]$$

답 ②

53 송전선로의 코로나 임계전압이 높아지는 것은?

① 기압이 낮아지는 경우
② 온도가 높아지는 경우
③ 전선의 지름이 큰 경우
④ 상대 공기밀도가 작은 경우

풀이 코로나 임계전압 : 코로나가 발생하기 시작하는 최저한도전압

$$E_o = 24.3 \, m_o m_1 \delta d \log_{10} \frac{D}{r} [\text{kV}]$$

m_o : 전선표면계수(단선 1, ACSR 0.8), m_1 : 기상(날씨)계수 : (청명 1, 비 0.8)

δ : 상대공기밀도($\delta \propto \dfrac{\text{기압}}{\text{온도}}$), d : 전선의 직경

코로나 임계 전압식에서 알 수 있듯이 기압이 낮아지거나 온도가 높아지면 상대 공기 밀도가 작아지므로 코로나 임계 전압은 낮아지게 되고 전선의 지름이 큰 경우만 코로나 임계 전압이 높아진다.

답 ③

54 가요전선관과 금속관을 접속하는 데 사용하는 것은?

① 플렉시블 커플링
② 앵글 박스 커넥터
③ 콤비네이션 커플링
④ 스트렛 박스 커넥터

풀이 • 가요전선관 상호의 접속 : 스프리트 커플링
• 가요전선관과 금속관의 접속 : 콤비네이션 커플링
• 가요전선관과 박스와의 접속 : 스트레이트 박스 커넥터, 앵글 박스 커넥터

답 ③

55 Ralph M. Barnes 교수가 제시한 동작경제의 원칙 중 작업장 배치에 관한 원칙 (Arrangement of the workplace)에 해당되지 않는 것은?

① 가급적이면 낙하식 운반방법을 이용한다.
② 모든 공구나 재료는 지정된 위치에 있도록 한다.
③ 적절한 조명을 하여 작업자가 잘 보면서 작업할 수 있도록 한다.
④ 가급적 용이하고 자연스런 리듬을 타고 일할 수 있도록 작업을 구성하여야 한다.

풀이 **동작경제의 원칙 중 작업장에 관한 원칙**
• 공구와 재료를 지정된 위치에 둔다.
• 공구와 재료는 작업자의 전면(前面)에 가깝게 배치한다.

- 공구와 재료는 작업순서대로 나열한다.
- 작업면을 적당한 높이로 한다.
- 작업면에 적정한 조명을 준다.
- 재료의 공급, 운반을 위하여 중력(낙하)을 이용한다. 🖹 ④

56 다음 데이터의 제곱합(sum of squares)은 약 얼마인가?

| 18.8 | 19.1 | 18.8 | 18.2 | 18.4 | 18.3 | 19.0 | 18.6 | 19.2 |

① 0.129 ② 0.338 ③ 0.359 ④ 1.029

풀이 제곱합(S) : 자료값의 편차(평균값의 차)을 제곱하여 더한 값

제곱합 $S = (18.71 - 18.8)^2 + (18.71 - 19.1)^2 + (18.71 - 18.8)^2 + (18.71 - 18.2)^2$
$+ (18.71 - 18.4)^2 + (18.71 - 18.3)^2 + (18.71 - 19.0)^2 + (18.71 - 18.6)^2$
$+ (18.71 - 19.2)^2 = 1.029$ 🖹 ④

57 전수검사와 샘플링검사에 관한 설명으로 맞는 것은?

① 파괴검사의 경우에는 전수검사를 적용한다.
② 검사항목이 많을 경우 전수검사보다 샘플링검사가 유리하다.
③ 샘플링검사는 부적합품이 섞여 들어가서는 안 되는 경우에 적용한다.
④ 생산자에게 품질향상의 자극을 주고 싶을 경우 전수검사가 샘플링검사보다 더 효과적이다.

풀이 **전수검사가 필요한 경우**

- 불량품이 1개라도 혼입되면 안 될 때
- 전수검사를 쉽게 행할 수 있을 때

샘플링 검사가 유리한 경우

- 다수, 다량인 것으로 어느 정도 불량품이 섞여도 허용되는 경우
- 검사 항목이 많을 경우
- 불완전한 전수검사에 비해 높은 신뢰성을 얻을 때
- 검사비용을 적게 하는 편이 이익이 되는 경우
- 생산자에게 품질향상의 자극을 주고 싶을 때 🖹 ②

58 어떤 회사의 매출액이 80,000원, 고정비가 15,000원, 변동비가 40,000원일 때 손익분기점 매출액은 얼마인가?

① 25,000원 　　　　　　　　② 30,000원

③ 40,000원 　　　　　　　　④ 55,000원

풀이 손익분기점 산출공식

$$\text{손익분기점 매출액} = \frac{\text{고정비}}{\text{한계이익률}} = \frac{\text{고정비}}{1 - \dfrac{\text{변동비}}{\text{매상고}}} = \frac{15,000}{1 - \dfrac{40,000}{80,000}} = 30,000원$$

답 ②

---

59 국제 표준화의 의의를 지적한 설명 중 직접적인 효과로 보기 어려운 것은?

① 국제간 규격통일로 상호 이익도모

② KS 표시품 수출 시 상대국에서 품질 인증

③ 개발도상국에 대한 기술개발의 촉진을 유도

④ 국가 간 규격상이에 따른 무역장벽의 제거

풀이 국제 표준화는 국가마다 다른 규격을 조정하여 통일하고, 상품과 서비스의 국가 간의 교류를 원활히 하며, 지적, 학문적, 기술적, 경제적 활동분야의 협력을 촉진한다.

답 ②

---

60 직물, 금속, 유리 등의 일정 단위 중 나타나는 흠의 수, 핀홀 수 등 부적합수에 관한 관리도를 작성하려면 가장 적합한 관리도는?

① c 관리도 　　　　　　　　② np 관리도

③ p 관리도 　　　　　　　　④ $\overline{X} - R$ 관리도

풀이 직물의 얼룩, 흠 등과 같이 한 개, 두 개로 계수되는 수치와 그에 따른 불량률은 계수치에 관한 관리도가 적합하며, 종류별 특징은 아래와 같다.

종류	특징
np 관리도	• 자료군의 크기(n)가 반드시 일정할 것 • 측정이 불가능하여 계수값으로 밖에 나타낼 수 없을 때 사용 • 합격여부 판정만이 목적인 경우에 사용
p 관리도	• 계수형 관리도중에 가장 널리 사용 • 양품률, 출근율 등과 같이 비율을 계산해서 공정을 관리할 경우(수확률, 순도 등 계량값이므로 계량형 관리도를 사용)
c 관리도	일정 단위 중에 나타나는 결점수에 의거 공정을 관리할 경우(납땜 불량의 수, 직물의 일정면적중에 흠의 수)
u 관리도	단위가 일정하지 않은 제품의 경우 일정한 단위당 결점수로 환산하여 사용할 경우

답 ①

CBT 실전 모의고사

01 정전압 송전방식에서 전력원선도를 그리려면 무엇이 주어져야 하는가?

① 송수전단 전압, 선로의 일반회로 정수

② 송수전단 전류, 선로의 일반회로 정수

③ 조상기 용량, 수전단 전압

④ 송전단 전압, 수전단 전류

풀이 **전력원선도 작성 시 필요한 것**

• 송전단전압 E_s

• 수전단전압 E_r

• 회로일반정수 A, B, C, D **답** ①

02 단로기의 사용상 목적으로 가장 적합한 것은?

① 무부하 회로의 개폐   ② 부하 전류의 개폐

③ 고장 전류의 차단   ④ 3상 동시 개폐

풀이 **단로기(DS)**

공칭전압 3.3kV 이상 전로에 사용되며 기기의 보수 점검시 또는 회로 접속변경을 하기 위해 사용하지만 부하전류 개폐는 할 수 없는 기기이다.   **답** ①

03 어떤 회로 소자에 $e = 250\sin 377t$ [V]의 전압을 인가하였더니 전류 $i = 50\sin 377t$ [A]가 흘렀다. 이회로의 소자는?

① 용량 리액턴스   ② 유도 리액턴스

③ 순저항   ④ 다이오드

풀이 순시전압과 순시전류의 위상차가 0이므로, 부하는 순저항 소자이다.   **답** ③

04 같은 철심 위에 동일한 권수로 자체 인덕턴스 L[H]의 코일 두 개를 접근해서 감고 이것을 같은 방향으로 직렬 연결할 때 합성 인덕턴스[H]는?(단, 두 코일의 결합계수는 0.5이다.)

① L ② $2L$

③ $3L$ ④ $4L$

풀이 ㉠ 합성 인덕턴스 $L_o = L_1 + L_2 \pm 2M$

㉡ 같은 철심, 동일 권수이므로 $L = L_1 = L_2$

㉢ 상호인덕턴스 $M = k\sqrt{L_1 L_2}$ 결합계수 $k=0.5$이므로, $M = 0.5L$

㉣ 같은 방향(가동결합) " $+$ ", 다른 방향(차동결합) " $-$ "

㉤ $L_o = L + L + 2 \times 0.5L = 3L$ **답** ③

05 송배전 선로의 작용 정전용량은 무엇을 계산하는 데 사용되는가?

① 비접지 계통의 1선 지락 고장 시 지락 고장전류 계산

② 정상 운전 시 선로의 충전전류 계산

③ 선간 단락 고장 시 고장전류 계산

④ 인접 통신선의 정전유도전압 계산

풀이 **작용 정전용량 계산법**

1선당을 기준으로 충전전류 계산 시 이용   **답** ②

06 변압기의 병렬운전의 조건에 대한 설명으로 잘못된 것은?

① 극성이 같아야 한다.

② 권수비, 1차 및 2차의 정격 전압이 같아야 한다.

③ 각 변압기의 임피던스가 정격 용량에 비례한다.

④ 각 변압기의 저항과 누설 리액턴스비가 같아야 한다.

풀이 **병렬운전 조건**

• 극성이 같을 것

• 권수비가 같고, 1차 및 2차의 정격 전압이 같을 것

• %임피던스 강하가 같을 것

• $\dfrac{r}{x}$ 비가 같을 것   **답** ③

07 3상 유도전동기를 불평형 전압으로 운전하는 경우 ㉠ 토크와 ㉡ 입력은?

① ㉠ 증가, ㉡ 감소   ② ㉠ 감소, ㉡ 증가

③ ㉠ 증가, ㉡ 증가   ④ ㉠ 감소, ㉡ 감소

풀이 3상 유도전동기를 불평형 전압으로 운전하면 토크가 감소할 뿐만 아니라 전류가 $\sqrt{3}$ 배 이상 증가(입력증가)하고 온도가 현저하게 감소한다.   **답** ②

08 저압 연접 인입선의 시설에 대한 설명으로 잘못된 것은?

① 인입선에서 분기하는 점으로부터 100m를 넘지 않아야 한다.

② 폭 5m를 초과하는 도로를 횡단하지 않아야 한다.

③ 옥내를 통과하지 않아야 한다.

④ 도로를 횡단하는 경우 높이는 노면상 5m를 넘지 않아야 한다.

풀이 전선의 높이

㉠ 도로를 횡단하는 경우에는 노면상 5[m] 이상

㉡ 철도 궤도를 횡단하는 경우에는 레이면상 6.5[m] 이상

㉢ 횡단보도교의 위에 시설하는 경우에는 노면상 3[m] 이상

㉣ 기타의 경우 : 4[m] 이상

답 ④

09 동기주파수 변환기를 사용하여 4극의 동기전동기에 60[Hz]를 공급하면, 8극의 동기발전기에는 몇 [Hz]의 주파수를 얻을 수 있는가?

① 15[Hz]

② 120[Hz]

③ 180[Hz]

④ 240[Hz]

풀이 4극의 동기전동기의 동기속도 $N_s = \dfrac{120f}{p} = \dfrac{120 \times 60}{4} = 1,800[\text{rpm}]$

4극의 동기전동기와 8극의 동기발전기는 동기속도가 같아야 한다. 그러므로,

8극의 동기발전기의 주파수 $f = \dfrac{N_s \times p}{120} = \dfrac{1,800 \times 8}{120} = 120[\text{Hz}]$

답 ②

10 전선의 접속법에 대한 설명으로 잘못된 것은?

① 접속 부분은 접속슬리브, 전선접속기를 사용하여 접속한다.

② 접속부는 전선의 강도(인장하중)를 20% 이상 유지한다.

③ 접속부분은 절연전선의 절연물과 동등 이상의 절연효력이 있는 것으로 충분히 피복한다.

④ 전기 화학적 성질의 다른 도체를 접속하는 경우에는 접속부분에 전기적 부식이 생기지 않도록 하여야 한다.

풀이 전선접속의 조건

㉠ 전기적 저항을 증가시키지 않는다.

㉡ 접속부위의 기계적 강도를 20% 이상 감소시키지 않는다.

㉢ 접속점의 절연이 약화되지 않도록 테이핑 또는 와이어 커넥터로 절연한다.

㉣ 전선의 접속은 박스 안에서 하고, 접속점에 장력이 가해지지 않도록 한다.

답 ②

11 그림과 같은 타임차트의 기능을 갖는 논리게이트는?

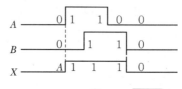

① 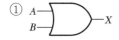 A — B — X

② A — B — X

③ A — B — X

④ A — B — X

게이트	기호	수식	진리표
OR	 A — B — Y	Y = A + B	A B | Y 0 0 | 0 0 1 | 1 1 0 | 1 1 1 | 1

풀이

답 ①

12 다음 송전선로의 코로나 발생방지대책으로 가장 효과적인 방법은?

① 전선의 선간거리를 증가시킨다.

② 전선의 높이를 가급적 낮게 한다.

③ 선로의 절연을 강화한다.

④ 전선의 바깥 지름을 크게 한다.

풀이 **코로나 방지대책**

① 코로나 임계전압을 높이기 위하여 전선의 직경을 크게 한다.(복도체, 중공연선, ACSR 채용)

② 가선 금구류를 개량한다.

답 ④

13 1[C]의 전기량은 약 몇 개의 전자의 이동으로 발생하는가?(단, 전자 1개의 전기량은 1.602×10^{-19}[C]이다)

① 8.855×10^{-12}

② 6.33×10^{4}

③ 9×10^{9}

④ 6.24×10^{18}

풀이 1[C]은 $\dfrac{1}{1.602 \times 10^{-19}} \fallingdotseq 6.24 \times 10^{18}$ 개의 전자의 과부족으로 생기는 전하의 전기량이다.

답 ④

14 고정하여 사용하는 전기기계기구에 제1종 접지공사의 접지선으로 연동선을 사용할 경우 접지선의 굵기[mm²]는?

① 2.5[mm²] 이상
② 6.0[mm²] 이상
③ 8.0[mm²] 이상
④ 16[mm²] 이상

풀이 접지종별에 따른 접지선의 굵기

접지종별	접지선의 굵기
제1종 접지공사	6mm² 이상의 연동선 8mm² 이상(이동용)
제2종 접지공사	특고압 → 저압 : 16mm² 이상 8mm² 이상(이동용)
	고압, 22.9[kV−Y] → 저압 : 6mm² 이상 8mm² 이상(이동용)
제3종 접지공사 특별 제3종 접지공사	2.5mm² 이상 연동선 0.75mm²(코드, 케이블 이동용) 1.25mm²(연동연선 이동용)

답 ②

15 금속관 배선에서 관의 굴곡에 관한 사항이다. 금속관의 굴곡개소가 많은 경우에는 어떻게 하는 것이 바람직한가?

① 링 리듀서를 사용한다.
② 풀박스를 설치한다.
③ 덕트를 설치한다.
④ 행거를 3m 간격으로 견고하게 지지한다.

풀이 직각 또는 직각에 가까운 굴곡 개소가 4개소를 초과하거나, 관의 길이가 30m를 초과할 때에는 풀박스를 설치하는 것이 바람직하다.

답 ②

16 역률 80[%](늦음)인 1,000[kVA]의 부하에 전력용 콘덴서를 부하와 병렬로 연결하여 100[%]의 역률로 개선하는 데 필요한 콘덴서의 용량은?

① 200[kVA]
② 400[kVA]
③ 600[kVA]
④ 800[kVA]

풀이 $Q = P(\tan\theta_1 - \tan\theta_2)$[kVA]이므로,

$Q = 1,000 \times 0.8\{\tan(\cos^{-1}0.8) - \tan(\cos^{-1}1.0)\} = 600$[kVA]

답 ③

17 병렬운전하고 있는 동기 발전기에서 부하가 급변하면 발전기는 동기 화력에 의하여 새로운 부하에 대응하는 속도에 이르지 않고 새로운 속도를 중심으로 전후로 진동을 반복하는데 이러한 현상은?

① 난조   ② 플러깅   ③ 비례추이   ④ 탈조

풀이 난조
부하가 갑자기 변하면 속도 재조정을 위한 진동이 발생하게 된다. 일반적으로는 그 진폭이 점점 적어지나, 진동주기가 동기기의 고유진동에 가까워지면 공진작용으로 진동이 계속 증대하는 현상. 이런 현상의 정도가 심해지면 동기 운전을 이탈하게 되는데, 이것을 동기이탈이라 한다.

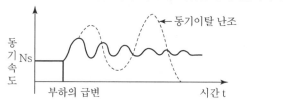

답 ①

18 도전율이 큰 것부터 작은 것의 순으로 나열된 것은?

① 금>은>구리>수은   ② 은>구리>금>수은
③ 금>구리>은>수은   ④ 은>구리>수은>금

풀이 %전도율(은 기준) : 은 100%, 구리 94%, 금 67%, 수은 1.69%   **답** ②

19 실리콘정류기의 동작시 최고 허용온도를 제한하는 가장 주된 이유는?

① 브레이크 오버(Break Over)전압의 상승 방지
② 브레이크 오버(Break Over)전압의 저하 방지
③ 역방향 누설전류의 감소 방지
④ 정격 순 전류의 저하 방지

답 ②

20 금속 덕트 공사시 조영재에 붙이는 경우 덕트의 지지점 간의 거리[m]는 얼마 이하로 하여야 하는가?

① 2[m]   ② 3[m]   ③ 4[m]   ④ 5[m]

풀이 금속 덕트의 지지점 간격은 수평의 경우 3[m] 이하, 수직의 경우 6[m] 이하로 한다.   **답** ②

21 3상 유도전동기가 입력 60kW, 고정자 철손 1kW일 때 슬립 5%로 회전하고 있다면 기계적 출력은?

① 약 56[kW]   ② 약 59[kW]
③ 약 64[kW]   ④ 약 69[kW]

풀이 2차 입력(회전자 입력) $P_2 =$ 입력 $-$ 고정자 철손 $= 60 - 1 = 59$[kW]

P_2(2차 입력) : P_o(기계적 출력) $= 1 : 1 - s$

$P_o = (1-s) \times P_2 = (1-0.05) \times 59 = 56$[kW]   **답** ①

22 4극 1500rpm의 동기 발전기와 병렬 운전하는 24극 동기발전기의 회전수[rpm]는?

① 50[rpm]   ② 250[rpm]
③ 1,500[rpm]   ④ 3,600[rpm]

풀이 주파수가 같아야 하므로,

$N_s = \dfrac{120f}{P}$[rpm]에서 $1,500 = \dfrac{120f}{4}$ 주파수는 50[Hz]이다.

$\therefore N_s = \dfrac{120 \times 50}{24} = 250$[rpm]   **답** ②

23 동기발전기에서 여자기(Exciter)란?

① 계자 권선에 여자전류를 공급하는 직류전원 공급장치
② 정류 개선을 위하여 사용되는 브러시 이동장치
③ 속도 조정을 위하여 사용되는 속도 조정장치
④ 부하 조정을 위하여 사용되는 부하 분담장치

풀이 여자기
계자권선에 직류전원을 공급하는 장치이다.   **답** ①

24 변압기에 컨서베이터(Conservator)를 설치하는 목적은?

① 절연유의 열화 방지   ② 누설리액턴스 감소
③ 코로나현상 방지   ④ 냉각효과 증진을 위한 강제통풍

풀이 컨서베이터
공기가 변압기 외함 속으로 들어갈 수 없게 하여 기름의 열화를 방지한다. 특히 컨서베이터 유면 위에 공기와의 접촉을 막기 위해 질소로 봉입한다.   **답** ①

25 전계 중에 단위 점전하를 놓였을 때, 그 단위 점전하에 작용하는 힘을 그 점에 대한 무엇이라고 하는가?

① 전위
② 전위차
③ 전계의 세기
④ 변위전류

답 ③

26 표와 같은 반감산기의 진리표에 대한 출력함수는?

① $D = \overline{A} \cdot \overline{B} + A \cdot B$, $B_0 = \overline{A} \cdot B$
② $D = \overline{A} \cdot B + A \cdot \overline{B}$, $B_0 = \overline{A} \cdot B$
③ $D = \overline{A} \cdot B + A \cdot \overline{B}$, $B_0 = A \cdot \overline{B}$
④ $D = \overline{A \cdot B} + A \cdot B$, $B_0 = \overline{A} \cdot \overline{B}$

입력		출력	
A	B	D	B_o
0	0	0	0
0	1	1	1
1	0	1	0
1	1	0	0

답 ②

27 전선에서 전류의 밀도가 도선의 중심으로 들어갈수록 작아지는 현상은?

① 페란티 효과
② 접지 효과
③ 표피 효과
④ 근접 효과

풀이 **표피 효과**
전선에서 전류밀도가 전선의 표면에 집중하는 현상으로 전선이 굵고, 주파수가 높을수록 심하다.

답 ③

28 SCR의 턴온시 10A의 전류가 흐를 때 게이트 전류를 1/2로 줄이면 SCR의 전류는?

① 5[A]
② 10[A]
③ 20[A]
④ 40[A]

풀이 SCR은 점호능력은 있으나 소호능력이 없다. 소호시키려면 SCR의 주전류를 유지전류(20mA) 이하로 한다. 또는, SCR의 애노드, 캐소드 간에 역전압을 인가한다.
게이트 전류를 1/2로 줄여도 소호되지 않으므로 10A의 전류가 그대로 흐른다.

답 ②

29 송전선로의 저항을 R, 리액턴스를 X라 하면 다음의 어느 식이 성립되는가?

① $R > X$　　　　　　　　② $R \ll X$

③ $R = X$　　　　　　　　④ $R \leqq X$

풀이 송전선로에서는 리액턴스에 비해 저항은 대단히 적어서 무시 가능하다.　　　　**답** ②

30 3상 발전기의 전기자 권선에 Y결선을 채택하는 이유로 볼 수 없는 것은?

① 중성점 접지에 의한 이상 전압 방지의 대책이 쉽다.

② 발전기 출력을 더욱 증대할 수 있다.

③ 상전압이 낮기 때문에 코로나, 열화 등이 적다.

④ 권선의 불균형 및 제3고조파 등에 의한 순환전류가 흐르지 않는다.

풀이 **Y결선법이 쓰이는 이유**

㉠ 선간 전압에서 제3고조파가 나타나지 않아서, 순환전류가 흐르지 않는다.

㉡ △결선에 비해 상전압이 $1/\sqrt{3}$ 배이므로 권선의 절연이 쉬워진다.

㉢ 중성점을 접지하여 지락 사고 시 보호계전 방식이 간단해진다.

㉣ 코로나 발생률이 적다.　　　　**답** ②

31 동기전동기의 특성에 대한 설명으로 잘못된 것은?

① 기동토크가 작다.

② 여자기가 필요하다.

③ 난조가 일어나기 쉽다.

④ 역률을 조정할 수 없다.

풀이 무부하로 운전되는 동기전동기를 동기조상기라 하며, 과여자로 하면 선로에 앞선 전류를 공급하여 콘덴서로 작용하고, 부족여자로 하면 뒤진 전류를 공급하여 리액터로 작용한다.　　　　**답** ④

32 실지수가 높을수록 조명률이 높아진다. 방의 크기가 가로 9m, 세로 6m이고, 광원의 높이는 작업 면에서 3m인 경우 이 방의 실지수(방지수)는?

① 0.2　　　　　② 1.2　　　　　③ 18　　　　　④ 27

풀이 실지수 $= \dfrac{X \cdot Y}{H(X+Y)} = \dfrac{9 \times 6}{3 \times (9+6)} = 1.2$

단, X : 방의 가로 길이, Y : 방의 세로 길이, H : 작업 면으로부터 광원의 높이　　　　**답** ②

33 욕실 등 인체가 물에 젖어 있는 상태에서 물을 사용하는 장소에 콘센트를 시설하는 경우에는 인체감전보호용 누전차단기가 부착된 콘센트나 절연변압기로 보호된 전로에 접속하여야 한다. 여기서 절연변압기의 정격용량은 얼마 이하인 것에 한하는가?

① 2[kVA]　　　　② 3[kVA]　　　　③ 4[kVA]　　　　④ 5[kVA]

풀이 인체감전보호용 누전차단기(정격감도전류 15mA 이하, 동작시간 0.03초 이하) 또는 절연변압기(정격용량 3kVA 이하)로 보호된 전로에 콘센트를 시설하여야 한다.　**답** ②

34 그림과 같은 회로에서 위상각 $\theta = 60°$의 유도부하에 대하여 정호각 α를 0°에서 180°까지 가감하는경우 전류가 연속되는 α의 각도는 몇 [°]까지인가?

① 30°
② 45°
③ 60°
④ 90°

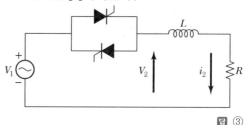

답 ③

35 파형률과 파고율이 같고 그 값이 1인 파형은?

① 사인파　　　　　　　　② 구형파
③ 삼각파　　　　　　　　④ 고조파

풀이 파형률 $= \dfrac{\text{실효값}}{\text{평균값}}$, 파고율 $= \dfrac{\text{최대값}}{\text{실효값}}$

명칭	파형률	파고율
사인파	1.11	1.414
구형파	1.0	1.0
삼각파	1.155	1.732

답 ②

36 학교, 사무실, 은행 등의 옥내배선 설계에 있어서 간선의 굵기를 선정할 때, 전등 및 소형 전기기계기구의 용량합계가 10kVA를 초과하는 것은 그 초과량에 대하여 수용률을 몇 [%]로 적용할 수 있도록 규정하고 있는가?

① 20[%]　　　　　　　　② 30[%]
③ 50[%]　　　　　　　　④ 70[%]

풀이 전등부하의 수용률[%]$(= \dfrac{최대수용전력}{설비용량})$

건물의 종류	수용률	
	10kVA 이하	10kVA 초과
주택, 아파트, 기숙사, 여관, 호텔, 병원	100	50
사무실, 은행, 학교	100	70
기타	100	

답 ④

37 53[mH]의 코일에 $10\sqrt{2}\sin377t$ [A]의 전류를 흘리려면 인가해야 할 전압은?

① 약 60[V]

② 약 200[V]

③ 약 530[V]

④ 약 $530\sqrt{2}$ [V]

풀이 $I = \dfrac{V}{X_L}$[A]이고, $X_L = 2\pi f L[\Omega]$이므로,

$V = I \cdot X_L = 10 \times 377 \times 53 \times 10^{-3} \doteqdot 200[V]$

여기서, 전류 순시값에서 실효값 $I = 10$[A], 각속도 $\omega = 2\pi f = 377$[rad/s]

답 ②

38 사이클로 컨버터에 대한 설명으로 옳은 것은?

① 교류 전력의 주파수를 변환하는 장치이다.

② 직류 전력을 교류 전력으로 변환하는 장치이다.

③ 교류 전력을 직류 전력으로 변환하는 장치이다.

④ 직류 전력 및 교류 전력을 변성하는 장치이다.

풀이 어떤 주파수의 교류 전력을 다른 주파수의 교류 전력으로 변환하는 것을 주파수 변환이라고 하며, 직접식과 간접식이 있다. 간접식은 정류기와 인버터를 결합시켜서 변환하는 방식이고, 직접식은 교류에서 직접 교류로 변환시키는 방식으로 사이클로 컨버터라고 한다.

답 ①

39 금속제의 전선 접속함 및 지중전선의 피복으로 사용하는 금속체에는 몇 종 접지공사를 하여야 하는가?(단, 방식조치(防蝕措置)를 한 부분이 아닌 경우이다.)

① 제1종 접지공사

② 제2종 접지공사

③ 제3종 접지공사

④ 특별 제3종 접지공사

풀이 ㉠ 400V 미만의 경우 제3종 접지공사

㉡ 400V 이상 저압인 경우 특별 제3종 접지공사

㉢ 고압 및 특고압인 경우 제1종 접지공사

단, ㉡, ㉢의 경우에 사람이 접촉할 우려가 없는 경우에는 제3종 접지공사

답 ③

40 버스덕트 배선에 사용되는 버스덕트의 종류가 아닌 것은?

① 피더 버스덕트　　　　　　　　　② 플러그인 버스덕트

③ 탭붙이 버스덕트　　　　　　　　④ 플로워 버스덕트

> **풀이** 버스덕트의 종류
> 　㉠ 피더 버스덕트　　　　　　　㉡ 익스펜션 버스덕트
> 　㉢ 탭붙이 버스덕트　　　　　　㉣ 트랜스포지션 버스덕트
> 　㉤ 플러그인 버스덕트　　　　　㉥ 트롤리 버스덕트　　　　　**답** ④

41 저압전기설비에서 적용되고 있는 용어 중 "사람이나 동물이 도전성 부위를 접촉하지 않은 경우 동시에 접근 가능한 전선 간 전압"을 무엇이라 하는가?

① 예상접촉전압　　　　　　　　　② 공칭전압

③ 스트레스전압　　　　　　　　　④ 예상감전전압

답 ①

42 비트(bit)에 관한 설명 중 잘못된 것은?

① Binary Digit의 약자이다.

② 정보를 나타내는 최소 단위이다.

③ 0과 1을 함께 나타내는 정보단위이다.

④ 2진수로 표시된 정보를 나타내기에 알맞다.

> **풀이** 비트는 0 또는 1 둘 중 하나만 나타내는 정보단위이다.　　　　**답** ③

43 하나의 저압 옥내 간선에 접속하는 부하 중 전동기의 정격전류의 합계가 40[A], 다른 전기 사용 기계기구의 정격전류의 합계가 28[A]이라 하면 간선은 몇 [A] 이상의 허용전류가 있는 전선을 사용하여야 하는가?

① 40[A]　　　　　　　　　　　　② 68[A]

③ 72[A]　　　　　　　　　　　　④ 78[A]

> **풀이** 아래와 같이 전동기 부하에 대한 허용전류를 계산하므로,
> 전선의 허용전류 = (전동기 이외의 부하전류) + (전동기 부하전류) × (1.1 또는 1.25)
> 　　　　　　= 28 + 40 × 1.25 = 78[A]

전동기 정격전류	허용전류 계산
50[A] 이하	정격전류 합계의 1.25배
50[A] 초과	정격전류 합계의 1.1배

답 ④

44 정전압 전원장치로 가장 이상적인 조건은?

① 내부 저항이 무한대이다.
② 내부 저항이 0이다.
③ 외부 저항이 무한대이다.
④ 외부 저항이 0이다.

답 ②

45 폭 20m 도로의 양쪽에 간격 10m를 두고 대칭배열(맞보기 배열)로 가로등이 점등되어 있다. 한 등당의 전광속이 4,000lm, 조명률 45%일 때 도로의 평균조도는?

① 9[lx]
② 17[lx]
③ 18[lx]
④ 19[lx]

풀이 광속 $N \times F = \dfrac{E \times A}{U \times M}$[lm]이므로,

가로등 1등당 면적 A$=10 \times 10 = 100$[m²],

조명률 0.45, 감광보상률 1로 계산하면,

$1 \times 4,000 = \dfrac{E \times 10 \times 10}{0.45 \times 1}$[lm] ∴ $E = 18$[lx]이다.

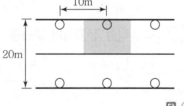

답 ③

46 다이악(DIAC ; DIode Ac Switch)에 대한 설명으로 잘못된 것은?

① 트리거 펄스 전압은 약 6~10V 정도가 된다.
② 트라이액 등의 트리거 용도로 사용된다.
③ 역저지 4극 사이리스터이다.
④ 양방향으로 대칭적인 부성 저항을 나타낸다.

풀이 다이악은 보통 다이오드와는 달리 쌍방형성으로, 교류 전원을 한 순간만 도통시켜 트리거 펄스를 만든다.

답 ③

47 지중선 계통은 가공선 계통에 비하여 인덕턴스와 정전 용량은 어떠한가?

① 인덕턴스, 정전 용량이 모두 크다.
② 인덕턴스, 정전 용량이 모두 작다.
③ 인덕턴스는 크고 정전 용량은 작다.
④ 인덕턴스는 작고 정전 용량은 크다.

풀이 지중전선로에는 케이블을 채용하므로 가공전선로에 비해 선간거리가 작아진다.
∴ 인덕턴스는 작고 정전용량은 크다. **답** ④

48 권수비 30인 단상변압기가 전부하에서 2차 전압이 115V, 전압변동률이 2%라 한다. 1차 단자전압은?

① 3,381[V] ② 3,450[V] ③ 3,519[V] ④ 3,588[V]

풀이 $\varepsilon = \dfrac{V_{2O} - V_{2n}}{V_{2n}} \times 100[\%]$이므로 $2\% = \dfrac{V_{2O} - 115}{115} \times 100[\%]$에서 V_{20}를 구하면 $V_{20} = 117.3[V]$이고,

$a = \dfrac{N_1}{N_2} = \dfrac{V_1}{V_2} = \dfrac{I_2}{I_1}$이므로 $30 = \dfrac{V_1}{117.3}$에서 V_1을 구하면

∴ $V_1 = 3,519[V]$이다. **답** ③

49 직류직권 전동기의 토크를 τ라 할 때 회전수를 1/2로 줄이면 토크는?

① $\dfrac{1}{2}\tau$ ② $\dfrac{1}{4}\tau$ ③ 2τ ④ 4τ

풀이 $N \propto \dfrac{1}{I_a}$이고, $\tau \propto I_a^{2}$이므로 $\tau \propto \dfrac{1}{N^2}$이다.

즉, $\tau' = \dfrac{1}{\left(\dfrac{1}{2}\right)^2}\tau = 4\tau$ **답** ④

50 다선식 옥내배선인 경우 중성선(절연전선, 케이블 및 코드)의 표시로 옳은 것은?

① 흑색 또는 회색 ② 백색 또는 회색
③ 녹색 또는 흑색 ④ 청색 또는 적색

풀이 A상(흑색), B상(적색), C상(청색), N상(백색 또는 회색), G상(녹색) **답** ②

51 DC 12[V]의 전압을 측정하려고 10[V]용 전압계 Ⓐ와 Ⓑ 두 개를 직렬로 연결하였다. 이때 전압계 Ⓐ의 지시값은?(단, 전압계 Ⓐ의 내부저항은 8[KΩ]이고, Ⓑ의 내부저항은 4[KΩ]이다)

① 4[V]　　　　② 6[V]　　　　③ 8[V]　　　　④ 10[V]

풀이 그림과 같이 전압계를 직렬 연결한 회로이므로,
저항 직렬회로의 전압강하 계산법을 이용하면,

$V_A = \dfrac{8}{8+4} \times 12 = 8[V]$이다.

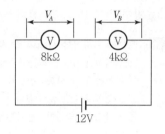

답 ③

52 전기분해에 관한 패러데이의 법칙에서 전기분해시 전기량이 일정하면 전극에서 석출되는 물질의 양은?

① 원자가에 비례한다.
② 전류에 반비례한다.
③ 시간에 반비례한다.
④ 화학당량에 비례한다.

풀이 전기 분해의 의해서 전극에 석출되는 물질의 양은 $w = kQ = kIt$ [g]이다.
여기서, k : 화학당량(원자량/원자가), Q : 통과한 전기량, I : 전류, t : 시간

답 ④

53 3상 3선식 소호 리액터 접지방식에서 1선의 대지 정전용량을 $C[\mu F]$, 상전압 E[kV], 주파수 f[Hz]라 하면, 소호 리액터의 용량은 몇 [kVA]인가?

① $\pi f C E^2 \times 10^{-3}$　　　　　　② $2\pi f C E^2 \times 10^{-3}$
③ $3\pi f C E^2 \times 10^{-3}$　　　　　　④ $6\pi f C E^2 \times 10^{-3}$

풀이 소호리액터 용량(=충전용량)
$Q_c = 3EI_c = 3\omega f C E^2 \ell = 3 \times 2\pi f C E^2 \times 10^{-3}[kVA]$

답 ④

54 변전실의 위치 선정 시 고려해야 할 사항이 아닌 것은?

① 부하의 중심에 가깝고 배전에 편리한 장소일 것

② 전원의 인입과 기기의 반출이 편리할 것

③ 설치할 기기를 고려하여 천장의 높이가 4[m] 이상으로 충분할 것

④ 빌딩의 경우 지하 최저층의 동력부하가 많은 곳에 선정

풀이 변전실 위치 선정시 고려할 사항

　ㄱ 전기적인 사항 : 부하의 중심에 위치, 수전 및 배전에 유리, 장래 용량 증설이나 크기 확장성 고려

　ㄴ 재해에 관한 사항 : 위험물 저장소 부근, 부식성 가스나 염해 침입 부근, 침수의 우려가 없는 곳

　ㄷ 환경에 관한 사항 : 환기가 잘되는 곳, 기기의 반입이나 반출이 용이한 곳

　ㄹ 경제성 : 전압강하, 전력손실, 건설비 및 보수성을 고려

　참조 : 일반적으로 빌딩의 수변전실은 지하의 동력부하가 많은 곳에 설치한다. 그러나 지하층에 변전실 설치가 어려울 때에는 지상층 또는 옥상층에 설치하고, 고층 빌딩에서는 중간층, 옥상 부근 층에 제2, 제3변전실을 설치하는 것이 배전상 유리한 경우도 있다. **답** ④

55 그림과 같은 계획공정도(Network)에서 주공정은?(단, 화살표 아래의 숫자는 활동시간을 나타낸다.)

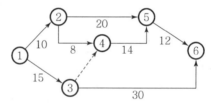

① ①-③-⑥　　　　　　　　　　　　② ①-②-⑤-⑥

③ ①-②-④-⑤-⑥　　　　　　　　④ ①-③-④-⑤-⑥

풀이 주공정 : 가장 긴 작업시간이 예상되는 공정

　① : 45시간　　② : 42시간

　③ : 44시간　　④ : 41시간　　　　　　　　　　　　　　　　**답** ①

56 Ralph M. Barnes 교수가 제시한 동작경제의 원칙 중 작업장 배치에 관한 원칙(Arrangement of the Workplace)에 해당되지 않는 것은?

① 가급적이면 낙하식 운반방법을 이용한다.

② 모든 공구나 재료는 지정된 위치에 있도록 한다.

③ 충분한 조명을 하여 작업자가 잘 볼 수 있도록 한다.

④ 가급적 용이하고 자연스러운 리듬을 타고 일할 수 있도록 작업을 구성하여야 한다.

동작경제의 원칙 중 작업장에 관한 원칙

    ㉠ 공구와 재료를 정위치에 둔다.

    ㉡ 공구와 재료는 작업자의 전면(前面)에 가깝게 배치한다.

    ㉢ 공구와 재료는 작업순서대로 나열한다.

    ㉣ 작업 면을 적당한 높이로 한다.

    ㉤ 작업 면에 적정한 조명을 준다.

    ㉥ 재료의 공급, 운반을 위하여 중력(낙하)을 이용한다.   답 ④

57 품질코스트(Quality Cost)를 예방코스트, 실패코스트, 평가코스트로 분류할 때, 다음 중 실패코스트(Failure Cost)에 속하는 것이 아닌 것은?

① 시험 코스트   ② 불량대책 코스트

③ 재가공 코스트   ④ 설계변경 코스트

풀이 ㉠ 예방코스트(Prevention Cost) : 불량품을 예방하기 위하여 수행된 모든 활동비를 말한다

    ㉡ 평가코스트(Appraisal Cost) : 고객의 요구를 측정하기 위하여 사용된 검사, 시험, 평가비용을 말한다.

    ㉢ 실패코스트(Failure Cost) : 소비자의 요구사항에 맞지 않아 부수적으로 소요되는 비용을 말한다.

            답 ①

58 로트 크기 1,000, 부적합품률이 15%인 로트에서 5개의 랜덤시료 중에서 발견된 부적합품수가 1개일 확률을 이항분포로 계산하면 약 얼마인가?

① 0.1648   ② 0.3915

③ 0.6085   ④ 0.8352

풀이 이항분포에서 불량률이 P인 베르누이 시행이 n회 반복되는 경우 불량품 개수(X)의

    분포도 $P(X) = {}_nC_x P^x (1-P)^{n-x}$ 이므로,

        $P(1) = {}_5C_1 \times 0.15^1 \times (1-0.15)^{5-1} = 0.3915\,[\%]$ 이다.   답 ②

59 다음 중 계량값 관리도에 해당되는 것은?

① c 관리도   ② nP 관리도

③ R 관리도   ④ u 관리도

풀이 ㉠ 계수형 관리도 : nP 관리도, P 관리도, c 관리도, u 관리도

    ㉡ 계량형 관리도 : $\bar{x}-R$ 관리도, x 관리도, $\tilde{x}-R$ 관리도, R 관리도   답 ③

60 다음 검사의 종류 중 검사공정에 의한 분류에 해당되지 않는 것은?

① 수입검사　　　　　　　　② 출하검사
③ 출장검사　　　　　　　　④ 공정검사

풀이 ㉠ 검사공정에 의한 분류 : 수입검사, 공정검사, 최종검사, 출하검사
　　㉡ 검사장소에 의한 분류 : 정위치검사, 순회검사, 출장검사
　　㉢ 검사성질에 의한 분류 : 파괴검사, 비파괴검사, 관능검사
　　㉣ 검사방법에 의한 분류 : 전수검사, Lot별 샘플링 검사, 관리 샘플링 검사, 무검사　　**답** ③

01 공기 중에서 어느 일정한 거리를 두고 있는 두 점전하 사이에 작용하는 힘이 16[N]이 었는데, 두 전하 사이에 유리를 채웠더니 작용하는 힘이 4[N]으로 감소하였다. 이 유리 의 비유전율은?

① 2　　　　　② 4　　　　　③ 8　　　　　④ 12

풀이 공기 중일 때 작용하는 힘 $F_0 = \dfrac{1}{4\pi\varepsilon_0} \cdot \dfrac{Q_1 Q_2}{r^2} = 16[N]$

유리를 채웠을 때 작용하는 힘

$$F = \dfrac{1}{4\pi\varepsilon_o \varepsilon_s} \cdot \dfrac{Q_1 Q_2}{r^2} = \dfrac{1}{4\pi\varepsilon_o} \cdot \dfrac{Q_1 Q_2}{r^2} \cdot \dfrac{1}{\varepsilon_s} = F_0 \cdot \dfrac{1}{\varepsilon_s} = 4N$$

$$\therefore \varepsilon_s = \dfrac{F_0}{F} = \dfrac{16}{4} = 4$$

답 ②

02 직류 직권전동기에서 토크 T와 회전수 N과의 관계는 어떻게 되는가?

① $T \propto N$　　　　　　② $T \propto N^2$

③ $T \propto \dfrac{1}{N}$　　　　　④ $T \propto \dfrac{1}{N^2}$

풀이 $N \propto \dfrac{1}{I_a}$ 이고, $T \propto I_a{}^2$ 이므로 $T \propto \dfrac{1}{N^2}$ 이다.

답 ④

03 극수 16, 회전수 450[rpm], 1상의 코일수 83, 1극의 유효자속 0.3[wb]의 3상 동기발 전기가 있다. 권선계수가 0.96이고, 전기자 권선을 성형결선으로 하면 무부하 단자전 압은 약 몇 [V]인가?

① 8,000[V]　　　　　　② 9,000[V]

③ 10,000[V]　　　　　④ 11,000[V]

풀이 ㉠ 동기발전기의 1상의 유도기전력은 $E = 4.44f N\phi k_w[V]$이므로,

　　여기서, N : 1상의 권선수, k_w : 권선계수

　　주파수 $f = \dfrac{N_s P}{120} = \dfrac{450 \times 16}{120} = 60[Hz]$　$\left(\because N_S = \dfrac{120f}{P} \right)$

㉡ 1상의 유도기전력은 $E = 4.44 \times 60 \times 83 \times 0.3 \times 0.96 ≒ 6,368[V]$이다.

㉢ 성형결선할 때 선간전압 $= \sqrt{3} \times$ 상전압이므로,

㉣ 선간전압 $= \sqrt{3} \times 6,368 ≒ 11,000[V]$

답 ④

04 빌딩의 부하 설비용량이 2,000[kW], 부하역률 90[%], 수용률이 75[%]일 때 수전설비의 용량은 약 몇 [kVA]인가?

① 1,554[kVA]
② 1,667[kVA]
③ 1,800[kVA]
④ 2,222[kVA]

풀이 수용률$=\dfrac{최대수용전력}{설비용량}$ 이고,

수전설비 용량은 최대수용전력으로 정하므로

최대수용전력$=$수용률$\times$설비용량

$$=0.75\times\dfrac{2,000}{0.9}\fallingdotseq 1,667[\text{kVA}]$$

답 ②

05 사이리스터의 유지전류(holding current)에 관한 설명으로 옳은 것은?

① 사이리스터가 턴온(turn on) 하기 시작하는 순전류
② 게이트를 개방한 상태에서 사이리스터가 도통 상태를 유지하기 위한 최소의 순전류
③ 사이리스터의 게이트를 개방한 상태에서 전압을 상승하면 급히 증가하게 되는 순전류
④ 게이트 전압을 인가한 후에 급히 제거한 상태에서 도통 상태가 유지되는 최소의 순전류

풀이 **유지전류** : SCR(사이리스터)이 on 상태를 유지하기 위한 최소전류

답 ②

06 경간이 100미터인 저압 보안공사에 있어서 지지물의 종류가 아닌 것은?

① 철탑
② A종 철근 콘크리트주
③ A종 철주
④ 목주

풀이 저압 보안공사의 경간에 따른 지지물의 종류

지지물의 종류	경간
목주, A종 철주, A종 철근 콘크리트주	100m 이하
B종 철주, B종 철근 콘크리트주	150m 이하
철탑	400m 이하

답 ①

07 3상 3선식 가공 송전선로의 선간거리가 각각 D_1, D_2, D_3일 때 등가선간거리는?

① $\sqrt{D_1 D_2 + D_2 D_3 + D_3 D_1}$　　　② $\sqrt[3]{D_1 \cdot D_2 \cdot D_3}$

③ $\sqrt{D_1^2 + D_2^2 + D_3^2}$　　　　　　　④ $\sqrt[3]{D_1^3 + D_2^3 + D_3^3}$

풀이 **등가선간거리** : 기하학적 평균거리

$D_o = \sqrt[n]{D_1 \times D_2 \times D_3 \cdots D_n}\,[\text{m}]$　　　　　　　　　　　　**답** ②

08 다음 중 플립플롭 회로에 대한 설명으로 잘못된 것은?

① 두 가지 안정상태를 갖는다.

② 쌍안정 멀티바이브레이터이다.

③ 반도체 메모리 소자로 이용된다.

④ 트리거 펄스 1개마다 1개의 출력펄스를 얻는다.

풀이 트리거 펄스 1개마다 2개의 출력펄스를 얻는다.　　　　　　　　　**답** ④

09 트라이액에 대한 설명 중 틀린 것은?

① 3단자 소자이다.

② 항상 정(+)의 게이트 펄스를 이용한다.

③ 두 개의 SCR을 역병렬로 연결한 것이다.

④ 게이트를 갖는 대칭형 스위치이다.

풀이 TRIAC(TRIode AC switch) : TRIAC는 양방향 도통이 가능하며, 일반적으로 AC위상제어에 사용된다. 두 개의 SCR을 게이트 공통으로 하여 역병렬 연결한 것이다. 게이트 트리거 단자가 하나로 되어 있기 때문에 트리거 회로가 간단해 진다.　　　　　　　　　**답** ②

10 기계기구의 철대 및 외함 접지에서 옳지 못한 것은?

① 400[V] 미만인 저압용에서는 제3종 접지공사

② 400[V] 이상의 저압용에서는 제2종 접지공사

③ 고압용에서는 제1종 접지공사

④ 특별 고압용에서는 제1종 접지공사

풀이

접지종별	적용기기
제1종 접지공사	고압 이상 기계기구의 외함
제2종 접지공사	변압기 2차측 중성점 또는 1단자
제3종 접지공사	400[V] 미만의 기기외함, 철대
특별 제3종 접지공사	400[V] 이상 저압기계기구 외함, 철대

답 ②

11 $R = 10[\Omega]$, $X_L = 8[\Omega]$, $X_C = 20[\Omega]$이 병렬로 접속된 회로에 80[V]의 교류전압을 가하면 전원에 흐르는 전류는 몇 [A]인가?

① 5[A]　　　　② 10[A]　　　　③ 15[A]　　　　④ 20[A]

풀이 $I_R = \dfrac{V}{R} = \dfrac{80}{10} = 8[A]$

$I_L = \dfrac{V}{X_L} = \dfrac{80}{8} = 10[A]$

$I_C = \dfrac{V}{X_C} = \dfrac{80}{20} = 4[A]$

$\dot{I} = \dot{I}_R + \dot{I}_L + \dot{I}_c$

$|\dot{I}| = \sqrt{I_R^2 + (I_L - I_c)^2} = \sqrt{8^2 + (10-4)^2} = 10[A]$

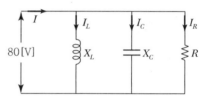

답 ②

12 특고압용 변압기의 냉각방식이 타냉식인 경우 냉각장치의 고장으로 인하여 변압기의 온도가 상승하는 것을 대비하기 위하여 시설하는 장치는?

① 방진장치　　　　　　　② 회로차단장치
③ 경보장치　　　　　　　④ 공기정화장치

답 ③

13 그림과 같은 회로에서 단자 a, b에서 본 합성저항[Ω]은?

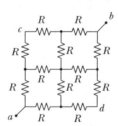

① $\dfrac{1}{2}R$　　　　② $\dfrac{1}{2}R$　　　　③ $\dfrac{3}{2}R$　　　　④ $2R$

풀이 ㉠ 단위 전류법 : 기하학적으로 이루어진 회로망에
　　 서 합성저항을 구할 때는 1A의 전류를 입력단
　　 자에 흘려 각 저항에서 분배되는 특성으로 알
　　 수 있는 방법

ㄴ $R_{ab} = R\left(\dfrac{1}{2} + \dfrac{1}{4} + \dfrac{1}{4} + \dfrac{1}{2}\right) = \dfrac{3}{2}R$

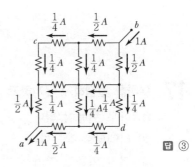

답 ③

14
버스덕트 배선에 의하여 시설하는 도체의 단면적은 알루미늄 띠 모양인 경우 얼마 이상의 것을 사용하여야 하는가?

① 20[mm²]　　　② 25[mm²]　　　③ 30[mm²]　　　④ 40[mm²]

풀이 버스덕트에 사용하는 도체

　　㉠ 동(구리) : 단면적 20mm² 이상의 띠 모양, 지름 5mm² 이상의 관모양이나 둥글고 긴 막대 모양
　　ㄴ 알루미늄 : 단면적 30mm² 이상의 띠 모양

답 ③

15
회전수 1,800[rpm]을 만족하는 동기기의 극수(㉠)와 주파수(ㄴ)는?

① ㉠ 4극, ㄴ 50[Hz]　　　　　　② ㉠ 6극, ㄴ 50[Hz]

③ ㉠ 4극, ㄴ 60[Hz]　　　　　　④ ㉠ 6극, ㄴ 60[Hz]

풀이 $N_s = \dfrac{120f}{P}$[rpm]이므로 $P = 4$일 때 $1,800 = \dfrac{120 \times f}{4}$[rpm]에서 $f = 60$

　　$P = 6$일 때 $1,800 = \dfrac{120 \times f}{6}$[rpm]에서 $f = 90$이다.

답 ③

16
A = 01100, B = 00111인 두 2진수의 연산결과가 주어진 식과 같다면 연산의 종류는?

① 덧셈

② 뺄셈

③ 곱셈

④ 나눗셈

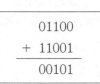

풀이 ㉠ 2의 보수 방식(2's complement form)은 디지털 시스템에서 가장 흔히 음수를 표현하기 위해서 사용되는 방식이다. 여덟 자리 기억 소자에 대해서 설명하면 2의 보수 방식은 100000000−B의 형태로 B의 음수 −B를 기억 소자상에 저장하는 방식이다.

　　ㄴ 음수는 모두 2의 보수로 바꾸어 더하면 된다.

ⓒ B=00111의 2의 보수는 100000−00111=11001이다.(−B=11001)

ⓓ A+(−B)=A−B로 뺄셈연산이다.   **답** ②

---

17 부하를 일정하게 유지하고 역률 1로 운전 중인 동기전동기의 계자전류를 증가시키면?

① 아무 변동이 없다.

② 리액터로 작용한다.

③ 뒤진 역률의 전기자 전류가 증가한다.

④ 앞선 역률의 전기자 전류가 증가한다.

풀이 ㉠ 여자가 약할 때(부족여자) : I가 V보다 지상(뒤짐) : 리액터 역할

ㄴ 여자가 강할 때(과여자) : I가 V보다 진상(앞섬) : 콘덴서 역할

ㄷ 여자가 적합할 때 : I와 V가 동위상이 되어 역률이 100%   **답** ④

---

18 화약류 등의 제조소 내에 전기설비를 시공할 때 준수할 사항이 아닌 것은?

① 전열기구 이외의 전기기계기구는 전폐형으로 할 것

② 배선은 두께 1.6[mm] 합성수지관에 넣어 손상 우려가 없도록 시설할 것

③ 전열기구는 시스선 등의 충전부가 노출되지 않는 발열체를 사용할 것

④ 온도가 현저히 상승 또는 위험발생 우려가 있는 경우 전로를 자동 차단하는 장치를 갖출 것

풀이 화약류 저장소 안에는 전기설비를 시설하지 아니하는 것이 원칙으로 되어 있다. 다만, 백열전등, 형광등 또는 이들에 전기를 공급하기 위한 전기설비만을 금속 전선관 공사 또는 케이블 공사에 의하여 시설할 수 있다.

참조 : 금속 전선관, 케이블, 합성수지관 공사는 거의 모든 장소에서 시설할 수 있지만, 합성수지관은 폭발, 화재의 위험이 있는 장소에서 시설해서는 안 된다.   **답** ②

---

19 고압 또는 특고압 가공전선로에서 공급을 받는 수용장소의 인입구 또는 이와 근접한 곳에는 무엇을 시설하여야 하는가?

① 동기조상기   ② 직렬리액터

③ 정류기   ④ 피뢰기

풀이 **피뢰기의 시설장소**

㉠ 발전소, 변전소 또는 이에 준하는 장소의 가공전선 인입구 및 인출구

ㄴ 가공전선로에 접속하는 특고압 배전용 변압기의 고압측 및 특고압측

ㄷ 고압 또는 특고압 가공전선로로부터 공급을 받는 수용장소의 인입구

ㄹ 가공전선로와 지중전선로가 접속되는 곳   **답** ④

20 다음 중 저항 부하시 맥동률이 가장 적은 정류방식은?

① 단상 반파식
② 단상 전파식
③ 3상 반파식
④ 3상 전파식

풀이 맥동률 크기의 순서는 ④ < ③ < ② < ①이다.   **답** ④

21 인덕터의 특징을 요약한 것 중 잘못된 것은?

① 인덕터는 에너지를 축적하지만 소모하지는 않는다.
② 인덕터의 전류가 불연속적으로 급격히 변화하면 전압이 무한대가 되어야 하므로 인덕터 전류가 불연속적으로 변할 수 없다.
③ 일정한 전류가 흐를 때 전압은 무한대이지만 일정량의 에너지가 축전된다.
④ 인덕터는 직류에 대해서 단락회로로 작용한다.

풀이 인덕터에 일정한 전류(=직류전류)가 흐르면 단락회로로 작용한다.   **답** ③

22 지중선 계통은 가공선 계통에 비하여 인덕턴스와 정전 용량은 어떠한가?

① 인덕턴스, 정전 용량이 모두 크다.
② 인덕턴스, 정전 용량이 모두 작다.
③ 인덕턴스는 크고 정전 용량은 작다.
④ 인덕턴스는 작고 정전 용량은 크다.

풀이 지중전선로에는 케이블을 채용하므로 가공전선로에 비해 선간거리가 작아진다.
∴인덕턴스는 작고 정전용량은 크다.   **답** ④

23 정현파에서 파고율이란?

① $\dfrac{최대값}{실효값}$
② $\dfrac{평균값}{실효값}$
③ $\dfrac{실효값}{평균값}$
④ $\dfrac{최대값}{평균값}$

풀이 파고율$=\dfrac{최대값}{실효값}$, 파형률$=\dfrac{실효값}{평균값}$ **답** ①

24 그림과 같은 유접점 회로가 의미하는 논리식은?

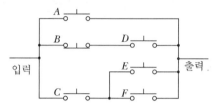

① $A + \overline{B}D + C(E + F)$

② $A + \overline{B}C + D(E + F)$

③ $A + \overline{B}C + D(E + F)$

④ $A + \overline{BC} + D(E + F)$

풀이

접점회로도	논리식
A	A
$B \quad D$	$\overline{B}D$
$C \quad D \quad F$	$C(E+F)$
입력 A B D E C F 출력	$A + \overline{B}D + C(E+F)$

답 ①

25 전주 사이의 경간이 50[m]인 가공 전선로에서 전선 1[m]의 하중이 0.37[kg], 전선의 이도가 0.8[m]라면 전선의 수평장력은 약 몇 [kg]인가?

① 80

② 120

③ 145

④ 165

풀이 전선의 이도 $D = \dfrac{WS^2}{8T}$ [m]이므로,

전선의 수평장력 $T = \dfrac{WS^2}{8D} = \dfrac{0.37 \times 50^2}{8 \times 0.8} \fallingdotseq 145$[kg]

여기서, W는 전선의 하중[kg/m], S는 지지물 간의 경간[m]이다.

답 ③

26 다음 중 변압기의 누설리액턴스를 줄이는 데 가장 효과적인 방법은?

① 권선을 분할하여 조립한다.
② 코일의 단면적을 크게 한다.
③ 권선을 동심 배치시킨다.
④ 철심의 단면적을 크게 한다.

풀이 실제의 변압기에서는 1차, 2차 권선을 통과하는 자속 이외에 권선의 일부만을 통과하는 누설자속이 존재하는데, 이 누설자속은 변압 작용에는 도움이 되지 않고 자기 인덕턴스 역할만 한다. 이것을 누설리액턴스라 한다. 이를 줄이기 위해 권선을 분할하여 조립하는 방법이 있다. **답** ①

27 $E_s = AE_r + BI_r$, $I_s = CE_r + DI_r$의 전파 방정식을 만족하는 전력원선도의 반지름 크기는?

① $\dfrac{E_S E_R}{A}$ ② $\dfrac{E_S E_R}{C}$ ③ $\dfrac{E_S E_R}{B}$ ④ $\dfrac{E_S E_R}{D}$

풀이 반지름 $\rho = \dfrac{E_s \cdot E_r}{B}$ $[MW]$ **답** ③

28 변압기의 시험 중에서 철손을 구하는 시험은?

① 극성시험   ② 단락시험
③ 무부하시험   ④ 부하시험

풀이 철손은 철심에서 발생하는 히스테리시스손과 와류손으로 주로 구성되어 있고, 부하와 상관없이 발생하므로 무부하손이라고도 한다. 따라서, 무부하시험으로 철손을 구한다. **답** ③

29 상전압 300[V]의 3상 반파 정류회로의 직류 전압은 몇 [V]인가?

① 117[V]   ② 200[V]
③ 283[V]   ④ 351[V]

풀이 $E_d = 1.17E = 1.17 \times 300 = 351[V]$ **답** ④

30 지중 전선로는 케이블을 사용하고 직접 매설식의 경우 매설 깊이는 차량 및 기타 중량물의 압력을 받는 곳에서는 지하 몇 [m] 이상이어야 하는가?

① 0.8 　　　　② 1.0 　　　　③ 1.2 　　　　④ 1.5

풀이 직접 매설식 케이블 매설 깊이
　　㉠ 차량 등 중량물의 압력을 받을 우려가 있는 장소 : 1.2[m] 이상
　　㉡ 기타 장소 : 0.6[m] 이상　　　　　　　　　　　　　　　　**답** ③

31 어떤 RLC 병렬회로가 병렬공진이 되었을 때 합성전류에 대한 설명으로 옳은 것은?

① 전류는 무한대가 된다. 　　　　② 전류는 최대가 된다.
③ 전류는 흐르지 않는다. 　　　　④ 전류는 최소가 된다.

풀이 RLC 병렬 공진시에 어드미턴스는 최소, 임피던스는 최대, 전류는 최소가 된다. **답** ④

32 3상변압기 결선 조합 중 병렬운전이 불가능한 것은?

① $Y-Y$와 $\Delta-\Delta$ 　　　　② $\Delta-Y$와 $Y-\Delta$
③ $Y-Y$와 $\Delta-Y$ 　　　　④ $\Delta-\Delta$와 $Y-Y$

풀이

병렬운전 가능		병렬운전 불가능
$\Delta-\Delta$와 $\Delta-\Delta$	$\Delta-Y$와 $\Delta-Y$	$\Delta-\Delta$와 $\Delta-Y$
$Y-Y$와 $Y-Y$	$\Delta-\Delta$와 $Y-Y$	$Y-Y$와 $\Delta-Y$
$Y-\Delta$와 $Y-\Delta$	$\Delta-Y$와 $Y-\Delta$	

답 ③

33 여자기(Exciter)에 대한 설명으로 옳은 것은?

① 발전기의 속도를 일정하게 하는 것이다.
② 부하 변동을 방지하는 것이다.
③ 직류 전류를 공급하는 것이다.
④ 주파수를 조정하는 것이다.

풀이 **여자기** : 계자권선에 직류전원을 공급하는 장치이다. **답** ③

34 직류기에서 파권 권선의 이점은?

① 효율이 좋다.　　　　　　　　② 출력이 크다.

③ 전압이 높게 된다.　　　　　　④ 역률이 안정된다.

풀이 파권은 극수와 관계없이 병렬회로수가 항상 2개로, 전지의 직렬접속과 같이 되므로 대전압, 저전류가 얻어진다.

답 ③

35 16진수 D28A를 2진수로 옳게 나타낸 것은?

① 1101001010001010　　　　　　② 0101000101001011

③ 1101011010011010　　　　　　④ 111101100000110

풀이

(16진수)	D	2	8	A
	↓	↓	↓	↓
(2진수)	1101	0010	1000	1010

답 ①

36 금속관공사 시 관의 두께는 콘크리트에 매설하는 경우 몇 [mm] 이상 되어야 하는가?

① 0.6　　　　② 0.8　　　　③ 1.2　　　　④ 1.4

풀이 금속관의 두께와 공사

ⓐ 콘크리트에 매설하는 경우 : 1.2[mm] 이상

ⓑ 기타의 경우 : 1[mm] 이상

답 ③

37 반지름 r[m]인 전선 A, B, C가 그림과 같이 수평의 D[m] 간격으로 배치되고 3선이 완전 연가된 경우 각 선의 인덕턴스는?

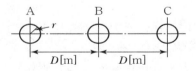

① $L = 0.05 + 0.4605 \log_{10} \dfrac{D}{r}$

② $L = 0.05 + 0.4605 \log_{10} \dfrac{\sqrt{2}\,D}{r}$

③ $L = 0.05 + 0.4605 \log_{10} \dfrac{\sqrt{3}\,D}{r}$

④ $L = 0.05 + 0.4605 \log_{10} \dfrac{\sqrt[3]{2}\,D}{r}$

풀이 등가선간거리는 수평배치(=일직선배치)로 되어 있으므로

$$D_o = \sqrt[3]{D \times D \times 2D} = \sqrt[3]{2}\,D\,[\text{m}]$$

$$\therefore L = 0.05 + 0.4605 \log_{10} \frac{\sqrt[3]{2}\,D}{r}$$

답 ④

38 변압기의 전일효율을 최대로 하기 위한 조건은?

① 전부하시간이 길수록 철손을 작게 한다.
② 전부하시간이 짧을수록 무부하손을 작게 한다.
③ 전부하시간이 짧을수록 철손을 크게 한다.
④ 부하시간에 관계없이 전부하 동손과 철손을 같게 한다.

풀이 **전일효율(η_d)**

변압기의 부하는 항상 변화되므로 하루 중의 평균효율

$$\eta_d = \frac{1일 중 출력량[\text{kWh}]}{1일 중 입력량[\text{kWh}]} \times 100[\%] = \frac{1일 중 출력량}{1일 중 출력량 + 손실량} \times 100[\%]$$

$$= \frac{V_2 I_2 \cos\theta \times T}{V_2 I_2 \cos\theta \times T + 24 P_i + T \times P_c} \times 100[\%]$$

전부하시 최대효율조건이 철손(P_i) = 동손(P_c)이므로 $24 P_i = T \times P_c$이다.
즉, 무부하손(=철손)은 시간(T)과 비례관계이다.

답 ②

39 3상 배전선로의 말단에 늦은 역률 60[%], 120[kW]의 3상 부하가 있다. 부하점에 부하와 병렬로 전력용 콘덴서를 접속하여 선로손실을 최소화하려고 한다. 이 경우 필요한 콘덴서 용량은?(단, 부하단 전압은 변하지 않는 것으로 한다.)

① 60[kVA]
② 80[kVA]
③ 135[kVA]
④ 160[kVA]

풀이 선로손실을 최소화하려면, 역률을 개선하여 선로전류를 감소시켜야 하므로,
역률 개선용 콘덴서 용량 $Q = P(\tan\theta_1 - \tan\theta_2)[\text{kVA}]$이다.
따라서, $Q = 120 \times [\tan(\cos^{-1}0.6) - \tan(\cos^{-1}1.0)] = 160[\text{kVA}]$

답 ④

40 반사 갓을 사용하여 90~100[%] 정도의 빛이 아래로 향하고, 10[%] 정도가 위로 향하는 방식으로 빛의 손실이 적고, 효율은 높지만, 천장이 어두워지고 강한 그늘과 눈부심이 생기기 쉬운 조명방식은?

① 직접조명   ② 반직접조명

③ 전반확산조명   ④ 반간접조명

조명방식	상향광속	하향광속	특징
직접조명	10[%] 정도	90~100[%]	빛의 손실이 적고, 효율은 높지만, 천장이 어두워지고 강한 그늘이 생기며 눈부심이 생기기 쉽다.
반직접조명	10~40[%]	90~60[%]	밝음의 분포가 크게 개선된 방식으로 일반사무실, 학교, 상점 등에 적용된다.
전반확산조명	40~60[%]	40~60[%]	고급사무실, 상점, 주택, 공장 등에 적용한다.
반간접조명	60~90[%]	10~40[%]	부드러운 빛을 얻을 수 있으나 효율은 나빠진다. 세밀한 작업을 오랫동안 하는 장소, 분위기 조명 등에 적용된다.
간접조명	90~100[%]	10[%] 정도	전체적으로 부드러우며, 눈부심과 그늘이 적은 조명을 얻을 수 있다. 그러나 효율이 매우 나쁘고, 설비비가 많이 든다.

답 ①

41 송전선로에 코로나가 발생하였을 때 이점이 있다면 다음 중 어느 것인가?

① 계전기의 신호에 영향을 준다.

② 라디오 수신에 영향을 준다.

③ 전력선 반송에 영향을 준다.

④ 고전압의 진행파가 발생하였을 때 뇌 서지에 영향을 준다.

풀이 코로나가 발생하면 전력 손실이 생기며 전기회로 측면에서 보면 저항과 같은 역할을 하므로 이상 전압 발생 시 이상 전압을 경감시킨다.   답 ④

42 배전반 또는 분전반의 배관을 변경하거나 이미 설치된 캐비닛에 구멍을 뚫을 때 사용하며 수동식과 유압식이 있다. 이 공구는 무엇인가?

① 클리퍼   ② 클릭볼

③ 커터   ④ 녹아웃 펀치

답 ④

43 저압 연접인입선은 인입선에서 분기하는 점으로부터 100[m]를 넘지 않는 지역에 시설하고 폭 몇 [m]를 초과하는 도로를 횡단하지 않아야 하는가?

① 4　　　　　　② 5　　　　　　③ 6　　　　　　④ 6.5

풀이 **연접인입선 시설 제한 규정**
　ⓐ 인입선에서의 분기하는 점에서 100[m]를 넘는 지역에 이르지 않아야 한다.
　ⓑ 폭 5[m]를 넘는 도로를 횡단하지 않아야 한다.
　ⓒ 연접인입선은 옥내를 관통하면 안 된다.
　ⓓ 고압 연접인입선은 시설할 수 없다.　　　　　　　　　　**답** ②

44 그림에서 1차 코일의 자기인덕턴스 L_1, 2차 코일의 자기인덕턴스 L_2, 상호인덕턴스를 M이라 할 때 L_A의 값으로 옳은 것은?

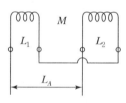

①　$L_1 + L_2 + 2M$　　　　　　②　$L_1 - L_2 + 2M$
③　$L_1 + L_2 - 2M$　　　　　　④　$L_1 - L_2 - 2M$

풀이

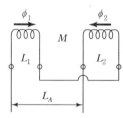

　ϕ_1과 ϕ_2가 반대 방향이므로 차동접속이다.
　차동접속시 인덕턴스는 $L_A = L_1 + L_2 - 2M$[H]　　　　　　**답** ③

45 SCR에 대한 설명으로 옳지 않은 것은?

① 대전류 제어 정류용으로 이용된다.
② 게이트전류로 통전전압을 가변시킨다.
③ 주전류를 차단하려면 게이트전압을 영 또는 부(−)로 해야 한다.
④ 게이트전류의 위상각으로 통전전류의 평균값을 제어시킬 수 있다.

46 최대사용전압 3,300[V]의 고압 전동기가 있다. 이 전동기의 절연내력 시험전압은 몇 [V]인가?

① 3,630[V]　　　　　　　　　　② 4,125[V]

③ 4,950[V]　　　　　　　　　　④ 10,500[V]

풀이 절연내력 시험전압 7[kV] 이하의 전로(회전기)는 최대사용전압×1.5배이므로, 3,300[V]×1.5＝4,950[V]이다.   답 ③

47 그림과 같은 회로의 기능은?

① 반가산기
② 감산기
③ 반일치회로
④ 부호기

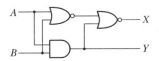

풀이 $X = \overline{\overline{A+B} + AB} = \overline{\overline{A+B}} \cdot \overline{AB} = (A+B)(\overline{A}+\overline{B})$

$\quad = A\overline{A} + A\overline{B} + \overline{A}B + B\overline{B} = A\overline{B} + \overline{A}B = sum$

$Y = AB = Carry$ 답 ①

48 100[V]용 30[W]의 전구와 60[W]의 전구가 있다. 이것을 직렬로 접속하여 100[V]의 전압을 인가하였을 때 두 전구의 상태는 어떠한가?

① 30[W]의 전구가 더 밝다.
② 60[W]의 전구가 더 밝다.
③ 두 전구의 밝기가 모두 같다.
④ 두 전구 모두 켜지지 않는다.

풀이 ㉠ $P = \dfrac{V^2}{R} = P \times \dfrac{1}{R}$ 에서, $P \propto \dfrac{1}{R}$ 이므로

　　30W 전구의 저항이 60W 전구의 저항보다 더 크다.($\therefore R_{30W} > R_{60W}$)

　㉡ 직렬접속 시 전류는 같으므로 $I^2 R_{30w} > I^2 R_{60w}$ 이다.

　　즉, 전력이 큰 30W 전구가 더 밝다.   답 ①

49 MOS-FET의 드레인 전류는 무엇으로 제어하는가?

① 게이트 전압 ② 게이트 전류 ③ 소스 전류 ④ 소스 전압

풀이 소스와 드레인 사이의 게이트 전압에 의해 조절한다.
P형 기판인 실리콘에는 전류의 자유전자의 수가 매우 적으
므로 소스와 드레인 사이의 높은 전압을 가해도 기판의 저
항이 너무 크기 때문에 전류가 흐를 수 없다. 그러나 게이
트 전압을 가하면 중간의 절연체인 Oxide 때문에 전류가
흐를 수 없다가 기판과 Oxide 경계면에 전자가 모이게 되
어 전도채널(Conduction channel)이 형성되어 전류가 도
통하게 된다.

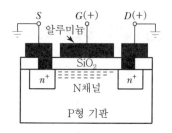

답 ①

50 송전선로의 선로정수가 아닌 것은 다음 중 어느 것인가?

① 저항 ② 리액턴스
③ 정전용량 ④ 누설 콘덕턴스

풀이 송전선로의 선로정수는 저항(R), 인덕턴스(L), 정전용량(C), 누설콘덕턴스(G)이다. **답** ②

51 다음 논리함수를 간략화하면 어떻게 되는가?

$$Y = \overline{ABCD} + \overline{ABC}\overline{D} + A\overline{BCD} + A\overline{B}C\overline{D}$$

	$\overline{A}B$	$\overline{A}\overline{B}$	AB	$A\overline{B}$
$\overline{C}D$	1			1
$\overline{C}\overline{D}$				
CD				
$C\overline{D}$	1			1

① $\overline{B}\,\overline{D}$ ② $B\overline{D}$ ③ $\overline{B}D$ ④ BD

풀이 카르노 맵(karnaugh map)에
의한 논리식의 간소화
전달함수 값이 1인 것을 사각형
으로 묶은 다음 공통인 값을 찾
으면 $\overline{B}\,\overline{D}$가 된다.

	$\overline{A}B$	$\overline{A}\overline{B}$	AB	$A\overline{B}$
$\overline{C}D$	1			1
$\overline{C}\overline{D}$				
CD				
$C\overline{D}$	1			1

답 ①

52 유도전동기의 1차 접속을 Δ에서 Y결선으로 바꾸면 기동시의 1차 전류는?

① $\dfrac{1}{3}$로 감소한다.

② $\dfrac{1}{\sqrt{3}}$로 감소한다.

③ 3배로 증가한다.

④ $\sqrt{3}$배로 증가한다.

풀이 **$Y-\Delta$기동법** : 고정자권선을 Y로 하여 상전압을 줄여 기동전류를 줄이고 나중에 Δ로 하여 운전하는 방식으로 기동전류는 정격전류의 1/3로 줄어들지만, 기동토크도 1/3로 감소한다.　　**답** ①

53 방향계전기의 기능이 적합하게 설명이 된 것은 어느 것인가?

① 예정된 시간지연을 가지고 응동(應動)하는 것을 목적으로 한 계전기

② 계전기가 설치된 위치에서 보는 전기적 거리 등을 판별해서 동작

③ 보호구간으로 유입하는 전류와 보호구간에서 유출되는 전류와의 백터차와 출입하는 전류와의 관계비로 동작하는 계전기

④ 2개 이상의 백터량 관계위치에서 동작하며 전류가 어느 방향으로 흐르는가를 판정하는 것을 목적으로 하는 계전기

풀이 ② : 거리계전기, ③ : 차동계전기　　**답** ④

54 유도전동기의 2차 입력, 2차 동손 및 슬립을 각각 P_2, P_{C2}, S라 하면 이들의 관계식은?

① $s = P_2 \times P_{C2}$

② $s = P_2 + P_{C2}$

③ $s = \dfrac{P_2}{P_{C2}}$

④ $s = \dfrac{P_{C2}}{P_2}$

풀이 $P_2 : P_{C2} : P_o = 1 : S : (1-S)$이므로 $P_2 : P_{C2} = 1 : S$에서 S로 정리하면, $s = \dfrac{P_{C2}}{P_2}$이 된다.

답 ④

55 다음과 같은 [데이터]에서 5개월 이동평균법에 의하여 8월의 수요를 예측한 값은 얼마인가?

월	1	2	3	4	5	6	7
판매실적	100	90	110	100	115	110	100

① 103　　② 105　　③ 107　　④ 109

풀이 단순이동평균법(simple moving average method)

$$M_t = \frac{\Sigma X_{t-i}}{n} = \frac{(110+100+115+110+100)}{5} = \frac{535}{5} = 107$$

여기서 M_t : 당기 예측치, X_t : 마지막 자료(당기 실적치)

답 ③

56 다음 중 모집단의 중심적 경향을 나타낸 측도에 해당하는 것은?

① 범위(Range)

② 최빈값(Mode)

③ 분산(Variance)

④ 변동계수(Coefficient of variation)

풀이 자료 전체의 특징이나 한 집단의 성질을 하나의 수치로 나타내는 것을 대푯값이라고 하며, 평균, 중앙값, 최빈값이 있다.

ⓐ 평균(Mean) : 자료의 평균값을 의미

ⓑ 중앙값(median) : 자료를 크기순으로 배열하여 가장 중앙에 위치하는 값

ⓒ 최빈값(mode) : 주어진 자료에서 가장 자주 낳는 자료의 값

답 ②

57 여유시간이 5분, 정미시간이 40분일 경우 내경법으로 여유율을 구하면 약 몇 %인가?

① 6.33%   ② 9.05%   ③ 11.11%   ④ 12.06%

풀이 내경법의 여유율(A)은

$$A = \frac{AT}{NT+AT} = \frac{5}{40+5} = 0.1111 = 11.11[\%]$$

여기서, NT : 정미시간, AT : 여유시간

답 ③

58 다음 중 계량값 관리도만으로 짝지어진 것은?

① c관리도, u관리도

② $x - R_s$관리도, P관리도

③ $\overline{X} - R$관리도, nP관리도

④ $Me - R$관리도, $\overline{X} - R$관리도

풀이 ⓐ 계량치 관리도 : $\overline{X} - R$관리도, x관리도, $x - R$관리도, R관리도

ⓑ 계수치 관리도 : nP관리도, P관리도, c관리도, u관리도

답 ④

59 로트에서 랜덤하게 시료를 추출하여 검사한 후 그 결과에 따라 로트의 합격, 불합격을 판정하는 검사방법을 무엇이라 하는가?

① 자주검사
② 간접검사
③ 전수검사
④ 샘플링검사

답 ④

60 관리 사이클의 순서를 가장 적절하게 표시한 것은?(단, A는 조치(Act), C는 체크(Check), D는 실시(Do), P는 계획(Plan)이다.)

① P → D → C → A
② A → D → C → P
③ P → A → C → D
④ P → C → A → D

답 ①

01 다이오드의 애벌런치(Avalanche) 현상이 발생되는 것을 옳게 설명한 것은?

① 역방향 전압이 클 때 발생한다.　② 순방향 전압이 클 때 발생한다.

③ 역방향 전압이 적을 때 발생한다.　④ 순방향 전압이 적을 때 발생한다.

풀이 **애벌런치 현상**

다이오드에서 충분히 높은 역방향 바이어스는 소수 캐리어를 충분히 가속시켜 돌발 사태를 일으킨다. 가속된 캐리어의 운동 에너지가 공유 결합을 깨뜨릴 만큼(즉, 금지대보다) 크다면 하나의 캐리어에 의하여 한 쌍의 전자–정공이 2차적으로 생성된다. 이런 식으로 충돌에 의한 생성과 가속이 반복되는 현상을 전자 사태(Electron Avalanche)라 부르고, 그 임계 전압을 항복 전압이라 부른다. 답 ①

02 공기 중 10[Wb]의 자극에서 나오는 자기력선의 총 수는?

① 약 6.885×10^6 개　② 약 7.958×10^6 개

③ 약 8.855×10^6 개　④ 약 9.092×10^6 개

풀이 **가우스의 정리에 의한 자기력선의 총수**

$N = \dfrac{m}{\mu}$ 개이므로, $N = \dfrac{m}{\mu_0 \mu_s} = \dfrac{10}{4\pi \times 10^{-7} \times 1} = 7.958 \times 10^6$ 개 답 ②

03 충전전류는 일반적으로 어떤 전류를 말하는가?

① 앞선 전류　② 뒤진 전류

③ 유효 전류　④ 누설 전류

풀이 충전전류는 진상전류 즉 앞선 전류를 의미한다. 답 ①

04 용량 10[kVA]의 단권변압기에서 전압 3000[V]를 3300[V]로 승압시켜 부하에 공급할 때 부하용량 [kVA]는?

① 1.1[kVA]　② 11[kVA]

③ 110[kVA]　④ 990[kVA]

풀이 부하용량 $=$ 자기용량 $\times \dfrac{\text{고압측전압}}{\text{승압전압}} = 10 \times \dfrac{3300}{(3300-3000)} = 110 = [\text{kVA}]$ 답 ③

05 유니온 커플링의 사용 목적으로 옳은 것은?

① 금속관 상호의 나사를 연결하는 접속

② 금속관의 박스와 접속

③ 안지름이 다른 금속관 상호의 접속

④ 돌려 끼울 수 없는 금속관 상호의 접속

[풀이] ㉠ 금속관 상호의 접속 : 커플링

㉡ 금속관과 박스의 접속 : 로크너트 **[답]** ④

06 공급점 30[m]인 지점에서 70[A], 45[m]인 지점에서 50[A], 60[m]인 지점에서 30[A]의 부하가 걸려 있을 때, 부하중심까지의 거리를 산출하여 전압강하를 고려한 전선의 굵기를 결정하고자 한다. 부하중심까지의 거리는 몇 [m]인가?

① 62[m] ② 50[m]

③ 41[m] ④ 36[m]

[풀이] 부하중심점 $= \dfrac{\text{각각의 거리} \times \text{전류합}}{\text{전류의 합}} = \dfrac{30 \times 70 + 45 \times 50 + 60 \times 30}{70 + 50 + 30} = 41[m]$ **[답]** ③

07 2개의 전력계를 사용하여 평형부하의 3상회로의 역률을 측정하고자 한다. 전력계의 지시가 각각 1[kW] 및 3[kW]라 할 때 이 회로의 역률은 약 몇 [%]인가?

① 58.8 ② 63.3

③ 75.6 ④ 86.6

[풀이] 2전력계법에 의한 역률계산식

$$\cos\theta = \frac{P_1 + P_2}{2\sqrt{P_1^2 + P_2^2 - P_1 P_2}} = \frac{1+3}{2\sqrt{1^2 + 3^2 - 1 \times 3}} = 75.6[\%]$$ **[답]** ③

08 그림과 같은 회로에서 단자 a, b에서 본 합성저항 [Ω]은?(단, R=3[Ω]이다.)

① 1.0[Ω]

② 1.5[Ω]

③ 3.0[Ω]

④ 4.5[Ω]

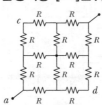

풀이 ㉠ 단위 전류법 : 기하학적으로 이루어진 회로망에서 합성저항을 구할 때는 1A의 전류를 입력단자에 흘려 각 저항에서 분배되는 특성으로 알 수 있는 방법

㉡ $R_{ab} = R(\frac{1}{2} + \frac{1}{4} + \frac{1}{4} + \frac{1}{2}) = \frac{3}{2} \times 3 = 4.5[\Omega]$

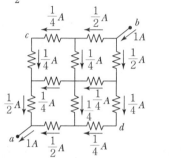

답 ④

09 송전선로의 코로나 손실을 나타내는 Peek 식에서 E_0에 해당하는 것은?

$$P = \frac{241}{\delta}(f+25)\sqrt{\frac{d}{2D}}(E-E_0)^2 \times 10^{-5}[\text{kW/km/선}]$$

① 코로나 임계전압   ② 전선에 걸리는 대지전압

③ 송전단 전압   ④ 기준 충격 절연강도전압

풀이 **코로나 손실 발생(Peek의 식)**

$P_c = \frac{241}{\delta}(f+25)\sqrt{\frac{r}{D}}(E-E_0)^2 \times 10^{-5}[\text{kW/cm/선당}]$

δ : 상대공기밀도($\delta \propto \frac{기압}{온도}$)

E : 대지전압

E_0 : 코로나 임계전압

답 ①

10 그림은 사이클로 컨버터의 출력전압과 전류의 파형이다. $\theta_2 \sim \theta_3$구간에서 동작되는 컨버터와 동작모드는?

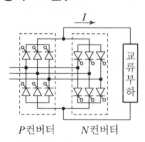

P컨버터   N컨버터

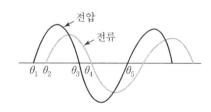

① P 컨버터, 순변환　　　　　　② P 컨버터, 역변환

③ N 컨버터, 순변환　　　　　　④ N 컨버터, 역변환

답 ①

11
사용전압이 220[V]인 경우에 애자사용공사에서 전선과 조영재와의 이격거리는 최소 몇 [cm] 이상이어야 하는가?

① 2.5　　　　　　② 4.5　　　　　　③ 6.0　　　　　　④ 8.0

풀이 **애자사용 배선공사**

㉠ 전선 상호 간의 거리 : 6[cm] 이상

㉡ 전선과 조영재와의 거리

• 400[V] 미만 : 2.5[cm] 이상

• 400[V] 이상 : 4.5[cm] 이상 (건조한 곳은 2.5[cm] 이상)

답 ①

12
그림과 같은 회로에서 소비되는 전력은?

① 5808[W]

② 7744[W]

③ 9680[W]

④ 12100[W]

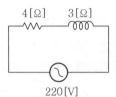

풀이 $P = VI\cos\theta$ [W]이므로,

$$|Z| = \sqrt{R^2 + X^2} = \sqrt{4^2 + 3^2} = 5[\Omega]$$

$$I = \frac{V}{|Z|} = \frac{220}{5} = 44[A]$$

$$\cos\theta = \frac{R}{|Z|} = \frac{4}{5}$$

$$P = VI\cos\theta = 220 \times 44 \times \frac{4}{5} = 7744[W]\text{이다.}$$

위와 같이 방법으로 계산하여도 무방하나 좀더 간략히 하면,

인덕턴스는 무료전력을 소비하고, 저항은 유효전력을 소비하므로

$P = I^2 R$[W]을 이용하여 $P = 44^2 \times 4 = 7744$[W]으로 풀이하여도 가능하다.

답 ②

13
주파수 60[Hz]로 제작된 3상 유도전동기를 동일한 전압의 50[Hz]의 전원으로 사용할 때 나타나는 현상은?

① 철손 감소　　　　　　　　② 무부하 전류 증가

③ 자속 감소　　　　　　　　④ 속도 감소

풀이 ㉠ 유도기전력 $E = 4.44fN\phi_m$ 에서 주파수와 자속은 반비례하므로,
주파수가 감소하면, 자속은 증가한다.

㉡ 동기속도 $N_s = \dfrac{120f}{P}$[rpm]이므로, 주파수가 감소하면, 속도도 감소한다.

㉢ 주파수와 철손과의 관계

철손 $P_i = P_h + P_e$ 에서 히스테리시스손 $P_h \propto fB_m^{\ 2} = \dfrac{f^2 B_m^{\ 2}}{f}$ 이고,

와류손 $P_e \propto t^2 f^2 B_m^{\ 2} = t^2 (fB_m)^2$ 이므로,

유도기전력 $E = 4.44fN\phi_m = 4.44fNB_m A \left(B_m = \dfrac{\phi_m}{A} \right)$ 에서

$E \propto fB_m$ $f \propto \dfrac{1}{B_m}$ 의 관계가 성립하므로,

$P_h \propto \dfrac{E^2}{f}$ $P_e \propto E^2$

따라서, 철손은 주파수에 반비례하기 때문에 주파수가 감소하면, 철손이 증가하여 무부하전류가 증가한다.(무부하전류는 철손전류와 여자전류의 합이다.)   **답** ②

14 직류기에 주로 사용하는 권선법으로 다음 중 옳은 것은?

① 개로권, 환상권, 이층권
② 개로권, 고상권, 이층권
③ 폐로권, 고상권, 이층권
④ 폐로권, 환상권, 이층권

답 ③

15 저항 10[Ω], 유도리액턴스 10[Ω]인 직렬회로에 교류전압을 인가할 때 전압과 이 회로에 흐르는 전류와의 위상차는 몇 도인가?

① 60°
② 45°
③ 30°
④ 0°

풀이 R-L 직렬회로의 전압 전류 위상차는 θ

$\theta = \tan^{-1}\dfrac{X_L}{R} = \tan^{-1}\dfrac{10}{10} = 45°$ **답** ②

16 3상 배전선로의 말단에 늦은 역률 80[%], 150[kW]의 평형 3상 부하가 있다. 부하점에 부하와 병렬로 전력용 콘덴서를 접속하여 선로손실을 최소화하려고 한다. 이 경우 필요한 콘덴서의 용량은?(단, 부하단 전압은 변하지 않는 것으로 한다.)

① 105.5[kVA]
② 112.5[kVA]
③ 135.5[kVA]
④ 150.5[kVA]

17 동기 전동기에서 제동권선의 사용 목적으로 가장 옳은 것은?

① 난조 방지　　　　　　　② 정지시간의 단축

③ 운전토크의 증가　　　　④ 과부하 내량의 증가

18 분류기의 배율을 나타낸 식으로 옳은 것은?(단, R_S는 분류기 저항, r은 전류계의 내부 저항이다.)

① $\dfrac{R_s + 1}{r}$　　　② $\dfrac{R_s}{r} + 1$　　　③ $\dfrac{r}{R_s} + 1$　　　④ $\dfrac{r}{r + R_s} + 1$

19 저압 옥내 간선에서 분기하여 전기 사용 기계 기구에 이르는 저압 옥내 전로의 분기 개소에 시설하는 개폐기 및 과전류 차단기는 분기점에서 전선의 길이가 몇 [m] 이내인 곳에 시설하여야 하는가?

① 1.5[m]　　　② 3.0[m]　　　③ 5.5[m]　　　④ 8.0[m]

20 2진수 01100110_2의 2의 보수는?

① 01100110　　　② 01100111　　　③ 10011001　　　④ 10011010

풀이 ㉠ 2의 보수 방식(2's complement form)은 디지털 시스템에서 가장 흔히 음수를 표현하기 위해서 사용되는 방식이다. 여덟 자리 기억 소자에 대해서 설명하면 2의 보수 방식은 100000000－B의 형태로 B의 음수－B를 기억 소자상에 저장하는 방식이다.

㉡ 음수는 모두 2의 보수로 바꾸어 더하면 된다.

㉢ B＝01100110₂의 2의 보수는 100000000－01100110＝10011010이다.　　　　답 ④

21 가공 전선로에 사용하는 원형 철근 콘크리트주의 수직 투영 면적 1[m²]에 대한 갑종 풍압 하중은?

① 333[Pa]　　　② 588[Pa]　　　③ 745[Pa]　　　④ 882[Pa]

풀이 가공 전선로에 사용하는 지지물의 강도 계산에 적용하는 풍압 하중은 갑종, 을종, 병종으로 3종으로 한다.

㉠ 갑종 풍압하중

풍압을 받는 구분	구성재의 수직 투영면적 풍압을 받는 구분 1m²에 대한 풍압
목주	588Pa
철 주(원형)	588Pa
철근콘크리트주(원형)	588Pa
철 탑(단주, 원형)	588Pa

㉡ 을종 풍압하중 : 전선 기타의 가섭선 주위에 두께 6mm, 비중 0.9의 빙설 부착된 상태에서 수직 투영면적 372Pa, 그 이외 것은 갑종 풍압하중에 2분의 1을 기초로 하여 계산

㉢ 병종 풍압하중 : 갑종 풍압하중에 2분의 1을 기초로 하여 계산　　　　답 ②

22 저압의 지중전선이 지중약전류전선 등과 접근하거나 교차하는 경우 상호 간의 이격거리가 몇 [cm] 이하인 때에는 지중전선과 지중약전류전선 등 사이에 견고한 내화성의 격벽을 설치하는가?

① 20[cm]　　　② 30[cm]　　　③ 50[cm]　　　④ 60[cm]

풀이 **지중전선과 지중약전류전선과의 접근 또는 교차**

㉠ 견고한 내화성의 격벽을 설치하는 경우
　• 저압 또는 고압의 지중전선은 30cm 이하
　• 특고압 지중전선은 60cm 이하

㉡ 직접 접촉하지 아니하도록 하는 경우
　지중전선을 견고한 불연성 또는 난연성의 관에 넣어 시설하는 경우　　　　답 ②

23 무한히 긴 직선도체에 전류 I[A]를 흘릴 때 이 전류로부터 r[m] 떨어진 점의 자속밀도는 몇 [Wb/m²]인가?

① $\dfrac{\mu_0 I}{4\pi r}$ ② $\dfrac{I}{2\pi\mu_0 r}$ ③ $\dfrac{I}{2\pi r}$ ④ $\dfrac{\mu_0 I}{2\pi r}$

풀이 무한장 직선도체의 자기장의 세기 $H = \dfrac{I}{2\pi r}$ 이고, 자속밀도 $B = \mu H$ 이므로,

공기 중에 무한장 직선도체의 자속밀도는 $B = \dfrac{\mu_0 I}{2\pi r}$ [Wb/m²]이다.   **답** ④

24 소형 유도전동기의 슬롯을 사구(Skew Slot)로 하는 이유는?

① 기동 토크를 증가시키기 위하여   ② 게르게스 현상을 방지하기 위하여
③ 제동 토크를 증가시키기 위하여   ④ 크로우링을 방지하거 위하여

풀이 크로우링 현상(=차동기 운전) : 소용량의 농형유도전동기에서 주로 생기는 현상으로 고조파의 영향으로 가속이 안 되는 현상이며, 경사 슬롯을 채용해서 어느 정도 방지할 수 있다.   **답** ④

25 전력용 콘덴서의 내부소자 사고 검출방식이 아닌 것은?

① 콘덴서 외함 팽창변위 검출방식
② 중성점 간 전압 검출방식
③ 중성점 간 전류 검출방식
④ 회선 전류 위상비교 검출방식

풀이 콘덴서에 고장이 발생할 경우 사고의 확대와 파급을 방지하기 위하여 콘덴서를 회로로부터 신속히 제거하기 위해 다음과 같은 사고 검출방식을 이용한다.
  ㉠ 중성점 간 전류 검출방식 : 스타로 결선된 콘덴서를 2조로 하여 콘덴서 고장 시 중성점 간에 흐르는 전류를 검출하는 방식
  ㉡ 중성점 전압 검출방식 : 중성점 간 전류 검출방식과 유사한 특성을 가지고 있으며, 단상콘덴서 3대를 Y결선하여 사용하는 방식
  ㉢ 오픈 델타 보호방식 : 각 상의 방전 코일 2차측을 오픈 델타로 결선한 것으로 평형상태의 전압은 0[V]이나 사고 시에 이상전압을 검출하는 방식
  ㉣ 전압 차동 보호방식 : 오픈 델타 보호방식과 같은 전압 검출방식이나 절연처리를 강화하여 특고압에 적용됨
  ㉤ ARN 스위치 보호방식 : 콘덴서의 외함의 팽창변위를 검출하여 고장을 판별하는 방식
  ㉥ Lead cut 보호방식 : 콘덴서가 절연 파괴되면 내부의 압력이 상승하게 되어 외함이 변형을 일으켜 보호장치가 동작하는 방식   **답** ④

26 영구자석을 회전자로 하고, 회전자의 자극 근처에 반대 극성의 자극을 가까이 놓고 회전시키면, 회전자는 이동하는 자석에 흡인되어 회전하는 전동기는?

① 유도 전동기　　　　　　　　　② 직권 전동기
③ 동기 전동기　　　　　　　　　④ 분권 전동기

풀이 영구자석을 회전자로 하고 회전자의 자극 가까이에 권선으로 만든 전자석을 가까이 하여 회전시키면 회전자는 이동하는 전자석에 흡인되어 회전하는데, 이것이 동기 전동기의 회전원리이다.　　**답** ③

27 자극의 흡인력 F[N]과 자속밀도 B[Wb/m²]의 관계로 옳은 것은?(단, $K = \dfrac{S}{2\mu_0}$ 이다.)

① $F = K\dfrac{1}{B^2}$　　　　　　　　② $F = K\dfrac{1}{B}$

③ $F = KB^2$　　　　　　　　　　④ $F = KB$

풀이 서로 다른 자극 사이에는 흡인력 F가 발생하고, 미소거리 $\Delta\ell$[m]만큼 이동하면, 일은 $W = F \cdot \Delta\ell$[J]이고, 자기회로의 새로 발생된 자기에너지와 등가이므로, 다음 관계식이 성립한다.

$$F \cdot \Delta\ell = \frac{1}{2}\mu H^2 \cdot S \cdot \Delta\ell\,[\text{J}]$$

$$F = \frac{1}{2}\mu H^2 \cdot S\,[\text{N}]$$

여기서, $H = \dfrac{B}{\mu}$과 공기 중임을 적용하면,

$$F = \frac{1}{2\mu_0}B^2 \cdot S\,[\text{N}]$$ 가 된다.　　**답** ③

28 3상 유도 전동기의 2차동손, 2차입력, 슬립을 각각 P_c, P_2, S라 하면 관계식은?

① $P_c = SP_2$　　　　　　　　　② $P_c = \dfrac{P_2}{S}$

③ $P_c = \dfrac{S}{P_2}$　　　　　　　　　④ $P_c = \dfrac{1}{SP_2}$

풀이 $P_2 : P_c : P_o = 1 : S : (1-S)$이므로
$P_2 : P_c = 1 : S$에서 P_c로 정리하면,
$P_c = P_2 \cdot S$이 된다.　　**답** ①

29 정격 30[kVA], 1차 측 전압 6600[V], 권수비 30인 단상변압기의 2차측 정격전류는 약 몇 [A]인가?

① 93.2[A] ② 136.4[A]

③ 220.7[A] ④ 455.5[A]

풀이 권수비 $(a) = \dfrac{V_1}{V_2}$, $V_2 = \dfrac{V_1}{a} = \dfrac{6600}{30} = 220[V]$

2차측 정격전류 $I_{2n} = \dfrac{P_a}{V_2} = \dfrac{30 \times 10^3}{220} = 136.4[A]$　　　　**답** ②

---

30 진리표와 같은 출력의 논리식을 간략화한 것은?

① $\overline{A}B + \overline{B}C$

② $\overline{AB} + B\overline{C}$

③ $AC + \overline{BC}$

④ $AB + \overline{A}C$

입력			출력
A	B	C	X
0	0	0	0
0	0	1	1
0	1	0	0
0	1	1	1
1	0	0	0
1	0	1	0
1	1	0	1
1	1	1	1

풀이 방법 1) $X = \overline{A}\overline{B}C + \overline{A}BC + AB\overline{C} + ABC$

$\overline{A}C(\overline{B}+B) + AB(\overline{C}+C) = \overline{A}C + AB$

방법 2) 카르노 맵 활용

A\BC	00	01	11	10
0	0	1	1	0
1	0	0	1	1

$\overline{A}C + AB$　　　　**답** ④

---

31 2진수 $(1011)_2$를 그레이 코드(Gray Code)로 변환한 값은?

① $(1111)_G$ ② $(1101)_G$

③ $(1110)_G$ ④ $(1100)_G$

풀이 그레이(Gray) 코드 : 2진수의 최대 자리수(MSB : Most Significant Bit)는 그대로 내려쓰고 다음은 MSB와 다음 수를 합해서 올림수를 제거한 합(배타적 OR)만을 그레이 코드의 다음 수로 정해 나간다.

```
1 + 0 + 1 + 1    2진수
↓   ↓   ↓   ↓
1 + 1 + 1 + 0    Gray Code
```

답 ③

32 나전선 상호 또는 나전선과 절연전선, 캡타이어케이블 또는 케이블과 접속하는 경우의 설명으로 옳은 것은?

① 접속슬리브(스프리트슬리브 제외), 전선 접속기를 사용하여 접속하여야 한다.
② 접속부분의 절연은 전선 절연물의 80[%] 이상의 절연효력이 있는 것으로 피복하여야 한다.
③ 접속부분의 전기저항을 증가시켜야 한다.
④ 전선의 강도는 30[%] 이상 감소하지 않아야 한다.

풀이 **전선접속의 조건**

ㄱ 전기적 저항을 증가시키지 않는다.
ㄴ 접속부위의 기계적 강도를 20% 이상 감소시키지 않는다.
ㄷ 접속점의 절연이 약화되지 않도록 테이핑 또는 와이어 커넥터로 절연한다.
ㄹ 전선의 접속은 박스 안에서 하고, 접속점에 장력이 가해지지 않도록 한다. **답** ①

33 공용접지의 특징으로 적합한 것은?

① 다른 기기 계통에 영향이 적다.
② 보호대상물을 제한할 수 있다.
③ 접지전극수가 적어 시공면에서 경제적이다.
④ 접지공사비가 상승한다.

풀이 **독립접지와 공용접지의 비교**

구분	독립접지	공용접지
정의	접지대상물을 개별적으로 접지하는 방식	접지대상물을 모두 연결시키는 방식
장점	타 기기 및 계통에 영향이 없다. 접지대상물을 제한할 수 있다.	접지저항값을 쉽게 얻을 수 있다. 접지공사비가 적다. 신뢰도가 높다. 대상기기 적용이 쉽다.
단점	접지저항값을 얻기 어렵다. 접지공사비가 크다. 접지신뢰도가 낮다.	타 기기에 영향을 주고 영향을 받는다. 보호대상물 제한이 불가능하다.
적용	피뢰기, 피뢰침, 컴퓨터용, 시스템	일반기기외함, 케이블

답 ③

34 다음 설명 중 옳은 것은?

① 인덕턴스를 직렬 연결하면 리액턴스가 커진다.

② 저항을 병렬 연결하면 합성저항은 커진다.

③ 콘덴서를 직렬 연결하면 용량이 커진다.

④ 유도 리액턴스는 주파수에 반비례한다.

풀이 인덕턴스를 직렬로 연결하면, 전체 유도 리액턴스는 각각의 유도 리액턴스를 합산하여 구한다.

답 ①

35 용량 10[kVA], 임피던스 전압 5[%]인 변압기 A와 용량 30[kVA], 임피던스 전압 1[%]인 변압기 B를 병렬 운전시켜 36[kVA] 부하를 연결할 때 변압기 A의 부하 분담은 몇 [kVA]인가?

① 4.5[kVA]

② 6[kVA]

③ 13.5[kVA]

④ 18[kVA]

풀이 부하 분담은 임피던스 전압(=퍼센트 임피던스 전압강하=%Z)과 반비례 관계를 가지고 있으므로 다음과 같이 A의 부하 분담을 구할 수 있다.(부하 분담은 각 변압기 용량과는 관계가 없음)

$$P_A = \frac{\%Z_B}{\%Z_A + \%Z_B} \times P = \frac{1}{1+5} \times 36 = 6$$

답 ②

36 평균 구면광도 100[cd]의 전구 5개를 지름 10[m]인 원형의 방에 점등할 때, 방의 평균조도[lx]는?(단, 조명률은 0.5, 감광보상률은 1.5이다.)

① 약 26.7[lx]

② 약 35.5[lx]

③ 약 48.8[lx]

④ 약 59.4[lx]

풀이 광속 $N \times F = \dfrac{E \times A \times D}{U \times M}$ [lm]이므로,

광속 $F = 4\pi I = 4\pi 100 = 1,256$[lm], 방의 면적 $A = \pi r^2 = \pi \left(\dfrac{10}{2}\right)^2 = 78.5$[m^2],

조명률 $U=0.5$, 감광보상률 $D=1.5$, 유지율 $M=1$로 계산하면,

$5 \times 1,256 = \dfrac{E \times 78.5 \times 1.5}{0.5 \times 1.0}$

따라서, $E = 26.7$[lx]이다.

답 ①

37 키르노도의 상태가 그림과 같을 때 간략화된 논리식은?

① $\overline{ABC} + \overline{ABC} + \overline{ABC} + \overline{ABC}$

② $A\overline{B} + \overline{A}B$

③ A

④ $\overline{A}$

C＼BA	00	01	11	10
0	1	0	0	1
1	1	0	0	1

풀이

C＼BA	00	01	11	10
0	1	0	0	1
1	1	0	0	1

$\rightarrow \overline{A}$

답 ④

38 어떤 교류 3상 3선식 배전선로에서 전압을 200[V]에서 400[V]로 승압하였을 때 전력 손실은?(단, 부하용량은 같다.)

① 2배로 증가한다.

② 4배로 증가한다.

③ $\frac{1}{2}$ 로 감소한다.

④ $\frac{1}{4}$ 로 감소한다.

풀이 전력 $P = VI$[W]에서 부하가 일정한 경우, 전압을 2배로 승압하면, 전류는 $\frac{1}{2}$ 배로 감소한다.

따라서, 선로의 전력 손실 $P = I^2R$[W]이므로, 전력 손실은 $\frac{1}{4}$ 배로 감소한다.

답 ④

39 자동화재탐지설비의 감지기회로에 사용되는 비닐절연전선의 최고 규격은?

① 1.0[mm^2]

② 1.5[mm^2]

③ 2.5[mm^2]

④ 4.0[mm^2]

답 ②

40 120°씩 위상차를 갖는 3상 평형전원이 아래 3상 전파 정류회로에 인가되어 있는 경우 다음 설명 중 적절하지 않은 것은?

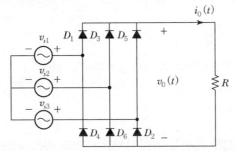

① 3상 전파 정류회로의 출력 전압($v_0(t)$)은 3상 반파 정류회로의 경우보다 리플 (Ripple) 분의 크기가 작다.

② 상단부 다이오드(D_1, D_3, D_5)는 임의의 시간에 3상 전원 중 전압의 크기가 양의 방향으로 가장 큰 상에 연결되어 있는 다이오드가 온(On)된다.

③ 3상 전파 정류회로의 출력전압($v_0(t)$)은 120°의 간격을 가지고 전원의 한 주기당 각 상전압의 크기를 따라가는 3개의 펄스로 나타난다.

④ 출력 전압 ($v_0(t)$)의 평균치는 전원 선간전압 실효치의 약 1.35배이다.

풀이 전원전압의 한 주기 내에 펄스폭이 120°인 6개의 펄스 형태의 선간전압으로 직류 출력전압이 얻어지므로 3상 전파 정류기를 6−펄스 정류기라고도 한다.　　　　　**답** ③

41 직류 복권전동기 중에서 무부하 속도와 전부하 속도가 같도록 만들어진 것은?

① 과복권　　　　　　　　　　② 부족복권

③ 평복권　　　　　　　　　　④ 차동복권

답 ③

42 동기발전기에서 전기자 권선을 단절권으로 하는 목적은?

① 절연을 좋게 한다.　　　　　② 기전력을 높게 한다.

③ 역률을 좋게 한다.　　　　　④ 고조파를 제거한다.

풀이 단절권 : 코일의 간격이 자극의 간격보다 작게 하는 것으로 고조파 제거로 파형이 좋아지고 코일 단부가 단축되어 동량이 적게 드는 장점이 있다.　　　　　**답** ④

43 D형 플립플롭의 현재 상태[Q]가 0일 때 다음 상태 [$Q(t+1)$]를 1로 하기 위한 D의 입력 조건은?

① 1

② 0

③ 1과 0 모두 가능

④ Q

풀이 RS 플립플롭의 변형으로서 S와 R을 인버터(inverter)를 통하여 연결하고, S입력에 D라는 기호를 붙인 것이다. 만약 D가 0일 경우에는 클리어이고, 1일 경우에는 세트가 된다. **답** ①

44 지중 전선로를 직접 매설식으로 시설하는 경우 차량 기타 중량물의 압력을 받을 우려가 있는 장소에는 매설 깊이를 몇 [m] 이상으로 해야 하는가?

① 0.6[m]

② 1.2[m]

③ 1.8[m]

④ 2.0[m]

풀이 직접 매설식 케이블 매설 깊이
　　㉠ 차량 등 중량물의 압력을 받을 우려가 있는 장소 : 1.2[m] 이상
　　㉡ 기타 장소 : 0.6[m] 이상 **답** ②

45 3상 동기발전기의 단락비를 산출하는 데 필요한 시험은?

① 돌발 단락시험과 부하시험

② 동기화 시험과 부하 포화시험

③ 외부 특성시험과 3상 단락시험

④ 무부하 포화시험과 3상 단락시험

풀이 무부하 포화곡선과 3상 단락곡선에서 단락비를 구할 수 있다. **답** ④

46 반지름 r[m]인 전선 A, B, C가 그림과 같이 수평의 D[m] 간격으로 배치되고 3선이 완전 연가된 경우 각 선의 인덕턴스는?

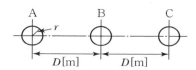

① $L = 0.05 + 0.4605 \log_{10} \dfrac{D}{r}$

② $L = 0.05 + 0.4605 \log_{10} \dfrac{\sqrt{2}\,D}{r}$

③ $L = 0.05 + 0.4605 \log_{10} \dfrac{\sqrt{3}\,D}{r}$

④ $L = 0.05 + 0.4605 \log_{10} \dfrac{\sqrt[3]{2}\,D}{r}$

풀이 등가선간거리는 수평배치(=일직선배치)로 되어 있으므로

$$D_o = \sqrt[3]{D \times D \times 2D} = \sqrt[3]{2}\,D\,[\mathrm{m}]$$

$$\therefore L = 0.05 + 0.4605 \log_{10} \frac{\sqrt[3]{2}\,D}{r}$$

답 ④

47 PN 접합 다이오드의 순방향 특성에서 실리콘 다이오드의 브레이크 포인터는 약 몇 [V]인가?

① 0.2[V]　　　② 0.5[V]　　　③ 0.7[V]　　　④ 0.9[V]

답 ①

48 송전선에 코로나가 발생하면 전선이 부식된다. 다음의 무엇에 의하여 부식되는가?

① 산소　　　　　　　　② 질소
③ 수소　　　　　　　　④ 오존

풀이 초산에 의한 전선, 바인드선의 부식 : [(O₃, NO)+H₂O=NHO₃ 생성)]
코로나 방전에 의해 오존과 산화질소가 생기고 습기를 만나면 질산이 되며 전선이나 부속금구를 부식시킨다.

답 ④

49 다음은 콘덴서형 전동기 회로로서 보조 권선에 콘덴서를 접속하여 보조 권선에 흐르는 전류와 주권선에 흐르는 전류의 위상차를 더욱 크게 한 것으로 회로에 사용한 콘덴서의 목적으로 옳지 않은 것은?

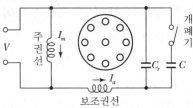

① 정·역 운전에 도움을 준다.　　② 운전 시에 효율을 개선한다.
③ 운전 시에 역률을 개선한다.　　④ 기동 회전력을 크게 한다.

풀이 **2가 콘덴서 전동기**
2가 콘덴서 전동기는 그림과 같이 기동용 콘덴서 C 외에 운전 중에도 사용하는 콘덴서 Cr을 접속한 것으로, 기동이 완료되면 C만이 차단되고 보조권선 과 Cr은 전동기의 역률을 개선한다. 기동 시에 가장 적합한 콘덴서의 용량은 운전 시 콘덴서 용량의 5~6배 정도가 되며, 기동토크가 크고 운전 시 역률이 좋다.

답 ①

50 정부나 공공기관에서 발주하는 전기공사의 물량 산출 시 전기재료의 할증률 중 옥내 케이블은 일반적으로 몇 [%] 값 이내로 하여야 하는가?

① 1[%]   ② 3[%]   ③ 5[%]   ④ 10[%]

풀이 전선의 할증률
- ㉠ 옥외전선 5[%]   ㉡ 옥내전선 10[%]
- ㉢ 옥외 케이블 3[%]   ㉣ 옥내 케이블 5[%]   **답** ③

51 저압 연접인입선의 시설기준으로 옳은 것은?

① 인입선에서 분기되는 점에서 100[m]를 초과하지 말 것
② 폭 2.5[m] 초과하는 도로를 횡단하지 말 것
③ 옥내를 통과하여 시설할 것
④ 지름은 최소 2.5[mm²] 이상의 경동선을 사용할 것

풀이 연접인입선 시설 제한 규정
- ㉠ 인입선에서의 분기하는 점에서 100[m]를 넘는 지역에 이르지 않아야 한다.
- ㉡ 폭 5[m]를 넘는 도로를 횡단하지 않아야 한다.
- ㉢ 연접인입선은 옥내를 관통하면 안 된다.
- ㉣ 고압 연접인입선은 시설할 수 없다.
- ㉤ 전선이 케이블인 경우 이외에 인장강도 2.30[kN] 이상의 것 또는 지름 2.6[mm] 이상 인입용 비닐절연전선일 것. 다만, 경간 15[m] 이하 경우는 인장강도 1.25[kN] 이상 것 또는 지름 2[mm] 이상 인입용 비닐절연전선일 것   **답** ①

52 애자사용 공사에 의한 고압 옥내배선의 시설에 있어서 적당하지 않은 것은?

① 전선이 조영재를 관통할 때에는 난연성 및 내수성이 있는 절연관에 넣을 것
② 애자사용 공사에 사용하는 애자는 난연성일 것
③ 전선과 조영재와의 이격거리는 4.5[cm]로 할 것
④ 고압 옥내배선은 저압 옥내배선과 쉽게 식별되도록 시설할 것

풀이 애자사용 배선공사
- ㉠ 전선 상호 간의 거리 : 6[cm] 이상
- ㉡ 전선과 조영재와의 거리
  - 400[V] 미만 : 2.5[cm] 이상
  - 400[V] 이상 : 4.5[cm] 이상 (건조한 곳은 2.5[cm] 이상)   **답** ③

53 고압 및 특고압의 전로에서 절연내력 시험을 할 때 규정에 정한 시험전압을 전로와 대지 사이에 몇 분간 가하여 견디어야 하는가?

① 1분 　　　② 5분 　　　③ 10분 　　　④ 20분

풀이 고압 및 특별고압 전로의 절연내력 시험은 시험전압을 전로와 대지 간에 10분간 연속적으로 가하여 견디어야 한다.　　　　　　　　　　　　　　　　　　　　　**답** ③

54 은전량계에 1시간 동안 전류를 통과시켜 8.054[g]의 은이 석출되었다면, 이때 흐른 전류의 세기는 약 얼마인가?(단, 은의 전기적 화학당량은 0.001118[g/c]이다.)

① 2[A] 　　　② 9[A] 　　　③ 32[A] 　　　④ 120[A]

풀이 전기 분해를 통해 전극에 석출되는 물질의 양은 $w=kQ=kIt\,[\text{g}]$이므로,
(k : 화학당량, Q : 통과한 전기량, I : 전류, t : 시간)

전류 $I=\dfrac{w}{kt}=\dfrac{8.054}{0.001118\times1\times60\times60}=2[\text{A}]$이다.　　　　**답** ①

55 검사의 분류 방법 중 검사가 행해지는 공정에 의한 분류에 속하는 것은?

① 관리 샘플링검사 　　　　　② 로트별 샘플링검사
③ 전수검사 　　　　　　　　④ 출하검사

풀이 ㉠ 검사공정에 의한 분류 : 수입검사, 공정검사, 최종검사, 출하검사
ㄴ 검사장소에 의한 분류 : 정위치검사, 순회검사, 출장검사
ㄷ 검사성질에 의한 분류 : 파괴검사, 비파괴검사, 관능검사
ㄹ 검사방법에 의한 분류 : 전수검사, Lot별 샘플링검사, 관리 샘플링검사, 무검사　　**답** ④

56 다음 중 브레인스토밍(Brainstorming)과 가장 관계가 깊은 것은?

① 파레토도 　　　　　　　　② 히스토그램
③ 회귀분석 　　　　　　　　④ 특성요인도

풀이 **특성요인도를 통해 근본적 원인을 찾기 위한 절차**
㉠ 분석대상이 되는 문제에 관련된 경험과 지식 수집
ㄴ 브레인스토밍을 통해 지식과 문제의 원인 의견 수집
ㄷ 주요 원인의 결정
ㄹ 특성요인도를 분석하고 근본적 문제해결을 위한 실행방법 논의
※ 브레인스토밍(Brainstorming) : 일정한 테마에 관하여 회의형식을 채택하고, 구성원의 자유발언을 통한 아이디어의 제시를 요구하여 발상을 찾아내려는 방법

※ 특성요인도 : 특성에 대하여 어떤 요인이 어떤 관계로 영향을 미치고 있는지 명확히 하여 원인 규명을 쉽게 할 수 있도록 하는 기법　　답 ④

57 단계여유(Slack)의 표시로 옳은 것은?(단, TE는 가장 이른 예정일, TL은 가장 늦은 예정일, TF는 총 여유시간, FF는 자유여유시간이다.)

① TE−TL
② TL−TE
③ FF−TF
④ TE−TF

풀이 단계여유 시간(Slack Time) TS = TL−TE 로 표시　　답 ②

58 c관리도에서 $k=20$인 군의 총 부적합수 합계는 58이었다. 이 관리도의 UCL, LCL을 계산하면 약 얼마인가?

① UCL=2.90, LCL=고려하지 않음
② UCL=5.90, LCL=고려하지 않음
③ UCL=6.92, LCL=고려하지 않음
④ UCL=8.01, LCL=고려하지 않음

풀이 c관리도

㉠ 중심선(Center Line) : $\mathrm{CL} = \bar{c} = \dfrac{\sum c}{k} = \dfrac{58}{20} = 2.9$

㉡ 관리한계선(Control Limit) : UCL, LCL
　• $\mathrm{UCL} = \bar{c} + 3\sqrt{\bar{c}} = 2.9 + 3\sqrt{2.9} = 8.01$
　• $\mathrm{LCL} = \bar{c} - 3\sqrt{\bar{c}} = 2.9 - 3\sqrt{2.9} = -2.21$　　답 ④

59 테일러(F.W. Taylor)에 의해 처음 도입된 방법으로 작업시간을 직접 관측하여 표준시간을 설정하는 표준시간 설정기법은?

① PTS법
② 실적자료법
③ 표준자료법
④ 스톱워치법

풀이 작업시간 측정법

㉠ PTS법 : 하나의 작업이 실제로 시작되기 전에 미리 작업에 필요한 소요시간을 작업방법에 따라 이론적으로 정해 나가는 방법(MTM법, WF법 등)
㉡ 워크샘플링법 : 통계적 수법을 이용하여 작업자 또는 기계의 작업 상태를 파악하는 방법
㉢ 스톱워치법 : 스톱워치를 사용하여 표준시간 측정　　답 ④

60 공정 중에 발생하는 모든 작업, 검사, 운반, 저장, 정체 등이 도식화된 것이며 또한 분석에 필요하다고 생각되는 소요시간, 운반거리 등의 정보가 기재된 것은?

① 작업분석(Operation Analysis)

② 다중활동분석표(Multiple Activity Chart)

③ 사무공정분석(Form Process Chart)

④ 유통공정도(Flow Process Chart)

풀이 공정도

제품이 생산되는 과정을 공정기호로 표현하여 공정분석을 쉽게 이해할 수 있도록 표현한 도표

답 ④

01 폭연성 분진 또는 화약류의 분말이 전기설비의 발화원이 되어 폭발할 우려가 있는 곳의 저압 옥내 배선의 공사방법으로 적당한 것은?

① 애자 사용 공사 또는 가요 전선관 공사
② 금속몰드 공사
③ 금속관 공사
④ 합성수지관 공사

풀이 폭연성 분진 또는 화약류의 분말이 있는 장소의 저압 옥내 배선은 금속관 공사 또는 케이블 공사(캡타이어 케이블 제외)에 의해 시설하여야 한다. 답 ③

02 그림과 같은 논리회로에서 X가 1이 되기 위한 입력조건으로 옳은 것은?

① A=1, B=1
② A=1, B=0
③ A=0, B=0
④ 위 3가지 경우 모두 해당

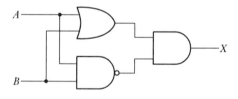

풀이 진리표

A	B	x
0	0	0
0	1	1
1	0	1
1	1	0

답 ②

03 지중 전선로에 사용하는 지중함의 시설기준으로 틀린 것은?

① 지중함은 조명 및 세척이 가능한 구조로 할 것
② 지중함은 견고하고 차량 기타 중량물의 압력에 견디는 구조일 것
③ 지중함의 뚜껑은 시설자 이외의 자가 쉽게 열 수 없도록 시설할 것
④ 지중함은 그 안에 고인 물을 제거할 수 있는 구조로 할 것

풀이 지중전선로에 사용하는 지중함의 시설기준
  ㉠ 지중함은 견고하고 차량 기타 중량물의 압력에 견디는 구조일 것
  ㉡ 지중함은 그 안의 고인 물을 제거할 수 있는 구조로 되어 있을 것

ⓒ 폭발성 또는 연소성의 가스가 침입할 우려가 있는 것에 시설하는 지중함으로서 그 크기가 $1m^3$ 이상
인 것에는 통풍장치 기타 가스를 방산시키기 위한 적당한 장치를 시설할 것

ⓓ 지중함의 뚜껑은 시설자 이외의 자가 쉽게 열 수 없도록 시설할 것 **답** ①

04 어떤 정현파 전압의 평균값이 220[V]이면 최대값은 약 몇 [V]인가?

① 282 　　　　② 314 　　　　③ 346 　　　　④ 487

풀이 평균값 $V_a = \dfrac{2}{\pi} V_m$ 이므로,

최대값 $V_m = \dfrac{\pi}{2} V_a = \dfrac{\pi}{2} \times 220 \simeq 345.6[V]$ 이다. **답** ③

05 전선 4개의 도체가 4각형으로 배치되어 있을 때 기하학적 평균거리는 얼마인가?(단,
각 도체 간의 거리는 d 라 한다.)

① d 　　　　　　　　　　　② $4d$

③ $\sqrt[3]{2}\, d$ 　　　　　　　　　　④ $\sqrt[6]{2}\, d$

풀이 정사각형 배열에서의 등가선간거리는

$$D_o = \sqrt[3]{D \times D \times D \times D \times \sqrt{2}\, D \times \sqrt{2}\, D} = \sqrt[6]{2}\, D\,[m]$$
답 ④

06 500[kVA]의 단상변압기 4대를 사용하여 과부하가 되지 않게 사용할 수 있는 3상 전
력의 최대값은 약 몇 kVA인가?

① $500\sqrt{3}$ 　　② $1,500$ 　　③ $1,000\sqrt{3}$ 　　④ $2,000$

풀이 ㉠ Y, Δ 결선의 3상 출력은 $P_{Y\Delta} = 3P = 3 \times 500 = 1,500[kVA]$ (단상 변압기 3대 이용)

㉡ V결선의 3상 출력은 $P_V = \sqrt{3}\, P$ (단상 변압기 2대 이용)이므로 병렬운전하면,

$$P_V = 2 \times \sqrt{3} \times 500 = 1,000\sqrt{3} \fallingdotseq 1,732[kVA]\text{이다.}$$

따라서, 2대의 변압기로 V결선하여 병렬운전하면, 최대 약 $1,000\sqrt{3}\,[kVA]$까지 공급이 가능하다.
답 ③

07 일정 전압으로 운전하는 직류발전기의 손실이 $y + xI^2$ 으로 표시될 때 효율이 최대가
되는 전류는?(단, x, y 는 정수이다.)

① $\dfrac{y}{x}$ 　　　　② $\dfrac{x}{y}$ 　　　　③ $\sqrt{\dfrac{y}{x}}$ 　　　　④ $\sqrt{\dfrac{x}{y}}$

풀이 최대 효율 조건 : 철손(P_i)=동손(P_c)

철손을 y, 동손을 xI^2라 하면, $y=xI^2$에서 $I=\sqrt{\dfrac{y}{x}}$ 이 된다. **답** ③

08 15[kVA], 3000/100[V]인 변압기의 1차 환산 등가 임피던스가 $5+j8[\Omega]$일 때 %리액턴스 강하는 약 몇 % 인가?

① 0.83　　　　② 1.33　　　　③ 2.31　　　　④ 3.45

풀이 %리액턴스 강하(q) : 정격 전류가 흐를 때 리액턴스에 의한 전압강하의 비율을 퍼센트로 나타낸 것

㉠ 1차 정격전류 : $I_1=\dfrac{P_a}{\sqrt{3}\,V_1}=\dfrac{15\times10^3}{\sqrt{3}\times3,000}=2.9[A]$

㉡ 백분율 리액턴스 강하 : $q=\dfrac{I_1X_{12}}{E_1}\times100=\dfrac{2.9\times8}{\dfrac{3,000}{\sqrt{3}}}\times100=1.33\%$(여기서, E_1은 상전압) **답** ②

09 같은 크기의 철심 2개가 있다. A철심에 200회, B 철심에 250회의 코일을 감고, A철심의 코일에 15[A]의 전류를 흘렸을 때와 같은 크기의 기자력을 얻기 위해서는 B철심의 코일에는 몇 A의 전류를 흘리면 되는가?

① 3　　　　② 12　　　　③ 15　　　　④ 75

풀이 기자력 $F=NI$[AT], $I=\dfrac{F}{N}$로 권수 N과 전류 I는 반비례 관계를 가지고 있다.

$15[A]:I[A]=\dfrac{1}{200회}:\dfrac{1}{250회}$

즉, $I=\dfrac{200}{250}\times15=12[A]$ **답** ②

10 전력원선도의 가로축과 세로축은 각각 다음 중 어느 것을 나타내는가?

① 전압과 전류　　　　② 전압과 전력
③ 전류와 전력　　　　④ 유효전력과 무효전력

풀이 전력원선도에서 가로축은 유효전력, 세로축은 무효전력을 나타낸다. **답** ④

11 케이블 포설공사가 끝난 후 하여야 할 시험의 항목에 해당되지 않는 것은?

① 절연저항시험 ② 절연내력시험

③ 접지저항시험 ④ 유전체손시험

> **풀이** 케이블 포설공사 시 시험항목
> ㉠ 절연저항시험 : 각 심선 상호 간 및 심선과 대지 간의 절연저항시험
> ㉡ 절연내력시험 : 전로와 대지 간, 각 심선과 대지 간의 절연내력시험
> ㉢ 접지저항시험 : 케이블 차폐막의 접지저항시험
> ㉣ 상시험 : 케이블 양단의 상순이 맞는지 여부 시험　　　　　**답** ④

12 평균 구면광도 100[cd]의 전구 5개를 10m인 원형의 방에 점등할 때 조명률 0.5, 감광보상률 1.5라 하면, 방의 평균 조도는 약 몇 lx인가?

① 27 ② 33

③ 36 ④ 42

> **풀이** 광속 $N \times F = \dfrac{E \times A \times D}{U \times M}$[lm]이므로, 광속 $F = 4\pi I = 4\pi 100 = 1{,}256$[lm],
>
> 방의 면적 $A = \pi r^2 = \pi \left(\dfrac{10}{2}\right)^2 = 78.5$[m²],
>
> 조명률 $U=0.5$, 감광보상률 $D=1.5$, 유지률 $M=1$로 계산하면,
>
> $5 \times 1{,}256 = \dfrac{E \times 78.5 \times 1.5}{0.5 \times 1.0}$
>
> 따라서, $E = 26.7$[lx]이다.　　　　　**답** ①

13 저압의 지중전선이 지중 약전류 전선 등과 접근하거나 교차하는 경우에 상호 간의 이격거리가 몇 cm 이하인 때에는 지중전선과 지중 약전류 전선 사이에 견고한 내화성의 격벽을 설치하는가?

① 60 ② 50

③ 30 ④ 20

> **풀이** 지중전선과 지중 약전류전선과의 접근 또는 교차
> ㉠ 견고한 내화성의 격벽을 설치하는 경우
> • 저압 또는 고압의 지중전선은 30cm 이하
> • 특고압 지중전선은 60cm 이하
> ㉡ 직접 접촉하지 아니하도록 하는 경우
> 지중전선을 견고한 불연성 또는 난연성의 관에 넣어 시설하는 경우　　　　　**답** ③

14 그림의 회로에서 입력 전원(v_s)의 양(+)의 반주기 동안에 도통하는 다이오드는?

① D_1, D_2
② D_2, D_3
③ D_4, D_1
④ D_1, D_3

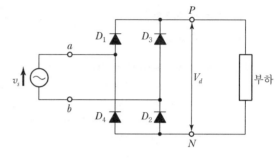

풀이 양(+)의 반주기 동안에 도통하는 다이오드 : D_1, D_2

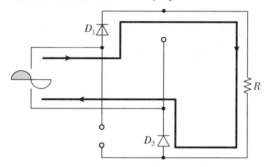

답 ①

15 변압기의 철손은 부하 전류가 증가하면 어떻게 되는가?

① 감소한다.
② 비례한다.
③ 제곱에 비례한다.
④ 변동이 없다.

풀이 철손은 부하전류와 관계없이 발생하는 손실이다.

답 ④

16 2진수 10101010의 2의 보수 표현으로 옳은 것은?

① 01010101
② 00110011
③ 11001100
④ 01010110

풀이 ㉠ 2의 보수 방식(2's complement form)은 디지털 시스템에서 가장 흔하게 음수를 표현하기 위해서 사용되는 방식이다.
여덟 자리 기억 소자에 대해서 설명하면 2의 보수방식은 100000000−B의 형태로 B의 음수 −B 를 기억 소자상에 저장하는 방식이다.
㉡ 음수는 모두 2의 보수로 바꾸어 더하면 된다.
㉢ B=10101010의 2의 보수는 100000000−10101010=01010110이다.

답 ④

17 플로어덕트 배선에 수용하는 전선은 피복절연물을 포함하는 단면적의 총합이 플로어 덕트 내 단면적의 몇 % 이하가 되도록 하는가?

① 20　　　　　② 32　　　　　③ 40　　　　　④ 60

[풀이] 플로어 덕트에 수용하는 전선은 절연물을 포함하는 단면적의 총합이 덕트 내 단면적의 32[%] 이하가 되도록 한다.　　　　　**[답]** ②

18 그림은 어떤 소자의 구조와 기호이다. 이 소자의 명칭과 ⓐ～ⓒ의 단자기호를 모두 옳 게 나타낸 것은?

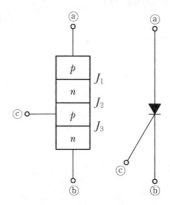

① UJT　ⓐ K(cathode)　ⓑ A(anode)　ⓒ G(gate)
② UJT　ⓐ A(anode)　　ⓑ G(gate)　　ⓒ K(cathode)
③ SCR　ⓐ K(cathode)　ⓑ A(anode)　ⓒ G(gate)
④ SCR　ⓐ A(anode)　　ⓑ K(cathode)　ⓒ G(gate)

[답] ④

19 저압 연접 인입선의 시설에 대한 기준으로 틀린 것은?

① 옥내를 통과하지 말 것
② 인입선에서 분기되는 점에서 100m를 초과하지 말 것
③ 폭 5m를 넘는 도로를 횡단하지 말 것
④ 철도 또는 궤도를 횡단하는 경우에는 노면상 5m를 초과하지 말 것

[풀이] 연접인입선 시설 제한 규정
　　㉠ 인입선에서의 분기하는 점에서 100[m]를 넘는 지역에 이르지 않아야 한다.
　　㉡ 폭 5[m]를 넘는 도로를 횡단하지 않아야 한다.

ⓒ 연접 인입선은 옥내를 관통하면 안 된다.

ⓔ 고압 연접 인입선은 시설할 수 없다.

ⓜ 전선의 높이

   • 도로를 횡단하는 경우에는 노면상 5[m] 이상

   • 철도 궤도를 횡단하는 경우에는 레이면상 6.5[m] 이상

   • 횡단보도교의 위에 시설하는 경우에는 노면상 3 m 이상

   • 기타의 경우 : 4[m] 이상   답 ④

20 그림은 3상 동기발전기의 무부하 포화곡선이다. 이 발전기의 포화율은 얼마인가?

① 0.5

② 0.67

③ 0.8

④ 1.5

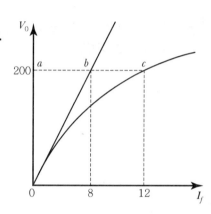

풀이 ▶ 포화율 $=\dfrac{bc}{ab}=\dfrac{12-8}{8}=\dfrac{1}{2}=0.5$ 답 ①

21 그림의 논리회로와 그 기능이 같은 회로는?

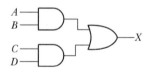

①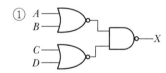

②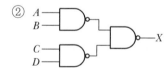

③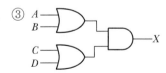

④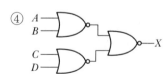

풀이 X = AB + CD

㉠ $X = \overline{\overline{A+B} \cdot \overline{C+D}} = (A+B) + (C+D)$

㉡ $X = \overline{\overline{AB} \cdot \overline{CD}} = AB + CD$

㉢ $X = (A+B) \cdot (C+D)$

㉣ $X = \overline{\overline{A+B} + \overline{C+D}} = (A+B)(C+D)$

답 ②

22 66[kV]의 가공송전선에서 전선의 인장하중이 240[kgf]으로 되어 있다. 지지물과 지지물 사이에 이 전선을 접속할 경우 이 전선 접속부분의 전선의 세기는 최소 몇 kgf 이상이어야 하는가?

① 85　　　　　　　　　　　　② 176

③ 185　　　　　　　　　　　④ 192

풀이 ㉠ 전선접속의 조건

• 전기적 저항을 증가시키지 않는다.

• 접속부위의 기계적 강도를 20% 이상 감소시키지 않는다.

㉡ 인장하중의 80% 이상을 유지해야 하므로, 240kgf×80%=192[kgf] 이상 유지하여야 한다.

답 ④

23 단상 반파 위상제어 정류회로에서 지연각을 α로 하면 출력전압의 평균값(E_d)은 몇 V인가?(단, $e = \sqrt{2}E\sin\omega t$이고 $\alpha > 90°$이다.)

① $\dfrac{\sqrt{2}}{2\pi}E(1+\cos\alpha)$　　　　　　② $\dfrac{\sqrt{2}}{\pi}E(1+\sin\alpha)$

③ $\dfrac{\sqrt{2}}{\pi}E(1-\cos\alpha)$　　　　　　④ $\dfrac{\sqrt{2}}{\pi}E(1-\sin\alpha)$

풀이 단상 반파 위상제어 정류회로

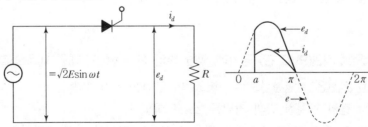

$$E_d = \frac{1}{2\pi}\int_{\alpha}^{\pi}\sqrt{2}E\sin\omega t\, d(\omega t) = \frac{\sqrt{2}E}{2\pi}\left[-\cos\omega t\right]_{\alpha}^{\pi} = \frac{\sqrt{2}}{2\pi}E(1+\cos\alpha)$$

답 ①

24 서보(Servo) 전동기에 대한 설명으로 틀린 것은?

① 회전자의 직경이 크다.

② 교류용과 직류용이 있다.

③ 속응성이 높다.

④ 기동 · 정지 및 정회전 · 역회전을 자주 반복할 수 있다.

풀이 서보 전동기는 기계적 응답성이 좋은 것이 요구되므로 회전자를 가늘고 길게 한다.　　**답** ①

25 정격전압 6000[V], 용량 5000[kVA]의 Y결선 3상 동기 발전기가 있다. 여자전류 200[A]에서의 무부하 단자전압 6000[V], 단락전류 600[A]일 때, 이 발전기의 단락비는?

① 1.15　　　　　　　　　　② 1.25

③ 1.55　　　　　　　　　　④ 1.75

풀이 정격전류 $I_n = \dfrac{P}{\sqrt{3}\,V_n} = \dfrac{5,000 \times 10^3}{\sqrt{3} \times 6,000} = 481[A]$

단락비 $k_s = \dfrac{I_s}{I_n} = \dfrac{600}{481} = 1.25$　　**답** ②

26 사이리스터에 관한 설명이다. 옳지 않은 것은?

① 사이리스터를 턴 온 시키기 위해 필요한 최소한의 순방향 전류를 래칭전류라 한다.

② 도통 중인 사이리스터에 유지전류 이하가 흐르면 사이리스터는 턴 오프된다.

③ 유지전류의 값은 항상 일정하다.

④ 래칭전류는 유지전류보다 크다.

풀이 유지전류 : SCR이 on 상태를 유지하기 위한 최소전류　　**답** ③

27 합성수지관(PVC 관) 공사에 의한 저압 옥내배선에 대한 내용으로 틀린 것은?

① 전선은 절연전선으로 14mm²의 연선을 사용하였다.

② 관의 지지점 간의 거리를 2m로 하였다.

③ 관 상호 간 및 박스와는 관을 삽입하는 깊이를 관의 바깥지름의 1.2배로 하였다.

④ 습기가 많은 장소의 관과 박스의 접속 개소에 방습장치를 하였다.

합성수지관(PVC 관)공사의 시설제한 기준

 ㉠ 전선은 절연전선(옥외용 비닐 절연전선 제외)일 것

 ㉡ 단면적 $10mm^2$(알루미늄선은 $16mm^2$) 이상의 전선은 연선 사용

 ㉢ 관 상호 간 및 박스와는 관을 삽입하는 깊이를 관의 바깥지름의 1.2배(접착제를 사용할 때 0.8배)
  이상으로 할 것

 ㉣ 관의 지지점 간의 거리는 1.5 m 이하로 할 것

 ㉤ 습기가 많은 장소 또는 물기가 있는 장소에 시설하는 경우에는 방습장치를 할 것 **답** ②

28 변압기 병렬운전 조건으로 옳지 않은 것은?

① 극성이 같아야 한다.

② 권수비, 1차 및 2차의 정격전압이 같아야 한다.

③ 각 변압기의 저항과 누설리액턴스의 비가 같아야 한다.

④ 각 변압기의 임피던스가 정격용량에 비례해야 한다.

풀이 각 변압기의 %임피던스 강하가 같을 것, 즉 각 변압기의 임피던스가 정격용량에 반비례할 것 : 같지
 않으면 부하부담이 부적당하게 된다. **답** ④

29 복도체에 있어서 소도체의 반지름을 γ[m], 소도체 사이의 간격을 s[m]라고 할 때 2개
의 소도체를 사용한 복도체의 등가 반지름은?

① $\sqrt{rs}$ ② $\sqrt{r^2 s}$ ③ $\sqrt{rs^2}$ ④ rs

풀이 2 복도체의 등가반경

$$r_e = r^{\frac{1}{n}} s^{\frac{n-1}{n}} = r^{\frac{1}{2}} s^{\frac{2-1}{2}} = \sqrt{rs}$$ **답** ①

30 3상 유도전동기의 2차 입력이 P_2, 슬립이 s라면 2차 저항손은 어떻게 표현되는가?

① $s P_2$ ② $\dfrac{P_2}{s}$

③ $\dfrac{1-s}{P_2}$ ④ $\dfrac{P_2}{1-s}$

풀이 $P_2 : P_{2c} : P_o = 1 : S : (1-S)$이므로

 $P_2 : P_{2c} = 1 : S$에서 $P_2 c$로 정리하면, $P_{2c} = s P_2$이 된다. **답** ①

31 회로에서 I_1 및 I_2의 크기는 각각 몇 A인가?

① $I_1 = I_2 = 0$

② $I_1 = I_2 = 2$

③ $I_1 = I_2 = 5$

④ $I_1 = I_2 = 10$

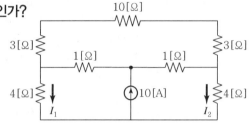

풀이 회로를 아래와 같이 변형하면, 휘스톤브리지가 되고, 평형상태이므로, 가운데 지로에는 전류가 흐르지 않는다. 또한 회로의 양쪽 변의 저항이 같으므로, $I_1 + I_2 = 10$이고, $I_1 = I_2 = 5[A]$이다.

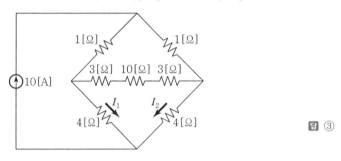

답 ③

32 전파제어 정류회로에 사용하는 쌍방향성 반도체 소자는?

① SCR

② SSS

③ UJT

④ PUT

풀이 쌍방향성 : SSS(2단자), TRIAC(3단자), DIAC(2단자)

답 ②

33 3상 동기 발전기의 각 상의 유기 기전력 중에서 제5고조파를 제거하려면 단절계수(코일간격/극 피치)는 얼마가 가장 적당한가?

① 0.4

② 0.8

③ 1.2

④ 1.6

답 ②

34 직류 발전기의 전기자 반작용을 줄이고 정류를 잘되게 하기 위해서는?

① 브리시 접촉저항을 적게 할 것

② 보극과 보상권선을 설치할 것

③ 브러시를 이동시키고 주기를 크게 할 것

④ 보상권선을 설치하여 리액턴스 전압을 크게 할 것

전기자 반작용 없애는 방법
- 브러시 위치를 전기적 중성점인 회전방향으로 이동
- 보극 : 전기자 반작용을 경감시키고, 정류작용을 좋게 하는 방법
- 보상권선 : 전기자 반작용을 없애는 가장 확실한 방법 **답** ②

35 송전선로의 저항을 R, 리액턴스를 X라 하면 다음의 어느 식이 성립되는가?

① $R > X$
② $R \ll X$
③ $R = X$
④ $R \leqq X$

송전선로에서는 리액턴스에 비해 저항은 대단히 적어서 무시 가능하다. **답** ②

36 합성수지 몰드 공사에 의한 저압 옥내배선의 시설방법으로 옳은 것은?

① 전선으로는 단선만을 사용하고 연선을 사용하여서는 안 된다.
② 전선은 옥외용 비닐절연전선을 사용한다.
③ 합성수지 몰드 안에 전선의 접속점을 두기 위하여 합성수지계 조인트 박스를 사용한다.
④ 합성수지 몰드 안에는 전선의 접속점을 최소 2개소 두어야 한다.

합성수지 몰드공사 시설제한기준
　　　⊙ 전선은 절연전선(옥외용 비닐 절연전선 제외)일 것
　　　ⓛ 합성수지 몰드 안에는 전선에 접속점이 없도록 할 것
　　　ⓒ 합성수지제의 조인트 박스를 사용할 경우에는 전선을 접속할 수 있다. **답** ③

37 디멀티플렉서(DeMUX)의 설명으로 옳은 것은?

① n비트의 2진수를 입력하여 최대 2^n 비트로 구성된 정보를 출력하는 조합 논리회로
② 2^n비트로 구성된 정보를 입력하여 n비트의 2진수를 출력하는 조합 논리회로
③ 여러 개의 입력선 중에서 하나를 선택하여 단일 출력선으로 연결하는 조합회로
④ 하나의 입력선으로부터 데이터를 받아 여러 개의 출력선 중의 한 곳으로 데이터를 출력하는 조합회로

디멀티플렉스(Demultiplexer : DeMUX)
MUX와 반대로 하나의 입력선으로부터 정보를 받아 여러 개의 출력 단자 중 하나의 출력선으로 정보를 출력하는 회로이다. **답** ④

38 역률 80%, 150kW의 전동기를 95%의 역률로 개선하는 데 필요한 콘덴서의 용량은 약 몇 kVA가 필요한가?

① 32 　　　　② 42 　　　　③ 63 　　　　④ 84

[풀이] 역률 개선용 콘덴서 용량 $Q = P(\tan\theta_1 - \tan\theta_2)[kVA]$

따라서, $Q = 150 \times \{\tan(\cos^{-1}0.8) - \tan(\cos^{-1}0.95)\} = 63.20[kVA]$ 　　　　**[답]** ③

39 고압수전의 3상 3선식에서 불평형부하의 한도는 단상 접속부하로 계산하여 설비불평형률을 30%이하로 하는 것을 원칙으로 한다. 다음 중 이 제한에 따르지 않을 수 있는 경우가 아닌 것은?

① 저압 수전에서 전용변압기 등으로 수전하는 경우
② 고압 및 특고압 수전에서 100[kVA] 이하의 단상부하인 경우
③ 특고압 수전에서 100[kVA] 이하의 단상변압기 3대로 Δ결선하는 경우
④ 고압 및 특고압 수전에서 단상부하용량의 최대와 최소의 차가 100[kVA] 이하인 경우

[풀이] 3상 3선식 또는 3상 4선식에서 설비 불평형률 30% 이하의 제한을 따르지 않아도 되는 경우
　㉠ 저압 수전에서 전용변압기 등으로 수전하는 경우
　㉡ 고압 및 특고압 수전에서 100[kVA] 이하의 단상부하의 경우
　㉢ 단상부하 용량의 최대와 최소의 차가 100[kVA] 이하인 경우
　㉣ 특고압 수전에서 100[kVA] 이하의 단상변압기 2대로 역V접속을 하는 경우 　　**[답]** ③

40 다음은 SCR의 특징을 설명하고 있다. 옳지 않은 것은?

① SCR 소자 자신은 게이트 전류를 흘리면 on 능력이 있다.
② 유지전류는 보통 20[mA] 정도이다.
③ Turn off시키려면 원하는 시점에서 양극과 음극 사이에 역전압을 가해 준다.
④ 유지전류 이하의 소호회로를 외부에서 부가시키면 Turn on이 된다.

[풀이] 도통 중인 SCR에 유지전류 이하가 흐르면 SCR은 Turn off 된다. 　　　　**[답]** ④

41 배전선로에 사용하는 원형 철근콘크리트주의 수직 투영 면적 1[m²]에 대한 풍압을 기초로 하여 계산한 갑종 풍압하중은 얼마인가?

① 372[Pa] 　　　② 588[Pa] 　　　③ 882[Pa] 　　　④ 1,255[Pa]

풀이 가공 전선로에 사용하는 지지물의 강도계산에 적용하는 풍압 하중은 갑종, 을종, 병종 3종으로 한다.
ㄱ 갑종 풍압하중

풍압을 받는 구분	수직 투영면적 1m²에 대한 풍압	풍압을 받는 구분	수직 투영면적 1m²에 대한 풍압
목주	588Pa	철근콘크리트주(원형)	588Pa
철주(원형)	588Pa	철탑(단주, 원형)	588Pa

ㄴ 을종 풍압하중 : 전선 기타의 가섭선 주위에 두께 6[mm], 비중 0.9의 빙설 부착된 상태에서 수직 투영면적 372[Pa], 그 이외 것은 갑종 풍압하중에 2분의 1을 기초로 하여 계산
ㄷ 병종 풍압하중 : 갑종 풍압하중에 2분의 1을 기초로 하여 계산 **답** ②

42 송전선로에서 코로나 임계전압이 높아지는 경우는 다음 중 어느 것인가?

① 온도가 높아지는 경우 ② 상대 공기밀도가 작을 경우
③ 전선의 직경이 큰 경우 ④ 기압이 낮은 경우

풀이 **코로나 임계전압** : 코로나가 발생하기 시작하는 최저한도전압

$$E_o = 24.3 m_o m_1 \delta d \log_{10} \frac{D}{r} [\text{kV}]$$

m_o : 전선표면계수(단선 1, ACSR 0.8)

m_1 : 기상(날씨)계수 : (청명 1, 비 0.8)

δ : 상대공기밀도($\delta \propto \dfrac{기압}{온도}$) d : 전선의 직경 **답** ③

43 220[V] 저압 전동기의 절연내력을 시험하고자 한다. (   ) 안에 알맞은 내용은?

> 권선과 대지 사이에 시험전압 (㉮)V를 연속하여 (㉯)분간 가한다.

① ㉮ 330 ㉯ 10 ② ㉮ 330 ㉯ 1
③ ㉮ 500 ㉯ 10 ④ ㉮ 500 ㉯ 1

풀이 절연내력 시험전압 7[kV] 이하의 전로(회전기)는 최대사용전압×1.5배이고,
시험 최저전압이 500[V]이므로, 220[V]×1.5배=330[V]이나, 시험전압은 500[V]이다.
또한, 절연내력시험은 10분간 연속적으로 가하여 견디어야 한다. **답** ③

44 그림과 같은 회로에서 $i = I_m\sin\omega t$[A]일 때 개방된 2차 단자에 나타나는 유기 기전력은 얼마인가?

① $\omega M I_m^2\cos(\omega t + 90°)$

② $\omega M I_m\sin\omega t$

③ $-\omega M I_m\cos\omega t$

④ $\omega M I_m^2\sin(\omega t - 90°)$

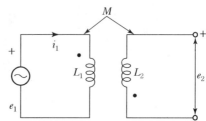

풀이 2차 단자의 유기 기전력은 패러데이의 법칙에 따라 $e_2 = -M\dfrac{d\,i_1}{d\,t}$ 이고,

1차 전류를 대입하면, $e_2 = -M\dfrac{d\,i_1}{d\,t} = -M\dfrac{d}{d\,t}(I_m\sin\omega t) = -\omega M I_m\cos\omega t$ 이다. **답** ③

45 전기자 도체의 총수 500, 10극, 단중 파권으로 매극의 자속수가 0.2[Wb]인 직류발전기가 600[rpm]으로 회전할 때의 유도 기전력은 몇 V인가?

① 2,500 ② 5,000 ③ 10,000 ④ 15,000

풀이 $E = \dfrac{P}{a}Z\phi\,\dfrac{N}{60}$[V]에서 파권일 때는 $a = 2$이므로,

$E = \dfrac{10}{2} \times 500 \times 0.2 \times \dfrac{600}{60} = 5,000$[V] **답** ②

46 그림의 전압[V], 전류[I] 벡터도를 통해 알 수 있는 교류회로는 어떤 회로인가?(단, R은 저항, L은 인덕턴스, C는 캐패시턴스이다.)

① R만의 회로

② L만의 회로

③ C만의 회로

④ RLC 직렬회로

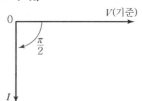

풀이 전압, 전류의 위상차가 $\dfrac{\pi}{2}$[rad]이고, 전류가 지상이므로, L만의 회로이다. **답** ②

47 전류에 의해 만들어지는 자기장의 자기력선 방향을 간단하게 알아내는 법칙은?

① 앙페르의 오른나사법칙 ② 렌츠의 법칙

③ 플레밍의 왼손법칙 ④ 가우스의 법칙

48 디지털 계전기의 특징으로 부적합한 것은?

① 고도의 보호기능, 보호특성을 실현한다.

② 고도의 자동감시기능을 실현한다.

③ 스위치 조작이 간편하며 동작 특성의 선택이 쉽다.

④ 계전기의 정정작업이 복잡하다.

풀이 디지털 보호계전기는 과전류, 단락사고, 지락사고 등 선로의 각종 사고로부터 계통을 보호하기 위하여 마이크로 프로세서를 사용하여 기존의 유도형 또는 정지형 보호계전기보다 고기능의 보호성능을 구현한다. 또한 자기진단기능, Fault Recording 기능, Sequence of Event 기능 등 다양한 부가기능을 가지고 있어 사고분석이 용이하고 뛰어난 신뢰성이 확보된다.   **답** ④

49 그림과 같은 회로에서 위상각 $\theta = 60°$의 유도부하에 대하여 점호각 α를 0°에서 180°까지 가감하는 경우 전류가 연속되는 α의 각도는 몇 도까지 인가?

① 90

② 60

③ 45

④ 30

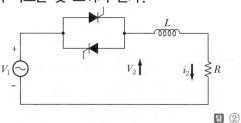

답 ②

50 10진수 753_{10}을 8진수로 변환하면?

① 753

② 357

③ 1250

④ 1361

풀이

```
8 )   753
8 )    94  …… 나머지 1
8 )    11  …… 나머지 6    ↑
8 )     1  …… 나머지 3
        0  …… 나머지 1
```

답 ④

51 직류 분권전동기에서 운전 중 계자권선의 저항을 증가하면 회전속도의 값은?

① 감소한다.　　　　　　　　　　② 증가한다.

③ 일정하다.　　　　　　　　　　④ 감소와 증가를 반복한다.

> **풀이** 계자권선의 저항을 증가하면 계자전류가 감소하여 자속이 감소한다.
>
> 즉, 속도와 자속은 반비례 관계($N = K\dfrac{V - I_a R_a}{\phi}$[rpm])를 가지고 있으므로 회전속도는 증가한다.
>
> **답** ②

52 사용전압이 400[V] 미만인 저압 가공전선에 다심형 전선을 사용하는 경우의 중성선 또는 접지측 전선용에 절연물로 피복하지 않은 도체는 제 몇 종 접지공사를 하여야 하는가?

① 제1종 접지공사　　　　　　　② 제2종 접지공사

③ 제3종 접지공사　　　　　　　④ 특별 제3종 접지공사

> **풀이** 사용전압이 400[V] 미만인 저압 가공전선에 다심형 전선을 사용하는 경우에 절연물로 피복되어 있지 아니한 도체는 제2종 접지공사를 한 중성선이나 접지측 전선 또는 제3종 접지공사를 한 조가용선으로 사용하여야 한다.
>
> **답** ③

53 전압이 일정한 도선에 접속되어 역률 1로 운전하고 있는 동기전동기의 여자전류를 증가시키면 이 전동기의 역률과 전기자 전류는?

① 역률은 앞서고 전기자 전류는 증가한다.

② 역률은 앞서고 전기자 전류는 감소한다.

③ 역률은 뒤지고 전기자 전류는 증가한다.

④ 역률은 뒤지고 전기자 전류는 감소한다.

> **풀이** **위상특성곡선**
>
> 역률 1로 운전하고 있는 동기전동기의 여자전류를 증가시키면, 역률은 앞서고 전기자 전류는 증가한다.

> **답** ①

54 1차 전압이 380[V], 2차 전압이 220[V]인 단상변압기에서 2차 권횟수가 44회일 때 1차 권횟수는 몇 회 인가?

① 26 　　　② 76 　　　③ 86 　　　④ 146

풀이 권수비 $a = \dfrac{N_1}{N_2} = \dfrac{V_1}{V_2}$ 　　$a = \dfrac{N_1}{44} = \dfrac{380}{220}$

$N_1 = \dfrac{380}{220} \times 44 = 76$　　　　　　　　　　　　　　　　**답** ②

55 다음 중 두 관리도가 모두 포아송 분포를 따르는 것은?

① $\bar{x}$관리도, R관리도　　　　② c관리도, u관리도
③ np관리도, p관리도　　　　④ c관리도, p관리도

풀이 ㉠ 정규분포 : 계량형 관리도($\bar{x} - R$ 관리도, x 관리도, $x - R$ 관리도, R 관리도)의 근거가 되는 계량치 자료에 대한 연속적이고 대칭적인 종 모양의 빈도수 분포

㉡ 이항분포 : 적합 및 부적합품에 적용되고, p 및 np관리도의 기본이 되는 계수치 자료에 대한 이산확률분포

㉢ 포아송분포 : 부적합품에 적용되고, c 및 u 관리도의 기초가 되는 계수치 자료에 대한 이산확률분포　　　　　　　　　　　　　　　　**답** ②

56 다음 중 반즈(Ralph M. Barnes)가 제시한 동작경제원칙에 해당되지 않는 것은?

① 표준작업의 원칙
② 신체의 사용에 관한 원칙
③ 작업장에 배치에 관한 원칙
④ 공구 및 설비의 디자인에 관한 원칙

풀이 동작경제의 원칙
㉠ 인체활용의 원칙
㉡ 작업장에 관한 원칙
㉢ 공구 · 설비에 관한 원칙　　　　　　　　　　　　　　　　**답** ①

57 다음 표를 참조하여 5개월 단순이동평균법으로 7월의 수요를 예측하면 몇 개인가?

월	1	2	3	4	5	6
실적	48개	50개	53개	60개	64개	68개

① 55개　　　　　　　　　　　② 57개

③ 58개　　　　　　　　　　　④ 59개

풀이 단순이동평균법(Simple Moving Average Method)

$$M_t = \frac{\sum X_{t-i}}{n} = \frac{(50+53+60+64+68)}{5} = \frac{295}{5} = 59$$

여기서, M_t : 당기 예측치, X_t : 마지막 자료(당기 실적치)　　　　답 ④

58 근래 인간공학이 여러 분야에서 크게 기여하고 있다. 다음 중 어느 단계에서 인간공학적 지식이 고려될 때 기업에 가장 큰 이익을 줄 수 있는가?

① 제품의 개발단계　　　　　　② 제품의 구매단계

③ 제품의 사용단계　　　　　　④ 작업자의 채용단계

풀이 인간공학

인간의 신체적 인지적 특성을 고려하여 인간을 위해 사용되는 물체, 시스템, 환경의 디자인을 과학적인 방법으로 기존보다 사용하기 편하게 만드는 응용학문으로 제품의 개발단계에서 많이 활용된다.

답 ①

59 전수검사와 샘플링검사에 관한 설명으로 가장 올바른 것은?

① 파괴검사의 경우에는 전수검사를 적용한다.

② 전수검사가 일반적으로 샘플링검사보다 품질향상에 자극을 더 준다.

③ 검사항목이 많을 경우 전수검사보다 샘플링검사가 유리하다.

④ 샘플링검사는 부적합품이 섞여 들어가서는 안 되는 경우에 적용한다.

풀이 ㉠ 전수검사가 필요한 경우
- 불량품이 1개라도 혼입되면 안 될 때
- 전수검사를 쉽게 행할 수 있을 때

㉡ 샘플링검사가 유리한 경우
- 다수, 다량의 것으로 어느 정도 불량품이 섞여도 허용되는 경우
- 검사 항목이 많을 경우
- 불완전한 전수검사에 비해 높은 신뢰성이 얻어질 때
- 검사비용을 적게 하는 편이 이익이 되는 경우
- 생산자에게 품질향상의 자극을 주고 싶을 때

답 ③

60 도수분포표에서 도수가 최대인 계급의 대푯값을 정확히 표현한 통계량은?

① 중위수

② 시료평균

③ 최빈수

④ 미드-레인지(Mid-range)

풀이 자료 전체의 특징이나 한 집단의 성질을 하나의 수치로 나타내는 것을 대푯값이라고 하며, 평균, 중앙값, 최빈값이 있다.

㉠ 중위수(중앙값, median) : 자료를 크기 순으로 배열하여 가장 중앙에 위치하는 값

㉡ 평균(Mean) : 자료의 평균값을 의미

㉢ 최빈수(최빈값, mode) : 주어진 자료에서 가장 자주 낳는 자료의 값

㉣ 미드-레인지(Mid-range) : 자료의 최대치와 최소치 합의 절반 **답** ③

01   $\phi = \phi_m \sin\omega t$ [Wb]인 정현파로 변화하는 자속이 권수 N인 코일과 쇄교할 때의 유기 기전력의 위상은 자속에 비해 어떠한가?

① $\dfrac{\pi}{2}$ 만큼 빠르다.

② $\dfrac{\pi}{2}$ 만큼 느리다.

③ π 만큼 빠르다.

④ 동위상이다.

풀이 $\phi = \phi_m \sin\omega t$ (Wb)인 정형파로 변화하는 자속이 권수 N인 코일과 쇄교할 때의 유기 기전력은

$e = -N\dfrac{d\phi}{dt} = -N\dfrac{d}{dt}(\phi_m \sin\omega t) = -\omega N\phi_m \cos\omega t = \omega N\phi_m \sin(\omega t - 90)$ 이다.

즉, 유기 기전력의 위상은 자속에 비해 $\dfrac{\pi}{2}$ 만큼 느리다.   답 ②

02   단상 반파 위상제어 정류회로에서 220[V], 60[Hz]의 정현파 단상 교류전압을 점호각 60°로 반파 정류 하고자 한다. 순저항 부하 시 평균 전압은 약 몇 [V]인가?

① 74   ② 84   ③ 92   ④ 110

풀이 단상 반파 정류 회로

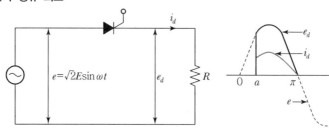

$E_d = \dfrac{1}{2\pi}\displaystyle\int_{\alpha}^{\pi} \sqrt{2}\,E\sin\omega t\,d(\omega t) = \dfrac{\sqrt{2}\,E}{2\pi}[-\cos\omega t]_{\alpha}^{\pi}$

$= \dfrac{\sqrt{2}}{\pi}E\left(\dfrac{1+\cos\alpha}{2}\right) = 0.45E\left(\dfrac{1+\cos\alpha}{2}\right) = 0.45 \times 220\left(\dfrac{1+\cos 60°}{2}\right)$

$\fallingdotseq 74[\mathrm{V}]$ 답 ①

03   3상 3선식 소호 리액터 접지방식에서 1선의 대지 정전용량을 $C[\mu F]$, 상전압 E[kV], 주파수 f[Hz]라 하면, 소호 리액터의 용량은 몇 [kVA]인가?

① $\pi fCE^2 \times 10^{-3}$

② $2\pi fCE^2 \times 10^{-3}$

③ $3\pi fCE^2 \times 10^{-3}$

④ $6\pi fCE^2 \times 10^{-3}$

풀이 소호리액터 용량(=충전용량)

$$Q_c = 3EI_c = 3\omega f CE^2 \ell = 3 \times 2\pi f CE^2 \times 10^{-3} [\text{kVA}]$$

답 ④

04 동기발전기의 권선을 분포권으로 하였을 때 특징은?

① 난조를 방지한다.

② 파형이 좋아진다.

③ 권선의 리액턴스가 커진다.

④ 집중권에 비하여 합성 유도 기전력이 높아진다.

풀이 분포권의 권선 특징

• 기전력의 파형이 좋아진다.

• 전기자 동손에 의한 열을 골고루 분포시켜 과열을 방지한다.

• 권선의 누설 리액턴스가 감소한다.

• 분포계수만큼 합성 유도 기전력이 감소한다.

답 ②

05 60[Hz], 4극, 3상 유도전동기의 슬립이 4[%]라면 회전수는 몇 [rpm]인가?

① 1,690　　　② 1,728　　　③ 1,764　　　④ 1,800

풀이 슬립 $S = \dfrac{N_s - N}{N_s}$, 동기속도 $N_s = \dfrac{120f}{P}$ [rpm]이므로

$N_s = \dfrac{120 \times 60}{4} = 1,800$[rpm]이고, $0.04 = \dfrac{1,800 - N}{1,800}$ 일 때 N를 구하면,

∴ $N = 1,728$[rpm]이다.

답 ②

06 인버터의 스위칭 소자와 역병렬 접속된 다이오드에 관한 설명으로 옳은 것은?

① 스위칭 소자에 걸리는 전압을 정류하기 위한 것이다.

② 부하에서 전원으로 에너지가 회생될 때 경로가 된다.

③ 스위칭 소자에 걸리는 전압 스트레스를 줄이기 위한 것이다.

④ 스위칭 소자의 역방향 누설전류를 흐르게 하기 위한 경로이다.

풀이 인버터의 스위칭 소자와 역병렬 접속된 다이오드는 부하에서 전원으로 에너지가 회생될 때 경로가 된다.

답 ②

07 셀룰러덕트 및 부속품은 제 몇 종 접지공사를 하여야 하는가?

① 제1종 접지공사   ② 제2종 접지공사

③ 제3종 접지공사   ④ 특별 제3종 접지공사

풀이 셀룰러덕트는 400[V] 미만의 저압 옥내배선에 적용하므로, 접지공사는 아래 표와 같으므로, 제3종 접지공사로 시공한다.

접지종별	적용기기
제1종 접지공사	고압 이상 기계·기구의 외함
제2종 접지공사	변압기 2차 측 중성점 또는 1단자
제3종 접지 공사	400[V] 미만의 기기 외함, 철대
특별 제3종 접지공사	400[V] 이상 저압기계·기구 외함, 철대

답 ③

08 RLC 직렬회로에서 L 및 C의 값을 고정시켜 놓고 저항 R의 값만 큰 값으로 변화시킬 때의 특징을 올바르게 설명한 것은?

① 공진 주파수는 커진다.

② 공진 주파수는 작아진다.

③ 공진 주파수는 변화하지 않는다.

④ 이 회로의 양호도 Q는 커진다.

풀이 공진주파수 $f_0 = \dfrac{1}{2\pi\sqrt{LC}}$[Hz]이므로, 저항 R에 따라 공진주파수가 변하지 않는다.

다만, 공진곡선이 달라지는데,

R이 커질수록 곡선의 모양이 둥근 모양이 된다.

또한 양호도 $Q = \dfrac{\omega_0 L}{R} = \dfrac{1}{\omega_0 CR}$이므로 저항값이 커지면 양호도 Q는 작아진다.

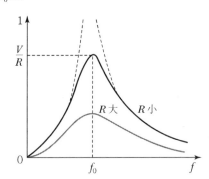

답 ③

09 3상 권선형 유도전동기의 2차 회로에 저항을 삽입하는 목적이 아닌 것은?

① 속도 제어를 하기 위하여

② 기동 토크를 크게 하기 위하여

③ 기동 전류를 줄이기 위하여

④ 속도는 줄어들지만 최대 토크를 크게 하기 위하여

풀이 2차 회로의 저항을 변화시킬 수 있는 권선형 유도 전동기는 비례추이의 성질을 이용하여 기동전류
기동토크를 크게 할 수 있고, 속도 제어에도 이용할 수 있다.　　　　　　　　　　**답** ④

10 표준상태의 기온, 기압하에서 공기의 절연이 파괴되는 전위 경도는 정현파 교류의 실효값[kV/cm]으로 얼마인가?

① 40　　　　　　　　　　　　　② 30

③ 21　　　　　　　　　　　　　④ 12

풀이 절연 파괴 전위 경도는 직류에 있어서는 30[kV/cm], 교류에 있어서는 교류 최대값이 30[kV/cm]이
므로 실효값은 $\dfrac{30}{\sqrt{2}}$ [kV/cm], 즉 21[kV/cm]이다.　　　　　　　　**답** ③

11 2개의 단상 변압기(200/6,000[V])를 그림과 같이 연결하여 최대 사용전압 6,600[V]의 고압전동기의 권선과 대지 사이의 절연내력시험을 하는 경우 입력전압(V)과 시험전압(E)은 각각 얼마로 하면 되는가?

① $V=137.5$[V]　　　$E=8,250$[V]

② $V=165$[V]　　　　$E=9,900$[V]

③ $V=200$[V]　　　　$E=12,000$[V]

④ $V=220$[V]　　　　$E=13,200$[V]

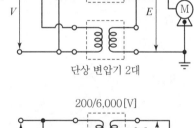

단상 변압기 2대

풀이 최대사용전압 7[kV] 이하의 고압전동기는 최대사
용전압의 1.5배의 시험전압을 권선과 대지 사이
에 연속하여 10분간 가했을 때에 견디어야 한다.
즉, 시험전압 $E=6,600$[V]×1.5배=9,900[V]가
된다.

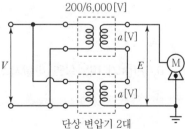

단상 변압기 2대

단상 변압기 2대의 2차 측이 직렬로 연결되어 있으므로 $E=2[aV]$이다.

즉, 입력전압은 $V=\dfrac{E}{2a}=\dfrac{9,900}{2\times30}=165[V]$이다.(여기서, a는 권수비로 $a=\dfrac{6,000}{200}=30$) **답** ②

12 진상용 고압 콘덴서에 방전코일이 필요한 이유는?

① 역률 개선
② 전압 강하의 감소
③ 잔류 전하의 방전
④ 낙뢰로부터 기기 보호

풀이 **방전장치(방전코일)**

콘덴서는 회로에서 개방시켜도 잔류전하가 남아 있어서 장시간 단자전압이 저하되지 않아 감전 우려 등으로 취급하기가 위험하기 때문에 방전장치를 설치한다. **답** ③

13 선간거리를 D, 전선의 반지름을 r이라 할 때 송전선의 정전용량은 어떻게 되는가?

① $\log\dfrac{D}{r}$에 비례한다.
② $\log\dfrac{D}{r}$에 반비례한다.

③ $\log\dfrac{r}{D}$에 비례한다.
④ $\log\dfrac{r}{D}$에 반비례한다.

풀이 $C= C_s +3C_s = \dfrac{0.02413}{\log_{10}\dfrac{D}{r}}[\mu F/km]$ **답** ②

14 100[V], 25[W]와 100[V], 50[W]의 전구 2개가 있다. 이것을 직렬로 접속하여 100[V]의 전압을 인가하였을 때 두 전구의 합성저항은 몇 [Ω]인가?

① 150
② 200
③ 400
④ 600

풀이 각 전구의 저항은 $R_{25W}=\dfrac{V^2}{P}=\dfrac{100^2}{25}=400[\Omega]$, $R_{50W}=\dfrac{100^2}{50}=200[\Omega]$이므로,

직렬 합성저항은 $400[\Omega]+200[\Omega]=600[\Omega]$이다. **답** ④

15 0.6/1[kV] 비닐절연 비닐시스 제어케이블의 약호로 옳은 것은?

① VCT
② CVV
③ NFI
④ NRI

답 ②

16 정현파 교류의 실효값을 계산하는 식은?(단, T는 주기이다.)

① $I = \dfrac{1}{T}\displaystyle\int_0^T i\, dt$

② $I = \sqrt{\dfrac{2}{T}\displaystyle\int_0^T i\, dt}$

③ $I = \sqrt{\dfrac{1}{T}\displaystyle\int_0^T i^2\, dt}$

④ $I = \sqrt{\dfrac{2}{T}\displaystyle\int_0^T i^2\, dt}$

풀이 실효값은 순시값의 제곱 평균의 제곱근값이다. ($I = \sqrt{i^2 \text{의 평균}}$)

답 ③

17 2개의 전하 Q_1(C)과 Q_2(C)를 r(m)의 거리에 놓았을 때 작용하는 힘의 크기를 옳게 설명한 것은?

① Q_1, Q_2의 곱에 비례하고 r에 반비례한다.

② Q_1, Q_2의 곱에 반비례하고 r에 비례한다.

③ Q_1, Q_2의 곱에 반비례하고 r의 제곱에 비례한다.

④ Q_1, Q_2의 곱에 비례하고 r의 제곱에 반비례한다.

풀이 쿨롱의 법칙에 의한 정전기력 $F = \dfrac{1}{4\pi\varepsilon}\dfrac{Q_1 Q_2}{r^2}$[N]이다.

답 ④

18 2진수 $(1111101011111010)_2$를 16진수로 변환한 값은?

① $(\mathrm{FAFA})_{16}$

② $(\mathrm{EAEA})_{16}$

③ $(\mathrm{FBFB})_{16}$

④ $(\mathrm{AFAF})_{16}$

풀이

2 진수	1111	1010	1111	1010
	↓	↓	↓	↓
16진수	F	A	F	A

답 ①

19 4극 직류 분권전동기의 전기자에 단중 파권 권선으로 된 420개의 도체가 있다. 1극당 0.025[Wb]의 자속을 가지고 1,400[rpm]으로 회전시킬 때 발생되는 역기전력과 단자전압은?(단, 전기자 저항 0.2, 전기자 전류는 50[A]이다.)

① 역기전력 : 490[V], 단자전압 : 500[V]

② 역기전력 : 490[V], 단자전압 : 480[V]

③ 역기전력 : 245[V], 단자전압 : 500[V]

④ 역기전력 : 245[V], 단자전압 : 480[V]

풀이 역기전력 $E = \dfrac{P}{a} Z\phi \dfrac{N}{60}$[V]에서 파권일 때는 $a = 2$이므로,

$$E = \dfrac{4}{2} \times 420 \times 0.025 \times \dfrac{1,400}{60} = 490[V]$$

단자 전압 $V = E + I_a R_a = 490 + 50 \times 0.2 = 500[V]$

답 ①

20 20극, 360[rpm]의 3상 동기 발전기가 있다. 전 슬롯 수 180, 2층권 각 코일의 권수 4, 전기자권선은 성형이며, 단자 전압이 6,600[V]인 경우 1극의 자속(Wb)은 얼마인가? (단, 권선계수는 0.9이다.)

① 0.0375　　　② 0.0662　　　③ 0.3751　　　④ 0.6621

풀이 $N_s = \dfrac{120f}{p}$에서 $f = \dfrac{N_s \times p}{120} = \dfrac{360 \times 20}{120} = 60$[Hz]

상전압 E는 전기자 권선이 성형(Y) 결선이므로 단자 전압 V의 $\dfrac{1}{\sqrt{3}}$ 배이고,

1상의 권선 수 N은 $\dfrac{180슬롯 \times 4}{3상} = 240$이므로 다음과 같이 계산된다.

$$E = \dfrac{V}{\sqrt{3}} = 4.44kf\phi N$$

$$\phi = \dfrac{V}{\sqrt{3} \times 4.44kfN} = \dfrac{6,600}{\sqrt{3} \times 4.44 \times 0.9 \times 60 \times 240} \fallingdotseq 0.0662[Wb]$$

답 ②

21 동기형 RS 플립플롭을 이용한 동기형 $J-K$ 플립플롭에서는 동작이 어떻게 개선되었는가?

① $J=1$, $K=1$, $C_p=0$일 때 Q_n

② $J=0$, $K=0$, $C_p=1$일 때 Q_n

③ $J=1$, $K=1$, $C_p=1$일 때 $\overline{Q_n}$

④ $J=0$, $K=0$, $C_p=0$일 때 Q_n

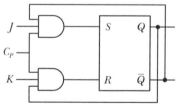

22 코일에 단상 100[V]의 전압을 가하면 30[A]의 전류가 흐르고 1.8[kW]의 전력을 소비한다고 한다. 이 코일과 병렬로 콘덴서를 접속하여 회로의 합성역률을 100[%]로 하기 위한 용량 리액턴스는 약 몇 [Ω]이면 되는가?

① 2.32　　　　　② 3.24　　　　　③ 4.17　　　　　④ 5.28

풀이 현재 역률 $\cos\theta = \dfrac{P}{VI} = \dfrac{1.8 \times 10^3}{100 \times 30} = 0.6$

역률 개선용 콘덴서 용량 $Q = P(\tan\theta_1 - \tan\theta_2)[\text{kVA}]$
$$= 1.8 \times 10^3 \times (\tan \cdot \cos^{-1}0.6 - \tan \cdot \cos^{-1}1.0) = 2,400[\text{VA}]$$

용량 리액턴스 $X_c = \dfrac{V^2}{Q} = \dfrac{100^2}{2,400} = 4.17[\Omega]$

답 ③

23 다음 전력계통의 기기 중 절연 레벨이 가장 낮은 것은?
① 피뢰기　　　　　　　② 애자
③ 변압기 부싱　　　　　④ 변압기 권선

풀이 전력계통에는 선로와 발전기, 변압기, 차단기 등과 같은 기기들이 접속되어 있는데, 이들의 절연강도의 순위를 정하여 전력계통의 신뢰도를 높이고 있다. 일반적으로 절연 레벨은 피뢰기<애자<기기류의 순으로 정하고 있다.

답 ①

24 주상변압기를 설치할 때 작업이 간단하고 장주하는 데 재료가 덜 들어서 좋으나 전주 윗부분에는 무게가 가하여지므로 보통 20~30[kVA] 정도의 변압기에 널리 쓰이는 방법은?
① 변압기 거치법　　　　② 행거 밴드법
③ 변압기 탑법　　　　　④ 앵글 지지법

풀이 변압기를 전주에 설치하는 방법으로 거치대(받이대)를 이용하는 방법과 행거밴드를 이용하는 방법이 있다. 소용량의 경우에는 행거밴드를 이용하는 방법이 많이 사용된다.

답 ②

25 변압기의 정격을 정의한 것으로 가장 옳은 것은?

① 2차 단자 간에서 얻을 수 있는 유효전력을 kW로 표시한 것이 정격출력이다.
② 정격 2차 전압은 명판에 기재되어 있는 2차 권선의 단자 전압이다.
③ 정격 2차 전압을 2차 권선의 저항으로 나눈 것이 2차 전류이다.
④ 전부하의 경우는 1차 단자 전압을 정격 1차 전압이라 한다.

풀이 • 변압기는 피상전력[VA]으로 정격출력을 표시한다.
　　　• 변압기 정격은 2차측을 기준으로 한다.
　　　• 변압기의 정격은 용량, 전류, 전압, 주파수 등으로 결정된다.
　　　• 정격이란 정해진 규정에 적합한 범위 내에서 사용할 수 있는 한도이다.　　　**답** ②

26 동일 정격의 다이오드를 병렬로 연결하여 사용하면?

① 역전압을 크게 할 수 있다.　　　　② 순방향 전류를 증가시킬 수 있다.
③ 절연효과를 향상시킬 수 있다.　　　④ 필터 회로가 불필요하게 된다.

풀이 동일 정격의 다이오드를 병렬 연결함으로써 전류가 분산되므로 다이오드의 정격전류를 높일 수 있다.
즉, 순방향 전류를 증가시킬 수 있다.　　　**답** ②

27 바닥통풍형, 바닥밀폐형 또는 두 가지 복합 채널형 구간으로 구성된 조립금속 구조로 폭이 150mm이하이며, 주 케이블 트레이로부터 말단까지 연결되어 단일 케이블을 설치하는 데 사용하는 케이블트레이는?

① 사다리형　　　　　　　　　② 트로프형
③ 일체형　　　　　　　　　　④ 통풍채널형

풀이 케이블 트레이의 종류

종류	특징	형태
사다리형	가장 일반적인 형태로 옥외설치가 용이하고 가격이 저렴하여 경제적이다. 발전소나 공장 등에 사용되며 강도가 강하여 열악한 환경에 사용되고 있다.	
채널형	바닥 통풍형과 바닥 밀폐형의 복합채널 부품으로 구성된 조립 금속구조로 폭이 150 [mm] 이하인 케이블 트레이를 말한다.	

	직선방향 측면 레일에서 바닥에 구멍이 없는 조	
바닥 밀폐형	립 금속구조로서, 케이블 보호에 탁월하여 필요 개소에는 뚜껑을 설치한다.	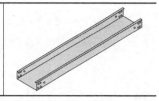

답 ④

28 진리표와 같은 입력조합으로 출력이 결정되는 회로는?

① 멀티플렉서
② 인코더
③ 디코더
④ 카운터

입력		출력			
A	B	X_0	X_1	X_2	X_3
0	0	1	0	0	0
0	1	0	1	0	0
1	0	0	0	1	0
1	1	0	0	0	1

풀이 코드 형식의 2진 정보를 다른 코드 형식으로 바꾸는 회로가 디코더(Decoder)이다. 다시 말하면, 2진 코드나 BCD Code를 해독(Decoding)하여 이에 대응하는 1개(10진수)의 선택 신호로 출력하는 것을 말한다.

답 ③

29 다음 회로의 명칭은?

① D 플립플롭
② T 플립플롭
③ J-K 플립플롭
④ R-S 플립플롭

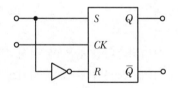

풀이 **D 플립플롭**

R-S 플립플롭의 변형으로서 S와 R을 인버터(Inverter)를 통하여 연결하고, S 입력에 D라는 기호를 붙인 것이다. 만약 D가 0일 경우에는 클리어이고, 1일 경우에는 세트가 된다.

답 ①

30 논리회로가 뜻하는 논리게이트의 명칭은?

① EX-NOR
② EX-OR
③ INHIBIT
④ OR

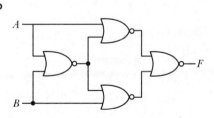

풀이 $F = \overline{\overline{(A + \overline{A + B})} + \overline{(B + \overline{A + B})}} = (A + \overline{(A + B)})(B + \overline{(A + B)}) = AB + \overline{(A + B)}$

$= AB + \overline{A}\,\overline{B} \rightarrow \text{EX} - \text{NOR}$

답 ①

31

주택, 기숙사, 여관, 호텔, 병원, 창고 등의 옥내배선 설계에 있어서 간선의 굵기를 선정할 때 전등 및 소형 전기기계 · 기구의 용량 합계가 10[kVA]를 초과하는 것은 그 초과량에 대하여 수용률을 몇 %로 적용할 수 있도록 규정하고 있는가?

① 30

② 50

③ 70

④ 100

풀이 전등부하의 수용률$= \dfrac{\text{최대수용전력}}{\text{설비용량}}$

건물의 종류	수용률	
	10[kVA] 이하	10[kVA] 초과
주택, 아파트, 기숙사, 여관, 호텔, 병원	100	50
사무실, 은행, 학교	100	70
기타	100	

답 ②

32

사이리스터의 턴 오프에 관한 설명이다. 가장 적합한 것은?

① 사이리스터가 순방향 도전상태에서 역방향 저지상태로 되는 것

② 사이리스터가 순방향 도전상태에서 순방향 저지상태로 되는 것

③ 사이리스터가 순방향 저지상태에서 역방향 도전상태로 되는 것

④ 사이리스터가 순방향 저지상태에서 순방향 도전상태로 되는 것

풀이 사이리스터는 점호(도통)능력은 있으나 소호(차단)능력이 없다. 소호시키려면 사이리스터의 주 전류를 유지전류 이하로 한다. 또는, 사이리스터의 애노드, 캐소드 간에 역전압을 인가한다. **답** ①

33

특정 전압 이상이 되면 ON되는 반도체인 바리스터의 주된 용도는?

① 온도 보상

② 전압의 증폭

③ 출력전류의 조절

④ 서지전압에 대한 회로 보호

풀이 바리스터(Varistor)

저항값이 전압에 의해 비직선적으로 변화되는 성질을 가진 두 전극의 반도체 디바이스를 말한다. 피뢰기, 변압기나 코일 등의 서지전압에 대한 회로 보호용에 사용된다. **답** ④

34 다음 ( ) 안에 알맞은 내용은?

> 변압기의 등가회로에서 2차 회로를 1차 회로로 환산하는 경우 전류는 (㉮)배, 저항과 리액턴스는 (㉯)배가 된다.

① ㉮ $\dfrac{1}{a}$, ㉯ a^2　　　　　② ㉮ $\dfrac{1}{a}$, ㉯ a

③ ㉮ a^2, ㉯ $\dfrac{1}{a}$　　　　　④ ㉮ a^2, ㉯ a

풀이 1, 2차 전압, 전류, 임피던스 환산

구분	전압	전류	저항	리액턴스	임피던스
2차를 1차로 환산	aV_2	$\dfrac{I_2}{a}$	a^2r_2	a^2x_2	a^2Z_2
1차를 2차로 환산	$\dfrac{V_1}{a}$	aI_1	$\dfrac{r_1}{a^2}$	$\dfrac{x_1}{a^2}$	$\dfrac{Z_1}{a^2}$

답 ①

35 금속(후강)전선관 22mm를 90°로 굽히는 데 소요되는 최소 길이(mm)는 약 얼마이면 되는가?(단, 곡률반지름 $r \geq 6d$로 한다.)

관의 호칭	안지름(d)	바깥지름(D)
22	21.9mm	26.5mm

① 145　　　　② 228　　　　③ 245　　　　④ 268

풀이 구부러지는 관의 안쪽 반지름

$r = 6d + \dfrac{D}{2} = 6 \times 21.9 + \dfrac{26.5}{2} = 144.65$[mm]이고,

소요길이 $L = \dfrac{2\pi r}{4} = \dfrac{2\pi \times 144.65}{4} = 227.1$[mm]이다.

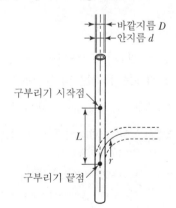

답 ②

36 34극, 60[MVA], 역률 0.8, 60[Hz], 22.9[kV] 수차 발전기의 전부하 손실이 1,600 [kW]이면 전부하 효율은 약 몇 [%]인가?

① 92.4[%]　　　② 94.6[%]　　　③ 96.8[%]　　　④ 98.2[%]

> **풀이** 발전기의 출력 $P=$ 피상전력 $\times$ 역률 $=60[\text{MVA}]\times0.8=48[\text{MW}]$
>
> 전부하 효율 $= \dfrac{\text{출력}}{\text{출력}+\text{손실}}\times100 = \dfrac{48}{48+1.6}\times100 \fallingdotseq 96.7[\%]$
>
> **답** ③

37 변압기의 여자전류와 철손을 구할 수 있는 시험은?

① 부하시험　　　② 무부하시험　　　③ 유도시험　　　④ 단락시험

> **풀이** 철손은 철심에서 발생하는 히스테리시스손과 와류손으로 주로 구성되어 있고, 부하와 상관없이 발생하므로 무부하손이라고도 한다. 따라서 무부하시험으로 철손을 구한다.
>
> **답** ②

38 3상 유도전동기에 대한 설명으로 틀린 것은?

① 전부하 전류에 대한 무부하 전류의 비는 용량이 작을수록 극수가 많을수록 크다.
② 회전자 속도가 증가할수록 회전자 측에 유기되는 기전력은 감소한다.
③ 회전자 속도가 증가할수록 회전자 권선의 임피던스는 증가한다.
④ 전동기의 부하가 증가하면 슬립은 증가한다.

> **풀이** 슬립 $\left(s=\dfrac{N_S-N}{N_S}\right)$ 은 회전자 속도(N)가 증가하면 감소한다.
>
> 회전자 권선의 임피던스는 $Z_{2s}=r_2+jsx_2$ 이므로 감소한다.
>
> **답** ③

39 $R=40[\Omega]$, $L=80[\text{mH}]$의 코일이 있다. 이 코일에 220[V, 60[Hz]의 전압을 가할 때 소비되는 전력은 약 몇 [W]인가?

① 79　　　　　② 581　　　　　③ 774　　　　　④ 1,352

> **풀이** 오른쪽 그림과 같이 $R-L$ 직렬회로이므로
>
> $P=VI\cos\theta[\text{W}]$
>
> $X_L=2\pi fL=2\pi\times60\times80\times10^{-3}\fallingdotseq30[\Omega]$
>
> $|Z|=\sqrt{R^2+X^2}=\sqrt{40^2+30^2}=50[\Omega]$
>
> $I=\dfrac{V}{|Z|}=\dfrac{220}{50}=4.4[\text{A}]$
>
> $\cos\theta=\dfrac{R}{|Z|}=\dfrac{40}{50}$

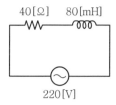

$P = VI\cos\theta = 220 \times 4.4 \times \dfrac{40}{50} = 774.4$[W]이다.

위와 같은 방법으로 계산하여도 무방하나 좀 더 간략히 하면 인덕턴스는 무료전력을 소비하고, 저항은 유효전력을 소비하므로 $P = I^2R$[W]을 이용하여 $P = 4.4^2 \times 40 = 774.4$[W]로 풀이하여도 가능하다.

🔳 ③

40 전선에서 전류의 밀도가 도선의 중심으로 들어갈수록 작아지는 현상은?

① 페란티 효과　　　　　　　　　② 접지 효과
③ 표피 효과　　　　　　　　　　④ 근접 효과

풀이 **표피 효과**

전선에서 전류밀도가 전선의 표면에 집중하는 현상으로 전선이 굵고, 주파수가 높을수록 심하다.

🔳 ③

41 가공 전선로에서 전선의 단위 길이당 중량과 경간이 일정할 때 이도는 어떻게 되는가?

① 전선의 장력에 비례한다.　　　② 전선의 장력에 반비례한다.
③ 전선 장력의 제곱에 비례한다.　④ 전선 장력의 제곱에 반비례한다.

풀이 이도(Dip)는 지지물 사이에 가설된 전선의 자체 무게 때문에 밑으로 처져 곡선을 이루게 되는데, 곡선의 가장 밑으로 처진 점의 수직거리를 말한다.

전선의 이도 $D = \dfrac{WS^2}{8T}$[m]이다.

(여기서, W : 전선의 하중, S : 지지물간의 경간, T : 전선의 수평장력)

🔳 ②

42 전로의 중성점을 접지하는 목적에 해당되지 않는 것은?

① 보호장치의 확실한 동작 확보
② 대지전압의 저하
③ 이상 전압의 억제
④ 부하전류의 일부를 대지로 흐르게 함으로써 전선의 절약

풀이 **중성점 접지의 목적**
• 보호계전기 등의 동작 확보
• 전로의 대지전압 저하(영전위 확보)
• 이상 전압의 억제 : 뇌전류 또는 고전압 혼촉 등에 의한 이상전압 억제
• 절연강도 저하 : 이상 전압 발생 시 대지전압 억제

🔳 ④

43 직류를 교류로 변환하는 장치이며, 상용 전원으로부터 공급된 전력을 입력받아 자체 내에서 전압과 주파수를 가변시켜 전동기에 공급함으로써 전동기 속도를 고효율로 용이하게 제어하는 장치를 무엇이라 하는가?

① 컨버터　　　　　　　　　　② 인버터
③ 초퍼　　　　　　　　　　　④ 변압기

풀이 전력변환방식
- AC-DC Converter(순변환) : 제어정류기(Controlled Rectifier)
- AC-AC Converter(교류변환) : 교류전압제어기, 사이클로 컨버터
- DC-DC Converter(직류변환) : Chopper, 스위칭 레귤레이터
- DC-AC Converter(역변환) : Inverter　　　　　　　　　　　**답** ②

44 저압 옥내간선과의 분기점에서 전선의 길이가 몇 [m] 이하인 곳에 원칙적으로 개폐기 및 과전류 차단기를 시설하여야 하는가?

① 3　　　　　　② 4　　　　　　③ 5　　　　　　④ 8

풀이 옥내간선과의 분기점에서 전선의 길이가 3[m] 이하인 장소에 개폐기 및 과전류 차단기를 시설하는 것이 원칙이다.　　　　　　　　　　　**답** ①

45 제1종 접지공사 및 제2종 접지공사에 사용하는 접지선을 철주 및 기타의 금속체를 따라서 시설하는 경우에는 접지극을 지중에서 그 금속체로부터 몇 [cm] 이상 떼어 매설하여야 하는가?(단, 사람이 접촉할 우려가 있는 곳에 시설하는 경우이다.)

① 150　　　　　② 125　　　　　③ 100　　　　　④ 75

풀이
- 접지극은 지하 75[cm] 이상으로 매설
- 접지선을 철주 및 기타의 금속체를 따라서 시설하는 경우에는 접지극을 철주의 밑면부터 30[cm] 이상의 깊이에 매설하거나, 접지극을 지중에서 금속체로부터 1[m] 이상 떼어 매설　　**답** ③

46 대지 정전용량 0.007[μF/km], 상호 정전용량 0.001[μ F/km] 선로의 길이 100[km]인 3상 송전선이 있다. 여기에 154[kV], 60[Hz]를 가했을 때 1선에 흐르는 충전전류는 몇[A]인가?

① 33.5　　　　　　　　　　② 58.0
③ 73.4　　　　　　　　　　④ 100.5

풀이 1선에 흐르는 충전전류 : $I_C = \omega C\mathcal{E}l = 2\pi f \mathrm{C} \dfrac{\mathrm{V}}{\sqrt{3}} l (\mathrm{C} = \mathrm{C_s} + 3\mathrm{C_m})[\mathrm{A}]$

$$I_C = 2\pi f(\mathrm{C_s} + 3\mathrm{C_m}) \frac{\mathrm{V}}{\sqrt{3}} l[\mathrm{A}] = 2\pi \times 60 \times (0.007 + 3 \times 0.001) \times 10^{-6} \times \frac{154000}{\sqrt{3}} \times 100$$

$$= 33.5[\mathrm{A}]$$

답 ①

47 동기 전동기의 위상특성 곡선에 대하여 옳게 표현한 것은?(단, P : 출력, I_f : 계자전류, E : 유도 기전력, I_a : 전기자 전류, $\cos\theta$: 역률이다.)

① $P - I_f$ 곡선, I_a 일정

② $P - I_a$ 곡선, I_f 일정

③ $I_f - \mathrm{E}$ 곡선, $\cos\theta$ 일정

④ $I_f - I_a$ 곡선, P 일정

풀이 **위상특성 곡선**

동기전동기에 단자전압을 일정하게 하고 회전자의 계자전류를 변화시키면, 고정자의 전압과 전류의 위상이 변하게 된다.

- 여자가 약할 때(부족여자) :
  I가 V보다 지상(뒤짐)
- 여자가 강할 때(과여자) :
  I가 V보다 진상(앞섬)
- 여자가 적합할 때 :
  I와 V가 동위상이 되어 역률 100%

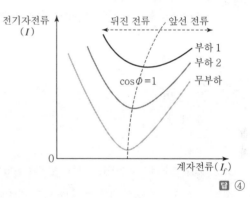

답 ④

48 전가산기의 입력변수가 x, y, z이고, 출력함수가 S, C일 때 출력의 논리식으로 옳은 것은?

① $S = (x \oplus y) \oplus z$, $C = xyz$

② $S = (x \oplus y) \oplus z$, $C = \overline{x}y + \overline{x}z + yz$

③ $S = (x \oplus y) \oplus z$, $C = (x \oplus y)z$

④ $S = (x \oplus y) \oplus z$, $C = xy + (x \oplus y)z$

풀이

[논리표]				
x	y	z	C	S
0	0	0	0	0
0	0	1	0	1
0	1	0	0	1
0	1	1	1	0
1	0	0	0	1
1	0	1	1	0
1	1	0	1	0
1	1	1	1	1

[합과 올림수 식의 유도 과정]

$$C = \bar{x}yz + x\bar{y}z + xy\bar{z} + xyz$$
$$= (\bar{x}y + x\bar{y})z + xy(\bar{z} + z)$$
$$= xy + (x \oplus y)z$$

$$S = \bar{x}\,\bar{y}\,z + \bar{x}\,y\,\bar{z} + x\,\bar{y}\,\bar{z} + x$$
$$= (\bar{x}\bar{y} + x\,y)z + (\bar{x}y + x\bar{y})\bar{z}$$
$$= (x \odot y)z + (x \oplus y)\bar{z}$$
$$= \overline{(x \oplus y)}z + (x \oplus y)\bar{z}$$
$$= x \oplus y \oplus z$$

답 ④

49 그림과 같이 내부저항 0.1[Ω], 최대지시 1[A]의 전류계 Ⓐ에 분류기 R을 접속하여 측정범위를 15[A]로 확대하려면 R의 저항값은 몇 [Ω]으로 하면 되는가?

① $\dfrac{1}{150}$

② $\dfrac{1}{140}$

③ 1.4

④ 1.5

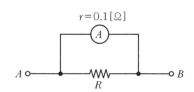

풀이 전류계와 분류기는 병렬로 연결되어 있으므로 양단에 걸리는 전압은 동일하다.

따라서, 옴의 법칙 $I = \dfrac{V}{R}$에서 각 지로에 흐르는 전류는 저항에 반비례하고 측정전류 15[A] 중 전류계로 1[A], 분류기로 14[A]가 흘러야 하므로 분류기에 흘러야 하는 전류가 14배 크다.

분류기 저항은 전류계 내부저항보다 $\dfrac{1}{14}$배이어야 한다.

따라서, 분류기 저항 $R = \dfrac{r}{14} = \dfrac{0.1}{14} = \dfrac{1}{140}$[Ω]이다.

답 ②

50 3상 발전기의 전기자 권선에 Y결선을 채택하는 이유로 볼 수 없는 것은?

① 상전압이 낮기 때문에 코로나, 열화 등이 적다.

② 권선의 불균형 및 제3고조파 등에 의한 순환전류가 흐르지 않는다.

③ 중성점 접지에 의한 이상 전압 방지대책이 쉽다.

④ 발전기 출력을 더욱 증대할 수 있다.

• 선간 전압에서 제3고조파가 나타나지 않아서 순환전류가 흐르지 않는다.

• △결선에 비해 상전압이 $1/\sqrt{3}$ 배이므로 권선의 절연이 쉬워진다.

• 중성점을 접지하여 지락 사고 시 보호계전방식이 간단해진다.

• 코로나 발생률이 적다.

답 ④

51 송배전 계통에 사용되는 보호계전기의 반한시 특성이란?

① 동작 전류가 커질수록 동작시간이 길어진다.

② 동작 전류가 작을수록 동작시간이 짧다.

③ 동작 전류에 관계없이 동작시간은 일정하다.

④ 동작 전류가 커질수록 동작시간은 짧아진다.

풀이 ▶ **동작시한에 의한 보호계전기의분류**

종류	특징
순한시 계전기	동작시간이 0.3초 이내인 계전기를 말하며, 0.05초 이하의 계전기를 고속도 계전기라 한다.
정한시 계전기	최초 동작값 이상의 구동 전기량이 주어지면 일정 시한으로 동작하는 계전기이다.
반한시 계전기	동작 시한이 구동 전기량이 커질수록 짧아지고, 구동 전기량이 작을수록 길어지는 계전기이다.
반한시-정한시 계전기	어느 한도까지의 구동 전기량에서는 반한시성이고, 그 이상의 전기량에서는 정한시성의 특성을 나타내는 계전기이다.
계단형 한시 계전기	시한값이 다른 단일계전기를 조합하여 복합계전기의 시한 특성을 가지게 한 것으로, 자기보호 구간의 순시 특성과 인접 구간의 후비보호를 겸한 이상적인 시한 특성을 가진 계전기이다.
노칭 한시 계전기	일정 시한을 두고 예정 횟수의 동작을 통해 일련의 동작 완료를 확인하기 위한 것이다. 이 계전기는 동작 완료 전에 동작의 원인이 없어지면 곧 복귀하도록 되어 있다.

답 ④

52 자속밀도 1[Wb/m²]인 평등 자계의 방향과 수직으로 놓인 50[cm]의 도선을 자계와 30° 방향으로 40[m/s]의 속도로 움직일 때 도선에 유기되는 기전력은 몇 [V]인가?

① 5

② 10

③ 20

④ 40

풀이 ▶ 유도기전력 $e = Bl\,u\sin\theta = 1 \times (50 \times 10^{-2}) \times 40 \times \sin30° = 10[V]$

답 ②

53 극판의 면적이 10[cm²], 극판 간의 간격이 1[mm], 극판 간에 채워진 유전체의 비유전율 $\varepsilon_s = 2.5$인 평행판 콘덴서에 100[V]의 전압을 가할 때 극판의 전하량은 몇 [nC]인가?

① 0.6   ② 1.2

③ 2.2   ④ 4.4

풀이 전하량 $Q = CV$ 이고, 정전용량 $C = \varepsilon \dfrac{A}{l}$[F]이므로,

$$C = 8.85 \times 10^{-12} \times 2.5 \times \frac{10 \times 10^{-4}}{1 \times 10^{-3}} = 22.1 \times 10^{-12}[\text{F}]$$

$$Q = CV = 22.1 \times 10^{-12} \times 100 = 2.2 \times 10^{-9}[\text{C}] = 2.2[\text{nC}]$$

답 ③

54 그림의 파형이 나타날 수 있는 소자는?
(단, v_s는 입력 전압, i_G는 게이트 전류, v_o는 출력 전압이다.)

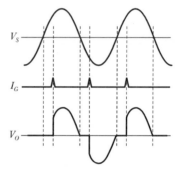

① GTO

② SCR

③ DIODE

④ TRIAC

풀이 TRIAC은 양방향성 소자이다.   **답** ④

55 생산보전(PM ; Productive Maintenance)의 내용에 속하지 않는 것은?

① 보전예방   ② 안전보전

③ 예방보전   ④ 개량보전

풀이 생산보전에는 보전예방(MP), 예방보전(PM), 개량보전(CM), 사후보전(BM)이 있다.   **답** ②

56 모든 작업을 기본동작으로 분해하고, 각 기본동작에 대하여 성질과 조건에 따라 미리 정해놓은 시간치를 적용하여 정미시간을 산정하는 방법은?

① PTS법   ② Work Sampling법

③ 스톱워치법   ④ 실적자료법

풀이 ② 통계적 수법을 이용하여 작업자 또는 기계의 작업상태를 파악하는 방법
③ 스톱워치를 사용하여 표준시간 측정   **답** ①

57 관리도에서 측정한 값을 차례로 타점했을 때 점이 순차적으로 상승하거나 하강하는 것을 무엇이라 하는가?

① 연(Run)
② 주기(Cycle)
③ 경향(Trend)
④ 산포(Dispersion)

풀이 점의 배열에서 이상상태 (Subject Method)
① 관리한계 내에 있으나 중심선 한쪽에 연속해서 나타나는 점의 배열현상
② 일정 간격을 갖고 점들이 오르내리는 현상
④ 고르지 못한 정도

답 ③

58 품질 특성을 나타내는 데이터 중 계수치 데이터에 속하는 것은?

① 무게
② 길이
③ 인장강도
④ 부적합품률

풀이 계수치 데이터
직물의 얼룩, 흠 등과 같이 한 개, 두 개로 계수되는 수치와 그에 따른 불량률

답 ④

59 어떤 공장에서 작업을 하는 데 있어서 소요되는 기간과 비용이 다음 표와 같을 때 비용구배는?(단, 활동시간의 단위는 일(日)로 계산한다.)

정상작업		특급작업	
기간	비용	기간	비용
15일	150만 원	10일	200만 원

① 50,000원
② 100,000원
③ 200,000원
④ 500,000원

풀이 비용구배 = $\dfrac{특급비용 - 정상비용}{정상시간 - 특급시간} = \dfrac{200만\ 원 - 150만\ 원}{10일 - 15일} = 10[만\ 원/일]$

답 ②

60 200개 들이 상자가 15개 있을 때 각 상자로부터 제품을 랜덤하게 10개씩 샘플링할 경우, 이러한 샘플링 방법을 무엇이라 하는가?

① 층별 샘플링
② 계통 샘플링
③ 취락 샘플링
④ 2단계 샘플링

풀이 ② 연속적으로 생산되어 나오는 제품들에 대해 적절한 시간 간격마다 혹은 적절한 생산 개수마다 표본을 취해 검사하는 방법

③ 모집단을 여러 개 집단으로 나누고 이들 중에서 몇 개를 무작위로 추출한 뒤 선택된 집단의 로트를 모두 검사하는 방법

④ 모집단을 몇 개의 부분으로 나누어 그중 몇 개를 추출(1단계)하고, 다음 단계로 그 부분 중에서 몇 개의 단위체 또는 단위량을 추출(2단계)하는 방법 **답** ①

모의고사 6회   전기기능장 필기

01 버스덕트공사에서 지지점의 최대간격은 몇 [m] 이하인가?(단, 취급자 이외의 자가 출입할 수 없도록 설비한 장소로 수직으로 설치하는 경우이다.)

① 4　　　　　　② 5　　　　　　③ 6　　　　　　④ 7

[풀이] 일반적으로 덕트는 3[m] 이하의 간격으로 견고하게 지지하나, 취급자 이외의 자가 출입할 수 없도록 설비한 곳에서 수직으로 붙이는 경우에는 6m 이하로 할 수 있다.　　　　**답** ③

02 발광소자와 수광소자를 하나의 용기에 넣어 외부의 빛을 차단한 구조로 출력 측의 전기적인 조건이 입력 측에 전혀 영향이 미치지 않는 소자는?

① 포토 다이오드　　　　　　② 포토 트랜지스터
③ 서미스터　　　　　　　　④ 포토 커플러

[풀이] **포토 커플러(Photo Coupler)**
발광 소자와 수광 소자를 조합하여, 광을 매체로 신호를 전송하는 소자. 구조는 발광 다이오드와 광 트랜지스터를 하나의 패키지에 넣은 것이다. 입출력 사이가 전기적으로 절연되어 있기 때문에 전기적인 잡음 제거에 널리 사용된다.　　　　**답** ④

03 직류발전기의 기전력을 E, 자속을 ϕ, 회전속도를 N이라 할 때 이들 사이의 관계로 옳은 것은?

① $E \propto \phi N$
② $E \propto \dfrac{\phi}{N}$
③ $E \propto \phi N^2$
④ $E \propto \phi^2 N$

[풀이] 직류발전기의 유도기전력은 $E = \dfrac{P}{a} Z\phi \dfrac{N}{60}\,[\mathrm{V}]$이다.　　　　**답** ①

04 직류를 교류로 변환하는 장치이며, 다시 정의하면 상용전원으로부터 공급된 전력을 입력받아 자체 내에서 전압과 주파수를 가변시켜 전동기에 공급함으로써 전동기 속도를 고효율로 용이하게 제어하는 일련의 장치를 무엇이라 하는가?

① 전자접촉기　　② EOCR　　③ 인버터　　④ SCR

[풀이] 직류를 교류로 변환하는 장치를 인버터(Inverter) 또는 역변환 장치라고 한다.　　　　**답** ③

05 운전 중 역률이 가장 좋은 전동기는?

① 농형유도전동기
② 동기전동기
③ 반발전동기
④ 권선형 유도전동기

풀이 동기전동기는 동기조상기로 사용하기 때문에 계자전류를 조정하여 역률을 항상 100%로 운전할 수 있다.

답 ②

06 전선의 재료로서 구비할 조건이 아닌 것은?

① 비중이 적을 것
② 경제성이 있을 것
③ 인장강도가 작을 것
④ 가요성이 풍부할 것

풀이 **전선의 구비조건**
㉠ 도전율이 크고, 기계적 강도가 클 것
㉡ 신장률이 크고, 내구성이 있을 것
㉢ 비중(밀도)이 작고, 가선이 용이할 것
㉣ 가격이 저렴하고, 구입이 쉬울 것

답 ③

07 전등회로 절연전선을 동일한 셀룰러덕트에 넣을 경우 그 크기는 전선의 피복을 포함한 단면적의 합계가 셀룰러덕트 단면적의 몇 [%] 이하가 되도록 선정하여야 하는가?

① 20
② 32
③ 40
④ 50

풀이 셀룰러 덕트에 수용하는 전선은 절연물을 포함하는 단면적의 총합이 금속 덕트 내 단면적의 20[%] 이하가 되도록 한다. 단, 전광사인 장치, 출퇴표시등, 기타 이와 유사한 장치 또는 제어회로 등의 배선에 사용하는 전선만을 넣는 경우에는 50[%] 이하로 할 수 있다.

답 ①

08 220V의 교류전압을 배전압 정류할 때 최대 정류전압은?

① 약 440[V]
② 약 566[V]
③ 약 622[V]
④ 약 880[V]

풀이 최대 정류전압
$$= 2V_m = 2 \times \sqrt{2} \times 220 = 622[V]$$

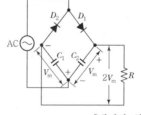

[배전압 회로]

답 ③

09 그림과 같은 논리회로를 1개의 게이트로 표현하면?

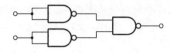

① AND ② NOR ③ NOT ④ OR

풀이 $\overline{\overline{A} \cdot \overline{B}} = \overline{\overline{A}} + \overline{\overline{B}} = A + B$ **답** ④

10 논리식 "A+AB"를 간단히 계산한 결과는?

① A ② $\overline{A} + B$ ③ $A + \overline{B}$ ④ $A + B$

풀이 $A + AB = A(1 + B) = A$ **답** ①

11 경질비닐 전선관 접속에서 관의 삽입 깊이는 관의 바깥지름의 최소 몇 배인가?(단, 접착제는 사용하지 않음)

① 1배 ② 1.1배 ③ 1.2배 ④ 1.25배

풀이 커플링에 들어가는 관의 길이는 관 바깥지름의 1.2배 이상으로 한다. 단, 접착제를 사용할 때는 0.8배 이상으로 한다. **답** ③

12 $R = 40[\Omega]$, $L = 80[\text{mH}]$의 코일이 있다. 이 코일에 100[V], 60[Hz]의 전압을 가할 때에 소비되는 전력은 몇 [W]인가?

① 100 ② 120 ③ 160 ④ 200

풀이 아래 그림과 같이 R-L 직렬회로이므로,

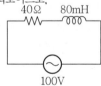

$P = VI\cos\theta[\text{W}]$이므로,

$X_L = 2\pi f L = 2\pi \times 60 \times 80 \times 10^{-3} = 30[\Omega]$

$|Z| = \sqrt{R^2 + X^2} = \sqrt{40^2 + 30^2} = 50[\Omega]$

$I = \dfrac{V}{|Z|} = \dfrac{100}{50} = 2[\text{A}]$

$\cos\theta = \dfrac{R}{|Z|} = \dfrac{40}{50}$

$P = VI\cos\theta = 100 \times 2 \times \dfrac{40}{50} = 160[\text{W}]$이다.

위와 같이 방법으로 계산하여도 무방하나 좀 더 간략히 하면,

인덕턴스는 무료전력을 소비하고 저항은 유효전력을 소비하므로,

$P = I^2R[\text{W}]$을 이용하여

$P = 2^2 \times 40 = 160[\text{W}]$으로 풀이하여도 가능하다. 답 ③

13 주어진 진리표가 나타내는 것은?

① 디코더
② 인코더
③ 멀티플렉서
④ 디멀티플렉서

입력				출력	
D_0	D_1	D_2	D_3	B	A
1	0	0	0	0	0
0	1	0	0	0	1
0	0	1	0	1	0
0	0	0	1	1	1

풀이 4×2 인코더

4개의 입력과 부호화된 신호를 출력하는 2개의 출력을 가진 장치 답 ②

14 다음 중 전선접속에 관한 설명으로 옳지 않은 것은?

① 전선의 강도는 60[%] 이상 유지해야 한다.
② 접속부분의 전기저항을 증가시켜서는 안 된다.
③ 접속부분의 절연은 전선의 절연물과 동등 이상의 절연효력이 있는 테이프로 충분히 피복한다.
④ 접속슬리브, 전선접속기를 사용하여 접속한다.

풀이 전선접속의 조건
㉠ 전기적 저항을 증가시키지 않는다.
㉡ 접속부위의 기계적 강도를 20% 이상 감소시키지 않는다.
㉢ 접속점의 절연이 약화되지 않도록 테이핑 또는 와이어 커넥터로 절연한다.
㉣ 전선의 접속은 박스 안에서 하고, 접속점에 장력이 가해지지 않도록 한다. 답 ①

15 저압 옥내간선의 전원측 전로에 그 저압옥내 간선을 보호할 목적으로 설치하는 것은?

① 조가용선　　② 과전류차단기　　③ 콘덴서　　④ 단로기

풀이 ㉠ 간선을 과전류로부터 보호하기 위해 과전류 차단기를 시설한다.
㉡ 과전류차단기의 정격전류는 간선으로 사용하는 전선의 허용전류보다는 작은 것을 사용해야 한다. 답 ②

16 송전선로에 복도체나 다도체를 사용하는 주된 목적은 다음 중 어느 것인가?

① 뇌해의 방지

② 건설비의 절감

③ 진동방지

④ 코로나방지

> **풀이** 복도체를 사용하면 전선의 등가 반지름이 증가하여 인덕턴스는 감소하고 정전용량은 증가한다. 즉, 송전용량이 증가하여 안정도를 증진시키고, 코로나 임계전압을 높일 수 있어 코로나를 방지한다.
>
> **답** ④

17 다음 중 전동기 제어반에 부착하여 과전류에 의한 전동기의 소손을 방지하기 위해 널리 사용되는 보호기구는?

① 차동 계전기

② 부흐홀츠 계전기

③ 리미트 스위치

④ EOCR

> **풀이** 전동기의 과부하에 의한 과전류를 감지하는 장치로 THR(열동형 과전류계전기)와 EOCR(전자식 과전류 계전기)가 있다.
>
> **답** ④

18 100V의 단상전동기를 입력 200W, 역률 95%로 운전하고 있을 때의 전류는 몇 [A]인가?

① 1

② 2.1

③ 3.5

④ 4

> **풀이** $P = VI\cos\theta[\text{W}]$이므로, $I = \dfrac{P}{V\cos\theta} = \dfrac{200}{100 \times 0.95} \fallingdotseq 2.1[\text{A}]$
>
> **답** ②

19 정격전류가 40[A]인 3상 220[V] 전동기가 직접 전로에 접속되는 경우 전로의 전선은 몇 [A] 이상의 허용전류를 갖는 것으로 하여야 하는가?

① 44

② 50

③ 56

④ 60

> **풀이**
>
> | 전동기 정격전류 | 허용전류 계산 |
> |---|---|
> | 50[A] 이하 | 정격전류 합계의 1.25배 |
> | 50[A] 초과 | 정격전류 합계의 1.1배 |
>
> 위와 같이 전선의 허용전류는 40[A]×1.25＝50[A]이다.
>
> **답** ②

20 전선의 표피 효과에 관한 설명으로 옳은 것은?

① 전선이 굵을수록, 주파수가 낮을수록 커진다.
② 전선이 굵을수록, 주파수가 높을수록 커진다.
③ 전선이 가늘수록, 주파수가 낮을수록 커진다.
④ 전선이 가늘수록, 주파수가 높을수록 커진다.

풀이 표피 효과(Skin effect)는 전선에 교류전류가 흐를 때 전선 내의 전류밀도의 분포가 전선의 중심부로 들어갈수록 작고 전선표면으로 갈수록 커지는 현상이다. 표피 효과는 전선이 굵을수록, 도전율 및 투자율이 클수록 그리고 주파수가 높을수록 커진다. **답** ②

21 다음 그림기호의 명칭은?

① 전류제한기
② 전등제한기
③ 전압제한기
④ 역률제한기

답 ①

22 단상 3선식 전원에 한(A)상과 중성선(N) 간에 각각 1[kVA], 0.8[kVA], 0.5[kVA]의 부하가 병렬접속되고 다른 한(B)상과 중성선(N)에 0.5[kVA] 및 0.8[kVA]의 부하가 병렬접속된 회로의 양단[(A)상 및 (B)상]에 5[kVA]의 부하가 접속되었을 경우 설비 불평형률[%]은 약 얼마인가?

① 11　　　　　② 23　　　　　③ 42　　　　　④ 56

풀이 ㉠ A상－N상 간의 부하 :
　　$1+0.8+0.5=2.3$[kVA]
㉡ B상－N상 간의 부하 :
　　$0.5+0.8=1.3$[kVA]
㉢ A상－B상 간의 부하 :
　　5[kVA]일 때, 다음 그림과 같다.

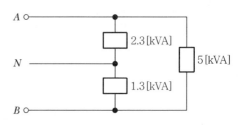

설비불평형률 $= \dfrac{\text{중성선과 각 전압측 전선 간에 접속되는 부하설비 용량의 차}}{\text{총 부하설비 용량의 평균값}}$ 이므로,

설비불평형률 $= \dfrac{2.3-1.3}{\dfrac{1}{2}(2.3+1.3+5)} \times 100[\%] \fallingdotseq 23.3\%$

답 ②

23 다음 그림과 같은 회로의 명칭은?

① 플립플롭(Flip-Flop)회로

② 반가산기(Half Adder)회로

③ 전가산기(Full Adder)회로

④ 배타적 논리합(Exclusive OR)회로

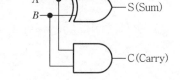

풀이 반가산기(Half Adder ; HA)

ㄱ 합 : $S = \overline{A}B + A\overline{B} = A \oplus B$

ㄴ 자리올림 수 : $C = AB$

답 ②

24 그림과 같은 회로에 입력 전압 200V를 가할 때 20Ω의 저항에 흐르는 전류는 몇 [A]인가?

① 2

② 3

③ 5

④ 8

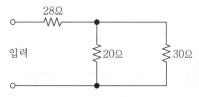

풀이 ㄱ 회로의 전체 전류를 구하기 위해 합성저항을 구하면,

$$R_o = 28 + \frac{20 \times 30}{20 + 30} = 40 [\Omega]$$

ㄴ 전체 전류 $I_o = \dfrac{V}{R_o} = \dfrac{200}{40} = 5 [\text{A}]$

ㄷ 20[Ω]에 흐르는 전류는 $\dfrac{30}{20 + 30} \times 5 = 3 [\text{A}]$이다.

답 ②

25 10kW의 농형 유도전동기의 기동방법으로 가장 적당한 것은?

① 전전압 기동법

② $Y - \Delta$ 기동법

③ 기동 보상기법

④ 2차 저항 기동법

풀이 ㄱ 전전압 기동법 : 6kW 이하 소용량 전동기에 사용

ㄴ $Y - \Delta$ 기동법 : 10~15[kW] 이하의 중용량 전동기에 사용

ㄷ 기동 보상기법 : 15[kW] 이상의 전동기나 고압 전동기에 사용

ㄹ 2차 저항 기동법 : 권선형 유도전동기의 기동법

답 ②

26 자기인덕턴스가 L_1, L_2, 상호인덕턴스가 M인 두 회로의 결합계수가 1인 경우 L_1, L_2, M의 관계는?

① $L_1\,L_2 = M$ ② $L_1\,L_2 < M^2$

③ $L_1\,L_2 > M^2$ ④ $L_1\,L_2 = M^2$

풀이 $k = \dfrac{M}{\sqrt{L_1 L_2}} = 1$이므로, $L_1\,L_2 = M^2$ **답** ④

27 교류 서보전동기(Servo Motor)로 많이 사용되는 것은?

① 콘덴서형 전동기   ② 권선형 유도전동기

③ 타여자 전동기   ④ 영구자석형 동기전동기

                                                   답 ④

28 변압기의 철손은 부하전류가 증가하여 어떻게 되는가?

① 감소한다.

② 증가한다.

③ 변압기에 따라 다르다.

④ 변동 없다.

풀이 철손은 무부하시험에서 측정하므로 부하와는 관련이 없다.   **답** ④

29 다음 송전선로의 코로나 발생방지대책으로 가장 효과적인 방법은?

① 전선의 선간거리를 증가시킨다.

② 전선의 높이를 가급적 낮게 한다.

③ 선로의 절연을 강화한다.

④ 전선의 바깥 지름을 크게 한다.

풀이 **코로나 방지대책**
    ① 코로나 임계전압을 높이기 위하여 전선의 직경을 크게 한다.(복도체, 중공연선, ACSR 채용)
    ② 가선 금구류를 개량한다.

                                                     답 ④

30 동기조상기를 과여자로 해서 운전하였을 때 나타나는 현상이 아닌 것은?

① 리액터로 작용한다.

② 전압강하를 감소시킨다.

③ 진상전류를 취한다.

④ 콘덴서로 작용한다.

> **풀이** 여자가 강할 때(과여자)
>
> ㉠ I가 V보다 진상(앞섬)으로 콘덴서 역할을 한다.
>
> ㉡ 역률이 개선되면, 전류가 감소하여 전압강하가 감소한다.   **답** ①

31 바닥통풍형, 바닥밀폐형 또는 두 가지 복합채널형 구간으로 구성된 조립금속 구조로 폭이 150[mm] 이하이며, 주케이블 트레이로부터 말단까지 연결되어 단일 케이블을 설치하는 데 사용하는 케이블트레이는?

① 통풍채널형 케이블트레이

② 사다리형 케이블트레이

③ 바닥밀폐형 케이블트레이

④ 트로프형 케이블트레이

> **풀이** 케이블트레이 종류
>
> ㉠ 사다리형 케이블트레이 : 가장 일반적인 형태로 옥외설치가 용이하고 가격이 저렴하여 경제적이다. 발전소나 공장 등에 사용되며 강도가 강하여 열악한 환경에 사용되고 있다.
>
> ㉡ 채널형 케이블트레이 : 바닥통풍형과 바닥밀폐형의 복합채널 부품으로 구성된 조립 금속구조로 폭이 150[mm] 이하인 케이블트레이를 말하며, 바닥 펀칭 형상에 강한 엠보 처리로 높은 강도가 유지되며, 터널, 플랜트 시설, 오피스텔, 아파트, 할인점, 백화점, 운동장, 공장 등 모든 분야에 사용되고 있다.
>
> ㉢ 바닥밀폐형 케이블트레이 : 직선방향 측면 레일에서 바닥에 구멍이 없는 조립 금속구조로서, 케이블 보호에 탁월하여 필요 개소에는 뚜껑을 설치한다.   **답** ①

32 4극 직류발전기가 전기자 도체수 600, 매극당 유효자속 0.035wb, 회전수가 1,200 rpm일 때 유기되는 기전력은 몇 [V]인가?(단, 권선은 단중 중권이다.)

① 120   ② 220   ③ 320   ④ 420

> **풀이** $E = \dfrac{P}{a} Z\phi \dfrac{N}{60}$ [V]에서 중권일 때는 $a = P$이므로,
>
> $E = \dfrac{4}{4} \times 600 \times 0.035 \times \dfrac{1,200}{60} = 420$[V]   **답** ④

33 정현파 교류의 실효값을 계산하는 식은?(단, T는 주기이다)

① $I = \dfrac{1}{T} \displaystyle\int_0^T i \, dt$

② $I = \sqrt{\dfrac{2}{T} \displaystyle\int_0^T i \, dt}$

③ $I = \sqrt{\dfrac{1}{T} \displaystyle\int_0^T i^2 \, dt}$

④ $I = \sqrt{\dfrac{2}{T} \displaystyle\int_0^T i^2 \, dt}$

풀이 교류의 실효값은 순시값을 제곱한 평균값을 제곱근한 값으로 표현한다.

즉, $I = \sqrt{i^2}$의 평균값 이다. **답** ③

34 3상 동기 발전기를 병렬 운전시키는 경우 고려하지 않아도 되는 조건은?

① 기전력의 위상이 같을 것

② 회전수가 같을 것

③ 기전력의 크기가 같을 것

④ 상회전 방향이 같을 것

풀이 **병렬운전 조건**
- 기전력의 크기가 같을 것
- 기전력의 위상이 같을 것
- 기전력의 주파수가 같을 것
- 기전력의 파형이 같을 것
- 상회전 방향이 같을 것 **답** ②

35 동일 규격 콘덴서의 극판 간에 유전체를 넣으면 어떻게 되는가?

① 용량이 증가하고, 극판 간 전계는 감소한다.

② 용량이 증가하고, 극판 간 전계는 증가한다.

③ 용량이 감소하고, 극판 간 전계는 불변이다.

④ 용량이 불변이고, 극판 간 전계는 감소한다.

풀이 콘덴서의 정전용량 $C = \varepsilon \dfrac{A}{l}$이고, 전계의 세기 $E = \dfrac{D}{\varepsilon}$이므로,

(여기서, D는 전속 밀도로서, 전속은 주위매질에 관계없이 Q의 전하에서 Q개의 역선이 나오는 것을 말한다.)

유전체를 넣으면, $\varepsilon = \varepsilon_o \cdot \varepsilon_s$에서 ε_s이 증가한다.

따라서, 정전용량은 증가하고, 전계의 세기는 감소한다. **답** ①

36 고압선로의 1선 지락전류가 20[A]인 경우에 이에 결합된 변압기 저압측의 제2종 접지 저항값은 몇 [Ω]인가?(단, 이 선로는 고·저압 혼촉시에 저압 선로의 대지전압이 150[V]를 넘는 경우로서 1초를 넘고 2초 이내에 고압전로를 자동차단하는 장치가 되어 있다.)

① 7.5   ② 10   ③ 15   ④ 30

풀이 제2종 접지공사의 접지저항값은 $\dfrac{150}{I_g}$ [Ω] 이하 (I_g : 변압기의 고압 측 전로의 1선 지락전류)

단, 변압기의 혼촉 발생 시 1초를 넘고 2초 이내에 자동으로 전로를 차단하는 장치를 설치할 때는 $\dfrac{300}{I_g}$

1초 이내에 자동으로 차단하는 장치를 설치할 때는 $\dfrac{600}{I_g}$

따라서, 접지저항값은 $\dfrac{300}{I_g} = \dfrac{300}{20} = 15[Ω]$이다.   **답** ③

37 수관을 통하여 공급되는 온천수의 온도를 올리는 전극식 온천용 승온기 차폐장치의 전극에는 몇 종 접지공사를 하여야 하는가?

① 제1종 접지공사   ② 제2종 접지공사
③ 제3종 접지공사   ④ 특별 제3종 접지공사

풀이 ㉠ 전극식 온천용 승온기 차폐장치의 전극 : 제1종 접지공사
      ㉡ 전극식 온천용 승온기에 사용하는 절연변압기의 철심 및 금속제 외함 : 제3종 접지공사   **답** ①

38 순서회로 설계의 기본인 *JK FF* 여기표에서 현재상태의 출력 Q_n이 0이고, 다음 상태의 출력 Q_{n+1}이 1일 때 필요입력 *J* 및 *K*의 값은?(단, x는 0또는 1임)

① $J = 1$, $K = 0$ ② $J = 0$, $K = 1$ ③ $J = x$, $K = 1$ ④ $J = 1$, $K = x$

풀이 ㉠ $J = 0$, $K = 0$, 클록 발생 : 저장된 값을 그대로 유지하고 있다.
      ㉡ $J = 1$, $K = 0$, 클록 발생 : Q의 값을 1로 세팅한다.
      ㉢ $J = 0$, $K = 1$, 클록 발생 : Q의 값을 0으로 리셋한다.
      ㉣ $J = 1$, $K = 1$, 클록 발생 : Q의 값을 토글한다.   **답** ④

39 역률을 개선하면 전력요금의 절감과 배전선의 손실경감, 전압강하의 감소, 설비여력의 증가 등을 기할 수 있으나, 너무 과보상하면 역효과가 나타낸다. 즉, 경부하시에 콘덴서가 과대 삽입되는 경우의 결점에 해당되는 사항이 아닌 것은?

① 모선전압의 과상승 　　　　② 송전손실의 증가
③ 고조파 왜곡의 증대 　　　　④ 전압변동폭의 감소

풀이 경부하시나 무부하시 선로는 콘덴서 작용을 하며, 이때 선로에 충전 전류의 영향으로 진상 전류가 흐르고, 송전단 전압보다 수전단 전압이 높아지는 현상이 발생하는데, 이를 페란티 현상이라 한다. 이 경우 전압변동폭이 증가한다.　　　　　　　　　　　　　　　　　　　　　　　**답** ④

40 동기발전기에서 전기자 전류가 무부하 유도 기전력보다 $\dfrac{\pi}{2}$만큼 뒤진 경우의 전기자반작용은?

① 교차자화작용 　　② 자화작용 　　③ 감자작용 　　④ 편자작용

풀이 • 교차자화작용 : 기전력과 전류가 동위상
　　• 감자작용 : 전류가 기전력보다 90° 늦은 위상
　　• 증자작용 : 전류가 기전력보다 90° 앞선 위상　　　　　　　　　　　　**답** ③

41 다음 중 자기누설 변압기의 가장 큰 특징은 어느 것인가?

① 전압변동률이 크다. 　　　　② 단락전류가 크다.
③ 역률이 좋다. 　　　　　　　④ 무부하손이 적다.

　　　　　　　　　　　　　　　　　　　　　　　　　　　　　　　　답 ①

42 변압기를 병렬운전하고자 할 때 갖추어져야 할 조건이 아닌 것은?

① 극성이 같을 것 　　　　　　② 변압비가 같을 것
③ %임피던스 강하가 같을 것 　④ 출력이 같을 것

풀이 **병렬운전 조건**
　　• 극성이 같을 것
　　• 권수비가 같고, 1차 및 2차의 정격전압이 같을 것
　　• %임피던스 강하가 같을 것
　　• $\dfrac{r}{x}$비가 같을 것　　　　　　　　　　　　　　　　　　　　**답** ④

43 3상 3선식 선로에 있어서 대지정전용량 C_s, 선간정전용량 C_m 일 때, 1선당 작용정전용량은?

① $C_s + 2C_m$　　　　　　　　　② $2C_s + C_m$

③ $3C_s + C_m$　　　　　　　　　④ $C_s + 3C_m$

풀이 **작용정전용량(1상분)**

단상 2선식 $C = C_s + 2C_m$

3상 3선식 $C = C_s + 3C_m$

답 ④

44 사이리스터의 순전압 강하의 측정방법이 아닌 것은?

① 오실로스코프에 의해 순시값을 측정

② 정현반파 전류를 흘렸을 때의 평균순전압 강하를 측정

③ 직류를 흘려서 측정

④ 온도가 정상상태로 되기 전에 측정

답 ④

45 10진수$(14.625)_{10}$를 2진수로 변환한 값은?

① $(1101.110)_2$　② $(1101.101)_2$　③ $(1110.101)_2$　④ $(1110.110)_2$

풀이 ㉠ $(14)_{10}$를 2진수로 변환

```
2 ) 14
2 )  7  …… 나머지 0
2 )  3  …… 나머지 1      ↑
2 )  1  …… 나머지 1
     0  …… 나머지 1
```

$(14)_{10} = (1110)_2$

㉡ $(0.625)_{10}$을 2진수로 변환

$0.625 \times 2 = 1.250$ …… 소수 첫째 자리(1)

1.250에서 소수부분 0.250에 2를 곱한다.

$0.250 \times 2 = 0.5$ …… 소수 둘째 자리(0)

0.5의 소수부분 0.5에 2를 곱한다.

$0.5 \times 2 = 1.0$ …… 소수 셋째 자리(1)

1.0의 소수부분이 0이 나왔으므로 종료한다.

$(0.625)_{10} = (0.101)_2$

㉢ $(14.625)_{10} = (1110.101)_2$

답 ③

46 접지공사에 있어서 자갈층 또는 산간부의 암반지대 등 토양의 고유저항이 높은 지역에서는 규정의 저항치를 얻기가 곤란하다. 이와 같은 장소에 있어서의 접지저항 저감 방법이 아닌 것은?

① 접지저감제 사용   ② 매설지선을 포설
③ Mesh공법에 의한 접지   ④ 직렬접지

풀이 접지저항 저감대책
　　㉠ 접지저감제 사용
　　㉡ 매설지선 접지공법
　　㉢ 망상(메시)접지공법
　　㉣ 접지극의 병렬 접지공법
　　그 외 접지극을 깊게 매설하는 공법, 평판접지공법 등
　　답 ④

47 전기온돌 등에 발열선을 시설할 경우 대지전압은 몇 [V] 이하로 하여야 되는가?

① 200   ② 300   ③ 400   ④ 500

답 ②

48 그림과 같은 스위치 회로의 논리식은?

① $A \cdot B \cdot \overline{C} \cdot D$
② $A + B + \overline{C} + D$
③ $\overline{A} \cdot \overline{B} \cdot C \cdot \overline{D}$
④ $\overline{A} + \overline{B} + C + \overline{D}$

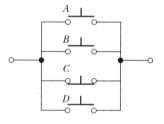

풀이 병렬회로이므로 모두 OR회로로 논리식은 +로 표시된다.
　　A, B, D는 a접점이고, C는 b접점이므로 논리식은 $A + B + \overline{C} + D$으로 표현된다.
　　답 ②

49 직류전동기의 출력을 나타내는 것은?(단, V는 단자전압, E는 역기전력, I는 전기자 전류이다.)

① VI ② EI ③ $V^2 I$ ④ $E^2 I$

풀이 • 직류전동기의 입력 $P_i = VI$[W]
　　• 직류전동기의 출력 $P_o = EI$[W]
　　답 ②

50 그림과 같은 회로에서 ab 간에 전압을 가하니 전류계는 2.5A를 지시했다. 다음에 스위치 S를 닫으니 전류계 및 전압계는 각각 2.55A 및 100V를 지시했다. 저항 R의 값은 약 몇 [Ω]인가?(단, 전류계 내부저항 $r_a = 0.2\,Ω$이고, ab 사이에 가한 전압은 S에 관계없이 일정하다고 한다.)

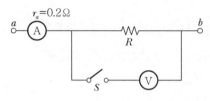

① 30   ② 40   ③ 50   ④ 60

풀이 ㉠ 스위치 S가 개로한 상태에서 ab 사이에 가한 전압 $V_{ab} = I \cdot (r_a + R) = 2.5(0.2 + R)$
ㄴ 스위치 S를 폐로한 상태에서 $V_{ab} = (2.55 \times 0.2) + 100 = 100.51$[V]이므로,
ㄷ $2.5(0.2 + R) = 100.51$에서 R를 구하면, $R = 40.004$[Ω]이다.   **답** ②

51 유도전동기의 제동방법 중 슬립의 범위를 1~2 사이로 하여 3선 중 2선의 접속을 바꾸어 제동하는 방법은?

① 직류제동   ② 회생제동   ③ 발전제동   ④ 역상제동

풀이 ㉠ 발전제동 : 제동시 전원으로 분리한 후 직류전원을 연결하면 계자에 고정자속이 생기고 회전자에 교류기전력이 발생하여 제동력이 생긴다. 직류제동이라고도 한다.
ㄴ 역상제동(플러깅) : 운전 중인 유도전동기에 회전방향과 반대방향의 토크를 발생시켜서 급속하게 정지시키는 방법이다.
ㄷ 회생제동 : 제동시 전원에 연결시킨 상태로 외력에 의해서 동기속도 이상으로 회전시키면 유도발전기가 되어 발생된 전력을 전원으로 반환하면서 제동하는 방법이다.
ㄹ 단상제동 : 권선형 유도 전동기에서 2차 저항이 클 때 전원에 단상전원을 연결하면 제동 토크가 발생한다.   **답** ④

52 단상 브리지제어 정류회로에서 저항 부하인 경우 출력전압은?(단, a는 트리거 위상각이다.)

① $E_d = 0.225\,E(1 + \cos\alpha)$

② $E_d = \dfrac{2\sqrt{2}}{\pi} E\left(\dfrac{1 + \cos\alpha}{2}\right)$

③ $E_d = \dfrac{2\sqrt{2}}{\pi} E\cos\alpha$

④ $E_d = 1.17E\cos\alpha$

답 ②

53 쌍방향 3단자 사이리스터는?

① SCR   ② GTO   ③ TRIAC   ④ DIAC

풀이 **쌍방향성** : SSS(2단자), TRIAC(3단자), DIAC(2단자)   **답** ③

54 다음 중 피뢰기를 반드시 시설하여야 하는 곳은?

① 고압전선로에 접속되는 단권변압기의 고압 측
② 발·변전소의 가공전선 인입구 및 인출구
③ 수전용 변압기의 2차 측
④ 가공전선로

풀이 **피뢰기의 시설장소**
　㉠ 가공전선로에 접속하는 특고압 배전용 변압기의 고압 측 및 특고압 측
　㉡ 발전소, 변전소 또는 이에 준하는 장소의 가공전선 인입구 및 인출구
　㉢ 고압 또는 특고압 가공전선로로부터 공급을 받는 수용장소의 인입구
　㉣ 가공전선로와 지중전선로가 접속되는 곳   **답** ②

55 도수분포표를 작성하는 목적으로 볼 수 없는 것은?

① 로트의 분포를 알고 싶을 때
② 로트의 평균치와 표준편차를 알고 싶을 때
③ 규격과 비교하여 부적합품을 알고 싶을 때
④ 주요 품질항목 중 개선의 우선순위를 알고 싶을 때

풀이 **도수분포표**
　㉠ 여러 개의 제품을 측정하여 측정치를 순서대로 기록하여 놓은 표
　㉡ 데이터가 어떻게 분포되는가 하는 집단 품질 확인이 가능하다.   **답** ④

56 컨베이어 작업과 같이 단조로운 작업은 작업자에게 무력감과 구속감을 주고 생산량에 대한 책임감을 저하시키는 등 폐단이 있다. 다음 중 이러한 단조로운 작업의 결함을 제거하기 위해 채택되는 직무설계방법으로서 가장 거리가 먼 것은?

① 자율경영팀 활동을 권장한다.
② 하나의 연속작업시간을 길게 한다.
③ 작업자 스스로가 직무를 설계하도록 한다.
④ 직무확대, 직무충실화 등의 방법을 활용한다.

    답 ②

57 어떤 측정법으로 동일 시료를 무한회 측정하였을 때 데이터 분포의 평균치와 참값과의 차를 무엇이라 하는가?

① 재현성　　　　　② 안정성　　　　　③ 반복성　　　　　④ 정확성

답 ④

58 "무결점 운동"으로 불리는 것으로 미국의 항공사인 마틴사에서 시작된 품질개선을 위한 동기부여 프로그램은 부엇인가?

① ZD　　　　　　　　　　② 6시그마
③ TPM　　　　　　　　　　④ ISO 9001

풀이 **ZD(Zero Defects)운동**
개별 종업원에게 계획기능을 부여하는 자주관리운동의 하나로 전개된 것으로 종업원들의 주의와 연구를 통해 작업상 발생하는 모든 결함을 없애는 운동

답 ①

59 관리도에서 측정한 값을 차례로 타점했을 때 점이 순차적으로 상승하거나 하강하는 것을 무엇이라 하는가?

① 연(Ran)　　　　　　　　② 주기(Cycle)
③ 경향(Trend)　　　　　　④ 산포(Dispersion)

풀이 **점의 배열에서 이상상태 (Subject Method)**
㉠ 런 (Run) : 관리한계 내에 있으나 중심선 한쪽에 연속해서 나타나는 점의 배열현상
㉡ 경향(Trend) : 길이 7의 상승경향과 하강경향(비관리상태)
㉢ 주기(Cycle) : 일정 간격을 갖고 점들이 오르내리는 현상
㉣ 산포(Dispersion) : 고르지 못한 정도

답 ③

60 정상소요기간이 5일이고, 이때의 비용이 20,000원이며 특급소요기간이 3일이고, 이때의 비용이 30,000원이라면 비용구배는 얼마인가?

① 4,000원/일　　　　　　② 5,000원/일
③ 7,000원/일　　　　　　④ 10,000원/일

풀이 비용구배 $= \dfrac{\text{특급비용} - \text{정상비용}}{\text{정상시간} - \text{특급시간}} = \dfrac{30,000원 - 20,000원}{5일 - 3일} = 5,000[원/일]$

답 ②

01 2극과 8극의 2대의 3상 유도전동기를 차동접속법으로 속도제어를 할 때 전원 주파수가 60[Hz]인 경우 무부하 속도 N_0는 몇 [rpm]인가?

① 1800[rpm]
② 1200[rpm]
③ 900[rpm]
④ 720[rpm]

풀이 ㉠ 종속 접속법 : 2대 이상의 유도전동기를 사용하여 한 쪽 고정자를 다른 쪽 회전자와 연결하고 기계적으로 축을 연결하여 속도를 제어하는 방법을 말하며, 직렬 종속법, 직렬 차동 종속법, 병렬 종속법 등이 있다.

㉡ 직렬 종속법 : 극수 P_1인 전동기 M_1과 극수 P_2인 전동기 M_2를 기계적으로 결합하고, M_1의 고정자에 f[Hz]의 전원 전압을 가하면 회전자에는 Sf[Hz]의 전압을 얻을 수 있고 이것을 M_2의 고정자에 공급하고 2차 회로에는 저항을 연결하여 기동과 속도제어에 이용하도록 한다.

이때 두 전동기는 극수의 합과 같은

극수를 가지는 전동기 속도로 M_1의 무부하 속도는 $N_1 = \dfrac{120 \cdot f}{P_1}(1-S)$의

무부하 속도 $N_2 = \dfrac{120 \cdot Sf}{P_2}$이고, 두 전동기는 기계적으로 직결되어 속도가 같으므로,

$\dfrac{120 \cdot f}{P_1}(1-S) = \dfrac{120 \cdot Sf}{P_2}$ 에서, $S = \dfrac{P_2}{P_1+P_2}$ 된다.

따라서, 전체 무부하 속도는 $N_0 = \dfrac{120f}{P_2} \times \dfrac{P_2}{P_1+P_2} = \dfrac{120f}{P_1+P_2}$ [rpm]이다.

㉢ 직렬 차동종속법의 회전 속도 : $N_0 = \dfrac{120f}{P_1-P_2} = \dfrac{120 \times 60}{8-2} = 1200$[rpm]   **답** ②

02 3상 유도전동기의 회전력은 단자전압과 어떤 관계인가?

① 단자전압에 무관하다.
② 단자전압에 비례한다.
③ 단자전압의 2승에 비례한다.
④ 단자전압의 $\dfrac{1}{2}$ 승에 비례한다.

풀이 유도전동기의 토크특성 관계식을 구하면 다음과 같다.

$$T = \frac{PV_1^{\,2}}{4\pi f} \cdot \frac{\dfrac{r_2'}{S}}{(r_1 + \dfrac{r_2'}{S})^2 + (x_1 + x_2')^2} \ [\text{N} \cdot \text{m}]$$

여기서, 토크와 전압은 제곱에 비례함을 알 수 있다.   **답** ③

03 분류기를 사용하여 전류를 측정하는 경우 전류계의 내부저항 0.12[Ω], 분류기의 저항이 0.04[Ω]이면 그 배율은?

① 2배　　　　② 3배　　　　③ 4배　　　　④ 5배

풀이 ㉠ 분류기에 흐르는 전류 $I_S = \dfrac{V}{R_S} = \dfrac{V}{0.04}$

ㄴ 전류계에 흐르는 전류 $I_A = \dfrac{V}{R_A} = \dfrac{V}{0.12}$

ㄷ 전체전류 $I_0 = I_S + I_A = \dfrac{V}{0.04} + \dfrac{V}{0.12}$

ㄹ 배율 $n = \dfrac{I_0}{I_A} = \dfrac{\dfrac{V}{0.04} + \dfrac{V}{0.12}}{\dfrac{V}{0.12}} = 1 + \dfrac{0.12}{0.04} = 4$배

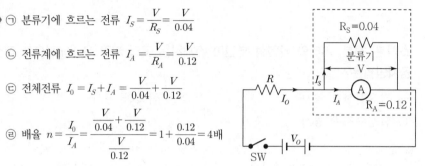

답 ③

04 다음은 인버터에 관한 설명이다. 옳지 않은 것은?

① 전압원 인버터에는 직류리액터가 필요하다.
② 전압원 인버터에는 전압 파형은 구형파이다.
③ 전류원 인버터는 부하의 변동에 따라 전압이 변동된다.
④ 전류원 인버터는 비교적 큰 부하에 사용된다.

풀이 전압원 인버터와 전류형 인버터의 특징

구분	VSI(전압원 인버터)	CSI(전류원 인버터)
출력전압	전압파형이 구형파	전압파형이 톱니파
출력전류	전류파형이 톱니파	전류파형이 구형파
회로구성의 특징	1) 주 소자와 역병렬로 귀환다이오드를 갖는다. 2) 직류 전원은 저임피던스의 전압원(평활콘덴서)를 갖는다.	1) 주 소자는 한방향으로만 전류를 흘린다.(귀환다이오드가 없다.) 2) 직류전원은 고임피던스의 전류원(직류리액터를 갖는다.)

답 ①

05 그림과 같은 환류 다이오드 회로의 부하전류 평균값은 몇 [A]인가?(단, 교류전압 $V = 220$[V], 60[Hz], 부하저항 $R = 10$[Ω]이며, 인덕턴스 L은 매우 크다.)

① 6.7[A]　　　　② 8.5[A]
③ 9.9[A]　　　　④ 11.7[A]

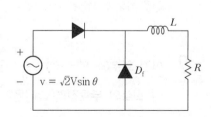

풀이 환류 정류회로의 출력전압 v_0은 L값에 무관하게 저항부하를 갖는 단상 반파 정류회로에서의 출력전압과 동일하다. 부하전류 i_0의 평균값은

$$I_{dc} = \frac{V_{dc}}{R} = \frac{0.45\,V}{R} = \frac{0.45 \times 220}{10} = 9.9[\text{A}]\,\text{이다.}$$

답 ③

06 소맥분, 전분, 기타의 가연성 분진이 존재하는 곳의 저압 옥내배선으로 적합하지 않은 공사방법은?

① 가요전선관 공사
② 금속관 공사
③ 합성수지관 공사
④ 케이블 공사

풀이 가연성 분진이 존재하는 곳(소맥분, 전분, 유황 기타의 가연성의 먼지로서 공중에 떠다니는 상태에서 착화하였을 때, 폭발의 우려가 있는 곳)의 저압 옥내배선은 합성수지관 배선, 금속전선관 배선, 케이블 배선에 의하여 시설한다.

답 ①

07 3상 3선식 선로에 있어서 대지정전용량 C_s, 선간정전용량 C_m일 때, 1선당 작용정전용량은?

① $C_s + 2C_m$
② $2C_s + C_m$
③ $3C_s + C_m$
④ $C_s + 3C_m$

풀이 **작용정전용량(1상분)**
단상 2선식 $C = C_s + 2C_m$
3상 3선식 $C = C_s + 3C_m$

답 ④

08 단상 유도전동기의 기동방법 중 기동 토크가 가장 큰 것은?

① 분상 기동형
② 콘덴서 기동형
③ 반발 기동형
④ 세이딩 코일형

풀이 기동 토크가 큰 순서 : 반발기동형 → 콘덴서기동형 → 분상기동형 → 세이딩코일형
답 ③

09 어떤 회로에 $V = 100 \angle \frac{\pi}{3}[\text{v}]$의 전압을 가하니 $I = 10\sqrt{3} + j10[\text{A}]$의 전류가 흘렀다. 이 회로의 무효전력[Var]은?

① 0
② 1,000
③ 1,732
④ 2,000

풀이 전압을 복소수로 바꾸면, $V = 50 + j50\sqrt{3}$ 이고,

피상전력 $P_a = V\bar{I} = (50 + j50\sqrt{3}) \cdot (10\sqrt{3} - j10) = 500\sqrt{3} + 500\sqrt{3} + j1,500 - j500$

$= 1,000\sqrt{3} + j1,000$

따라서, 유효전력은 $1,000\sqrt{3}$ [W], 무효전력은 $1,000$[Var]이다.　　　**답** ②

10　전력원선도에서 알 수 없는 것은?

① 전력　　　　　　　　　　　② 손실

③ 역률　　　　　　　　　　　④ 코로나 손실

풀이 **알 수 있는 사항** : 유효, 무효, 피상전력, 역률, 전력손실, 조상설비 용량　　　**답** ④

11　일반 변전소 또는 이에 준하는 곳의 주요 변압기에 시설하여야 하는 계측장치로 옳은 것은?

① 전류, 전력 및 주파수　　　　　② 전압, 주파수 및 역률

③ 전력, 주파수 또는 역률　　　　④ 전압, 전류 또는 전력

풀이 변압기에서는 주파수를 변화시키지 않으므로, 측정할 필요가 없다.　　　**답** ④

12　220[V] 가정용 전기설비의 절연저항의 최소값은 몇 [MΩ] 이상인가?

① 0.1　　　　　　　　　　　② 0.2

③ 0.3　　　　　　　　　　　④ 0.4

풀이

전로의 사용 전압의 구분	절연저항값
대지전압이 150V 이하의 경우	0.1MΩ
대지전압이 150V를 넘고 300V 이하의 경우	0.2MΩ
사용전압이 300V를 넘고 400V 미만인 경우	0.3MΩ
사용전압이 400V 이상인 경우	0.4MΩ

답 ②

13　동기발전기의 전기자 권선법으로 사용되지 않는 것은?

① 2층권　　　　　　　　　　② 중권

③ 분포권　　　　　　　　　　④ 전절권

풀이 주로 동기기는 분포권－단절권－중권－2층권을 사용한다.　　　**답** ④

14 직류발전기의 유기기전력은 E, 극당 자속을 ϕ, 회전속도를 N이라 할 때 이들의 관계로 옳은 것은?

① $E \propto \dfrac{N}{\phi}$

② $E \propto \dfrac{\phi}{N}$

③ $E \propto \phi N^2$

④ $E \propto \phi N$

풀이 직류발전기의 유도기전력은 $E = \dfrac{P}{a} Z\phi \dfrac{N}{60}$ [V]이다. **답** ④

15 동기전동기의 여자전류를 증가하면 어떤 현상이 생기는가?

① 앞선 무효전류가 흐르고 유도 기전력은 높아진다.
② 토크가 증가한다.
③ 난조가 생긴다.
④ 전기자 전류의 위상이 앞선다.

풀이 ㉠ 여자가 약할 때(부족여자) : I가 V보다 지상(뒤짐) : 리액터 역할
ⓛ 여자가 강할 때(과여자) : I가 V보다 진상(앞섬) : 콘덴서 역할
ⓒ 여자가 적합할 때 : I와 V가 동위상이 되어 역률이 100% **답** ④

16 전지의 기전력이나 열전대의 기전력을 정밀하게 측정하기 위하여 사용하는 것은?

① 켈빈 더블 브리지
② 캠벨 브리지
③ 직류 전위차계
④ 메거

풀이 **직류 전위차계** : 두 직류 전압을 비교하는 장치. 통상 표준 전지의 전압을 표준으로 하여 직접 다른 전압을 비교하는 것인데 정밀도가 가장 높은 측정 방법이다. **답** ③

17 피뢰기의 보호 제1대상은 전력용 변압기이며, 피뢰기에 흐르는 정격방전전류는 변전소의 차폐유무와 그 지방의 연간 뇌우 발생일수 등을 고려하여야 한다. 다음 표의 (   )에 적당한 설치장소별 피뢰기의 공칭 방전전류[A]는?

공칭 방전전류[A]	설치장소
(ⓐ)	154[KV] 이상 계통의 변전소
(ⓑ)	66[KV] 이하의 계통에서 뱅크용량이 3,000[KVA] 이하인 변전소
(ⓒ)	배전선로

① ⓐ 15,000 ⓑ 10,000 ⓒ 5,000   ② ⓐ 10,000 ⓑ 5,000 ⓒ 2,500
③ ⓐ 10,000 ⓑ 2,500 ⓒ 2,500   ④ ⓐ 5,000   ⓑ 5,000 ⓒ 2,500

풀이 피뢰기의 공칭 방전전류는 피뢰기기의 보호성능 및 회복성능을 표현하기 위한 방전전류의 규정치로서, 다음과 같이 적용한다.

공칭 방전전류[A]	설치장소	적용조건
10,000	변전소	154[KV] 이상 전력계통, 66[KV] 이상 변전소, 장거리 송전선
5,000	변전소	66[KV] 이하의 계통, 3,000[KVA] 이하 뱅크에 취부
2,500	선로, 변전소	배전선로, 일반수용가(22.9[KV] 수전)

답 ②

18 트랜지스터에 있어서 아래 그림과 같이 달링톤(Darlington) 구조를 사용하는 경우 맞는 설명은?

① 같은 크기의 컬렉터 전류에 대해 트랜지스터가 2개 사용되므로 구동회로 손실이 증가한다.

② 달링톤 구조를 사용하면 트랜지스터의 전체적인 전류이득은 감소한다.

③ 같은 크기의 컬렉터 전류에 대해 트랜지스터 컬렉터−이미터 전압(V_{CE})을 2배로 하는 데 사용한다.

④ 같은 크기의 컬렉터 전류에 대해 트랜지스터 구동에 필요한 구동회로 전류를 감소시키는 데 효과를 얻을 수 있다.

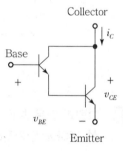

풀이 **달링톤**

증폭도를 올리기 위해 TR를 여러 단으로 결합하여 만든 회로(미약한 신호를 큰 신호로 증폭하거나 제어할 때 사용)

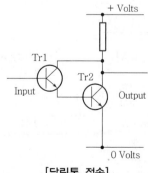

[달링톤 접속]

답 ④

19 과도한 전류변화$\left(\dfrac{di}{dt}\right)$나 전압변화$\left(\dfrac{dv}{dt}\right)$)에 의한 전력용 반도체 스위치의 소손을 막기 위해 사용하는 회로는?

① 스너버 회로   ② 게이트 회로

③ 필터회로   ④ 스위치 제어회로

풀이 **스너버 회로**

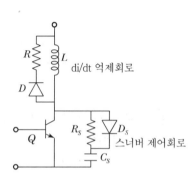

    ㉠ 스너버 회로는 전력용 반도체 디바이스의 턴오프 시 디바이스에 인가되는 과전압과 스위칭 손실을 저감시키거나 전력용 트랜지스터의 역바이어스 2차 항복 파괴방지를 목적으로 하는 보호회로이다.

    ㉡ 턴온시의 스위칭 손실저감과 순전압 2차 항복파괴방지를 목적으로 하는 보호회로를 일반적으로 di/dt 제어회로라 부른다.

    ㉢ 스너버 회로가 존재하지 않는 경우 턴온시 전류는 급격하게 상승하며, 턴오프 시에 급격하게 강하하여 과대전압(dv/dt)이 컬렉터와 이미터 사이에 인가된다.

답 ①

20 그림과 같은 회로에서 대칭 3상 전압(선간전압) 173[V]를 $Z = 12 + j16[\Omega]$인 성형결선 부하에 인가하였다. 이 경우의 선전류는 몇 [A]인가?

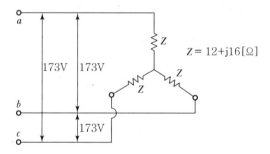

① 5.0[A]   ② 8.3[A]   ③ 10.0[A]   ④ 15.0[A]

풀이 한상의 상전압 $V_p = \dfrac{V_\ell}{\sqrt{3}} = \dfrac{173}{\sqrt{3}} = 100[\text{V}]$

    한상의 임피던스 $|Z| = \sqrt{R^2 + X^2} = \sqrt{12^2 + 16^2} = 20[\Omega]$

    한상의 상전류 $I_p = \dfrac{V_p}{Z} = \dfrac{100}{20} = 5[\text{A}]$

    성형결선(Y결선)에서 선전류와 상전류가 같으므로, $I_\ell = I_p = 5[\text{A}]$이다.

답 ①

21 그림과 같은 회로의 합성 임피던스는 몇 [Ω]인가?

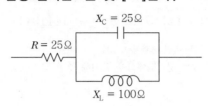

① $25 + j20$

② $25 - j20$

③ $25 + j\dfrac{100}{3}$

④ $25 - j\dfrac{100}{3}$

풀이 합성임피던스 $Z = 25 + \dfrac{1}{j\dfrac{1}{25} + \dfrac{1}{j100}}$

$$= 25 + \dfrac{1}{j\left(\dfrac{1}{25} - \dfrac{1}{100}\right)} = 25 - j\dfrac{1}{\left(\dfrac{1}{25} - \dfrac{1}{100}\right)}$$

$$= 25 - j\dfrac{100}{3}\,[\Omega]$$

답 ④

22 그림과 같은 초퍼회로에서 $V = 600[\mathrm{V}]$, $V_C = 350[\mathrm{V}]$, $R = 0.1[\Omega]$, 스위칭 주기 $T = 1800[\mu\mathrm{s}]$, L은 매우 크기 때문에 출력전류는 맥동이 없고 $I_o = 100[\mathrm{A}]$로 일정하다. 이때 요구되는 t_{on} 시간은 몇 [μs]인가?

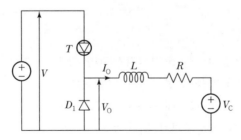

① $950[\mu\mathrm{s}]$

② $1050[\mu\mathrm{s}]$

③ $1080[\mu\mathrm{s}]$

④ $1110[\mu\mathrm{s}]$

풀이 강압형 초퍼의 출력전압 $V_0 = \dfrac{T_{on}}{T_{on} + T_{off}}\,V = \dfrac{T_{on}}{T}\,V$

$$V_0 = V_C + I_0 R = 350 + 100 \times 0.1 = 360[\mathrm{V}]$$

$$T_{on} = \dfrac{V_0}{V} \times T = \dfrac{360}{600} \times 1,800 = 1,080[\mu\mathrm{s}]$$

답 ③

23 2진수의 음수 표시법으로 −9의 8비트 부호화된 절대값의 표시값은?

① 10001001　　② 11110110　　③ 11110111　　④ 10011001

풀이 9를 8비트 2진수로 나타내면→00001001
부호 표시법으로 할 때는 앞자리에 1을 표시해 주면 됨→10001001

답 ①

24 서지 흡수기는 보호하고자 하는 기기의 전단 및 개폐 서지를 발생하는 차단기 2차에 각상의 전로와 대지간에 설치하는데 다음 중 설치가 불필요한 경우의 조합은 어느 것인가?

① 진공차단기−유입식 변압기　　② 진공차단기−건식 변압기
③ 진공차단기−몰드식 변압기　　④ 진공차단기−유도 전동기

풀이 서지흡수기(SA) 적용 예시

구분		진공차단기(VCB)
발전기		부분적으로 적용
변압기	유입식	불필요
	몰드식	적용
	건식	적용
콘덴서		불필요
변압기와 유도기의 혼용		적용

답 ①

25 행거밴드라 함은?

① 전주에 COS 또는 LA를 고정시키기 위한 밴드
② 전주 자체에 변압기를 고정시키기 위한 밴드
③ 완금을 전주에 설치하는 데 필요한 밴드
④ 완금에 암타이를 고정시키기 위한 밴드

답 ②

26 지상역률 60[%]인 1,000[kVA]의 부하를 100[%]의 역률로 개선하는 데 필요한 전력용 콘덴서의 용량은?

① 200[kVA]　　　　② 400[kVA]
③ 600[kVA]　　　　④ 800[kVA]

풀이 $Q = P(\tan\theta_1 - \tan\theta_2)[\text{kVA}]$이므로,

$$Q = 1000 \times 0.6(\tan(\cos^{-1}0.6) - \tan(\cos^{-1}1.0)) = 800[\text{kVA}]$$ **답** ④

27 송전선로의 저항을 R, 리액턴스를 X라 하면 다음의 어느 식이 성립되는가?

① $R > X$ ② $R \ll X$ ③ $R = X$ ④ $R \leq X$

풀이 송전선로에서는 리액턴스에 비해 저항은 대단히 적어서 무시 가능하다.   **답** ②

28 변압기의 효율이 최고일 조건은?

① 철손 $= \dfrac{1}{2}$ 동손   ② 동손 $= \dfrac{1}{2}$ 철손

③ 철손 $=$ 동손   ④ 철손 $=$ (동손)^2

풀이 전부하시 최대효율조건이 철손(P_i) $=$ 동손(P_c)이다.   **답** ③

29 선간거리 $2D[\text{m}]$이고 선로 모선의 지름이 $d[\text{m}]$인 선로의 단위길이당 정전용량 [μF/km]은?

① $\dfrac{0.02413}{Log_{10}\dfrac{4D}{d}}$ ② $\dfrac{0.02413}{Log_{10}\dfrac{2D}{d}}$ ③ $\dfrac{0.02413}{Log_{10}\dfrac{D}{d}}$ ④ $\dfrac{0.2413}{Log_{10}\dfrac{4D}{d}}$

풀이 $C = \dfrac{0.02413}{\log_{10}\dfrac{D}{r}}[\mu\text{F/km}] = \dfrac{0.02413}{\log_{10}\dfrac{2D}{\frac{d}{2}}}[\mu\text{F/km}]$ $\therefore$ $\dfrac{0.02413}{Log_{10}\dfrac{4D}{d}}$ **답** ①

30 도통 상태에 있는 SCR을 차단 상태로 만들기 위해서는 어떻게 하여야 하는가?

① 게이트 전압을 $(-)$로 가한다.
② 게이트 전류를 증가한다.
③ 게이트 펄스전압을 가한다.
④ 전원 전압이 $(-)$가 되도록 한다.

풀이 SCR은 점호(도통)능력은 있으나 소호(차단)능력이 없다. 소호시키려면 SCR의 주전류를 유지전류 이하로 한다. 또는, SCR의 애노드, 캐소드 간에 역전압을 인가한다.   **답** ④

31 반가산기의 진리표에 대한 출력함수는?

① $S = \overline{A}\overline{B} + AB$, $C_0 = \overline{A}\overline{B}$

② $S = \overline{A}B + A\overline{B}$, $C_0 = AB$

③ $S = \overline{A}\overline{B} + AB$, $C_0 = AB$

④ $S = \overline{A}B + A\overline{B}$, $C_0 = \overline{A}\overline{B}$

입력		출력	
A	B	S	C_0
0	0	0	0
0	1	1	0
1	0	1	0
1	1	0	1

풀이 반가산기(Half-adder : HA)

ㄱ 합 : $S = \overline{A}B + A\overline{B} = A \oplus B$

ㄴ 자리올림 수 : $C = AB$

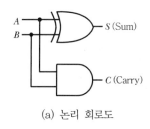

(a) 논리 회로도

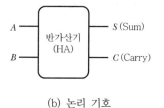

(b) 논리 기호

A	B	S	C
0	0	0	0
0	1	1	0
1	0	1	0
1	1	0	1

(c) 진리표

답 ②

32 22.9[kV - Y] 수전설비의 부하전류가 20[A]이며, 30/5[A]의 변류기를 통하여 과전류 계전기를 시설하였다. 120%의 과부하에서 차단기를 트립시키려고 하면 과전류 계전기의 Tap은 몇 [A]에 설정하여야 하는가?

① 2[A] ② 3[A] ③ 4[A] ④ 5[A]

풀이 120% 과부하 전류는 $1.2 \times 20 = 24$[A]이고, 24[A] 전류가 흐를 때,

변류기를 통한 전류는 $\dfrac{24}{\frac{30}{5}} = 4$[A]이므로, 과전류 계전기의 Tab 설정은 4[A]로 한다. **답** ③

33 동기조상기에 대한 설명으로 옳은 것은?

① 유도부하와 병렬로 접속한다.

② 부하전류의 가감으로 위상을 변화시켜 준다.

③ 동기전동기에 부하를 걸고 운전하는 것이다.

④ 부족여자로 운전하여 진상전류를 흐르게 한다.

풀이 ② 계자전류의 가감으로 위상을 변화시켜 준다.

③ 무부하의 동기 전동기를 동기 조상기라 한다.

④ 부족여자로 운전하여 지상전류를 흐르게 한다. **답** ①

34 반지름 25[cm]의 원주형 도선에 π[A]의 전류가 흐를 때 도선의 중심축에서 50[cm] 되는 점의 자계의 세기는?(단, 도선의 길이 ℓ은 매우 길다.)

① 1[AT/m]

② π[AT/m]

③ $\frac{1}{2}\pi$[AT/m]

④ $\frac{1}{4}\pi$[AT/m]

풀이 아래 그림과 같은 경우에서,

도선의 길이 ℓ은 매우 길므로,

무한장 직선전류에 의한 자계의 세기로 구하면,

$H = \dfrac{I}{2\pi r} = \dfrac{\pi}{2\pi \times 50 \times 10^{-2}} = 1[\text{AT/m}]$ 이다.

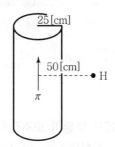

답 ①

35 직류전동기의 속도제어 중 계자권선에 직렬 또는 병렬로 저항을 접속하여 속도를 제어하는 방법은?

① 저항제어

② 전류제어

③ 계자제어

④ 전압제어

풀이 **직류전동기의 속도 제어**

㉠ 계자 제어법 : 계자권선에 직렬로 저항을 삽입하여 자속을 조정하여 속도를 제어한다.

㉡ 전압 제어법 : 직류전압을 조정하여 속도를 조정한다.

㉢ 저항 제어법 : 전기자권선에 직렬로 저항을 삽입하여 속도를 조정한다.

답 ③

36 다음 중 송전선로의 코로나 임계전압이 높아지는 경우가 아닌 것은?

① 상대공기 밀도가 작다.

② 전선의 반경과 선간거리가 크다.

③ 날씨가 맑다.

④ 낡은 전선을 새 전선으로 교체했다.

풀이 **코로나 임계전압(개시전압)**

$E_0 = 24.3\, m_o\, m_1 \delta d \log\dfrac{D}{r}$[kV]

m_o : 전선표면계수, m_1 : 기후계수, δ : 상대공기밀도, d : 전선의 직경

답 ①

37 반파 위상제어에 의한 트리거 회로에서 발진용 저항이 필요한 경우의 트리거 소자가 아닌 것은?

① SUS

② PUT

③ UJT

④ TRIAC

> **풀이** 발진용 저항이 필요한 트리거 소자 : SUS, SBS, DIAC, PUT, UJT **답** ④

38 1차 전압 200[V], 2차 전압 220[V], 50[kVA]인 단상 단권변압기의 부하용량[kVA]은?

① 25[kVA]

② 50[kVA]

③ 250[kVA]

④ 550[kVA]

> **풀이** 부하용량＝자기용량×$\dfrac{고압측전압}{승압전압}$＝$50 × \dfrac{220}{(220-200)}$＝$550[kVA]$ **답** ④

39 유도전동기의 속도제어방법에서 특별한 보조장치가 필요 없고 효율이 좋으며, 속도제어가 간단한 장점이 있으나, 결점으로는 속도의 변화가 단계적인 제어방식은?

① 극수 변환법

② 주파수 변환제어법

③ 전원전압 제어법

④ 2차 저항 제어법

> **풀이** 극수 변환법 : 고정자권의 접속을 바꾸어 극수를 바꾸면 단계적이지만 속도를 바꿀 수 있다. **답** ①

40 가요전선관 공사에 의한 저압 옥내배선을 다음과 같이 시행하였다. 옳은 것은?

① 2종 금속제 가요전선관을 사용하였다.

② 옥외용 비닐절연전선을 사용하였다.

③ 단면적 25[mm²]의 단선을 사용하였다.

④ 가요전선관에 제1종 접지공사를 하였다.

> **풀이** **가요전선관 공사**
> ㉠ 전선은 절연전선(옥외용 비닐 절연전선 제외) 사용한다.
> ㉡ 전선은 연선일 것. 다만, 단면적 10mm²(알루미늄선은 단면적 16mm²) 이하인 경우에는 단선을 사용할 수 있다.
> ㉢ 사용전압이 400V 미만인 경우에는 제3종 접지공사, 사용전압이 400V 이상인 경우에는 특별 제3종 접지공사를 하여야 한다. **답** ①

41 아래 그림 3상 교류 위상제어 회로에서 사이리스터 T_1, T_4는 a상에, T_3, T_6은 b상에, T_5, T_2는 c상에 연결되어 있다. 이때 그림의 3상 교류 위상제어 회로에 대한 설명으로 옳지 않은 것은?

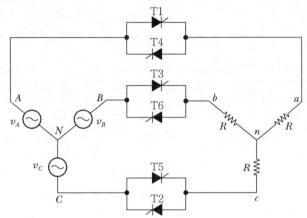

① 사이리스터 T_1, T_6, T_2만 Turn On되어 있는 경우, 각상 부하저항에 걸리는 전압은 전원전압의 각 상전압과 동일하다.

② 사이리스터 T_1, T_6만 Turn On되어 있고 나머지 사이리스터들이 모두 Turn Off 되어 있는 경우에는 a상 부하 저항에 걸리는 전압은 ab 선간 전압의 반이 걸리게 된다.

③ 6개의 사이리스터가 모두 Turn Off되어 있는 경우에는 부하 저항에 나타나는 모든 출력전압은 0이다.

④ 사이리스터 T_2, T_3만 Turn On되어 있고 나머지 사이리스터들이 모두 Turn Off 되어 있는 경우에는 a상 부하저항에 걸리는 전압은 전원의 A상 전압이 그대로 걸리게 된다.

풀이 사이리스터 T_2, T_3만 Turn On 되어 있고 나머지 사이리스터들이 모두 Turn Off 되어 있는 경우에는 a상 부하저항에 걸리는 전압은 0이다. **답** ④

42 그림과 같은 회로는?

① 비교 회로
② 반일치 회로
③ 가산 회로
④ 감산 회로

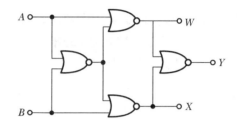

풀이 비교 회로 : 두 수의 대소를 비교하는 회로로, 논리 회로를 조합시켜서 만든다.

A	B	A<B	A>B	A=B
0	0	0	0	1
0	1	1	0	0
1	0	0	1	0
1	1	0	0	1
논리식		$W=\overline{A}B$	$X=A\overline{B}$	$Y=\overline{A}\,\overline{B}+AB$

$$W = \overline{\overline{A+B}+A} = \overline{A}B, \quad X = \overline{\overline{A+B}+B} = A\overline{B}, \quad Y = \overline{(\overline{A+B}+A)+(\overline{A+B}+B)} = \overline{A}\,\overline{B}+AB$$

답 ①

43 T형 플립플롭을 3단으로 직렬접속하고 초단에 1[KHz]의 구형파를 가하면 출력 주파수는 몇 [Hz]인가?

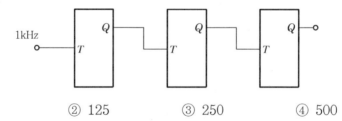

① 1   ② 125   ③ 250   ④ 500

풀이 출력주파수 $f_0 = \dfrac{1,000}{2^3} = 125[\text{Hz}]$ ($\because$ 3단이므로 2^3이다.)

답 ②

44 어떤 시스템 프로그램에 있어서 특정한 부호와 신호에 대해서만 응답하는 일종의 해독기로서 다른 신호에 대해서는 응답하지 않는 것을 무엇이라 하는가?

① 산술연산기(ALU)   ② 디코더(Decoder)
③ 인코더(Encoder)   ④ 멀티플렉서(Multiplexer)

풀이 디코더(Decoder) : 코드 형식의 2진 정보를 다른 코드 형식으로 바꾸는 회로가 디코더(Decoder)이다. 다시 말하면, 2진 코드나 BCD Code를 해독(decoding)하여 이에 대응하는 1개(10진수)의 선택 신호로 출력하는 것을 말한다.

답 ②

45 양수량 35[m³/min]이고 총양정이 20[m]인 양수 펌프용 전동기의 용량은 약 몇 [kW] 인가?(단, 펌프 효율은 90%, 설계 여유계수는 1.2로 계산한다.)

① 103.8　　　　　　　　　　② 124.6

③ 152.4　　　　　　　　　　④ 184.2

풀이 양수펌프 전동기용량 산정식은 다음과 같다.

$$P = \frac{9.8kQH}{\eta} = \frac{9.8 \times 1.2 \times \frac{35}{60} \times 20}{0.9} = 152.4[kW]$$

여기서, k : 여유계수, Q : 양수량[m³/sec], H : 총양정, η : 펌프효율

($\because\ Q = 35[m³/min] = 35/60[m³/sec]$) **답** ③

46 다음 중 지중 송전선로의 구성방식이 아닌 것은?

① 방사상 환상 방식　　　　　② 가지식 방식

③ 루프 방식　　　　　　　　④ 단일 유닛 방식

풀이 가지식 방식은 배전선로에서 사용하는 방법이다. **답** ②

47 간선의 배선방식 중 고조파 발생의 저감대책이 아닌 것은?

① 전원의 단락용량 감소　　　② 교류리액터의 설치

③ 콘덴서의 설치　　　　　　④ 교류 필터의 설치

풀이 **고조파 저감대책**
　　㉠ 계통의 단락용량 증대
　　㉡ 공급배전선의 전용선화
　　㉢ 배전선 선간전압의 평형화
　　㉣ 계통절체
　　㉤ 필터 설치 : 교류필터(콘덴서와 리액터 설치), 액티브 필터, 하이브리드파워 필터
　　㉥ 변환장치의 다펄스화
　　㉦ 기기 자체의 고조파 내량 증가
　　㉧ PWM 방식 채용
　　㉨ 변압기의 델타결선 **답** ①

48 금속전선관의 굵기[mm]를 부르는 것으로 옳은 것은?

① 후강 전선관은 바깥지름에 가까운 홀수로 정한다.
② 후강 전선관은 안지름에 가까운 짝수로 정한다.
③ 박강 전선관은 바깥지름에 가까운 짝수로 정한다.
④ 박강 전선관은 안지름에 가까운 홀수로 정한다.

풀이

구분	후강 전선관	박강 전선관
관의 호칭	안지름의 크기에 가까운 짝수	바깥지름의 크기에 가까운 홀수
관의 종류[mm]	16, 22, 28, 36, 42, 54, 70, 82, 92, 104 (10종류)	15, 19, 25, 31, 39, 51, 63, 75 (8종류)
관의 두께	2.3~3.5[mm]	1.2~2.0[mm]
한 본의 길이	3.66[m]	3.66[m]

답 ②

49 그림과 같이 대전된 에보나이트 막대를 박검전기의 금속판에 닿지 않도록 가깝게 가져갔을 때 금박이 열렸다면 다음 중 옳은 것은?

① A : 양전기, B : 양전기, C : 음전기
② A : 음전기, B : 음전기, C : 음전기
③ A : 양전기, B : 음전기, C : 음전기
④ A : 양전기, B : 양전기, C : 양전기

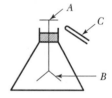

풀이 정전유도현상에 의해 금박이 열렸을 때 다음과 같이 2가지 경우에 해당한다.
　ⓐ A : 양전기, B : 음전기, C : 음전기
　ⓑ A : 음전기, B : 양전기, C : 양전기

답 ③

50 변압기 여자전류의 파형은?

① 파형이 나타나지 않는다.　　② 사인파
③ 왜형파　　　　　　　　　　④ 구형파

풀이 변압기 철심에는 자기포화 현상과 히스테리시스 현상으로 인해 자속을 만드는 여자전류는 정현파가 될 수 없으며 제3고조파를 포함하는 비정현파(왜형파)가 된다.

답 ③

51 단상 직권 정류자 전동기의 속도를 고속으로 하는 이유는?

① 전기자에 유도되는 역기전력을 적게 한다.

② 전기자 리액턴스 강하를 크게 한다.

③ 토크를 증가시킨다.

④ 역률을 개선시킨다.

풀이 ㉠ 직류 직권 전동기를 그대로 교류용으로 사용한 것이 단상 직권 정류자 전동기이다. 이때 구조를 변경하지 않으면 철심이 가열되고 역률과 효율이 낮아지며, 정류가 좋지 않게 된다.

㉡ 이 때문에 계자권선의 권선 수를 적게 감아서 주 자속을 감소시켜 리액턴스 때문에 역률이 낮아지는 것을 방지한다.

㉢ 직류전동기의 속도 $N = K_1 \dfrac{V - I_a R_a}{\phi}$ [rpm]이므로, 주 자속 감소시키면 회전속도가 상승하게 된다.

답 ④

52 변압기에서 임피던스의 전압을 걸 때 입력은?

① 정격용량   ② 철손

③ 전부하시의 전손실   ④ 임피던스 와트

풀이 ㉠ 임피던스 전압 : 변압기 2차측을 단락한 상태에서 1차측에 정격전류가 흐르도록 1차측에 인가하는 전압→변압기 내의 임피던스 강하 측정

㉡ 임피던스 와트 : 임피던스 전압을 인가한 상태에서 발생하는 와트(동손)→변압기 내의 부하손 측정

답 ④

53 저압가공 인입선의 시설 기준으로 옳지 않은 것은?

① 전선이 옥외용 비닐절연전선일 경우에는 사람이 접촉할 우려가 없도록 시설할 것

② 전선의 인장강도는 2.30[kN] 이상일 것

③ 전선은 나전선, 절연전선, 케이블일 것

④ 철도 또는 궤도를 횡단하는 경우에는 레일면상 6.5[m] 이상일 것

풀이 **저압가공 인입선 시설 기준**

㉠ 전선의 인장강도 2.30[kN] 이상 또는 지름 2.6[mm](경간 15[m] 이하는 2[mm])의 인입용 비닐 절연전선일 것

㉡ 전선은 절연전선, 다심형 전선 및 케이블일 것

㉢ 전선의 높이는 다음에 의할 것

• 도로를 횡단하는 경우에는 노면상 5[m] 이상

• 철도 궤도를 횡단하는 경우에는 레이면상 6.5[m] 이상

• 기타의 경우 : 4[m] 이상

답 ③

54 가공전선이 건조물·도로·횡단보도교·철도·가공 약전류전선·안테나, 다른 가공 전선, 기타의 공작물과 접근·교차하여 시설하는 경우에 일반 공사보다 강화하는 것을 보안공사라 한다. 고압 보안공사에서 전선을 경동선으로 사용하는 경우 몇 [mm] 이상 의 것을 사용하여야 하는가?

① 3[mm]　　　　② 4[mm]　　　　③ 5[mm]　　　　④ 6[mm]

풀이 고압 보안공사에서 전선은 케이블인 경우 이외에는 인장강도 8.01 kN 이상의 것 또는 지름 5[mm] 이상의 경동선을 사용하여야 한다.　　　　**답** ③

55 축의 완성지름, 철사의 인장강도, 아스피린 순도와 같은 데이터를 관리하는 가장 대표적인 관 리도는?

① c 관리도　　　② nP 관리도　　　③ u 관리도　　　④ $\bar{x} - R$ 관리도

풀이 계량형 관리도를 사용함
　　㉠ 계량형 관리도 : $\bar{x} - R$ 관리도, x 관리도, $\tilde{x} - R$ 관리도
　　㉡ 계수형 관리도 : c 관리도, nP 관리도, u 관리도, P 관리도　　　**답** ④

56 로트의 크기가 시료의 크기에 비해 10배 이상 클 때, 시료의 크기와 합격판정개수를 일 정하게 하고 로트의 크기를 증가시킬 경우 검사특성곡선의 모양 변화에 대한 설명으로 가장 적절한 것은?

① 무한대로 커진다.
② 별로 영향을 미치지 않는다.
③ 샘플링 검사의 판별 능력이 매우 좋아진다.
④ 검사특성곡선의 기울기 경사가 급해진다.

풀이 로트의 크기가 증가하게 되면 검사특성곡선의 기울기가 급해지게 되나, 로트의 크기가 시료의 크기에 비해 10배 이상 크면, 거의 변화하지 않는다.　　　　**답** ②

57 작업시간 측정방법 중 직접측정법은?

① PTS법　　　　② 경험견적법　　　③ 표준자료법　　　④ 스톱워치법

풀이 ㉠ PTS법 : 하나의 작업이 실제로 시작되기 전에 미리 작업에 필요한 소요시간을 작업방법에 따라 이론적으로 정해 나가는 방법으로 MTM법과 WF법 등이 있다.
　　㉡ 워크샘플링법 : 통계적 수법을 이용하여 작업자 또는 기계의 작업상태를 파악하는 방법이다.
　　㉢ 스톱워치법 : 스톱워치를 사용하여 표준시간을 측정한다.　　　**답** ④

58 준비작업시간 100분, 개당 정미작업시간 15분, 로트 크기 20일 때 1개당 소요작업시간은 얼마인가?(단, 여유시간은 없다고 가정한다.)

① 15분   ② 20분

③ 35분   ④ 45분

> **풀이** 표준작업시간＝정미시간＋여유시간＋준비작업시간이고, 여유시간이 없으므로,
>
> 1개당 소요작업시간＝15분＋0분＋$\dfrac{100분}{20개}$＝20분이다.   **답** ②

59 소비자가 요구하는 품질로서 설계와 판매정책에 반영되는 품질을 의미하는 것은?

① 시장품질   ② 설계품질

③ 제조품질   ④ 규격품질

> **풀이** ㉠ 시장품질 : 소비자들이 시장에서 요구하는 품질수준, 사용품질
>
> ㉡ 설계품질 : 제품의 설계시 품질명세에 의하여 설정된 최적의 목표품질
>
> ㉢ 제조품질 : 실제로 제조공정을 거쳐 생산된 제품의 품질, 적합품질   **답** ①

60 다음 중 샘플링 검사보다 전수검사를 실시하는 것이 유리한 경우는?

① 검사항목이 많은 경우

② 파괴검사를 해야 하는 경우

③ 품질특성치가 치명적인 결점을 포함하는 경우

④ 다수 다량의 것으로 어느 정도 부적합품이 섞여도 괜찮을 경우

> **풀이** ㉠ 전수검사가 필요한 경우
>
>   ⓐ 불량품이 1개라도 혼입되면 안 될 때
>
>   • 불량품이 혼입되면 경제적으로 큰 영향을 미칠 때
>
>   • 불량품이 다음 공정으로 넘어가면 큰 손실을 미칠 때
>
>   • 안전에 중요한 영향을 미칠 때
>
>   ⓑ 전수검사를 쉽게 행할 수 있을 때
>
> ㉡ 샘플링 검사가 유리한 경우
>
>   • 다수, 다량의 것으로 어느 정도 불량품이 섞여도 허용되는 경우
>
>   • 검사 항목이 많을 경우
>
>   • 불완전한 전수검사에 비해 높은 신뢰성이 얻어질 때
>
>   • 검사비용을 적게 하는 편이 이익이 되는 경우
>
>   • 생산자에게 품질향상의 자극을 주고 싶을 때   **답** ③

01 일반적으로 제2종 접지공사에 있어서의 접지선은 공칭단면적 몇 [mm²] 이상의 연동선을 사용하여야 하는가?

① 4[mm²]　　　　　　　　　　② 10[mm²]

③ 16[mm²]　　　　　　　　　　④ 35[mm²]

풀이 제2종 접지공사 시 접지선의 굵기

　　㉠ 특고압에서 저압으로 변성하는 변압기 : 16mm² 이상

　　㉡ 고압, 22.9[kV−Y]에서 저압을 변성하는 변압기 : 6mm² 이상　　　**답** ③

02 MOSFET의 드레인(drain) 전류제어는?

① 소스(Source) 단자의 전류로 제어

② 드레인(Drain)과 소스(Source) 간 전압으로 제어

③ 게이트(Gate)와 소스(Source) 간 전류로 제어

④ 게이트(Gate)와 소스(Source) 간 전압으로 제어

풀이 드레인 전류제어

소스와 드레인 사이의 게이트 전압(게이트 +, 소스 −)에 의해 조절한다. P형 기판인 실리콘에는 전류의 자유전자의 수가 매우 적으므로 소스와 드레인 사이의 높은 전압을 가해도 기판의 저항이 너무 크기 때문에 전류가 흐를 수 없다. 그러나 게이트 전압을 가하면 중간의 절연체인 Oxide 때문에 전류가 흐를 수 없다가 기판과 Oxide 경계면에 전자가 모이게 되어 전도채널(Conduction channel)이 형성되어 전류가 도통하게 된다.

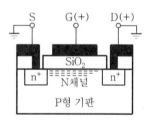

답 ④

03 0.6/1 kV 비닐절연 비닐 캡타이어케이블의 약호로서 옳은 것은?

① VCT　　　　　　　　　　　② CVT

③ VV　　　　　　　　　　　　④ VTF

풀이 ㉠ CVT : 0.6/1 kV 트리플렉스형 가교 폴리에틸렌 절연 비닐시스 케이블

　　㉡ VV : 0.6/1 kV 비닐절연 비닐시스 케이블　　　**답** ①

04 사이리스터의 턴오프(Turn-off) 조건은?

① 게이트에 역방향 전류를 흘린다.　② 게이트에 역방향 전압을 가한다.

③ 게이트에 순방향 전류를 0으로 한다.　④ 애노드 전류를 유지전류 이하로 한다.

풀이 SCR은 점호(도통)능력은 있으나 소호(차단)능력이 없다. 소호시키려면 SCR의 주전류(애노드 전류)를 유지전류 이하로 한다. 또는, SCR의 애노드, 캐소드 간에 역전압을 인가한다.　**답** ④

05 $R[\Omega]$인 3개의 저항을 같은 전원에 Δ결선으로 접속시킬 때와 Y결선으로 접속시킬 때 선전류의 크기비 $\left(\dfrac{I_\Delta}{I_Y}\right)$는?

① $\dfrac{1}{3}$　　② $\sqrt{6}$　　③ $\sqrt{3}$　　④ 3

풀이 ㉠ Δ결선 시 : 상전류 $I_p = \dfrac{V}{R}$ $(\because$ 선간전압$=$상전압$)$

　　　선전류 $I_\ell = \sqrt{3}\,I_p = \sqrt{3}\,\dfrac{V}{R}$

㉡ Y결선 시 : 상전류 $I_p = \dfrac{\frac{V}{\sqrt{3}}}{R} = \dfrac{V}{\sqrt{3}\,R}$ $\left(\because$ 상전압$=\dfrac{1}{\sqrt{3}}$ 선간전압$\right)$

　　　선전류 $I_\ell = I_p = \dfrac{V}{\sqrt{3}\,R}$

$\therefore \dfrac{I_\Delta}{I_Y} = \dfrac{\sqrt{3}\,\frac{V}{R}}{\frac{V}{\sqrt{3}\,R}} = 3$　**답** ④

06 RL 병렬회로의 양단에 $e = E_m \sin(\omega t + \theta)[V]$의 전압이 가해졌을 때 소비되는 유효전력는?

① $\dfrac{E_m{}^2}{2R}$　　② $\dfrac{E^2}{2R}$　　③ $\dfrac{E_m{}^2}{\sqrt{2}\,R}$　　④ $\dfrac{E^2}{\sqrt{2}\,R}$

풀이 인덕턴스 L은 무효전력을 소비하고, 저항은 유효전력을 소비하므로,

　　$P = I^2 R[\text{W}]$을 이용한다.

　　전류 $I = \dfrac{E}{R} = \dfrac{\frac{E_m}{\sqrt{2}}}{R} = \dfrac{E_m}{\sqrt{2}\,R}$ 이므로,

　　유효전력 $P = \left(\dfrac{E_m}{\sqrt{2}\,R}\right)^2 R = \dfrac{E_m{}^2}{2R}$ [W]이다.　**답** ①

07 코로나 임계전압과 직접 관계가 없는 것은?

① 전선의 굵기　　　　　　　　② 기상조건
③ 애자의 강도　　　　　　　　④ 선간 거리

풀이 애자의 강도와는 직접 관계가 없다.　　　　　　　　　　　　　**답** ③

08 광원은 점등시간이 진행됨에 따라서 특성이 약간 변화한다. 방전램프의 경우 초기 100시간의 떨어짐이 특히 심한데 이와 같은 특성은 무엇인가?

① 수명특성　　　② 동정특성　　　③ 온도특성　　　④ 연색성

풀이 • 동정특성 : 전구, 형광등, 수은등 등의 광원이 점등시간이 경과함에 따라 광속, 소비전력, 효율 등의 특성이 변화되는 것을 말한다.
　　• 온도특성 : 온도 변화로 인해서 생기는 특성의 변화를 말하며, 형광등 광도의 온도 특성, 계기오차의 온도로 인한 변화, 절연물체, 저항선 등의 저항의 온도 특성 등이 있다.
　　• 연색성 : 조명된 피사체의 색 재현 충실도를 나타내는 광원의 성질을 말한다.　　**답** ②

09 정격 150[kVA], 철손 1[kW], 전부하 동손이 4[kW]인 단상 변압기의 최대효율[%]은?

① 약 96.8[%]　　　　　　　　② 약 97.4[%]
③ 약 98.0[%]　　　　　　　　④ 약 98.6[%]

풀이 최대효율 조건 : 철손(P_i)＝동손(P_c)

최대효율이 생기는 부하가 전부하의 $\dfrac{1}{m}$이라면, $\dfrac{1}{m}=\sqrt{\dfrac{P_i}{P_c}}=\sqrt{\dfrac{1}{4}}=\dfrac{1}{2}$

따라서, 최대효율 $\eta_m=\dfrac{150\times0.5}{150\times0.5+1+4\times(0.5)^2}\times100\fallingdotseq97.4[\%]$　　**답** ②

10 동기발전기에서 전기자 전류가 무부하 유도 기전력보다 $\dfrac{\pi}{2}$[rad]만큼 뒤진 경우의 전기자반작용은?

① 교차자화작용　　　　　　　　② 자화작용
③ 감자작용　　　　　　　　　　④ 편자작용

풀이 • 교차자화작용 : 기전력과 전류가 동위상
　　• 감자작용 : 전류가 기전력 보다 90° 늦은 위상
　　• 증자작용 : 전류가 기전력 보다 90° 앞선 위상　　　　　　　　　**답** ③

11 220/380[V] 겸용 3상 유도전동기의 리드선은 몇 가닥을 인출하는가?

① 3 　　　　　② 4 　　　　　③ 6 　　　　　④ 8

풀이 380[V] 전원을 사용할 때에는 유도전동기를 Y결선하여야 하고, 220[V] 전원을 사용할 때에는 유도전동기를 △결선하여야 한다. Y결선과 △결선을 하기 위해서는 6가닥의 리드선을 인출하여야 한다.

답 ③

12 양수량 10[m³/min], 총양정 20[m]의 펌프용 전동기의 용량[kW]은?(단, 여유계수 1.1, 펌프효율은 75[%])

① 36 　　　　　② 48 　　　　　③ 72 　　　　　④ 144

풀이 양수펌프 전동기용량 산정식은 다음과 같다.

$$P = \frac{9.8kQH}{\eta} = \frac{9.8 \times 1.1 \times \frac{10}{60} \times 20}{0.75} = 48[kW]$$

여기서, k : 여유계수, Q : 양수량[m³/sec], H : 총양정, η : 펌프효율

답 ②

13 다링톤(Darlington)형 바이폴러 트랜지스터의 전류 증폭률은?

① 1~3 　　　　　　　　　② 10~30

③ 30~100 　　　　　　　④ 100~1000

답 ④

14 전가산기(Full adder) 회로의 기본적인 구성은?

① 입력 2개, 출력 2개로 구성 　　② 입력 2개, 출력 3개로 구성
③ 입력 3개, 출력 2개로 구성 　　④ 입력 3개, 출력 3개로 구성

풀이 전가산기 논리 회로도

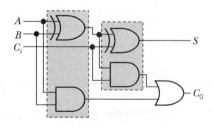

답 ③

15 옥내 전반 조명에서 바닥면의 조도를 균일하게 하기 위한 등 간격은 등 높이의 얼마가 적당한가?(단, 등 간격은 S, 등 높이는 H이다.)

① $S \leq 0.5H$ ② $S \leq H$

③ $S \leq 1.5H$ ④ $S \leq 2H$

풀이 실내 전체의 명도차가 없는 조명이 되도록 기구를 배치하기 위해 광원 상호 간 간격을 $S \leq 1.5H$로 한다. 답 ③

16 일반적으로 큐비클형이라 하며, 점유면적이 좁고 운전 보수에 안전하므로 공장, 빌딩 등의 전기실에 많이 사용되고, 조립형·장갑형이 있는 배전반은?

① 데드 프런트식 배전반 ② 폐쇄식 배전반

③ 라이브 프런트식 배전반 ④ 철제 수직형 배전반

풀이 폐쇄식 배전반 : 큐비클형 답 ②

17 수전용 유입차단기의 정격전류가 500[A]일 때 접지선의 공칭 단면적[mm²]은 다음 중 어느 것을 선정하면 적당한가?

① 25 ② 35 ③ 50 ④ 70

풀이 자동 과전류 차단장치의 정격전류에 따른 제3종 또는 특별 제3종 접지공사의 접지선의 굵기는 아래와 같다.

접지하는 전기기기 및 전선관 전단에 설치된 자동 과전류 차단장치의 정격전류 또는 다음의 설정값을 초과하지 않은 경우[A]	접지선의 최소 굵기[mm²]	
	동선	알루미늄선
15	2.5	4
20	2.5	4
⋮	⋮	⋮
400	25	35
500	25	50
600	35	50
⋮	⋮	⋮
6000	300	500

답 ①

18 다음 진리표에 해당하는 논리회로는?

① AND회로
② EX-NOR회로
③ NAND회로
④ EX-OR회로

입력		출력
A	B	X
0	0	0
0	1	1
1	0	1
1	1	0

풀이 EX-OR(XOR)회로

기호	입력 변수들 중 1인 것이 홀수 개 있을 때 결과가 1이 출력된다.
수식	$Y=(A \oplus B)$ or $Y=\overline{A}B+A\overline{B}$

답 ④

19 3상 3선식 선로에 있어서 대지정전용량 C_s, 선간정전용량 C_m 일 때, 1선당 작용정전용량은?

① $C_s + 2C_m$
② $2C_s + C_m$
③ $3C_s + C_m$
④ $C_s + 3C_m$

풀이 작용정전용량(1상분)

단상 2선식 $C= C_s + 2C_m$

3상 3선식 $C= C_s + 3C_m$

답 ④

20 2^n의 입력선과 n출력선을 가지고 있으며, 출력은 입력값에 대한 2진코드 혹은 BCD 코드를 발생하는 장치는?

① 디코더
② 인코더
③ 멀티플렉서
④ 매트릭스

풀이 인코더(Encoder, 부호기)

㉠ 인코더는 디코더의 역연산을 수행하는 것으로 10진수나 8진수를 입력으로 받아들여 2진수나 BCD Code로 변환하는 디지털 함수이다.

㉡ 인코더는 2^n개 이하의 입력선과 n개의 출력선을 가진다.

답 ②

21 6극 60[Hz]인 3상 유도전동기의 슬립이 4[%]일 때 이전동기의 회전수는 몇 [rpm]인가?

① 952　　　　② 1,152　　　　③ 1,352　　　　④ 1,552

풀이 슬립 $S = \dfrac{N_s - N}{N_s}$, 동기속도 $N_s = \dfrac{120f}{P}$ [rpm]이므로

$N_s = \dfrac{120 \times 60}{6} = 1,200$[rpm]이고, $0.04 = \dfrac{1,200 - N}{1,200}$ 에서 N를 구하면,

∴ $N = 1,152$[rpm]이다.　　　　**답** ②

22 다음 중 앤트런스 캡의 주된 사용 장소는?

① 부스 덕트 끝부분의 마감재
② 저압 인입선 공사 시 전선관 공사로 넘어갈 때 전선관의 끝부분
③ 케이블 트레이의 끝부분 마감재
④ 케이블 헤드를 시공할 때 케이블 헤드의 끝부분

풀이 앤트런스 캡(우에사 캡)
인입구, 인출구의 관단에 설치하여 금속관에 접속하여 옥외의 빗물을 막는 데 사용한다.　　**답** ②

23 2진수 $(110010.1110)_2$를 8진수로 변환한 값은?

① $(62.7)_8$　　　② $(32.7)_8$　　　③ $(62.6)_8$　　　④ $(32.6)_8$

풀이

$$
\begin{array}{cccc}
110 & 010 & \cdot & 111 \\
\downarrow & \downarrow & \downarrow & \downarrow \\
6 & 2 & \cdot & 7
\end{array}
$$

답 ①

24 그림과 같은 다이오드 매트릭스 회로에서 A_1, A_0에 가해진 Data가 1, 0이면, B_3, B_2, B_1, B_0에 출력되는 Data는?

① 1111
② 1010
③ 1011
④ 0100

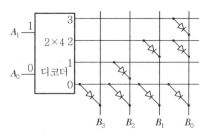

풀이 디코더(Decoder, 해독기)
코드 형식의 2진 정보를 다른 코드 형식으로 바꾸는 회로가 디코더(Decoder)이다. 다시 말하면, 2진 코드나 BCD Code를 해독(Decoding)하여 이에 대응하는 1개(10진수)의 선택 신호로 출력하는 것을 말한다.

입력		출력							
A_1	A_0	3	2	1	0	B_3	B_2	B_1	B_0
0	0	1	0	0	0	0	0	0	1
0	1	0	1	0	0	0	0	1	1
1	0	0	0	1	0	0	1	0	0
1	1	0	0	0	1	1	1	1	1

답 ④

25 권선형 3상 유도전동기에서 2차 측 저항을 2배로 하면 그 최대 토크는 어떻게 되는가?

① $\frac{1}{2}$로 줄어든다.　　　　② $\sqrt{2}$ 배로 된다.

③ 2배로 된다.　　　　　　　　④ 불변이다.

풀이 슬립과 토크 특성곡선에서 알 수 있듯이 2차 저항을 변화시켜도 최대 토크는 변화하지 않는다.

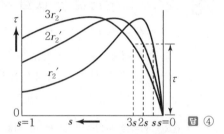

답 ④

26 그림과 같은 RLC 병렬 공진회로에 관한 설명 중 옳지 않은 것은?

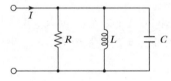

① 공진 시 입력 어드미턴스는 매우 작아진다.
② 공진 시 L 또는 C를 흐르는 전류는 입력 전류 크기의 Q배가 된다.
③ 공진 주파수 이하에서의 입력 전류는 전압보다 위상이 뒤진다.
④ L이 작을수록 전류확대비가 작아진다.

풀이 ㉠ RLC 병렬 공진 시에 어드미턴스는 최소, 임피던스는 최대, 전류는 최소가 된다.
　㉡ 병렬 공진 시 L에 흐르는 전류 I_{L0} 또는 C에 흐르는 전류 I_{C0}와 전체 공진전류 I_0의 비를

　　전류 확대율 $Q = \dfrac{I_{L0}}{I_0} = \dfrac{I_{C0}}{I_0}$이라 한다.

　㉢ RLC 병렬회로에서 공진 주파수 이하에서는 뒤진 전류, 이상에서는 앞선 전류가 흐른다.

　㉣ 전류 확대율 $Q = \dfrac{I_{L0}}{I_0} = \dfrac{I_{C0}}{I_0} = \dfrac{\omega_0 L}{R} = \dfrac{1}{\omega_0 CR}$

답 ④

27 다음 회로는 3상 전파 정류기(컨버터)의 회로를 나타내고 있다. 점선 부분의 역할로 가장 적당한 것은?

① 전압파형 개선회로
② 전류 증폭회로
③ 돌입전류 억제회로
④ 전류 차단회로

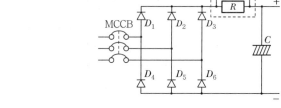

풀이 **돌입전류**

선로, 변압기, 전동기, 콘덴서 등의 회로의 개폐기를 투입했을 때 볼 수 있듯이, 순간적으로 증가하지만 즉시 정상상태로 복귀되는 과도전류를 말한다. **답** ③

28 화학류 저장장소에 있어서의 전기설비 시설에 대한 기준으로 적합한 것은?

① 전선로의 대지전압이 400[V] 이하일 것
② 전기기계 · 기구는 개방형일 것
③ 인입구의 전선은 비닐절연전선을 노출배선으로 한다.
④ 지락차단장치 또는 경보장치를 시설한다.

풀이 **화약류 저장소의 전기설비 시설 기준**

㉠ 전로의 대지 전압은300[V] 이하로 한다.
㉡ 전기기계 · 기구는 전폐형으로 한다.
㉢ 전용 개폐기 또는 과전류 차단기에서 화약류 저장소의 인입구까지는 케이블을 사용하여 지중 전로로 사용한다.
㉣ 화약류 저장소 이외의 곳에 전용 개폐기 및 과전류 차단기를 시설하여 취급자 이외의 사람이 조작할 수 없도록 시설하고, 또한 지락차단장치 또는 지락경보장치를 시설한다. **답** ④

29 정격전류 30[A]의 전동기 1대와 정격전류 5[A]의 전열기 2대를 공급하는 저압옥내 간선을 보호할 과전류차단기의 정격전류는 몇 [A]인가?

① 40[A]　　　② 55[A]　　　③ 70[A]　　　④ 100[A]

풀이 간선에 전동기와 일반부하가 접속되어 있다면, 전동기의 기동전류를 보상하기 위하여
[전동기 정격전류 합계의 3배와 일반부하의 정격전류의 합]과 [간선의 허용전류의 2.5배한 값] 중에서 작은 값으로 시설해야 한다.
㉠ [전동기 정격전류의 3배와 일반부하의 정격전류의 합]=30[A]×3배+5[A]×2대=100[A]
㉡ [간선의 허용전류의 2.5배한 값]=47.5[A]×2.5배=118.75[A]
　　여기서, 간선의 허용전류 =(전동기 이외의 부하전류)+(전동기 부하전류)×(1.1 또는 1.25)
　　　　　　　　　　　　　=5[A]×2+30[A]×1.25=47.5[A]

전동기 정격전류	허용전류 계산
50[A] 이하	정격전류 합계의 1.25배
50[A] 초과	정격전류 합계의 1.1배

따라서, 100[A]로 선정한다.

답 ④

30 전선의 접속법에 대한 설명 중 옳지 않은 것은?

① 접속부분은 절연전선의 절연물과 동등 이상의 절연 효력이 있도록 충분히 피복한다.

② 전선의 전기저항이 증가되도록 접속하여야 한다.

③ 전선의 세기를 20% 이상 감소시키지 않는다.

④ 접속부분에는 접속관, 기타의 기구를 사용한다.

풀이 **전선접속의 조건**

ⓐ 접속점의 절연이 약화되지 않도록 테이핑 또는 와이어 커넥터로 절연한다.

ⓑ 전기적 저항을 증가시키지 않는다.

ⓒ 접속부위의 기계적 강도를 20% 이상 감소시키지 않는다.

답 ②

31 복도체에 있어서 소도체의 반지름을 γ[m], 소도체 사이의 간격을 s[m]라고 할 때 2개의 소도체를 사용한 복도체의 등가 반지름은?

① $\sqrt{rs}$ 　　　② $\sqrt{r^2 s}$ 　　　③ $\sqrt{rs^2}$ 　　　④ rs

풀이 **2 복도체의 등가반경**

$$r_e = r^{\frac{1}{n}} s^{\frac{n-1}{n}} = r^{\frac{1}{2}} s^{\frac{2-1}{2}} = \sqrt{rs}$$

답 ①

32 유전체에서 전자분극은 어떤 이유에서 일어나는가?

① 단결정매질에서 전자운과 핵 간의 상대적인 변위에 의함

② 화합물에서 (+)이온과 (−)이온 간의 상대적인 변위에 의함

③ 화합물에서 전자운과 (+)이온 간의 상대적인 변위에 의함

④ 영구 전기쌍극자의 전계방향 배열에 의함

풀이 유전체가 분극하는 현상은 유전체에 전기장을 가하면, 양전하(+)를 가진 핵은 평형 위치에서 전기장의 방향으로, 음전하(−)를 띠는 전자는 전기장과 반대방향으로 약간의 변위를 일으키기 때문에 발생한다.

답 ①

33 다음 중 배전 변전소에서 전력용 콘덴서를 설치하는 주된 목적은?

① 변압기 보호   ② 선로 보호   ③ 역률 개선   ④ 코로나손 방지

풀이 전력용 콘덴서(SC) : 무효전력을 공급하여 부하의 역률을 개선한다.   **답** ③

34 합성수지관 공사에 의한 저압 옥내배선의 시설 기준으로 옳지 않은 것은?

① 전선은 옥외용 비닐 절연전선을 사용할 것
② 습기가 많은 장소에 시설하는 경우 방습장치를 할 것
③ 전선은 합성수지관 안에서 접속점이 없도록 할 것
④ 관의 지지점 간의 거리는 1.5[m] 이하로 할 것

풀이 전선은 절연전선을 사용할 것. 다만, 옥외용 비닐 절연전선을 제외한다.   **답** ①

35 최대눈금 150[V], 내부저항 20[kΩ]인 직류전압계가 있다. 이 전압계의 측정범위를 600[V]로 확대하기 위하여 외부에 접속하는 직렬저항은 얼마로 하면 되는가?

① 20[kΩ]   ② 40[kΩ]   ③ 50[kΩ]   ④ 60[kΩ]

풀이 아래 그림과 같이 전압계를 직렬 연결한 회로이므로, 저항 직렬회로의 전압강하 계산법을 이용하면,

$V_v = 150[\text{V}]$, $V_p = 600 - 150 = 450[\text{V}]$이다.

따라서, $V_p = \dfrac{R_p}{20 + R_p} \times 600 = 450[\text{V}]$에서,

$R_p = 60[\text{k}\Omega]$이다.

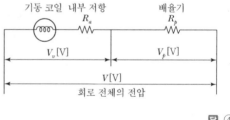

기동 코일 내부 저항 R_a 배율기 R_p

$V_v[\text{V}]$ $V_p[\text{V}]$

$V[\text{V}]$

회로 전체의 전압

답 ④

36 동기전동기의 특징에 관한 설명으로 옳은 것은?

① 저속도에서 유도전동기에 비해 효율이 나쁘다.
② 가동 토크가 크다.
③ 필요에 따라 진상전류를 흘릴 수 있다.
④ 직류전원이 필요 없다.

풀이 필요에 따라 진상전류 또는 지상전류를 흘릴 수 있다.   **답** ③

37 교차 결합 NAND 게이트 회로는 RS 플립플롭을 구성하며, 비동기 FF 또는 RS NAND 래치라고도 하는데 허용되지 않는 입력조건은?

① $S=0$, $R=0$
② $S=1$, $R=0$
③ $S=0$, $R=1$
④ $S=1$, $R=1$

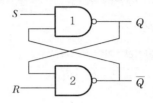

풀이 AND게이트를 이용한 RS 래치회로

㉠ $S=0$, $R=0$: 사용하지 않는 입력이다.
㉡ $S=1$, $R=0$: Q의 값을 0으로 리셋한다.
㉢ $S=0$, $R=1$: Q의 값을 1로 세팅한다.
㉣ $S=1$, $R=1$: 래치는 저장된 값을 그대로 유지하고 있다.

답 ①

38 단권 변압기에 대한 설명으로 옳지 않은 것은?

① 1차 권선과 2차 권선의 일부가 공통으로 되어 있다.
② 3상에는 사용할 수 없는 단점이 있다.
③ 동일 출력에 대하여 사용 재료 및 손실이 적고 효율이 높다.
④ 단권 변압기는 권선비가 1에 가까울수록 보통 변압기에 비하여 유리하다.

풀이 단권 변압기를 결선하여 3상으로 사용 가능하다.

답 ②

39 직류전동기에서 전기자에 가해 주는 전원전압을 낮추어서 전동기 유도 기전력을 전원 전압보다 높게 하여 제동하는 방법은?

① 맴돌이전류제동 ② 발전제동 ③ 역전제동 ④ 회생제동

풀이 ④ 회생제동 : 전동기가 갖는 운동에너지를 전기에너지로 변화시켜 전원으로 반환하는 방식 **답** ④

40 어떤 교류회로에 전압을 가하니 90°만큼 위상이 앞선 전류가 흘렀다. 이 회로는?

① 유도성 ② 무유도성
③ 용량성 ④ 저항 성분

풀이 ㉠ 유도성 : 전압보다 90° 뒤진 지상 전류가 흐른다.
㉡ 저항 성분 : 전압과 전류의 위상이 동위상이다.

답 ③

41 3상 3선식 가공 송전선로의 선간거리가 각각 D_1, D_2, D_3일 때 등가선간거리는?

① $\sqrt{D_1 D_2 + D_2 D_3 + D_3 D_1}$
② $\sqrt[3]{D_1 \cdot D_2 \cdot D_3}$
③ $\sqrt{D_1^2 + D_2^2 + D_3^2}$
④ $\sqrt[3]{D_1^3 + D_2^3 + D_3^3}$

풀이 **등가선간거리** : 기하학적 평균거리
$$D_o = \sqrt[n]{D_1 \times D_2 \times D_3 \cdots D_n}\,[\mathrm{m}]$$

답 ②

42 고압 가공전선로로부터 수전하는 수용가의 인입구에 시설하는 피뢰기의 접지공사에 있어서 접지선이 피뢰기 접지공사의 전용의 것이면 접지저항은 얼마까지 허용되는가?

① $5[\Omega]$　　　② $10[\Omega]$　　　③ $30[\Omega]$　　　④ $75[\Omega]$

풀이 피뢰기의 접지공사는 제1종 접지공사(10$[\Omega]$ 이하)를 하여야 한다. 다만, 고압 가공전선로에 시설하는 피뢰기의 제1종 접지공사의 접지선이 제1종 접지공사 전용의 것인 경우에는 제1종 접지공사의 접지 저항 값을 30$[\Omega]$ 이하로 할 수 있다.

답 ③

43 반도체 트리거소자로서 자기회복 능력이 있는 것은?

① GTO　　　② SSS　　　③ SCS　　　④ SCR

풀이 **GTO(Gate Turn Off Thyristors)**
양$(+)$의 게이트 전류에 의하여 턴온시킬 수 있고 음$(-)$의 게이트 전류에 의하여 턴오프시킬 수 있다.

답 ①

44 변압기의 누설 리액턴스를 줄이는 가장 효과적인 방법은?

① 코일의 단면적을 크게 한다.　　② 권선을 동심 배치한다.
③ 권선을 분할하여 조립한다.　　④ 철심의 단면적을 크게 한다.

풀이 실제의 변압기에서는 1차, 2차 권선을 통과하는 자속 이외에 권선의 일부만을 통과하는 누설자속이 존재하는데, 이 누설자속은 변압 작용에는 도움이 되지 않고 자기 인덕턴스 역할만 한다. 이것을 누설 리액턴스라 한다. 이를 줄이기 위해 권선을 분할하여 조립하는 방법이 있다.

답 ③

45 다음 논리식 중 옳은 표현은?

① $\overline{A + B} = \overline{A} \cdot \overline{B}$
② $\overline{A + B} = \overline{A + B}$
③ $\overline{A \cdot B} = \overline{A} \cdot \overline{B}$
④ $\overline{A + B} = \overline{A \cdot B}$

46 평균반지름이 1[cm]이고, 권수가 500회인 환상솔레노이드 내부의 자계가 200[AT/m]가 되도록 하기 위해서는 코일에 흐르는 전류를 약 몇 [A]로 하여야 하는가?

① 0.015 ② 0.025 ③ 0.035 ④ 0.045

풀이 다음 그림과 같이 환상솔레노이드의

내부 자계의 세기 $H=\dfrac{NI}{l}=\dfrac{NI}{2\pi r}$[AT/m]이므로,

전류 $I=\dfrac{2\pi rH}{N}=\dfrac{2\pi\times1\times10^{-2}\times200}{500}=0.025$[A]이다.

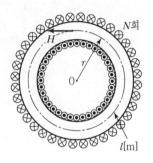

답 ②

47 권선형 유도전동기 기동법으로 알맞은 것은?

① 직입 기동법 ② 2차 저항 기동법
③ 콘도르퍼 방식 ④ Y−Δ 기동법

풀이 • 권선형 유도전동기 기동법 : 2차 저항 기동법
• 농형 유도전동기 기동법 : 직입 기동법, 리액터 기동법, Y−Δ 기동법, 콘도르퍼 방식 답 ②

48 하나 이상의 부하를 한 전원에서 다른 전원으로 자동절환 할 수 있는 장치는?

① ASS ② ACB ③ LBS ④ ATS

풀이 ㉠ ASS(Automatic Section Switch, 자동고장구분개폐기) : 수용가 구내에 지락사고, 단락사고 시 즉시 회로를 분리하여 사고의 파급을 방지하고 피해를 최소화하기 위해 사용된다.
㉡ ACB(Air Circuit Breaker, 기중차단기) : 자연공기 내에서 회로를 차단할 때 접촉자가 떨어지면서 자연소호에 의한 소호방식을 가지는 차단기이다.
㉢ LBS(Load Breaking Switch, 부하개폐기) : 수변전설비의 인입구 개폐기로 많이 사용되며 전력퓨즈의 용단 시 결상을 방지할 목적으로 사용된다.
㉣ ATS(Automatic Transfer Switch, 자동절환스위치) : 하나 이상의 부하를 한 전원에서 다른 전원으로 자동절환할 수 있는 장치를 말한다. 답 ④

49 단상 220[V], 60[Hz]의 정현파 교류전압을 점호각 60°로 반파위상제어 정류하여 직류로 변환하고자 한다. 순저항 부하 시 평균 출력전압은 약 몇 [V]인가?

① 74[V]　　　　　　　　　　② 84[V]

③ 92[V]　　　　　　　　　　④ 110[V]

풀이 단상 반파정류회로

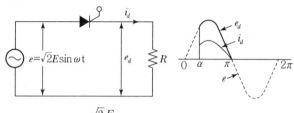

$$E_d = \frac{1}{2\pi} \int_{\alpha}^{\pi} \sqrt{2}\, E\mathrm{Sin}\omega t\; d(\omega t) = \frac{\sqrt{2}\,E}{2\pi} \left[-\cos\omega t \right]_{\alpha}^{\pi}$$

$$= \frac{\sqrt{2}}{\pi} E\left(\frac{1+\cos\alpha}{2} \right) = 0.45 E\left(\frac{1+\cos\alpha}{2} \right) = 0.45 \times 220 \left(\frac{1+\cos 60°}{2} \right)$$

$$\fallingdotseq 74[V]$$

답 ①

50 소맥분, 전분, 기타의 가연성 분진이 존재하는 곳의 저압 옥내배선 공사방법으로 적합하지 않은 것은?

① 합성수지관 공사　　　　　② 금속관 공사

③ 가요전선관 공사　　　　　④ 케이블 공사

풀이 가연성 분진이 존재하는 곳(소맥분, 전분, 유황, 기타의 가연성의 먼지로서 공중에 떠다니는 상태에서 착화하였을 때, 폭발의 우려가 있는 곳)의 저압 옥내배선은 합성수지관 배선, 금속전선관 배선, 케이블 배선에 의하여 시설한다.

답 ③

51 자기 인덕턴스 50[mH]인 코일에 흐르는 전류가 0.01초 사이에 5[A]에서 3[A]로 감소하였다. 이 코일에 유기되는 기전력[V]은?

① 10[V]　　　　　　　　　　② 15[V]

③ 20[V]　　　　　　　　　　④ 25[V]

풀이 코일에 유도기전력 $e = -L\dfrac{\Delta I}{\Delta t} = 50 \times 10^{-3} \times \dfrac{2}{0.01} = 10[V]$

답 ①

52 지중선 계통은 가공선 계통에 비하여 인덕턴스와 정전 용량은 어떠한가?

① 인덕턴스, 정전 용량이 모두 크다.

② 인덕턴스, 정전 용량이 모두 작다.

③ 인덕턴스는 크고 정전 용량은 작다.

④ 인덕턴스는 작고 정전 용량은 크다.

풀이 지중전선로에는 케이블을 채용하므로 가공전선로에 비해 선간거리가 작아진다.

∴인덕턴스는 작고 정전용량은 크다.　　　　　　　　　　　　　　　**답** ④

53 314[H]의 자기 인덕턴스에 220[V], 60[Hz]의 교류전압을 가하였을 때 흐르는 전류는?

① 약 1.86[A]

② 약 1.86×10^{-3}[A]

③ 약 1.17×10^{-1}[A]

④ 약 1.17×10^{-3}[A]

풀이 $X_L = 2\pi f L = 2\pi \times 60 \times 314 = 118375.21[\Omega]$

$I = \dfrac{V}{X_L} = \dfrac{220}{118375.21} = 1.86 \times 10^{-3}$[A]　　　　　　　　**답** ②

54 22.9[kV] 수전설비에 50[A]의 부하전류가 흐른다. 이 수전계통에 변류기(CT) 60/5 [A], 과전류계전기(OCR)를 시설하여 120%의 과부하에서 차단기가 동작되게 하려면, 과전류계전기 전류 탭의 설정값은?

① 4[A]

② 5[A]

③ 6[A]

④ 7[A]

풀이 120% 과부하 전류는 $1.2 \times 50 = 60$[A]이고,

60[A] 전류가 흐를 때, 변류기를 통한 전류는 $\dfrac{60}{\frac{60}{5}} = 5$[A]이므로,

과전류 계전기의 전류 탭 설정은 5[A]로 한다.　　　　　　　　　　**답** ②

55 부적합수 관리도를 작성하기 위해 $\Sigma c = 559$, $\Sigma n = 222$를 구하였다. 시료의 크기가 부분군마다 일정하지 않기 때문에 u관리도를 사용하기로 하였다. $n = 10$일 경우 u관 리도의 UCL 값은 약 얼마인가?

① 4.023

② 2.518

③ 0.502

④ 0.252

풀이 ㉠ 중심선(Center Line) : $CL = \bar{\bar{u}} = \dfrac{\Sigma c}{\Sigma n}$

㉡ 관리한계선(Control Limit) : UCL, LCL

- $UCL = \bar{\bar{u}} + 3\sqrt{\dfrac{\bar{u}}{n}}$

- $LCL = \bar{\bar{u}} - 3\sqrt{\dfrac{\bar{u}}{n}}$

따라서, $CL = \bar{\bar{u}} = \dfrac{559}{222} = 2.518$이고, $UCL = 2.518 + 3\sqrt{\dfrac{2.518}{10}} = 4.023$이다. **답** ①

56 예방보전(Preventive Maintenance)의 효과가 아닌 것은?

① 기계의 수리비용이 감소한다.
② 생산시스템의 신뢰도가 향상된다.
③ 고장으로 인한 중단시간이 감소한다.
④ 잦은 정비로 인해 제조원단위가 증가한다.

풀이 **예방보전(PM)**

설비 사용 전 정기점검 및 검사와 조기수리 등을 하여, 설비성능의 저하와 고장 및 사고를 미연에 방지함으로써 설비의 성능을 표준 이상으로 유지하는 보전활동 **답** ④

57 모집단으로부터 공간적·시간적으로 간격을 일정하게 하여 샘플링하는 방식은?

① 단순랜덤샘플링(Simple random sampling)
② 2단계샘플링(Two-stage sampling)
③ 취락샘플링(Cluster sampling)
④ 계통샘플링(Systematic sampling)

풀이 ㉠ 단순랜덤샘플링 : 모집단을 구성하는 모든 원소에 대해 뽑힐 가능성이 동일하도록 표본을 추출하는 방법

㉡ 2단계샘플링 : 모집단을 몇 개의 부분으로 나누어 그중의 몇 개를 추출(1단계)하고, 다음 단계로 그 부분 중에서 몇 개의 단위체 또는 단위량을 추출(2단계)하는 방법

㉢ 취락샘플링 : 모집단을 여러 개의 집단으로 나누고 이들 중에서 몇 개를 무작위로 추출한 뒤 선택된 집단의 로트를 모두 검사하는 방법

㉣ 계통샘플링 : 연속적으로 생산되어 나오는 제품들에 대해 적절한 시간 간격마다 혹은 적절한 생산 개수마다 표본을 취해 검사하는 방법 **답** ④

58 작업방법 개선의 기본 4원칙을 표현한 것은?

① 충별 – 랜덤 – 재배열 – 표준화

② 배제 – 결합 – 랜덤 – 표준화

③ 충별 – 랜덤 – 표준화 – 단순화

④ 배제 – 결합 – 재배열 – 단순화

답 ④

59 이항분포(Binominal distribution)의 특징에 대한 설명으로 옳은 것은?

① $P=0.01$일 때는 평균치에 대하여 좌우 대칭이다.

② $P \leq 0.01$이고, $nP=0.1{\sim}10$일 때에는 포아송 분포에 근사한다.

③ 부적합품의 출현 개수에 대한 표준편차는 $D(x)=nP$이다.

④ $P \leq 0.5$이고, $nP \leq 5$일 때는 정규 분포에 근사한다.

답 ②

60 제품공정도를 작성할 때 사용되는 요소(명칭)가 아닌 것은?

① 가공   ② 검사

③ 정체   ④ 여유

풀이 공정도

제품이 만들어지는 과정을 기술하기 위해 간단하고 명확하게 표현하기 위해 제품이 생산되는 과정을 기호로 표현한 것으로, 작업(○), 검사(□), 운반(⇨), 저장(▽), 정체(D)의 기호로 표시한다.

답 ④

01 동기조상기를 부족여자로 해서 운전하였을 때 나타나는 현상이 아닌 것은?

① 역률을 개선시킨다.　　　　　　② 리액터로 작용한다.

③ 뒤진전류가 흐른다.　　　　　　④ 자기여자에 의한 전압상승을 방지한다.

풀이 동기조상기

무부하로 운전되는 동기전동기이며, 과여자로 하면 선로에 앞선전류를 공급하여 콘덴서로 작용하고, 부족여자로 하면 뒤진전류를 공급하여 리액터로 작용하며 자기여자에 의한 전압상승을 방지한다.

답 ①

02 이상적인 전압 전류원에 관하여 옳은 것은?

① 전압원, 전류원의 내부저항은 흐르는 전류에 따라 변한다.

② 전압원의 내부저항은 0이고 전류원의 내부저항은 ∞이다.

③ 전압원의 내부저항은 ∞이고 전류원의 내부저항은 0이다.

④ 전압원의 내부저항은 일정하고 전류원의 내부저항은 일정하지 않다.

풀이 ㉠ 정전압 전원 : 부하의 크기에 관계없이 일정한 전압을 발생하는 전원으로 항상 일정한 전압을 발생해야 하므로 내부 임피던스는 0[Ω]이다.

㉡ 정전류 전원 : 부하의 크기에 관계없이 일정한 전류를 흘릴 수 있는 전원으로 항상 일정한 전류를 흘려야 하므로 내부 임피던스는 ∞[Ω]이다.

답 ②

03 그림과 같은 DTL 게이트의 출력 논리식은?

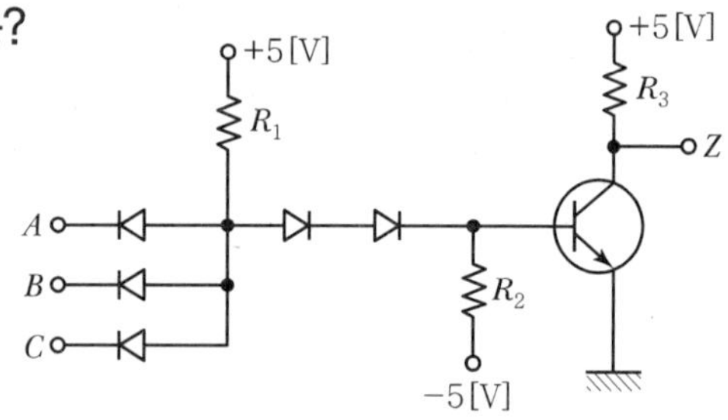

① $Z = \overline{ABC}$

② $Z = ABC$

③ $Z = A + B + C$

④ $Z = \overline{A + B + C}$

풀이 논리표

입력			출력
A	B	C	Z
0	0	0	1
0	0	1	1
0	1	0	1
0	1	1	1
1	0	0	1
1	0	1	1
1	1	0	1
1	1	1	0

답 ①

04 저압전선로 중 절연 부분의 전선과 대지 사이의 절연저항은 사용전압에 대한 누설전류가 최대 공급전류의 얼마를 넘지 않도록 하여야 하는가?

① $\dfrac{1}{1,000}$ ② $\dfrac{1}{2,000}$ ③ $\dfrac{1}{10,000}$ ④ $\dfrac{1}{20,000}$

풀이 옥외 절연부분의 전선과 대지 사이의 절연저항은 사용전압에 대한 누설전류가 최대공급전류의 1/2,000(1가닥)을 초과하지 않도록 해야 한다.

따라서, 누설전류 $\leq \dfrac{\text{최대공급전류}}{2,000}$ 이다. **답** ②

05 저압 인입선의 인입용으로 수직 배관 시 비의 침입을 막는 금속관공사의 재료는 다음 중 어느 것인가?

① 유니버설 캡 ② 와이어 캡 ③ 엔터런스 캡 ④ 유니온 캡

풀이

[엔터런스 캡]

답 ③

06 네온관용 전선 표기가 15[kV] N‑EV일 때 E는 무엇을 의미하는가?

① 네온전선 ② 클로로프렌 ③ 비닐 ④ 폴리에틸렌

풀이 N : 네온전선, E : 폴리에틸렌, V : 비닐
[참조] R : 고무, C : 클로로프렌 **답** ④

07 논리식 $F = \overline{A}\,\overline{B}C + \overline{A}BC + AB C + AB\overline{C}$를 간소화한 것은?

① $F = \overline{A}B + A\overline{B}$ ② $F = \overline{A}B + B\overline{C}$ ③ $F = \overline{A}C + A\overline{C}$ ④ $F = \overline{B}C + B\overline{C}$

풀이 • 방식 1 : $F = \overline{A}(\overline{B}C + B\overline{C}) + A(\overline{B}C + B\overline{C} = (\overline{A}+A)(\overline{B}C + B\overline{C}) = \overline{B}C + B\overline{C}$

• 방식 2 : 카르노 맵 사용

A \ BC	00	01	11	10	
0	0	1	0	1	
1	0	1	0	1	

$\overline{B}C$
$B\overline{C}$

답 ④

08 누설변압기의 가장 큰 특징은 어느 것인가?

① 역률이 좋다.　　　　　　　　② 무부하손이 적다.

③ 단락전류가 크다.　　　　　　④ 수하특성을 가진다.

풀이 **누설변압기**

네온관 점등용 변압기나 아크 용접용 변압기에 이용되며 누설자속을 크게 한 변압기로 수하특성을 가진다.　　　　　　　**답** ④

09 게르게스 현상은 다음 중 어느 기기에서 일어나는가?

① 직류 직권전동기　　　　　　② 단상 유도전동기

③ 3상 농형 유도전동기　　　　④ 3상 권선형 유도전동기

풀이 3상 권선형 유도전동기의 2차 회로가 한 개 단선된 경우에는 2차 회로에 단상 전류가 흐르므로 중부하인 경우, S＝50%인 곳에 이르면 그 이상 가속하지 않는다. 이는 이 점에서 낮은 부분이 생기기 때문이며, 게르게스 현상(Gorges Phenomen)이라고 한다.　　　　　　　**답** ④

10 그림은 어떤 전력용 반도체의 특성 곡선인가?

① SSS

② UJT

③ FET

④ GTO

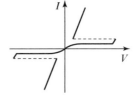

풀이 그림은 양방향성 소자임을 알 수 있으며, 양방향성 소자에는 SSS(2단자), TRIAC(3단자), DIAC(2단자) 등이 있다.　　　　　　　**답** ①

11 어떤 정현파 전압의 평균값이 153[V]이면 실효값은 약 몇 V인가?

① 240　　　　　　　　　　　② 191

③ 170　　　　　　　　　　　④ 153

풀이 실효값 $V=\dfrac{1}{\sqrt{2}}V_m$이고, 평균값 $V_a=\dfrac{2}{\pi}V_m$이므로,

최대값 $V_m=\dfrac{\pi}{2}\times153\simeq240[\mathrm{V}]$

실효값 $V=\dfrac{1}{\sqrt{2}}\times240\simeq170[\mathrm{V}]$　　　　　　　**답** ③

12 다음 중 바리스터(Varistor)의 주된 용도는?

① 서지전압에 대한 회로 보호용
② 전압증폭용
③ 출력전류 조정용
④ 과전류방지 보호용

풀이 바리스터(Varistor)
저항값이 전압에 의해 비직선적으로 변화되는 성질을 가진 두 전극의 반도체 디바이스를 말한다. 피뢰기, 변압기나 코일 등의 서지전압에 대한 회로 보호용에 사용된다. **답** ①

13 $v = 100\sqrt{2}\sin\left(\omega t + \dfrac{\pi}{6}\right)$[V]를 복소수로 표시하면?

① $50\sqrt{3} + j50$
② $50 + j50\sqrt{3}$
③ $50\sqrt{3} + j50\sqrt{3}$
④ $50 + j50$

풀이 $v = 100\sqrt{2}\sin\left(\omega t + \dfrac{\pi}{6}\right)$[V]을 극좌표 표시로 바꾸면,

$100\angle\dfrac{\pi}{6} = 100\angle 30°$이고,

다시 직각 좌표 표시로 바꾸면 $100\cos 30° + j100\sin 30° = 50\sqrt{3} + j50$이다. **답** ①

14 다음은 3상 전압형 인버터를 이용한 전동기 운전회로의 일부이다. 회로에서 트랜지스터의 기본적인 역할로 가장 적당한 것은?

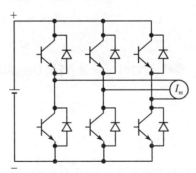

① 전압증폭
② ON · OFF
③ 전류증폭
④ 정류작용

풀이 3상 전압형 인버터의 회로에서 트랜지스터는 스위치(ON · OFF)역할을 한다. **답** ②

15 선간거리 $2D$[m]이고 선로 모선의 지름이 d[m]인 선로의 단위길이당 정전용량 [μF/km]은?

① $\dfrac{0.02413}{Log_{10}\dfrac{4D}{d}}$ ② $\dfrac{0.02413}{Log_{10}\dfrac{2D}{d}}$ ③ $\dfrac{0.02413}{Log_{10}\dfrac{D}{d}}$ ④ $\dfrac{0.2413}{Log_{10}\dfrac{4D}{d}}$

풀이 $C=\dfrac{0.02413}{\log_{10}\dfrac{D}{r}}[\mu F/km]=\dfrac{0.02413}{\log_{10}\dfrac{2D}{\dfrac{d}{2}}}[\mu F/km]$ ∴ $\dfrac{0.02413}{Log_{10}\dfrac{4D}{d}}$

답 ①

16 풀용 수중조명등에 전기를 공급하기 위하여 1차 측 120[V], 2차 측 30[V]의 절연 변압기를 사용하였다. 절연 변압기의 2차 측 전로의 접지공사에 관한 내용으로 옳은 것은?

① 제1종 접지공사로 접지한다.
② 제2종 접지공사로 접지한다.
③ 제3종 접지공사로 접지한다.
④ 접지를 하지 아니한다.

풀이 수중조명에 전기를 공급하기 위한 절연 변압기 접지공사
  ㉠ 2차 측 전로를 접지하지 말 것
  ㉡ 2차 측 전로의 사용전압이 30[V] 이하인 경우에 금속제의 혼촉방지판을 설치하여야 하며 제1종 접지공사를 할 것

답 ④

17 Boost 컨버터에서 입·출력 전압비 $\dfrac{V_o}{V_i}$는?(단, D는 시비율(Duty Cycle)이다.)

① D ② $1-D$
③ $\dfrac{1}{1-D}$ ④ $\dfrac{1}{D}$

풀이 DC−DC 컨버터에서 가장 기본이 되는 3가지 컨버터의 입·출력 전압비
  ㉠ Buck 컨버터 : D
  ㉡ Boost 컨버터 : $\dfrac{1}{1-D}$
  ㉢ Buck−boost 컨버터 : $\dfrac{D}{1-D}$

답 ③

18 단상 유도전압조정기의 동작 원리 중 가장 적당한 것은?

① 교번자계의 전자유도 작용을 이용한다.

② 두 전류 사이에 작용하는 힘을 이용한다.

③ 충전된 두 물체 사이에 작용하는 힘을 이용한다.

④ 회전자계에 의한 유도작용을 이용하여 2차 전압의 위상 전압 조정에 따라 변화한다.

풀이 단상 유도전압조정기

회전자의 권선을 1차 권선(분로 권선)으로, 고정자의 권선을 2차 권선(직렬 권선)으로 하여 단권 변압기처럼 1차 권선과 2차 권선을 공유하며 회전자를 이동하며 전압을 조정하는 기기이다. 이때 원리를 교번자계의 원리라고도 한다. **답** ①

19 그림과 같은 회로에 입력 전압 220[V]를 가할 때 30[Ω]의 저항에 흐르는 전류는 몇 A인가?

① 2

② 3

③ 4

④ 5

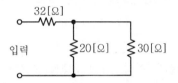

풀이 전체 합성저항 $R_0 = 32 + \dfrac{20 \times 30}{20 + 30} = 44[\Omega]$

회로에 흐르는 전체전류 $I_0 = \dfrac{220}{44} = 5[\mathrm{A}]$

전류 분배에 따라 30[Ω]에 흐르는 전류 $I = \dfrac{20}{20 + 30} \times 5 = 2[\mathrm{A}]$ **답** ①

20 송전선로의 코로나 손실을 나타내는 Peek 식에서 E_0에 해당하는 것은?

$$P = \frac{241}{\delta}(f + 25)\sqrt{\frac{d}{2D}}(E - E_0)^2 \times 10^{-5}[\mathrm{kW/km/선}]$$

① 코로나 임계전압 ② 전선에 걸리는 대지전압

③ 송전단 전압 ④ 기준 충격 절연강도전압

풀이 코로나 손실 발생(Peek의 식)

$P_c = \dfrac{241}{\delta}(f + 25)\sqrt{\dfrac{r}{D}}(E - E_0)^2 \times 10^{-5}[\mathrm{kW/cm/선당}]$

δ : 상대공기밀도($\delta \propto \dfrac{기압}{온도}$)

E : 대지전압

E_0 : 코로나 임계전압

답 ①

21 다음 논리회로의 출력함수가 뜻하는 논리게이트의 명칭은?

① EX-OR

② EX-NOR

③ NOR

④ NAND

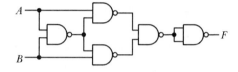

풀이 $F = \overline{(A \cdot \overline{AB})} \cdot \overline{(B \cdot \overline{AB})} = (\overline{A}+AB)(\overline{B}+AB) = \overline{A}\,\overline{B}+AB \rightarrow EX-NOR$

답 ②

22 저압 옥상전선로를 전개된 장소에 시설하고자 할 때 다음 중 옳지 않은 것은?

① 전선은 조영재에 견고하게 붙인 지지대에 절연성, 난연성 및 내수성이 있는 애자를 사용하여 지지하고 또한 그 지지점 간의 거리는 15[m] 이하로 한다.

② 전선은 인장강도 2.3[kN] 이상의 것 또는 지름 2.6[mm]의 경동선을 사용하다.

③ 전선과 그 저압 옥상전선로를 시설하는 조영재와의 이격거리는 1.5[m] 이상으로 한다.

④ 전선은 상시 부는 바람 등에 의하여 식물에 접촉하지 아니하도록 시설하여야 한다.

풀이 저압 옥상전선로의 시설기준

　㉠ 전선은 인장강도 2.30[kN] 이상의 것 또는 지름 2.6[mm] 이상의 경동선의 것

　㉡ 전선은 절연전선일 것

　㉢ 전선은 조영재에 견고하게 붙인 지지주 또는 지지대에 절연성·난연성 및 내수성이 있는 애자를 사용하여 지지하고 또한 그 지지점 간의 거리는 15[m] 이하일 것

　㉣ 전선과 그 저압 옥상전선로를 시설하는 조영재와의 이격거리는 2[m](전선이 고압 절연전선, 특고압 절연전선 또는 케이블인 경우에는 1[m])이상일 것

　㉤ 옥상전선로의 전선은 상시 부는 바람 등에 의하여 식물에 접촉하지 아니하도록 시설할 것

답 ③

23 3,300[V], 60[Hz]용 변압기의 와류손이 620[W]이다. 이 변압기를 2,650[V], 50[Hz]의 주파수에 사용할 때 와류손은 약 몇 W인가?

① 500　　　　② 400　　　　③ 312　　　　④ 210

풀이 와류손 $P_e \propto t^2 f^2 B_m{}^2 = t^2 (fB_m)^2$,

유도기전력 $E = 4.44fN\phi_m = 4.44fNB_m A \left(B_m = \dfrac{\phi_m}{A} \right)$에서

$E \propto fB_m \rightarrow f \propto \dfrac{E}{B_m}$의 관계가 성립한다. 즉, 와류손은 $P_e \propto E^2$의 관계로 나타낼 수 있다.

$P_e : 620 = 2,650^2 : 3,300^2, \ P_e = 620 \times \dfrac{2,650^2}{3,300^2} \fallingdotseq 400[\text{W}]$

답 ②

24 과전류 차단기로 저압전로에 사용하는 퓨즈를 수평으로 붙인 경우, 정격전류의 1.1배의 전류에 견디어야 한다. 퓨즈의 정격전류가 30[A]를 넘고 60[A] 이하일 때 2배의 전류를 통한 경우 몇 분 이내로 용단되어야 하는가?

① 2분   ② 4분   ③ 6분   ④ 8분

풀이 과전류 차단기로 저압전로에 사용하는 퓨즈는 정격전류의 1.1배(110%)의 전류에 견디고, 과전류가 흐를 때 용단시간은 다음과 같다.

정격전류의 구분	자동작동시간(용단시간)	
	정격전류의 1.25배의 전류가 흐를 때(분)	정격전류의 2배의 전류가 흐를 때(분)
30[A] 이하	60	2
30[A] 초과 60[A] 이하	60	4
60[A] 초과 100[A] 이하	120	6
100[A] 초과 200[A] 이하	120	8
200[A] 초과 400[A] 이하	180	10

답 ②

25 다음 ( ) 안의 내용으로 알맞은 것은?

> 가공전선로의 지지물에 시설하는 지선의 안전율은 (㉠) 이상이어야 하고, 허용 인장하중의 최저는 (㉡)kN으로 한다.

① ㉠ 2.0, ㉡ 3.81   ② ㉠ 2.0, ㉡ 4.05
③ ㉠ 2.5, ㉡ 4.31   ④ ㉠ 2.5, ㉡ 4.51

풀이 **지선의 시설기준**
  ㉠ 지선의 안전율은 2.5 이상, 허용 인장하중의 최저는 4.31[kN]으로 한다.
  ㉡ 지선에 연선을 사용할 경우, 소선(素線) 3가닥 이상으로 지름 2.6[mm] 이상의 금속선을 사용한다.
  ㉢ 지중부분 및 지표상 30[cm]까지의 부분에는 내식성이 있는 것 또는 아연도금을 한 철봉을 사용하고 쉽게 부식되지 아니하는 근가(根架)에 견고하게 붙여야 한다.

답 ③

26 저항정류의 역할을 하는 것은?

① 보상권선

② 보극

③ 리액턴스 코일

④ 탄소브러시

> **풀이** 정류를 좋게 하는 방법
> ㉠ 저항정류 : 접촉저항이 큰 브러시 사용(탄소브러시, 흑연브러시)
> ㉡ 전압정류 : 보극 설치
> **답** ④

27 정격전류가 60[A]인 3상 220[V] 전동기가 직접 전로에 접속되는 경우 전로의 전선은 약 몇 A 이상의 허용전류를 갖는 것으로 하여야 하는가?

① 60

② 66

③ 75

④ 90

> **풀이** 아래와 같이 전동기 부하에 대한 허용전류를 계산하므로, 전선의 허용전류는 60A×1.1=66[A]이다.
>
> | 전동기 정격전류 | 허용전류 계산 |
> |---|---|
> | 50[A] 이하 | 정격전류 합계의 1.25배 |
> | 50[A] 초과 | 정격전류 합계의 1.1배 |
>
> **답** ②

28 변압기의 온도상승시험을 하는 데 가장 좋은 방법은?

① 내전압법

② 실부하법

③ 충격전압시험법

④ 반환부하법

> **풀이** 변압기의 온도시험
> ㉠ 실부하시험 : 변압기에 전부하를 걸어서 온도가 올라가는 상태를 시험하는 것으로 전력이 많이 소비되므로, 소형기에서만 적용할 수 있다.
> ㉡ 반환부하법 : 전력을 소비하지 않고, 온도가 올라가는 원인이 되는 철손과 구리손만 공급하여 시험하는 방법
> ㉢ 등가부하법(단락시험법) : 변압기의 권선 하나를 단락하고 전손실에 해당하는 부하 손실을 공급해서 온도상승을 측정한다.
> **답** ④

29 직류용 직권전동기를 교류에 사용할 때 여러 가지 어려움이 발생되는데 다음 중 교류용 단상 직권전동기에서 강구할 대책으로 옳은 것은?

① 원통형 고정자를 사용한다.

② 계자권선의 권수를 크게 한다.

③ 전기자 반작용을 적게 하기 위해 전기자 권수를 증가시킨다.

④ 브러시는 접촉저항이 적은 것을 사용한다.

풀이 ㉠ 직류 직권전동기를 그대로 교류용으로 사용한 것이 단상 직권 정류자 전동이다. 이때 구조를 변경하지 않으면 철심이 가열되고 역률과 효율이 낮아지며, 정류가 좋지 않게 된다.

㉡ 이 때문에 계자권선의 권선 수를 적게 감아 주 자속을 감소시켜 리액턴스 때문에 역률이 낮아지는 것을 방지한다. **답** ①

30 10진수 45를 2진수로 나타낸 것은?

① 101101 ② 110010 ③ 110101 ④ 100110

풀이 $(45)_{10}$를 2진수로 변환

$$
\begin{array}{r}
2\,\underline{)\quad 45} \\
2\,\underline{)\quad 22} \quad \cdots\cdots \text{나머지 } 1 \\
2\,\underline{)\quad 11} \quad \cdots\cdots \text{나머지 } 0 \\
2\,\underline{)\quad\ \ 5} \quad \cdots\cdots \text{나머지 } 1 \\
2\,\underline{)\quad\ \ 2} \quad \cdots\cdots \text{나머지 } 1 \\
2\,\underline{)\quad\ \ 1} \quad \cdots\cdots \text{나머지 } 0 \\
0 \quad \cdots\cdots \text{나머지 } 1
\end{array}
$$

$(45)_{10} = (101101)_2$ **답** ①

31 지중전선로 및 지중함의 시설방식 등의 기준에 대한 설명으로 옳지 않은 것은?

① 지중전선로는 전선에 케이블을 사용할 것

② 지중전선로는 관로식, 암거식 또는 직접 매설식에 의하여 시설할 것

③ 지중함 뚜껑은 시설자 이외의 자가 쉽게 열 수 없도록 시설할 것

④ 폭발성 또는 연소성의 가스가 침입할 우려가 있는 곳에 시설하는 지중함으로서 그 크기가 $0.5[\text{m}^2]$ 이상의 것은 통풍장치를 설치할 것

풀이 **지중전선로 및 지중함 시설기준**

㉠ 지중전선로는 전선에 케이블을 사용하고 또한 관로식 · 암거식(暗渠式) 또는 직접 매설식에 의하여 시설할 것

㉡ 지중함은 견고하고 차량 기타 중량물의 압력에 견디는 구조일 것

㉢ 지중함은 그 안의 고인 물을 제거할 수 있는 구조로 되어 있을 것

㉣ 폭발성 또는 연소성의 가스가 침입할 우려가 있는 것에 시설하는 지중함으로서 그 크기가 $1[\text{m}^3]$ 이상인 것에는 통풍장치 기타 가스를 방산시키기 위한 적당한 장치를 시설할 것

㉤ 지중함의 뚜껑은 시설자 이외의 자가 쉽게 열 수 없도록 시설할 것 **답** ④

32 유기기전력 110[V], 단자전압 100[V]인 5[kW] 분권 발전의 계자저항이 50[Ω]이라면 전기자저항은 약 몇 Ω인가?

① 0.12　　　　② 0.19　　　　③ 0.96　　　　④ 1.92

풀이 $I_f = \dfrac{V}{R_f} = \dfrac{100}{50} = 2[\text{A}]$

$I = \dfrac{P}{V} = \dfrac{5,000}{100} = 50[\text{A}]$

$I_a = I + I_f = 50 + 2 = 52[\text{A}]$

$V = E - I_a R_a$이므로,

$R_a = \dfrac{E - V}{I_a} = \dfrac{110 - 100}{52} ≒ 0.19[\Omega]$

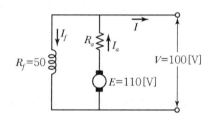

답 ②

33 3상 유도전동기의 동기속도 N_s와 극수 P의 관계는?

① $N_s \propto \dfrac{1}{P}$　　　② $N_s = \sqrt{P}$　　　③ $N_s \propto P$　　　④ $N_s = P^2$

풀이 동기속도 $N_s = \dfrac{120f}{P}[\text{rpm}]$이므로, 동기속도와 극수는 반비례관계에 있다.

$\left(N_s \propto \dfrac{1}{P}\right)$

답 ①

34 금속관 배선에서 관의 굴곡에 관한 사항이다. 금속관의 굴곡개소가 많은 경우에는 어떻게 하는 것이 가장 바람직한가?

① 행거를 30[m] 간격으로 견고하게 지지한다.
② 덕트를 설치한다.
③ 풀박스를 설치한다.
④ 링리듀서를 사용한다.

풀이 풀박스는 일반적으로 폭 및 높이가 크게 만들어지는 형태로 옵셋 등을 만들 필요가 없어 굴곡개소를 줄이기 적합하다.

답 ③

35 평행한 콘덴서에서 전극의 반지름이 30[cm]인 원판이고, 전극간격이 0.1[cm]이며 유전체의 비유전율은 4이다. 이 콘덴서의 정전용량은 몇 μF인가?

① 0.01　　　　② 0.1　　　　③ 1　　　　④ 10

풀이 콘덴서의 정전용량 $C = \varepsilon \dfrac{A}{\ell}$ 이므로,

$$C = 8.85 \times 10^{-12} \times 4 \times \frac{\pi (30 \times 10^{-2})^2}{0.1 \times 10^{-2}} = 0.01 \times 10^{-6} [\text{F}]$$

따라서, $0.01 [\mu\text{F}]$이다.　　　　　　　　　　　　　　　　　　　　　답 ①

36 2중 농형 유도전동기가 보통 농형 전동기에 비하여 다른 점은?

① 기동 전류가 크고, 기동 토크도 크다.

② 기동 전류는 크고, 기동 토크는 적다.

③ 기동 전류가 적고, 기동 토크도 적다.

④ 기동 전류는 적고, 기동 토크는 크다.

풀이 2중 농형 유도전동기

기동 시 $s = 1$ 부근에서는 회전자 주파수가 크므로 회전자 누설 리액턴스는 저항보다 훨씬 크다. 그리고 회전자 전류는 리액턴스가 적고 저항이 큰 상층도체에 흐르게 된다. 이것은 권선형 회전자에 저항을 넣은 것과 같게 되어 기동전류를 제한함과 동시에 큰 기동 토크를 발생시킨다.　　　답 ④

37 전선 a, b, c가 일직선으로 배치되어 있다. a와 b, b와 c 사이의 거리가 각각 5[m]일 때 이 선로의 등가선간거리는 몇 [m]인가?

① 5　　　　　　　② 10　　　　　　　③ $5\sqrt{3}$　　　　　　　④ $5^3\sqrt{2}$

풀이 수평 배열(＝일직선배열)에서의 등가선간거리는

$$D_o = \sqrt[3]{D \times D \times 2D} = \sqrt[3]{2}\, D [\text{m}]$$　　　　　　　　　　　　　　답 ④

38 금속몰드공사에 의한 저압 옥내배선의 몰드에는 제 몇 종 접지공사를 하여야 하는가?

① 제1종 접지공사　　　　　　　　② 제2종 접지공사

③ 제3종 접지공사　　　　　　　　④ 특별 제3종 접지공사

풀이 금속몰드 및 기타 부속품에는 제3종 접지공사를 하여야 한다.　　　　답 ③

39 PN 접합 다이오드에 공핍층이 생기는 경우는?

① 전압을 가하지 않을 때 생긴다.

② 다수 반송파가 많이 모여 있는 순간에 생긴다.

③ 음(−)전압을 가할 때 생긴다.

④ 전자와 정공의 확산에 의하여 생긴다.

풀이 **공핍층**

p형 반도체와 n형 반도체를 접합시키면, 접합면 부근의 p형 영역에서는 억셉터 원자의 정공이 이동하여 없어지고 (−)전하를 띠게 된다. 또, n형 영역에서는 도너 원자의 전자가 이동하여 없어지고 (+)전하가 생긴다. 이와 같이 접합면 부근에서 전자와 정공의 확산에 의하여 생긴 영역을 공핍층이라 한다.

답 ④

40 동기전동기는 유도전동기에 비하여 어떤 장점이 있는가?

① 기동특성이 양호하다.　　　　② 속도를 자유롭게 제어할 수 있다.

③ 구조가 간단하다.　　　　　　④ 역률을 1로 운전할 수 있다.

풀이 동기전동기를 무부하 상태로 계통에 연계하여 동기조상기로 이용하며, 전력계통의 전압조정과 역률 조정을할 수 있다.　　**답** ④

41 래칭전류(Latching Current)를 올바르게 설명한 것은?

① 사이리스터를 온 상태로 스위칭시킨후의 애노드 순저지 전류

② 사이리스터를 턴−온시키는 데 필요한 최소의 양극 전류

③ 사이리스터를 온 상태로 유지시키는 데 필요한 게이트 전류

④ 유지전류보다 조금 낮은 전류값

풀이 **래칭전류**

SCR을 턴−온시키기 위하여 게이트에 흘려야 할 최소 전류　　**답** ②

42 정전압 송전방식에서 전력원선도를 그리려면 무엇이 주어져야 하는가?

① 송수전단 전압, 선로의 일반회로 정수

② 송수전단 전류, 선로의 일반회로 정수

③ 조상기 용량, 수전단 전압

④ 송전단 전압, 수전단 전류

풀이 **전력원선도 작성 시 필요한 것**

- 송전단전압 E_s
- 수전단전압 E_r
- 회로일반정수 A, B, C, D　　**답** ①

43 벅 컨버터(Buck Converter)에 대한 설명으로 옳지 않은 것은?

① 직류 입력전압 대비 직류 출력전압의 크기를 낮출 때 사용하는 직류–직류 컨버터이다.

② 입력전압(V_s)에 대한 출력전압(V_o)의 비($\frac{V_o}{V_s}$)는 스위칭 주기(T)에 대한 스위치 온(ON) 시간(t_{on})의 비인 듀티비(시비율)로 나타낸다.

③ 벅 컨버터의 출력단에는 보통 직류성분은 통과시키고 교류성분을 차단하기 위한 LC저역통과 필터를 사용한다.

④ 벅 컨버터는 일반적으로 고주파 트랜스포머(변압기)를 사용하는 절연형 컨버터이다.

풀이 벅 컨버터(Buck Converter) 회로는 입력전압보다 낮은 출력전압이 필요할 때 사용한다.

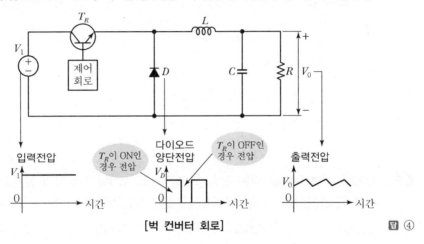

[벅 컨버터 회로]

답 ④

44 조상기의 내부고장이 생긴 경우 자동적으로 전로를 차단하는 장치를 설치하여야 하는 용량의 기준은?

① 15,000[kVA] 이상　　　　　② 20,000[kVA] 이상
③ 30,000[kVA] 이상　　　　　④ 50,000[kVA] 이상

풀이

설비종별	뱅크용량의 구분	자동적으로 전로로부터 차단하는 장치
전력용 커패시터 및 분로리액터	500[kVA] 초과 15,000[kVA] 미만	내부에 고장이 생긴 경우에 동작하는 장치 또는 과전류가 생긴 경우에 동작하는 장치
	15,000[kVA] 이상	내부에 고장이 생긴 경우에 동작하는 장치 및 과전류가 생긴 경우에 동작하는 장치 또는 과전압이 생긴 경우에 동작하는 장치
조상기(調相機)	15,000[kVA] 이상	내부에 고장이 생긴 경우에 동작하는 장치

답 ①

45 2.5mm² 전선 5본과 4.0mm² 전선 3본을 동일한 금속전선관(후강)에 넣어 시공할 경우 관의 굵기의 호칭은?(단, 피복절연물을 포함한 전선의 단면적은 표와 같으며, 절연전선을 금속관 내에 넣을 경우의 보정계수는 2.0으로 한다.)

도체의 단면적(mm²)	절연체의 두께(mm)	전선의 총 단면적(mm²)
1.5	0.7	9
2.5	0.8	13
4.0	0.8	17

① 16　　　　　② 22　　　　　③ 28　　　　　④ 36

풀이 전선관의 굵기 선정 시, 동일 굵기의 절연전선을 동일 관내에 넣을 경우에는 관내 단면적의 48% 이하가 되도록 선정하고, 굵기가 다른 절연 전선을 동일 관내에 넣는 경우에는 관내 단면적의 32% 이하가 되도록 선정하여야 하므로, 32%를 적용하여 계산한다.

ㄱ 보정계수를 고려한 전선의 총 단면적은 $(13\text{mm}^2 \times 5\text{본} + 17\text{mm}^2 \times 3\text{본}) \times 2 = 232[\text{mm}^2]$

ㄴ 요구되는 전선관의 안단면적은 $\dfrac{232}{0.32} \simeq 725[\text{mm}^2]$이고,

ㄷ 전선관 안지름을 계산하면 $D = \sqrt{\dfrac{725 \times 4}{\pi}} \simeq 30[\text{mm}]$

ㄹ 따라서, 36[mm] 금속전선관을 선정한다.　　　　　**답** ④

46 1,200[lm]의 광속을 갖는 전등 10개를 120[m²]의 사무실에 설치할 때 조명률이 0.5이고 감광보상률이 1.5이면 이 사무실의 평균조도는 약 몇 lx인가?

① 7.5　　　　　② 15.2　　　　　③ 33.3　　　　　④ 66.6

풀이 광속 $N \times F = \dfrac{E \times A \times D}{U \times M}[\text{lm}]$이므로,

조명률 $U = 0.5$, 감광보상률 $D = 1.5$, 유지률 $M = 1$로 계산하면,

$10 \times 1,200 = \dfrac{E \times 120 \times 1.5}{0.5 \times 1.0}$

따라서, $E = 33.3[\text{lx}]$이다.　　　　　**답** ③

47 단면적 $S[\text{m}^2]$, 길이 $\ell[\text{m}]$, 투자율 $\mu[\text{H/m}]$의 자기회로에 N회의 코일을 감고 $I[\text{A}]$의 전류를 통할 때, 자기회로의 옴의 법칙을 옳게 표현한 것은?

① $B = \dfrac{\mu S N^2 I}{\ell}[\text{Wb/m}^2]$　　　　　② $B = \dfrac{\mu S}{N^2 I \ell}[\text{Wb/m}^2]$

③ $\phi = \dfrac{\mu S N I}{\ell}[\text{Wb}]$　　　　　④ $\phi = \dfrac{\mu S I}{\ell N}[\text{Wb}]$

풀이 자속 $\phi[\text{Wb}]$, 기자력 $NI[\text{AT}]$, 자기저항 $R=\dfrac{\ell}{\mu S}[\text{AT/Wb}]$이면,

$$\phi=\frac{NI}{R}=\frac{NI}{\dfrac{\ell}{\mu S}}=\frac{\mu SNI}{\ell}\,[\text{Wb}]\text{이다.}$$

답 ③

48 다음 사이리스터 중 순방향 전압에서 양($+$)전류에 의하여 턴-온시킬 수 있고, 음($-$)의 전류로 턴-오프시킬 수 있는 것은?

① GTO   ② BJT

③ UJT   ④ FET

풀이 GTO(Gate Turn Off thyristors)

양($+$)의 게이트 전류에 의하여 턴-온시킬 수 있고 음($-$)의 게이트 전류에 의하여 턴-오프시킬 수 있다.

답 ①

49 동기발전기에서 부하가 갑자기 변화할 때 발전기의 회전속도가 동기속도 부근에서 진동하는 현상을 무엇이라 하는가?

① 탈조   ② 공조

③ 난조   ④ 복조

풀이 난조

부하가 갑자기 변하면 속도 재조정을 위한 진동이 발생하게 된다. 일반적으로는 그 진폭이 점점 적어지나, 진동주기가 동기기의 고유진동에 가까워지면 공진작용으로 진동이 계속 증대하는 현상이다. 이런 현상의 정도가 심해지면 동기 운전을 이탈하게 되는데, 이것을 동기이탈이라 한다.

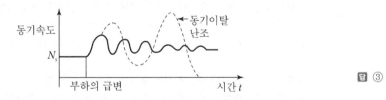

답 ③

50 지중전선로 공사에서 케이블 포설 시 케이블 끝단에 설치하여 당길 수 있도록 하는 데 사용하는 것은?

① 풀링그립(Pulling Grip)   ② 피시테이프(Fish Tape)

③ 강철 인도선(Steel Wire)   ④ 와이어 로프(Wire Rope)

풀이 **풀링그립(Pulling Grip)**
여러 가닥의 전선을 전선관에 넣을 때 사용하는 공구로 철망그립이라고도 한다. **답** ①

51 모든 전기장치에 접지시키는 근본적인 이유는?

① 지구는 전류를 잘 통하기 때문이다.
② 영상전하를 이용하기 때문이다.
③ 편의상 지면을 영전위로 보기 때문이다.
④ 지구의 정전용량이 커서 전위가 거의 일정하기 때문이다.

풀이 지구는 거대한 도체로서 지구와 전기적으로 접속하면, 이상 전위상승을 억제하고 사고로 인한 누설전류를 대지로 흐르게 할 수 있다. **답** ④

52 전선의 접속법에서 두 개 이상의 전선을 병렬로 시설하여 사용하는 경우에 대한 사항으로 옳지 않은 것은?

① 병렬로 사용하는 각 전선의 굵기는 동선 $50[mm^2]$ 이상으로 하고, 전선은 같은 도체, 재료, 길이, 굵기의 것을 사용할 것
② 같은 극의 각 전선은 동일한 터미널러그에 완전히 접속할 것
③ 병렬로 사용하는 전선에는 각각에 퓨즈를 설치할 것
④ 교류회로에서 병렬로 사용하는 전선은 금속관 안에 전자적 불평형이 생기지 않도록 시설할 것

풀이 **두 개 이상의 전선을 병렬로 사용하는 경우의 시설기준**
㉠ 병렬로 사용하는 각 전선의 굵기는 동선 $50[mm^2]$ 이상 또는 알루미늄 $70[mm^2]$ 이상으로 하고, 전선은 같은 도체, 같은 재료, 같은 길이 및 같은 굵기의 것을 사용할 것
㉡ 같은 극의 각 전선은 동일한 터미널러그에 완전히 접속할 것
㉢ 같은 극인 각 전선의 터미널러그는 동일한 도체에 2개 이상의 리벳 또는 2개 이상의 나사로 접속할 것
㉣ 병렬로 사용하는 전선에는 각각에 퓨즈를 설치하지 말 것
㉤ 교류회로에서 병렬로 사용하는 전선은 금속관 안에 전자적 불평형이 생기지 않도록 시설할 것 **답** ③

53 콘덴서 기동형 단상 유도전동기의 설명으로 옳은 것은?

① 콘덴서를 주 권선에 직렬연결한다.
② 콘덴서를 기동권선에 직렬연결한다.
③ 콘덴서를 기동권선에 병렬연결한다.
④ 콘덴서는 운전권선과 기동권선을 구별하지 않고 연결한다.

풀이 콘덴서를 기동권선에 직렬연결한다. **답** ②

54 송전선로의 정전용량 C = 0.008[μF/km], 선로의 길이 L = 100[km], 전압 E = 37,000 [V]이고 주파수 f = 60[Hz]일 때 충전전류[A]는?

① 8.7
② 11.1
③ 13.7
④ 14.7

풀이 충전전류 : $I_C = \omega CE\ell = 2\pi f C \dfrac{V}{\sqrt{3}}\ell$ (E : 상전압 V : 선간전압)[A]

E는 상전압이므로 $I_C = \omega CE\ell = 2\pi f CE\ell$[A]

$$= 2\pi \times 60 \times 0.008 \times 10^{-6} \times 37,000 \times 100 = 11.16[A]$$ **답** ②

55 일정 통제를 할 때 1일당 그 작업을 단축하는 데 소요되는 비용의 증가를 의미하는 것은?

① 정상소요시간(Normal Duration Time)
② 비용견적(Cost Estimation)
③ 비용구배(Cost Slope)
④ 총비용(Total Cost)

답 ③

56 그림의 OC곡선을 보고 가장 올바른 내용을 나타낸 것은?

① α : 소비자 위험
② $L(P)$: 로트가 합격할 확률
③ β : 생산자 위험
④ 부적합품률 : 0.03

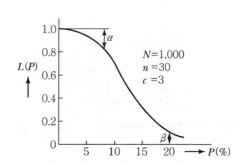

풀이 ㉠ 생산자 위험 확률(α) : 시료가 불량하기 때문에 로트가 불합격되는 확률
㉡ 소비자 위험 확률(β) : 당연히 불합격되어야 할 로트가 합격되는 확률
㉢ 세로축 $L(P)$는 합격률, 가로축 $P(\%)$는 불량률 **답** ②

57 np관리도에서 시료군마다 시료 수(n)는 100이고, 시료군의 수(k)는 20, $\sum np = 77$이다. 이때 np관리도의 관리상한선(UCL)을 구하면 약 얼마인가?

① 8.94 ② 3.85
③ 5.77 ④ 9.62

풀이 np관리도

㉠ 중심선 $\overline{np} = \sum \dfrac{np}{k} = \dfrac{77}{20} = 3.85$

㉡ 관리상한선 $UCL = \overline{np} + 3\sqrt{\overline{np}(1-\overline{p})} = 3.85 + 3\sqrt{3.85(1-0.0385)} = 9.62$

㉢ 관리상한선 $LCL = \overline{np} - 3\sqrt{\overline{np}(1-\overline{p})} = 3.85 - 3\sqrt{3.85(1-0.0385)} = -1.92$

$(\overline{p} = \dfrac{\sum np}{\sum k} = \dfrac{77}{20 \times 100} = 0.0385$) **답** ④

58 다음 중 단속생산 시스템과 비교한 연속생산 시스템의 특징으로 옳은 것은?

① 단위당 생산원가가 낮다.
② 다품종 소량생산에 적합하다.
③ 생산방식은 주문생산방식이다.
④ 생산설비는 범용설비를 사용한다.

풀이 연속생산과 단속생산의 특징 비교

구분	단속생산	연속생산
생산시기	주문생산	예측생산
품종과 생산량	다품종 소량생산	소품종 다량생산
생산속도	느리다.	빠르다.
단위당 생산원가	높다.	낮다.
단위당 운반비용	높다.	낮다.
운반설비	자유경로형	고정경로형
기계설비	범용설비(일반목적용)	전용설비(특수목적용)
설비투자액	적다.	많다.
마케팅활동	주문위주의 단기적이고 불규칙적인 판매활동 전개	수요예측과 시장조사에 따른 장기적인 마케팅 활동전개

답 ①

59 미국의 마틴 마리에타사(Martin Mariette Corp.)에서 시작된 품질개선을 위한 동기부여 프로그램으로, 모든 작업자가 무결점을 목표로 설정하고, 처음부터 작업을 올바르게 수행함으로써 품질비용을 줄이기 위한 프로그램은 무엇인가?

① TPM 활동
② 6시그마 운동
③ ZD운동
④ ISO 9001 인증

풀이 ZD(Zero Defects)운동

개별 종업원에게 계획기능을 부여하는 자주관리운동의 하나로 전개된 것으로 종업원들의 주의와 연구를 통해 작업상 발생하는 모든 결함을 없애는 운동

답 ③

60 MTM(Method Time Measurement)법에서 사용되는 1TMU(Time Measurement Unit)는 몇 시간인가?

① $\dfrac{1}{100,000}$ 시간

② $\dfrac{1}{10,000}$ 시간

③ $\dfrac{6}{10,000}$ 시간

④ $\dfrac{36}{1,000}$ 시간

답 ①

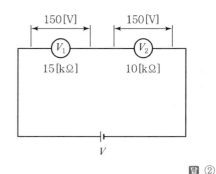

01 내부저항이 15[kΩ]이고 최대 눈금이 150[V]인 전압계와 내부저항이 10[kΩ]이고 최대 눈금이 150[V]인 전압계가 있다. 두 전압계를 직렬 접속하여 측정하면 최대 몇 [V]까지 측정할 수 있는가?

① 300   ② 250   ③ 200   ④ 150

풀이 그림과 같이 전압계를 직렬 연결한 회로이므로,
저항 직렬회로의 전압강하 계산법을 이용하면
V_1의 전압강하가 V_2보다 크다.
V_1의 최대 눈금일 때 흐르는 전류는
$I = \dfrac{150}{15 \times 10^3} = 0.01[A]$이고,
V_2에서 측정되는 최대값은
$V_2 = 0.01 \times 10 \times 10^3 = 100[V]$이다.
따라서, 측정 가능한 최대값은
$150[V] + 100[V] = 250[V]$가 된다.

답 ②

02 논리식 $Z = \overline{(\overline{A} + C) \cdot (B + \overline{D})}$를 간소화하면?

① $A\overline{C}$ ② $\overline{B}D$ ③ $A\overline{C} + \overline{B}D$ ④ $\overline{A}\,\overline{C} + \overline{B}\,\overline{D}$

풀이 $Z = \overline{(\overline{A}+C) \cdot (B+\overline{D})} = \overline{(\overline{A}+C)} + \overline{(B+\overline{D})} = A\overline{C} + \overline{B}D$

답 ③

03 공기 중에서 일정한 거리를 두고 있는 두 점전하 사이에 작용하는 힘이 20[N]이었는데, 두 전하 사이에 비유전율이 4인 유리를 채웠다. 이때 작용하는 힘은 어떻게 되는가?

① 작용하는 힘은 변하지 않는다.
② 0[N]으로 작용하는 힘이 사라진다.
③ 5[N]으로 힘이 감소되었다.
④ 40[N]으로 힘이 두 배 증가되었다.

풀이 쿨롱의 법칙에 의해 두 점전하 사이에 작용하는 힘 $F = \dfrac{1}{4\pi\varepsilon}\dfrac{Q_1 Q_2}{r^2}$[N]이고, 공기의 비유전율은 1, 유리의 비유전율은 4이므로, 작용하는 힘은 $\dfrac{1}{4}$배로 감소되어, 5[N]이 된다.

답 ③

04 그림과 같은 기본회로의 논리동작은?

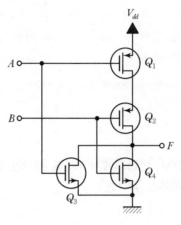

① NAND 게이트   ② NOR 게이트
③ AND 게이트   ④ OR 게이트

풀이 NOR 게이트

입력		출력
A	B	X
0	0	1
0	1	0
1	0	0
1	1	0

답 ②

05 그림과 같은 혼합브리지 회로의 부하로 $R = 8.4[\Omega]$의 저항이 접속되었다. 평활 리액턴스 L을 ∞로 가정할 때 직류 출력전압의 평균값 V_d는 약 몇 V인가?(단, 전원전압의 실효값 $V = 100[V]$, 점호각 $\alpha = 30°$로 한다.)

① 22.5
② 66.0
③ 67.5
④ 84.0

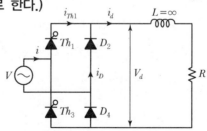

풀이 $V_{dc} = \dfrac{\sqrt{2}\,V}{\pi}(1 + \cos\alpha) = \dfrac{\sqrt{2} \times 100}{\pi}(1 + \cos 30°) = 84[V]$

답 ④

06 22.9[kV] 배전선로에서 Al 전선을 접속할 때 장력이 가해지는 직선개소에서의 접속방법으로 옳은 것은?

① 조임 클램프 사용 접속 ② 활선 클램프 사용 접속
③ 보수 슬리브 사용 접속 ④ 압축 슬리브 사용 접속

풀이 장력이 가해지는 직선개소는 압축형 슬리브를 사용하고, 장력이 가해지지 않는 부분은 분기 슬리브 또는 커넥터를 사용한다. **답** ④

07 10[kVA], 2000/100[V] 변압기에서 1차로 환산한 등가 임피던스가 $6.2+j7[\Omega]$이다. 이 변압기의 % 리액턴스 강하는?

① 0.18 ② 0.35 ③ 1.75 ④ 3.5

풀이 %리액턴스 강하(q) : 정격 전류가 흐를 때 리액턴스에 의한 전압강하의 비율을 퍼센트로 나타낸 것

㉠ 1차 정격전류 $I_1 = \dfrac{P_a}{\sqrt{3}\,V_1} = \dfrac{10 \times 10^3}{\sqrt{3} \times 2,000} = 2.9[\text{A}]$

㉡ %리액턴스 강하 $q = \dfrac{I_1 X_{12}}{E_1} \times 100 = \dfrac{2.9 \times 7}{\dfrac{2,000}{\sqrt{3}}} \times 100 = 1.75\%$ (여기서, E_1은 상전압) **답** ③

08 전부하에서 2차 전압이 120[V]이고 전압 변동률이 2%인 단상변압기가 있다. 1차 전압은 몇 V인가? (단, 1차 권선과 2차 권선의 권수비는 20 : 1이다.)

① 1,224 ② 2,448
③ 2,888 ④ 3,142

풀이 $\varepsilon = \dfrac{V_{2O} - V_{2n}}{V_{2n}} \times 100[\%]$이므로 $2\% = \dfrac{V_{2O} - 120}{120} \times 100[\%]$에서

V_{2O}를 구하면 $V_{2O} = 122.4[\text{V}]$이고,

$a = \dfrac{N_1}{N_2} = \dfrac{V_1}{V_2} = \dfrac{I_2}{I_1}$이므로 $20 = \dfrac{V_1}{122.4}$에서 V_1을 구하면

$\therefore V_1 = 2,448[\text{V}]$이다. **답** ②

09 동기 발전기의 무부하 포화곡선에서 횡축은 무엇을 나타내는가?

① 계자 전류 ② 전기자 전류
③ 전기자 전압 ④ 자계의 세기

풀이 동기 발전기의 무부하 포화곡선

- 무부하 시에 유도 기전력(종축)과 계자 전류 (횡축)의 관계곡선
- 전압이 낮은 부분에서는 유도 기전력이 계자 전류에 정비례하여 증가하지만, 전압이 높아짐에 따라 철심의 자기포화 때문에 전압의 상승 비율은 매우 완만해진다.

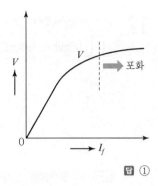

답 ①

10 $R=8[\Omega]$, $X_L=10[\Omega]$, $X_c=20[\Omega]$이 병렬로 접속된 회로에 240[V]의 교류전압을 가하면 전원에 흐르는 전류는 약 몇 [A]인가?

① 18

② 24

③ 32

④ 46

풀이 아래 그림과 같은 병렬회로에 임피던스

$\dfrac{1}{Z}=\sqrt{\left(\dfrac{1}{R}\right)^2+\left(\dfrac{1}{X_c}-\dfrac{1}{X_L}\right)^2}$ [℧]로 계산하므로,

$\dfrac{1}{Z}=\sqrt{\left(\dfrac{1}{8}\right)^2+\left(\dfrac{1}{20}-\dfrac{1}{10}\right)^2}$ [℧]에서 임피던스 $Z=7.43[\Omega]$

전류 $I=\dfrac{V}{Z}=\dfrac{240}{7.43}=32.3[A]$이다.

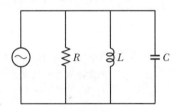

답 ③

11 다음 중 계통에 연결되어 운전 중인 변류기를 점검할 때 2차 측을 단락하는 이유는?

① 측정오차 방지

② 2차 측의 절연보호

③ 1차 측의 과전류 방지

④ 2차 측의 과전류 방지

풀이 계기용 변류기는 2차 전류를 낮게 하기 위하여 권수비가 매우 작으므로 2차 측을 개방하면, 2차 측에 매우 높은 기전력이 유기되어 위험하다.　**답** ②

12 $J-KFF$에서 현재상태의 출력 Q_n을 0으로 하고, J 입력에 1, 클럭펄스 C.P에 ⎍ (Rising Edge)의 신호를 가하게 되면 다음 상태의 출력 Q_{n+1}은?

① X

② 0

③ 1

④ $\overline{Q_n}$

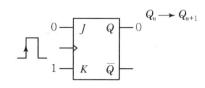

풀이 ▶ JK 플립플롭 진리표

J	K	Q_{n+1}
0	0	Q_0(불변)
0	1	0
1	0	1
1	1	$\overline{Q_0}$(반전)

답 ②

13 송전선에 코로나가 발생하면 전선이 부식된다. 다음의 무엇에 의하여 부식되는가?

① 산소　　　　② 질소　　　　③ 수소　　　　④ 오존

풀이 ▶ 초산에 의한 전선, 바인드선의 부식 : [(O$_3$, NO)+H$_2$O=NHO$_3$ 생성)]
　　코로나 방전에 의해 오존과 산화질소가 생기고 습기를 만나면 질산이 되며 전선이나 부속금구를 부식
　　시킨다.

답 ④

14 단상 배전선로에서 그 인출구 전압은 6600[V]로 일정하고 한 선의 저항은 15[Ω], 한 선의 리액턴스는 12[Ω]이며, 주상변압기 1차 측 환산 저항은 20[Ω], 리액턴스는 35 [Ω]이다. 만약 주상변압기 2차 측에서 단락이 생기면 이때의 전류는 약 몇 [A]인가? (단, 주상변압기의 전압비는 6,600/220[V]이다.)

① 2,575　　　② 2,560　　　③ 2,555　　　④ 2,540

풀이 ▶ 배전선로 한 선의 임피던스가 $15+j12[\Omega]$이고,
　　단상이므로 선로 전체의 임피던스는 $Z_l=(15+j12)\times 2=30+j24[\Omega]$,
　　주상 변압기의 1차 측 환산 임피던스는 $Z_t=20+j35[\Omega]$이므로,
　　전체 임피던스는 $Z_1=Z_l+Z_t=50+j59[\Omega]$이다.
　　2차 측에서 단락이 발생하였으므로,
　　임피던스를 2차 측으로 환산하면 $Z_2=\dfrac{Z_1}{a^2}=\dfrac{50+j59}{(6,600/220)^2}[\Omega]$이다.

　　즉, 단락전류는 $I_s=\dfrac{V_2}{Z_2}=\dfrac{220}{\dfrac{50+j59}{(6,600/220)^2}}\fallingdotseq 2560[\mathrm{A}]$이다.

답 ②

15 직접 콘크리트에 매입하여 시설하거나 전용의 불연성 또는 난연성 덕트에 넣어야만 시공할 수 있는 전선관은?

① CD관   ② PF관

③ PF-P관   ④ 두께 2mm 합성수지관

풀이 합성수지관(PVC관, PF관)은 노출장소나 은폐장소 등 거의 대부분의 장소에 시설할 수 있으나, 합성수지관 중 CD관은 직접 콘크리트에 매설하는 경우를 제외하고 전용의 불연성 또는 자소성이 있는 난연성의 관 또는 덕트에 넣는 경우에 한하여 시설할 수 있다.   **답** ①

16 저항 20[Ω]인 전열기로 21.6[kcal]의 열량을 발생시키려면 5[A]의 전류를 약 몇 분간 흘려주면 되는가?

① 3분   ② 5.7분   ③ 7.2분   ④ 18분

풀이 줄의 법칙 $H = 0.24 I^2 R t [\text{cal}]$이므로, $t = \dfrac{H}{0.24 I^2 R} = \dfrac{21.6 \times 10^3}{0.24 \times 5^2 \times 20} = 180 [\text{sec}] = 3$분이다.   **답** ①

17 어떤 전지의 외부회로에 5[Ω]의 저항을 접속하였더니 8[A]의 전류가 흘렀다. 외부회로에 5[Ω]대신에 15[Ω]의 저항을 접속하면 전류는 4[A]로 떨어진다. 전지의 기전력은 몇 [V]인가?

① 40   ② 60

③ 80   ④ 120

풀이 다음 그림과 같은 회로이므로, 회로의 전류 $I = \dfrac{E}{r+R}$로 계산한다.

5[Ω]의 저항을 연결했을 때 : $8 = \dfrac{E}{r+5}$

15[Ω]의 저항을 연결했을 때 : $4 = \dfrac{E}{r+15}$

2개의 방정식을 계산하면, 기전력 $E=80[\text{V}]$, 내부저항 $r=5[\Omega]$이다.

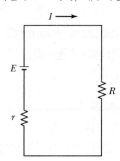

답 ③

18 다음 논리회로의 논리식으로 옳은 것은?

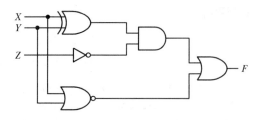

① $F = \overline{(X \oplus Y)} + \overline{(XY)}\overline{Z}$

② $F = \overline{(X + Y)} + (X \oplus Y)\overline{Z}$

③ $F = \overline{(X \oplus Y)} + \overline{(X + Y)Z}$

④ $F = \overline{(X + Y)} + (X + Y)\overline{Z}$

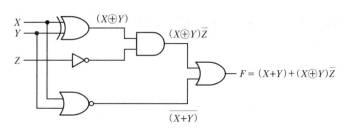

답 ②

19 저압옥내 배선의 라이팅덕트의 시설방법으로 틀린 것은?

① 조영재를 관통하는 경우에는 충분한 보호조치를 하여 시공한다.

② 라이팅덕트 상호 및 도체 상호는 견고하고 전기적 및 기계적으로 완전하게 접속한다.

③ 조영재에 부착할 경우 지지점은 매 덕트마다 2개소 이상 및 지지점 간의 거리는 2[m] 이하로 견고히 부착한다.

④ 라이팅덕트에 접속하는 부분의 배선은 전선관이나 몰드 또는 케이블 배선에 의하여 전선이 손상을 받지 않게 시설한다.

풀이 라이팅덕트는 조영재를 관통하지 않도록 시설하여야 한다.　　　답 ①

20 전류원 인버터(CSI ; Current Source Inverter)와 비교할 때 전압원 인버터(VSI ; Voltage Source Inverter)의 장점이 아닌 것은?

① 대용량에도 적합한 방식이다.

② 용량성 부하에도 사용할 수 있다.

③ 제어회로 및 이론이 비교적 간단하다.

④ 유도 전동기 구동 시 속도제어 범위가 더 넓다.

풀이 **전압원 인버터(VSI : Voltage Source Inverter)의 장단점**

    ㉠ 장점
- 모든 부하에서 정류(Commutation)가 확실하다.
- 속도제어 범위가 1 : 10 까지 확실하다.
- 인버터 계통의 효율이 매우 높다.
- 제어회로 및 이론이 비교적 간단하다.
- 주로 소·중용량에 사용한다.(대용량도 사용 가능)

    ㉡ 단점
- 유도성 부하만을 사용할 수 있다.
- 전동기가 과열되는 등 전동기의 수명이 짧아진다.
- 스위칭 소자 및 출력 변압기의 이용률이 낮다.   **답** ②

21 계자 철심에 잔류자기가 없어도 발전할 수 있는 직류기는?

① 직권기   ② 복권기
③ 분권기   ④ 타여자기

풀이 타여자 발전기는 다른 직류 전원으로부터 여자전류를 받아서 계자자속을 만드는 것이다.   **답** ④

22 다음과 같은 회로의 기능은?

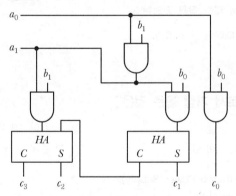

① 2진 승산기   ② 2진 제산기
③ 2진 감산기   ④ 전가산기

    답 ①

23 실리콘정류기의 동작 시 최고 허용온도를 제한하는 가장 주된 이유는?

① 정격 순 전류의 저하 방지
② 역방향 누설전류의 감소 방지
③ 브레이크 오버(Break Over) 전압의 저하 방지
④ 브레이크 오버(Break Over) 전압의 상승 방지

답 ③

24 송전선로의 인덕턴스는 등가선간거리(그림 참조) D가 증가하면 어떻게 되는가?

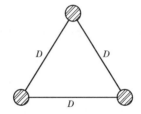

① 증가한다.　　　　　　　　　　② 감소한다.
③ 변하지 않는다.　　　　　　　　④ D에 비례하여 증가한다.

풀이 전선 1가닥에 대한 작용 인덕턴스

$L = 0.05 + 0.4605\log_{10}\dfrac{D}{r}\,[\text{mH/km}]$

답 ①

25 UPS의 기능으로서 가장 옳은 것은?

① 가변주파수 공급　　　　　　　② 고조파 방지 및 정류평활
③ 3상 전파정류 방식　　　　　　④ 무정전 전원공급 가능

풀이 UPS(Uninterrupted Power Supply)
무정전 전원공급장치

답 ④

26 공사원가는 공사 시공 과정에서 발생한 항목의 합계액을 말하는데 여기에 포함되지 않는 것은?

① 경비　　　　② 재료비　　　　③ 노무비　　　　④ 일반관리비

풀이 공사원가는 재료비, 노무비, 경비를 합한 것이다.

답 ④

27 그림과 같이 3상 유도 전동기를 접속하고 3상 대칭 전압을 공급할 때 각 계기의 지시가 $W_1 = 2.6$[kW], $W_2 = 6.4$[kW], $V = 200$[V], $A = 32.19$[A]이었다면 부하의 역률은?

① 0.577

② 0.807

③ 0.867

④ 0.926

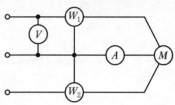

풀이 2전력계법에 의한 역률은 다음 계산식으로 구한다.

$$\cos\theta = \frac{P_1 + P_2}{2\sqrt{P_1^2 + P_2^2 - P_1 P_2}} = \frac{2.6 + 6.4}{2\sqrt{2.6^2 + 6.4^2 - 2.6 \times 6.4}} = 0.807$$

답 ②

28 4극 직류발전기가 전지가 도체수 600, 매 극당 유효자속 0.035[Wb], 회전수가 1800 [rpm]일 때 유기되는 기전력은 몇 [V]인가?(단, 권선은 단중 중권이다.)

① 220

② 320

③ 430

④ 630

풀이 $E = \dfrac{P}{a} Z\phi \dfrac{N}{60}$[V]에서 중권일 때는 $a = P$이므로,

$$E = \frac{4}{4} \times 600 \times 0.035 \times \frac{1800}{60} = 630[V]$$

답 ④

29 10진수 77을 2진수로 표시한 것은?

① 1011001

② 1110111

③ 1011010

④ 1001101

풀이 $(77)_{10}$를 2진수로 변환

```
2 ) 77
2 ) 38 …… 나머지 1
2 ) 19 …… 나머지 0
2 ) 9 …… 나머지 1
2 ) 4 …… 나머지 1 ↑
2 ) 2 …… 나머지 0
2 ) 1 …… 나머지 0
    0 …… 나머지 1
```

$(77)_{10} = (1001101)_2$

답 ④

30 다음 논리함수를 간략화하면 어떻게 되는가?

$$Y = \overline{A}\,\overline{B}\,\overline{C}\,\overline{D} + \overline{A}\,\overline{B}C\overline{D} + A\overline{B}\,\overline{C}\,\overline{D} + A\overline{B}C\overline{D}$$

	$\overline{A}\overline{B}$	$\overline{A}B$	AB	$A\overline{B}$
$\overline{C}\overline{D}$	1			1
$\overline{C}D$				
$C\overline{D}$				
$C\overline{D}$	1			1

① $\overline{B}\overline{D}$　　　　② $B\overline{D}$　　　　③ $\overline{B}D$　　　　④ BD

풀이 카르노 맵(Karnaugh Map)에 의한 논리식의 간소화
전달 함수값이 1인 것을 사각형으로 묶은 다음 공통인
값을 찾으면 $\overline{B}\overline{D}$가된다.

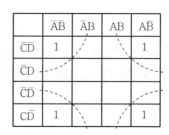

답 ①

31 어떤 변압기를 운전하던 중에 단락이 되었을 때 그 단락전류가 정격전류의 25배가 되었다면 이 변압기의 임피던스 강하는 몇 %인가?

① 2　　　　② 3　　　　③ 4　　　　④ 5

풀이 퍼센트 임피던스 강하는 단락비의 역수이다. 즉, $\%Z_s = \dfrac{100}{K_s} = \dfrac{100}{25} = 4[\%]$　　　　**답** ③

32 송전선로에 코로나가 발생하였을 때 이점이 있다면 다음 중 어느 것인가?
① 계전기의 신호에 영향을 준다.
② 라디오 수신에 영향을 준다.
③ 전력선 반송에 영향을 준다.
④ 고전압의 진행파가 발생하였을 때 뇌 서지에 영향을 준다.

풀이 코로나가 발생하면 전력 손실이 생기며 전기회로 측면에서 보면 저항과 같은 역할을 하므로 이상 전압 발생 시 이상 전압을 경감시킨다.　　　　**답** ④

33 유니온 커플링의 사용 목적은?

① 금속관과 박스의 접속

② 안지름이 다른 금속관 상호의 접속

③ 금속관 상호를 나사로 연결하는 접속

④ 돌려 끼울 수 없는 금속관 상호의 접속

풀이 • 금속관과 박스의 접속 : 로크너트

• 금속관 상호의 접속 : 커플링

답 ④

34 SSS의 트리거에 대한 설명 중 옳은 것은?

① 게이트에 빛을 비춘다.

② 게이트에 (+)펄스를 가한다.

③ 게이트에 (−)펄스를 가한다.

④ 브레이크 오버전압을 넘는 전압의 펄스를 양 단자 간에 가한다.

풀이 SSS를 온상태로 하기 위해서는 T_1과 T_2 사이에 펄스상의 브레이크 오버 전압 이상의 전압을 가하는 VBO와 상승이 빠른 전압을 가하는 dv/dt 점호가 필요하다.

답 ④

35 그림과 같은 회로의 합성정전용량은?

① C

② 2C

③ 3C

④ 4C

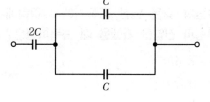

풀이 병렬 연결된 부분의 합성정전용량 $2C$이며,

직렬 연결된 $2C$와의 합성정전용량 $\dfrac{1}{C_0} = \dfrac{1}{2C} + \dfrac{1}{2C}$ 로 계산하면, C가 된다.

답 ①

36 기전력 1[V], 내부저항 0.08[Ω]인 전지로, 2[Ω]의 저항에 10[A]의 전류를 흘리려고 한다. 전지 몇 개를 직렬접속시켜야 하는가?

① 88 　　　② 94 　　　③ 100 　　　④ 108

풀이 다음 그림과 같은 회로이므로, 회로에 흐르는 전류 $I = \dfrac{nE}{nr + R}$ 로 계산할 수 있다.

여기에 주어진 값을 대입하면, $10 = \dfrac{n \times 1}{n \times 0.08 + 2}$ 에서 $n = 100$개이다.

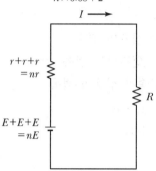

답 ③

37 변압기의 전 부하 동손이 240[W], 철손이 160[W]일 때, 이 변압기를 최고 효율로 운전하는 출력은 정격출력의 몇 %가 되는가?

① 60.00　　　　　② 66.67　　　　　③ 81.65　　　　　④ 92.25

 변압기의 최고 효율 조건은 철손과 동손이 같을 때이다.

$$P_i = \left(\frac{1}{m}\right)^2 \times P_c, \quad \frac{1}{m} = \sqrt{\frac{P_i}{P_c}} = \sqrt{\frac{160}{240}} = 0.8165$$

즉, 정격출력의 81.65%로 변압기를 운전할 때 최고의 효율이 된다.　　　답 ③

38 그림과 같은 연산 증폭기에서 입력에 구형파 전압을 가했을 때 출력파형은?

① 구형파
② 삼각파
③ 정현파
④ 톱니파

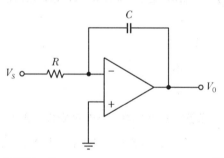

 적분기(Integrator) : 주어진 전압의 적분값을 출력하는 것　　　답 ②

39 전산기에서 음수를 처리하는 방법은?

① 보수 표현
② 지수적 표현
③ 부동 소수점 표현
④ 고정 소수점 표현

답 ①

40 금속 전선관을 쇠톱이나 커터로 절단한 다음, 관의 단면을 다듬을 때 사용하는 공구는?

① 리머
② 홀소
③ 클리퍼
④ 클릭볼

풀이 다음 그림과 같이 리머는 삼각형의 원뿔 모양의 커터날로 관의 절단면을 다듬질한다.

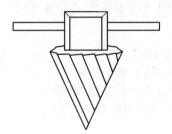

답 ①

41 평형 도선에 같은 크기의 왕복 전류가 흐를 때 두 도선 사이에 작용하는 힘과 관계되는 것으로 옳은 것은?

① 전류의 제곱에 비례한다.
② 간격의 제곱에 반비례한다.
③ 주위 매질의 투자율에 반비례한다.
④ 간격의 제곱에 비례하고, 투자율에 반비례한다.

풀이 평행한 두 도선에 작용하는 힘 $F = \dfrac{2I_1 I_2}{r} \times 10^{-7} [\text{N/m}]$이므로, 같은 크기의 전류일 때에는 전류의 제곱에 비례한다.

답 ①

42 2중 농형 전동기가 보통농형 전동기에 비해서 다른 점은?

① 기동전류가 크고, 기동회전력도 크다.
② 기동전류가 적고, 기동회전력도 적다.
③ 기동전류는 적고, 기동회전력은 크다.
④ 기동전류는 크고, 기동회전력은 적다.

풀이 **2중 농형 유도전동기**

기동 시 $s=1$ 부근에서는 회전자 주파수가 크므로 회전자 누설 리액턴스는 저항보다 훨씬 크다. 그리고 회전자 전류는 리액턴스가 적고 저항이 큰 상층 도체에 흐르게 된다. 이것은 권선형 회전자에 저항을 넣은 것과 같게 되어 기동전류를 제한함과 동시에 큰 기동 토크(회전력)를 발생시킨다. **답** ③

43 동기조상기에 대한 설명으로 옳은 것은?

① 유도부하와 병렬로 접속한다.
② 부하전류의 가감으로 위상을 변화시킨다.
③ 동기전동기에 부하를 걸고 운전하는 것이다.
④ 부족여자로 운전하여 진상전류를 흐르게 한다.

> **풀이** 동기조상기의 특징
> • 유도부하와 병렬로 접속한다.
> • 계자전류의 가감으로 위상을 변화시킨다.
> • 동기전동기에 무부하를 걸고 운전하는 것이다.
> • 부족여자로 운전하여 지상전류를 흐르게 한다.　　　　　　　　**답** ①

44 동기발전기에 회전 계자형을 사용하는 경우가 많다. 그 이유로 적합하지 않은 것은?

① 기전력의 파형을 개선한다.
② 전기자 권선은 고전압으로 결선이 복잡하다.
③ 계자회로는 직류 저전압으로 소요 전력이 적다.
④ 전기자보다 계자극을 회전자로 하는 것이 기계적으로 튼튼하다.

> **풀이** 회전 계자형 채택 이유
> • 회전 전기자형에 비해 결선 구조가 간단하다.
> • 회전 전기자형에 비해 적은 수의 슬립링과 브러시가 필요하다.
> • 계자회로는 직류 저압으로 절연이 용이하고, 소모전력이 적다.
> • 기계적으로 튼튼하다.
> • 계자는 직류로 전류의 변화가 적어 전기자에 비해 불꽃이 일어날 가능성이 적다.　　**답** ①

45 동기전동기의 기동을 다른 전동기로 할 경우에 대한 설명으로 옳은 것은?

① 유도전동기를 사용할 경우 동기전동기의 극 수보다 2극 정도 적은 것을 택한다.
② 유도전동기의 극수를 동기전동기의 극 수와 같게 한다.
③ 다른 동기전동기로 기동시킬 경우 2극 정도 많은 전동기를 택한다.
④ 유도전동기로 기동시킬 경우 동기전동기보다 2극 정도 많은 것을 택한다.

> **풀이** 유도전동기로 기동시킬 경우에는 동기전동기보다 2극 적게 하여야 한다.　　　　**답** ①

46 변압기의 누설 리액턴스를 줄이는 가장 효과적인 방법은?

① 권선을 동심 배치한다.　　② 권선을 분할하여 조립한다.
③ 코일의 단면적을 크게 한다.　④ 첨심의 단면적을 크게 한다.

풀이 실제 변압기에서는 1차, 2차 권선을 통과하는 자속 이외에 권선의 일부만을 통과하는 누설자속이 존재하는데, 이 누설자속은 변압 작용에는 도움이 되지 않고 자기 인덕턴스 역할만 한다. 이것을 누설 리액턴스라 한다. 이를 줄이기 위해 권선을 분할하여 조립하는 방법이 있다.　　**답** ②

47 단상유도전동기에서 주권선과 보조권선을 전기각 2π(rad)로 배치하고 보조권선의 권수를 주권선의 1/2로 하여 인덕턴스를 적게 하여 기동하는 방식은?

① 분상기동형　　　　　　② 콘덴서기동형
③ 셰이딩코일형　　　　　④ 권선기동형

풀이 **분상기동형**

기동권선은 운전권선보다 가는 코일을 사용하며 권수를 적게 감아서 권선저항을 크게 만들어 주권선과의 전류 위상차를 생기게 하여 기동하게 된다.

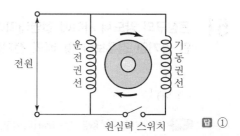

답 ①

48 다음 중 상자성체는 어느 것인가?

① 알루미늄　　② 니켈　　③ 코발트　　④ 철

풀이 • 상자성체는 약자성체에 속하고 있으며, 자석에 잘 붙지 않는 물질이다.
　　• 보기의 니켈, 코발트, 철은 강자성체에 속한다.　　**답** ①

49 가공전선로의 지지물에 하중이 가해지는 경우에 그 하중을 받는 지지물의 기초 안전율은 2 이상이어야 한다. 하지만 다음과 같은 경우는 예외로 하고 있다. (　) 안의 내용으로 알맞은 것은?

> 철근 콘크리트주로서 그 전체의 길이가 16[m] 초과 20[m] 이하이고, 설계하중이 6.8[kN] 이하의 것을 논이나 그 밖의 지반이 연약한 곳 이외에 묻히는 깊이를 (　　)[m] 이상으로 시설하는 경우

① 2.2　　　　　　② 2.5　　　　　　③ 2.8　　　　　　④ 3.0

풀이 일반적으로 철근콘크리트주가 땅에 묻히는 깊이는 아래와 같다.
- 전주의 길이 15[m] 이하 : 1/6 이상
- 전주의 길이 15[m] 이상 : 2.5[m] 이상

다만, 단서조항으로 본 문제의 지문과 같은 경우에는 2.8[m] 이상으로 정하고 있다. **답** ③

50
수관을 통하여 공급되는 온천수의 온도를 올려서 수관을 통하여 욕탕에 공급하는 전극식 온수기(승온기) 차폐장치의 전극에는 제 몇 종 접지공사를 하여야 하는가?

① 제1종 접지공사   ② 제2종 접지공사

③ 제3종 접지공사   ④ 특별 제3종 접지공사

풀이 전극식 온수기는 400[V] 미만을 사용하도록 되어 있어, 외함에는 제3종 접지공사를 하나, 차폐장치의 전극에는 제1종 접지공사를 하도록 되어 있다. **답** ①

51
동심구의 양도체 사이에 절연내력이 30[kV/mm]이고, 비유전율 5인 절연액체를 넣으면 공기인 경우보다 몇 배의 전기량이 축척되는가?

① 5   ② 10

③ 20   ④ 40

풀이 구도체의 정전용량 $C=4\pi\varepsilon r$[F]이고, 전기량 $Q=CV$이므로, $Q=4\pi\varepsilon r\times V$가 된다.
따라서, 공기의 비유전율 1과 비유전율 5를 비교하면, 전기량은 5배 커진다. **답** ①

52
22.9[kV] 가공 전선로에서 3상 4선식 선로의 직선주에 사용되는 크로스 완금의 표준 길이는?

① 900[mm]   ② 1400[mm]

③ 1800[mm]   ④ 2400[mm]

풀이 완금의 길이   (단위 : [mm])

가선조 수	특고압	고압		저압
		중부하	경부하	
1조	900	−	−	−
2조	1800	1400	900	900
3조	2400	1800	1400	1400
4조	−	2400	2400	1400
5~6조	−	2600	2600	−

답 ④

53 전원과 부하가 다같이 △결선된 3상 평형회로가 있다. 전원 전압이 200[V], 부하 임피던스가 6+j8[Ω]인 경우 선전류는 몇 [A]인가?

① 10 　　　　② 20 　　　　③ $10\sqrt{3}$ 　　　　④ $20\sqrt{3}$

풀이 △결선이므로 $V_p = V_l = 200[\text{V}]$, 한 상의 임피던스 $|Z| = \sqrt{R^2 + X^2} = \sqrt{6^2 + 8^2} = 10[\Omega]$

한 상의 전류 $I_p = \dfrac{V_p}{Z} = \dfrac{200}{10} = 20[\text{A}]$, 3상의 선전류 $I_\ell = \sqrt{3}\,I_p = 20\sqrt{3}[\text{A}]$　　　**답** ④

54 권선형 유도전동기의 기동 시 회전자회로에 고정저항과 가포화 리액터를 병렬접속 삽입하여 기동초기 슬립이 클 때 저전류 고토크로 기동하고 점차 속도 상승으로 슬립이 작아져 양호한 기동이 되는 기동법은?

① 2차 저항 기동법 　　　　② 2차 임피던스 기동법
③ 1차 직렬 임피던스 기동법 　　　　④ 콘도르퍼(Kondorfer)기동방식

풀이 2차 임피던스 기동법

회전자 회로에 고정 저항 R과 L을 직렬 또는 병렬로 접속하여 기동하는 방식으로, 대부분 대형 전동기에 이용된다.　　　**답** ②

55 도수분포표에서 알 수 있는 정보로 가장 거리가 먼 것은?

① 로트 분포의 모양
② 100단위당 부적합 수
③ 로트의 평균 및 표준편차
④ 규격과의 비교를 통한 부적합품률의 추정

풀이 도수분포표
• 여러 개의 제품을 측정하여 측정치를 순서대로 기록하여 높은 표
• 데이터가 어떻게 분포되는가 하는 집단 품질 확인 가능　　　**답** ②

56 자전거를 셀 방식으로 생산하는 공장에서, 자전거 1대당 소요공수가 14.5H이며, 1일 8H, 월 25일 작업을 한다면 작업자 1명당 월 생산 가능 대수는 몇 대인가?(단, 작업자의 생산종합효율은 80[%]이다.)

① 10대 　　　　② 11대 　　　　③ 13대 　　　　④ 14대

풀이 월 작업공수 25일$\times 8H \times 80\% = 160H$, 월 생산 가능 대수 $\dfrac{160}{14.5} = 11.03$대　　　**답** ②

57 미리 정해진 일정단위 중에 포함된 부적합 수에 의거하여 공정을 관리할 때 사용되는 관리도는?

① c 관리도

② P 관리도

③ X 관리도

④ nP 관리도

풀이 계수형 관리도

종류	특징
nP 관리도	• 자료군의 크기(n)가 반드시 일정할 것 • 측정이 불가능하여 계수값으로 밖에 나타낼 수 없을 때 사용 • 합격 여부 판정만이 목적인 경우에 사용
P 관리도	• 계수형 관리도 중에 가장 널리 사용 • 양품률, 출근율 등과 같이 비율을 계산해서 공정을 관리할 경우에 사용 (수확률, 순도 등 계량값이므로 계량형 관리도를 사용한다.)
c 관리도	일정 단위 중에 나타나는 결점 수에 의거 공정을 관리할 경우에 사용 (납땜 불량의 수, 직물의 일정면적 중의 흠의 수)
u 관리도	단위가 일정하지 않은 제품의 경우 일정한 단위당 결점 수로 환산하여 사용

답 ①

58 TPM 활동체제 구축을 위한 5가지 기둥과 가장 거리가 먼 것은?

① 설비 초기 관리체제 구축 활동

② 설비효율화의 개별 개선 활동

③ 운전과 보전의 스킬 업 훈련 활동

④ 설비경제성 검토를 위한 설비투자분석 활동

풀이 TPM(전사적 생산보전)의 5가지 기둥

• 설비효율화 개별 개선 활동

• 설비운전사용 부문의 '자주보전 활동'

• 계획보전 활동

• 기술향상교육 훈련 활동

• 설비 초기 관리체제 확립 활동

답 ④

59 ASME(American Society of Mechanical Engineers)에서 정의하고 있는 제품공정 분석표에 사용되는 기호 중 "저장(Storage)"을 표현한 것은?

① ○

② D

③ ▽

④ ⇨

풀이 공정 종류	공정기호	내용
가공	○	물리적 또는 화학적 변화를 일으키는 상태이며 가공작업, 화학처리 또는 다음 공정을 위하여 준비하는 상태
정체	D	가공이나 운반 중 일시대기 또는 다음 가공을 위한 정체
저장	▽	원자재 저장, 창고의 완성품 재고, 중간 재공품 창고 저장
운반	⇨	작업물을 다른 장소로 옮기는 각종 운반, 반송, 이동작업 표시

답 ③

60 로트에서 랜덤하게 시료를 추출하여 검사한 후 그 결과에 따라 로트의 합격, 불합격을 판정하는 검사방법을 무엇이라 하는가?

① 자주검사   ② 간접검사

③ 전수검사   ④ 샘플링 검사

답 ④

전기기능장 필기

발행일	2009. 3. 10	초판 발행
	2013. 5. 30	개정10판1쇄
	2013. 8. 30	개정11판1쇄
	2014. 3. 10	개정11판2쇄
	2014. 5. 10	개정12판1쇄
	2014. 6. 20	개정13판1쇄
	2015. 1. 15	개정14판1쇄
	2015. 6. 10	개정15판1쇄
	2016. 1. 10	개정16판1쇄
	2016. 2. 20	개정17판1쇄
	2016. 5. 20	개정18판1쇄
	2017. 1. 25	개정19판1쇄
	2019. 1. 10	개정20판1쇄

저 자 | 이현옥 · 김종남
발행인 | 정용수
발행처 | 예문사

주 소 | 경기도 파주시 직지길 460(출판도시) 도서출판 예문사
T E L | 031) 955 – 0550
F A X | 031) 955 – 0660
등록번호 | 11 – 76호

정가 : 30,000원

ISBN 978–89–274–2772–8 13560

이 도서의 국립중앙도서관 출판예정도서목록(CIP)은 서지정보유통
지원시스템 홈페이지(http://seoji.nl.go.kr)와 국가자료공동목록시
스템(http://www.nl.go.kr/kolisnet)에서 이용하실 수 있습니다.
(CIP제어번호 : CIP2018024427)